최신 자동차공학

AUTOMOTIVE
ENGINEERING

구민사

저자약력 | **김기수**

충남대학교 사범대학 기술교육과 교수

오동진

충남대학교 사범대학 기계 · 재료공학교육과 겸임교수

임석연

충남대학교 사범대학 기계 · 재료공학교육과 교수

최신 자동차 공학

초판 인쇄 | 2021년 8월 2일
초판 발행 | 2021년 8월 10일
초판 2쇄 발행 | 2022년 3월 15일
초판 3쇄 발행 | 2024년 2월 2일

저 자 | 김기수· 오동진· 임석연
발행인 | 조규백
발행처 | 도서출판 구민사
(07293) 서울특별시 영등포구 문래북로 116, 604호(문래동3가 46, 트리플렉스)
전화 | (02) 701-7421
팩스 | (02) 3273-9642
홈페이지 | www.kuhminsa.co.kr

신고번호 | 제2012-000055호 (1980년 2월 4일)
I S B N | 979-11-5813-934-6 93550

값 28,000원

PREFACE

머리말

자동차는 단지 높은 출력, 높은 성능의 추구뿐만 아니라 배기, 소음의 공해를 줄일 것이 요구된다. 또한 최근에는 주행에 편의성을 갖도록 다양한 스마트 기술이 개발되고 있는 실정이다.

그러나 지금까지 출간된 자동차공학 도서는 대부분 엔진, 전기, 섀시에 대해서만 서술하고, 빠르게 변화하고 복잡해지는 자동차 시스템에 대해서는 별도의 도서로 따로 다루어왔다. 그러다 보니 처음으로 자동차공학에 대해 공부하는 분들은 어떤 책을 가지고 공부해야 할지 망설이곤 한다. 그래서 저자는 자동차공학을 처음으로 공부하는 분들과 자동차 신기술에 대하여 공부하고 싶어하는 분들을 위하여 이 한권의 책에 자동차의 기본 구성인 엔진, 전기, 섀시 내용과 함께 신기술, 스마트 시스템 등 여러가지 새로운 내용들을 담아 정리하였다. 이 책의 구성은 다음과 같이 정리하였다.

chapter 01 **자동차 엔진**. 엔진 기초사항, 엔진본체, 냉각장치, 윤활장치, 흡기 및 배기장치, 자동차 배출가스와 대책에 대한 내용을 기술하였다.

chapter 02 **전자제어 엔진**, 가솔린 전자제어, GDI엔진, LPI, 천연가스 자동차, CRDI에 대한 내용을 기술하였다.

chapter 03 **자동차 전기・전자**. 전기・전자 기초이론, 축전지, 시동장치, 점화장치, 충전장치, 차체 전기장치, 난방장치 및 냉방장치에 대한 내용을 기술하였다.

chapter 04 **자동차 섀시**. 동력전달장치, 현가장치, 조향장치, 휠 얼라인먼트, 제동장치, SRS 에어백에 대한 내용을 기술하였다.

chapter 05 **친환경자동차**. 하이브리드 전기자동차, 전기자동차, 수소연료 전지 자동차를 기술하였다.

기본적인 자동차 구조와 발전하는 다양한 신기술과 스마트 시스템에 대하여 독자들이 이해하기 쉽도록 풀어서 집필하다보니 지면관계상 심도 있고 많은 내용을 수록하지 못한 점을 독자들이 이해해주길 바란다. 본서를 통해 자동차공학을 공부하고자 하는 모든 분들에게 많은 도움이 되길 바라며 혹시 본서의 내용 중 잘못된 부분이 있다면 아낌없는 지적을 부탁드린다.

이 책의 출판을 위해 적극적으로 도움주신 도서출판 구민사 조규백 대표님과 직원 여러분께 깊은 감사를 드립니다.

저자 씀

CONTENTS

차례

Chapter 01

자동차 엔진
(Automotive Engine)

Chapter 02

전자제어 엔진
(Electronic Control Engine)

Chapter 04

자동차 섀시
(Automotive Chassis)

Chapter 01

자동차 엔진 (Automotive Engine)

01 엔진 기초사항

1.1. 열기관(heat engine)

열기관(heat engine)이란 연료 속의 화학적 열에너지를 기계적 일로 바꾸는 장치로서 열에너지를 공급하는 방식에 따라 내연기관과 외연기관으로 구분한다.

[1] 내연기관(IC engine : internal combustion engine)

내연기관은 엔진내부에서 연소가 이루어지며 혼합기 자체가 함유하고 있는 화학적 에너지를 열에너지로 바꾸어 그 연소가스가 팽창할 때의 일을 직접 이용한 엔진이다.

[2] 외연기관(EC engine : external combustion engine)

외연기관은 연료의 연소를 밀폐된 공간(실린더) 밖에서 행하는 것으로 증기엔진이 대표적이며 외부에서 연소가 이루어지므로 석탄, 나무 등 고체연료의 사용이 가능하여 사용연료의 범위가 넓다.

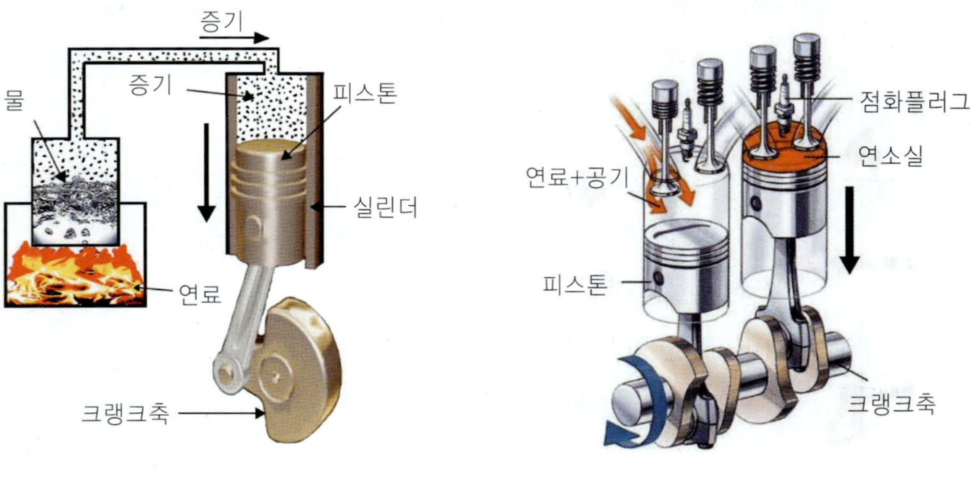

(a) 외연기관 (b) 내연기관

[그림 1] **열기관의 분류**

1.2. 4행정 사이클 엔진

1.2.1. 4행정 사이클 엔진의 작동원리

4행정 사이클 엔진은 크랭크축이 2회전하는 동안 피스톤이 4행정(흡입, 압축, 동력, 배기)을 하여 1사이클을 완성하는 엔진을 말한다. 이때 캠축은 1회전하며, 흡·배기밸브는 각각 1번 개폐되고 크랭크축은 2회전한다.

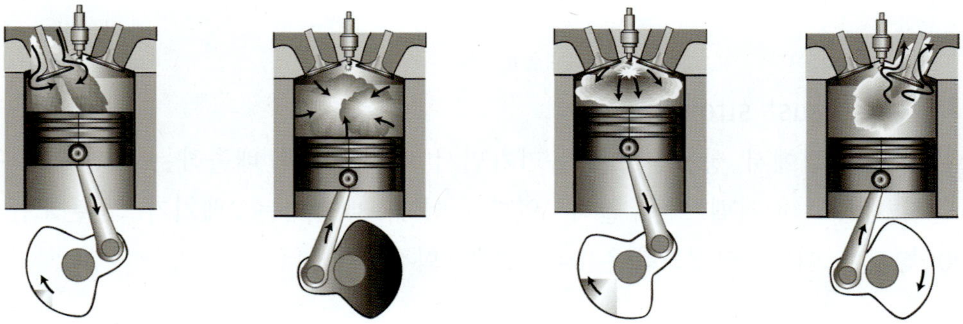
(a) 흡입행정 (b) 압축행정 (c) 폭발행정 (d) 배기행정

[그림 2] **4행정 사이클 엔진의 행정**

[1] 흡입행정(intake stroke)

피스톤이 상사점(TDC)에서 하사점(BDC)으로 내려오면서 흡입행정이 시작되는데 이때 흡입밸브는 열리고 배기밸브는 닫혀 있다. 공기나 혼합기를 흡입할 때 실린더 내의 진공과 대기압력 차이를 이용하는 방식을 자연 흡기방식(NA : naturally aspiration)이라고 한다. 이에 비해 터보차저나 슈퍼차저를 이용하여 흡입되는 공기를 압축하는 방식을 과급방식이라고 한다. 크랭크축은 0~180° 회전한다.

[2] 압축행정(compression stroke)

흡·배기밸브가 모두 닫힌 상태에서 피스톤이 하사점(BDC)에서 상사점(TDC)으로 올라가면서 혼합기를 압축하는데 압축 상사점 전 5~10° 부근에서 가솔린엔진은 점화플러그, 디젤엔진은 분사노즐로부터 점화하여 연소가 이루어진다.
크랭크축은 180~360° 회전한다.

[3] 동력행정(explosion stroke)

실린더 내에서 발생하는 고온(약 2,000~2,500℃), 고압(가솔린엔진은 35~45kgf/cm^2, 디젤엔진은 55~65kgf/cm^2)의 가스압력에 의해 피스톤이 상사점에서 하사점으로 내려오는 힘에 의해 크랭크축을 회전시킨다. 이때 흡·배기밸브는 모두 닫혀 있다.

실린더 내 최고 가스압력은 상사점 후(ATDC) 10~12° 부근에서 발생시켜 가스압력을 가장 효과적으로 이용하여 발생 회전력을 크게 할 수 있다. 크랭크축은 360~540° 회전한다.

[4] 배기행정(exhaust stroke)

피스톤이 하사점에서 상사점으로 올라가면서 배기가스를 배출하는 행정으로 흡입밸브는 닫혀 있고 배기밸브는 열려 있다. 이때 배출되는 배기가스 온도는 보통 600~900℃ 정도이다. 크랭크축은 540~720° 회전한다.

1.2.2. 4행정 사이클 엔진의 장·단점

[1] 장점

① 각 행정이 완전히 구분되고 압축비가 높다.
② 각 부분의 열적 부하가 적다.
③ 체적효율이 높다.
④ 연료소비율이 적다.

[2] 단점

① 밸브기구가 복잡하며 충격이나 소음이 크다.
② 가격이 비싸며 마력당 중량이 무겁다.
③ 동력회전수가 적어 실린더수가 적으면 사용이 곤란하다.

1.3. 2행정 사이클 엔진

2행정 사이클 엔진은 크랭크축이 1회전할 때 모든 실린더가 실린더 수에 관계없이 한 번씩 폭발한다.

피스톤헤드 상부에는 디플렉터(deflector)를 설치하여 들어오는 혼합기가 배기 구멍으로 바로 나가지 못하도록 실린더 위로 밀어 올리는 역할을 하는데 혼합기에 와류를 생성하고 압축비를 높이는 효과도 있다.

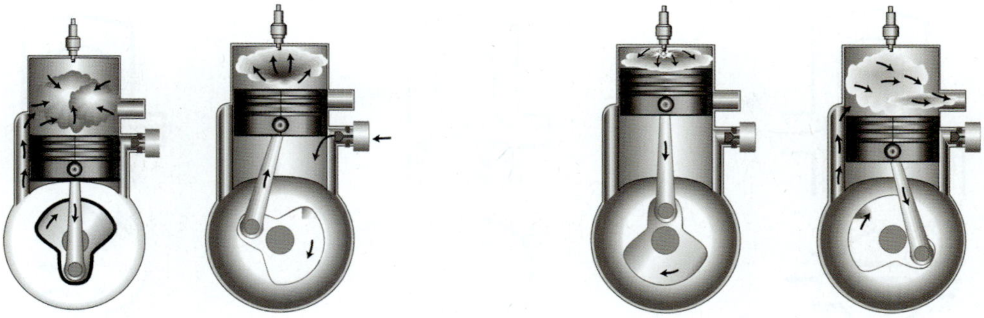

(a) 상승행정(소기, 압축, 흡입)　　(b) 하강행정(폭발, 배기, 소기)

[그림 3] **2행정 사이클 엔진의 행정**

1.3.1. 2행정 사이클 엔진의 장·단점

[1] 장점

① 4행정 사이클 엔진에 비하여 1.6~1.7배의 출력이 있다.
② 실린더수가 적어도 회전이 원활하다.
③ 밸브장치가 간단하며 소음이 적다.
④ 회전력 변동이 적다.
⑤ 마력당 중량이 적고 값이 싸다.

[2] 단점

① 배기가 불완전하고 유효행정이 짧다.
② 연료소비율이 높고, 평균 유효압력과 효율을 높이기가 어렵다.
③ 저속운전이 어렵고 역화가 일어나기 쉽다.
④ 피스톤 및 피스톤링의 소손이 빠르다.

1.3.2. 2행정 사이클 엔진의 소기방식

2사이클 엔진은 압축, 팽창의 2행정의 일부(크랭크각으로 120~150°)에서 신, 구 가스를 교체한다. 이 급기(신기)로 연소가스를 실린더에서 추출하고, 동시에 실린더 내를 급기로 치환하는 가스 교환작용을 소기(scavenging)라 한다. 소기의 방식에는 횡단소기, 루프소기, 단류소기 등이 있다.

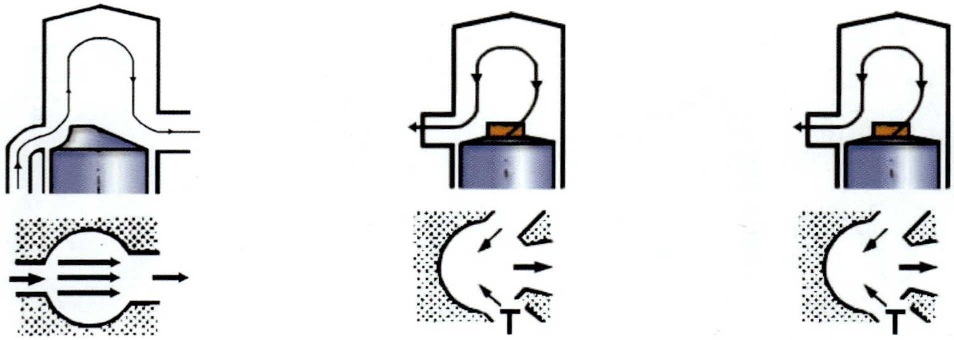

(a) 횡단소기 (b) 루프소기 (c) 단류소기

[그림 4] **소기의 방식**

1.4. 행정과 내경에 의한 분류

행정과 내경의 비는 피스톤의 행정과 실린더의 내경과의 비(행정과 내경 비 = 행정(L)/내경(D))를 말하며 동일한 배기량의 엔진일지라도 행정과 내경비의 크기에 의해서 엔진의 성능과 속도가 좌우된다. 행정과 내경의 비가 1.0 이상인 엔진을 장행정 엔진, 1.0인 엔진을 정방행정 엔진, 1.0 이하인 엔진을 단행정 엔진이라 부른다.

[1] 장행정 엔진(언더스퀘어엔진 : under square engine)

피스톤의 행정이 실린더 내경보다 큰 엔진을 말한다. 엔진 회전속도가 느린 반면 회전력이 크며 실린더 벽에 가해지는 피스톤 측압이 작은 장점이 있으나 엔진의 높이가 높아지는 단점을 가지고 있다. 중·저속형 엔진에 주로 사용된다.

[2] 정방행정 엔진(스퀘어엔진 : square engine)

피스톤의 행정과 실린더 내경의 크기가 동일한 엔진으로 엔진의 회전속도와 회전력이 장행정 엔진과 단행정 엔진의 중간 정도이다.

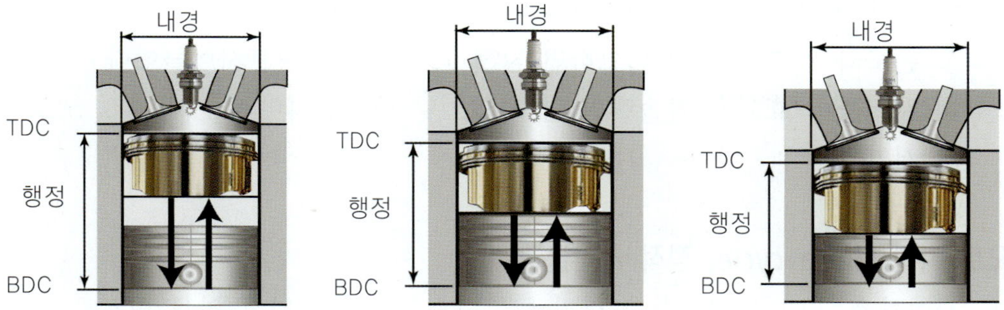

(a) 장행정 엔진 (b) 정방행정 엔진 (c) 단행정 엔진

[그림 5] 행정과 내경에 따른 엔진구분

[3] 단행정 엔진(오버스퀘어엔진 : over square engine)

피스톤의 행정이 실린더 내경보다 작아서 엔진의 회전속도가 빠르고 회전력이 작고, 실린더에 가해지는 피스톤 측압이 큰 게 단점이다. 피스톤의 행정이 작기 때문에 엔진의 높이가 낮아지지만 엔진의 길이가 길어지는 경향이 있다.

1.5. 실린더 수와 배열에 의한 분류

① 단기통 엔진(single cylinder)

② 3기통 직렬형 엔진(3cylinder straight engine)

③ 4기통 직렬형 엔진(4cylinder straight engine)

④ 6기통 직렬형 엔진(6cylinder straight engine)

⑤ 6기통 V형 엔진(6cylinder V-type engine)

⑥ 8기통 직렬형 엔진(8cylinder straight engine)

⑦ V-8기통 엔진(V-8cylinder engine)

1.6. 엔진의 성능과 효율

1.6.1. 엔진의 사이클

$P-V$선도(pressure-volume diagram or indicator diagram)는 하나의 직각 좌표의 세로축에 압력(P), 가로축에 비체적(V)을 표시하고 유체의 변화에 따른 P와 V와의 관계를 그려 나가는 것으로, 인디케이트(지압) 선도라고도 한다. 각 사이클의 효율을 비교하면 다음과 같다.

① 압축비가 높아지면 오토, 디젤, 사바데 사이클 효율은 높아진다.

② 압축비가 동일할 때 폭발비가 증가할수록, 단절비가 낮을수록 효율은 높아진다

(압축비가 동일할 때 : 오토 〉 사바테 〉 디젤 사이클).

③ 최고 온도와 압력에 비해 비교하면 디젤 〉 사바테 〉 오토사이클이다.

④ 실제 사이클의 효율은 가솔린의 압축비가 낮으므로 사바테 〉 디젤 〉 오토사이클의 순서가 된다.

[1] 오토 사이클(otto cycle, 정적 사이클)

오토 사이클은 공기와 연료를 혼합기체로 압축하여 점화원에 의해 연소하므로 가솔린이나 가스엔진의 이론 사이클로 2개의 단열과정과 2개의 정적과정으로 이루어진다.

- 공급열량(Q_1) = $mC_v(T_3 - T_2)$
- 방출열량(Q_2) = $mC_v(T_4 - T_1)$

C_v : 등적비열, T : 절대온도(1, 2, 3, 4점의 절대온도)

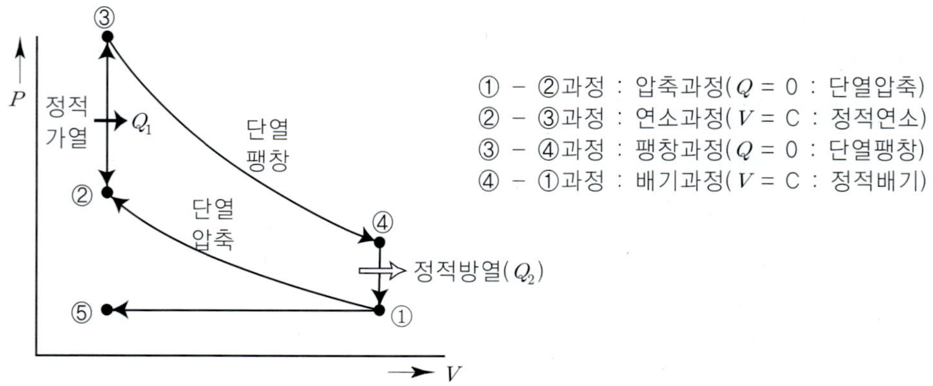

[그림 6] **오토사이클의 P—V 선도**

- 이론적 열효율(η_0) = $\dfrac{\text{일로변한 에너지}}{\text{공급에너지}} = \dfrac{Q_1 - Q_2}{Q_1} = 1 - \dfrac{T_4 - T_1}{T_3 - T_2}$

- 오토사이클의 열효율(η_0) = $1 - \left(\dfrac{1}{\epsilon}\right)^{k-1}$

ϵ : 압축비, k : 비열비

[2] 디젤 사이클(diesel cycle, 정압 사이클)

디젤 사이클은 열효율을 증가시킬 목적으로 공기만을 압축한 후 연료를 분사시키며 압축 공기온도가 400~600℃의 고온이 되었을 때 연료를 분사하고 자연 착화시켜 연소한다. 2개의 단열과정과 1개의 정압(등압) 과정 1개의 정적(등적)과정으로 사이클을 이루며, 공기가 실린더 내에 흡입되어 1→2까지 단열압축하고 2에서 연료를 분사하여 2→3 정압 연소시켜 3에서 연소가 끝나고 3→4까지 단열팽창하여 4→1까지 정적하에서 배기한다.

- 공급열량(Q_1) = $mC_P(T_3 - T_2)$
- 방출열량(Q_2) = $mC_V(T_4 - T_1)$

C_P : 등압비열, C_V : 등적비열
T : 절대온도(1, 2, 3, 4점의 절대온도)

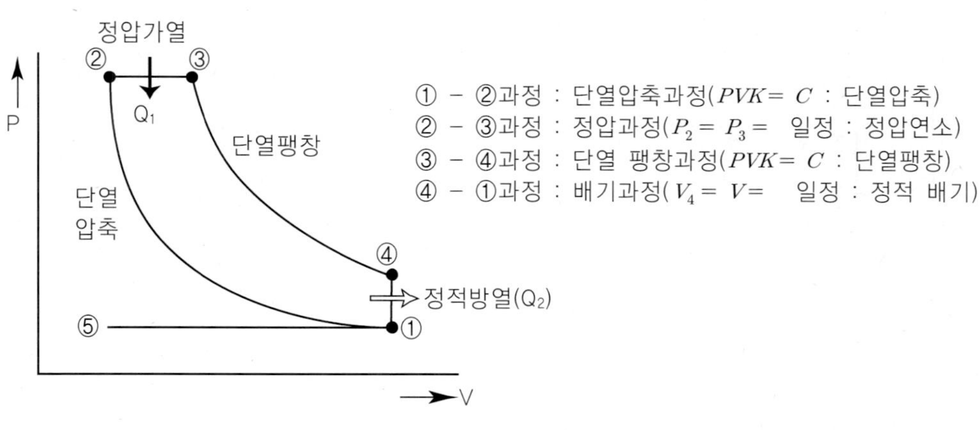

[그림 7] **디젤 사이클의 P—V선도**

- 이론적 효율(η_d) = $\dfrac{\text{일로변한 에너지}}{\text{공급 에너지}} = \dfrac{Q_1 - Q_2}{Q_1}$
- 디젤 사이클의 열효율(η_d) = $1 - (\frac{1}{\epsilon})k-1 \cdot \dfrac{\sigma^K - 1}{K(\sigma - 1)}$

ε : 압축비, σ : 단절비(정압 팽창비), K : 비열비

[3] 사바테 사이클(sabathe cycle)

사바테 사이클은 정적 사이클과 정압 사이클을 합성시킨 사이클로 복합 사이클 또는 고속디젤 사이클이라고도 한다. 이 사이클은 연료의 일부는 정적하에서 연소하고 나머지는 정압하에서 연소한다.

- **공급열량** $Q_1 = Q_1' + Q_1'' = Q_v + Q_p$

$$Q_1' = Q_v = mC_v(T_3 - T_2)$$

$$Q_1'' = Q_p = mCp(T_4 - T_3)$$

- **방출열량** $Q_2 = mC_v(T_5 - T_1)$

$$\therefore \text{이론 열효율}(\eta_s) = \frac{\text{일로변한 에너지}}{\text{공급에너지}} = \frac{Q_1 - Q_2}{Q_1}$$

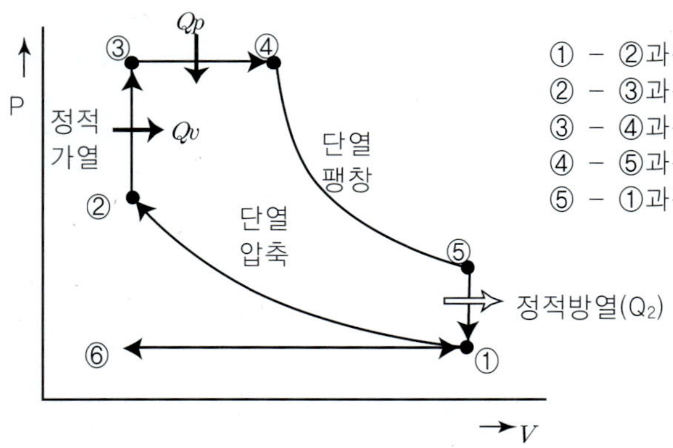

① – ②과정 : 압축과정($Q=0$: 단열압축)
② – ③과정 : 연소과정($V=C$: 정적연소)
③ – ④과정 : 연소과정($P=C$: 정압연소)
④ – ⑤과정 : 팽창과정($Q=0$: 단열팽창)
⑤ – ①과정 : 배기과정($V=C$: 정적배기)

[그림 8] **사바테 사이클의 P—V선도**

- 사바테 사이클의 열효율(η_s) = $1-\left(\frac{1}{\epsilon}\right)^{k-1}\frac{\sigma^k\rho-1}{(\rho-1)+k\rho(\sigma-1)}$

ε : 압축비, k : 비열비, σ : 체절비(단절비), ρ : 압력비

1.6.2. 행정체적과 마력

[1] 행정체적(stroke volume, 실린더체적)

행정체적은 배기량으로 표시되며, 실린더 내경을 D(cm), 피스톤의 상사점에서 하사점간의 거리를 행정거리를 L(cm)이라 하면 배기량은 다음 식으로 표현된다.

- 1기통일 때 실린더 배기량(V_s) = $\frac{\pi}{4}D^2L[cc]$

- 총 배기량(V_t) = $\frac{\pi}{4}D^2L \times Z[cc]$

D : 내경[cm], L : 행정거리[cm], Z : 실린더 수[기통]

- 1분당 배기량(V_m) = $\frac{\pi}{4}D^2L \times N \times R[cc]$

엔진회전수 : N[rpm], 2행정 엔진 : R, 4행정엔진 : $\frac{R}{2}$

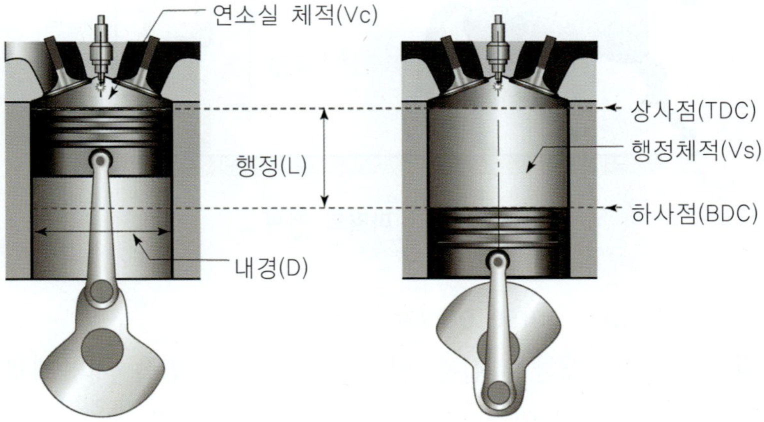

[그림 9] **행정체적과 연소실 체적**

[2] 압축비(compression ratio)

압축비는 피스톤이 실린더 하사점에 있을 때 실린더 체적과 피스톤이 상사점에 있을 때 연소실 체적과의 비를 압축비라 한다.

$$\varepsilon = \frac{V_t}{V_s} = \frac{V_s + V_c}{V_c} = 1 + \frac{V_s}{V_c}$$

$$V_s = Vc(\varepsilon - 1), \qquad V_c = \frac{V_s}{\varepsilon - 1}$$

ε : 압축비,	V_s : 행정체적[cc]
V_t : 실린더 총 체적[cc],	V_c : 연소실 체적[cc]

[3] 엔진의 마력

엔진의 마력(HP : horse power)은 엔진의 힘을 나타내는 단위로 말 한 마리가 1초 동안에 75kgf의 무게를 1m만큼 끄는 일의 양을 말한다.

1HP = 75[kgf · m/s] = 736[W : 와트] = 632.3[kcal/h]

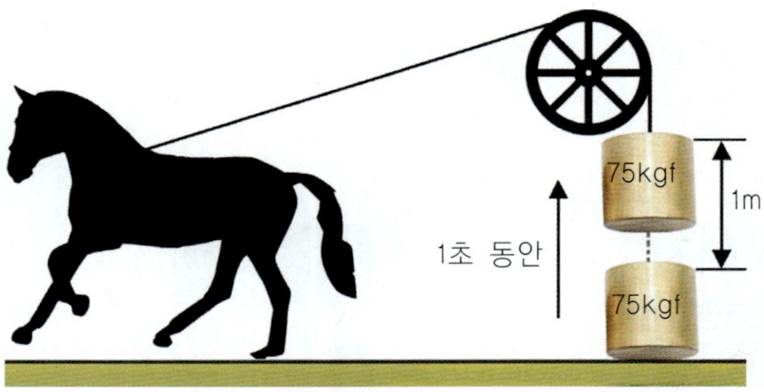

[그림 10] **마력의 정의**

(1) 지시마력(IHP : indicated horse power, 도시마력)

실린더 내에서 연료가 연소하여 실제 발생한 마력으로 힘을 지압계로 측정하여 지압선도로 나타내어 계산한 마력이다.

$$\text{IHP} = \frac{P_{mi} \times A \times L \times N \times Z}{75 \times 60} = \frac{P \times V \times N \times Z}{4,500} \text{ [PS]}$$

P_{mi} : 지시평균 유효압력[kgf/cm^2]	Z : 실린더 수(기통)
A : 실린더 단면적[cm^2]	N : 엔진회전수[rpm]
L : 행정거리[cm]	2사이클인 경우 = R
V : 배기량[cc]	4사이클인 경우 = $\frac{R}{2}$

(2) 제동마력(BHP : brake horse power, 축마력, 정미마력)

제동마력은 지시마력에서 기계적 손실을 뺀 마력을 말한다.

$$\mathrm{BHP} = \frac{2\pi \mathrm{NT}}{75\times 60} = \frac{\mathrm{NT}}{716.5}[\mathrm{PS}], \qquad \mathrm{T} = 716.5 \times \frac{\mathrm{BHP}}{\mathrm{N}}$$

$$\mathrm{BHP} = \mathrm{IHP} - \mathrm{FPS}[\mathrm{PS}], \qquad \mathrm{BHP} = \eta_m \times \mathrm{IHP}[\mathrm{PS}]$$

T : 회전력[kgf · m],	FHP : 마찰마력[PS]
N : 회전수[rpm],	η_m : 기계효율[%]

(3) 마찰마력(FHP : friction horse power)

마찰마력이란 피스톤이 왕복 운동할 때 피스톤 링이 실린더 벽에 마찰하여 발생하는 마찰력을 말한다.

$$\mathrm{FHP} = \mathrm{IHP} - \mathrm{BHP}$$

IHP : 지시마력, BHP : 제동마력, FHP : 마찰마력

$$FHP = \frac{Fr\times Z\times N\times S}{75} = \frac{F\times S}{75}[\mathrm{PS}]$$

F : 총 마찰력[kgf]	Z : 실린더 당 링의 수[개]
Fr : 링 1개당 마찰력[kgf]	S : 피스톤 평균속도[m/s]
N : 실린더 수[기통]	

(4) 연료마력(PHP : petrol horse power)

연료마력은 연료의 발열량, 소비량, 비중, 사용시간 등을 측정하여 측정하는 마력으로 연료의 발열량에 따라 크게 좌우된다.

$$PPS = \frac{60 \times C \times W}{632.3 \times t} = \frac{C \times W}{10.5 \times t} \text{ [PS]}$$

$$PHP = \frac{60 \times C \times W}{2{,}545 \times t} = \frac{C \times W}{42.4 \times t} \text{ [HP]}$$

PPS : 미터마력에서의 연료마력[PS]
PHP : 영마력에서의 연료마력[PS]
C : 연료의 저위 발열량[kcal/kgf, BTU/ℓ b]
W : 연료의 중량[kgf = L × 비중, L_b]. t : 측정시간[분]

1.6.3. 엔진의 효율

[1] 기계효율(mechanical efficiency)

기계효율은 실린더 내에서 실제 발생된 지시마력에서 엔진의 운전 중 손실에 의해 발생된 정미마력과의 관계이다.

$$\eta_m = \frac{BPS}{IPS} \times 100[\%]$$

IPS : 지시마력[PS]
BPS : 제동미력[PS]

$$\eta_m = \frac{P_{me}}{P_{mi}} \times 100[\%]$$

P_{mi} : 지시평균 유효압력[kgf/cm^2]
P_{me} : 제동평균 유효압력[kgf/cm^2]

[2] 체적효율(volumetric efficiency)

체적효율이란 실린더체적과 실제 실린더 내로 들어간 공기량의 비를 말하며 중량비라고 한다. 실린더의 흡기효율은 엔진성능에 중요하며 과급기를 사용하여 체적효율을 좋게 한다.

$$\text{체적효율}(\eta_v) = \frac{\text{실제 흡입된 공기량(중량)}}{\text{실린더 체적이 차지할 수 있는 공기량(중량)}} \times 100[\%]$$

$$= \frac{\text{흡기량}}{\text{실린더 배기량}} \times 100[\%]$$

1.6.4. 엔진의 성능곡선 및 엔진 속도의 토크특성

[1] 엔진의 성능곡선

엔진 성능 곡선도란 운전 중의 엔진에서 축 출력, 축 토크, 연료소비율과의 관계를 나타내는 선도이다. 엔진성능 곡선도에 따르면 중속에서는 흡입기간이 길어 체적효율이 향상되므로 최고 압력이 높아져 축 출력이 가장 크고 고속, 저속에서는 중속에 비해 출력이 저하한다.

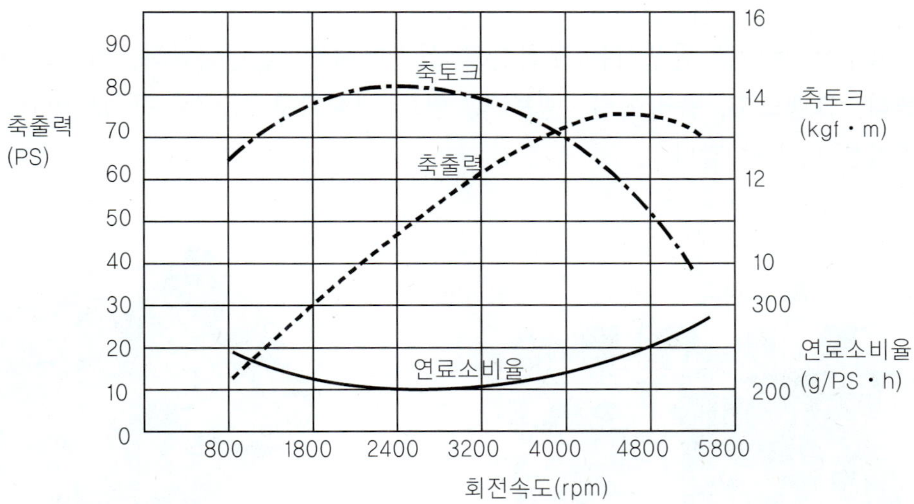

[그림 11] **엔진의 성능곡선도 예**

[2] 엔진속도의 토크 특성

(1) 저속에서의 토크

① 흡입행정에서 공기의 유입관성 효과가 감소한다.

② 체적효율의 저하로 폭발행정의 발열량과 팽창력이 작아 토크는 낮아진다.

(2) 중속에서의 토크

피스톤의 왕복운동이 적절하고 흡입공기량도 적당해서 토크는 증가한다.

(3) 고속에서의 토크

① 피스톤의 왕복운동 빨라지면서 흡입공기량이 적어 토크가 낮다.
② 고속일수록 기계 손실이 증가한다.
③ 피스톤 속도의 증가로 화염이 피스톤에 작용하는 힘이 감소한다.

02 엔진 본체

엔진 주요부는 동력을 발생하는 부분으로 실린더헤드, 실린더블록, 피스톤 커넥팅로드 어셈블리, 크랭크축, 플라이휠, 밸브 및 밸브 개폐기구 등으로 구성되어 있고 엔진의 구비조건은 다음과 같다.

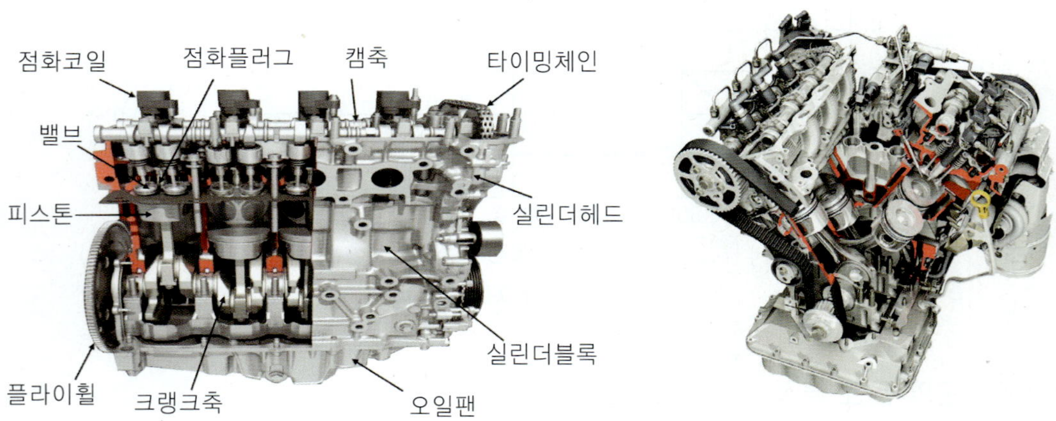

(a) 직렬형 엔진 (b) V형 엔진

[그림 12] 엔진 본체

① 정미 마력당 중량이 가볍고 고장이 적을 것
② 저속에서 고속까지 회전범위가 넓을 것
③ 출력변화와 운전성능이 좋을 것
④ 연료소비량이 적고 값이 저렴할 것
⑤ 진동 및 소음이 적을 것
⑥ 다루기가 쉽고 점검수리가 용이할 것

2.1. 실린더헤드(cylinder head)

실린더헤드는 피스톤헤드, 실린더 등과 함께 연소실을 구성하며 캠축, 점화코일, 점화플러그, 밸브기구 등이 설치된다. 실린더헤드의 재질은 주철 또는 알루미늄합금을 사용하는데 최근에는 알루미늄합금을 많이 사용한다.

알루미늄합금은 주철에 비해 무게가 가볍고 열 전도성이 특히 우수하여 연소실 온도를 낮게 할 수 있어 조기점화의 원인이 되는 열점(hot spot)을 방지할 수 있어 주철에 비해 압축비를 높일 수 있는 장점이 있다. 그러나 알루미늄합금은 동일한 온도에서 주철에 비해 열 팽창율이 거의 2배 정도이며, 내구성이나 내 부식성이 약한 면이 있다.

[그림 13] **실린더헤드의 구성품**

실린더헤드를 떼어내는 방법은 연질해머로 두들겨 떼어내는 방법, 호이스트를 이용하고 실린더헤드의 균열 점검방법은 타진법, 자기 탐상법, 육안 검사법, 염색 탐상법, 형광 탐상법에 의한 방법이 있다.

2.2. 연소실(combustion chamber)

연소실은 가솔린엔진이나 디젤엔진 등 내연기관에서 혼합기(연료와 공기가 섞인 것)가 주로 연소하는 공간을 말한다. 연소실은 실린더헤드와 피스톤헤드사이의 공간으로 이러한 연소실의 모양은 흡기와 배기의 흐름, 연소속도 등에 영향을 미쳐 엔진 효율을 결정하는 중요한 부분으로 작용한다. 연소실의 구비조건은 다음과 같다.

① 강한 와류를 형성할 것
② 가능하면 빠른 시간 내에 연소가 끝날 것
③ 열손실이 작을 것
④ 기계적 옥탄가가 높을 것
⑤ 연소실 표면적을 최소로 할 것

2.2.1. 연소실의 종류

[1] 반구형, 펜트 루프(지붕형) 연소실(semi-spherical/Pent Roof Type)

반구형타입은 반구형태의 연소실 모양을 가지며 스파크플러그를 가운데로 두고 양쪽으로 흡·배기밸브가 위치해 있다. 이러한 방식은 상대적으로 크기가 큰 밸브와 흡·배기 포트 설치를 용이하게 한다. 이로 인해 엔진 연소에 필수적인 혼합기와 배기가스의 흐름을 좋게 하는 이점을 가진다.

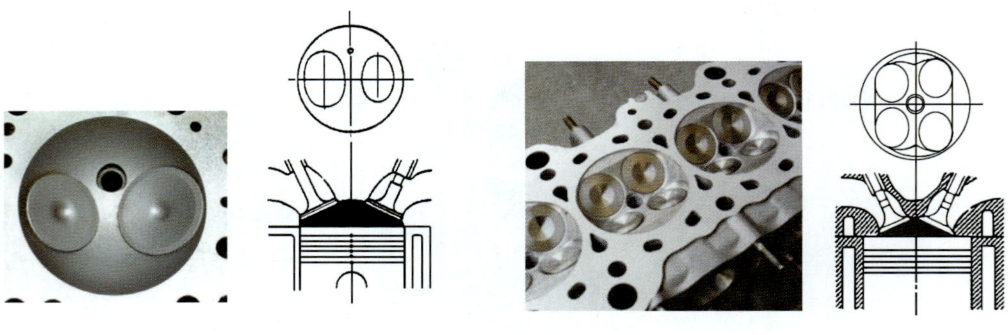

(a) 반구형 타입　　(b) 펜트루프 타입

[그림 14] **반구형, 펜트루프형 연소실**

[2] 쐐기형 연소실(wedge type)

쐐기형타입은 스파크플러그를 시작으로 기울어진 면을 따라 한쪽으로 점점 가늘어지는 모양을 가지고 흡·배기밸브는 기울어진 면과 일직선을 이루는 형태로 장착이 된다.

[그림 15] **쐐기형**

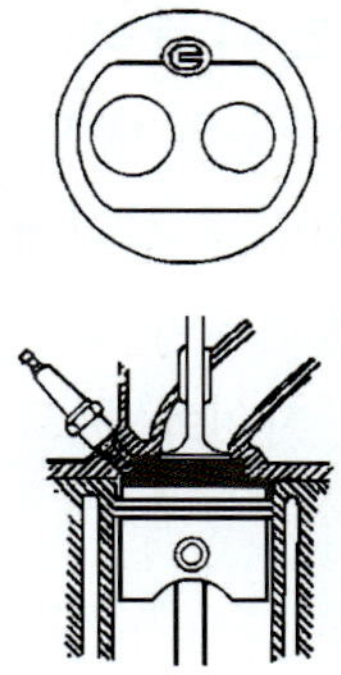

[그림 16] **욕조형**

[3] 욕조형 연소실(bath tub type)

욕조형은 욕조를 거꾸로 뒤집은 형태의 연소실 모양을 가지게 되어 불리게 된 이름이다. 흡·배기밸브는 펜트루프 타입과 달리 수직으로 장착되고 나란히 배열되어 상대적으로 간단한 작동형태를 보이는 것이 특징이다.

[4] 스월 연소실(swirl combustion chamber)

흡입행정과 압축행정시에 실린더 내에서 발생하는 수평방향의 회전와류를 스월(swirl)이라고 한다. 또한 와류에는 압축행정 말기에 피스톤이 상사점에 접근함에 따라 발생하는 스퀴시(squish)와 텀블(tumble)이 있는데 스퀴시는 쐐기형 연소실에서 피스톤이 상사점에 접근함에 따라 퀀칭구역(quenching area)에서 실린더 안쪽을 향한 반경방향의 운동을 말하며 텀블은 압축말기의 수직방향의 와류를 말한다.

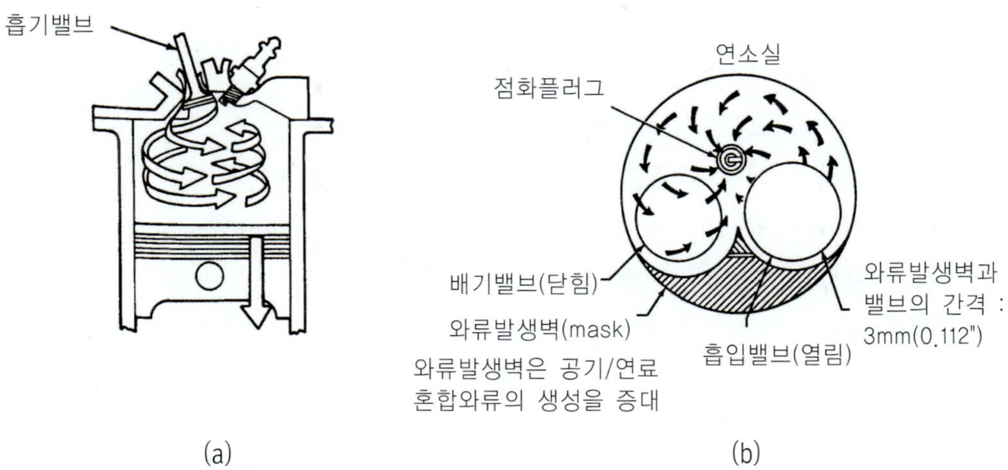

[그림 17] **스월 연소실**

2.3. 실린더블록(cylinder block)

실린더블록은 엔진의 기초 구조물이며, 위쪽에는 실린더헤드가, 아래쪽 중앙부에는 크랭크축 베어링을 사이에 두고 크랭크축이 설치된다. 내부에는 피스톤이 왕복운동을 하는 실린더가 마련되어 있으며, 이 실린더의 냉각을 위한 물 재킷이 둘러싸고 있다. 아래쪽에는 개스킷을 사이에 두고 오일 팬이 설치되어 윤활유가 담겨지며 아래 크랭크 실을 이룬다.

[그림 18] **실린더블록**

실린더블록의 재질은 규소(Si), 망간(Mn), 니켈(Ni), 크롬(Cr) 등을 포함하는 특수주철이나 보통주철 또는 알루미늄합금으로 실린더와 함께 일체 주조하여 만든다. 그러나 실린더 라이너(cylinder liner)를 사용하는 경우에는 보통주철이나 알루미늄합금으로 되어 있다.

[1] 실린더블록의 구비조건

① 엔진의 기초 구조물이므로 강도와 강성이 클 것
② 엔진 부품 중에서 가장 크기 때문에 작으며 가벼울 것
③ 구조가 복잡하기 때문에 주조 및 기계가공이 쉬울 것
④ 실린더 벽의 내마멸성이 클 것
⑤ 실린더가 마멸되었을 때 분해 정비가 쉬울 것

실린더블록은 실린더의 배열에 따라 직렬형, V형, 수평 대향형, 성형, W형 등이 있다.

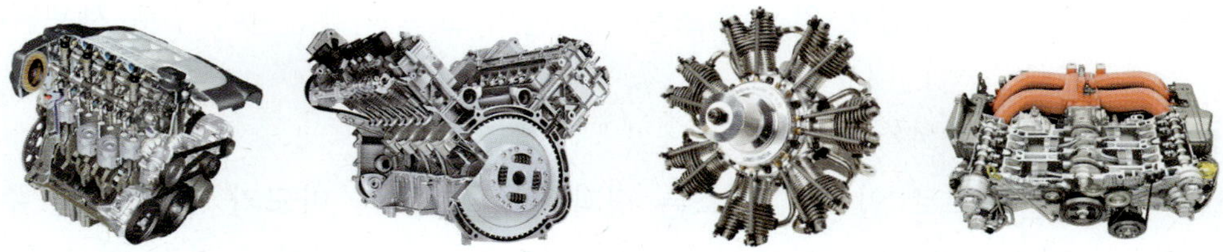

(a) 직렬형 (b) V형 (c) 성형 (e) 수평 대향형

[그림 19] **각종 실린더 배열의 종류**

2.3.1. 실린더(cylinder)

실린더는 피스톤 행정의 약 2배의 길이로 원통형이며 실린더블록과 일체로 주조되거나 라이너방식이 있다. 압축된 혼합기나 연소가스가 누설되지 않도록 정밀하게 호닝 다듬질되어 있으며 마멸을 작게 하기 위하여 실린더 벽에 크롬 도금한 것도 있다.

실린더 라이너는 실린더블록과 실린더를 별개로 사용할 수 있도록 설계되었으며 라이너는 강제 또는 보통주철이나 특수주철이 사용되고 라이너의 종류에는 건식과 습식 그리고 일체형 라이너가 있다.

(a) 건식 라이너 (b) 습식 라이너 (c) 일체형 라이너

[그림 20] **실린더 라이너의 형식**

[1] 건식 라이너(dry liner or dry type sleeve)

건식 라이너는 냉각수가 직접 라이너와 접촉하지 않고 실린더블록을 거쳐 냉각되는 형식으로 라이너의 두께는 2~4mm로써 비교적 얇다.

[2] 습식 라이너(wet liner)

습식 라이너는 라이너 바깥 둘레에 냉각수와 직접 접촉하여 냉각되는 형식으로 열팽창과 냉각수의 누설을 고려하여 2~3개의 고무제 실링이 라이너 하단부에 끼워져 있다. 라이너의 두께는 보통 6~10mm로 라이너의 상·하 2개소는 실린더블록에 끼워지며 열처리로 경도를 크게 한 특수주철로 원심 주조하여 만들며 고속 디젤엔진에 주로 사용된다.

[3] 실린더 벽의 마모

피스톤의 왕복운동으로 인하여 피스톤 링과 실린더 벽의 마모가 일어난다. 주로 실린더 상부에서 가장 마모가 심하고 상부 중에서도 스러스트방향이 가장 마모가 크다.

그 이유는 실린더 상부는 연소실과 근접해 있어 고온·고압에 노출되어 있으며 엔진 오일의 연소로 윤활이 불량하고, 또한 피스톤이 상하 왕복운동을 하는 과정에서 스러스트 면이 실린더 벽을 때리는 피스톤 슬랩(piston slap)현상이 일어나는데 톱 링(top ring, 제1압축 링)이 블록의 상부를 마모시키기 때문이다.

보링의 한계는 실린더 벽 마모량을 기준으로 하는데 실린더 안지름이 70mm 이하일 때는 0.15mm 이상이고 70mm 이상일 때는 0.20mm 이상 마모되어야 보링작업을 한다. 보링 후 바이트 자국을 없애기 위하여 숫돌을 사용하여 연마하는 호닝(honing) 작업을 하고 호닝값은 0.005mm 이하이어야 한다.

2.3.2. 크랭크케이스(crank case)와 오일 팬(oil pan)

크랭크케이스는 크랭크축이 설치되는 실린더 아래 부분과 오일팬으로 구성되어 있다. 크랭크케이스 양단에는 크랭크축을 지지하는 베어링이 끼워져 있고 또한 실린더 블록의 강성을 높이기 위해 실린더블록 안팎에 리브(rib)가 설치되어 있다.

크랭크케이스 하부는 강철판이나 경합금을 프레스 성형하여 만든 오일 팬이 개스킷을 사이에 두고 결합되어 엔진오일이 담겨져 있다. 오일 팬은 오일의 유동을 방지하기 위하여 칸막이(baffle plate)가 설치되어 있다.

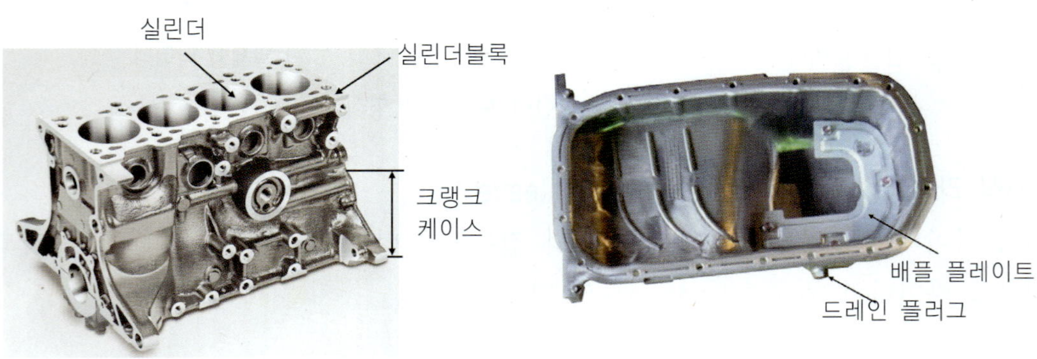

(a) 크랭크 케이스 (b) 오일 팬

[그림 21] **크랭크케이스 및 오일 팬**

2.4. 실린더헤드 개스킷(gasket)

실린더헤드 개스킷은 성질이 다른 냉각수, 윤활유, 연소배기 가스를 밀봉(sealing)하여야 하며 실린더헤드 볼트의 체결응력과 엔진이 작동될 때 반복적인 가열 및 냉각에 견딜 수 있는 내열성과 내압성이 요구된다. 실린더헤드 개스킷을 크게 분류하면 복합형 개스킷과 금속형 개스킷의 2가지로 구별할 수 있다.

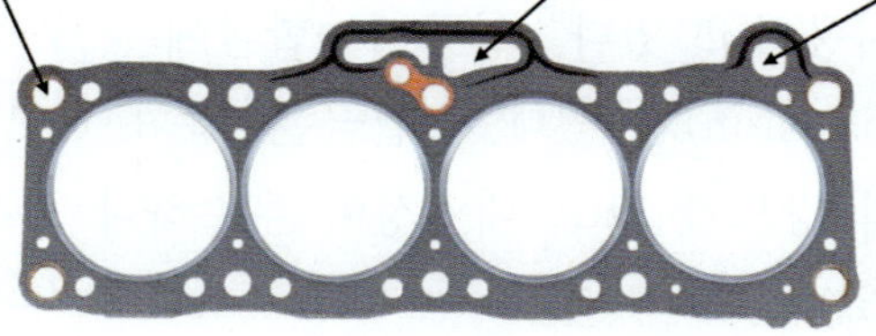

[그림 22] **실린더헤드 개스킷의 구조**

2.5. 피스톤 및 커넥팅로드 조립체

2.5.1. 피스톤(piston)

실린더 안을 왕복하며, 연소행정에서 고온·고압의 가스압력을 받아 커넥팅로드를 통해 크랭크샤프트에 회전력을 발생시키는 구성부품으로, 피스톤은 연소될 때 발생하는 2000~2500℃의 고온과 50~60kgf/cm^{2}의 고압을 받고 있다.

피스톤에 각인되는 사항은 조립방향, 피스톤 핀 치수, 피스톤구분, 피스톤 번호, 피스톤헤드의 치수 등이 있으며, 피스톤이 갖추어야 할 조건은 다음과 같다.

① 가벼울 것(비중이 작을 것)

② 열 전도성이 좋을 것

③ 고온에서 충분한 기계적 강도를 가질 것

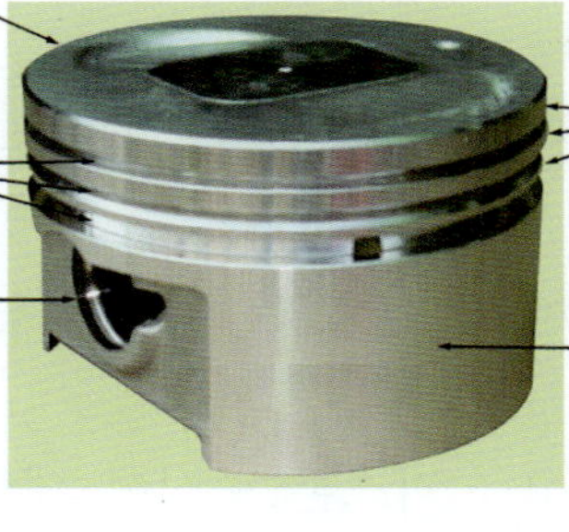

[그림 23] **피스톤의 구조**

④ 연소가스 압력을 유효하게 이용할 수 있는 구조이면서 넓은 온도범위에서도 기밀성을 유지할 것

⑤ 각 피스톤의 무게가 동일할 것(각 피스톤의 무게차이 2%(5g) 이내, 각 피스톤 커넥팅로드 조립체의 무게 차이 2%(30g) 이내)

[1] 피스톤의 재질

피스톤의 재질에는 특수주철과 알루미늄합금이 있으며, 최근에는 특수주철보다는 알루미늄합금을 많이 사용하고 있다. 알루미늄합금에는 구리계 Y합금과 규소계 로우 엑스(Lo-Ex : low expansion)가 있다. Y합금은 Al + Cu + Ni + Mg으로 되어 있으며 고온에서의 기계적 강도가 크고 내열성이 우수하나 로우 엑스에 비해 비중과 열팽창계수가 큰 결점이 있다.

로우 엑스(Lo-Ex)는 Al + Si + Cu + Ni로 되어 있으며 내열성은 Y합금보다 약간 떨어지나 비중과 열팽창계수가 작으며 특히 주조성이 우수하여 현재 가장 많이 사용하고 있다. 알루미늄합금의 가장 큰 단점은 고온에서의 열팽창이 비교적 크다.

[2] 피스톤의 형상과 종류

피스톤의 재질이 알루미늄합금일 경우 열팽창율이 크기 때문에 피스톤 틈새가 크게 설계된다. 따라서 알루미늄합금 피스톤에는 열팽창을 고려하여 설계되어 있으며 무게를 감소시키기 위해 여러 가지 방법을 사용하고 있다.

① **솔리드 피스톤(solid piston)** : 스커트부분에 홈(slot)이 없고 통형으로 되어 있다.

② **스플릿 피스톤(split piston)** : 피스톤 스커트와 링 지대사이에 가늘게 가공한 홈을 두어 스커트로 열이 전달되는 것을 제한하고, 열팽창을 적게 하기 위한 형식이다. 홈의 모양에는 U형, T형, I형 등이 있다.

③ **인바 스트럿 피스톤(invar strut piston)** : 온도변화에 따른 변형을 감소시키기 위하여 열팽창률이 매우 적은 인바강을 기둥 또는 링 모양으로 스커트 윗부분에 넣고 일체 주조한 형식이다.

④ **오토 서믹 피스톤(auto thermic piston)** : 피스톤 핀 보스부의 알루미늄합금시 인바강편을 일체 주조하여 만든 형식이다.

⑤ **슬리퍼 피스톤(slipper piston)** : 측압을 받지 않는 스커트부분을 떼어낸 모양의 것이다.

⑥ **옵셋 피스톤(off set piston)** : 피스톤 중심에 대해 피스톤 핀의 중심을 피스톤 좌우 어느 한쪽으로부터 1.0~2.5mm 정도 편심시킨 피스톤이다.

⑦ **캠 연마 피스톤**(cam ground piston) : 보스부는 작게 스러스트부는 직경이 크게 제작된 타원형 피스톤이다. 이때 장경과 단경의 차이는 대략 0.125~ 0.325mm이다.

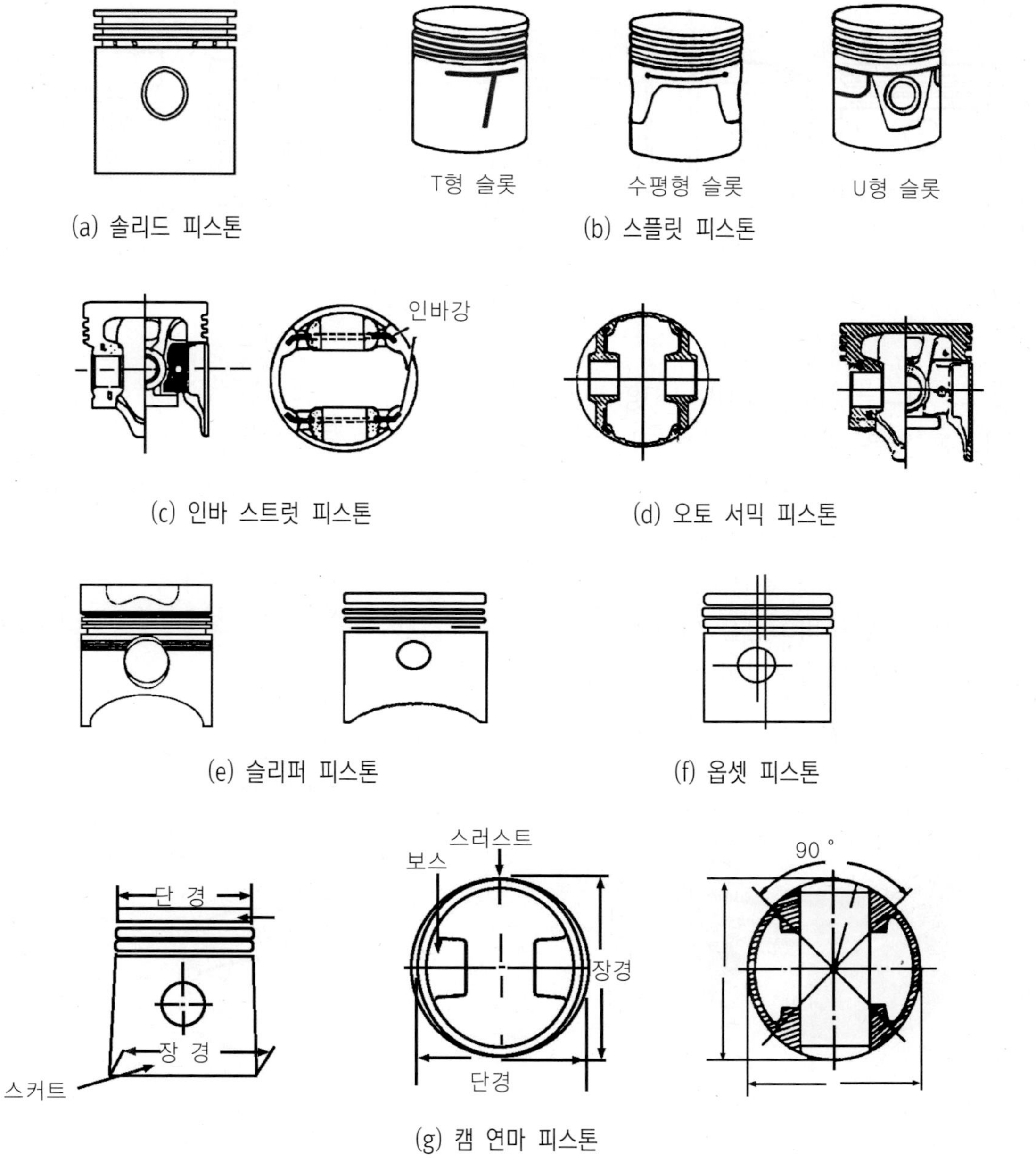

[그림 24] **피스톤의 종류**

[3] 피스톤헤드의 모양

피스톤헤드는 실린더헤드와 함께 연소실을 형성하며 피스톤헤드에 모양에 따라 편평형(flat head type), 돔형 및 쐐기형(convex type & wedge type), 밸브 노치형(notched valve type), 불규칙형(irregular type), 오목형(concave type) 등이 있다.

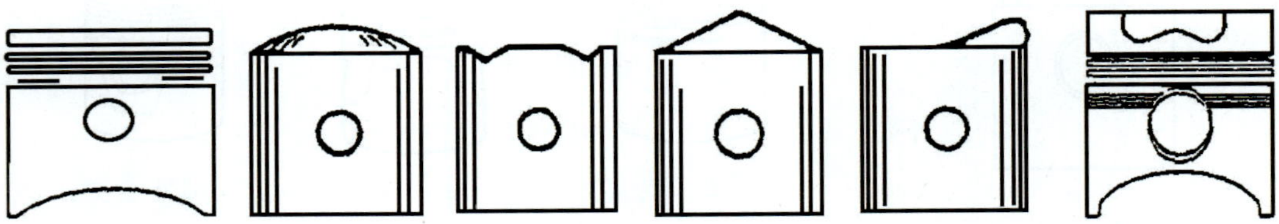

(a) 편평형 (b) 돔형 (c) 밸브 노치형 (d) 쐐기형 (e) 불규칙형 (f) 오목형

[그림 25] **피스톤헤드의 종류**

2.5.2. 피스톤 링(piston ring)

피스톤 링은 피스톤과 함께 실린더 내를 상하왕복 운동하면서 실린더 벽과 밀착되어 실린더와 피스톤사이에서 블로바이를 방지하는 기밀(밀봉)작용 실린더 벽과 피스톤 사이의 기관오일을 긁어내려 연소실로 유입되는 것을 방지하는 오일제어작용 및 피스톤헤드가 받은 열을 실린더 벽으로 전달하는 냉각(열전도)작용 등 3가지 작용을 한다.

피스톤 링의 구비조건은 다음과 같다.

① 내열성과 내마모성이 좋을 것

(a) (b)

[그림 26] **피스톤 링의 종류**

② 실린더 벽에 대하여 균일한 압력을 가할 것

③ 마찰이 적어 실린더 벽을 마모시키지 않을 것

④ 열팽창률 적을 것
⑤ 고온에서도 탄성을 유지할 것
⑥ 오래 사용하여도 링 자체나 실린더마멸이 적을 것
⑦ 고온, 고압에 대하여 장력의 변화가 적을 것

피스톤 링의 재질은 조직이 치밀한 특수주철이며, 원심주조법으로 제작한다. 피스톤 링 면은 실린더 벽과 길이 잘 들고 긁힘에 의한 마모를 감소시키기 위하여 코팅을 하며, 링 면에는 흑연, 주석, 산화철 등을 부착한다. 그리고 제1번 압축 링과 오일 링에는 크롬으로 도금을 하여 내마모성을 높인다.

피스톤링 이음부는 실린더에 피스톤 링을 설치하였을 때 거의 밀착될 정도로 되는 간극을 말한다. 이음부의 종류에는 버트이음(butt joint : 직절이음), 앵글이음(angle joint : 각이음), 랩이음(lap joint : 계단이음) 및 실이음(seal joint) 등이 있다.

(a) 버트이음 (b) 각이음 (c) 랩이음 (d) 실이음

[그림 27] **피스톤 링 이음의 종류**

2.5.3. 피스톤 핀(piston pin)

피스톤과 커넥팅로드 소단부(small end)를 연결할 때 피스톤 핀을 사용한다. 피스톤에 피스톤 핀을 끼울 때 알루미늄합금제 피스톤의 경우 피스톤을 히터로 100℃ 정도 가열한 후 끼워야 한다. 재질로는 탄소강이나 니켈-크롬(Ni-Cr)강을 주로 사용한다. 피스톤 핀의 설치방법에는 고정식, 반 부동식(요동식), 전 부동식의 3가지가 있다.

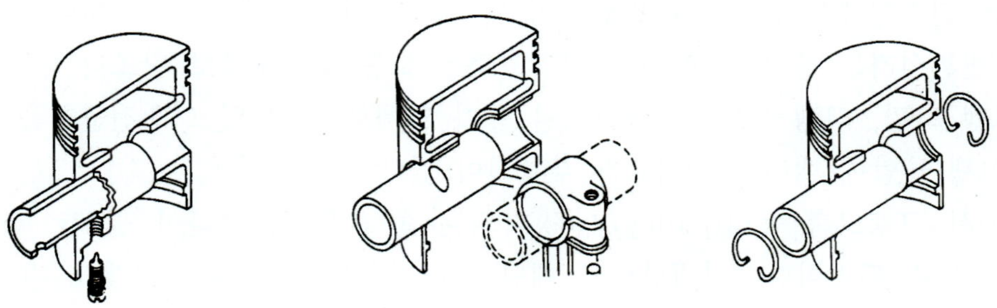

(a) 고정식 (b) 반 부동식 (c) 전 부동식

[그림 28] **피스톤 핀의 설치방법**

2.5.4. 커넥팅로드(connecting rod)

커넥팅로드는 피스톤의 왕복운동을 크랭크축의 회전운동으로 바꾸어 주는 역할을 하며 기계적 강도와 가벼워야 한다. 재질은 크롬(Cr)강, 크롬—몰리브덴(Cr-Mo)강을 사용하여 단면을 I 또는 H형으로 단조(forging)한다.

피스톤 핀이 장착되는 부위를 소단부(small end)라 하며 크랭크 핀과 연결되는 부위를 대단부(big end)라 한다. 또한 소단부 중심과 대단부 중심사이의 거리가 커넥팅로드 길이인데 피스톤 행정의 1.5~2.3배 정도로 한다.

커넥팅로드 길이를 크게 하면 피스톤의 측압을 작게 할 수 있으나 중량이 커지고, 길이를 짧게 하면 피스톤 측압은 커지나 중량을 작게 할 수 있어 고속엔진에 적합하다. 또한 커넥팅로드 대단부 경사면에는 오일 분출구멍(spit holes)을 두어 피스톤 핀과 보스 부위를 윤활한다.

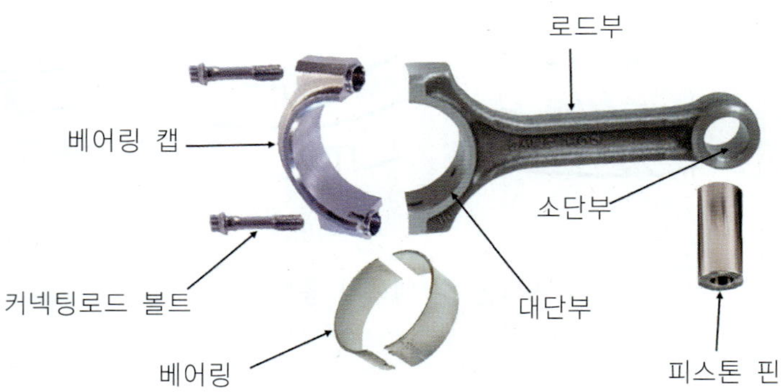

[그림 29] **커넥팅로드의 구조**

2.6. 크랭크축과 베어링

2.6.1. 크랭크축(crank shaft)

크랭크축은 연소실에서 발생한 폭발압력이 피스톤과 커넥팅로드를 경유하여 엔진의 회전력으로 변환시키는 중요한 축이다. 크랭크축은 보통 일체구조로 단조나 주조로써 제작되며 크랭크 핀, 크랭크 암, 크랭크저널 등이 일체로 되어 있고 회전균형을 유지하기 위한 크랭크 암에 밸런스 웨이트가 부착되어 있다.

크랭크축에서 크랭크축 풀리(pulley)가 장착되는 쪽을 앞쪽, 플라이 휠(fly wheel)이 설치되는 쪽을 뒤쪽이다. 커넥팅로드 대단부가 장착되는 부분은 크랭크 핀 또는 핀 저널(pin journal), 크랭크축 전체를 지지하는 메인베어링이 설치되는 부분을 메인저널(main journal)이라 한다.

크랭크축의 재질은 중탄소강(고 탄소강), 크롬-몰리브덴강, 니켈-크롬강 등의 단조품 또는 구상 흑연주철을 사용한 주조품을 사용하는데 메인저널과 핀저널의 일부분을 중첩되게 한다. 이것을 오버랩(over lap)이라 한다.

크랭크축은 메인저널 또는 핀저널을 외측마이크로미터로 측정하며 진원도, 편마멸 등을 측정하여 수정 한계값 이상인 경우는 수정 또는 교환한다. 수정 한계값은 크랭크축 지름이 50mm 이상은 1.5mm 이상, 50mm 이하인 경우는 1.0mm 이상이다.

저널의 언더사이즈 기준값은 0.25mm, 0.50mm, 0.75mm, 1.00mm, 1.25mm, 1.50mm의 6단계가 있다. 크랭크축 저널을 연마 수정하려면 언더사이즈값 = 측정값 - 0.2mm(진원 절삭량)를 하여 크랭크축을 연마하고 크랭크축 저널의 표준 베어링보다 두꺼운(언더사이즈) 베어링을 사용한다.

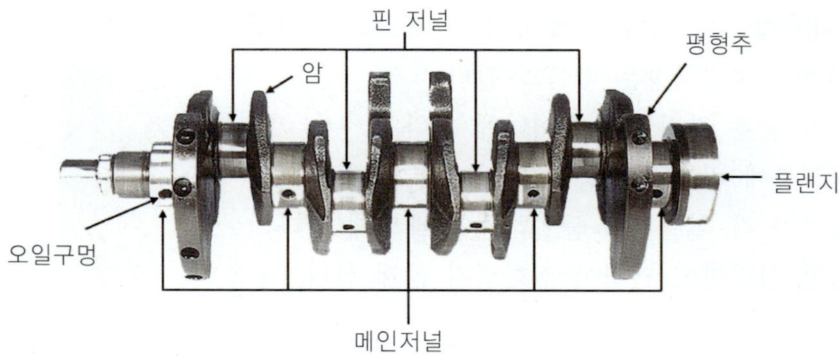

[그림 30] **크랭크축의 구조**

2.6.2. 플라이휠

플라이휠은 크랭크축 뒷부분에 볼트로 체결하여 폭발행정에서 발생되는 중량에 의한 관성의 에너지를 저장하여 흡입, 압축, 배기행정을 할 수 있도록 하고 회전력의 차이에 의한 속도변화를 감소시켜 엔진의 맥동적인 회전을 균일한 회전으로 유지시키는 역할을 한다.

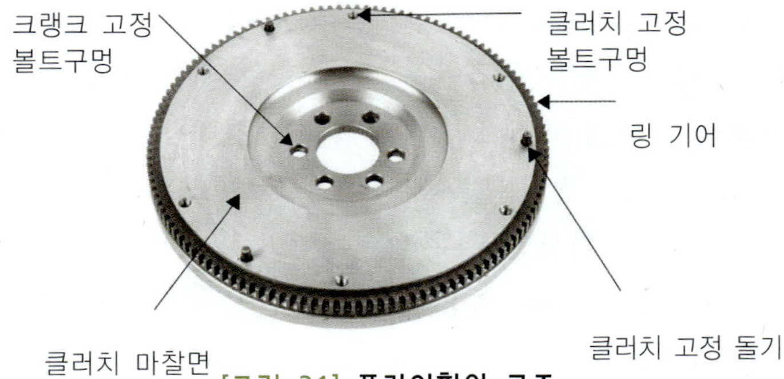

[그림 31] **플라이휠의 구조**

2.6.3. 점화순서(firing order)

크랭크축의 형식은 실린더 수와 실린더의 배열, 메인베어링의 저널수, 점화순서 등에 따라 다르며 실린더의 수에 따라 크랭크축의 크랭크 핀의 위상각이 결정된다. 점화시기 결정시 고려사항은 다음과 같다.

① 연소가 같은 간격으로 일어나게 한다.
② 크랭크축에 비틀림 진동이 일어나지 않게 한다.
③ 혼합기가 각 실린더에 균일하게 분배되게 한다.
④ 인접한 실린더에 연이어 점화되지 않게 한다.

[1] 4기통 엔진(4cylinder engine)

크랭크축의 위상각은 180°, 점화순서는 1—2—4—3 또는 1—3—4—2 이다. 그리고 메인 저널의 수는 2점식, 3점식, 5점식이 있다.

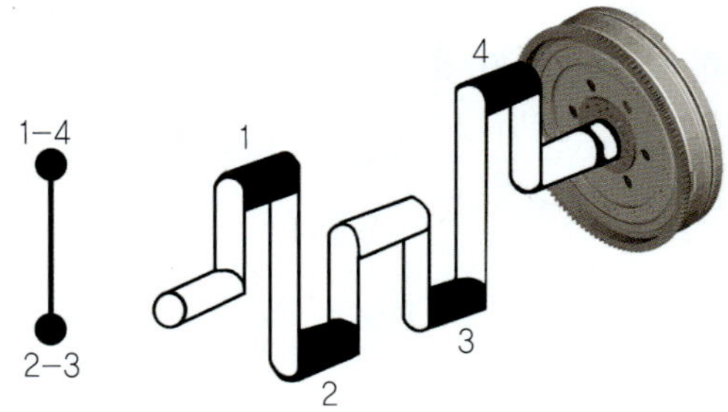

[그림 32] **4기통 엔진의 점화순서**

[표] 4실린더 엔진의 점화순서 및 작동행정과의 관계

■ 점화순서 : 1 - 3 - 4 - 2

회전각도 / 실린더 No.	1회전		2회전	
	0~180˚	180~360˚	360~540˚	540~720˚
1	팽창	배기	흡입	압축
2	배기	흡입	압축	팽착
3	압축	팽창	배기	흡입
4	흡입	압축	팽창	배기

■ 점화순서 : 1 - 2 - 4 - 3

회전각도 / 실린더 No.	1회전		2회전	
	0~180˚	180~360˚	360~540˚	540~720˚
1	팽창	배기	흡입	압축
2	압축	팽창	배기	흡입
3	배기	흡입	압축	팽창
4	흡입	압축	팽창	배기

[2] 6기통 엔진(6cylinder engine)

크랭크축의 위상각은 120˚ 이고, 6기통 엔진은 6개의 크랭크 핀을 가지며 점화순서 중 인접 실린더에서 폭발이 연속되지 않는 점화순서로 우수식은 1—5—3—6—2—4를 좌수식은 1—4—2—6—3—5를 사용한다. 저널의 수는 직렬형 6기통일 경우 7점식이다.

6기통 엔진의 크랭크축 각도는 120˚ 이므로 120˚ 회전마다 1회 동력행정이 일어나며 크랭크축이 2회(720) 회전하는 동안 6회의 동력행정을 한다. 크랭크축을 앞에서 보았을 때 3번과 4번 크랭크 핀이 우측에 있으면 우수식, 좌측에 있으면 좌수식이 된다.

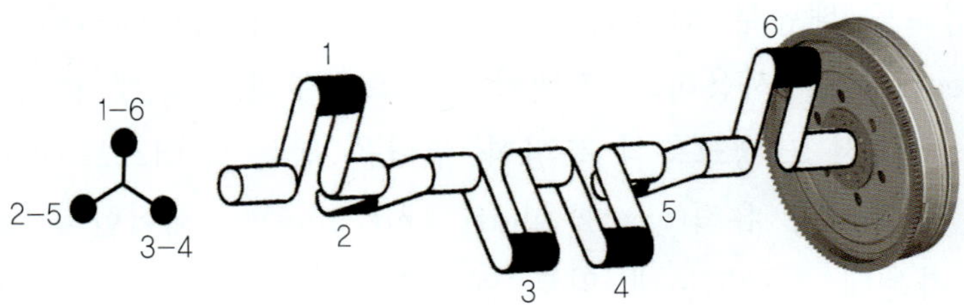

[그림 33] 6실린더엔진 크랭크축

[표] 6실린더 엔진의 점화순서 및 작동행정과의 관계

<table>
<tr><th rowspan="2">회전각도
실린더 No.</th><th colspan="6">1회전</th><th colspan="6">2회전</th></tr>
<tr><th colspan="3">0~180°
60 120</th><th colspan="3">180~360°
240 300</th><th colspan="3">360~540°
420 480</th><th colspan="3">540~720°
600 660</th></tr>
<tr><td>1</td><td colspan="3">팽창</td><td colspan="3">배기</td><td colspan="3">흡입</td><td colspan="3">압축</td></tr>
<tr><td>2</td><td>흡</td><td colspan="3">압축</td><td colspan="3">팽창</td><td colspan="3">배기</td><td colspan="2">흡입</td></tr>
<tr><td>3</td><td colspan="2">배기</td><td colspan="3">흡입</td><td colspan="3">압축</td><td colspan="3">팽창</td><td>배</td></tr>
<tr><td>4</td><td colspan="2">압축</td><td colspan="3">팽창</td><td colspan="3">배기</td><td colspan="3">흡입</td><td>흡</td></tr>
<tr><td>5</td><td>팽</td><td colspan="3">배기</td><td colspan="3">흡입</td><td colspan="3">압축</td><td colspan="2">팽창</td></tr>
<tr><td>6</td><td colspan="3">흡입</td><td colspan="3">압축</td><td colspan="3">팽창</td><td colspan="3">배기</td></tr>
</table>

[3] 8기통 엔진(8cylinder engine)

크랭크축의 위상각은 직렬형인 경우 90° 이고 V-8기통은 90° 이다. 그리고 점화순서는 다음과 같다. 그리고 저널의 수는 직렬형은 9점식이고, V-8기통은 5점식이다.

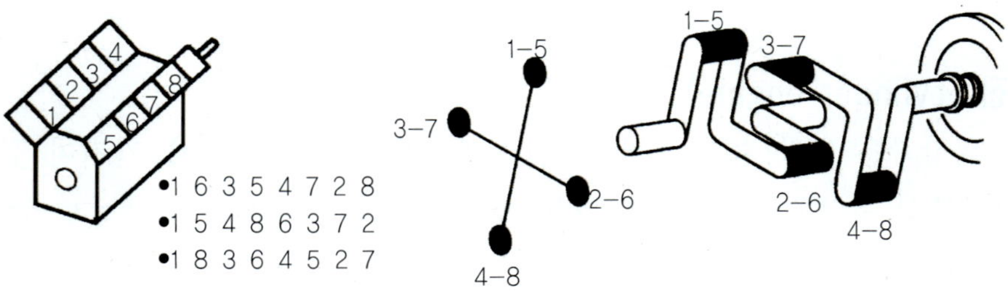

(a) 점화순서 (b) 크랭크축

[그림 34] 8 실린더 점화순서와 크랭크축

2.6.4. 엔진베어링(engine bearing)

엔진에는 커넥팅로드 대단부 베어링과 크랭크축을 지지하는 메인베어링은 평면 분할베어링(plain bearing)을 사용하고 커넥팅로드 소단부와 캠축베어링은 부싱을 사용한다. 메인베어링 중에서 크랭크축의 축방향 추력을 받는 스러스트 베어링은 측면에 스러스트 면이 있어 축방향 유격(crank shaft end play)을 제어한다. 스러스트 베어링은 일반적으로 가운데 장착되는데 일부 엔진은 크랭크축 끝단에 설치되는 경우도 있다. 또한 메인 베어링 측면에 스러스트 심(thrust shim)을 붙여 사용하기도 한다.

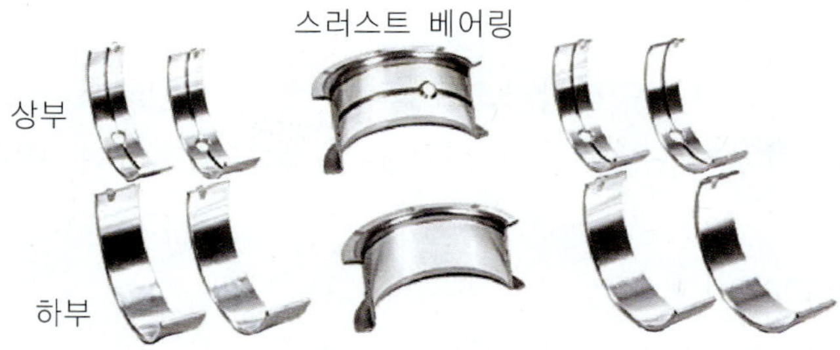

[그림 35] **크랭크축 메인베어링의 구성**

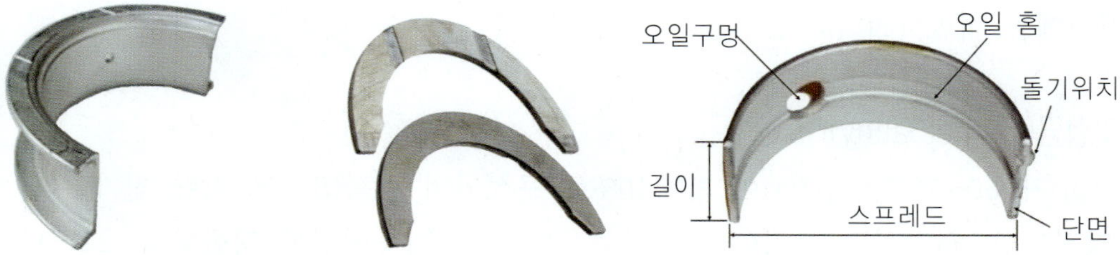

(a) 스러스트 베어링 (b) 스러스트 심 (c) 베어링 단면

[그림 36] **스러스트 베어링, 스러스트 심 및 베어링 단면**

[1] 베어링의 오일간극과 구비조건

메인저널과 베어링사이의 오일간극은 정지상태에서의 틈새를 말하며 일반적으로 0.02~0.04mm 정도 둔다.

측정은 플라스틱 게이지를 이용하며 오일간극이 너무 크면 유압이 저하되고 오일간극이 작으면 윤활 막도 작아져 윤활 막이 파손되어 마모나 손상을 일으킨다. 또한 베어링이 갖추어야 할 조건은 하중부담 능력, 초기 길들임성, 이물질 매입성, 추종 유동성, 내고착성, 고강도, 고강성, 내열성, 내식성 및 내 피로성 등이 요구된다.

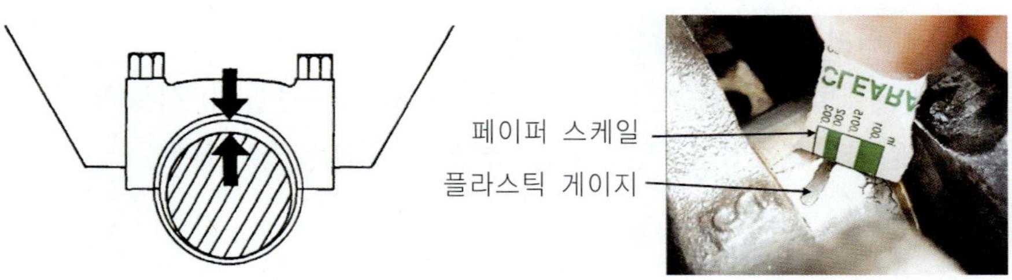

(a) 오일간극 (b) 오일간극 측정

[그림 37] **베어링 오일간극 및 오일간극 측정**

[2] 베어링의 재질

엔진 베어링은 탄소강이나 구리합금으로 되어 있는 셀(back plate, 또는 shell)에 배빗메탈, 켈밋합금, 알루미늄합금을 0.2~0.5mm정도 코팅하여 사용한다.

(1) 배빗메탈(babbit metal)

배빗메탈은 주석(Sn 80~90%), 안티몬(Sn 3~12%), 구리(Cu 3~7%)가 표준 조성이다. 금속이 연하기 때문에 시동 초기의 경계 윤활상태에 강하고 매입성, 길들임성, 내식성은 우수하나 기계적 강도(고온 강도)가 낮고 내피로성, 내열성이 약하여 고속・고부하 엔진에는 적합하지 않다.

(2) 켈밋합금(kelmet alloy)

구리(Cu)가 60~70%, 납(Pb)이 30~40%로 구성되며 주석(Sn)이 소량 첨가된다. 내열성, 열전도성, 하중부담 능력이 우수하여 고속・고 하중엔진에 적합하다. 그러나 길들임성, 매입성이 불량하고 엔진오일 내에 존재하는 산화물에 의한 부식이 심하기 때문에 켈밋합금 그대로 사용하는 경우는 거의 없고 그 표면에 배빗메탈을 얇게 코팅하여 사용한다. 이것을 트리메탈이라 한다.

(3) 알루미늄합금

최근에 사용되는 베어링 금속으로서 주 금속은 알루미늄(Al)인데 납(Pb)이 소량 함유되어 있다. 한편 주석(Sn)과 구리(Cu)를 약간 첨가하여 베어링 강도를 증가시킨다. 고속・고 부하에 강하기 때문에 자동차 엔진베어링으로 가장 널리 사용되고 있다. 알루미늄합금도 켈밋합금과 마찬가지로 표면 그대로 사용하지 않고 배빗메탈을 0.0125~0.025mm 정도로 코팅(일반적으로 overlay라 함)하여 사용한다.

(4) 트리메탈(tri metal)

배빗메탈과 켈밋메탈, 강 등의 3개 층으로 베어링을 만들어 서로의 장・단점을 보완하며 강성, 매입성, 길들임성, 열전도율 등을 좋게 한 형식이다.

[3] 스프레드(spread)와 크러시(crush)

베어링 셸의 원둘레가 베어링 하우징의 원둘레보다 약간 크다. 즉, 베어링을 자유상태로 베어링 하우징에 걸쳐놓았을 때 베어링의 바깥지름이 베어링 하우징의 바깥지름보다 0.13~0.05mm 정도 크다. 이를 베어링 스프레드라고 하며 조립할 때 작업의 편리성 때문에 베어링 스프레드를 둔다. 또한 베어링의 과도한 크러시로 인한 베어링의 변형을 방지하기도 한다.

크러시는 베어링의 바깥둘레와 하우징 둘레와의 차이로 베어링의 열전도성을 향상시켜 베어링 손상을 방지하고 엔진이 작동할 때 베어링 회전을 방지한다.

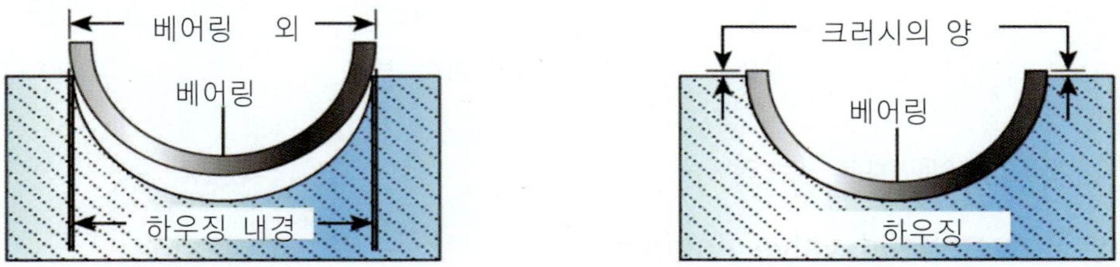

(a) 스프레드 (b) 크러시

[그림 38] **베어링 스프레드와 크러시**

2.7. 밸브기구

밸브는 실린더헤드의 연소실에 마련된 흡기와 배기포트(port)를 각각 개폐하여 공기 또는 혼합기를 들여보내고 배기가스를 배출하는 일을 한다. 밸브는 1개의 실린더에 흡입밸브와 배기밸브가 각각 1개 또는 2개씩 설치되어 있으며 자동차용 엔진에는 일반적으로 포핏밸브(poppet valve)가 사용된다.

2.7.1. 밸브 배열에 의한 분류

① I헤드형 : I헤드형은 실린더헤드에 흡·배기밸브를 모두 설치한 형식
② L헤드형 : L헤드형은 실린더블록에 흡·배기밸브를 일렬로 나란히 설치한 형식
③ F헤드형 : F헤드형은 실린더헤드에 흡기밸브를, 블록에 배기밸브를 설치한 형식
④ T헤드형 : T헤드형은 실린더블록에 실린더를 중심으로 양쪽에 흡·배기밸브가 설치된 형식

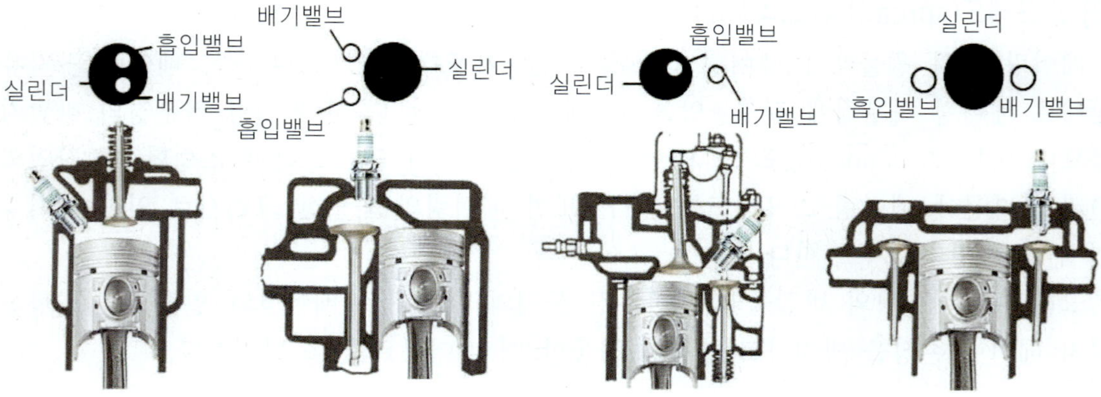

(a) I헤드형　　(b) L헤드형　　(c) F헤드형　　(d) T헤드형

[그림 39] **밸브배열에 의한 분류**

2.7.2. 캠축위치에 따른 분류

[1] OHV엔진(over head valve engine)

흡·배기밸브가 실린더헤드에 설치되는 엔진으로 캠축이 실린더블록에 설치되고 푸시로드를 사용하는 엔진을 OHV엔진 또는 I헤드형 엔진이라고 한다. 실린더블록에 있는 캠축이 리프터를 밀어 올리면 리프터는 다시 푸시로드를 밀어 올린다. 이때 푸시로드가 로커 암의 한쪽 끝을 밀어 올리면 반대쪽이 내려오면서 밸브 스템 끝을 아래로 밀어 밸브스프링이 압축되면서 밸브가 열린다. 주로 대형 디젤엔진에서 사용된다.

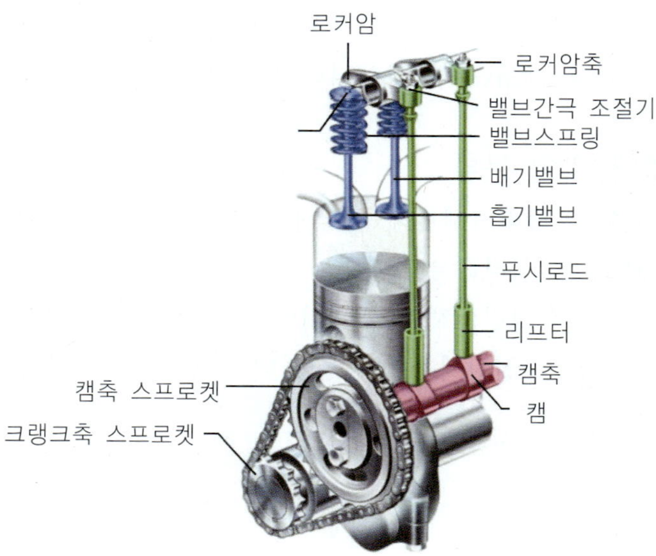

[그림 40] **OHV엔진의 밸브기구**

[2] SOHC엔진(single over head cam shaft engine)

연료실의 효율을 증가시키기 위해 흡기밸브와 배기밸브를 개폐하는 캠축을 실린더의 윗부분에 설치한 엔진이다. SOHC엔진에는 고속에서도 밸브 개폐시기가 안정되어 고속성능이 향상되므로 고속엔진에도 많이 사용하고 있다.

[3] DOHC엔진(double over head camshaft engine)

흡기밸브와 배기밸브를 개폐하는 캠축을 실린더의 윗부분에 장치한 엔진으로 흡·배기 밸브에 2개의 캠축이 있다. DOHC엔진은 SOHC에 비해 부품 수가 많고, 구조가 복잡하다는 것이 단점이지만, 엔진출력이 훨씬 높고, 고속에서 본래의 성능이 발휘된다는 장점이 있다. SOHC엔진에 비해 최대 출력에서 약 20~30% 정도 높게 나온다.

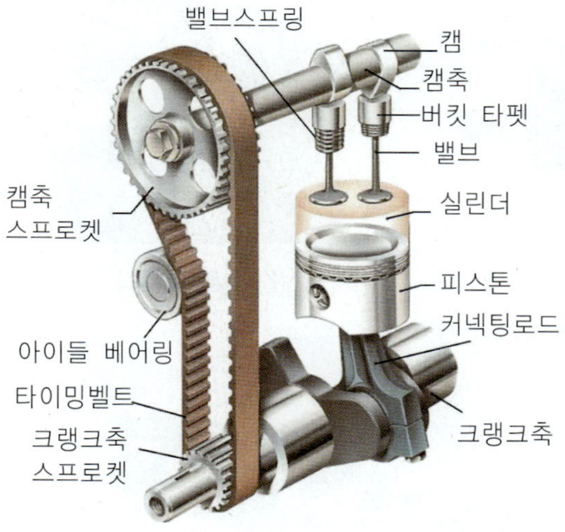

[그림 41] SOHC엔진의 밸브기구

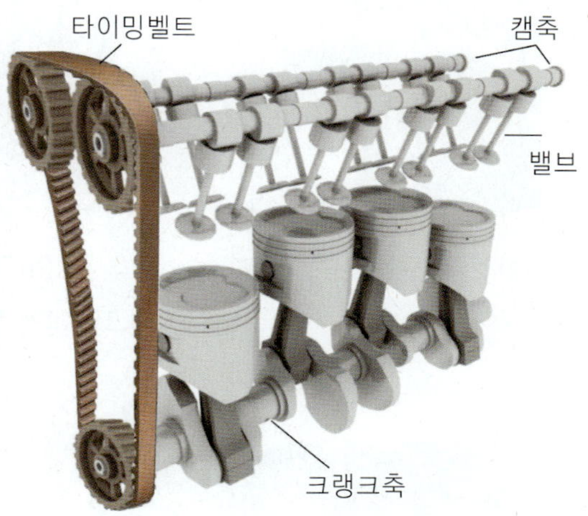

[그림 42] DOHC엔진의 밸브기구

2.7.3. 캠축 구동방식(cam shaft train type)

캠축의 구동은 기어나 체인 또는 벨트를 사용한다. 4행정 사이클 엔진의 캠축은 엔진회전의 1/2회전하며 크랭크축 회전에 대한 밸브 개폐시기를 정확히 맞추어야 하므로 각각의 기어나 스프로켓에 타이밍마크(mark)가 새겨져 있다.

[1] 기어 구동식(gear train)

크랭크축에 결합된 기어와 캠축에 결합된 기어가 기어비 1 : 2로 맞물려 돌아가 크랭크축 2회전에 캠축은 1회전하도록 되어 있다.

[2] 체인 구동식(chain train)

캠축의 구동에 체인을 이용하는 형식으로 체인에는 투드 체인(toothed chain)과 롤러체인(roller chain)이 사용되며 체인을 사용하면 다음과 같은 이점을 얻을 수 있다.

① 소음이 적으며, 캠축의 위치를 임의로 정할 수 있다.
② 미끄럼 없이 일정한 속도비를 유지할 수 있으며, 충격을 흡수할 수 있다.
③ 큰 동력을 전달할 수 있고 동력전달의 효율이 높다.
④ 내열, 내유, 내습성이 크며, 유지 및 수리가 쉽다.
⑤ 구조가 복잡하고 진동 및 소음의 원인이 된다.

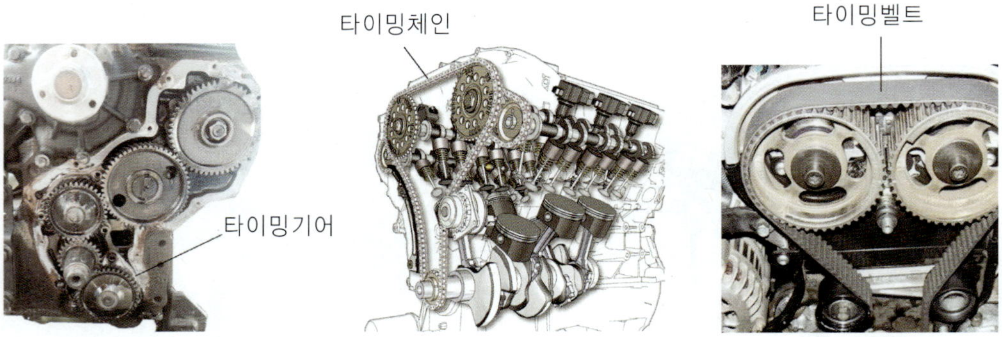

(a) 기어 구동식 (b) 체인 구동식 (c) 벨트 구동식

[그림 43] **캠축 구동방식**

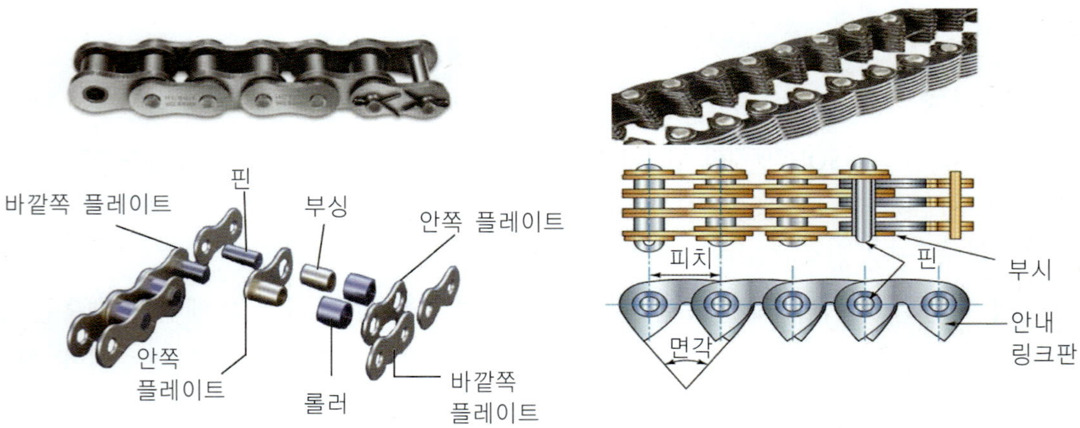

(a) 롤러 체인 (b) 사일런트 체인

[그림 44] **타이밍체인**

그러나 체인이 늘어나면 밸브 개폐시기가 틀려질 우려가 있으며 체인의 장력을 자동 조정하는 텐셔너(tensioner)나 체인의 헐거움을 바로잡는 댐퍼(damper)를 사용한

다. 사일런트 체인은 스프로킷 치차인 이(齒)를 물고 회전하기 때문에 소음이 발생되지 않으며, 마디가 기어 이(齒) 모양으로 되어 있기 때문에 투드 체인(toothed chain)이라고도 한다.

[3] 벨트 구동식(belt drive type)

크랭크축과 캠축에 스프로켓(sprocket)을 설치하고 벨트를 사용하여 캠축을 구동하는 방식으로서 스프로켓의 재질은 강 또는 주철이 사용되고 양 스프로켓의 잇수비는 타이밍 기어와 같이 2 : 1이며, 합성 고무제의 벨트에는 기어 이(齒) 모양의 돌기가 있어 구동될 때 스프로켓 홈에 벨트의 돌기가 맞물려 회전한다.

벨트 구동식에는 벨트의 장력을 조정하는 텐셔너(tensioner)와 아이들러(idler)가 설치되어 밸브 개폐시기가 틀려지지 않도록 한다. 벨트 구동식은 소음이 발생되지 않고 윤활이 필요 없다.

2.7.4. 흡·배기밸브

[1] 밸브의 구조 및 기능

밸브의 구비조건은 다음과 같다.

① 고온·고압에 견딜 수 있는 강도가 있을 것

② 혼합기에 이상 연소가 발생되지 않도록 열전도가 양호할 것

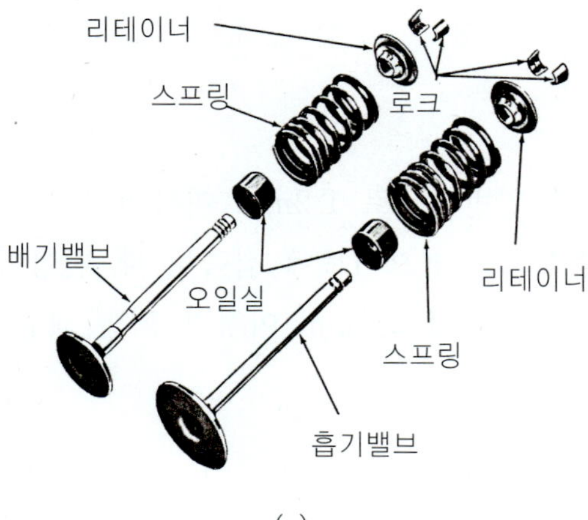

(a)

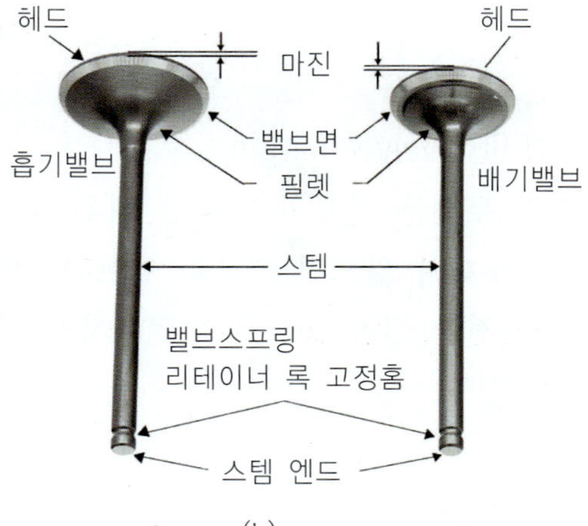

(b)

[그림 45] 흡·배기밸브의 구성

③ 내 부식성이 클 것
④ 관성력이 증대되는 것을 방지하기 위해 가능한 가벼울 것
⑤ 밸브스프링의 충격과 항장력에 잘 견디고 내구성이 클 것

(1) 밸브헤드(valve head)

밸브헤드는 고온·고압의 가스에 노출되는 부분으로 배기밸브는 열 부하(熱 負荷)가 매우 크다. 그리고 헤드 부분의 지름은 흡입효율을 증대시키기 위해 흡입밸브를 크게 한다. 헤드의 형상에는 플랫형(flat type), 튤립형(tulip type), 반 튤립형(semi-tulip type), 버섯형(mushroom type) 등이 있다. 밸브 헤드는 다음과 같은 필요조건을 갖춰야 한다.

① 내열성이 클 것
② 열전도가 양호하며 내구성이 양호할 것
③ 가스의 유동저항이 작고 흡·배기효율이 좋을 것

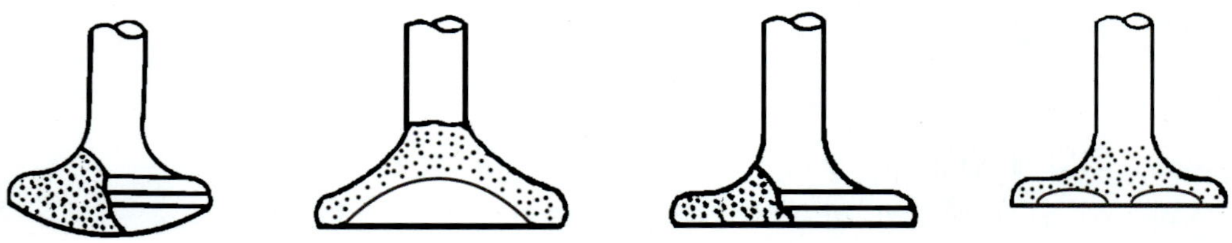

(a) 버섯형(포핏형)　(b) 튤립형　(c) 플랫형　(d) 개량 튤립형

[그림 46] **밸브헤드 형상**

(2) 밸브 마진(valve margin)

마진의 두께는 밸브의 기능상 매우 중요하며 일반적으로 1.2mm 이상의 두께를 갖고 있고 두께가 얇으면 고온과 밸브작동의 충격으로 밸브시트에 접촉될 때 변형이 되거나 불완전한 접촉 등으로 기밀유지가 어렵다. 따라서 0.8mm 이하가 되면 교환해야 한다.

(3) 밸브 면(valve face)

밸브 면은 밸브시트에 밀착되어 기밀작용을 하고 밸브헤드에 작용하는 열을 시트에 전달하며 작동시 충격적으로 작동되어 내마멸성이 커야하므로 표면경화 처리한다. 밸브면의 각도는 60°, 45°, 30°가 있으나 일반적으로 45°를 많이 사용한다.

(4) 밸브 스템(valve stem)

밸브 스템은 밸브가이드 내부를 왕복운동하며 밸브헤드에 받는 열을 밸브가이드를 통해 방출하고 가이드와 스템사이에는 윤활이 충분하지 않으므로 마멸을 고려하여 경도가 커야 한다. 또한 밸브 고착에 의한 밸브스틱(valve stick)현상을 방지하기 위하여 크롬 도금이나 질화처리를 하고 열팽창을 고려하여 스템의 직경과 차이를 두기도 한다.

(5) 밸브스프링 리테이너 록 홈(valve spring retainer lock groove)

이 홈은 밸브스프링에 밸브를 설치하기 위한 홈으로 록(lock)이나 키(key)가 끼워진다.

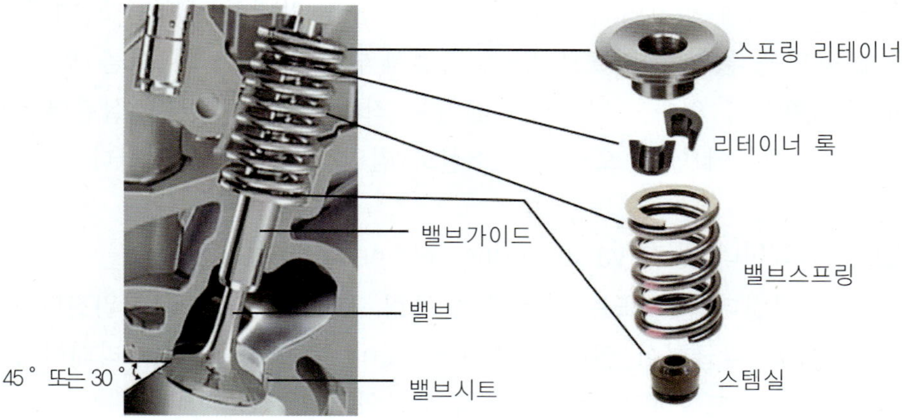

[그림 47] **밸브장치**

(6) 밸브시트(valve seat)

밸브시트는 밸브 면과 밀착되어 연소실의 기밀을 유지하며 밸브 작용시 밸브 면이 시트에 충격을 주게 되어 손상되지 않도록 설계된다. 밸브시트 방식은 일체식과 삽입식이 있으며 실린더헤드가 주철제인 경우에는 일체식으로 만들며 경합금일 경우에는 밸브 시트 링을 만들어 끼우는 삽입식이 사용된다.

밸브시트 각도는 밸브 면과 마찬가지로 30°와 45°, 60°의 것이 있으며 작동 중 열팽창을 고려하여 밸브 면과 시트사이에는 1/4~1° 정도의 간섭각을 두고 있다. 시트 폭은 일반적으로 1.5~2.2mm 정도 둔다.

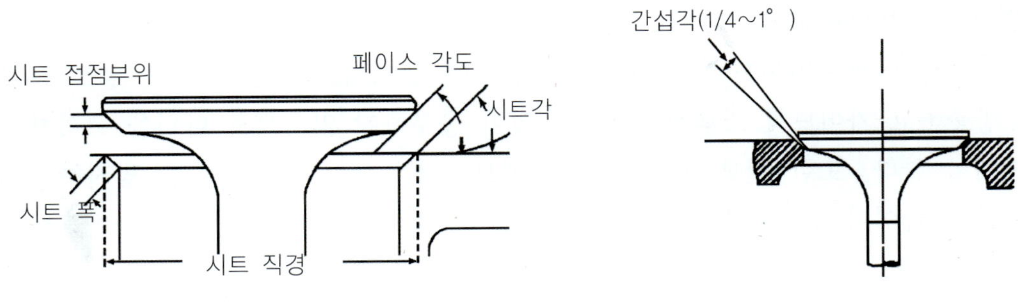

(a) 밸브 시트 형식　　　　(b) 밸브 간섭각

[그림 48] **밸브시트와 간섭각**

(7) 밸브가이드(valve guide)와 스템실

밸브가이드는 밸브의 밀착이 잘되도록 밸브 스템을 안내하는 역할을 하며 실린더헤드나 블록에 구멍을 뚫어 가이드로 만든 직접식과 주철제로 가이드를 만들어 압입하여 사용하는 교환식이 있다. 스템실은 엔진이 작동하는 과정에서 실린더 내에 강한 진공이 형성되기 때문에 엔진 오일이 연소실로 침입하는 것을 방지한다.

(8) 밸브스프링 리테이너 및 록(valve spring retainer and lock)

밸브스프링은 실린더헤드 또는 블록과 스프링 리테이너사이에 끼워진다. 리테이너 록은 원뿔형, 핀형, 말굽형이 있다. 원뿔형의 것이 주로 사용되며, 리테이너 록 홈에 끼워져 밸브스프링을 고정하고 밸브 작동시 밸브와 함께 운동한다.

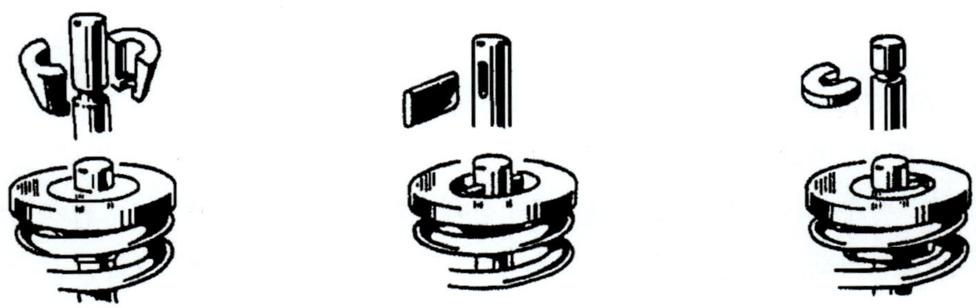

(a) 원뿔형　　　　(b) 핀형　　　　(c) 말굽형

[그림 49] **밸브스프링 리테이너와 록**

[2] 밸브의 재질과 밸브지름

(1) 밸브 재질

흡입밸브는 혼합기에 의해 냉각되므로 배기밸브에 비해 열 부하는 작게 받지만 헤드 부위의 온도가 300~500℃를 넘는 경우가 있으며 배기밸브는 700~815℃ 정도 유지된다. 따라서 흡입밸브에는 마르텐사이트 계열의 내열강이 사용되고 배기밸브는 내열성과 내부식성이 강한 오스테나이트 계열의 내열강이 사용된다.

밸브 스템은 밸브 고착(valve stick)을 방지하기 위해 크롬도금이나 질화처리를 한다. 또한 밸브 스템 엔드는 내마모성을 높이기 위해 고주파 열처리를 하거나 밸브면, 밸브시트 등과 같이 스텔라이트(stellite : Co—Cr—W의 합금)를 코팅하여 내마모성을 높이고 있으면 평면처리되어 있다.

(2) 밸브지름(valve diameter)

밸브지름은 가능한 한 큰 쪽이 흡·배기효율이 좋고 흡입효율도 증가하지만 실린더 지름에 의하여 제한을 받는다. 일반적으로 실린더지름(D)과 밸브지름(d)의 관계는 d = (0.35~0.5)D 정도이다. 밸브지름은 피스톤 평균속도, 실린더지름 그리고 밸브포트를 통과하는 가스의 속도에 관계되므로 밸브 설계시 중요한 요소가 된다.

$$d = D\sqrt{\frac{S}{V}}\,(mm)$$

d : 밸브지름(mm)
V : 밸브포트를 토와하는 가스의 소도(m/sec)
D : 실린더의 안지름(mm)
S : 피스톤 평균속도(m/sec)

(3) 밸브양정(valve lift)

밸브의 양정은 밸브가 이동하는 최대 거리를 말한다. 밸브가 열리는 것은 캠축의 캠에 의해서 열리고, 밸브가 닫히는 것은 밸브스프링의 장력에 의해서 닫힌다. 밸브의 양정과 밸브의 지름은 밸브 통로에서 공기속도를 좌우하므로 체적효율에 커다란 영향을 미친다.

밸브의 열림양으로 밸브헤드의 지름 d인 밸브가 h만큼 상승하였을 때 밸브시트의 환산 간격 πdh는 밸브구멍의 넓이 $\frac{\pi d^2}{4}$와 같으므로 $\pi dh = \frac{\pi}{4d^2}$

$$h = \frac{\pi/4d^2}{\pi d} = \frac{\pi d^2}{4\pi d} = \frac{d}{4} \qquad \therefore h = \frac{d}{4}$$

이다.

[3] 밸브스프링

밸브스프링은 압축과 동력행정에서는 스프링장력에 의해 밸브 면을 시트에 밀착시켜 기밀을 유지하고 흡입과 배기행정에서는 압축되면서 밸브가 열린다. 스프링장력이 크면 밸브 면과 밸브시트, 캠축의 캠과 로커암 끝 그리고 밸브스템 끝이 손상된다. 반대로 스프링장력이 너무 작으면 기밀 유지가 힘들고 고속에서는 밸브스프링의 서징현상을 유발시킨다.

밸브스프링 서징(surging)현상은 밸브스프링이 지닌 고유 진동수가 캠축에 의해 받는 강제 진동수와 일치할 때 발생하는 공진현상으로 스프링이 약하거나 스프링 장착 높이가 부적당할 경우 또는 엔진 회전속도가 과도하게 높을 때 발생한다. 밸브스프링 서징현상을 방지하는 방법으로는 부등피치스프링 사용, 2중 스프링 사용, 부등피치의 원추형 코일스프링 사용 이 외에도 스프링의 고유 진동수를 높인다든지 캠의 형상을 개량하는 방법 등이 있다.

(a) 부등 피치 스프링　　(b) 이중 스프링　　(c) 원추형 스프링

[그림 50] **밸브스프링의 형식**

스프링은 자유상태의 높이가 원래길이의 3% 이상 감소하거나 장력이 규정 장력의 15% 이상 감소와 직각도가 스프링 자유높이의 3% 이상 떨어지면 스프링을 교환하여야 한다.

[4] 밸브간극

밸브기구는 엔진작동 중에 마모가 발생하고 작동온도가 되면 팽창한다. 따라서 밸브가 닫혀 있을 때에는 기밀을 완벽히 유지하고 정확한 밸브 개폐시기를 얻기 위해 로커암과 밸브스템 끝사이에 일정한 틈새가 필요한데 이것을 밸브간극이라 한다. 일반적으로 밸브간극은 흡입밸브의 간극은 0.15~0.25mm, 배기밸브의 간극은

0.25~0.35mm 정도이다.

밸브간극이 규정값보다 작을 때에는 밸브가 빨리 열리고 늦게 닫혀 흡입밸브의 경우엔 역화를 일으키고 배기밸브의 경우엔 배기밸브를 통하여 배기가스가 유입되고 밸브간극이 규정 값보다 큰 경우에는 밸브가 늦게 열리고 빨리 닫힌다. 또한 밸브양정이 감소되고 체적효율과 배기효율이 저하되며, 밸브가 작동될 때 소음이 발생하고 밸브 면과 시트가 충격적으로 접촉하여 손상을 받기 쉽다.

[그림 51] 밸브간극

[그림 52] 밸브간극 측정

[5] 밸브 회전기구(valve rotator)

밸브 회전기구를 장착하여 밸브의 회전으로 밸브의 소손 원인이 되는 카본을 제거하고, 밸브스템과 가이드사이에 카본이 쌓여 발생하는 밸브고착을 방지한다.

(a) 릴리스형식 (b) 포지티브형식

[그림 53] 밸브 회전기구의 종류

밸브 면과 시트사이 편 마멸을 방지하고, 밸브회전에 의하여 밸브헤드의 온도를 일정하게 한다. 밸브 회전기구의 종류에는 밸브가 열렸을 때 기관의 진동으로 회전하는 릴리스형식(release type : 자유 회전방식)과 밸브 회전기구를 별도로 설치하고 강제로 회전시키는 포지티브형식(positive type : 강제 회전방식)이 있다.

[6] 나트륨밸브

나트륨밸브는 스템과 밸브가이드를 통하여 전달되는 열의 전도성을 높이기 위해서 스템과 밸브 헤드를 중공(中空)으로 하여 그 체적의 60% 정도를 나트륨으로 채운다.

나트륨이 97℃ 부근에서 액화되어 밸브의 상하운동에 의해 액체 상태의 나트륨도 유동운동을 하면서 헤드가 받는 열을 빠른 속도로 밸브 스템으로 전달하여 밸브 헤드의 온도를 약 100℃ 정도 낮추어 준다.

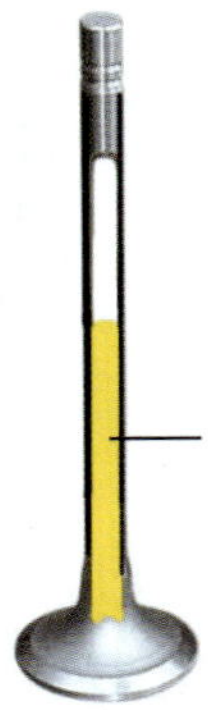

[그림 54] **나트륨 냉각밸브**

2.8. 밸브 작동기구

2.8.1. 캠축

캠축에는 엔진의 밸브 수와 같은 수의 캠이 배열되어 있고, 캠축은 캠을 구동시키는 축으로 흡·배기밸브가 서로 다른 위치의 각도로 배열되어 있고 캠과 일체로 단조 또는 주조된다. 일반적으로 크랭크축의 스프로켓 기어와 캠축의 스프로켓기어가 서로 연결되어 있으며 실린더헤드에 조립되어 지지되어 있다.

캠축은 보통주철을 사용하며 캠의 면은 경화되어 있다. 또한 저탄소강이나 중탄소강을 화염경화 또는 고주파 침탄법을 이용하여 경화시킨 것이 사용되기도 한다.

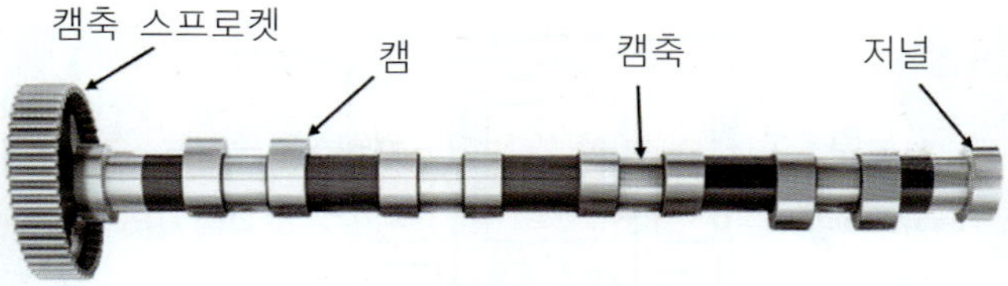

[그림 55] **캠축의 구조**

2.8.2. 캠

캠(cam)은 엔진의 회전운동을 실린더의 흡·배기밸브 작동에 필요한 왕복운동으로 변환한다. 캠은 캠축과 일체로 주조 또는 단조되어 있으며 재료는 내마모성이 강한 주철을 사용하며 캠의 표면을 경화시킨 것과 니켈크롬강의 단조품을 많이 사용하고 있다.

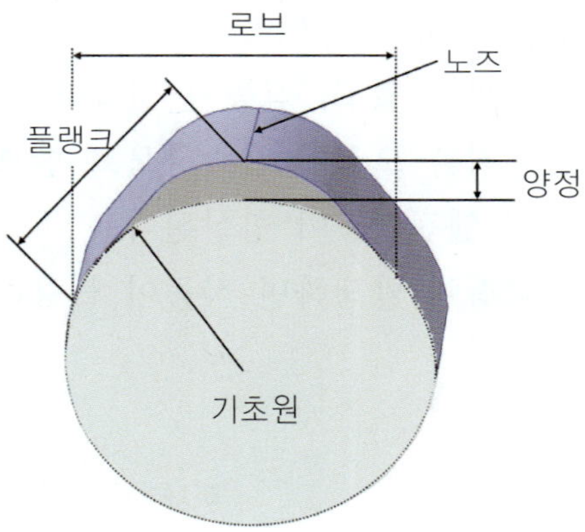

[그림 56] **캠의 명칭**

2.8.3. 리프터(lifter)

유압식 리프터는 기계식 리프터와는 달리 밸브 동력전달기구사이에 밸브간극을 요구하지 않고 밸브기구들이 유압 리프터를 사이에 두고 기계적으로 연결되어 있다. 기계식 리프터에서는 리프터의 편 마모를 감소시키기 위해 캠 중심과 리프터 중심을 약간 편심(offset)시키는 방법을 사용하기도 한다.

유압 리프터는 밸브간극을 유압과 스프링장력의 합성력으로 만들어 내기 때문에 밸브간극이 0(zero)이고 밸브가 닫혀 있을 때에는 오일펌프에서 발생한 유압이 플런저의 아래쪽에 있는 체크 볼을 통하여 보디와 플런저사이의 공간까지 오일이 유입된다. 이 상태에서 캠축이 회전하여 밸브가 열릴 때에는 플런저가 상승하면 플런저와 보디 사이에 있는 엔진 오일이 체크밸브를 통하여 일정량이 배출되어 체크 볼이 닫히면 플런저와 보디가 일체가 되어 밸브가 열린다.

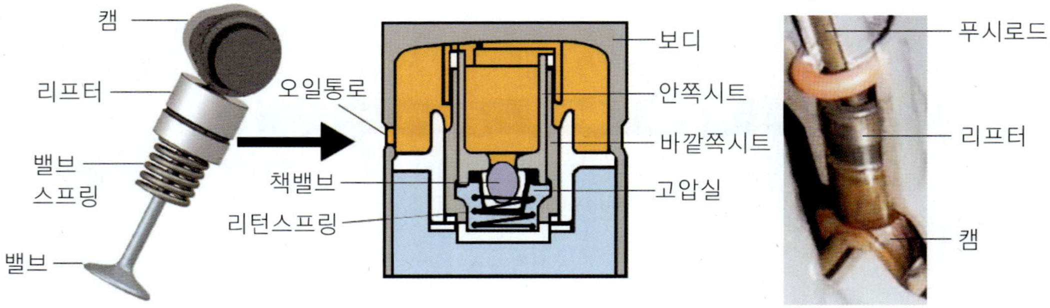

(a) 유압식　　　　　　　　　　　　　(b) 기계식

[그림 57] **밸브 리프터**

이때 밸브상태와 체크 볼의 상태는 항상 반대로 된다. 유압 리프터의 특징은 다음과 같다.

① 엔진 윤활장치에서 공급되는 유압을 이용한다.
② 밸브간극 점검 및 조정이 필요 없고, 작동이 정숙하다.
③ 밸브기구에서 발생하는 충격을 오일이 흡수하므로 밸브기구의 내구성이 크다.
④ 밸브 개폐시기가 정확하여 엔진성능이 향상된다.
⑤ 오일펌프나 윤활회로에 고장이 발생하면 작동이 불량하거나 정지한다.
⑥ 구조가 복잡하다.

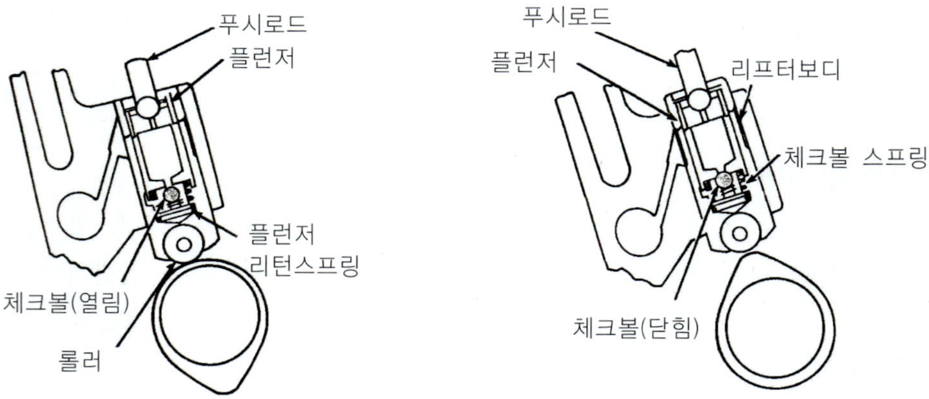

(a) 밸브 닫힘　　　　　　　　　　　　(b) 밸브 열림

[그림 58] **유압식 롤러형 밸브 리프터**

2.9. 밸브개폐시기

엔진은 혼합기를 흡입하고 배기가스를 배출하는 일종의 펌프작용을 하기 때문에 가급적이면 많은 양의 혼합기를 낮은 흡입저항으로 흡입하고 배기가스를 원활히 배출함으로써 출력을 향상시킬 수 있다. 그림 59는 4행정 사이클 엔진의 밸브 개폐시기 선도이다.

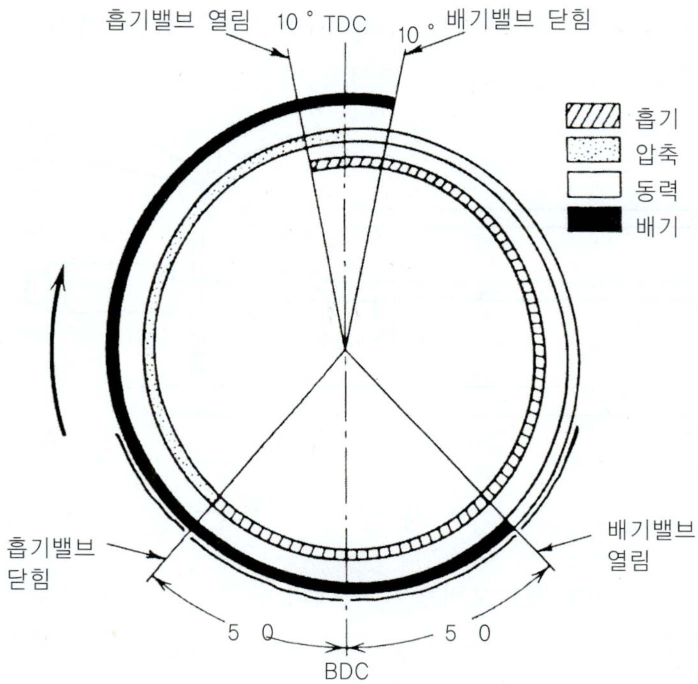

[그림 59] **4행정 사이클의 밸브개폐시기 선도**

흡입밸브는 상사점 전에서 약간 빨리 열어주어 흡입행정이 시작될 때 유효 유동면적을 크게 하여 체적효율을 향상시킨다. 또한 실린더 내의 압력이 흡기다기관의 압력과 거의 같아지는 상사점 후에 흡입밸브를 닫아주어 흡입기간을 길게 한다. 밸브 개폐시기 선도에서 흡입밸브가 열려 있는 기간을 그림 59에서 크랭크축의 회전각도로 표시하면 10° + 180° + 50° = 240° 이다.

한편 배기밸브는 동력행정 말기의 하사점 전에서 열리는데 이는 유효 팽창비율과 팽창 일은 감소되지만 피스톤이 하사점에서 상사점으로 올라갈 때 펌프 일이 감소되어 보상된다. 배기밸브는 상사점 후에서 닫힌다. 이때 배기밸브가 열려 있는 기간은 크랭크축의 회전각도로 50° + 180° + 10° = 240° 이다.

이렇게 흡입밸브와 배기밸브를 약간 빨리 열고 늦게 닫으면 배기행정 말기, 흡입행정의 초기에 피스톤이 상사점 부근에 있을 때 흡입밸브와 배기밸브가 동시에 열려 있다. 이를 밸브 오버랩(valve overlap)이라 하는데 고속 엔진과 고급 엔진에서는 특히 이 기간을 길게 한다. 밸브 오버랩이 길면 고속회전에서 맥동효과와 관성효과를 효과적으로 이용할 수 있어 체적효율이 향상된다.

2.10. 밸브타이밍 가변제어 타이밍장치(VVTS : variable valve timing system)

밸브타이밍 가변제어장치는 엔진의 부하와 회전수 조건에 따라 밸브타이밍을 조절함으로써 흡입효율이 증가하고 따라서 토크가 증가된다.

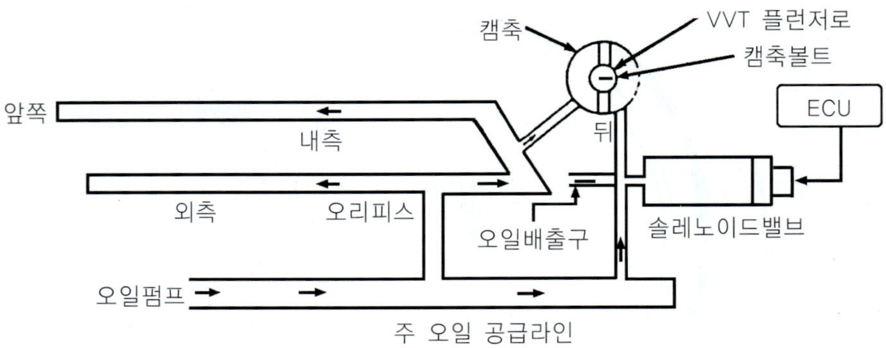

[그림 60] VVT 오일 회로도

그리고 VVT를 사용하면 밸브오버랩이 증대되어 불활성가스인 배기가스가 연소온도를 낮추어 질소산화물의 발생을 줄인다. 그러나 HC 배출가스는 다소 증대된다. 캠축에 구동되는 밸브구동장치는 배기측 캠축 풀리와 벨트로 연결되어 배기캠축과 흡기캠축은 체인에 의해 구동되며 VVT 플런저는 배기캠축 뒤편에 장착되어 있다.

배출구는 닫히게 되며 VVT 볼트구멍을 통해 중간 헬리컬기어가 리턴스프링 힘을 이기고 이동된다. 이와 동시에 헬리컬기어와 외접하고 있는 컨트롤 스프로켓 체인에 연결되어 흡입 캠축을 회전시켜 밸브타이밍을 20° 가량 변화시킨다.

VVT복귀는 ECU에서 VVT OFF신호 출력시 솔레노이드밸브가 OFF되면서 오일 배출구는 개방되어 리턴스프링 힘에 의해 중간 헬리컬기어가 원위치로 복구되는 동시에 흡입 캠축을 회전시킨다. 그러므로 밸브타이밍은 원래대로 복귀된다.

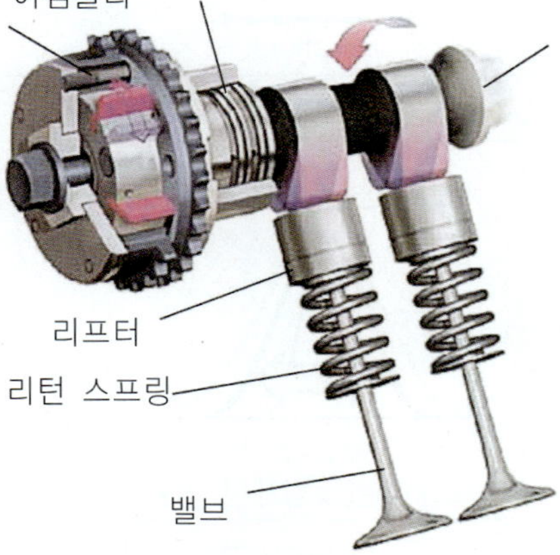

(a)

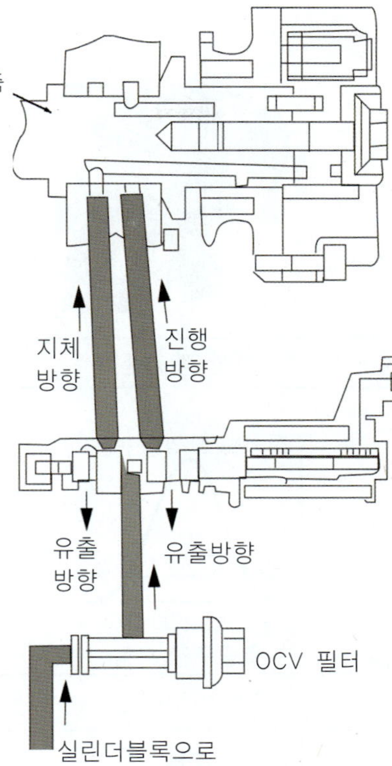

(b)

[그림 61] VVT 작동

[표] VVT장치의 밸브타이밍

VVT상태	엔진조건	밸브타이밍
VVT ON(IO/IC)	High Load	16/36
VVT OFF(IO/IC)	Low Load	-4/56

2.11. CVVD(continuously variable valve duration)

밸브의 열림, 닫힘, 개폐시간을 독립적으로 제어할 수 있는 기술이다. 이것은 성능과 연비를 모두 향상시킨다. 밸브 듀레이션은 밸브가 열려있는 기간을 뜻하며, 듀레이션이 길다는 것은 밸브가 오랫동안 열려 있다는 것이고, 듀레이션이 짧다는 것은 밸브가 짧은 시간동안만 열리는 것이다.

[표] 가변밸브의 기술비교

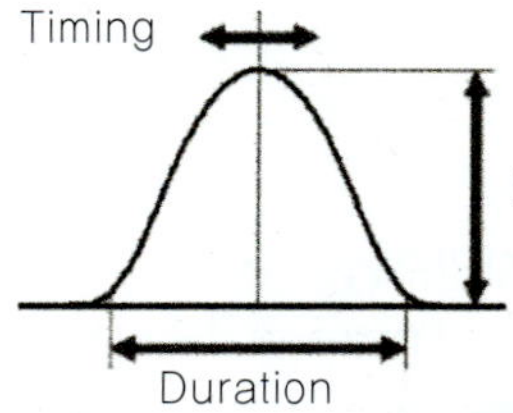

<table>
<tr><th>고정 캠(기존)</th><th>CVVD 캠</th></tr>
<tr><td>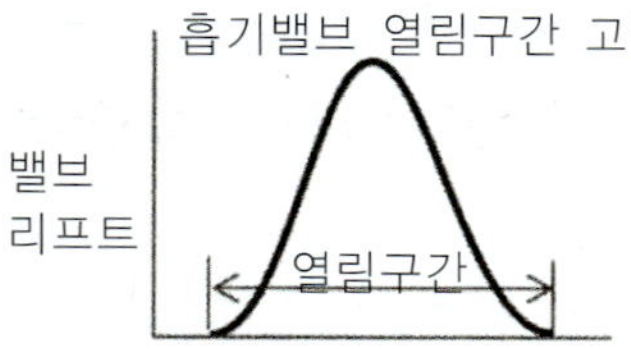

흡기밸브 타이밍
열림구간 고정</td><td>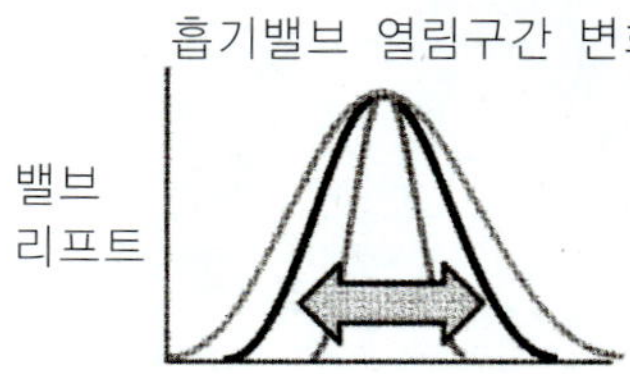

밸브 타이밍
조건 별 독립제어 기능</td></tr>
<tr><th>CVVT</th><th>CVVD+CVVT</th></tr>
<tr><td>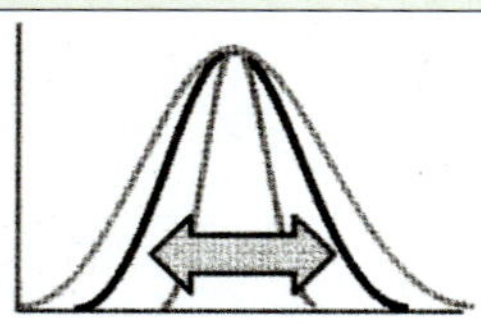
밸브 오버랩 변화
• 운전특징
운전모드에 따라 오버랩, 열림/닫힘시점을 조절하여 성능증대
• 기술특징
밸브의 열림시간은 유지된체 밸브의 열림 시점이 바꾸어야 함</td><td>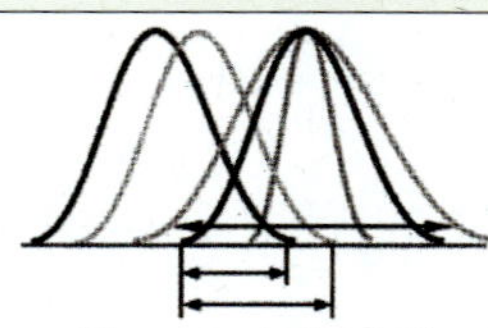
밸브 오버랩 변화
• 운전특징
운전모드에 따라 열림기간을 변화시켜 최적의 열림/닫힘시기를 조절하여 엔진 연비 및 저중속 성능개선
• 기술특징
밸브 열림시간이 컨트롤 샤프트 회전수에 비례하여 작동됨</td></tr>
</table>

엔진을 설계할 때 듀레이션이 결정되면 그 시간은 바꿀 수 없었다. 이런 이유로 성능과 효율을 모두 향상시키는데 제한이 있었다. 아킨슨 엔진처럼 흡기 듀레이션을 일반 엔진보다 길게 설계할 수 있다면 연비가 좋아지나, 이런 방식은 엔진의 성능이 떨어지는 단점을 갖고 있다. 엔진 운전조건에 따라 기존 아킨슨 엔진보다 더 긴 밸브 듀레이션을 최적화할 수 있다.

엔진 운전조건에 따라 기존 아킨슨엔진보다 더 긴 밸브 듀레이션을 사용할 수 있어 연비가 더 우수하고, 특정 조건에서서는 기존 일반 엔진보다 더 짧은 밸브 듀레이션을 사용하여 성능을 개선할 수 있다.

CVVT는 밸브 듀레이션이 고정된 상태에서 밸브타이밍을 최적화하기 때문에 밸브의 열림시점과 닫힘시점이 적절히 절충된 밸브타이밍으로 설계된다. 반면에 CVVD는 엔진의 운전 조건별로 최적의 밸브타이밍을 실현하는 기술이다.

CVVD는 CVVT보다 연비를 더욱 더 향상할 수 있다. 또한 CVVD는 배출가스를 저감하는데 최적화된 밸브타이밍도 구현할 수 있어 환경문제 개선에도 큰 도움이 된다. 동력전달 경로는 캠샤프트 회전 → 휠 롤러(회전/슬라이딩) → 휠(회전) → 롤러캠(회전) → 캠(슬라이딩)순이다. 캠은 휠고 연결되어 있으며 휠의 속도에 따라 회전속도가 바뀐다.

[표] CVVD기구의 작동원리

<table>
<tr><th>액추에이터 작동</th><th>shot duration</th><th>long duration</th></tr>
<tr><td rowspan="3">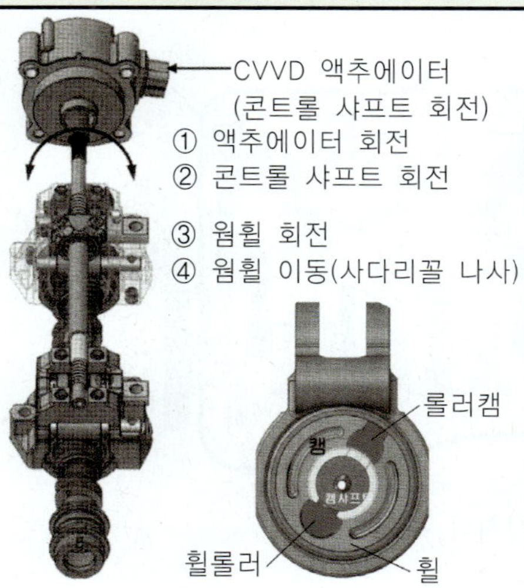
</td><td>
</td><td>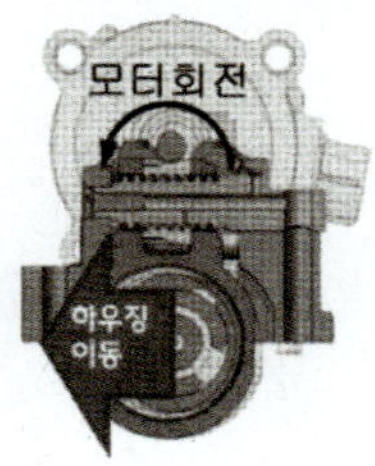
</td></tr>
<tr><td>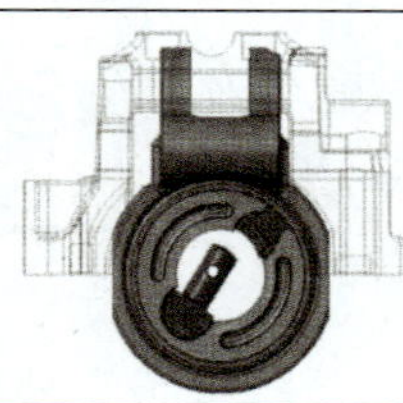</td><td>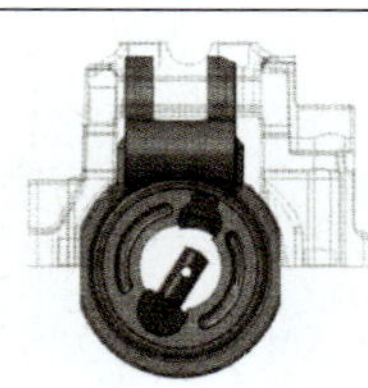</td></tr>
<tr><td colspan="2">⑤ 하우징 좌우 편심 발생</td></tr>
</table>

03 냉각장치(cooling system)

연소실에서 혼합기가 연소될 때 발생하는 연소열에 의해 연소실의 온도는 최고 2500℃까지 올라간다. 엔진의 각부는 고온으로 인한 열팽창에 의해 변형이 크게 될 뿐만 아니라 고온으로 인하여 엔진오일의 점도가 너무 저하되면 윤활성능이 상실되고 엔진오일이 연소되기도 한다.

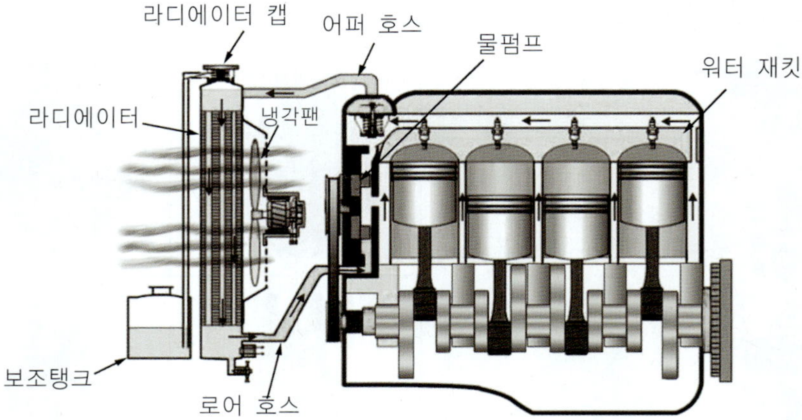

[그림 62] **냉각장치의 구조**

엔진이 과냉(overcooling)하면 불완전연소로 인하여 일산화탄소(CO), 탄화수소(HC)의 발생량이 증가하고 연료소비율이 커진다. 이 때 발생한 다량의 카본이 연소실 벽에 부착되어 열점(hot spot)을 형성하여 조기점화의 원인이 되며 연료소비율도 증가한다.

반대로 엔진이 과열(overheating)되었을 때는 노크를 유발하여 연료소비율을 증가시키고 출력저하를 초래한다. 이처럼 엔진 과냉과 과열은 모두 연료소비율을 증가시키고 출력저하를 가져오므로 엔진 온도를 적정온도인 80~90℃로 제어할 필요성이 있다.

3.1. 냉각장치의 분류

3.1.1. 공냉식 냉각장치

공냉식 냉각방식은 엔진을 직접 대기와 접촉시켜 열을 방출시키는 형식으로 냉각수의 보충, 누수, 동결 등의 염려가 없으며 수냉식에 비하여 그 구조는 간단하나 운전상태에 따른 엔진의 온도변화가 발생하기 쉽고 균등한 냉각이 이루어지지 않아 과열되기 쉬운 단점이 있다.

실린더블록이나 헤드 외주에 냉각핀(cooling fin)을 설치하고 있으며 차량이 주행할 때의 공기로 냉각시키는 자연 통풍식(natural air cooling type)과 냉각팬(cooling fan)을 플라이휠 또는 크랭크축에 의하여 회전시켜 강제로 공기를 보내어 냉각시키는 강제 통풍식(forced air cooling type)이 있다.

[그림 63] **공냉식 엔진**

3.1.2. 수냉식 냉각장치

수냉식(water cooling type)은 냉각수를 엔진내부로 순환시켜 냉각시키는 형식이다.

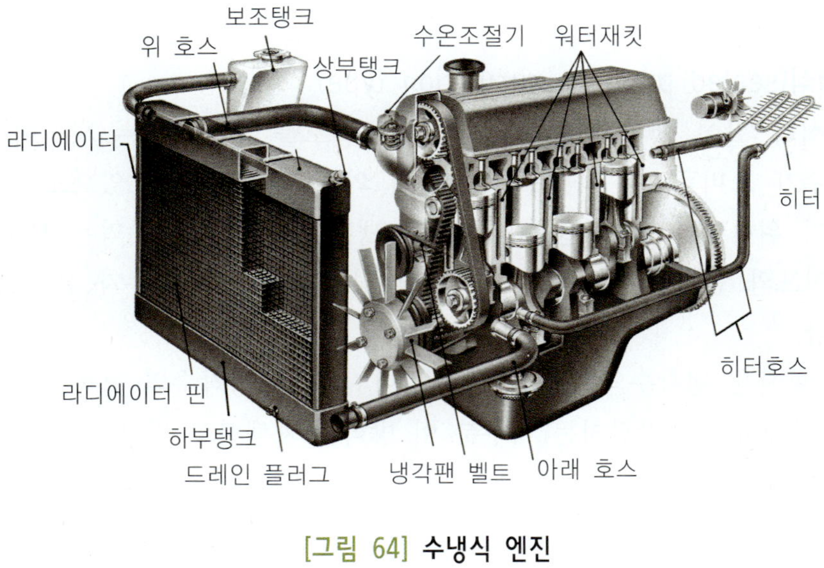

[그림 64] **수냉식 엔진**

[1] 자연 순환식(natural circulation type)

자연 순환식은 물펌프가 없이 냉각수 자체의 온도에 의한 대류현상에 의하여 순환시켜 냉각하는 방식으로 고성능 엔진에는 부적합하여 자동차에는 거의 사용되지 않는다.

[2] 강제 순환식(forced circulation type)

강제 순환식은 엔진에 물펌프를 설치하여 물펌프에 의하여 실린더블록과 헤드에 설치된 물통로의 냉각수를 강제로 순환시켜 엔진을 냉각하는 방식으로 냉각수의 순환이 빨라 엔진의 냉각효과가 크다. 라디에이터, 물펌프, 수온조절기, 물재킷 등으로 이루어져 있다.

[3] 압력 순환식(pressure circulation type)

냉각계통의 회로를 밀봉하고 냉각수가 가열되어 팽창할 때의 압력으로 냉각수를 가압하여 냉각수의 비등점(boiling point)을 높여 비등에 의한 냉각수 손실을 줄일 수 있다.

냉각회로 내 압력의 조절은 방열기 캡 내의 압력밸브에 의하여 자동적으로 조절되며 엔진의 열효율이 향상되고 방열기를 소형으로 할 수 있는 장점이 있다.

압력식 캡을 사용하여 냉각회로 내 압력을 0.3~0.9kgf/cm^2 정도 상승시키면 비등온도를 110~120℃ 정도로 상승시킬 수 있으며 이 방식에서는 냉각수가 가압 가열되어 팽창하였을 때 오버플로우 파이프(over flow pipe)를 통하여 팽창된 냉각수가 방출될 수 있다.

[4] 밀봉 압력식(sealed pressure circulation type)

압력 순환식과 같이 냉각수를 가압하여 비등온도를 상승시키는 방식이다. 그러나 팽창된 냉각수가 오버플로우 파이프를 통하여 외부로 유출될 수 있으므로 이러한 결점을 보완하기 위하여 방열기 캡을 밀봉하고 냉각수의 팽창과 맞먹는 보조탱크를 오버플로우 파이프와 연결하여 냉각수가 팽창할 경우 외부로 냉각수가 유출되지 않도록 하는 형식이다.

이와 같은 형식은 냉각수의 유출손실이 적어 장시간 냉각수의 보충을 하지 않아도 되며 최근의 자동차용 냉각장치는 대부분 이 방식을 채택하고 있다.

3.2. 냉각장치의 구성

엔진이 가동되면 실린더헤드와 실린더블록의 물 재킷에 있는 냉각수가 바로 라디에이터로 가는 것이 아니고 실린더블록과 실린더헤드사이의 폐쇄회로를 구성하여 순환하다가 냉각수온도가 85℃ 정도가 되었을 때 수온조절기가 열려 라디에이터 상부호스를 통하여 라디에이터 상부탱크로 들어간다.

상부탱크와 하부탱크사이에 연결된 튜브를 통하여 하부탱크로 흘러 내려가는 도중에 냉각 팬이 회전하면서 흡입공기에 의해 온도가 5~10℃ 정도 낮아져 하부탱크를 통하여 물 펌프로 간다. 엔진을 순환하는 과정에서 온도가 5~10℃ 상승하여 라디에이터로 순환된다.

3.2.1. 냉각수와 부동액

[1] 냉각수(cooling water)

냉각수는 보통 물을 사용하며 물은 열을 잘 흡수하고 구입이 용이하기 때문이다.

냉각수로 사용되는 물은 순도 높은 증류수, 수돗물, 빗물 등을 사용하며 광물성이나 산을 포함한 천연수와 경수는 냉각장치를 부식시키거나 물때(scale)가 많이 생기므로 사용하지 않는 것이 좋다.

[2] 부동액(coolant water)

부동액은 겨울철 빙결과 여름철 과열을 예방하는 역할을 한다. 한냉 시 물은 0℃에서 빙결하여 체적이 10% 정도 팽창하므로 실린더블록이나 헤드 등 냉각장치 내에서 빙결하면 부피의 증가로 냉각장치를 파손하게 된다. 한냉시 냉각수의 빙결을 방지할 목적으로 냉각수와 부동액을 일반적으로 50 : 50 정도로 혼합하여 냉각장치 내에 주입하여 사용한다.

부동액은 냉각수와 혼합시 지역의 온도에 따라 약간씩 혼합비율을 다르게 하여야 할 필요성이 있고 보통 그 지역의 최저온도보다 5~10℃ 정도 낮은 온도를 기준하여 사용한다.

[표] 1종 부동액과 2종 부동액

주성분	종 류	기 호	용 도
에틸렌글리콜(EG)	1종	AF	냉각수의 동결방지와 부식방지의 목적으로 겨울 한철에 사용할 수 있는 것.
	2종	LLC	냉각수의 동결방지와 부식방지의 목적으로 연중 계속 사용할 수 있는 것.
프로필렌글리콜(PG)	2종	LLC	냉각수의 동결방지와 부식방지의 목적으로 연중 계속 사용할 수 있는 것.

※ 1종 부동액(AF, Anti-freeze) : 겨울 한 철만 사용할 수 있는 부동액

※ 2종 부동액(LLC, Long Life Coolant) : 연중 항시 사용할 수 있는 사계절 부동액

(1) 메탄올(methanol)

메탄올은 비등점이 80℃이고, 응고점이 -30℃로써 낮은 온도에서 견딜 수 있으나 비점이 낮아 증발되기 쉬운 결점이 있다.

(2) 에틸렌글리콜(ethylene glycol)

에틸렌글리콜은 $C_2H_4(OH)_2$에 청색이나 적색도료와 안정제를 넣어 영구부동액으로 사용되고 있다. 에틸렌글리콜의 비등점은 197.2℃이며 빙점은 —37℃이고, 물에 잘 용해되며 이외에 에틸렌글리콜은 알루미늄합금에 대한 부식성이 강하기 때문에 부동액에는 부식 방지제와 거품 방지제 같은 첨가제가 들어가 있다. 팽창계수가 큰 결점이 있으나 에틸렌글리콜은 도료를 침식시키지는 않는다.

[표] 에틸렌글리콜의 비율에 따른 냉각액의 비등점

에틸렌글리콜의 체적비(%)	10	20	30	40	50	60	70	80	90	100
대기압에서의 비등점(℃)	102	103	104	106	109	113	118	127	145	195

[표] 글리콜타입에 따른 동결온도(℃)

부피(%)	0	10	20	30	40	50	60	70	80	90	100
EG부동액	0	-4	-8.8	-16	-25	-36	-52	-	-46	-32	-15
PG부동액	0	-4.4	-8.8	-12.7	-21	-32.5	-48.8	-	-	-	-

(3) 글리세린(glycerine)

글리세린은 반영구 부동액이라 하며 끈기 있는 액체로 비중이 높아 물에 잘 혼합하여 사용하여야 한다.

[3] 부동액의 구비조건

① 냉각수와 잘 혼합될 것
② 냉각장치에서 순환성이 좋은 것
③ 워터재킷, 라디에이터 등 냉각계통을 부식시키지 않을 것
④ 온도변화에 따른 부식을 일으키지 않을 것
⑤ 비점이 물보다 높고, 빙점(응고점)은 물보다 낮을 것
⑥ 증발(휘발성)이 없을 것

3.2.2. 물 펌프(water pump)

물 펌프(water pump)는 실린더블록의 앞쪽에 부착되어 냉각회로 내의 냉각수에 압력을 가하여 강제적으로 순환시키는 장치이며, 주로 원심펌프(centrifugal pump)를 많이 사용한다.

원심펌프의 원리는 밀폐된 용기 내에 냉각수를 가득 채우고 그 속에서 날개를 회전시키면 용기주위의 압력은 상승하고 중심부의 압력은 낮아진다. 따라서 용기 주위와

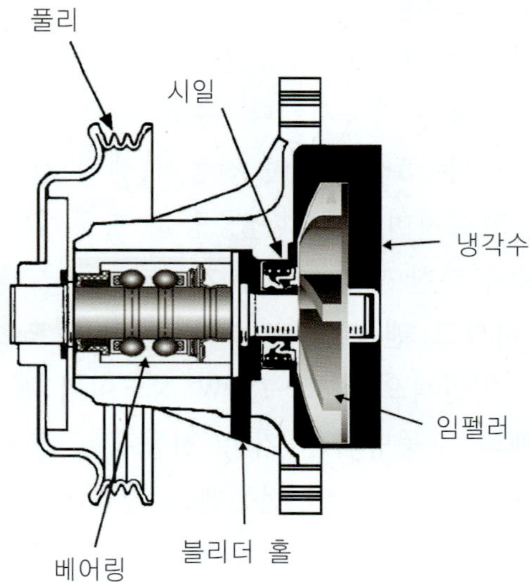

[그림 65] 물 펌프의 단면

중앙부에 파이프를 연결하면 냉각수를 흡입하여 배출시킬 수 있다. 구동벨트에 의해 엔진 회전수의 1.2~1.6배로 회전하여 냉각수를 순환시킨다.

3.2.3. 구동벨트(drive belt)

팬벨트 또는 V벨트라고도 하며 크랭크축, 발전기, 물펌프, 동력조향 오일펌프, 냉방 압축기의 풀리를 연결 구동한다. 재질은 섬유질과 고무이며, V리브드 벨트는 새로 적용된 벨트로 두께가 적어 굴곡에 대한 피로성이 우수하고 코드와 고무의 박리 또는 균열 등이 적다.

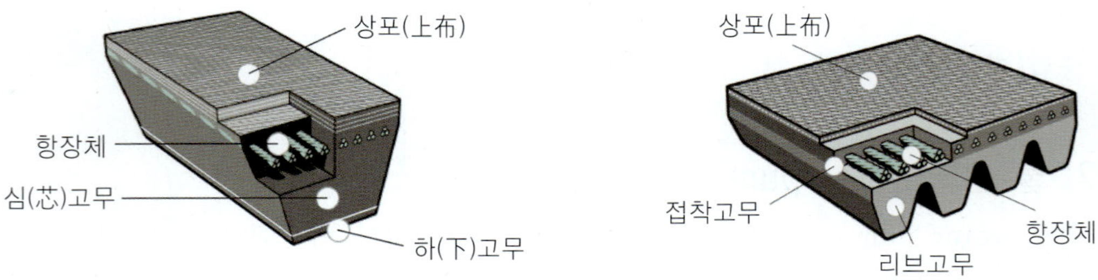

(a) V벨트 (b) V리브드 벨트

[그림 66] **V벨트 및 V리브드 벨트**

3.2.4. 냉각 팬(cooling fan)

[1] 전동식 냉각팬(electric cooling fan)

전동식은 배터리의 전기를 이용하여 냉각팬을 회전시키는 형식으로 수온센서에 의한 냉각수 온도를 감지하여 팬을 작동시킨다. 수온센서의 작동온도는 보통 90~100℃ 사이이고, ON~OFF의 온도차는 3~5℃이며 전동식 팬의 장점은 라디에이터의 설치가 자유롭고, 히터의 난방이 빨라지며, 일정한 풍량을 항상 확보할 수 있어 공회전시나 번잡한 시가지 주행시에도 충분한 냉각성능을 가진다.

그러나 단점은 가격이 비싸고 팬 가동시 소비전력이 많으며 소음이 큰 것 등을 들 수 있다. 전동식 냉각팬은 일반적으로 35~130W 정도이며 팬의 송풍량은 전동기 용량에 따라 결정된다. 전동팬의 구동방식은 기존 전동팬은 전류(A) 제어방식이고 PWM (pulse width modulation, 펄스폭 변조) 전동팬은 전압(V) 제어방식이다.

(a) 기존 전동팬

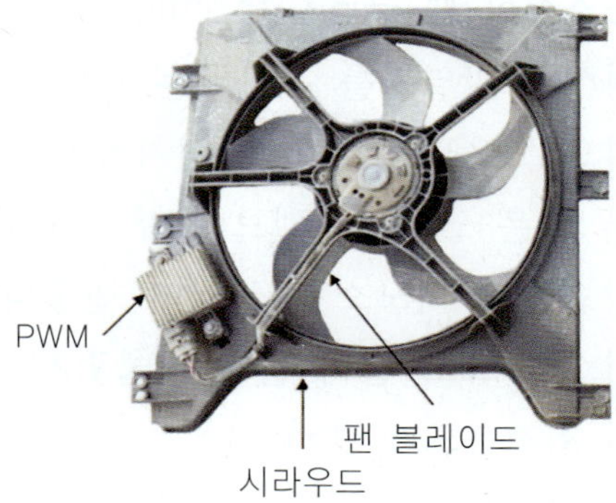

(b) PWM 전동팬

[그림 67] **냉각 팬의 종류**

PWM 전동팬은 엔진 냉각수 온도, PWM 자체 온도센서에서 감지한 주변온도, 에어플로우 센서에서 감지한 흡기온도, 에어컨 냉매압력, 자동변속기 내부온도 등에 따라 그 제어값이 엔진 ECU에 보내진다. 이때, 엔진 ECU는 가장 높은 값을 선택하여 전동팬을 구동한다.

[2] 유체 커플링식(fluid coupling type)

이 형식은 팬과 물펌프사이에 실리콘 오일을 봉입한 유체 커플링을 설치하여 동력전달을 오일의 유체저항을 이용하여야 하며 저속에서는 물 펌프축과 같은 속도로 회전하나 고속이 되면 팬의 저항이 증가하여 커플링이 미끄러져 클러치 작용을 하므로 속도가 물펌프 회전속도에 비하여 떨어진다.

[그림 68] **유체 커플링식 냉각팬**

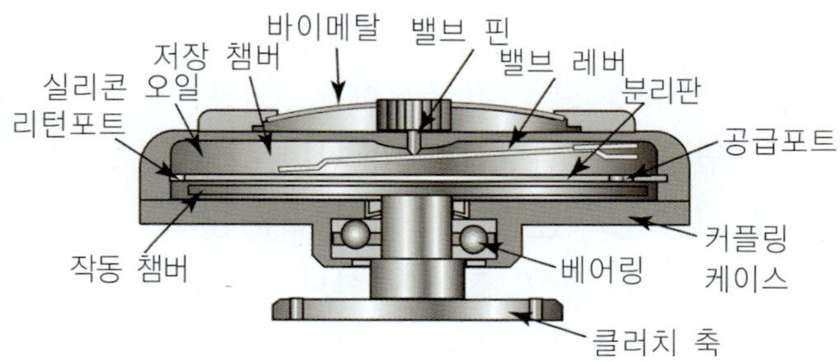

[그림 69] **온도조절 바이메탈식 팬 클러치**

[3] 온도조절식 팬 클러치(thermostatic fan clutch)

이 형식은 방열기를 통과하는 공기온도를 감지하여 팬의 회전속도를 자동 변속시키는 형식으로 온도조절 팬 클러치식과 같이 서모스탯 코일의 한쪽 끝이 커버에 고정되고 다른 끝은 슬라이드밸브에 부착되어 있다. 엔진 온도가 상승하여 방열기 통과 온도가 상승하면 서모스탯 코일이 변형되어 슬라이드밸브를 작동시키면 오일입구가 열려 케이스 안으로 흘러 들어와 물펌프 회전에 의한 원심력으로 클러치의 기동 회전력이 커져 회전속도가 빨라진다.

다시 방열기 통과온도가 내려가면 바이메탈이 수축하여 슬라이드밸브가 오일입구를 닫고 오일은 원심력에 의해 오일출구를 통해 케이스에서 흘러나가 오일실로 돌아가 회전력이 감소하여 회전속도가 낮아진다.

3.2.5. 워터재킷

워터재킷은 실린더블록과 실린더헤드에 설치된 냉각수 순환통로이며, 워터펌프를 통과하는 냉각수는 먼저 실린더의 워터재킷으로 흐른 후 실린더헤드 부위의 워터재킷을 지나 방열기로 되돌아오며 그 동안에 실린더 벽, 밸브시트, 연소실, 밸브가이드 등의 전도열을 흡수한다. 일반적으로 워터재킷은 실린더블록 또는 실린더헤드와 일체로 주조되어 있다.

3.2.6. 라디에이터(radiator : 방열기)

방열기라고도 하며 엔진에서 가열되어진 냉각수가 대류의 원리에 의해 방열되는 장소로서 대부분 엔진의 앞쪽에 설치된다. 냉각수의 흐름은 엔진에서 열을 흡수한 냉각수가 라디에이터 상부탱크로 들어와 코어를 따라 하부탱크로 흐르면서 방열되며 냉각팬(cooling fan)의 유입공기와 자동차의 속도에 따른 유입공기에 의하여 냉각된다. 라디에이터는 다음과 같은 요구조건을 갖는다.

① 단위 면적당 방열량이 커야 한다.
② 소형 경량으로 튼튼한 구조이어야 한다.
③ 공기의 흐름저항이 적어야 한다.
④ 냉각수의 흐름이 원활해야 한다.

라디에이터는 코어가 수평으로 설치된 형식과 수직으로 설치된 형식이 있으며 대부분 수직으로 설치된 형식이 주로 사용되고 있다.

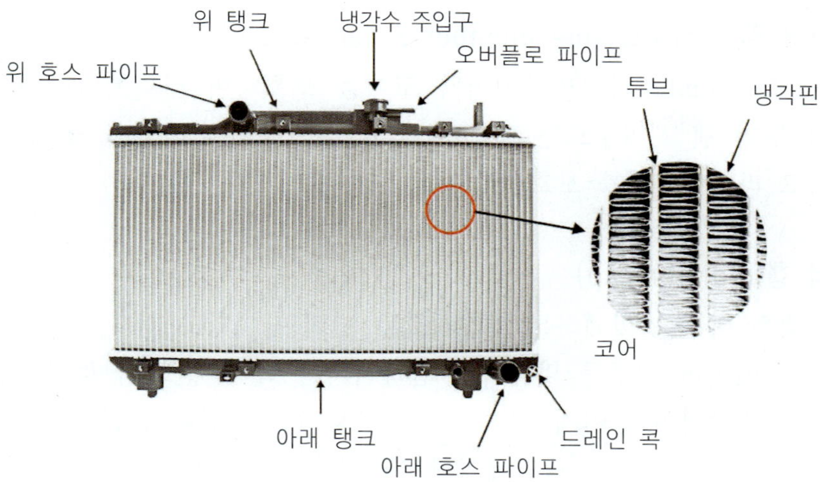

[그림 70] **라디에이터의 구조**

[1] 라디에이터 코어(radiator core)

코어(core)는 튜브와 공기가 통하는 핀 부분으로 되어 있으며 방열을 좋게 하기 위하여 방열성이 좋은 얇은 구리판이나 알루미늄 합금판을 성형재단하고 납땜하여 만들며 라디에이터 코어 막힘률은 20% 이상 되어서는 안된다.

$$\text{라디에이터 코어 막힘률} = \frac{\text{신품 용량} - \text{사용품 용량}}{\text{신품 용량}} \times 100(\%)$$

[2] 라디에이터의 상부 및 하부탱크

상부탱크는 방열되기 전의 엔진냉각수가 잠시 머무는 저장탱크로 일반적으로 냉각수 주입구가 설치되어 있고 엔진에서 오는 입구파이프(inlet pipe)가 부착되어 있다. 상부탱크는 보통 황동판을 프레스가공하여 납땜을 하여만들지만 알루미늄합금의 코어를 사용하면서 수지계열의 플라스틱을 사용하고 접합은 라디에이터 코어바디와 수지탱크사이에 고무패킹을 넣고 코어 플레이트의 일부분을 프레싱하는 기계적 접합방법을 사용한다.

아래 탱크는 방열 코어에서 방열된 냉각수가 아래 탱크에서 모여 엔진으로 들어가며 출구 파이프(outlet pipe)와 배수구(drain cock)가 부착되어 있으며 황동판을 프레스 가공하여 납땜을 하여만들지만 알루미늄 합금의 코어를 사용하면서 수지계열의 플라스틱을 사용하고 접합은 라디에이터 코어바디와 수지탱크사이에 고무패킹을 넣고 코어 플레이트의 일부분을 프레싱하는 기계적 접합방법을 사용한다. 보통 위 탱크보다 용량이 적다.

[3] 사이드멤버와 팬 시라우드(side member & fan shroud)

사이드멤버(side member)는 라디에이터 코어를 보호하며 라디에이터를 차체에 보호하기 위하여 두며 팬 시라우드는 팬(fan)에서 오는 공기의 흐름을 좋게하여 방열효과를 증대시키고 라디에이터를 보호한다.

[4] 라디에이터 캡(radiator cap)

라디에이터 캡은 내부를 밀폐하는 가압식으로 압력 캡이라고 한다.

압력 캡은 라디에이터 내부를 밀폐하여 압축시키며 특히, 온도가 높아지면 물이 팽창하여 압축하므로 압력이 높아져 100℃ 이상이 되어도 비등하지 않고 냉각수 온도가 110~120℃ 정도 되도록 한다. 라디에이터 내부의 압력이 0.3~1.09kgf/cm^{2}가 되면 압력밸브가 열려 보조탱크로 연결된 호스를 통해 배출되어 방열기 안은 항상 일정한 압력을 유지한다. 엔진이 과열되면 압력이 밖으로 배출되며 엔진온도가 내려가 방열기 내부압력이 대기압보다 낮아지면 부압밸브가 열려 외부공기를 흡입하여 부압을 해소하는 작용을 한다.

보조탱크가 부착된 방열기는 냉각수 팽창시에는 오버플로 파이프를 통해 보조탱크에 냉각수를 일시 저장하였다가 압력이 떨어졌을 때 다시 흡입하여 라디에이터 내의 물이 자동조정되어 냉각수의 손실을 막고 장기간 냉각수의 보충을 하지 않아도 된다.

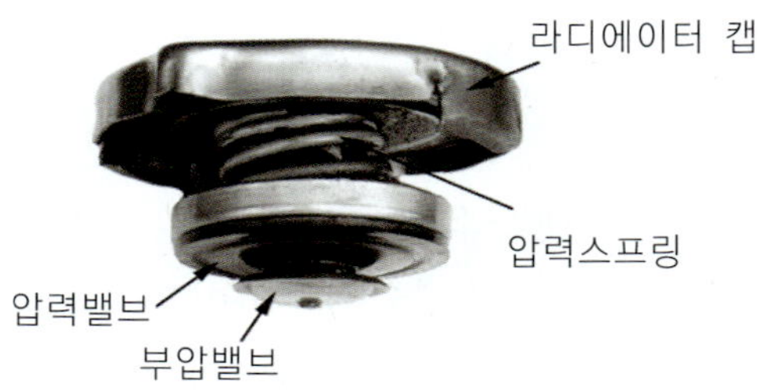

(a) 라디에이터 캡의 구조

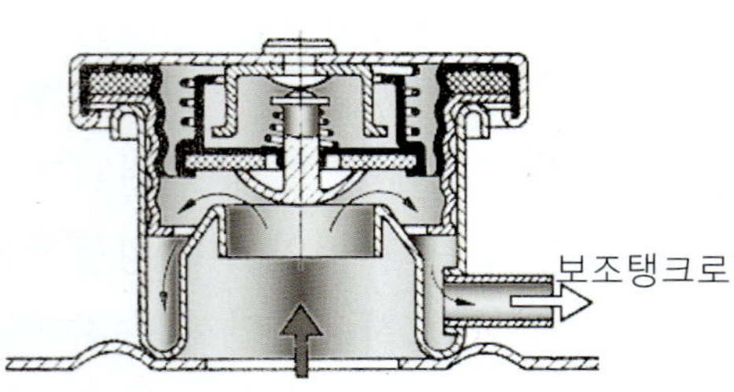

(b) 압력이 높을 때

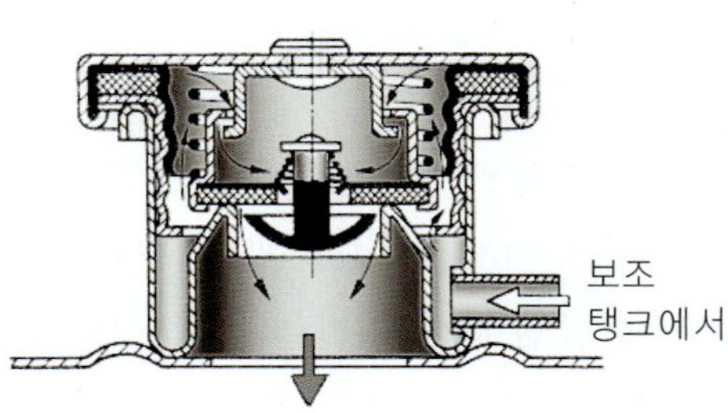

(c) 압력이 낮을 때

[그림 71] **라디에이터 압력 캡의 구조와 작용**

[5] 라디에이터에 기름이나 기포가 발생시 고장개소

① 실린더헤드 파손

② 실린더헤드 개스킷 파손

③ 실린더헤드 볼트 파손 또는 이완

3.2.7. 수온조절기(thermostat)

수온조절기는 시동 직후 워밍업을 빠르게 하고 냉각수 온도를 항상 적정온도인 80~90℃로 유지하기 위해 엔진과 냉각수사이를 순환하는 시간과 냉각수의 양을 제어하는 밸브이다. 시동 초기에는 엔진측에 있는 냉각수를 라디에이터로 보내지 않고 실린더블록과 실린더헤드사이를 폐쇄회로로 구성하여 순환시킨다. 수온조절기에는 에틸이나 알코올을 이용한 벨로즈형식과 왁스(wax)와 함께 고무가 봉입되어 왁스의 팽창 및 수축으로 밸브가 개폐되는 펠릿형식의 2가지가 있다.

(a) 벨로즈형

(b) 펠릿형

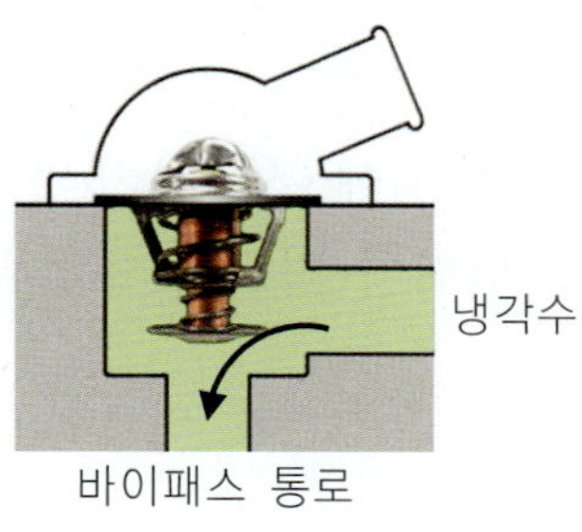

(c) 펠릿형 저온시(밸브닫힘)

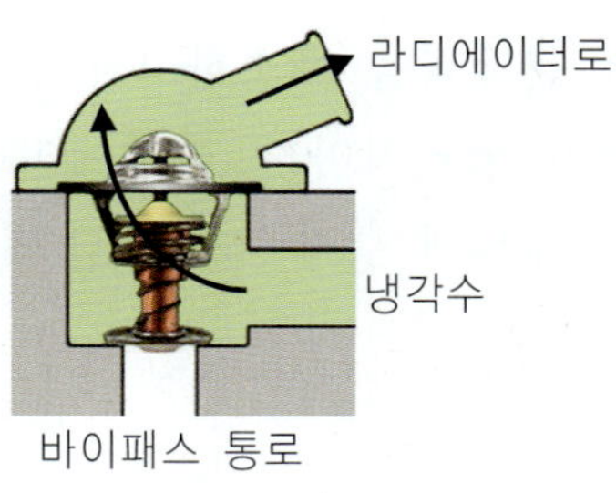

(d) 펠릿형 고온시(밸브열림)

[그림 72] **수온조절기**

2가지 모두 냉각수 온도에 따른 작동 물질의 열팽창을 이용하여 65℃에서 열리기 시작하여 85℃에서 밸브를 여는데 벨로즈형식은 벨로즈 내부의 압력에 따라 밸브 열림온도가 달라지는 부작용이 있어 최근에는 거의 사용하지 않는다. 수온조절기가 열린 채 고장이 나면 엔진이 과냉되고, 닫힌 채로 고장이 나면 과열의 원인이 된다.

3.3. 입·출구 제어방식

냉각수 온도 조절장치로 입구 제어방식과 출구제어 방식으로 구분할 수 있는데 기존의 출구 제어방식은 서모스탯이 열린 후 라디에이터내의 차가운 냉각수가 엔진을 통과하여 서모스탯까지 순회해야 닫힘으로 엔진 헤드 그리고 실린더블록의 실제적인 온도와 큰 차이가 있다. 그러므로 ECU가 냉각수 온도를 기준으로 인젝터 통전시간 및 점화시기를 보정하는데 부정확하고 연비나 배출가스 조절에 오차가 발생할 수가 있다.

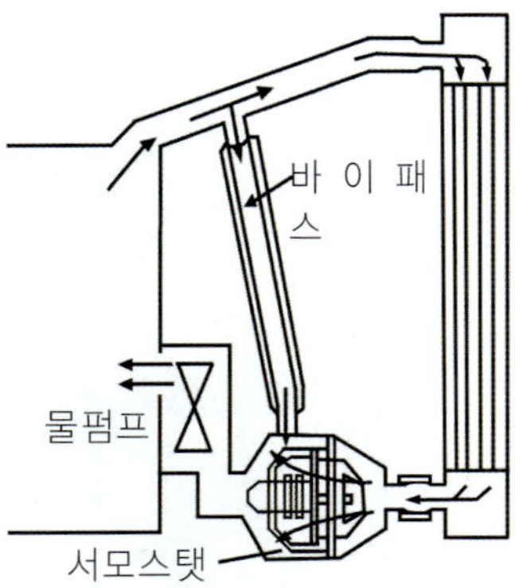

(a) 입구 제어방식

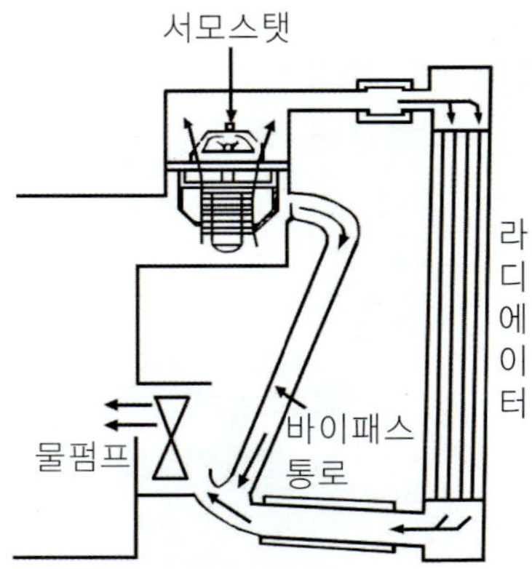

(b) 출구 제어방식

[그림 73] **냉각수 입·출구 제어방식**

이러한 문제점을 해소하고자 출구제어에서 입구제어로 바뀌었으며 입구 제어방식은 서모스탯이 열리자마자 라디에이터에서 유입되는 냉각수에 의해 서모스탯의 열림이 결정되기 때문에 냉각수가 조금씩 유입되면서 서모스탯의 열림이 적절히 조절된다.

[1] 장점

① 온도 변화폭이 적다.

② 바이패스 통로를 냉각수 입구 파이프로 공유할 수 있기 때문에 바이패스 통로를 없앨 수 있다.

③ 웜업(Warm-Up)기간 중 엔진 내의 냉각수 온도 분포가 균일하다.

[2] 단점

① 냉각수 주입이 어렵다.

② 수온조절기 하우징 구조가 복잡하다.

③ 공동현상(cavitation)이 발생할 수 있다.

④ 웜업기간이 길다.

입구 제어방식은 한번 웜업이 끝나면 온도변화가 거의 없이 적절히 냉각수 온도를 조절하는 반면에 출구 제어방식은 온도의 변화 폭이 약 40℃ 정도로 매우 크다는 것을 알 수 있다.

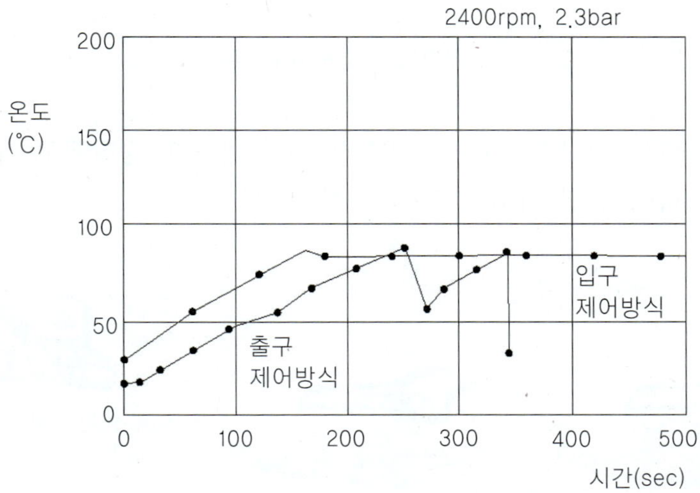

[그림 74] **냉각수 입·출구 제어방식 온도 비교**

3.4. 배기열 회수장치(EHRS : exhaust heat recovery system)

배기열 회수장치는 엔진으로부터 배출되는 배기가스의 열을 냉각수로 전달하여 차량의 연비를 향상시킨다. 초기 워밍업단계(80℃ 미만)에서는 밸브를 닫아 배기가스를 배기열 회수장치로 보내 배기가스의 열이 냉각수로 전달되어 빠른 워밍업이 가능하여 엔진 내부의 마찰이 감소하여 연비가 상승되고, 냉각수가 완전 워밍업 후(90℃ 이상)에는 밸브가 완전히 열려 일반적인 내연기관 자동차의 배기가스 흐름처럼 열교환 과정 없이 그대로 배출된다.

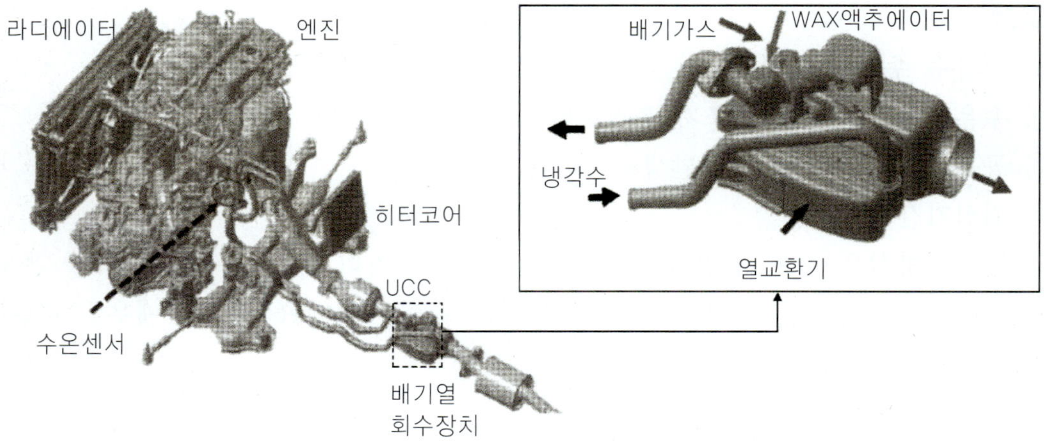

[그림 75] **배기열 회수장치시스템**

냉각수의 온도를 모니터링하기 위하여 별도의 수온센서가 장착되고 있고, 냉각수 과열시(120℃) 클러스터에 엔진 과열 경고등을 점등한다.

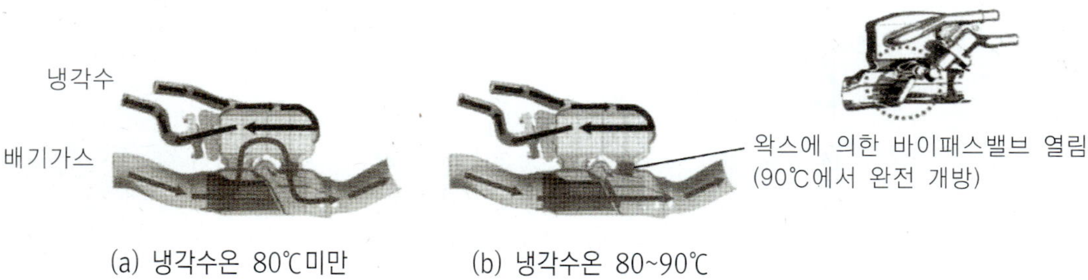

[그림 76] **배기열 회수장치의 작동상태**

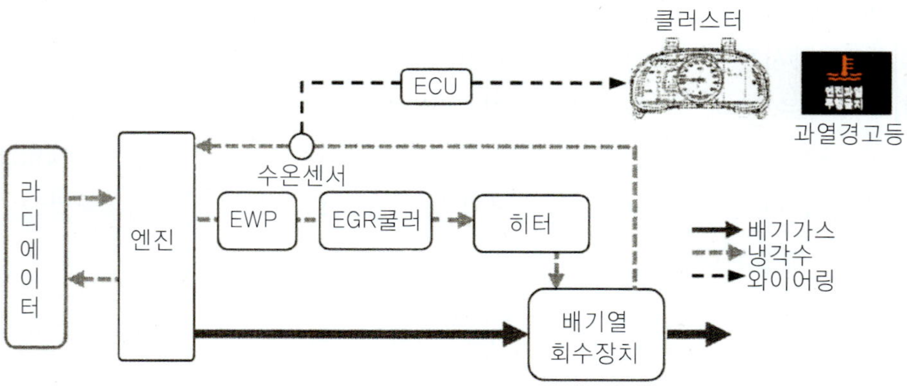

[그림 77] **과열 경고등의 작동도**

3.5. 통합 열관리시스템(ITMS : integrated thermal management system)

엔진오일과 냉각수는 엔진의 온도를 제어한다. 저속에서 냉각수 온도를 높여주면 열로 빠져나가는 냉각손실을 줄일 수 있고, 고속에서는 냉각수 온도를 낮춰주면 노킹을 줄일 수 있다.

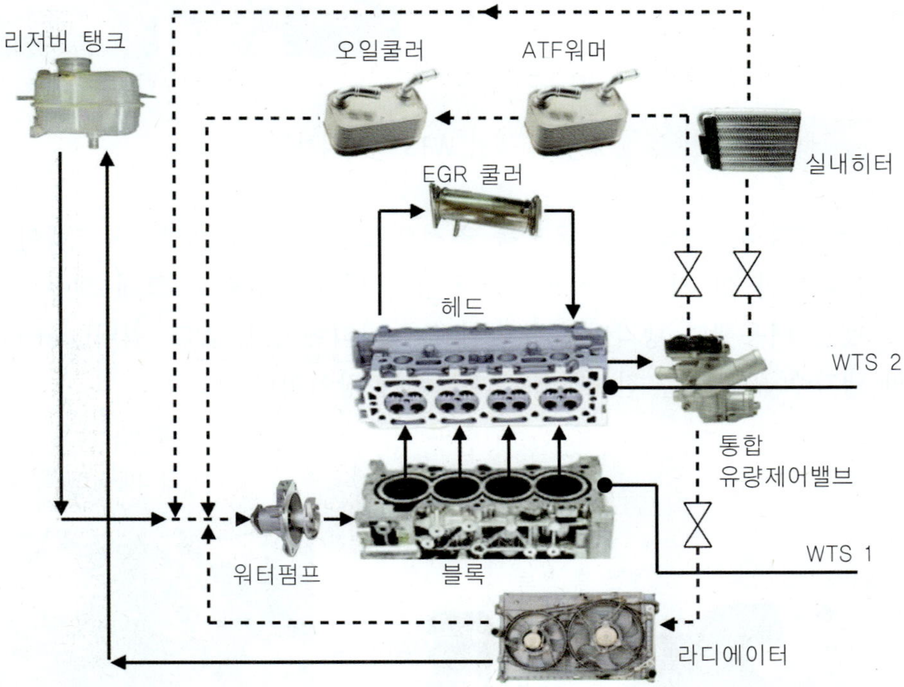

[그림 78] **통합 열관리시스템**

이렇게 엔진의 운전상황에 따라 냉각수의 온도를 제어하면 열효율을 높이고 연비를 향상시킬 수 있다. 정밀한 열관리를 수행하는 ITMS는 온도에 따라 반응하는 하나의 밸브가 아닌 통합적인 온도관리와 최적화를 위한 시스템이다.

ITMS는 시동을 걸고 예열하는 시간이 필요 없을 정도로 엔진오일의 온도를 빠르게 상승시켜 시동을 걸고 대기하는 시간낭비가 줄었으며, 저온상태에서 엔진의 힘이 손실되는 원인인 마찰 에너지를 줄일 수 있어 연비향상에 큰 역할을 하게 된다. 고속주행 시에는 차에서 많은 열이 발생하고 이때도 ITMS는 엔진의 온도를 신속하고 일정하게 낮춰주어 엔진의 내구성과 가속성능을 높일 수 있다.

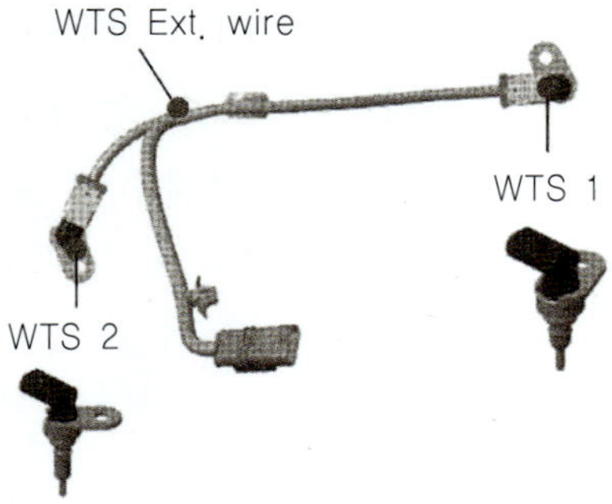

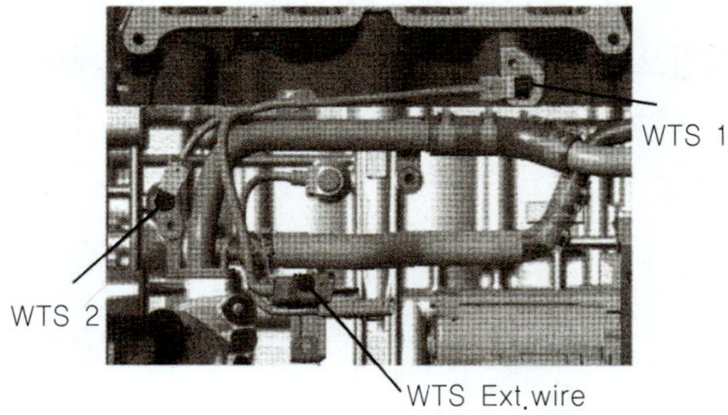

[그림 79] **WTS 장착위치**

ITMS는 한마디로 전 영역의 온도를 최적으로 유지할 수 있는 시스템이다. 심지어 통합제어가 가능한 이 기술의 적용으로 차량의 냉난방 효율도 크게 개선되었다. 기존에 써모스탯을 이용했던 냉각방식과는 다르게 라디에이터, ATF 워머(warmer, 쿨러), 히터로의 냉각수 공급량을 전기적으로 제어하는 장치이다.

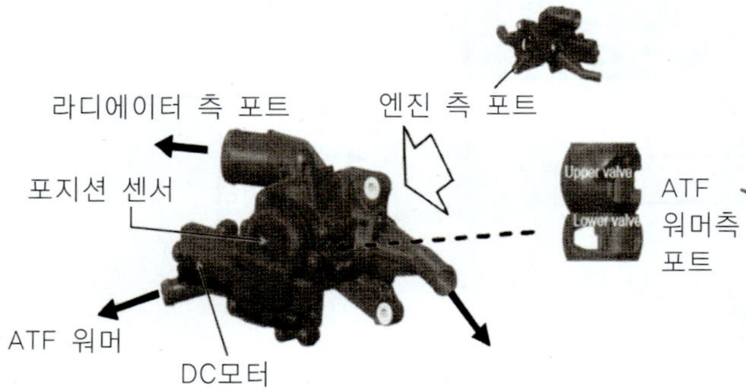

[그림 80] **통합 유량제어밸브의 구조**

ITM이 장착됨에 따라 2개의 냉각수온센서(WTS)가 적용된다. 냉각수온 센서 1은 메인 냉각수 온도센서로 블록에 장착되고, 냉각수온 센서 2는 ITM적용에 따른 유동 정지시, 헤드측 과열을 방지하기 위해 헤드측에 별도의 온도센서를 장착하여 온도 과다 상승 시 ITM으로 유동제어 한다.

[표] **통합 유량제어밸브의 작동방식**

타입	멀티트랙 Cam 리프트 타입	로터리밸브 타입
컨셉	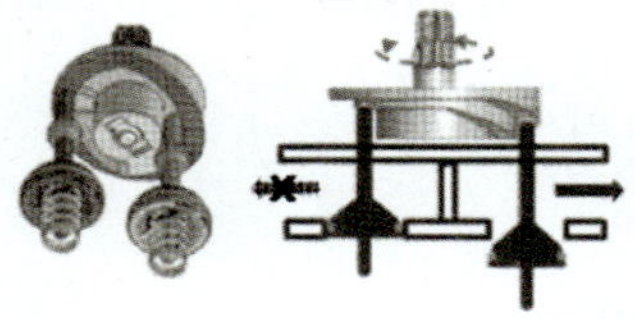	
장단점	차압다소불리(stroke로 보상가능)	차압유리, 리크(다소)불리

[1] 시스템 효과

① DC모터를 이용한 냉각수 유량 및 회로 독립제어 설계로 워밍업 성능개선 및 통합 열관리를 통한 연비 개선

② 통합 유량제어 밸브를 적용하여 실린더블록의 냉각수 고온제어를 통한 마찰저감

③ 차량 저중속 운전 시 냉각 수온 상향제어로 열손실 최소화를 통한 연비개선

④ 라디에이터 및 히터로 분기되는 냉각유동을 가변 제어하여 냉각/마찰손실 최소화

⑤ 고속 고부하 운전 시 냉각 수온 하향제어로 엔진 내구성 확보 및 가속성능 확보

⑥ 통합유량 제어밸브 적용으로 포트별 온도 제어가능

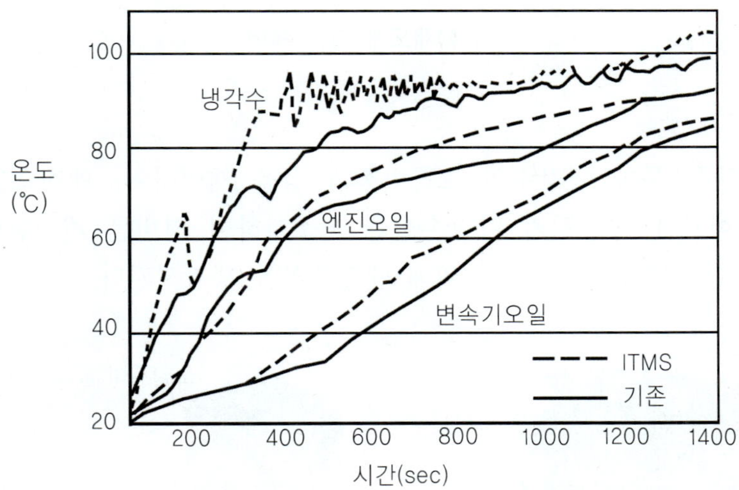

[그림 81] **기존 냉각방식과 ITMS냉각방식 비교**

[2] ITM개도에 따른 제어

ITM 각도에 따라 세 가지 냉각수 유로로의 밸브개도가 변경된다. 예를 들어 밸브위치가 180도라면 다음과 같다.

① ATF 워머 방향의 밸브는 100% 열림

② 히터방향의 밸브는 60% 열림

③ 라디에이터 방향의 밸브는 0% 열림(완전 닫힘)

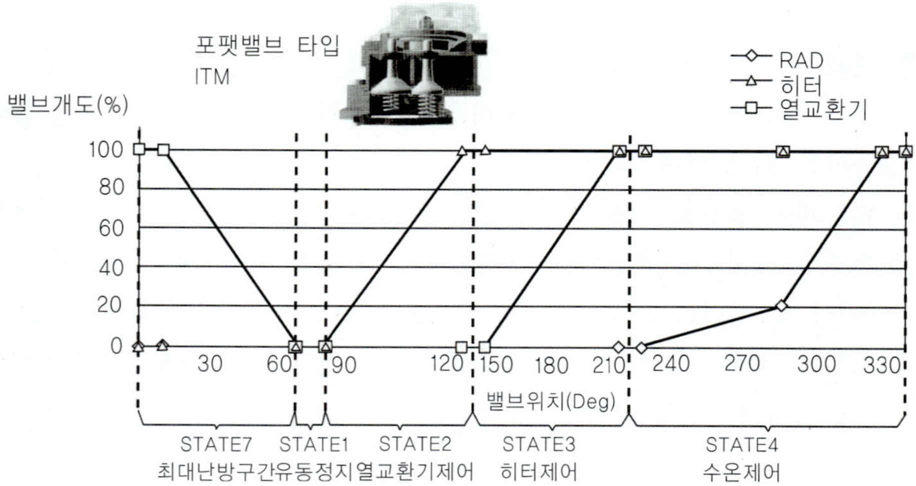

[그림 82] **ITM개도에 따른 제어**

[3] 엔진오일 워머

통합 열관리시스템을 통해 냉각수의 흐름방향과 양을 제어하여, 엔진오일 및 변속기 오일의 온도를 빠르게 상승시켜 마찰손실을 최소화하여 연비를 개선한다. 일정온도 이상의 조건에서는 반대로 냉각수에 의해 엔진오일을 냉각시킨다.

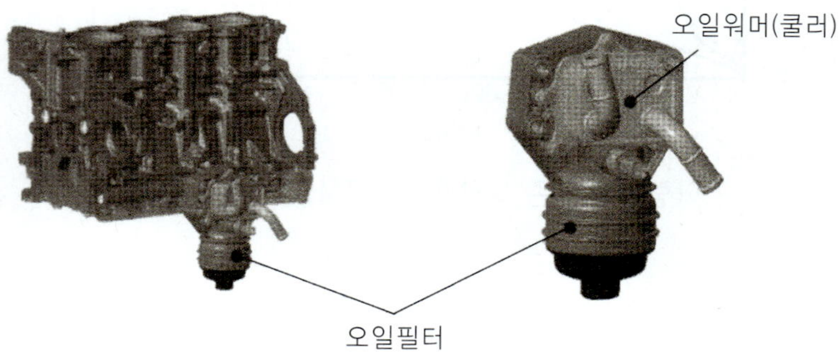

[그림 83] **엔진 오일 워머**

3.6. 엔진의 과열 및 과냉원인

[1] 과열원인

① 수온조절기가 닫힌 채로 고장 또는 열림온도가 너무 높다.
② 라디에이터의 코어 막힘이 과도하거나 오손 및 파손되었다.
③ 구동벨트의 장력이 약하거나 구동벨트가 이완 및 절손되었다.
④ 물재킷 내의 스케일(물때)이 과다하다.
⑤ 물 펌프의 작동이 불량하다.
⑥ 라디에이터 호스가 파손되었다.

[2] 과냉원인

① 수온조절기가 열린 채로 고장이 났다.
② 수온조절기의 열림 온도가 너무 낮다.

04 윤활장치(lubrication system)

자동차용 엔진에는 크랭크축, 캠축, 밸브 개폐기구, 각종 베어링, 피스톤과 실린더 등이 운동하면서 상호간에는 기계적 마찰이 존재하며, 그 마찰현상은 매우 다양하게 작용한다. 윤활장치(lubrication system)는 엔진 내부의 각 섭동부에 오일을 공급하여, 마찰손실과 부품의 마멸을 최소화하여 기계효율을 향상시키고, 엔진수명을 연장시켜 주는 역할을 한다.

운전 중 충분한 윤활이 되지 않으면 마찰이 증가하게 되며, 심하면 베어링과 피스톤이 소결을 일으키기도 한다. 이와 같이 엔진의 움직이는 면에 유막(oil film)을 형성하게 하여 마찰이 작은 유체마찰로 바꾸어 주는 것을 윤활이라 한다. 이때 사용되는 오일을 윤활유(lubricant)라 하고, 유막을 형성하는데 필요한 오일 공급장치를 윤활장치라 한다.

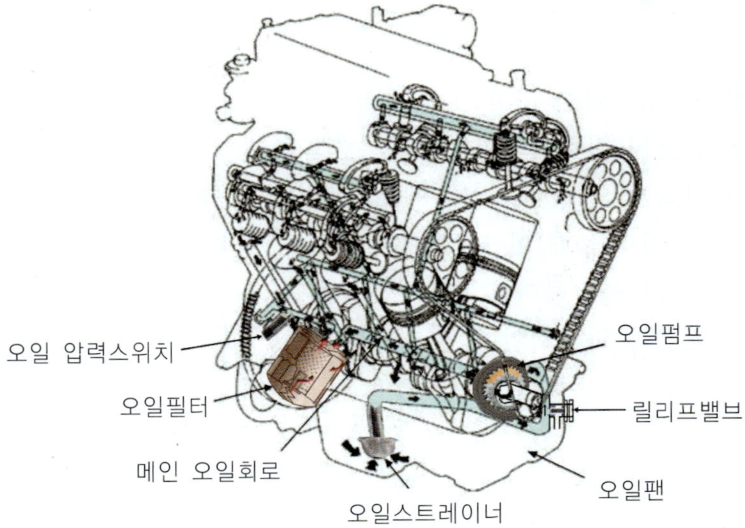

[그림 84] **윤활장치의 구조**

4.1. 윤활유

4.1.1. 윤활유의 작용

① **감마작용** : 엔진의 접촉부에 유막을 형성하여 금속의 직접적인 고체마찰을 방지하여 베어링 및 금속부의 마모를 최소화한다.

② **밀봉작용** : 실린더와 피스톤사이에 유막을 형성하여 압축가스 및 연소가스가 누설 않도록 기밀을 유지하여 밀봉작용을 한다.

③ **냉각작용** : 윤활유는 엔진 각 부에 발생되는 마찰열을 흡수하여 방열하는 작용을 하며 이러한 냉각작용으로 엔진의 각 마찰부가 마찰열에 의하여 눌어붙는 것을 방지한다.

④ **세척작용** : 오일은 오일펌프에 의하여 엔진 각 부를 순환하며 이때 불순물을 흡수하여 윤활부를 깨끗하게 한다.

⑤ **방청작용** : 금속의 각 부분은 수분이나 공기 또는 이상가스와 접촉하면 녹슬거나 부식한다. 따라서 윤활유는 수분이나 부식성가스가 금속부에 직접 접촉하지 않도록 막거나 제거하는 역할을 한다.

⑥ **응력 분산작용** : 윤활부에는 엔진의 작동에 따라 국부적으로 작용하는 압력을 전체에 분산시키는 역할을 한다.

4.1.2. 윤활유의 구비조건

① 점도가 적당할 것
② 점도지수가 커 온도와 점도와의 관계가 적당할 것
③ 인화점 및 자연 발화점이 높을 것
④ 강인한 윤활유 막을 형성할 것(유성이 좋을 것)
⑤ 응고점(凝固點)이 낮을 것
⑥ 비중이 적당할 것
⑦ 기포발생 및 카본생성에 대한 저항력이 클 것
⑧ 열과 산에 대하여 안정성이 있을 것

4.1.3. 마찰과 마멸

[1] 마찰의 분류

① **건식마찰**(dry friction) : 이 마찰은 고체마찰이라고도 부르며, 고체 표면사이의 마찰이다.
② **경계마찰**(boundary friction) : 이 마찰은 고체표면에 액체 및 기체의 막이 부착된 상태(경계윤활)이다.
③ **혼합마찰**(mixed friction) : 혼합마찰은 접촉표면의 돌기들의 간헐적인 접촉과 부분적인 유체윤활이 혼합되어 있는 마찰을 말한다.
④ **유체마찰**(fluid friction) : 유체마찰은 접촉면이 윤활제에 의하여 완전히 분리된 경우를 말한다.

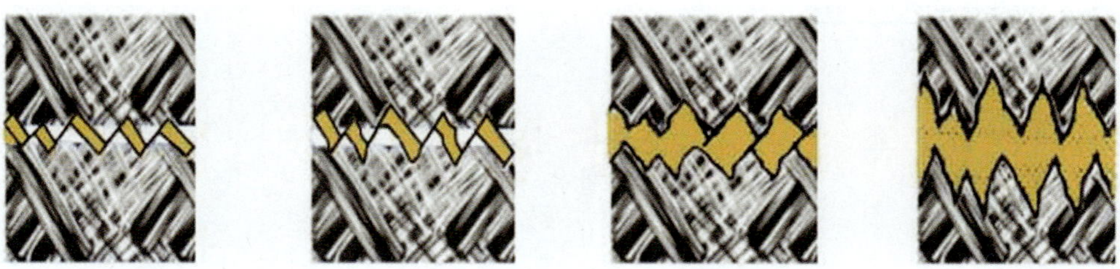

(a) 건식마찰 (b) 경계마찰 (c) 혼합마찰 (d) 유체마찰

[그림 85] **마찰의 분류**

[2] 마찰작용

건조마찰은 직접적으로 하중을 전달하는 미시적인 실제 접촉부분의 전단저항에 의한 것이 대부분이며, 이때의 마찰은 거의 쿨롱(coulomb)의 법칙에 따른다. 즉 마찰력 Fd는 마찰속도나 외견상의 접촉면적에 관계없이 수직하중 P에만 비례하며 이것은 다음 식으로 나타낸다.

$$Fd = \mu d \times p$$

μd : 건조 마찰계수

고체표면에 윤활유의 흡착성이 강한 분자가 흡착된 경우에는 마찰이 현저하게 저하되며, 경계마찰에서도 거의 쿨롱의 법칙이 적용되며 다음의 식으로 나타낸다.

$$Fb = \mu b\mathrm{b} \times P$$

Fb : 각각 경계마찰 하에서의 마찰력
μb : 각각 경계마찰 하에서의 마찰계수

유체마찰은 미끄럼 운동면 사이에 충분한 두께의 윤활유 막이 형성되므로 이때의 마찰력은 윤활유 막의 전단력이다. 따라서 그 마찰법칙은 뉴톤의 법칙에 따르며 유체마찰력 Ff는 다음 식으로 나타낸다.

$$Ff = \frac{K \times \varphi \times v \times A}{ho}$$

K : 상수 φ : 윤활유 점도 ν : 마찰속도
A : 마찰면적 ho : 윤활유 막의 두께

위에서 설명한 마찰의 형태는 모두 이상화된 개념이며 전체 미끄럼운동 면이 균일한 마찰상태로 되는 것은 아니다. 엔진의 윤활된 미끄럼운동 면은 위의 기본형태가 혼합되어 소위 혼합 마찰상태로 된다. 따라서 전체의 마찰력 F는 다음 식으로 나타낸다.

$$F = Fd + Fb + Ff$$

즉, 윤활상태에 따라서 고체, 경계, 유체마찰에서 하중을 분담하는 비율이 달라진다.

4.1.4. 윤활유 첨가제

① **산화방지제(anti oxidant)** : 엔진의 오일은 높은 온도에서 사용되며, 연소생성물인 물, 먼지, 금속 등과 항상 접촉하기 때문에 산화가 쉽게 발생한다. 산화를 방지하기 위해 0.4~2.0% 첨가한다.

② **점도지수 향상제(viscosity index improver)** : 온도의 상승에 대한 점도의 저하 정도를 작게 하기위해 0.5~10% 첨가된다.

③ **유동점 강화제(pour point depressant)** : 윤활유 중의 결정표면에 보호막을 만들어 결정의 성장을 막고 유동점을 내리기 위해 0.1~1.0% 첨가된다.

④ **청정 분산제(detergent dispersant)** : 청정 분산제는 윤활유 중에 생성하는 슬러지 등의, 침적방지와 산성물질의 중화 역활을 한다.

⑤ **부식 방지제(anti-corrosives corrosion inhibitor)** : 오일산화시 생성되는 과산화물에 의한 부식을 방지하기 위하여 유황 화합물을 0.4~2.0% 정도 첨가시킨다.

⑥ **극압제(extreme pressure additives)** : 마찰면으로 어떤 종류의 화학반응을 일으켜서 생성하는 피막에 의해 금속면의 직접접촉을 막고 용착을 방해하는 작용을 한다.

⑦ **유성 향상제(oiliness agent)** : 윤활부의 금속표면에 물리적으로 흡착막을 만들어 윤활성을 향상시켜 마찰이나 마모를 저감시키기 위해 0.1~1.0% 첨가시킨다.

⑧ **기포 방지제(anti farmer)** : 윤활유가 엔진 내에 순환되면서 공기가 유중에 혼입해서 거품을 일으키고, 유막절을 일으키기 쉽게 되어 펌프작용이 원활치 못하고 윤활성이 저하되는 것을 방지하기 위해 0.002~0.07% 정도 첨가한다.

윤활유를 색으로 표현하거나 기타 제품의 표시로 염색하기 위하여 형광염료를 0.25% 첨가한다.

4.1.5. 윤활유의 성상

[1] 점도(viscosity, 점성계수)

점도(viscosity)는 저온 시동성, 마찰, 마모, 눌어붙음, 연료 및 유소비량 등에 영향을 주는 중요한 성상이며 많은 규격은 점도가 기준이 되어있다. 다음 식은 성립 유체를 뉴턴 유체라하고 점도와는 유체로 작용하는 전단응력과 전단속도와의 비가 된다.

$$\tau = \eta\frac{du}{dh}$$

τ : 전단응력(shear stress) $\frac{du}{dh}$: 전단속도(shear rute)

μ : 점도(점성계수) du : 상대속도 dh : 유막 두께

단위로서는 통상 Pa.S(파스칼 초)를 이용한다. 역시 종래엔 점도의 단위로서 프와즈(P)가 사용되고 있으며 1P = 0.1Pa.s. 1CP(쎈치프와즈) = 1mPa.S(미리 파스칼 초)로 된다. 이 점도를 식에 보여주듯이 유체의 밀도로 제거한 값을 동점도라 한다.

$$V = \eta / \rho$$

V : 동일온도, 동일압력에 있어 동점도(mm^2/S)
μ : 동일온도, 동일압력에서의 점도(mPa.s)
ρ : 동일온도, 동일압력에서의 밀도(g/cm^2)

역시 동점도의 단위로서는 종래엔 스토크스(st)가 사용되고 있으며,

1St = $1cm^2/S$, 1cst(Tpscl 스로크스) = $1mm^2/S$

가 된다. 응력에 면적을 곱한 것이 마찰력이므로 저온 시동성의 향상 및 마찰손실 저감을 위해서는 점도를 작게 하는 것이 좋다. 점도는 윤활유의 선정에 있어 가장 주의하지 않으면 안되는 것에 하나이다. 점도측정법은 다음과 같다.

① **세이볼트 초점도**(saybolt universal system) : 짧은 모세관을 통하여 일정한 체적 V= 60cc가 흐르는데 요하는 시간을 측정하여 동점성계수의 척도로 삼는다. 이 시간을 saybolt universal초(SUS, SSU, SUV)라고 한다.

② **앵귤러 점도**(angular viscosity) : 20℃의 물을 200cc가 흐르는데 52초가 소요되는 유출구에서 동일한 량의 액체를 통과시켜 측정하는 방법이다.

③ **레이우드 점도**(redwood viscosity) : 60℉의 탭오일 50cc가 유출시간 35초가 소요되는 유출구멍을 통해 측정유체를 유출시켜 초로 나타내는 측정법이다.

④ **낙구식 점도계**(fallingball viscometer) : 액체 속에 고체의 구슬을 떨어뜨려 그 떨어지는 속도를 측정한다.

⑤ ostwald **점도계** : 이 점도계의 조작법은 먼저 시험유체를 채우고, 다음에 흡상시켜서 액면이 내려오는 데 걸리는 시간을 측정한다.

[2] 점도지수(viscosity index)

점도지수는 온도에 대한 기름의 점도변화의 크기를 보여주는 것으로 지수의 큰 것만큼 점도변화는 작고 윤활유로서 저온에서 고온까지의 넓은 조건에 있어 양호한 점도의 특성을 얻는 것이 가능하게 되어 사용하기 쉬운 것이라 할 수 있다.

[3] 유동점(pour point)

윤활유의 내한성을 보여주는 것이다. 유동점(pour point)이란 증류를 분류할 때 사용되는 특정치로서 응고온도보다 2.5℃ 높은 온도를 말한다.

[4] 유성(oil ness)

윤활유의 흡착성이나 유막 유지의 우열을 정하는 물리, 화학적 성질을 유성이라 한다.

[5] 인화점 및 발화점(flash point & fire point)

인화점이라고 하는 것은 윤활유가 지속 가열되어 발생한 증기에 점화가 가능한 최저 온도를 의미하며, 발화점은 순간적인 점화가 아닌 지속적으로 점화가 가능한 최저 온도를 의미한다.

4.1.6. 윤활유의 분류

[1] SAE분류

SAE(society of automotive engineers : 미국 자동차기술협회)에서 윤활유를 점도에 따라 분류한 것으로 SAE번호로 표시하고 있는데 숫자가 클수록 점도가 높다. 특히 겨울용은 SAE 10W와 같이 W를 붙이는데 이것은 겨울용(winter)을 의미한다. SAE에서는 윤활유를 점도에 따라 SAE 5W, SAE 10W, SAE 15W, SAE 20W, SAE 20, SAE 30, SAE 40, SAE 50 등으로 분류하고 있다.

[표] 대기온도에 따른 점도분류

최저 대기온도	단급 윤활유	다급 윤활유
32℉(0℃)	20, 20W, 30	10W—30, 10W—40, 15W—40, 20W—40, 20W—50
0℉(-18℃)	10W	5W—30, 10W—30, 10W—40, 15W—40
-15℉(-26℃)	10W	10W—30, 10W—40, 5W—30
*-15℉(-26℃) 이하	5W*	*5W—20, 5W—30

* SAE 5W 및 5W—20급 윤활유는 고속운전에 적합치 않음

[2] API분류

이 분류는 API(american petroleum institut, 미국 석유협회)에서 제정한 것으로 윤활유가 사용될 운전조건에 따라 분류한 것이다.

[표] API분류법

엔진구분	용도구분	엔진의 사용상태
가솔린용	ML	경제속도로 운행하면서 부하변동이 거의 없는 경우
	MM	빈번한 발차와 정지를 제외한 보통조건에서 사용
	MS	고온, 고부하 등으로 유온이 높고 산화가 격렬히 일어나는 가혹한 조건에서 사용
디젤용	DG	황분이 적은 연료를 사용하고 적당한 부하의 경우
	DM	보통등급의 연료를 사용하고 어느 정도 부하를 받을 때
	DS	고온, 고부하, 발차 및 정지가 빈번한 가혹한 조건

[3] SAE 신분류

SAE 신분류는 ASTM, API와 공동으로 사용조건에 따른 새로운 분류방식으로 S—class와 C—class로 구분한다.

S—class는 가솔린엔진용이며 이때 S의 의미는 불꽃 점화방식의 S이며 SA, SB, SC, SD, SE, SF, SG, SH, SJ, SL급 등이 있다. C—class는 디젤엔진용이며 C의 의미는 압축 착화방식(compression ignition)의 C이며 CA, CB, CC, CD, CE, CF 등이 있다. 알파벳의 순서가 높으면 높을수록 품질이 우수하다는 것을 의미한다.

[4] ACEA 점도분류

유럽 자동차회사들은 1983년부터 공동으로 CCMC(commite'e des constructeurs d' Auto- mobiles du marche' commun motorentests) 규격을 제정하여 사용하기 시작하였다.

근거는 API 규격이 주행속도를 88km/h를 기준으로 하고 있으며, 유럽 자동차 엔진들이 대체적으로 미국 자동차 엔진들에 비해 상대적으로 압축비는 물론이고 리터당 출력도 높다는 점 때문이다. 1993년부터 CCMC는 ACEA(association des constructeurs europe' ens d' automobiles)로 명칭을 변경하였다.

1996년 이후의 ACEA 분류에서는 가솔린엔진에는 Ax-xx, 승용 디젤엔진에는 Bx-xx, 상용 디젤엔진에는 Ex-xx 등으로 표기한다(여기서 x는 아라비아 숫자). 현재는 A5-02, B5-02, E5-02 등이 사용되고 있다.

(1) A/B등급-일반적인 가솔린, 디젤엔진 오일용

① A1/B1 : 저마찰, 저점도 오일을 사용하는 가솔린/승용 디젤엔진에서 늘어난 오일 교환주기에 사용 가능하도록 설계된 오일이다.

② A3/B3 : 고성능 가솔린, 승용 디젤엔진에서의 사용, 자동차 제조사에서 규정한 늘어난 오일 교환주기에 대한 대응, 극한의 운전조건에서 사용 등을 목적으로 설계된 오일이다.

③ A3/B4 : 고성능 가솔린, 직분사 디젤엔진에서의 사용, 자동차 제조사에서 규정한 늘어난 오일 교환주기에 대한 대응, 극한의 운전조건에서 사용 등을 목적으로 설계된 오일이다.

④ A5/B5 : A1, B1과 A3, B3의 특성을 모두 포함하고 있는 오일이다.

(2) C등급-배기가스 저감장치가 장착된 가솔린, 디젤엔진 오일용

HTHS(high temjjperture high shear, 고온고압점도)는 SAE, ACEA 그리고 다수의 자동차 회사들이 오일온도 150℃에 운동부품의 속도를 유막의 두께로 나눈값이 10^6/s인 상태에서 최저 점도를 규정하고 있다. 이것은 고속운동 조건에서도 유막을 유지할 수 있고 엔진의 연비와 온실기체 배출량(배기가스, GHG)를 규제하기 위해 개발된 단위로, HTHS가 낮을수록 연비가 우수하고, 온실가스 배출량이 적다. 하지만 HTHS가 높을수록 마모방지에 더 우수한 성능을 보인다.

① C1 : 저마찰, 저점도, 저 SAPS 오일(최소 HTHS점도가 2.9mPa.s)을 사용하고 DPF, TWC가 장착된 고성능 가솔린/승용 디젤엔진에서 사용. DPF, TWC의 수명연장 및 연비향상

② C2 : 저마찰, 저점도 오일(최소 HTHS 점도가 2.9mPa.s)을 사용하고 DPF, TWC가 장착된 고성능 가솔린/승용 디젤엔진에서 사용 DPF, TWC의 수명연장 및 연비향상

③ C3 : 최소 HTHS 점도가 3.5mPa.s인 오일을 사용하고 DPF, TWC가 장착된 고성능 가솔린/승용 디젤엔진에서 사용 DPF, TWC의 수명연장

④ C4 : 저 SAPS 오일(최소 HTHS 점도가 3.5mPa.s)을 사용하고 DPF, TWC가 장착된 고성능 가솔린/승용 디젤엔진에서 사용 DPF, TWC의 수명 연장

[5] ILSAC

ILSAC(international lubricant standardization and approval committee, 국제 윤활유 표준화 및 승인위원회)는 미국 자동차공업회(AAMA : american automobile manufacturers association)와 일본 자동차공업회(JAM : japan automobile manufacturers association)가 공동으로 만든 단체로 결국 미국과 일본의 자동차 메이커의 연합이라고 할 수 있다.

① GF-1 : API SH 등급과 EC-Ⅱ(energy conserving Ⅱ) 요구조건을 만족하는 오일을 의미한다.

② GF-2 : API SJ 등급과 EC-Ⅱ 요구조건을 만족하는 오일을 의미한다. GF-2 규격은 SAE점도가 0W-30, 0W-40, 5W-20, 5W-30, 5W-40, 5W-50, 10W-30, 10W-40, 10W-50인 오일이 저온에서의 작동, 고온에서의 침전물 및 기포생성 억제에 대한 엄격한 요구조건을 만족해야 한다.

③ GF-3 : API SL 등급과 EC-Ⅱ 요구조건을 만족하는 오일을 의미한다. GF-3 규격은 배기계통에서 장기간에 걸친 엔진오일의 영향, 연료 경제성, 침전물 제어 능력, 점도 성능, 오일소비율 등 보다 엄격한 기준이 추가되었다.

④ GF-4 : API SM 등급과 VIB fuel economy Test(ASTM D6837)를 만족하는 오일을 의미한다.

⑤ GF-5 : 2010년 10월에 소개된 최신 등급이다. 이 등급에서는 피스톤이나 터보차져에서 고온 침전물에 대한 보호, 보다 엄격해진 슬러지 제어, 향상된 연료 경제성, 배기가스 제어시스템의 적합성, 에탄올 함유 연료를 사용하는 엔진에 대한 기준 등이 추가되었다.

4.2. 윤활장치의 구성품

윤활장치는 오일 스트레이너에서 흡입된 오일은 크랭크축에 설치된 오일펌프에서 압력이 가해진다. 이때 오일펌프 출구에 설치된 압력조절밸브에서 최고압력이 5~ 6kgf/cm^{2}로 제한되며 실린더블록에 있는 오일통로를 통하여 오일필터에서 미세한 불순물을 여과한다.

오일필터에서 나오는 오일은 오일 쿨러를 통하는 동안 적절한 점도로 유지되어 크랭크축, 피스톤, 캠축, 밸브기구, 그리고 터보차저를 윤활하고 다시 오일 팬으로 복귀한다.

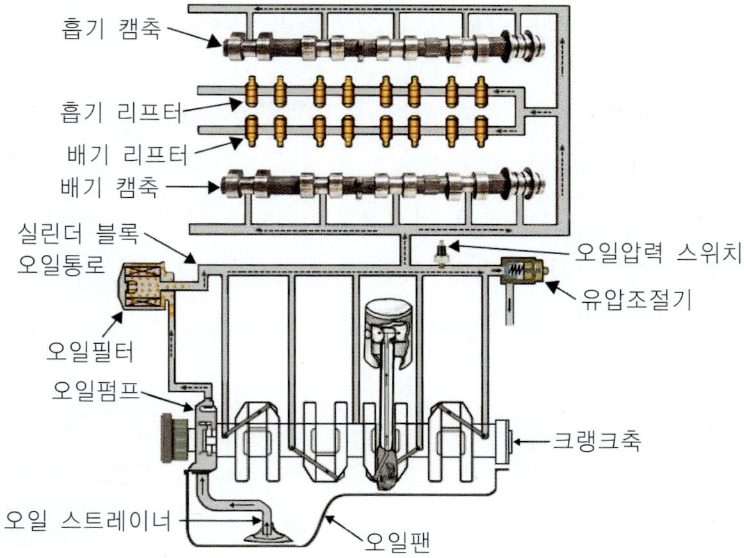

[그림 86] **윤활경로**

4.2.1. 오일팬(oil pan)

오일 팬은 실린더블록에 개스킷을 사이에 두고 볼트로 결합되어, 오일을 저장하는 역할을 하는 동시에 외부에 있는 공기와의 접촉을 통하여 어느 정도 냉각작용을 하고 있다.

구성은 본체, 엔진이 기울어졌을 때에도 오일이 충분히 고여 있도록 하는 섬프(sump), 급제동 또는 급선회시 언덕을 주행할 때 오일 유동으로 인해 오일이 비는 것을 방지하여 밑바닥에 오일이 고여 있도록 해 오일 스트레이너가 공기 중에 노출되어 윤활작용이 불량해지는 것을 방지하는 배플(baffle plate, 칸막이), 오일을 교환할 때 배출시키는 드레인 플러그(drain plug)의 등으로 되어 있다.

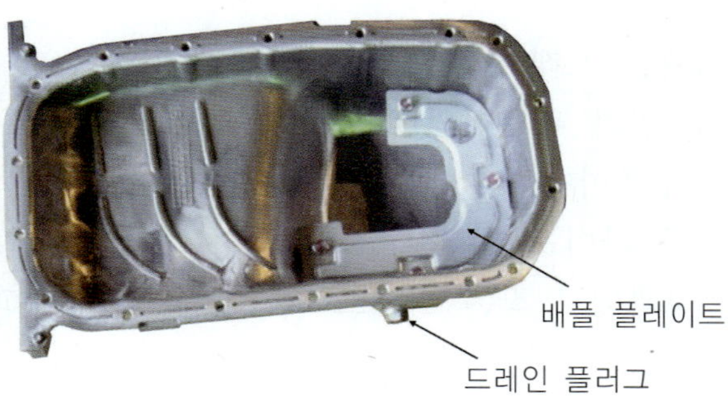

[그림 87] **오일팬**

재질은 주로 강철판을 프레스가공하여 사용하고 있으나 최근에는 알루미늄합금의 오일 팬도 증가하고 있다.

4.2.2. 오일쿨러(oil cooler)

엔진은 작동시 오일의 온도는 엔진 정상온도인 85℃ 이상 넘지 않는 것이 좋다. 만약 오일의 온도가 120℃ 이상이 되면 오일의 윤활성이 급격히 저하하므로 일부 엔진에서는 오일쿨러를 설치하여 알맞은 오일의 온도를 유지한다.

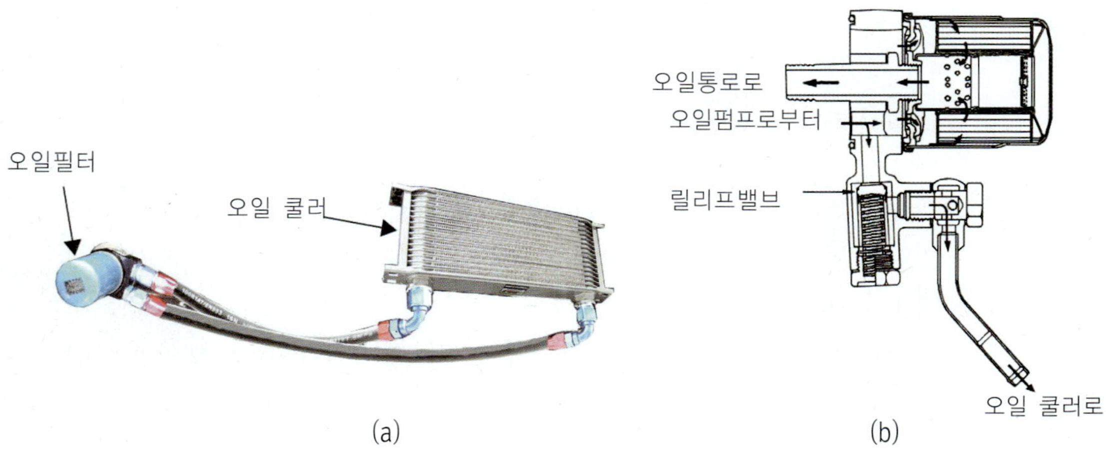

[그림 88] **오일쿨러의 구조**

[1] 공냉식 오일

오일펌프를 통과한 오일이 오일필터를 거치는 과정에서 엔진외부로 나와서 공기 중에서 냉각되기 때문에 현재는 적용하는 차량이 거의 없다.

[2] 열교환기

① **판형** : 금속판 소재를 프레스가공해서 여러 개의 층을 만들고 여러 개의 판을 용접하는 방식으로 판과 판사이의 접합공간에 오일이 흐르면서 판 외부의 냉각수와 열 교환하는 구조이다.

② **원통형(수관식)** : 큰 파이프 내부에 작은 파이프를 여러개 배치해서 큰 파이프 쪽으로 냉각수가 통과되고 작은 파이프 쪽으로 오일이 통과하면서 냉각되는 구조이다.

[3] 수냉식 오일쿨러

실린더블록의 측면에 별도의 워터재킷을 설치하고 워터재킷의 측면에 열교환기가 설치되고 주행 중 뜨거워진 엔진오일이 측면의 열교환기를 통과하면서 오일의 냉각수 온도와 비슷하게 냉각되는 구조이다.

4.2.3. 오일펌프(oil pump)

오일 팬에 있는 오일을 빨아올려 엔진의 각 운동부분에 압송하는 펌프로서, 적정한 유압은 가솔린엔진은 2~3kgf/cm^2 정도이고 디젤엔진은 3~4kgf/cm^{2}이다.

[1] 로터리펌프(rotary pump)

펌프 케이스 내에 있는 이너 로터(inner rotor)와 아우터 로터(outer rotor)가 있으며 2개의 로터는 편심되어 있다. 펌프의 작동은 이너 로터와 아우터 로터사이에 용적 변화로 오일을 흡입하여 압송한다.

[2] 내접 기어펌프

내접 기어펌프는 크랭크축이 직접 구동하기 때문에 이 형식을 많이 사용하고 있다. 그러나 구동기어와 피동기어의 바깥지름이 커서 크랭크축 선단에 설치되며 특히 고속 회전에서 기어와 오일펌프 케이스의 미끄럼마찰에 의한 마찰손실이 큰 결점이 있다.

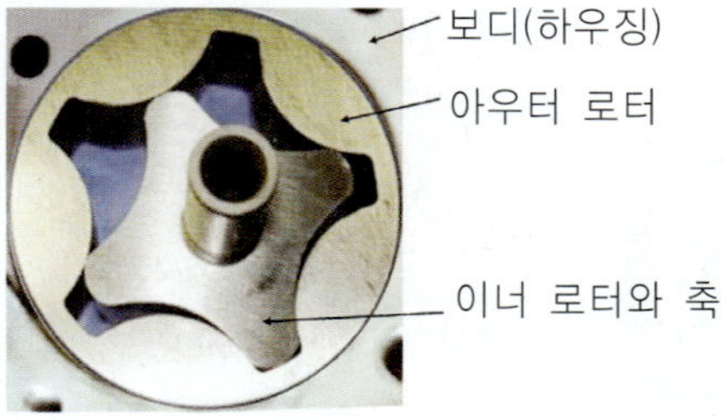

[그림 89] **로터리펌프**

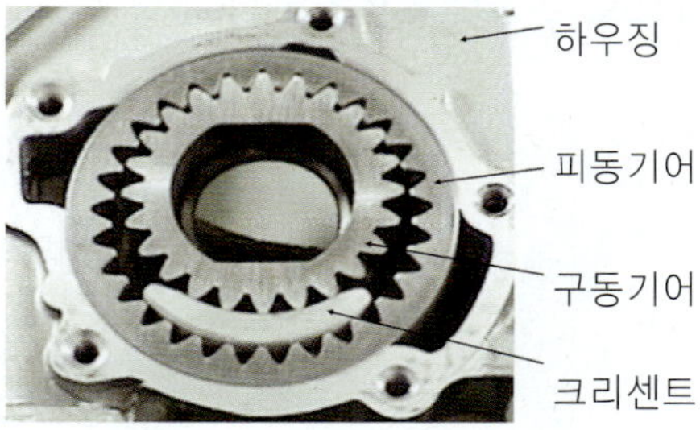

[그림 90] **내접기어 펌프**

[3] 외접 기어펌프

외접 기어펌프는 2개의 기어를 사용하여 기어의 회전에 따라 오일을 압송하며 작동이 확실하여 널리 사용되고 있다.

[그림 91] **외접 기어펌프**

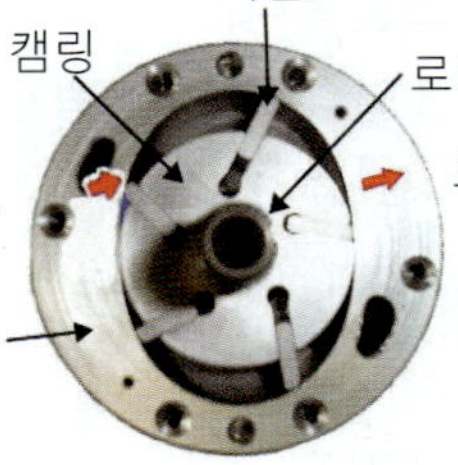

[그림 92] **베인펌프**

[4] 베인펌프(vane pump)

베인펌프는 편심된 로터가 설치되어 있고 로터에는 2개 이상의 날개(vane)가 로터 홈에 설치되어 로터가 회전하면 베인이 펌프실 벽과 밀착하며 회전하여 윤활유를 흡입하여 배출구 쪽으로 가압하며 배출한다.

[5] 플런저펌프(plunger pump)

플런저펌프는 플런저밸브, 플런저 스프링 등으로 구성되며 플런저는 캠축과 스프링에 의하여 왕복운동한다. 플런저펌프의 작동은 캠의 회전이 플런저를 밀면 실린더 안에 흡입된 오일을 가압하면 출구밸브가 열려 오일을 배출하고 캠의 기초원 쪽으로 회전하면 스프링이 플런저를 밀어 내려 실린더 안이 진공상태가 되어 흡입쪽 흡입밸브가 열리므로 오일을 흡입한다.

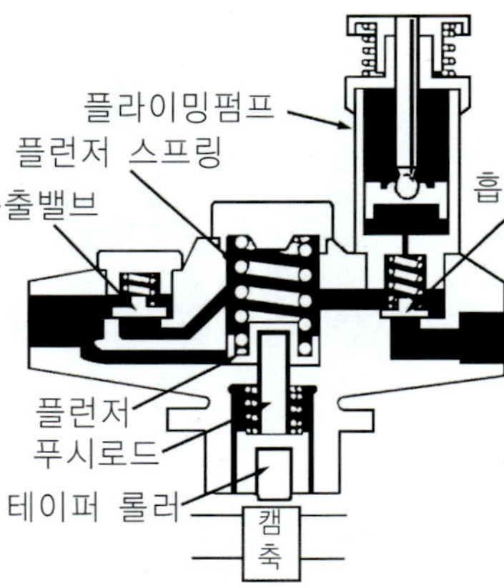

[그림 93] **플런저펌프의 구조**

[6] 전자제어 연속가변 오일펌프(VVP : variable displacement vane pump)

가변 오일펌프는 기존 엔진 회전수에 비례하여 오일을 뿜어내는 기계식 오일펌프와 달리 오일펌프의 출구압력으로 오일유량을 제어함으로써 특이 운전조건에서 필요 이상의 오일을 내뿜어 연비를 감소시키는 것을 개선할 수 있다. 이런 가변 오일펌프의 토출압력 및 유량을 제어하기 위하여 솔레노이드밸브를 이용하여 오일펌프의 유압챔버 내부압력을 제어하여 엔진 오일압력을 연속적으로 가변제어할 수 있는 시스템이다.

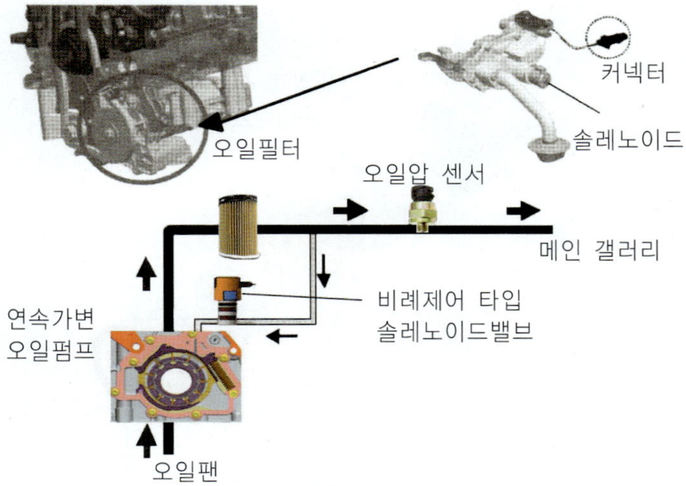

[그림 94] **연속가변 오일펌프 오일압력 제어시스템**

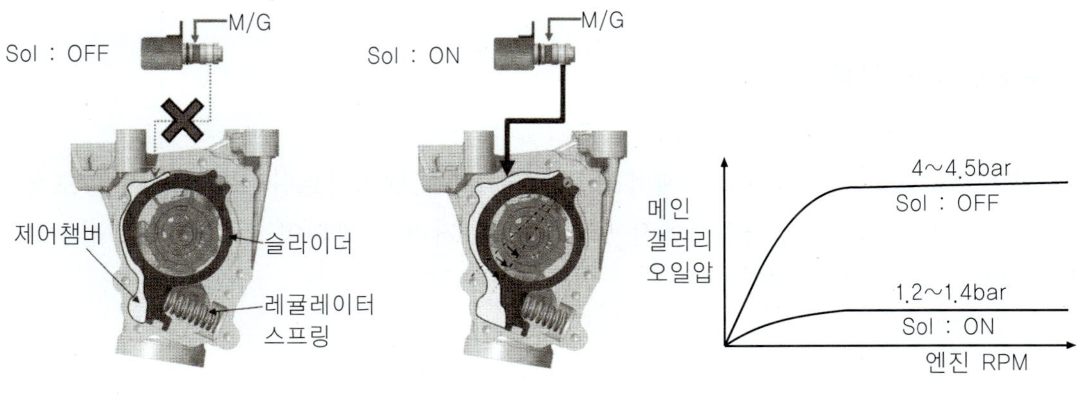

(a) 고압제어 (b) 저압제어 (c) 오일압력 제어 예시

[그림 95] **가변오일펌프 제어원리**

따라서 고속 RPM영역에서 불필요한 펌프의 부하를 줄이고 오일압력을 저압으로 제어하여 냉간 저속영역에서의 쿨링젯 분사 중지가 가능하여 연소실 온도 향상을 통한 연비 및 배출가스(PN/PM)를 개선한다.

4.2.4. 오일필터(oil filter)

오일필터는 엔진 각 부의 마찰부분에서 발생한 금속분말이나 또는 연소에 의해 발생된 카본 및 기타 이물질을 여과하여 엔진에 공급되는 오일을 항상 깨끗하게 유지하는 장치이다.

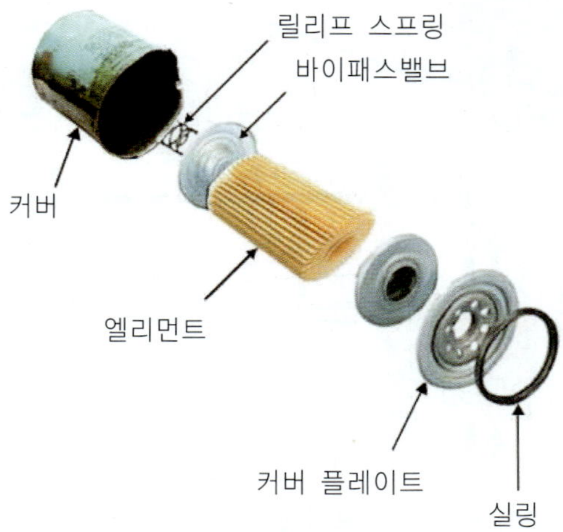

[그림 96] **오일여과기의 구조**

[1] 구조에 따른 분류

(1) 엘리먼트 교환식

엘리먼트(element) 교환식은 케이스 하우징 안에 엘리먼트만 교환할 수 있도록 설계되어 있으며 오일은 오일입구에서 엘리먼트를 거쳐 여과되어 엘리먼트 중심부로 들어와 중심파이프에서 배출된다.

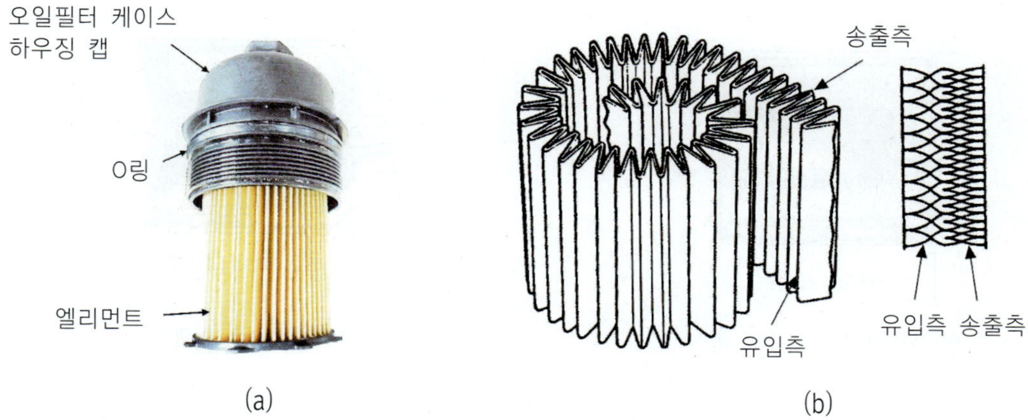

[그림 97] **엘리먼트 교환식 오일여과기**

(2) 카트리지식

카트리지(cartridge)식은 엘리먼트와 케이스가 일체인 상태로 조립되어 분해할 수 없으며 여과기 교환시 카트리지 전체를 교환한다. 이 형식은 최근 대부분의 자동차에 널리 사용되며 필터의 교환이 간편하다.

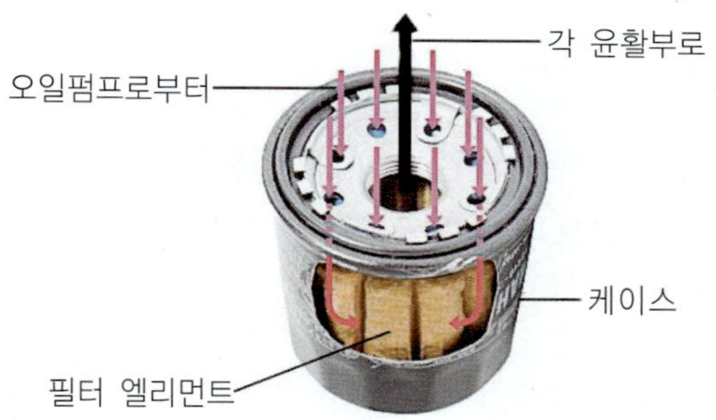

[그림 98] **카트리지식 오일여과기**

[2] 오일필터(oil filter)의 작동

오일필터에는 필터가 막혔을 때 미끄럼운동 부위에 윤활유가 공급되지 않아 일어나는 급유부족과 손상을 방지하기 위해 바이패스밸브(by-pass valve)가 설치되어 있다. 필터가 정상적으로 작동할 때는 바이패스밸브가 닫힌 상태에서 오일이 필터 외부에서 내부로 흘러 들어가면서 불순물을 여과한다.

(a) 필터가 막혔을 때 바이패스 (b) 정상적으로 여과

[그림 99] **오일필터를 통한 오일의 흐름**

[3] 여과방식

(1) 전류식(full flow filtering)

전류식은 미끄럼운동 부위로 공급되는 윤활유를 모두 필터로 여과하여 공급하는 방식으로 미끄럼운동 부위에 공급되는 엔진오일에 불순물이 유입될 염려는 적지만 필터가 막혔을 때 미끄럼운동 부위의 급유 부족과 손상을 방지하기 위해 반드시 바이패스 밸브가 설치되어 있다.

(2) 분류식(by-pass filtering)

분류식은 오일펌프에서 가압된 오일을 미끄럼운동 부위로 바로 공급하고, 필터를 통과하는 오일을 오일 팬으로 보내는 방식이다.

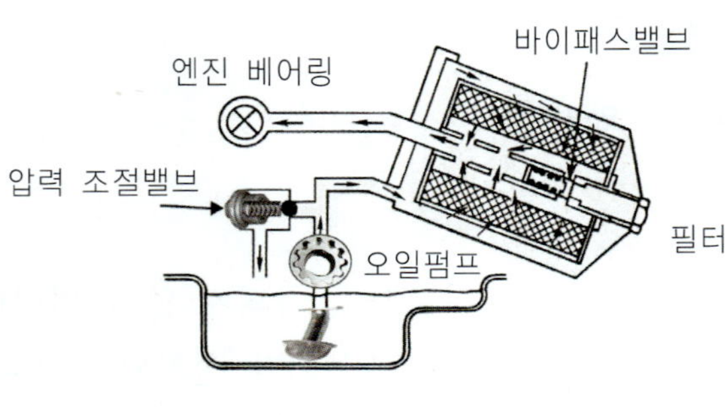

[그림 100] **전류식**

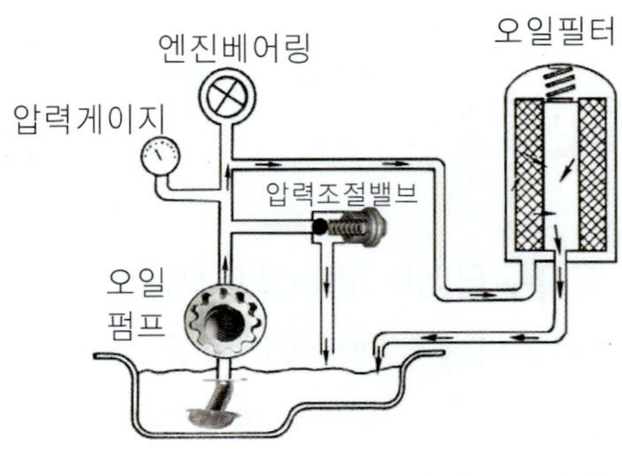

[그림 101] **분류식**

(3) 샨트식

샨트식은 전류식과 분류식을 결합한 형태로서 미끄럼운동 부위에 공급되는 윤활유의 일부는 필터를 통과하고 나머지는 필터를 바이패스하여 공급된다.

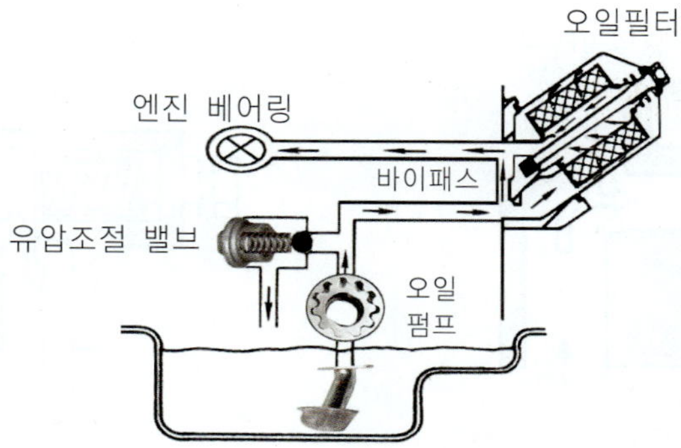

[그림 102] **샨트식**

4.2.5. 오일 스트레이너(oil strainer)

오일 스트레이너는 오일 팬의 오일 속에 항상 잠겨 있으며 오일 팬에 있는 비교적 굵은 입자의 불순물을 여과하며 얇은 철망으로 되어 있다.

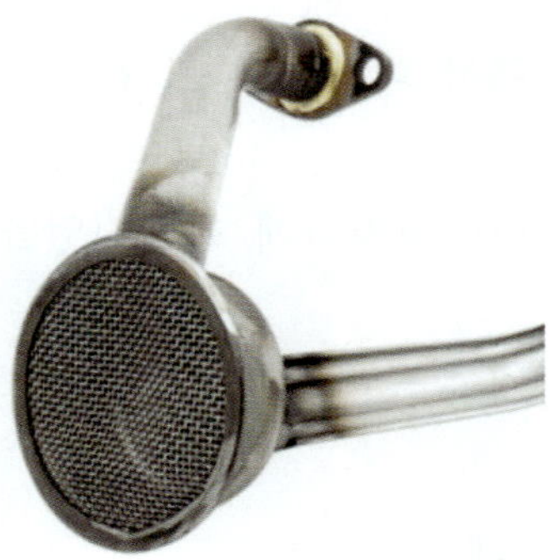

[그림 103] **오일 스트레이너**

4.2.6. 유압 조절밸브(relief valve, 릴리프밸브)

릴리프밸브는 프런트 케이스 측면에 설치되어 윤활통로에 과도한 압력이 걸리게 되면 릴리프 플런저는 스프링 힘을 이기고 이동하여 과도한 압력만큼의 오일을 오일 팬으로 복귀시킨다. 유압의 조정은 조정플러그(adjust plug)를 조이거나 늦추어 밸브스프링 세기를 조정하여 규정압력으로 조절한다.

일반적으로 엔진에 작동되는 오일압력은 가솔린엔진은 $2\sim3\text{kgf/cm}^2$, 디젤엔진은 $3\sim4\text{kgf/cm}^2$ 정도로 되어 있다.

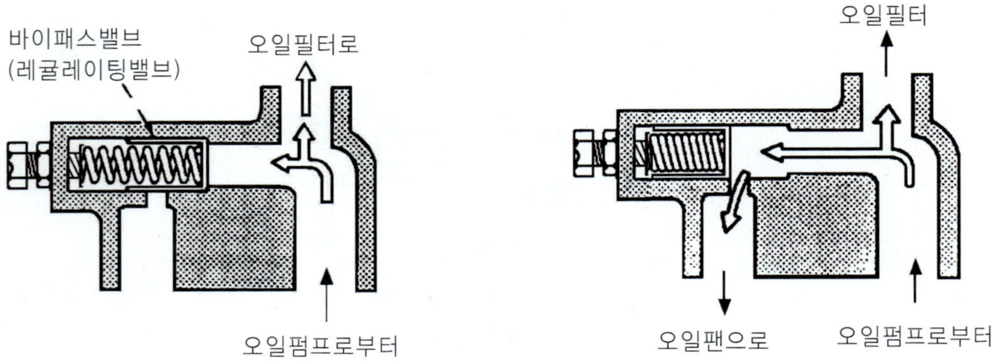

(a) 정상 압력시　　　(b) 규정압력 이상시

[그림 104] **유압조절기의 작동**

[1] 유압이 낮아지는 원인

① 베어링의 오일간극이 클 때
② 오일펌프가 마멸되었거나 회로 내에서 윤활유가 누출될 때
③ 오일 팬 내의 윤활유 양이 부족할 때
④ 유압조절밸브 스프링의 장력이 너무 약하거나 절손되었을 때
⑤ 윤활유의 점도가 너무 낮을 때
⑥ 윤활유에 연료 등의 유입으로 현저하게 희석되었을 때

[2] 유압이 높아지는 원인

① 윤활유의 점도가 높을 때
② 윤활회로의 일부가 막혔을 때
③ 유압조절밸브의 스프링장력이 클 때

4.2.7. 엔진오일의 점검과 유압계

[1] 엔진오일의 점검

엔진 오일양은 엔진이 정지된 상태에서 유면표시기(dip stick)로 엔진오일을 점검할 때 오일 양이 F(full)와 L(low)사이에 있어야 하지만 F선 가까이 있으면 좋다.

오일의 상태는 색깔로 주로 판정하는데 심하게 오손되었을 때는 검은색을 띠고, 냉각수가 엔진 오일에 유입되면 우유색으로 변한다.

[2] 오일이 연소되는 원인

① 오일팬 내의 오일이 규정량보다 많다.
② 오일의 열화로 인하여 점도가 낮다.
③ 피스톤과 실린더와의 간극이 과다하다.
④ 피스톤 링의 장력이 불량하다.
⑤ 밸브 스템과 가이드사이의 간극이 과대하다.
⑥ 밸브가이드 오일 실이 불량하다.

[3] 오일이 누설되는 원인

① 크랭크축 오일 실이 마멸되었거나 파손되었다.
② 오일펌프 개스킷이 파손되었다.
③ 로커암 커버 개스킷이 파손되었다.
④ 오일 팬이 균열에 의해서 누출되고 있다.
⑤ 오일여과기의 오일 실이 파손되었다.
⑥ 엔진의 오일이 소모되는 가장 큰 원인은 연소와 누설이다.

[4] 오일압력 경고장치

엔진오일이 부족하거나 오일펌프가 고장나면 엔진오일의 순환이 어려워지고 엔진이 마모하거나 고착된다.

[그림 105] 오일압력 스위치

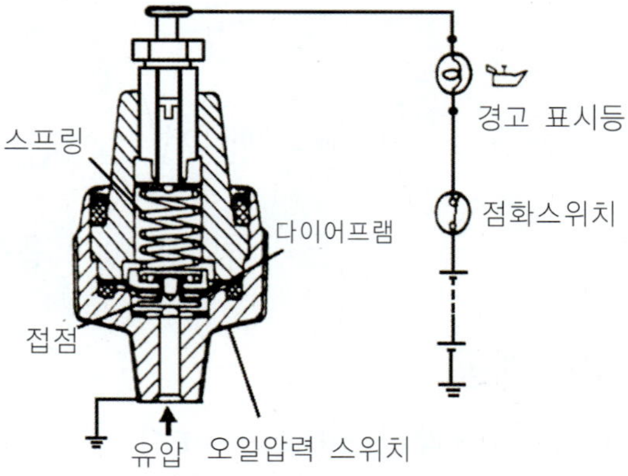

[그림 106] 오일압력 경고등의 전기회로

오일압력 경고장치는 자동차마다 형식이 다르며 일반적으로 오일압력 스위치, 계기판의 경고 표시등으로 구성되어 있다. 엔진의 유압이 규정압력 이상이 되면 오일이 오일압력스위치의 스프링을 밀어 올리고 이때 접점이 OFF되어 경고 표시등은 소등하고, 반대로 오일압력이 낮아지면 스프링의 힘에 의해 접점이 ON되어 경고등이 점등된다.

05 흡기 및 배기장치

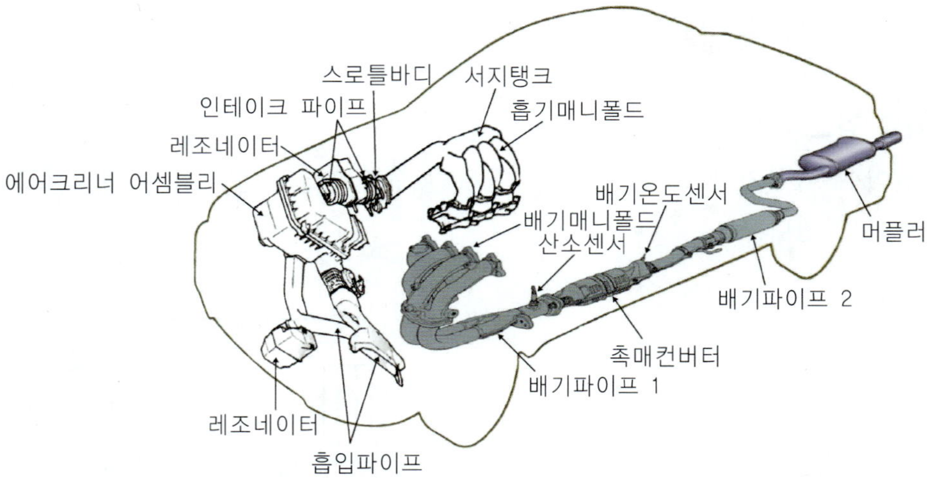

[그림 107] **흡기 및 배기장치**

5.1. 흡기계통

5.1.1. 공기여과기(air cleaner)

공기여과기는 연소를 하기 위해 필요한 공기중의 이물질을 제거하고 공기를 흡입할 때 생기는 흡입음을 감소시키는 역할을 한다. 공기여과기는 건식과 습식이 있는데 건식은 종이로 만든 엘리먼트를 거쳐 이물질을 제거하는 것이라면 습식은 이 엘리먼트에 오일을 묻혀 이물질을 제거하는 방식이다.

원심식 여과기는 원심력을 이용하는 것으로 흡입되는 공기가 회전하면서 그 원심력에 의해 이물질을 분리하는 방식으로 먼지가 많은 곳에서 사용하는 자동차의 경우 사용한다.

[그림 108] **건식 공기청정기의 구조**

5.1.2. 레조네이터(resonator)

공명기(共鳴器)라고도 부른다. 에어덕트와 흡기계통의 구부러진 곳을 지나다 보면 자연히 소음이 커지므로 특정 주파수의 공명을 이용해 소음을 줄이는 장치이다.

5.1.3. 스로틀보디(throttle body)

운전자가 액셀 페달을 밟는 양에 따라 엔진으로 들어가는 공기의 양을 조절한다.

5.1.4. 서지탱크(surge tank)

스로틀밸브를 지난 공기를 1차적으로 저장하는 공간으로 공기를 각 실린더로 안정되게 공급하는 역할을 하고, 서지탱크는 스로틀바디를 지나 유입되는 공기를 또한 흡입계통에서 대기로부터 실린더로 공기를 흡입하기 위해 발생하는 진공을 생성 및 저장하기도 한다.

5.1.5. 흡기 매니폴드(intake manifold)

흡기 매니폴드는 서지탱크에서 대기 중인 흡입공기를 각 실린더에 공급하는 통로 역할을 한다.

[그림 109] **서지탱크 및 흡기 매니폴드**

5.1.6. 가변 흡입장치(variable induction control system)

[1] 가변 흡입장치의 구조

가변 흡입장치는 실린더 내로 흡입되는 공기량을 증대시킴으로서 엔진 출력향상을 그 목적으로 한다. 즉 저속과 중속에서의 회전력과 고속에서의 출력증대를 양립시키기 위한 방법으로 운전조건에 따라 흡기다기관의 길이나 서지탱크(surge tank)의 체적을 변화시켜 제어한다. 이를 실현시키기 위한 방법에는 관성 과급효과를 이용하는 것으로 이것은 흡기다기관의 유효 단면적을 변화시키는 것, 흡기다기관의 유효길이를 변화시키는 것, 맥동 과급효과를 이용한 2개의 서지탱크를 연결하는 공명관의 유효길이를 변환시키는 방법 등이 있다.

그리고 관성과급과 맥동과급을 동시에 이용하는 방법으로 2개의 서지탱크의 칸막이 벽을 개폐하여 서지탱크 수를 2개에서 1개로 변환하고 유효길이를 변환시키는 방법이 있다. 아래 [그림 110]은 흡기다기관의 단면적을 변환시키는 방법의 예를 나타내었다.

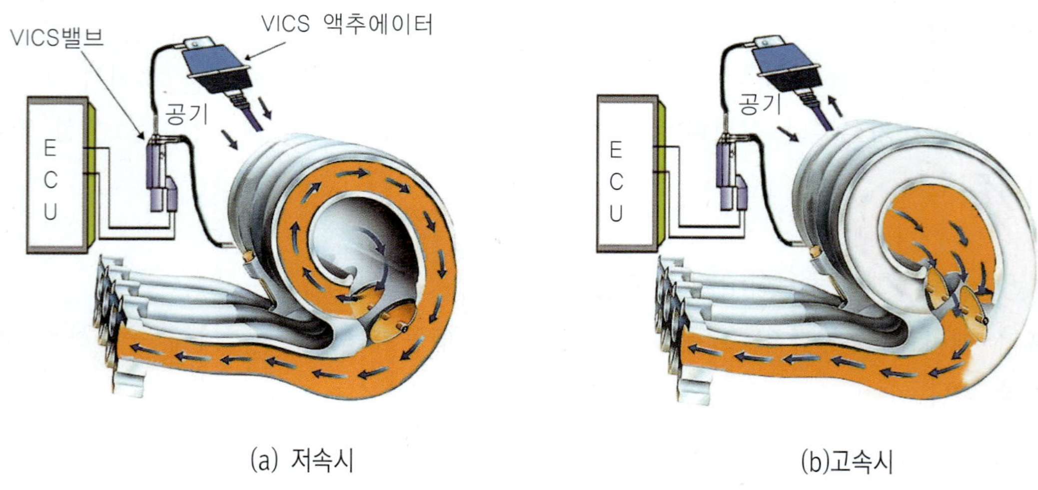

[그림 110] **흡기다기관 단면적 변화에 의한 가변 흡입장치**

저속과 중속에서는 밸브를 닫아 통로의 단면적을 감소시켜 흡입공기의 흐름속도를 빠르게 한다. 이렇게 하면 체적효율 상승과 연소실 내에서 와류(swirl)를 형성시키는 것이 가능하게 되어 연소효율을 높을 수 있다. 따라서 저속과 중속에서의 회전력과 연료소비율 향상이 가능해진다. 반대로 고속에서는 밸브를 열어 2개의 통로로 흡입되므로 흡입저항이 감소하게 되므로 높은 출력을 확보할 수 있다.

아래 [그림 111]은 실질적 서지탱크 수의 변화 및 흡기다기관 유효길이를 동시에 변환시키는 방법의 예이다.

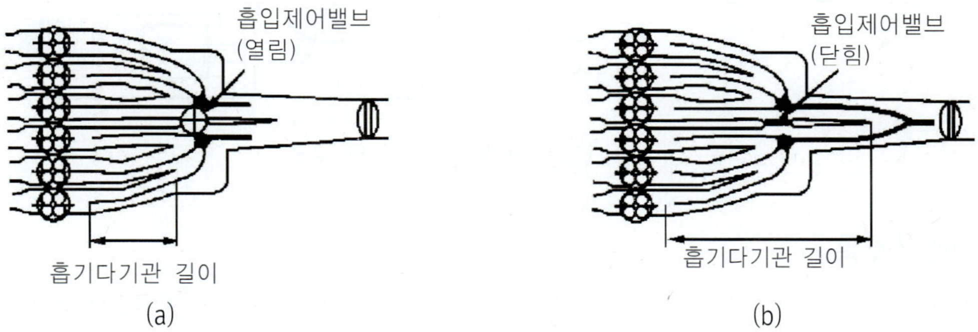

[그림 111] **서지탱크 수 및 흡기다기관 유효길이 변환방법**

[2] 가변 흡입장치의 작동

가변 흡입장치는 다양한 형태로 구성할 수 있으나 대부분 제어밸브를 설치하여 엔진 회전 속도에 따라 흡기다기관의 길이나 단면적을 변화시키는 방법을 이용한다. 이 장치는 엔진 회전속도에 따라서 최대 회전력이 되도록 흡입공기의 흐름을 자동으로 제어하여 저속에서는 흡기다기관의 길이를 길게 하고, 고속에서는 짧게 한다. 흡입제어밸브의 구동은 직류전동기(DC motor)로 하며, 이 전동기는 컴퓨터(ECU)로 제어된다.

엔진 회전속도에 따라 밸브의 목표위치를 미리 설정해 두고 목표값과 실제값 사이의 차이가 발생하면 이 차이를 흡입밸브 위치센서에서 감지하고, 밸브구동 전동기를 작동시켜 목표값과 실제값이 일치하도록 제어한다. 밸브 위치센서는 밸브를 개폐할 때 밸브의 위치를 정확히 파악하기 위해 밸브 축에 설치하며 홀 센서(hall sensor)방식으로 되어 있다.

점화스위치를 ON으로 한 상태에서 컴퓨터는 밸브구동 전동기를 작동하여 밸브가 충분히 닫히도록 하여 초기상태로 조정하고, 이후에는 펄스신호의 수에 따라 밸브 열림 량을 계산하여 제어한다.

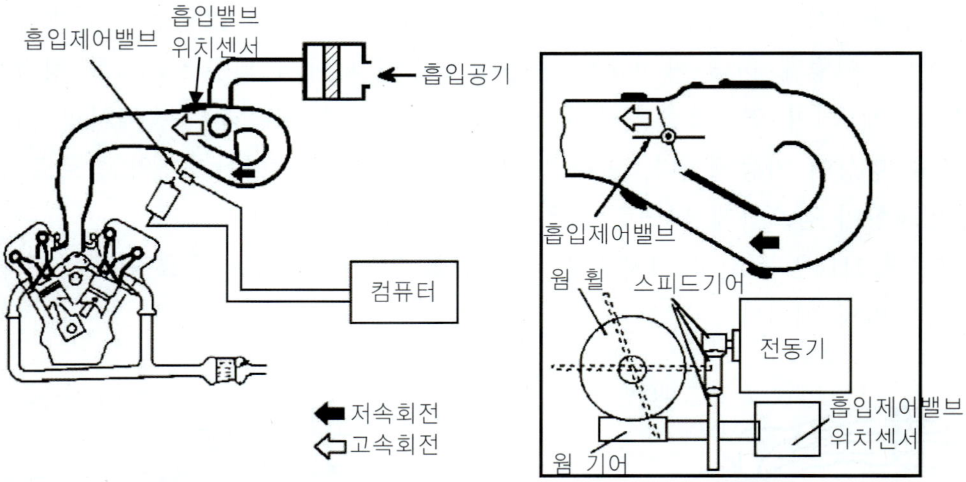

[그림 112] **가변 흡입장치의 구조**

5.2. 배기계통

배기가스의 온도는 대략 950℃ 정도로 높으며 배기 매니폴드는 400~800℃, 촉매 변환기는 100~500℃, 머플러는 50~200℃ 정도로 배기장치를 지나가면서 온도가 낮아진다. 배기장치는 소모품에 속하며 일반적으로 알루미늄을 도금한 스틸계열을 사용하지만 크롬/니켈/티타늄 등이 포함된 합금 스틸로 제작하여 내구성을 높이기도 한다.

배기장치는 크게 각 실린더에서 생성된 배기가스를 모아주는 배기 매니폴드, 공기 정화장치인 촉매변환기, 소음과 열을 저감시키는 머플러로 구성된다. 이외에도 배기가스의 온도를 측정하는 온도 센서, 배기가스에 포함되는 공기의 포함 비율을 측정하는 공기비 센서 등이 포함된다.

5.2.1. 배기 매니폴드(exhaust manifold)

배기 매니폴드는 배기가스를 원활하게 배기장치 및 배기관으로 전달하는 역할을 하며 내열성이 좋은 주철로 만들지만 스테인리스 소재도 있기도 하다.

(a) 배기다기관 (b) 히트 프로텍터

[그림 113] **배기다기관**

5.2.2. 촉매장치(catalytic converter)

촉매변환기의 촉매란 자신은 변하지 않고 주위의 화학반응을 촉진시키는 물질을 말한다. 촉매변환기는 알루미늄을 베이스로 대부분 백금과 로듐, 팔라듐과 같은 희토류 금속을 추가한 물질을 촉매로 사용한다.

촉매변환기를 배기가스가 통과하며, 배기가스 내 3대 오염물질이 화학반응을 통해 이산화탄소·물·질소와 같은 무해한 물질로 전환시킨다. 세 가지 물질의 화학반응을 일으키기 때문에 삼원촉매라고도 부른다. 촉매장치는 모양에 따라 펠릿형과 벌집형이 있는데, 펠릿형의 경우 알루미나 담체 표면에 백금, 팔라듐이 부착되어있고, 벌집형의 경우는 담체 표면에 백금, 코지라이트가 부착되어 있다.

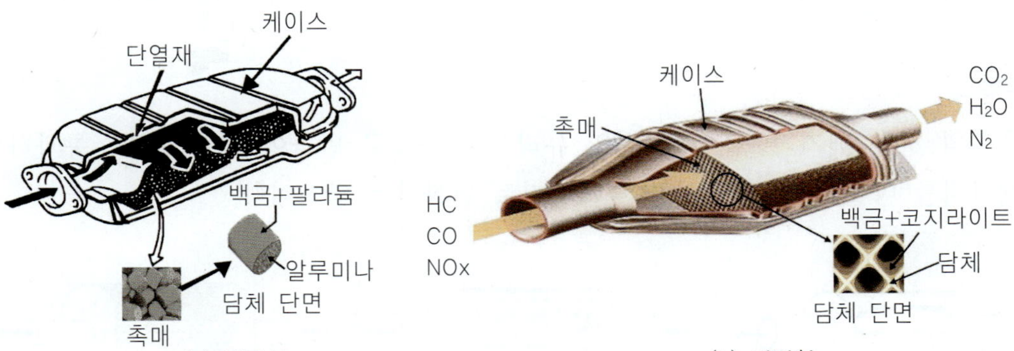

(a) 펠릿형 (b) 벌집형

[그림 114] **3원 촉매장치**

5.2.3. 머플러(muffler, 소음기)

배기가스가 배출될 때 약 3~5bar 정도의 압력과 음속에 가까운 속도로 배출되기 때문에 머플러를 통해 배출시키지 않으면 대기와 충돌이 발생하여 충격음을 발생하게 된다.

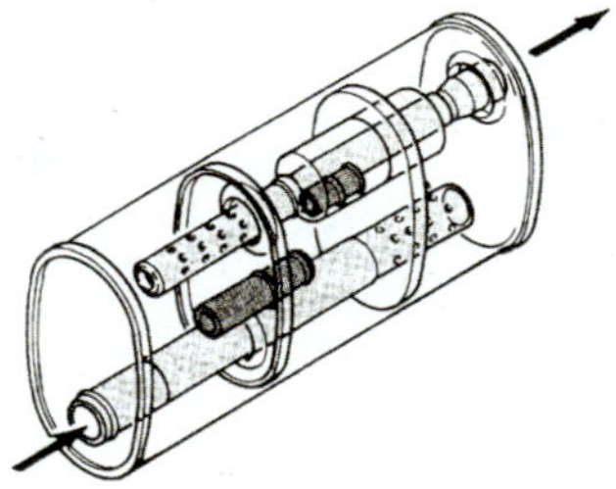

[그림 115] **소음기**

배기가스는 머플러에 들어가서 칸막이와 작은 구멍을 통과하면서 서서히 팽창되고 압력과 온도가 낮아지면서 소음이 줄어든다.

[1] 팽창식

팽창식은 머플러 내부에 몇 개의 팽창실로 공간을 나누어 배기가스가 이러한 팽창실을 지나며 단계적으로 압력을 낮춰 소음발생을 억제한다.

[2] 공명식

팽창실 내부의 벽을 통해 배기가스의 소리가 반사되어 돌아오는데 이러한 벽사이에 거리를 조절하여 반사되어 돌아오는 소리와 이후에 발생된 소리가 만났을 때 음파가 서로 상쇄되어 소리가 작아지는 지점을 찾아 공명현상을 일으키는 방식이다.

[3] 흡음식

흡음식의 경우 배기가스가 다공질의 유리섬유 등으로 만들어진 흡음재를 통과하며 소음에너지를 마찰 에너지에 의한 열에너지로 변환하는 방식이다.

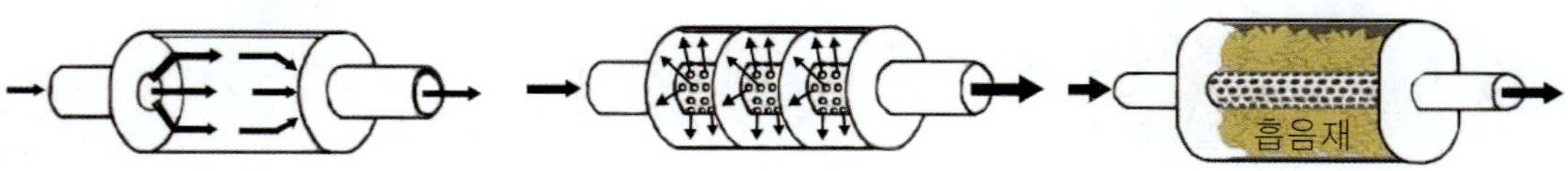

(a) 팽창식 (b) 공명식 (c) 흡음식

[그림 116] **머플러타입**

5.3. 과급장치(charger)

현재 엔진의 출력으로 보다 높은 출력을 얻고자할 때 체적효율을 높이기 위해 많은 양의 공기를 연소실로 흡입할 필요성이 있다. 과급기를 설치함에 따라 회전속도를 그대로 두고 출력만 증대시킬 수 있다.

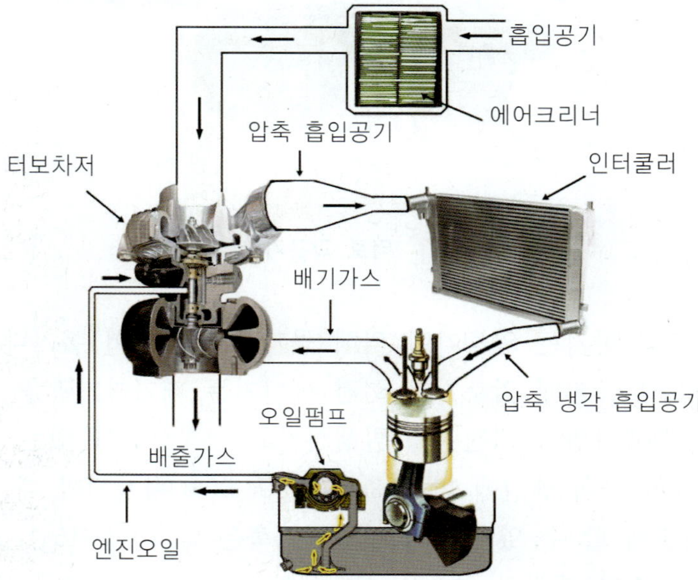

[그림 117] **터보차저와 인터쿨러 공기흐름도**

5.3.1. 터보차저(turbo charger)

터보 과급기는 연소실에서 배출되는 배기가스를 이용하여 터빈 블레이드를 회전시켜 이를 거쳐 압축기 임펠러를 회전시키게 된다. 따라서 흡입공기는 압축기에 의해 압축이 이루어지게 되고, 높은 밀도의 공기가 연소실로 흡입하게 된다. 그러나 압축공기는 온도가 고온이기 때문에 공기의 밀도를 증가시키기 위하여 냉각을 할 필요가 있다. 그래서 현재 인터쿨러를 사용하여 압축공기의 온도를 냉각시키고 있다.

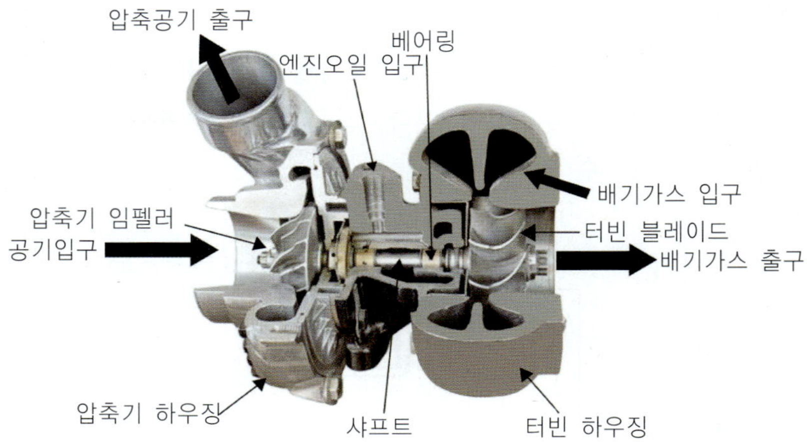

[그림 118] **터보 과급기의 구성도**

공기여과기를 거친 공기는 압축기에 의해 공기가 압축되어 흡기다기관으로 이동하여 연소실로 유입된다. 이때 압축기의 회전 에너지는 배기다기관을 거친 배기가스가 터빈 블레이드를 통과하면서 회전력을 발생시키고 일직선상이 있는 압축기를 회전시키게 된다. 동일 배기량의 엔진에 비해 출력은 30~50% 향상되기 때문에 단위 출력당 엔진의 중량을 가볍게 할 수 있다. 그러나 터빈 축은 약 10만~15만rpm으로 회전하기 때문에 내열성이 우수한 재질의 금속을 선택해야 되고, 부가적으로 냉각을 시키기 위한 윤활장치가 필요하게 된다.

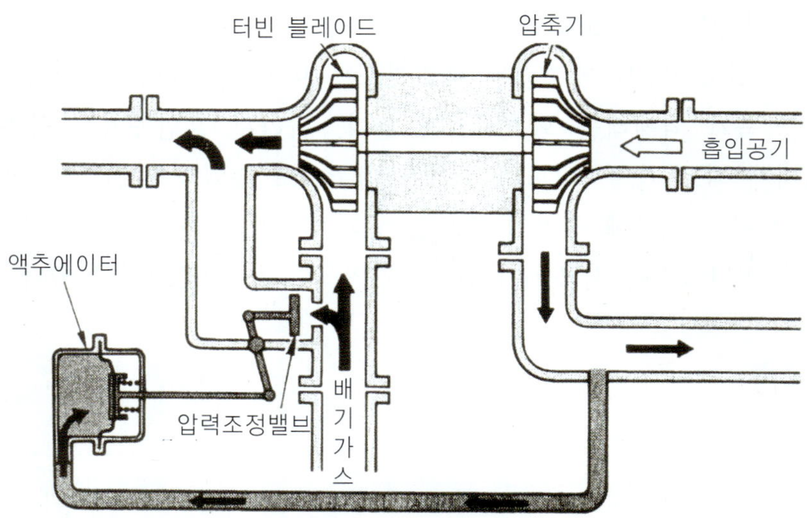

[그림 119] **터보과급기의 작동원리**

터보차저에 의한 과급압은 과급이 늘어날수록 높아지지만, 너무 높아지면 인터쿨러로 공기를 냉각을 해도 이상을 일으킨다. 이 때문에 터보를 장착한 차에서는 엔진에 노크센서를 장치하여 이상이 발생할 듯하면, 과급압을 낮추도록 하고 있다. 또 일정한 과급압을 넘지 않도록 과급압 제어를 하도록 하기도 한다. 보통 압력조절밸브의 경우 과급압력을 약 0.4~0.8bar 정도 제어하고 있다.

이와 같이 과급압 제어에 이용하는 것은 웨이스트 게이트밸브로서 배기가스의 흐름 도중에 설치된 밸브로, 이 밸브가 열리면 일부의 배기가스가 터빈 블레이드에 공급되지 않고 바이패스 경로에 의하여 배기장치에 직접 흐르게 된다.

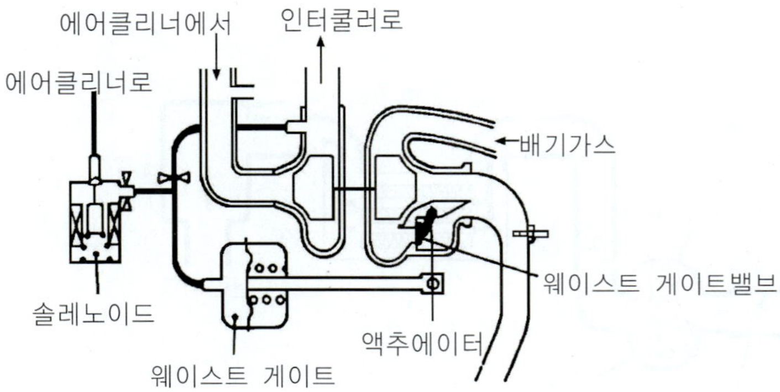

[그림 120] **과급압 제어**

[그림 121] **인터쿨러**

5.3.2. 인터쿨러(inter cooler)

터보차저에서 공기를 압축하면 흡입공기의 온도가 상승하는데 일반적으로 100~150℃ 정도이다. 엔진에서 흡입공기의 온도가 상승하면 밀도 저하로 인하여 흡입효율이 저하됨과 동시에 혼합기의 온도가 상승하여 노크가 발생한다. 따라서 흡입공기를 냉각시켜 흡입효율 향상과 노크를 감소시키기 위하여 인터쿨러를 설치한다.

일반적으로 인터쿨러는 수냉식과 공냉식이 있다.

5.3.3. 슈퍼차저(super charger)

슈퍼차저는 터보차저와는 달리 크랭크축의 동력으로 벨트에 의해 구동된다. 슈퍼차저로 가장 인기가 있는 것이 루트형(roots type)이나 근래에는 슈퍼차저의 로터를 헬리컬(helical) 모양으로 만들어 블로워(blower)에서 발생하는 과급압력 펄스를 감소시키고 소음도 낮추고 있다. 운전방법은 에어컨 압축기와 마찬가지로 슈퍼차저 구동 풀리에 마그네틱 클러치를 장착하여 ECU가 제어하는 방법을 주로 사용한다.

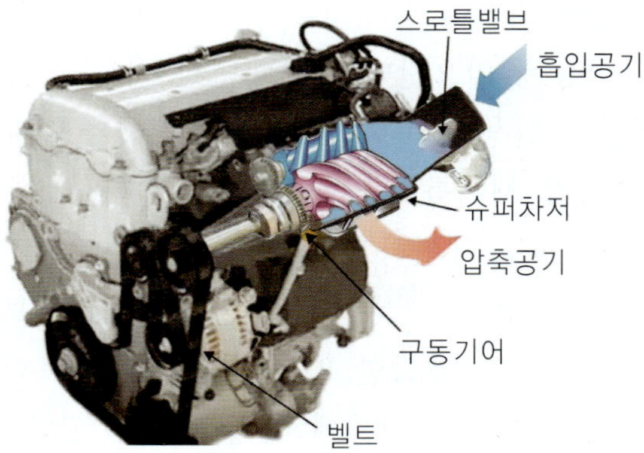

[그림 122] **슈퍼차저**

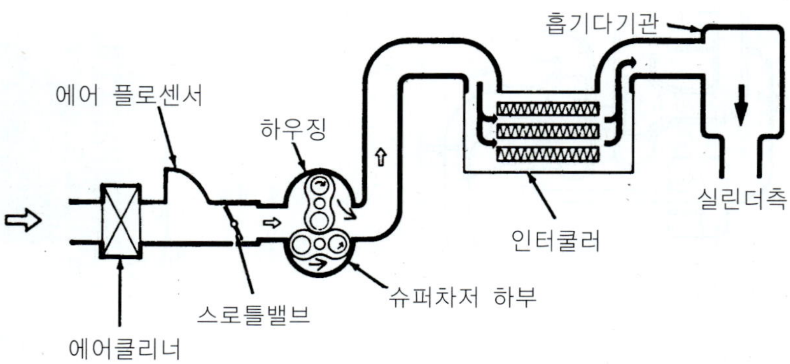

[그림 123] **슈퍼차저의 계통도**

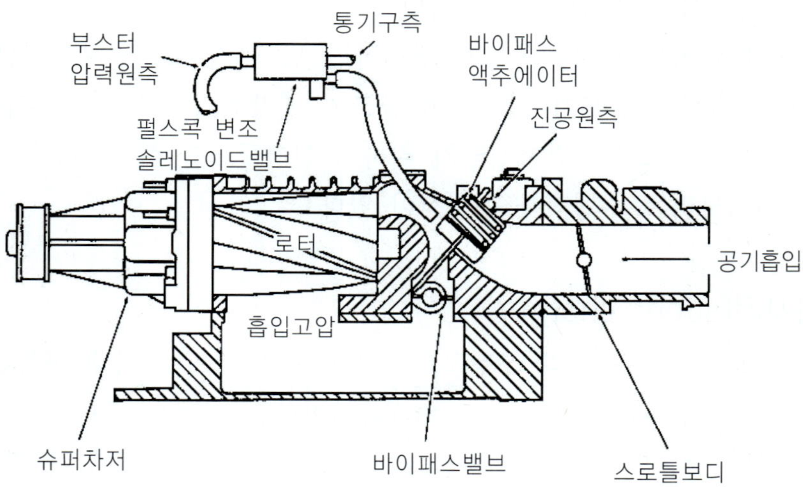

[그림 124] **슈퍼차저의 단면도**

이외에도 엔진이 여분의 추가적인 출력을 요구하지 않을 경우 ECU가 바이패스밸브를 작동시켜 압축공기 일부를 슈퍼차저 입구로 되돌려 보내어 슈퍼차저의 부하를 경감시켜 주기도 한다.

이처럼 엔진이 출력을 요구하는 시기와 정도에 따라 슈퍼차저를 정밀하게 제어하기 위해 슈퍼차저의 ON/OFF는 물론이고 연료량과 점화시기도 ECU가 제어한다.

06 자동차 배출가스와 대책

6.1. 배출가스의 개요

자동차에서 발생되는 배출가스는 주로 배기파이프에서 배출되는 배기가스(exhaust gas), 엔진 크랭크케이스에서의 블로바이가스 및 연료탱크나 연료라인에서 발생되는 연료증발가스(fuel evaporation gas)가 있다. 일반적으로 자동차의 배출가스 중 배기가스는 약 60%, 크랭크실 블로바이가스는 약 25%, 그리고 연료 증발가스는 약 20%의 비율을 가진다.

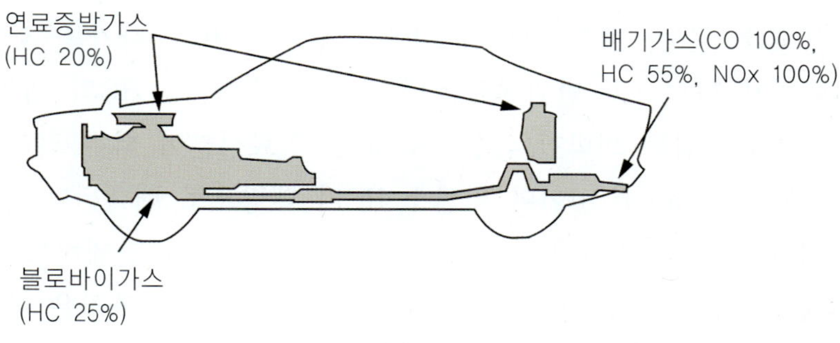

[그림 125] 자동차에서 발생되는 유해 배출가스

6.2. 배기가스(exhaust gas)

6.2.1. 일산화탄소(CO : carbon monoxide)

자동차가 일정한 회전 속도로 전부하 운전을 할 때 발생하는 유해가스의 배출비율은 이론 혼합비를 중심으로 이보다 짙은 혼합비일 때는 공기가 부족하므로 불완전 연소가 되어 CO 발생비율이 높아지며

엔진의 성능과는 다음과 같은 관계가 있다.

① CO가 많이 발생할 때는 연료소비가 증가하는 것을 나타내고, 짙은 혼합기를 공급하는 최고 출력 시에는 CO의 발생량은 증가한다.

② NOx의 발생량이 감소할 때는 CO의 발생량은 증가하여 연료소비율은 악화된다.

일산화탄소는 무색, 무취로써 인체에 흡수되면 산소 대신 적혈구에 흡수되어 산소 부족현상이 발생하며 소량일 경우 두통, 현기증이 발생하나 대량이 흡수될 경우 사망을 초래한다. 일산화탄소의 배출량은 엔진에 공급되는 혼합기의 공연비에 좌우하며 희박공연비일 경우 CO 농도는 낮으나 농후공연비일 경우 높아진다.

6.2.2. 탄화수소(HC : unburned hydro carbon)

HC의 발생은 혼합비와 직접 관계가 적으며, 가솔린 연료는 탄소와 수소로 결합된 탄화수소 화합물로써 불완전연소에 의하여 발생할 뿐만 아니라 블로바이가스(blow by gas) 또는 연료증발가스에도 포함되어 있다.

탄화수소는 공기부족에 의한 불완전 연소시에 주로 발생되는데 실린더 또는 연소실 벽쪽은 저온이므로 이 부분(소염경계층)에서는 연소온도에 이르지 못하고 화염이 전달되지 못하므로 미연소 HC가 발생되며, 점화플러그의 불꽃이 약해서 완전히 착화가 되지 않을 때의 미연소 현상, 밸브 오버랩 시에 혼합기가 빠져 나가는 것이 원인이 된다. 따라서 혼합비가 17 : 1의 범위에서는 혼합비가 짙을수록 HC의 배출량은 증가하나, 혼합비가 17 : 1이 넘는 희박한 혼합비로 되면 연료성분이 너무 적기 때문에 보통의 연소방식으로는 실화(misfire)이며 미연소 HC가 대량으로 배출된다.

그리고 인체에 흡입시 호흡기계통에 자극을 주며 산화되면 알데히드류로 변화하여 눈의 점막에 강한 자극을 준다. 엔진에서 탄화수소가 발생되는 조건은 다음과 같다.

① 불완전 연소시

② 감속시

③ 희박공연비 상태시

④ 밸브 오버랩시 혼합기배출

6.2.3. 질소산화물(NOx : nitrogen oxide)

공기 중에는 질소가 70% 이상이므로 연소시 질소와 산소가 반응하여 질소산화물을 배출시킨다. 질소산화물은 산화는 잘되지 않지만 고온, 고압 하에서는 산화되어 발생량이 증대된다. 이 질소산화물 발생은 최고 연소온도에 좌우되며 연소온도의 상승과 함께 급격히 증가하나 역으로 최고 연소온도를 다소 낮추면 급격히 하락된다.

따라서, 배기가스를 연소실로 재순환(EGR)시킴으로써 최고 연소온도나 압력을 낮추어 질소산화물의 발생을 줄이고 있다. 재순환되는 배기가스 중 불활성가스인 CO_2는 연소온도가 1500~1700℃ 이상으로 되면 열해리 현상이 발생되며 이로 인해 연소온도가 저하된다.

일반적으로 질소산화물 배출은 이론공연비 부근에서 최대가 되며 희박하거나 농후한 공연비 상태가 되면 급격히 저하한다. 그리고 점화시기가 늦어짐에 따라 연소온도가 저하하여 탄화수소 및 질소산화물 배출은 저하된다.

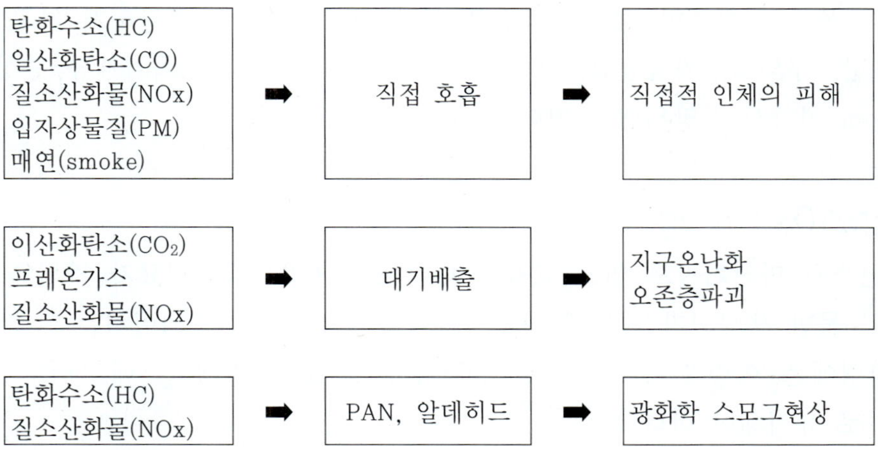

[그림 126] **유해 배출가스의 영향**

6.2.4. 입자상 물질(PM : particulate matter)

입자상 물질은 우리가 눈으로 볼 수 있는 입자성을 띠고 있다. 이들은 주로 불완전 연소시 발생하며 나쁜 연료와 윤활유도 원인이다. 입자상 물질의 입자는 75% 이상이 직경 1㎛ 이하의 미세입자이기 때문에 기관지 등에 침투하여 장기간 잠재하며 특히 폐암의 원인으로 판명되고 있어 위해성에 대한 논란이 가중되고 있다.

배기가스 온도가 500℃ 이상의 고온시 배출되는 입자상 물질은 대부분 직경 0.1~0.3㎛의 탄소 입자덩어리로서 "드라이 수트(dry soot)" 불리며 배기온도 500℃ 이하에서는 유기성용제로 제거할 수 있는 성분인 SOF(soluble organic fraction)가 입자상 물질에 흡착되어 있으며 "웨트 수트(wet soot)" 다. SOF는 액상의 미연 탄화수소로서 연료의 미연분과 연소실내로 흡입된 오일의 미연분으로 구성된다.

입자상 물질은 국소적인 과농혼합기 상태의 공기부족상태에서 연료가 연소할 때 불완전연소, 열분해에 의해 생긴 물질을 미립자핵으로 하여 응집, 표면 성장하여 합체되면서 생성이 된다.

6.2.5. 아황산가스(SO_2 : sulfur dioxide)

이산화황 또는 아황산가스는 황산화물의 일종으로 물에 잘 녹고 비가연성의 폭발성이 있는 무색의 자극성 냄새를 갖는 기체이다. 화석연료의 연소과정에서 유황성분이 산화한 것으로 대부분 SO_2로 배출되고 1~2%는 불꽃 중에서 산화하여 SO_3(삼산화황, sulfur trioxide)로 배출된다.

SO_2 노출시 증상은 노출된 농도와 기간에 따라 증상의 정도가 달라지고 두통 및 현기증, 눈이 쓰리고 아프며, 콧물, 악취로 인한 고통, 호흡을 곤란하게 하고 만성기관지염을 유발, 구역질, 가슴답답, 해소, 천식, 폐암의 원인, 소화기계통 증상, 혈행장애, 500ppm 이상시 사망위험이 있다.

6.2.6. 산소(O_2 : oxygen)

이산화탄소와 마찬가지로 연소 효율을 나타내는 지표이다. 연료가 완전연소되면 이산화탄소와 물만 생성되기 때문에 이론적으로 산소(O_2)가 검출되어서는 안 된다. 그러나 자연환경에는 이렇게 될 수 없으므로 잔류 산소가 발생되는데 배출 값을 항상 0.5% 이하로 유지해야 한다.

이처럼 최근에는 배기가스를 규제 차원에서 측정하는 것을 넘어 진단 면에서 4가스(일산화탄소(CO), 탄화수소(HC), 이산화탄소(CO_2), 산소(O_2))를 기본적으로 측정하고 있다.

6.3. 배기가스 발생량에 영향을 미치는 요소

6.3.1. 압축비

압축비가 높으면 엔진 출력이 증가하고 열효율이 향상되며 연료소비율이 향상되나 노크 위험성이 증가하고 배기가스 발생량이 증가한다.

6.3.2. 밸브 오버랩(valve over lap)

밸브 오버랩이 너무 길면 흡입행정에서 배기가스 일부가 다시 연소실로 유입되어 혼합기가 희박해져 내부 EGR효과로 인하여 연소온도가 저하되어 궁극적으로 질소산화물의 감소를 가져온다.

공전에서는 밸브 오버랩을 작게 하고, 고속에서는 크게 한다.

6.3.3. 워밍업(warming up, 난기운전)시간

자동차에서 발생하는 상당량의 배기가스는 워밍업 동안 발생하므로 가능하면 빠른 시간 내에 워밍업을 마쳐야 한다. 모든 엔진에는 패스트 아이들(fast idle) 기구를 두어 시동 초기에 공전속도를 높여 워밍업시간을 단축시키고 있다.

6.3.4. 점화시기

점화시기는 엔진출력과 배기가스 발생량에 영향을 미친다. 점화시기를 진각(빠르게)시키면 출력은 증가하나 노크 위험성이 증가하고, 점화시기를 지각시키면 출력은 감소하나 노크 위험성이 현저하게 줄어든다. 배기가스 발생 면으로 보면 다음과 같다.

[1] 점화 시기가 빠를 때

연소실 온도상승으로 질소 산화물(NOx) 발생량은 증가하는 반면 배기가스의 온도 저하로 탄화수소(HC)의 재 연소가 일어나지 않아 탄화수소(HC) 발생량은 증가한다.

[2] 점화 시기가 늦을 때

연소가 완만하여 최고 연소온도가 저하되어 질소 산화물(NOx) 발생량은 감소하는 반면 동력 및 배기행정에서 가스 온도가 상승되어 탄화수소(HC)의 재 연소가 촉진되어 탄화수소(HC) 발생량도 감소된다.

6.3.5. 공연비(혼합비)

공연비는 공기량(g)을 연료량(g)으로 나눈 것으로 공연비가 작으면 혼합기 상태가 진하고(rich), 공연비가 크면 혼합기 상태가 희박(lean)한 것이다. [그림 127]은 공연비와 유해 배기가스 농도와의 관계를 그래프로 나타낸 것이다.

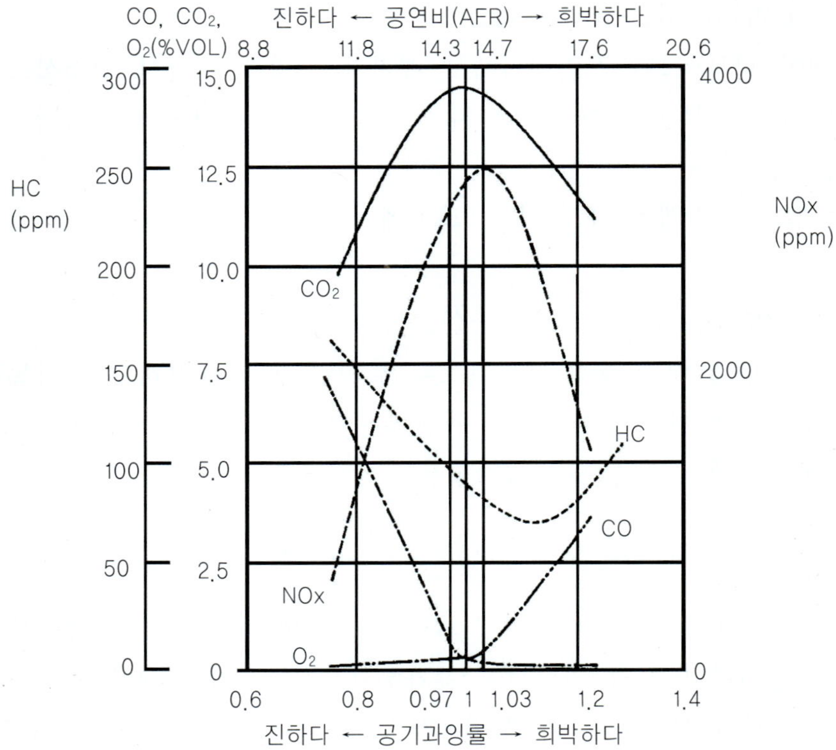

[그림 127] **공연비와 배기가스 농도와의 관계**

6.3.6. 블로바이가스(blowby gas)

압축행정이나 폭발행정시 실린더와 피스톤사이의 간극으로 연소실 내의 연소가스가 크랭크케이스로 누설되는 가스를 블로바이가스라 한다. 블로바이가스의 대부분은 미연 탄화수소이며 이를 처리하기 위하여 PCV(positive crankcase ventilation)밸브를 로커암 커버에 장착하고 있으며 블로바이가스를 흡기계통으로 보내어 재연소 시킨다.

6.3.7. 연료증발가스(fuel evaporation gas)

연료증발가스는 연료탱크 내의 가솔린이 증발하여 대기 중으로 방출되는 연료증발가스를 말하며 주로 탄화수소이다. 연료증발가스는 블로바이가스와 마찬가지로 대기 중에 방출되지 않도록 활성탄을 이용한 캐니스터(canister)에 저장한 후 설정 운전조건이 되었을 때 흡기계통으로 보내어 재 연소시키고 있다.

6.4. 배출가스 제어시스템

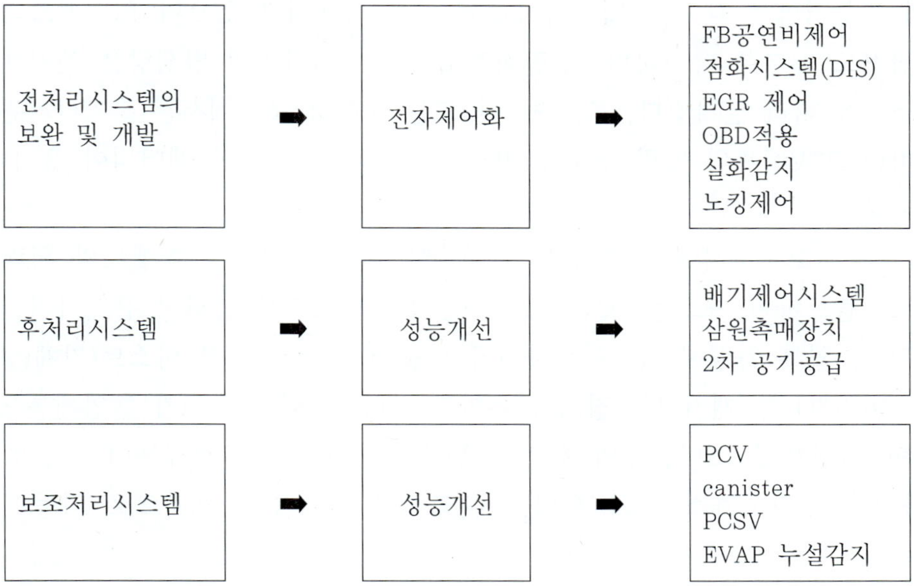

[그림 128] **유해 배출가스의 처리방안**

[표] **유해 배출가스 처리장치**

처리항목	장 치
배기가스	삼원촉매장치(TCC, three way catalytic converter)
연료증발가스	차콜 캐니스터, PCV/PCSV(purge control solenoid valve)
블로바이가스	PCV(positive crankcase ventilation)밸브
NOx 저감	EGR(exhaust gas recirculation)밸브

6.4.1. 블로바이가스 제어

[1] 블로바이가스 제어의 개요

압축행정이나 폭발 행정시 발생하는 압력으로 인하여 혼합기나 미연가스가 피스톤 링 틈새를 거쳐 크랭크케이스로 유입되며 이를 블로바이가스(blow by gas)라 한다. 이러한 블로바이가스는 엔진오일의 윤활성을 저하시키고, 슬러지(sludge)를 형성시킨다. 또한 블로바이가스에 포함된 적은 양의 수분은 PH2 정도의 산성 물질로 엔진 내부를 부식시키는 원인이 되기도 한다. 따라서 크랭크케이스 환기장치(PCV)를 장착하여 블로바이가스를 흡기계통으로 순환시켜 재 연소시키고 있다.

[2] 블로바이가스 제어장치의 구성

최근의 자동차에는 대부분 밀폐식 PCV장치가 사용되고 있으며 PCV밸브의 형상이나 제어방식도 대부분 유사하다. 일반적으로 블로바이가스의 발생량은 엔진에 작용하는 부하조건에 따라 달라진다. 즉, 경부하 또는 중부하 조건에서는 흡기다기관 부압의 정도에 따라 PCV밸브의 열림 정도에 따라 블로바이 가스량이 제어되어 흡기다기관으로 유입된다.

급가속 또는 고부하시에는 흡기다기관내 부압이 감소하여 PCV밸브의 열림 정도가 작아지므로 블로바이 가스는 PCV밸브보다는 브리더호스를 통하여 흡기다기관으로 유입되게 된다. 일부 차량에서는 블로바이가스 중에 포함된 오일 미스트(기체(氣體)속에 함유되는 미립자) 를 제거하는 장치를 두기도 한다. 오일 미스트가 흡입계통으로 들어오게 되면 엔진오일 소비증대의 원인이 될 뿐만 아니라 흡입계통이 오일로 오염된다. 따라서 블로바이가스 중의 오일을 분리시켜 오일을 오일팬으로 되돌리는 것이 필요하다.

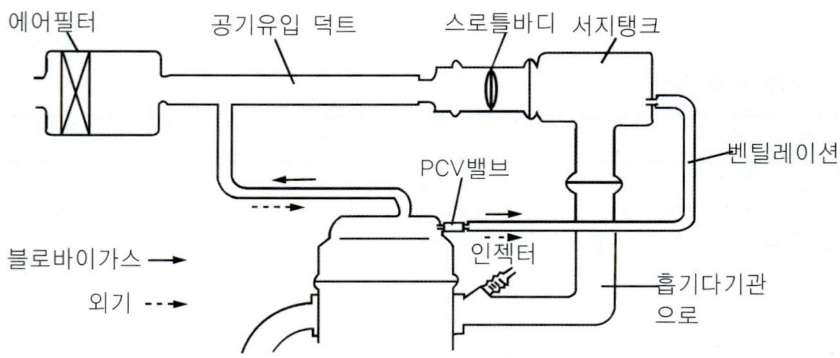

[그림 129] 밀폐식 PCV시스템

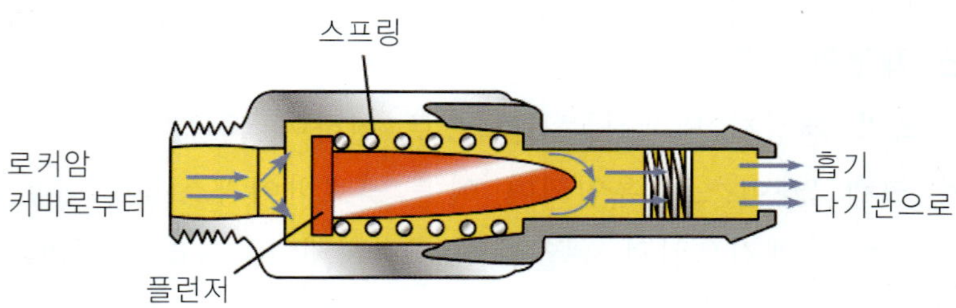

[그림 130] PCV밸브의 구조

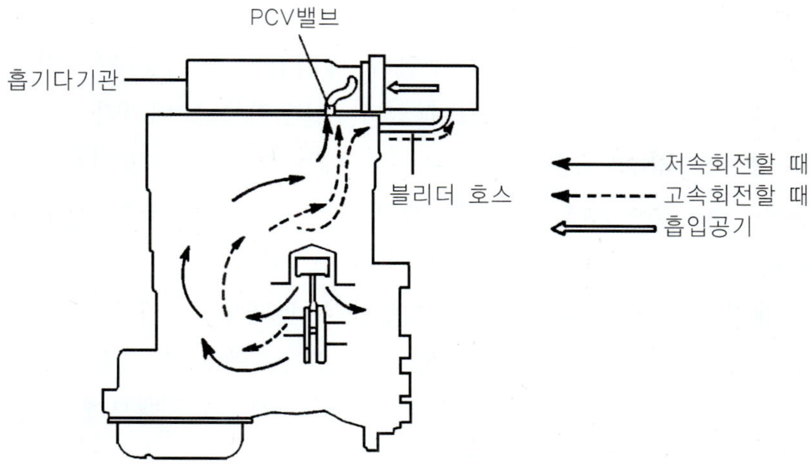

[그림 131] 블로바이가스의 흐름

6.4.2. 배기가스 재순환 제어(EGR)

[1] 배기가스 재순환 제어의 개요

배기가스 재순환(EGR : exhaust gas recirculation)장치는 배기가스 중의 일부를 배기계통에서 흡입계통으로 재순환시켜 혼합기에 혼합시켜 연소실에 공급하여 연소온도를 낮추어 질소산화물 배출을 줄이기 위한 목적으로 많이 사용된다. 또한 최근에는 가솔린엔진의 연비를 개선하려는 용도로도 적극 사용되고 있다.

EGR은 시스템 구성에 따라 터보전단에서 배기가스를 재순환하는 고압(HP : high pressure) EGR과 촉매 후단에서 배기가스를 재순환하는 저EGR로 나누어진다.

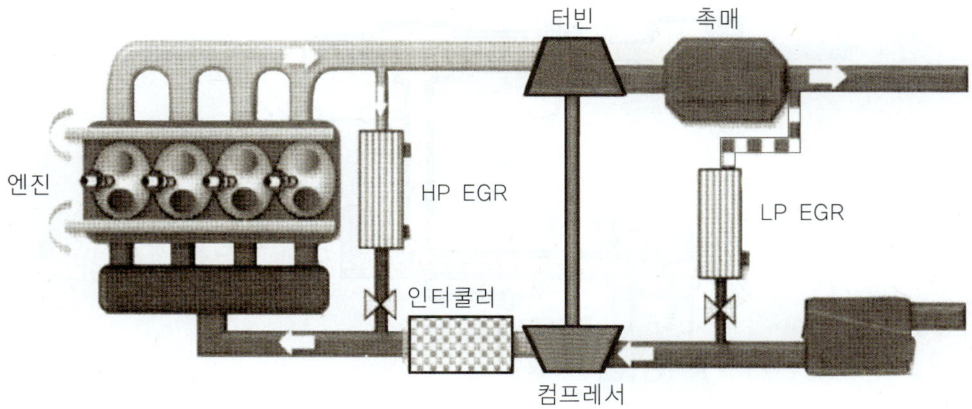

[그림 132] EGR시스템의 종류

[2] 배기가스 재순환 제어장치의 구성

배기가스 재순환 제어는 흡기다기관 부압과 배기압력을 이용하는 기계적인 방법과 ECU에 의한 전자제어를 사용하는 방법이 있다. 일반적으로 배기가스 재순환율은 5~15% 정도의 소량 배기가스 재순환을 하는 경우에는 기계적인 방식을 채용하고, 배기가스 재순환율이 15~35% 정도의 대량 배기가스 재순환을 하는 경우에는 전자제어 방식을 사용한다.

전자제어식 배기가스 재순환장치의 구성부품은 EGR밸브, EGR제어 솔레노이드밸브, ECU 및 각 센서 등으로 구성되어 있다. ECU는 엔진 회전속도와 흡입공기량에 대응한 최적의 EGR량을 기준으로 하여 EGR제어 솔레노이드밸브에 통전되는 듀티비(duty ratio)를 제어하여 EGR량을 조절하고 있다.

일부에서는 EGR밸브에 밸브 위치센서를 부착하여 밸브의 개도를 직접 검출하여 운전조건에 따라 미리 설정된 목표개도로 되도록 하기 위하여 EGR밸브에 가해지는 부압을 솔레노이드밸브로 제어한다. 이 경우 운전조건에 대응하는 EGR밸브 제어값은 ECU 내의 ROM에 기억되어 있다.

그리고 가속시 또는 냉각수온에 따라 EGR량을 보정하며 공회전시나 감속시 EGR을 정지시키도록 하고 있다. EGR을 하게 되면 NOx는 저감되나 착화성이나 엔진의 출력이 저하되므로 차속이나 엔진의 부하상태에 따라 적절한 EGR량을 제어할 필요가 있다. EGR제어량의 지표로써 EGR율(EGR rate)이 사용되며 다음과 같이 정의된다.

$$\text{EGR율} = \frac{\text{EGR량}}{\text{흡입공기량} + \text{EGR량}} \times 100(\%)$$

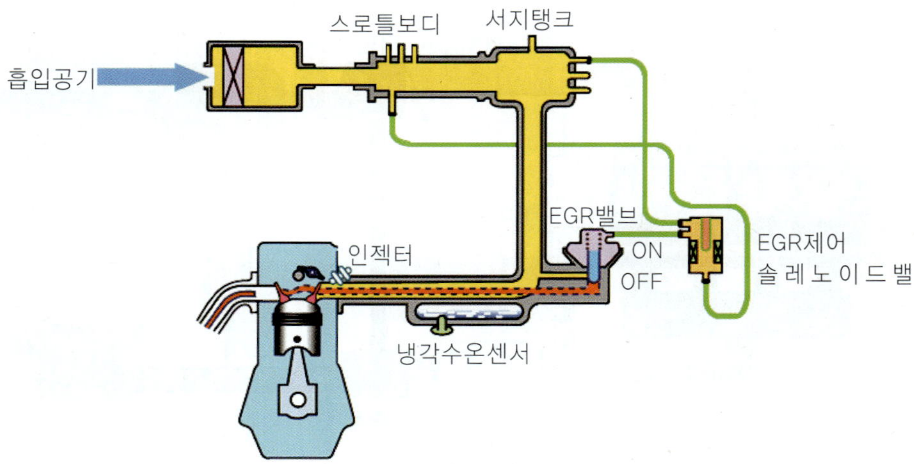

[그림 133] 배기가스 재 순환장치의 구성부품

[3] LP(low pressure) EGR

터보엔진은 흡입공기를 압축하여 연소실에 공급하므로 성능이 뛰어난 장점이 있는 반면 노킹에 불리하다. 하지만 LP EGR은 연소온도를 낮추어 노킹을 감소시키고, 질소산화물도 줄여준다. LP EGR은 연소 후 배출되는 배기가스 중 일부를 쿨러를 통해 냉각시키고 다시 연소실로 재순환시킨다. 이때 가솔린엔진의 연비상승 및 배출가스 저감을 극대화하기 위해서는 배기가스를 효과적으로 냉각시켜 점화시기를 앞당기고, 점화에너지를 높여 연소를 안정시키는 것이 필수적이다.

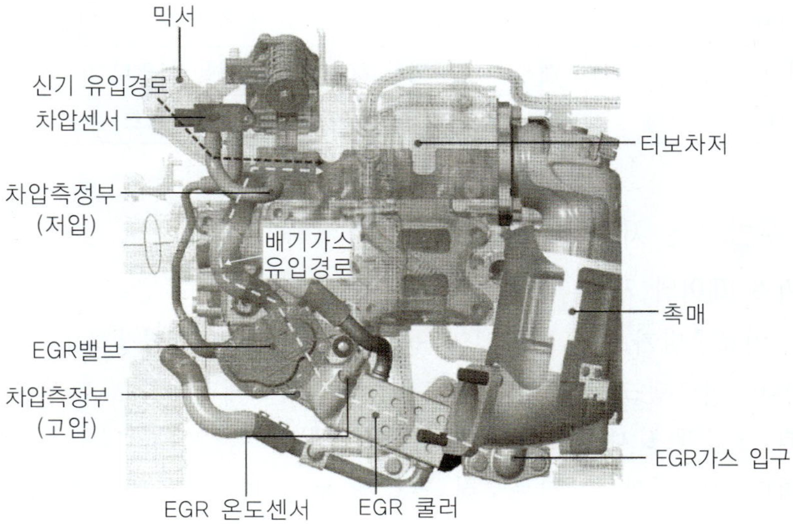

[그림 134] LP EGR의 구성

LP EGR은 CVVD와 결합하여 펌핑손실과 노킹개선이라는 두 가지 효과를 구현하여 전 운전영역에서 연비에 최적화된 높은 효율을 달성하였다. 낮은 토크영역은 CVVD기술로, 높은 토크영역은 LP EGR기술로 연비를 개선하였다.

[표] LP EGR의 구성요소

항 목	사용목적
EGR밸브	배기가스 유량 제어
EGR쿨러	배기가스 냉각(냉각수 이용) : 노킹저하 및 체적효율 향상
배기온센서	EGR유량 계측 및 시스템 보호 - EGR 유량계산에 압력, 온도가 필요 - EGR 쿨러 성능 저하시 밸브 열해 방지(EGR밸브 내열 온도 : 약 150도)

항 목	사용목적
차압센서	EGR유량 계측 - EGR 유량계산에 압력, 온도가 필요 - EGR밸브 전후단 압력 모델을 사용할 경우 실제 압력과 모델 압력사이 오차에 의해 EGR 유량 오차가 증가
습도센서	외기습도 측정으로 응축수 제한 - 외부습도 높을 경우 EGR율이 작아도 흡기계 내부 수분이 증가하여 응결될 수 있음 - 응축수에 의한 부품 부식/컴프레서 휠 타격/인터쿨러 내 누적에 의한 엔진 파손
T-믹서	컴프레서 전단에서 EGR가스와 신기 혼합하는 단순 장치
필터 개스킷	컴프레서로 유입되는 EGR가스중 이물질 필터링
컴프레서 휠 코팅	컴프레서 휠로 유입되는 응축수에 대한 보호 기능

6.4.3. 연료증발가스 제어

[1] 연료증발가스 제어의 개요

자동차에서 연료증발가스는 연료탱크 등의 연료계통에서 발생하며, 주요성분은 탄화수소(HC)이다. 연료탱크는 연료의 온도상승에 따른 체적팽창으로 인한 연료탱크 내의 압력상승과 연료탱크 내에 부압(부분 진공상태)이 형성되지 않도록 대기와의 환기장치가 필요하다. 이때 연료탱크로부터 연료가 누출되는 것을 방지하기 위하여 롤 오버밸브(roll over valve)를 사용하며, 연료증발가스가 대기 중으로 배출되는 것을 방지하기 위하여 연료증발가스 제어장치가 필요하다.

연료증발가스 제어방식에는 활성탄 저장방식(charcoal canister), 크랭크케이스 저장방식, 에어클리너 저장방식 등이 있으나 대부분 캐니스터방식을 사용하고 있다.

[2] 연료증발가스 제어장치의 구성

활성탄은 연료증기를 잘 흡착하고 공기를 흐르도록 하면 연료증기를 이탈시키는 특성이 있다. 따라서 엔진의 가동을 정지시킨 경우에는 증발된 연료를 채운 용기(활성탄 캐니스터 : charcoal canister)에서 포집하고, 가동될 때에는 캐니스터 외부에서 새로운 공기를 도입하여 활성탄에 흡착된 연료를 이탈시켜 흡입계통으로 흡입, 퍼지(purge)시킨다.

캐니스터에 포집된 연료증발가스 순환량을 제어하기 위하여 퍼지 컨트롤밸브(PCV : purge control valve)를 사용하며, ECU에 의하여 듀티제어하는 방식과 흡기다기관의 부압과 ECU에 의하여 ON, OFF제어만 하는 방식이 있다. 이 밸브는 엔진의 냉각수

온도가 낮거나 공회전 중에는 닫히고, 엔진이 정상 온도로 가동할 때에는 밸브를 열어 캐니스터에 포집된 연료 증발가스를 흡기다기관으로 보낸다. 또한, ECU에 의해 듀티제어를 하는 밸브를 퍼지 컨트롤 솔레노이드밸브(PCSV)라 하며, ECU에 의하여 흡기다기관의 부압, 수온센서 등의 신호에 따라 제어된다.

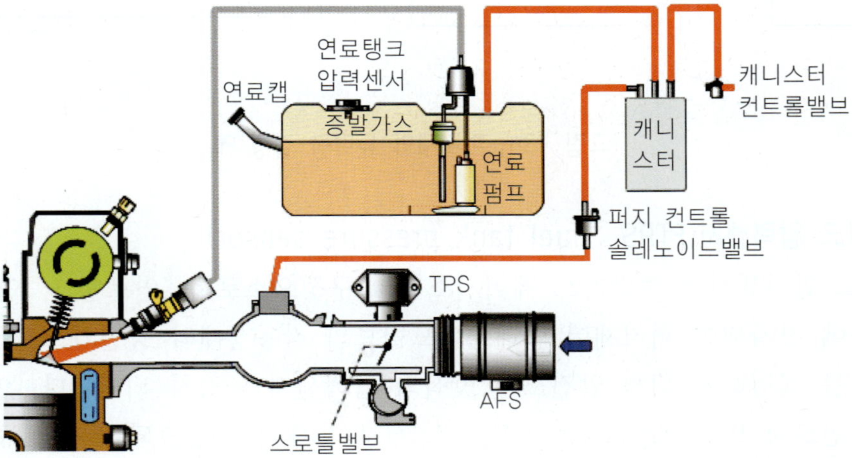

[그림 135] **연료증발가스 제어장치의 구성 예**

[3] 연료증발가스 제어장치의 가동

연료증발가스 제어장치는 엔진 ECU가 엔진부하, 엔진 회전속도 및 에어컨 스위치 신호를 입력받고 제어조건에 따라 퍼지제어 솔레노이드밸브를 듀티제어한다. 듀티 0%인 때는 밸브가 닫히고, 듀티 100%인 때는 완전히 열린다.

일반적으로 공회전할 때 듀티량은 1~3% 정도이며, 최대 제어량은 92%이다. 퍼지제어 솔레노이드밸브(PCSV)가 가동되는 조건은 냉각수 온도가 80℃ 이상일 때, 공회전 이외에서 가동상태, 공연비 학습을 하지 않는 때이다. 또한 퍼지제어는 지속적으로 수행하는 것이 아니라 일정시간(예 : 3분 정도) 가동하다가 캐니스터에서 연료 증발가스를 포집하기 위하여 일정시간 동안 가동하지 않는다. 퍼지제어의 듀티량은 주로 엔진 회전속도와 부하 등에 의해 결정된다.

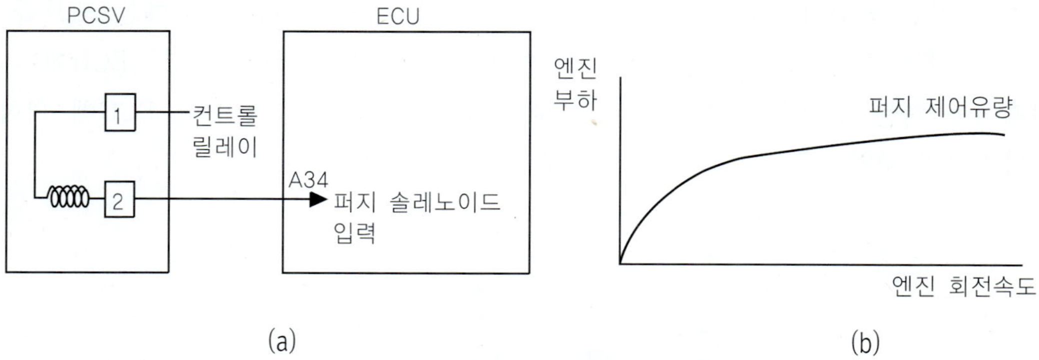

[그림 136] **퍼지제어 듀티량 결정 예**

[4] 연료탱크 압력센서(FTPS : fuel tank pressure sensor)

연료탱크 압력센서는 증발가스 제어시스템의 구성요소로서, 연료탱크, 연료펌프, 캐니스터 등에 장착되어 퍼지제어 솔레노이드밸브의 작동상태와 증발가스 제어시스템의 누설 여부를 점검하기 위해 압전소자 방식의 압력센서가 장착 되어있다. 연료탱크 압력센서는 연료탱크에서 발생되는 증발가스 성분이 대기로 방출되는 것을 규제하는 법규를 만족시키기 위해 사용된다.

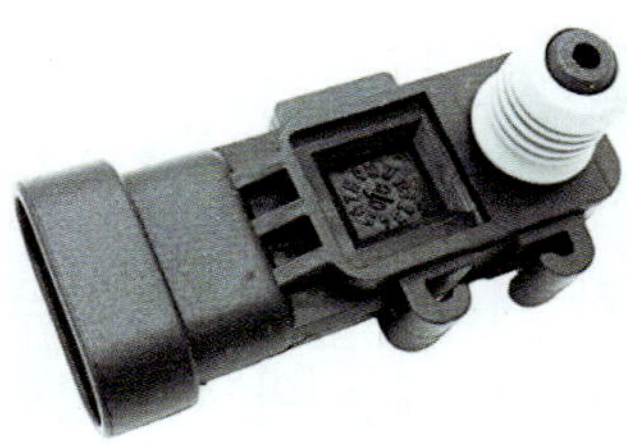

[그림 137] **연료탱크 압력센서**

6.4.4. 삼원촉매장치

[1] 촉매장치(catalytic converter)

(1) 촉매의 작용

촉매란 그 자체는 변화하지 않고 적당한 조건하에서 반응물질의 산화 또는 환원을 도와주는 성질이 있는 물질을 말하며 촉매장치는 배기가스 중의 유해성분인 CO, HC 및 NOx를 산화 또는 환원반응을 이용하여 무해물질로 변화시킨다.

촉매반응의 기본 요인은 반응물질의 농도, 온도, 가스의 공간 이동속도에 따라 좌우된다. 일반적으로 촉매반응은 300℃ 이상의 조건이 요구되고, 반응물질의 농도에 있어서는 산소농도와 피 산화물질(CO, HC, H_2)의 농도 평형이 촉매반응에 중요한 역할을 하므로 반응효과를 높이기 위해서는 이들 인자에 대한 적절한 제어가 필요하다.

- 산화반응

$2CO + O_2 \rightarrow 2CO_2$

$HC + O_2 \rightarrow 2CO_2 + H_2O$

- 환원반응

$2NO + 2CO \rightarrow 2CO_2 + H_2O + N_2$

$NO + HC \rightarrow CO_2 + H_2O + N_2$

$2NO + 2H_2 \rightarrow N_2 + 2H_2O$

- 수성가스 반응

$CO + H_2O \rightarrow CO_2 + H_2$

$HC + H_2O \rightarrow CO_2 + H_2$

$2H_2 + O_2 \rightarrow 2H_2O$

(2) 촉매반응 물질(catalytic reaction metal)

촉매반응 물질에는 백금(Pt, platinum), 팔라듐(Pd, palladium), 로듐(Rh, rhodium)이 이용되고 있으며 촉매반응 형식에 따라 이들 물질의 사용이 달라진다. 일반적으로 산화촉매에는 백금, 팔라듐 또는 백금+팔라듐이 사용되며 3원 촉매에는 백금+로듐이 사용되고 있다.

(3) 촉매장치의 종류

촉매장치에는 그 형상에 따라 펠릿형(pellet type)과 모노리스형(monolith or honey comb type)이 있고, 촉매의 기능에 따라 산화촉매, 환원촉매, 3원 촉매가 있다. 펠릿형 촉매장치는 산화알루미늄(Al_2O_3), 산화실리콘(SiO_2), 산화마그네슘(MgO)을 주원료로 하는 2~4mm 직경의 구상 담체에 촉매성분을 도포하여 금속제 용기에 담아서 사용한다. 모노리스형 촉매장치는 벌집모양의 담체표면에 촉매성분을 도포하여 사용한다.

1) 산화촉매(oxidation catalyzer)

산화촉매는 백금 또는 팔라듐이 사용되고 있으며 CO, HC를 산화반응시켜 CO_2와 H_2O로 변환시킨다. 산화촉매의 기본적인 조건은 산화분위기를 조성할 수 있는 희박공연비상태 제어이나 일반적으로 후처리장치인 2차 공기 공급장치가 많이 사용되고 있다. 산화 촉매장치의 단점으로는 NOx처리가 되지 않기 때문에 EGR장치가 추가되거나 NOx배출량이 적은 엔진에 적용되고 있다.

2) 환원촉매(reduction catalyzer)

환원촉매는 NOx의 환원처리를 주목적으로 하는 것으로 배기가스의 환원반응 분위기를 조성하기 위해 농후한 공연비가 요구된다. 환원 촉매장치를 장착하는 경우 CO, HC의 처리가 불충분하기 때문에 산화 촉매장치 및 2차 공기 공급장치를 추가로 설치할 필요가 있다. 따라서 환원 촉매장치는 구조가 복잡해지고, 농후한 공연비제어에 의한 연비의 악화 그리고 암모니아(NH_3)를 생성하는 등의 문제로 실용화되지는 못하였다.

3) 3원 촉매(3way catalyzer)

3원 촉매에는 백금+로듐이 사용되며 CO, HC의 산화반응과 동시에 NOx의 환원반응도 동시에 행한다. 즉, 배기가스내의 CO, HC, NOx를 하나의 촉매로 처리하는 것이다. 3원 촉매는 이론공연비 부근에서 CO, HC, NOx의 3성분에 대한 높은 정화율을 나타낸다. 따라서 이들 3성분의 높은 정화율이 얻어지는 좁은 범위(빗금구간)의 공연비 제어영역으로 엔진의 공연비를 제어할 필요가 있다. 3원 촉매의 정화율은 공연비와 촉매컨버터(catalytic converter) 입구에서의 배기가스 온도에 관계하며 이론공연비 부근과 배기가스 온도 약 300℃ 이상에서 높은 정화율을 나타내므로 이론공연비(14.7 : 1)를 제어하기 위하여 산소센서를 이용한 크로즈 루프(closed loop)가 가장 바람직하다.

일반적으로 산소센서는 배기가스 중의 산소농도를 검출하여 그 출력전압으로 ECU에서 공연비를 피드백제어 한다. 단, 삼원촉매는 일정한 온도이상(300℃~800℃)되어야 정상 기능을 발휘하므로 난기운전 전에는 유해 배기가스가 배출되는 단점이 있다. 현재는 윤활유나 엔진 구성요소의 내구성을 향상시켜 난기운전 시간을 크게 단축시키고 있다.

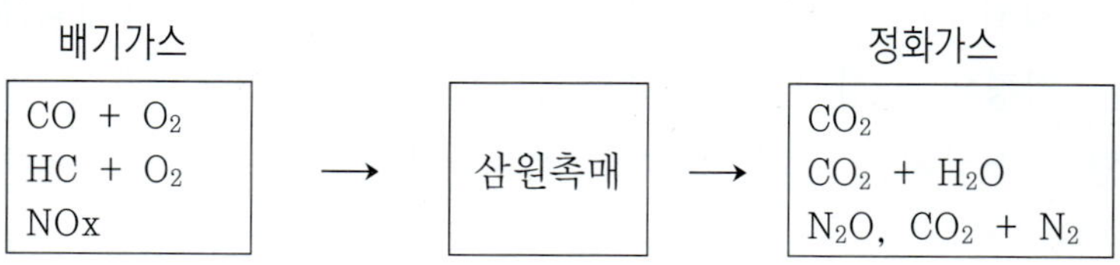

[그림 138] **삼원촉매의 배기가스처리의 개요도**

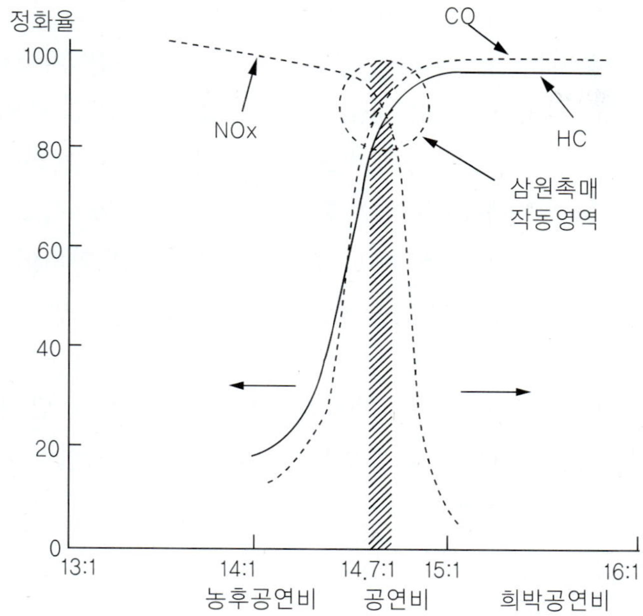

[그림 139] 삼원촉매의 정화성능

[2] 촉매장치의 구성요소 및 종류

촉매장치는 금속제 하우징 속에 들어 있는 담체와 담체 위의 중간층, 그리고 중간층 위에 도포된 촉매물질의 얇은 층으로 구성 담체는 촉매기의 골격으로 구슬형(pallet type), 세라믹 일체형(monolith type), 금속 일체형 등이 있다.

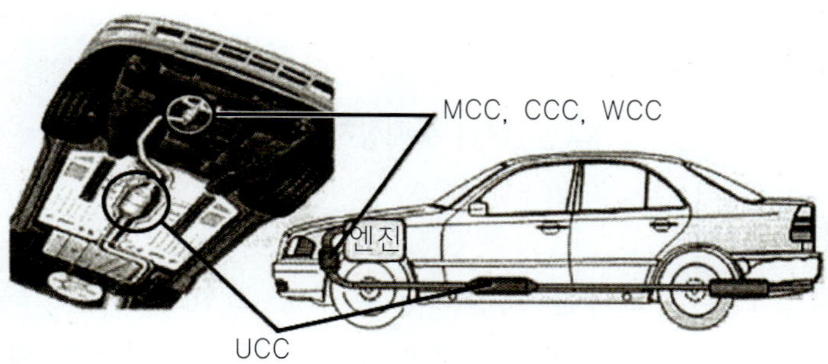

[그림 140] 삼원촉매 장착위치

(1) 작은 구슬형 담체(pellet type substrate)

세라믹으로 된 작은 구슬(pallet) 수천 개를 금속제 하우징에 삽입한 것으로 배압이 많이 걸리고 담체마모 손실이 커 거의 사용하지 않는다.

(2) 세라믹 일체형 담체(ceramic monoliths substrate)

오늘날 가장 많이 사용되는 형식이다. 재질은 내열성이 높은 마그네슘-알루미늄 실리케이트(magnesium-aluminium silicate : (예) $2MgO-2Al_2O_3-5SiO_2$)가 주성분이다. 이 형식의 담체는 벌집모양으로 배기가스가 통과하는 수천 개의 통로 즉, 셀(cell)이 뚫려 있다. 셀 밀도(cell density)는 보통 $1cm^2$에 약 65개 정도(약 420CPSI(cell per square inch))에서부터 120개(약 800 CPSI) 정도가 실용화되어 있으나, 점점 증가하는 추세에 있다. 셀 밀도가 증가할수록 셀의 벽두께는 그 만큼 얇아지고 촉매기의 성능은 상승한다.

세라믹 담체는 진동이나 충격에 아주 약하기 때문에 하우징과 담체사이에는 금속섬유(metal wool) 등과 같은 탄성물질을 채워두고 있다. 이 탄성물질은 운전 중 담체와 하우징의 팽창계수차를 보상해주며 기계적 응력을 흡수한다.

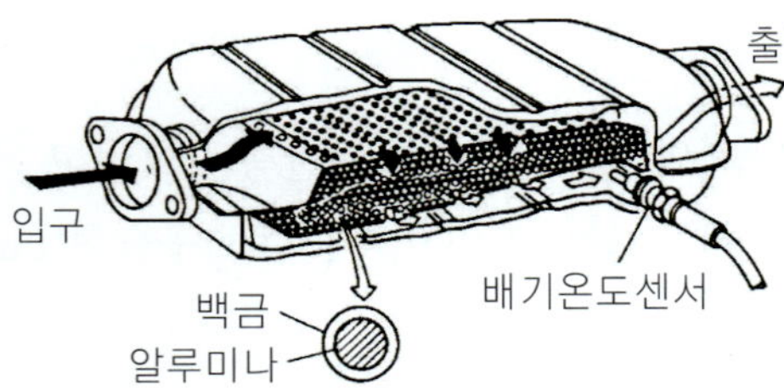

(a) 펠릿형

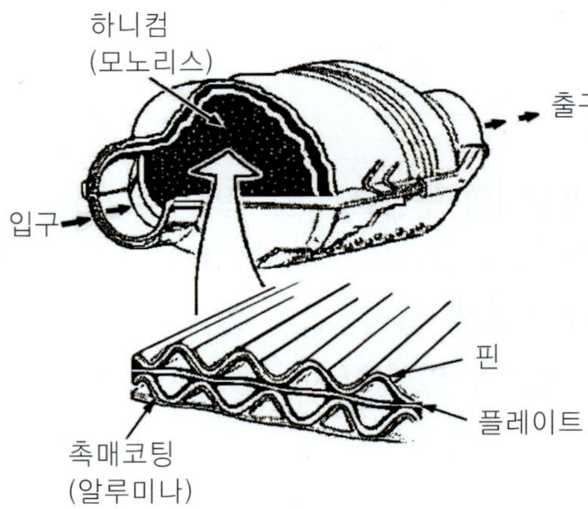

(b) 하니콤형

[그림 141] **촉매장치의 형태**

(3) 금속제 담체형 촉매장치

0.05~0.07mm 정도의 가느다란 내열, 내 부식성 철선으로 짠 그물망의 띠를 감아서 만든 담체를 사용하여 그 담체표면에 촉매물질을 코팅한 것으로 세라믹 담체에 비하여 배압이 적게 걸린다. 그러나 가격이 비싸고, 고온부식의 위험이 있으며(약 1,100℃부터), 출발·정지가 잦은 경우 낮은 비열로 촉매가 쉽게 냉각되는 단점이 있다.

삼원촉매장치는 엔진 배기 측과의 근접성, 배치위치 및 정화성능 등에 따라 MCC(manifold catalytic converter)방식은 촉매장치를 배기 매니폴드에 볼트로 체결하며, CCC(closed-coupled catalytic converter)방식은 배기매니폴드에 용접하여 설치함으로써 엔진 배기 측과 근접시켜 촉매의 성능효율을 높인다.

WCC(warm-up catalytic converter)방식은 냉간 시 정화성능이 우수하며 UCC (under floor catalytic converter)방식은 차량바닥에 설치한 형식이다.

6.4.5. 공기비 제어(λ closed loop control)

산소센서는 전압신호를 ECU에 전달한다. 제어기준 조건이 충족된 상태이면 ECU는 산소센서의 전압신호에 따라 혼합비를 희박하게, 또는 농후하게 할지의 여부를 결정한다. 이때 기준이 되는 제어전압은 ECU에 프로그래밍되어 있다. 예를 들면 λ =1에 대한 기준전압이 450mV일 경우, 산소센서로부터 발생된 전압이 기준전압보다 낮으면(혼합기 희박) 분사량을 증량하고, 센서전압이 기준전압보다 높으면(혼합기 농후) 분사량을 감소시킨다. 그러나 공연비의 변화가 너무 급격하게 진행되면 엔진의 회전속도가 급강하 또는 급상승하게 되므로 ECU는 공연비가 시간함수에 의해 천천히 변화하도록 하는 적분회로(integrator)를 포함하고 있다.

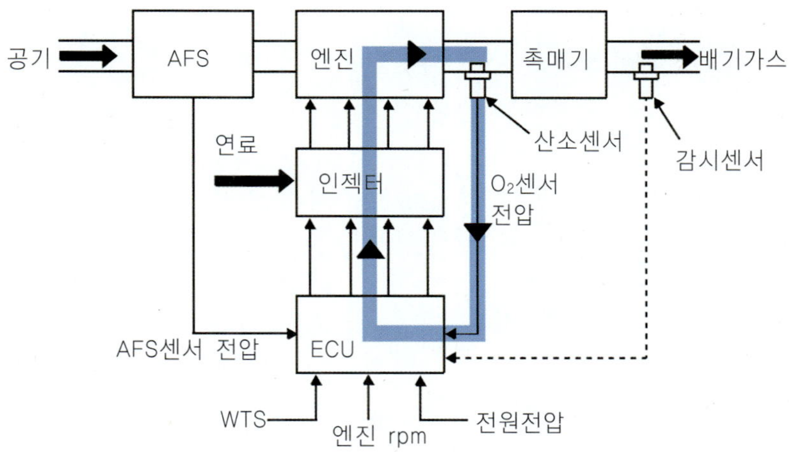

[그림 142] **공기비제어 블록선도**

엔진의 작동사이클 소요시간, 연소된 가스가 산소센서에 도달하기까지의 소요시간, 그리고 공기비센서의 반응시간 등 때문에 이 무효시간을 피할 수 없기 때문에 공기비를 항상 정확하게 λ = 1로 유지할 수는 없으나, 적분회로(integrator)가 정확하게 작동하면 촉매기 효율이 최대가 되게 할 수 있다. 그리고 시동 시, 난기운전 시, 가속 시, 전 부하 시 등에는 농후한 혼합기를 공급해야 하므로, 이때는 공기비제어 시스템의 제어기능은 일시적으로 중단된다. 그러면 엔진은 공연비제어 시스템에 의해 결정된 연료 분사량을 공급받게 된다.

공기비제어의 전제조건은 다음과 같다.

① 센서온도가 적정온도 이상이어야 한다. 지르코니아 센서는 300℃ 이상, 티타니아 센서는 600℃ 이상, 광대역 센서는 700℃ 정도이어야 한다.

② 엔진이 공전영역 또는 부분부하영역에서 운전되고 있어야 한다.

③ 엔진 냉각수 온도가 40℃ 이상이어야 한다.

6.4.6. 2차 공기시스템(secondry air injection system)

2차 공기시스템은 제어식 촉매기와 산소센서가 아직 정상작동온도에 도달하지 않은 기간에 혼합기는 농후하고, 미 연소된 상태로 방출되는 다량의 HC와 CO를 공기를 (산화)촉매기 바로 전방의 배기관에 분사하여 열적 후연소방식으로 후처리하여, HC와 CO를 저감시킨다. 장점은 다음과 같다.

① 촉매기는 냉시동 후에 빠르게 자신의 작동준비상태에 도달하게 된다.

② 촉매기를 배기밸브로부터 상당히 먼 거리에 설치해하여 심한 열적 노화를 방지하여 내구성을 증대시킬 수 있다.

Chapter 02

전자제어 엔진 (Electronic Control Engine)

01 가솔린 전자제어

1.1. 가솔린 전자제어의 개요

자동차에서 엔진제어는 엔진으로부터 원하는 토크와 동력이 나오도록 점화시기 뿐만 아니라 엔진으로 흡입되는 연료와 공기의 혼합기 또는 공기의 양을 조절하고, 이때 흡입되는 혼합기의 량에 따라 엔진에서 발생되는 동력과 토크가 조절된다.

전자제어기술은 뛰어난 내구성을 가지고 정확히 시스템을 제어함으로써 엔진과 차량의 특성에 따라 다양한 센서를 적용함으로써 엔진성능 향상, 연비향상 및 배기가스 저감 등을 한번에 만족시킬 수 있다. ECU, 컨트롤 릴레이, 수온센서, 흡기온도센서, 스로틀 포지션센서, 공전속도조절기, 제1번 실린더 상사점 센서, 크랭크 각 센서 등으로 구성되어 있다.

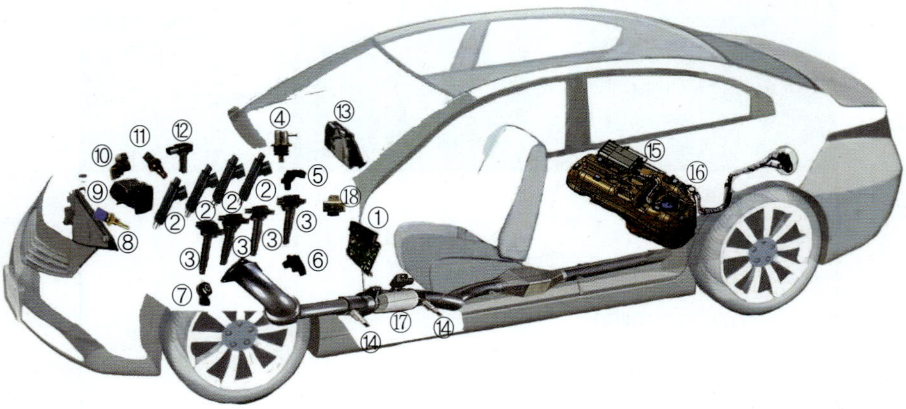

① ECU ② 인젝터 ③ 점화코일 ④ 연료압력조절기 ⑤ No 1. TDC ⑥ CAS
⑦ 노크센서 ⑧ WTS ⑨ 스로틀바디, TPS ⑩ ISA ⑪ ATS ⑫ AFS
⑬ 계기판(엔진경고등) ⑭ O_2센서 ⑮ 캐니스터 ⑯ 연료탱크, 연료펌프 ⑰ 삼원촉매
⑱ 컨트롤릴레이

[그림 1] **전자제어 엔진의 구성부품**

1.2. 전자제어 엔진의 특징

[1] 연비향상

전자제어 연료분사장치는 각 실린더마다 장착된 인젝터가 필요한 만큼의 연료를 연소실 입구에서 연료를 분사하므로 분배성이 향상되고, 엔진부하의 변동에 따라 최적의 공연비를 맞출 수 있어 필요 이상의 과다한 연료가 공급되지 않고, 또한 타행 운전 시에 연료 컷 기능을 활용하여 연료의 소모를 줄일 수 있다.

[2] 출력성능의 향상

전자제어 연료분사장치는 인젝터를 이용하여 연료를 공급하므로 벤투리부가 필요 없어 충전효율을 높여 엔진의 출력을 향상시킬 수 있다. 또한 출력성능을 높이기 위해 흡입공기의 관성 과급효과를 이용하는 흡기계의 설계가 가능하다.

[3] 엔진의 응답성 향상

전자제어시스템은 부하변동의 감지가 빠르고, 연소실 입구에서 분사되므로 보다 신속하게 부하변동에 대응할 수 있다.

[4] 냉 시동성능의 향상

외부공기의 온도와 냉각수온도에 따른 최적의 연료분사량이 컴퓨터에 입력되어 엔진 냉각시의 시동성능이 향상되고 이때 발생되는 유해가스의 배출도 저감된다.

[5] 배기가스의 저감

전자제어시스템은 산소센서를 이용한 피드백제어와 학습제어 등을 적용함으로써 공연비의 제어가 용이하고, 유해 배기가스의 배출량도 저감시킬 수 있다.

1.3. 가솔린 전자제어 엔진시스템

1.3.1. 가솔린 전자제어 엔진시스템의 구성

연료분사 전자제어 엔진시스템은 흡기계통, 연료계통, 제어계통으로 구성된다. 흡기계통은 엔진의 연소에 필요한 공기를 계량 및 제어하고 연료계통은 연소실에 연료를 공급하는 것이며, 제어계통은 엔진의 부하와 속도에 따른 최적의 연료량을 결정한다.

[1] 흡기계통

에어 덕트로부터 유입된 공기는 에어클리너를 통하여 흐르고 공기의 양은 에어플로센서(AFS)에 의해 측정된다. 공기는 스로틀보디를 통과하여 서지탱크로 들어간다. 매니폴드를 지난 공기는 인젝터에서 분사되는 연료와 혼합되어 실린더 안으로 흡입된다.

에어클리너 ➜ 에어플로센서 ➜ 스로틀보디 ➜ 서지탱크 ➜ 각 매니폴드에서 실린더로

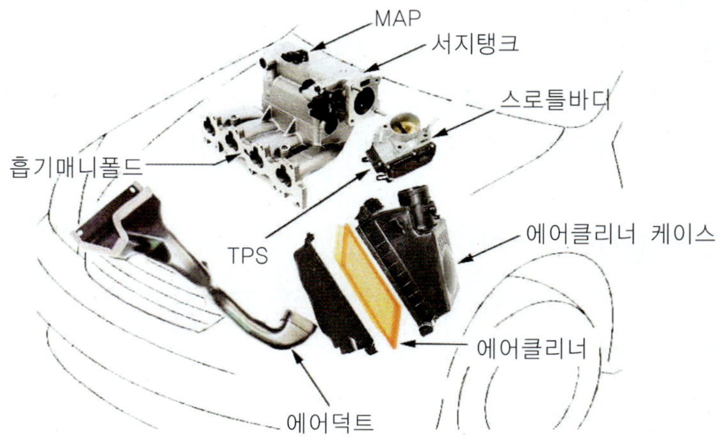

[그림 2] **흡기계통의 구성**

[2] 연료계통

연료 공급장치는 엔진의 작동조건에 요구되는 양의 가솔린을 분사시켜 주기 위한 것이며 연료탱크, 연료펌프, 연료여과기, 연료 분배관, 연료압력 조절기, 인젝터 등으로 구성되어 있다.

연료탱크 ➜ 연료펌프 ➜ 연료필터 ➜ 딜리버리 파이프 ➜ 인젝터 ➜ 실린더

딜리버리 파이프 ↓ 연료압력조절기 ← 연료리턴라인 ← ↑ 연료탱크

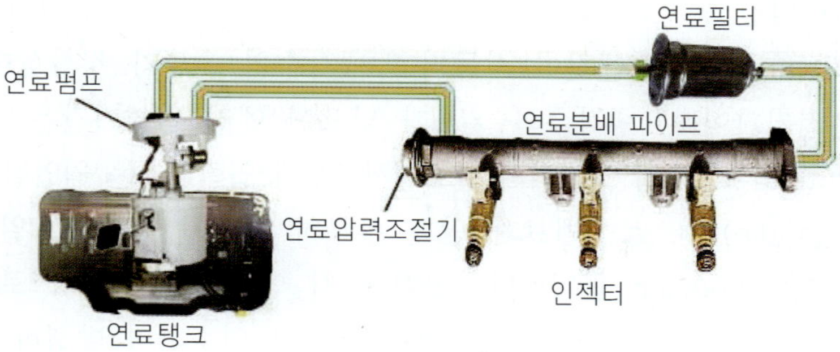

[그림 3] **연료계통의 구성**

[3] 제어계통

제어계통은 엔진의 각 종 센서로부터 입력신호를 받아 부하상태와 회전속도, 차량의 운전성능, 배기가스 저감 및 연료소모율 저감 등을 고려하여 최적의 연료분사량을 산출하고 이 데이터를 인젝터로 보내어 연료분사량을 조절하게 하는 것이다. 엔진을 전자제어하기 위해서는 입력부분(sensor), 제어부분(ECU) 및 출력부분(actuator)으로 구성되어 있다.

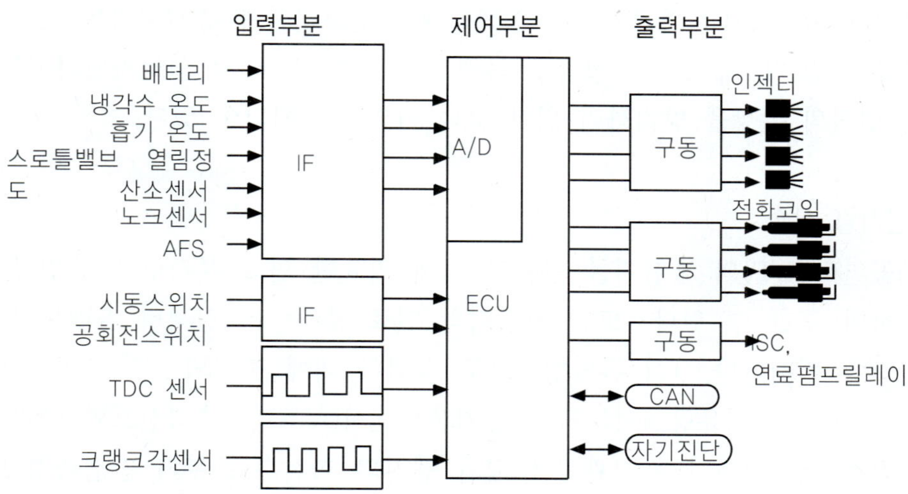

[그림 4] **제어계통의 구성**

(1) 연료제어

① **엔진 시동시(cranking)** : 엔진 시동시는 엔진의 회전수가 낮고 부하가 없는 상태(즉 스로틀밸브가 닫힌상태)이며, 일반적으로 고온 재시동 시를 제외하면 냉각수의 온도가 낮다.

공연비는 약간 농후한 상태로 고정되며 산소센서로 부터 입력신호는 없다.

② **엔진 웜업(warm-up)** : 엔진이 시동되고 냉각수의 온도가 정상상태에 도달할 때까지의 운전기간이다. 냉각수의 온도가 낮으면 엔진 웜업기간은 길어진다. 공연비는 12 : 1~15 : 1에서 고정되며 산소센서로부터 입력신호는 웜업될 때까지 없다.

③ **공회전 운전(idle)** : 스로틀밸브가 닫힌 무부하 상태를 말하며, 일반적으로 엔진 회전수는 600~900rpm 범위이다. 공회전 시 엔진 회전수는 스로틀밸브를 바이패스하거나 스로틀밸브 틈새로 들어가는 공기가 연소하여 발생하는 출력과 엔진의 마찰 등에 의한 손실과 평형을 이루며 안전하게 작동할 수 있는 최소 회전속도이다.

④ **부분 부하운전(part road)** : 부분부하는 부하가 낮은 상태를 말하며, 일반적인 주행상태의 대부분이 해당된다.

⑤ **전부하 운전(wot)** : 전부하는 스로틀밸브가 완전히 개방된 상태를 말하며, 엔진 부하가 크고 회전속도도 상당히 높은 상태이다.

⑥ **급가속 및 감속** : 스로틀밸브가 급격히 열리며 엔진으로부터 큰 힘과 속력을 필요로 하는 경우가 급가속이고 반대로 스로틀밸브가 닫히는 상태를 감속 상태라 한다.

⑦ **연료차단(fuel cut)** : 연료차단은 인젝터에서 연료분사를 중지시키는 것으로 연료소모율 저감 및 배기가스 정화를 목적으로 하는 감속 시 연료차단과 고 회전에 의한 엔진의 손상을 방지하기 위한 고속 시의 연료차단이 있다.

(2) 연료 분사량 산출

일정한 공연비(A/F)의 혼합기를 만들기 위해 필요한 연료 분사량은 흡입공기의 질량을 계측하여 구할 수 있다. 또한 인젝터의 연료 분사량은 인젝터 솔레노이드 코일의 통전시간에 비례한다. 1회 흡입행정으로 실린더 내에 충전되는 공기의 질량은 흡기관 중에 부착된 공기유량센서(AFS), 공기온도센서(ATS)의 출력신호와 엔진의 회전수로부터 직접 계측하거나 흡기관의 압력과 엔진의 회전수로 부터 간접측정할 수 있다. 따라서 엔진의 동력성능, 응답성, 배기가스 정화, 연료의 경제성 등을 고려하여 목표 공연비가 결정되면, 목표 공연비로 부터 연소 1회에 필요한 연료 질량이 결정된다.

엔진의 최적 연료분사 조건을 만족시키기 위한 각종 보정 요소들이 필요하므로 최종연료 분사시간은 다음과 같이 나타난다.

① **기본 분사시간** : 기본 분사시간은 흡입공기량과 엔진 회전수로 부터 구해지는 목표 공연비를 실현하는 분사시간이다.

② **보정계수** : 엔진의 각 센서로 부터 입력된 신호에 의해 산출되는 것으로 냉시동, 급가속 등의 엔진 작동상태에 따라 최적의 혼합기를 공급하기 위한 것이다.

③ **시동 시 분사시간** : 시동 시는 흡입공기량이 적고 흡기관 압력도 불안정하여 흡입공기량을 정확히 계측 또는 추정하기 어렵다. 따라서 흡입공기량과 관계치 않는다.

④ **시동 후 분사시간** : 시동 후 분사시간은 크랭크각 신호에 동기하여 분사하는 동기 분사시간과 급가속의 경우 등에 크랭크각 신호에 동기하지 않고 임의로 분사하는 비동기 분사시간이 있다.

1.3.2. 가솔린 분사시스템의 분류

[1] 제어방식

(1) 기계식 제어방식(mechanical control injection)

분사량을 흡기관 내에 설치된 센서플랩(sensor plate)에 의하여 연료분배기(fuel distributor) 내의 제어플런저를 움직여 인젝터로 통하는 통로의 면적을 변화시켜 제어하는 방식으로 기계식 연속분사방식을 말하며 K-jetronic이 여기에 해당된다.

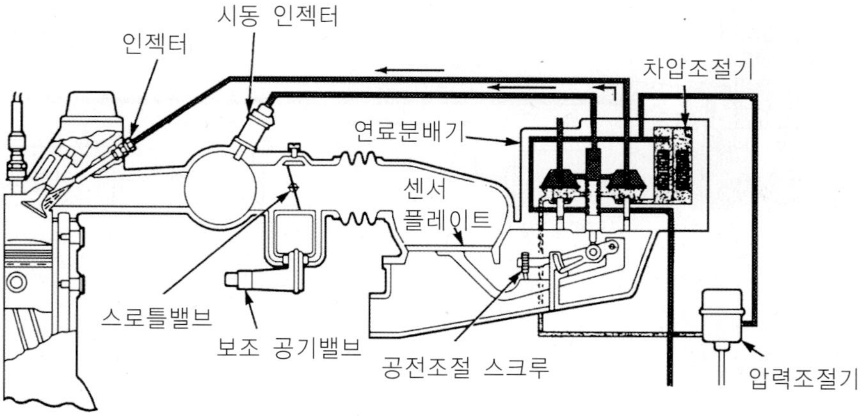

[그림 5] **K-제트로닉시스템의 구성**

(2) 전자제어방식(electronic control injection)

각 사이클마다 흡입되는 공기량을 기준으로 ECU가 각 센서를 이용하여 연료 분사량을 제어하는 방식이다. D-jetronic, L-jetronic이 여기에 속한다.

1) D-jetronic시스템

D-jetronic은 MAP센서를 이용하여 엔진상태에 따른 흡기다기관 내의 진공도 변화를 측정하여 측정된 진공도를 전기적 신호로 변환하여 ECU로 입력함으로써 ECU는 간접적으로 엔진내로 흡입되는 공기량을 측정하는 방식이다.

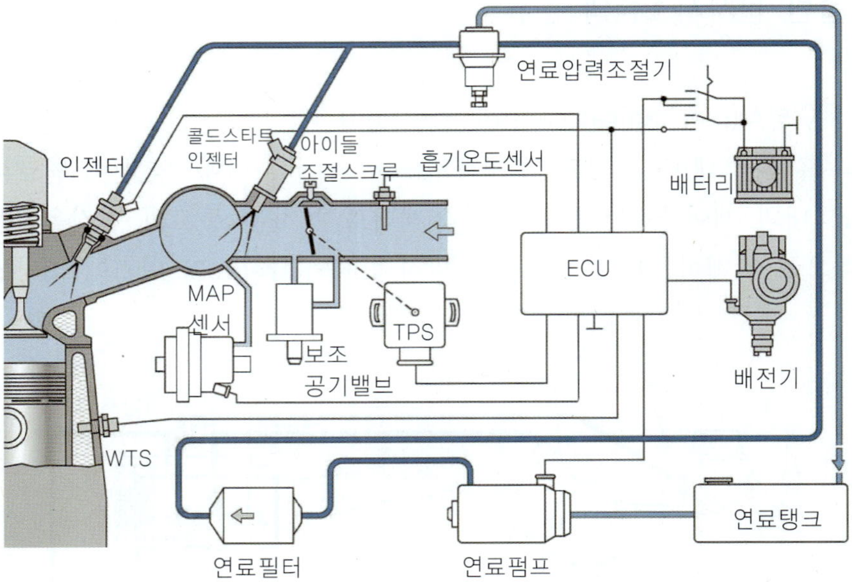

[그림 6] D-jetronic 시스템

2) L-jetronic 시스템

L-jetronic시스템 공기량 측정방법은 엔진의 공기통로에 공기량 측정센서를 설치 후 엔진이 작동시 엔진 내 흡입되는 모든 공기가 센서를 통과하는 모든 공기량을 직접 측정하여 그 양을 전기적 신호로 변환하여 ECU로 입력시키는 장치이다. 흡입되는 공기량의 측정밀도가 높아 공연비 제어가 우수하여 배기가스 제어에 효과가 좋다.

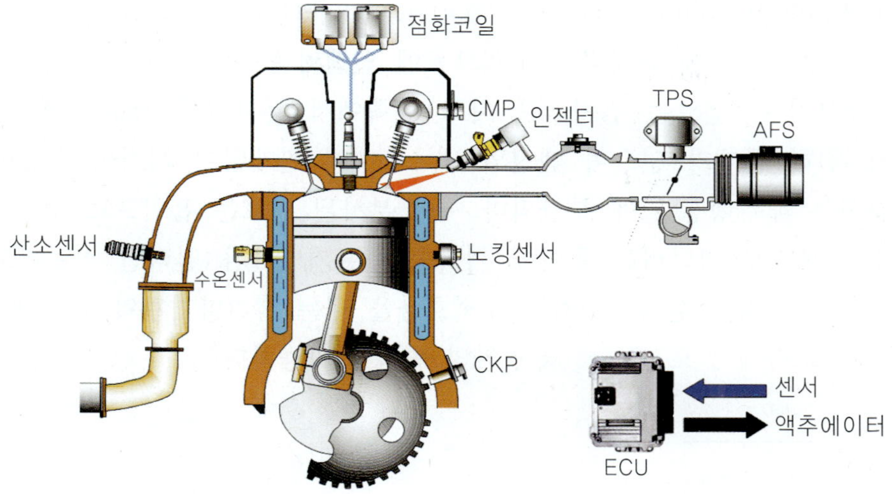

[그림 7] L-jetronic 시스템

[2] 분사위치

(1) SPI시스템(single point or throttle body injection)

이 방식은 1개 또는 2개의 인젝터를 스로틀바디(throttle body)의 벤투리부 즉 스로틀밸브 상단에 장착하여 연료를 분사하는 방식으로 MPI시스템에 비하여 구조가 간단하다. ECU는 동기(synchronized) 또는 비동기(unsynchronized)방식에 의하여 인젝터의 구동펄스를 제어한다. 동기분사방식은 배전기나 크랭크축에 의하여 발생되는 기준신호마다 1회의 분사펄스를 주어 연료를 분사하며 비동기 분사방식은 기준신호와는 별개로 주어진 기간 동안 인젝터에 분사펄스를 1회 주는 방식이다.

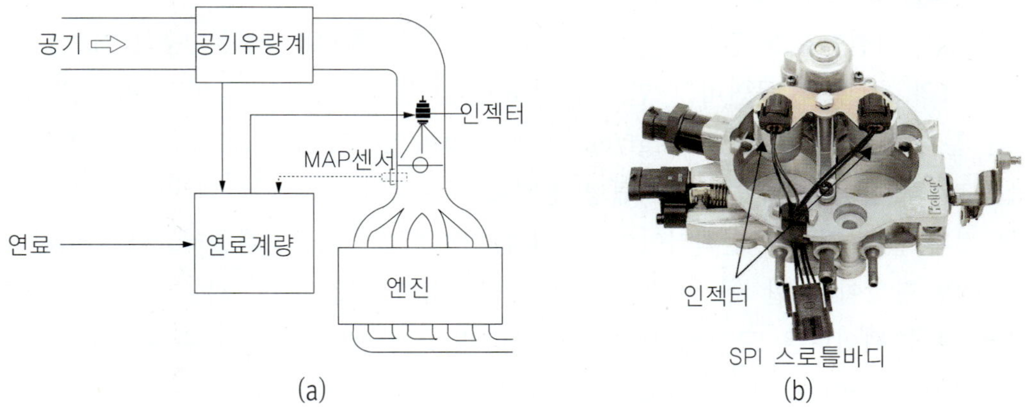

[그림 8] SPI시스템

(2) MPI시스템(multi point injection or port fuel injection)

이 방식은 각 실린더에 해당하는 흡입포트에 인젝터를 각각 1개씩 설치하여 연료를 분사하는 방식이다. 연료는 흡기밸브 바로 앞쪽에서 분사되기 때문에 월 웨팅(wall wetting)에 전혀 문제가 없으며 엔진의 냉·온시에 관계없이 최적의 성능이 보장된다. 연료분사는 배기행정 말에 분사되며 이미 분사된 연료는 흡입포트 부근에서 흡기밸브가 열릴 때까지 기다리는 동안에 기화되며 흡기밸브가 열리면 실린더로 공기와 함께 유입된다. 그리고 설계 시 최적 체적효율을 내는 흡기다기관의 설계가 자유로우며 저속 또는 고속에서 토크(torque)영역의 변경이 가능하다.

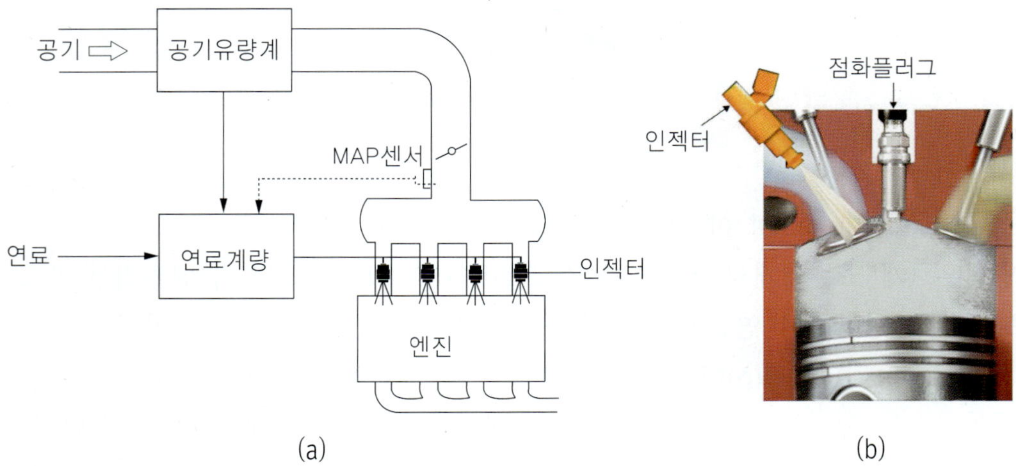

[그림 9] MPI시스템

(3) GDI시스템(gasoline direct injection)

이 방식은 디젤엔진과 같이 실린더 내에 가솔린을 직접분사하는 방식(GDI)으로 약 35~40 : 1의 초 희박 공연비의 연소가 가능하다. 연료공급압력은 일반 가솔린 분사식(흡기관 분사식)의 경우 약 2~4kgf/cm^2인데 비하여 약 50~100kgf/cm^2으로 매우 높으며, 실린더 내 유동을 제어하는 직립형 흡기포트와 여기 사용되는 인젝터는 디젤엔진에 쓰이는 것과 같은 직분사 인젝터이며, 현재의 GDI는 그 옆에 점화플러그가 들어간다.

피스톤의 형상이 일반 엔진과는 다르다. 일반적인 엔진의 피스톤 형상은 평평하거나 살짝 볼록 튀어나온 모양에 밸브홈(밸브리세스)이 파여 있는데 반해, 피스톤 중앙부가 오목하게 들어가 있다. 연소를 제어하는 만곡형 피스톤헤드, 고압 연료펌프, 고압 스월 인젝터(swirl injector) 등이 적용되고 있다.

[그림 10] GDI시스템

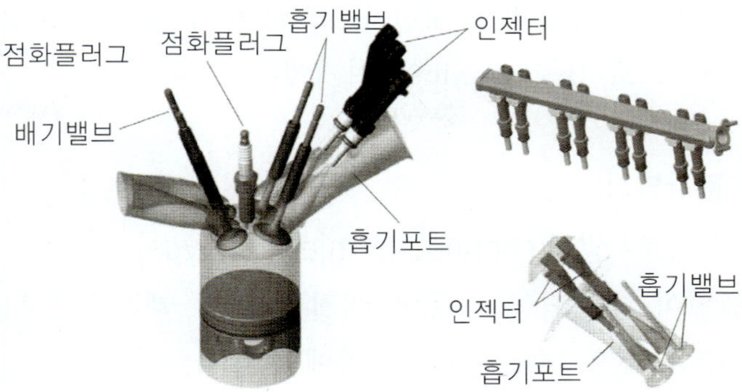

[그림 11] DPI시스템

(4) 듀얼 포트 인젝션(DPI : dual port injection)

실린더 하나당 두 개의 인젝터를 적용하여 우수한 혼합기 형성 및 인젝터 배치 최적화로 벽류(wall wetting) 현상을 최소화하고 듀얼 인젝터의 경우, 연료분사 노즐의 직경이 기존 인젝터에 비해 작고 노즐 개수도 많아 연료를 더욱더 미립화하여 공기와의 혼합을 촉진시킬 수 있으므로 연비를 개선하고 배기가스를 저감할 수 있다. 2개의 인젝터로 분사를 제어함으로써 일반적인 주행시에는 2개 동시분사를 하고 fuel -cut 진입 직전시 또는 정차 중 공회전시에는 1개만 분사한다.

[3] 분사량 제어방식

(1) AFC방식(air flow controlled injection)

AFC방식은 스로틀밸브 개도에 따라 공기청정기로 유입되는 흡입공기량을 직접 공기유량계(AFM)로 검출하여 이 신호를 기준으로 기본 분사량을 결정하여 분사시키는 방식으로 L-jetronic이 여기에 속한다.

(2) MPC방식(manifold pressure controlled injection)

MPC방식은 흡입공기량을 에어 혼(air horn)부분에 가해지는 정압에 의해 센서플레이트를 이동시키고 이 움직임은 연료분배기의 제어플런저의 행정을 변화시켜 분사량을 제어하는 방식으로 K-jetronic이 여기에 속한다.

(3) MAP센서 방식(manifold absolute pressure sensor type)

이 방식은 스로틀밸브 개도의 변화가 흡기다기관 내 진공도를 변화시키므로 흡입공기량을 흡기다기관 내 진공압력 변화를 이용하여 검출하며 이 압력변화에 상당하는 출력전압을 ECU에 보내면 ECU가 이 신호를 기초로 기본 분사량을 결정하여 분사하는 방식으로 D-jetronic이 여기에 속한다.

[4] 분사방식

(1) 연속분사방식(continuous injection type)

엔진이 기동되면 시동이 꺼질 때까지 계속적으로 연료를 분사시키는 방식으로 K-jetronic, KE-jetronic이 여기에 속한다.

(2) 간헐분사방식(pulse timed injection type)

일정한 시간 간격으로 연료를 분사하는 방식으로 D-jetronic, L-jetronic, motronic (mono jetronic)이 여기에 속한다.

[5] 흡입공기량 계측방식

(1) 직접계측방식(mass flow type)

공기유량계(AFM : air flow meter)가 직접 흡입공기량을 계측하고 이 신호를 ECU로 보내어 분사량을 결정하는 방식으로 직접계측방식은 체적유량 측정방식(volumetric flow measuring type)과 질량유량 측정방식(mass flow measuring type)으로 나누며 베인식, 칼만와류식, 열선식, 열막식 등 L-jetronic이 여기에 속한다.

(2) 간접계측방식(speed density type)

흡기다기관 내의 절대압력(진공을 0으로 한 압력 : 대기압력 + 진공압력), 스로틀밸브의 개도, 엔진의 회전속도로부터 흡입공기량을 간접적으로 계산하는 방식으로 D-jetronic, motronic이 여기에 속한다. 피에조(piezo) 압전소자를 이용한 MAP센서를 사용하고 있다.

(3) 스로틀 스피드방식(throttle speed type)

스로틀 스피드방식은 1cycle 당 엔진에 흡입되는 공기량을 스로틀밸브의 개도와 엔진의 회전속도로 추정하며 이 공기량을 기초로 하여 분사량을 결정하는 것이다.

[6] 분사시기

(1) 동기분사(독립분사방식 : synchronized or sequential injection)

독립분사식은 순차분사식이라고도 부르며 각 기통별로 흡입시기에 분사한다. 독립분사식은 흡입행정인 실린더에만 연료를 분사하기 위해서 엔진 회전신호와 실린더 기통 판별신호(No 1. TDC)가 필요하게 되는데 만약 기통 판별신호가 정상적으로 입력되지 않을 경우에 동시분사를 실시하게 된다.

(2) 그룹분사(group injection)

그룹분사는 인젝터를 두 개의 그룹으로 결합하여, 각 그룹은 사이클 당 1회씩 분사한다. 4기통 엔진에서 점화순서가 1 → 3 → 4 → 2인 차량은 1번 실린더가 흡입행정일 경우 2번 실린더는 압축행정, 3번 실린더 배기행정 그리고 4번 실린더는 폭발행정을 하고 있다. 따라서 1번, 3번 실린더의 인젝터가 1번 실린더 흡입행정시 연료를 분사한 후 크랭크축이 1회전한 다음 4번 실린더 흡입시 2번, 4번 실린더의 인젝터에서 연료를 분사하도록 하는 방식을 그룹 분사방식이라 한다.

(3) 동시분사(비동기 분사 : simultaneous injection)

각 실린더의 행정과 구분 없이 엔진 내 모든 인젝터를 동시에 작동시켜 연료를 분사하는 방식으로 엔진 1회전에 연료를 2회로 나누어 분사하며 실린더 기통 판별신호가 필요 없고 인젝터 구동회로도 공통으로 사용하기 때문에 구조가 가장 간단하다.

[7] 분사압력에 따른 분류

① 저압분사(low pressure injection) : 인젝터가 흡기관에 연료를 분사할 때 흡기다기관의 압력과 분사압력의 차이가 2.039kgf/cm^2 이하인 인젝터를 말한다.

② 고압분사(high pressure injection) : 인젝터가 흡기관에 연료를 분사할 때 흡기다기관의 압력과 분사압력의 차이가 2.039kgf/cm^2 이상인 인젝터를 말한다.

1.4. 가솔린엔진 제어용 센서

엔진의 기본적인 입력은 공기와 연료이며, 출력은 기계적 구동력과 배기가스의 배출이 된다. 센서는 엔진에서 발생하는 물리변수를 측정하고, 그 값은 신호처리기를 통하여 제어기(ECU)에 전기적 신호로 보내진다. 제어기는 엔진 동작에 필요한 각종의 제어 변수를 계산 또는 운전조건을 판단하여 액추에이터를 동작시키는 전기적 출력신호를 발생한다.

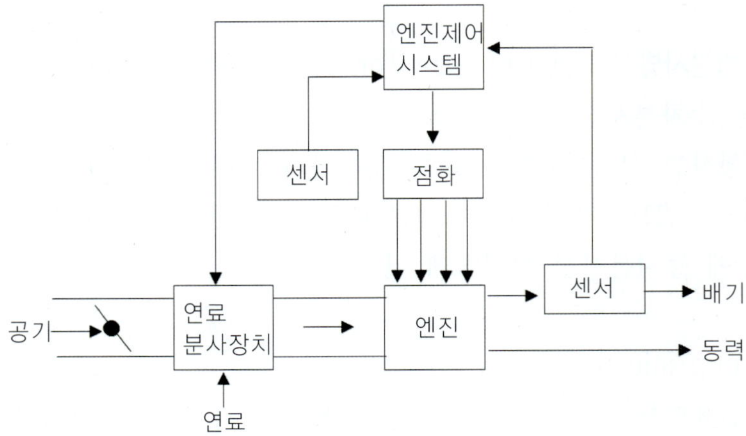

[그림 12] **엔진 제어시스템의 개략도**

1.4.1. 온도 검출용 센서(temperature sensor)

[1] 흡입 공기온도센서(IATS : intake air temperature sensor)

흡기온도센서는 흡입되는 공기의 온도를 검출하는 것으로 온도가 올라가면 저항이 감소하고, 온도가 내려가면 저항이 증가되는 부특성(NTC : negative temperature coefficient) 서미스터(thermistor)로 되어 있다.

IATS의 역할은 흡입되는 공기의 온도를 감지하고 공기의 무게(공기 분자 수)를 정확히 알아 엔진에 흡입되는 실제 공기량을 계산하도록 한다.

(a)

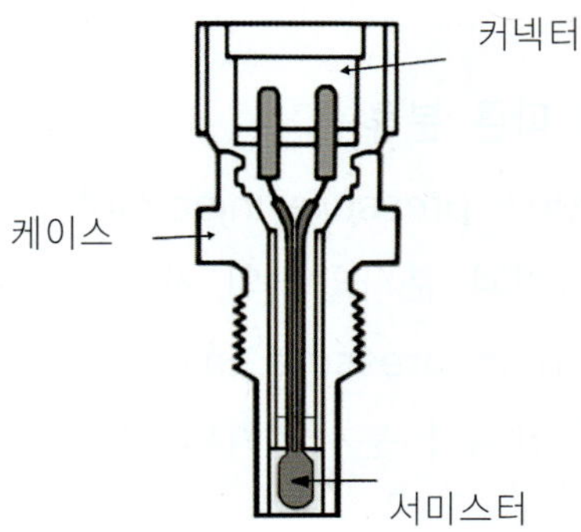

(b)

[그림 13] **흡입 공기온도센서**

[2] 냉각수온센서(WTS : water temperature sensor)

엔진 냉각수온센서는 실린더블록 또는 서모스탯 입구의 냉각수 통로에 설치되며 냉각수의 온도를 검출하여 온도가 상승하면 저항 값이 작아지고, 온도가 내려가면 저항 값이 커지는 부특성 서미스터(NTC thermistor)로 일종의 저항기이다.

엔진 제어시스템은 WTS 신호를 받아 점화타이밍이나 연료 분사량, 아이들 rpm, 쿨링팬 작동, 에어컨작동, 자동변속기의 변속시기, CVVT시스템, 증발가스 퍼지나 증발시스템 감시등 다양하게 사용하고 있다.

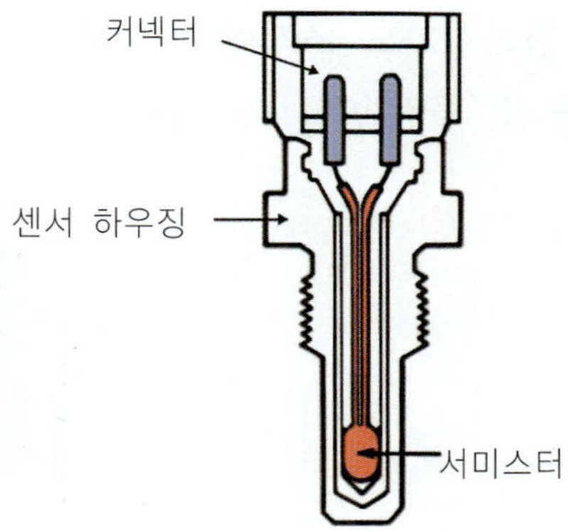

[그림 14] **수온센서**

[3] EGR가스 온도센서(EGR sensor : exhaust gas recirculation sensor)

EGR밸브의 흡기포트 쪽에 장착되어 EGR가스 온도를 검출하는 센서로 NTC형 서미스터가 내장되어 재순환 하는 배출가스의 온도를 계측하고 EGR이 작용하고 있을 때와 그렇지 않을 때의 온도 차를 이용해서 EGR장치의 고장을 판단하기 위해 사용한다.

[그림 15] **EGR가스 온도센서**

1.4.2. 압력 검출용 센서(pressure sensor)

차량용 압력센서는 기존의 단순한 공기압 등의 압력을 감지하는 기능에서 점차 발전되어 최근에는 파워 트레인 제어, 주행안전 제어 등 구동계 등에 적용하여 연비향상, 배기가스 클린화, 안정성 향상 등의 목적을 달성할 수 있다.

[1] 대기압력센서(BPS : barometric pressure sensor)

고도 또는 기후에 따라 변화하는 공기의 밀도를 보정하기 위하여 대기압력을 측정하기 위한 센서가 대기압력센서이다. 연료량은 고도가 높아질수록 작아지므로 공기밀도에 따라 점화시기도 조정이 필요하며, 일부의 자동차에서는 배기가스 재순환(EGR) 밸브의 가동 및 공전속도(idle speed) 조정을 보정하기 위하여 사용되기도 한다.

[그림 16] **대기압력센서**

일반적으로 피에조 압전효과(piezo electric effect)에 의해 스트레인 게이지(strain gauge)의 저항치가 압력에 비례해서 변화하므로 이 압력변화를 출력전압으로 절대압력을 측정한다.

[2] 부스트 압력센서(BPS : boost pressure sensor)

부스트 압력센서는 인터쿨러 출력 파이프 상단에 장착되어 있으며, 터보차저에서 과급된 흡입공기의 압력을 측정하는 역할을 한다. 엔진 컨트롤 모듈(ECU)은 엔진에 공급되는 기본 연료 분사량을 결정하기 위해 엔진으로 유입되는 정확한 공기량을 알아야 하므로 흡기다기관 내의 압력을 측정한다.

페일세이프시 차량은 주행이 가능하나 엔진출력을 제한 흡기압에 따른 연료보정과 EGR 작동금지 등을 결정한다.

(a) (b)

[그림 17] **부스트 압력센서**

[3] 연료탱크 압력센서(FTPS : fuel tank pressure sensor)

연료탱크 압력센서는 연료계통의 증발가스 제어시스템의 구성요소로서, 연료탱크, 연료펌프 또는 캐니스터 등에 장착되어 있으며, 퍼지 컨트롤 솔레노이드밸브(PCSV) 작동 상태와 증발가스제어시스템의 누기 여부를 점검하기 위해 압전소자 방식의 압력센서가 장착되어 있다.

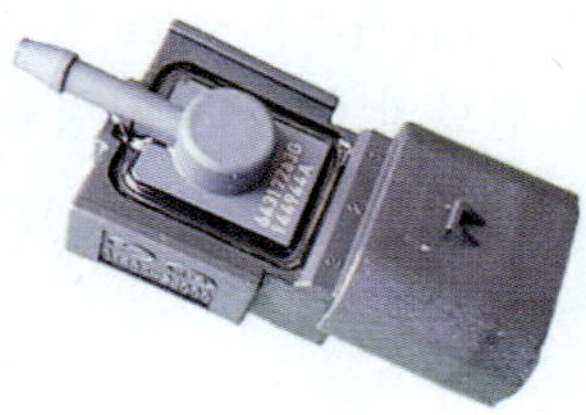

[그림 18] **연료탱크 압력센서**

1.4.3. 공기유량센서(AFS : air flow sensor)

엔진제어장치에서 흡입공기의 유량은 엔진의 성능, 운전성능, 연료소비율 등에 직접적인 영향을 미치는 요소이다. 흡입되는 공기량을 계측하여 ECU로 보내고, ECU는 기본 분사 시간을 결정하도록 하는 센서이다.

[1] MAP센서(manifold absolute pressure sensor)

MAP센서(흡기다기관 절대 압력센서)는 흡기다기관 내의 절대압력을 측정하여 실린더로 흡입되는 공기량을 간접적으로 알아내는 것이며, MAP센서는 절대압력에 비례하는 아날로그 출력신호를 ECU로 전달하고, 이 출력신호는 실린더로 흡입되는 공기량으로 환산하여 흡입공기량에 대응하는 인젝터 구동시간(연료의 기본 분사량)과 분사시간 및 점화시기를 결정하는데 사용된다. 맵센서는 서지탱크에 장착되어 있으며 맵센서는 압전소자(piezo-electric element)와 압전소자의 출력신호를 증폭하는 하이브리드 IC로 구성된다.

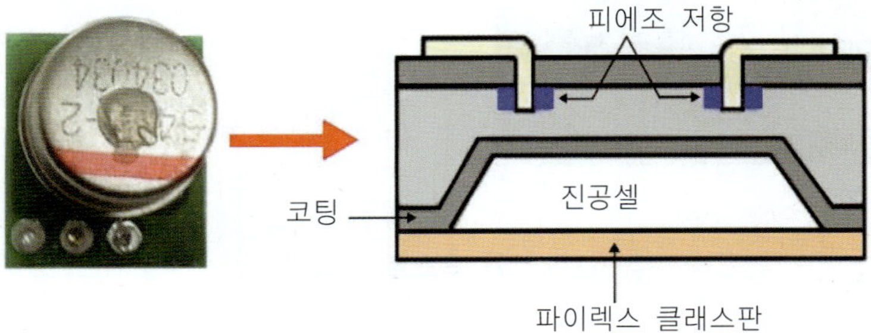

[그림 19] **MAP센서의 구조**

[2] 베인식 AFS(vane type air flow sensor)

에어크리너 케이스에 장착되어 엔진 내로 흡입되는 공기의 부압에 의해 가동베인(미저링 플레이트)이 회전운동하여 가변되면 미저링 플레이트 반대편에 설치되어 있는 포텐셔미터의 슬라이더와 일축으로 연동하여 저항판 위를 움직이게 된다. 그러면 입력된 전압에 저항이 걸린 전압만큼 공기량을 직접적으로 검출하여 측정된 공기량을 전기적 신호로 변환하여 ECU로 입력하는 장치로 연료의 기본 분사량을 결정하는 중요한 신호이다.

연료펌프 스위치가 AFS내부에 장착되어 미저링 플레이트에 공기가 검출됨과 동시에 접점이 붙어 연료모터가 작동된다.

[그림 20] **베인식 AFS**

[3] 칼만와류식 AFS(karman vortex type air flow sensor)

균일하게 흐르는 유동부분에 와류(vortex)발생장치를 놓으면 칼만 와류라는 와류열(渦列)이 발생하는데 이 칼만 와류의 발생 주파수와 흐름속도와의 관계로부터 유량을 계측한다. 따라서 칼만 와류의 발생주파수를 측정하면 흐름속도를 알 수 있고, 흐름속도와 공기 통로의 유효 단면적의 곱으로부터 체적유량을 구할 수 있다.

그러나 측정하는 유량이 체적유량이므로 질량유량으로 변환하기 위하여 흡입공기 온도 및 대기압력에 따른 보정이 필요하기 때문에 흡기온도센서와 대기압센서(BPS)가 함께 설치되어 있다.

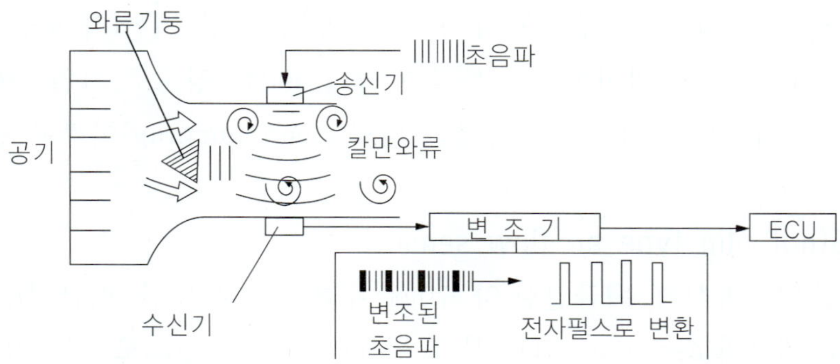

[그림 21] **칼만 와류방식(초음파 검출방식)**

(a) 대기압력센서

(b) 흡기온도센서

[그림 22] **칼만 와류방식 공기유량센서의 형상**

[4] 핫 와이어 에어플로우 센서(hot wire air mass sensor)

장착위치는 에어클리너와 스로틀바디사이이며 백금 열선은 항상 100℃를 유지하도록 전기적으로 가열된다. 열선을 통과하는 공기가 많을수록 열선은 더 많이 냉각되므로 열선의 온도를 일정하게 유지하기 위해서는 전류를 더 많이 공급해야 한다. 따라서 공급한 전류의 값이 흡입공기량을 측정하는 기준이 된다.

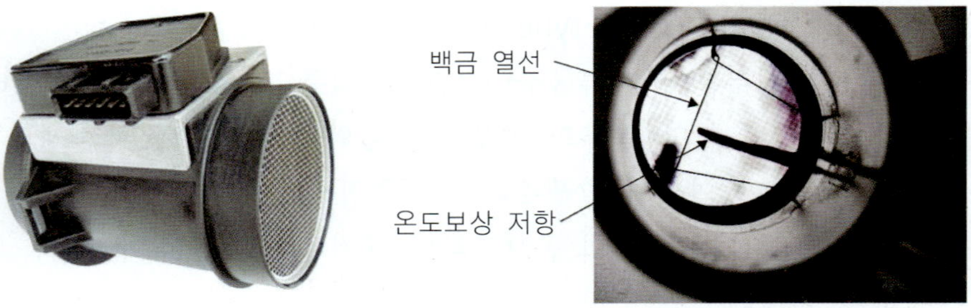

(a) (b)

[그림 23] 핫 와이어 에어플로우 센서

열선은 키 스위치가 ON 상태에서 OFF가 된 후부터 일정 기간(약 4~5초)이 지난 후 순간적(약 1초간)으로 핫 와이어의 이물질을 약 1,000℃ 정도로 가열하여 순간적으로 퇴적물을 연소시켜 제거한다. 이것을 클린 버닝(clean burning)이라고 한다.

[5] 핫 필름 AFS(hot film type air flow sensor)

핫 필름방식은 열선방식의 백금열선(약 70㎛ 두께의 가느다란 백금선), 온도센서, 정밀저항기 등을 세라믹(ceramic) 기판(약 0.2mm)에 층 저항으로 집적시킨 것이며, 계측원리는 열선방식과 같다.

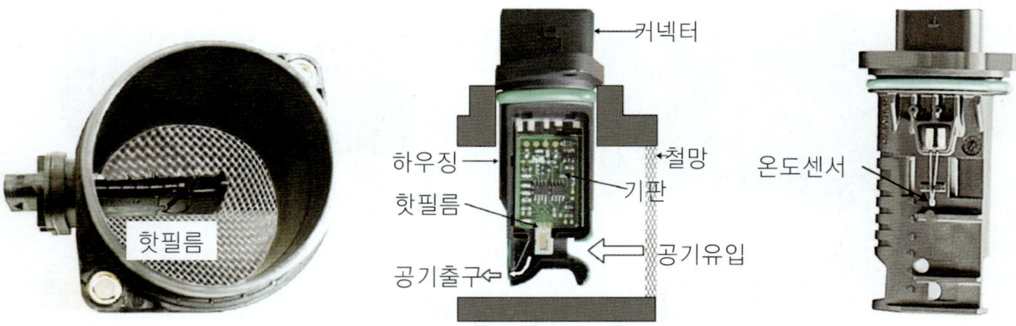

(a) (b) (c)

[그림 24] 핫 필름방식 AFS의 구조

핫 필름방식은 열선방식에 비하여 열손실이 적기 때문에 작게 하여도 되며, 오염정도가 낮고 온도차를 일정하게 유지하도록 하이브리드 IC가 제어한다. 따라서 공기량 출력은 공기의 밀도변화에도 상응될 수 있으므로 온도나 압력에 의한 ECU의 보정이 필요 없다.

핫 필름(hot-film) 형식의 센서는 흡입공기량을 측정하여, 주파수 신호를 ECU에 전달하는 역할을 한다. ECU는 이러한 센서 신호를 이용하여, EGR량과 연료량을 보다 정확하게 제어할 수 있다. 통과 공기유량이 증가하면 열막은 냉각되어 저항이 감소하고 제어회로에서는 즉시 통과 전류를 증가시키게 되며 이 전류의 증가는 열막의 온도가 원래의 설정온도(약 100℃)가 될 때까지 계속된다. 따라서 ECU는 이 전류의 증감을 감지하여 흡입공기량을 계산한다.

1.4.4. 위치 및 회전각센서

엔진 제어에서의 위치 정보를 제공하는 센서는 엔진제어에서 엔진 부하상태에 대한 정보를 제공하고, 연료분사 및 점화시기의 결정, 공전속도 조정과 배기가스 재순환 제어 등에서 매우 중요한 역할을 한다.

[1] 스로틀 위치센서(TPS : throttle position sensor)

스로틀 위치센서는 스로틀밸브의 열림정도를 검출하여 공회전, 가감속 등의 엔진부하 상태를 판별하는 센서로 스로틀밸브의 축과 같이 연동되는 가변저항기의 일종인 전위차계(potentiometer)이다.

스로틀밸브가 회전하면 저항 값이 변화하며 이 변화되는 저항 값은 전압변화로 출력되고 ECU는 이 출력 전압 값과 엔진의 회전수 등 다른 센서로 부터의 입력신호를 바탕으로 엔진의 운전조건을 판정하여 분사량을 결정한다. TPS의 종류에는 선형방식(linear type)과 접점방식(switch type)이 있다.

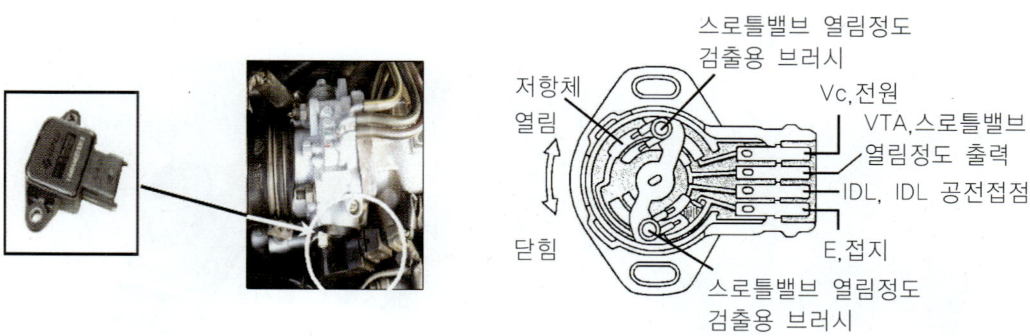

(a) (b)

[그림 25] **스로틀 위치센서**

[2] 액셀러레이터 포지션센서(APS : accelerator position sensor)

액셀러레이터 위치센서는 가속페달의 밟힌 양을 감지하는 센서로 액셀러레이터와 일체로 구성되어 있다. 2개의 센서가 조합된 더블 포텐시오미터 형식으로 엔진 ECU는 센서 1의 신호로 연료 분사량과 분사시기를 결정하는 주된 역할을 하며 센서 2의 신호는 센서 1의 이상 신호를 감지하는 역할을 한다. 센서 2는 센서 1 출력의 1/2 출력을 발생하여, 센서 1과 2의 전압비율이 일정 이상 벗어날 경우 에러로 판정된다.

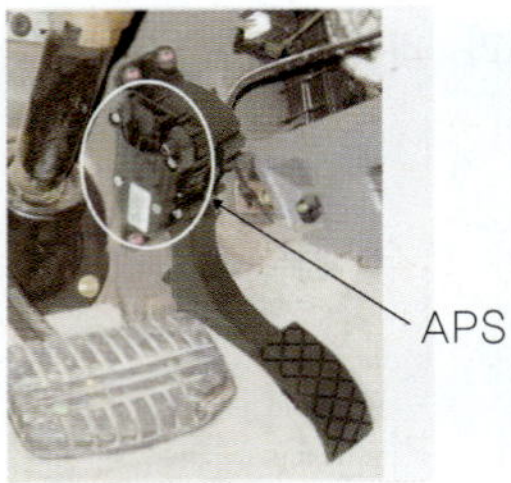

(a) 설치위치

(b) 내부구조

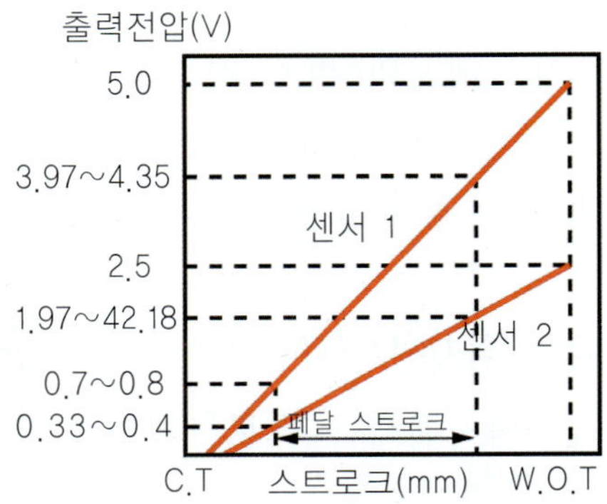

(c) 출력전압

[그림 26] 액셀러레이터 포지션센서

[3] 전자제어 스로틀밸브(ETC : electronic throttle control)

기존의 가속페달과 스로틀밸브를 케이블에 의해 기계적으로 연결한 것과는 달리 스로틀밸브를 모터에 의해 제어하는 시스템이다. 액셀러레이터 센서의 신호를 2계통으로 ECU에 송부하고 전자제어 스로틀 역시 스로틀밸브를 구동하는 스로틀 모터, 기어기구 및 스로틀 개도를 검출하는 2계통의 스로틀센서로 구성되어 있다.

(a)

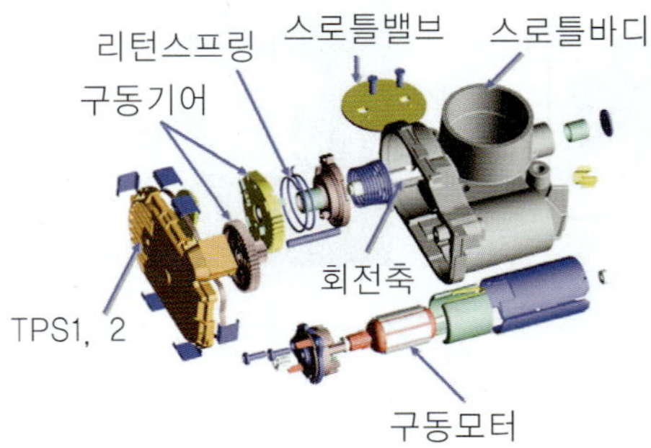

(b)

[그림 27] 전자제어 스로틀밸브

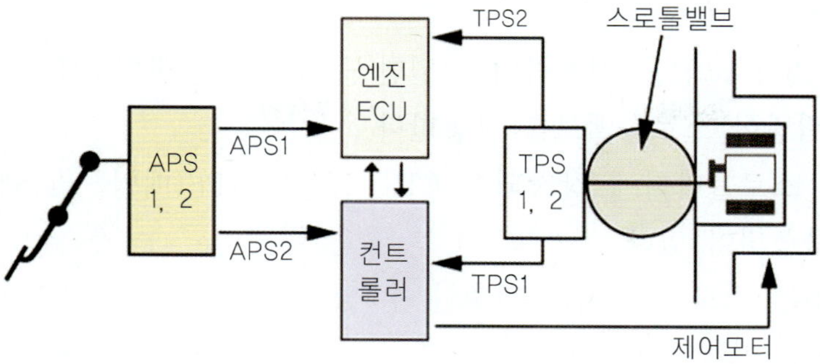

[그림 28] **전자제어 스로틀밸브의 계통도**

보조 공기량은 모두 전자제어 스로틀로 실시해 아이들 회전수를 제어하기 때문에 아이들 회전수 제어시스템이 필요 없다. 엔진공회전 속도제어, ABS(TCS)제어, 정속주행 등의 여러 가지 기능을 하나의 모터로 제어하기 때문에 각종 액추에이터 및 배선, 연결 커넥터 등을 삭제시켜 시스템 간소화로 인한 고장을 저감 및 신뢰성을 확보하였다.

(1) 주요 구성부품의 장착위치 및 기능

1) 액셀레이터 위치센서(APS : accelerator position sensor)

① **적용목적** : 운전자의 가속의지를 판단하기 위해 액셀레이터 페달의 밟은 양을 감지한다.

② **구성요소** : 엔진룸 우측 대시패널에 장착되어 ETS ECU용 APS(서브) 및 엔진 ECU용 APS(메인)로 구성되어 있고 APS ASS'Y 내부에 아이들 스위치가 내장되어 있다.

③ **주요기능** : ETS용 APS는 엔진 ECU용 APS의 고장검출 및 엔진 ECU와의 통신라인 이상 시 ETS ECU가 목표 스로틀개도를 연산할 수 있도록 보정신호로 사용한다.

2) 스로틀 위치센서(TPS : throttle position sensor)

① **적용목적** : 스로틀밸브의 움직이는 양을 감지한다.

② **구성요소** : 스로틀바디에 장착되어 ETS ECU용 TPS(메인) 및 ECU용 TPS(서브)로 구성되어 있다.

③ **주요기능** : ETS ECU용 TPS(메인)는 목표 스로틀 개도 피드백제어 및 엔진 ECU용 TPS의 고장검출을 하고 ETS ECU용 TPS의 고장검출 및 ETS ECU용 TPS의 고장시 보정신호로 사용한다.

3) 스로틀 모터(throttle motor)

① **적용목적** : 3상 코일을 적용하여 정밀한 구동이 가능하며 ETS ECU로부터 작동 전류를 입력받아 스로틀밸브를 구동한다.

② **구성요소** : 스로틀바디에 장착되어 ETS ECU용 TPS(메인) 및 엔진 ECU용 TPS (서브)로 구성되어 있다.

③ **특징** : ETS는 스로틀 위치를 검출할 수 있는 HALL IC가 없으므로 스로틀 모터 교환 시 또는 탈부착 시 ETS를 초기화 실행을 해야 하며 ETS는 스로틀바디의 카본 누적 등에 목표 스로틀 개도를 학습하여 보정함으로 스로틀바디 카본누적에 의한 엔진 부조현상은 발생하지 않는다.

4) 페일세이프 밸브(fail safe valve)

스로틀바디 하단부에 장착되어 있으며, ETS시스템 정상시 페일세이프 밸브는 닫히고 ETS시스템에 주요 결함이 발생 시 스로틀 모터가 구동하지 못하므로 시동 불가 및 주행 불가를 방지하기 위해 엔진 ECU는 페일세이프 밸브를 구동하여 밸브를 열어 일정양의 공기가 유입되도록 하여 최소한의 주행이 가능하도록 한다.

(2) 구동원리

엔진 ECU는 ABS(TCS) ECU, APS, 엔진회전수, A/CON 신호 등 각종 센서로부터 정보를 입력받아 TCS 작동유무, 엔진부하, 운전자의 가속의지 등을 판단함으로서, 목표 스로틀밸브 개도를 연산하여 ETS 컴퓨터로 목표 스로틀밸브의 개도량을 명령하고 ETS 컴퓨터는 엔진 컴퓨터로부터 목표 스로틀밸브 개도량을 입력받아 스로틀 모터로 전류를 분배한다. 스로틀 모터는 ETS 컴퓨터로부터 입력되는 전류의 양에 따라 회전하여 스로틀밸브를 구동한다.

[4] 크랭크각 센서(CAS : crank angle sensor)

엔진의 점화시기를 제어하기 위해서는 피스톤의 위치를 알아야 하는데 크랭크각과 피스톤의 변위는 서로 상관관계가 있으므로 크랭크 각도를 검출하면 피스톤의 위치를 알 수 있다. 그리고 점화시기는 적어도 크랭크 각 1° 단위의 정도를 요구한다.

일반적으로 CAS는 점화시기의 기준인 크랭크각과 함께 회전수의 검출도 병행하고 있다. 크랭크각 센서는 엔진 회전속도 및 크랭크각의 위치를 감지하여 연료분사시기 및 연료 분사시간과 점화시기 등의 기준 신호를 제공한다.

CAS는 CPS(crank position sensor, CKP sensor)라고도 하며 크랭크각의 검출방

법에는 발광다이오드(LED) 및 포토다이오드 등으로 구성된 광전식(optical type), 마그네틱 픽업(magnetic pick up)과 톤 휠(tone wheel) 등을 이용한 전자식(inductive pulse generator type), 자기저항형, 홀센서식(hall generator type) 등이 있다.

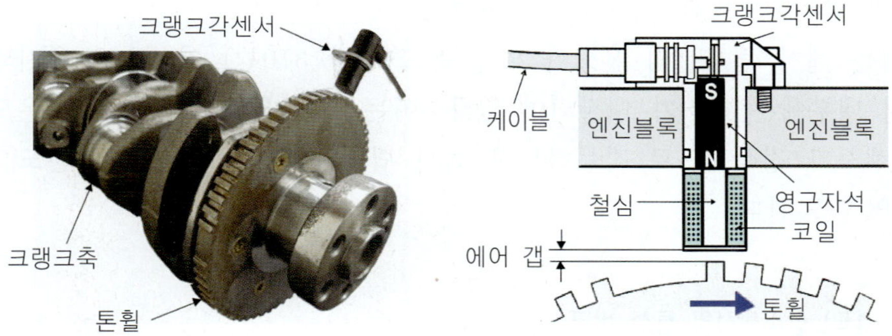

(a) 톤휠, 크랭크각 센서　　　(b) 크랭크각 센서 구조

[그림 29] **마그네틱방식 크랭크각 센서의 구조**

[5] 캠축 포지션센서(CMP : cam shaft position sensor & No. 1 TDC sensor)

1번 실린더의 압축행정 상사점을 감지하는 것으로 각 실린더를 판별하여 연료분사 및 점화순서를 결정하는데 사용한다. 제조회사에 따라서 1번 실린더 상사점센서 또는 페이스 센서(phase sensor) 등으로 부르며, 홀효과(hall effect)를 이용하는 센서의 경우는 홀센서라 부르기도 한다. 크랭크 각 센서와 같은 측정원리를 사용하며, 홀효과를 이용하는 것과 광학방식 센서의 경우는 크랭크 각 센서와 함께 설치되기도 한다.

(a)　　　(b)

[그림 30] **캠축 포지션센서와 캠축 설치상태**

1.4.5. 산소센서(O_2 sensor, lambda sensor)

산소센서는 혼합비를 이론공연비(14.6~14.7) 부근으로 정밀제어하기 위해 배기가스 중의 산소농도를 감지하여 출력전압을 ECU로 전송한다. 이를 공연비 피드백제어(feedback control) 또는 람다제어(λ -control)라 한다. 산소센서가 갖추어야할 조건은

다음과 같다.

① 이론 공연비에서 전압의 급격한 변화가 있을 것
② 배기가스 내 산소변화에 따른 신속한 출력전압 변화가 있을 것
③ 농후·희박사이의 큰 차이가 있을 것
④ 배기가스의 온도변화에 대하여 안정된 전압을 유지할 것

산소센서는 센서 팁부분의 온도가 일정 온도(통상 370℃) 이상으로 유지되어야 하는데, 센서 내부에는 히터가 내장되어 있다. 이는 배기가스 온도가 일정 온도보다 낮을 경우, 센서가 정상적으로 작동하도록 센서 팁 부분의 온도를 일정 온도 이상으로 가열하는 역할을 한다.

[표] 산소센서의 특성 비교

종류 / 항목	산화 지르코니아 산소센서	산화 티타니아 산소센서
원리	이온 전도성을 이용한다.	전자 전도성을 이용한다.
출력	기전력이 변화한다.	저항 값이 변화한다.
감지	산화 지르코니아 표면	산화 티타니아 내부
특징	배기가스와 표준 가스 분리	배기가스 중 소자 삽입
첨가물	안정화용 이트륨 첨가	-
공연비	조정이 쉽다.	조정이 어렵다.
내구성	작다.	크다.
응답성	불리하다.	유리하다.
가격	유리하다.	불리하다.

[1] 지르코니아(zirconia) 센서

세라믹 즉, 지르코니아(ZrO_2)와 이트륨(Yttrium, 원소기호-Y)으로 지르코니아(ZrO_2)는 티탄족인 지르코늄의 산화물로 산화지르코늄이라고도 부르며 제작된 고체 전해질 소자의 양쪽 표면에 아주 얇은 초미세 백금피막을 도금하였다.

센서부 표면의 백금코팅(전극)을 보호하기 위하여 프로텍트 캡을 씌우고 배기가스가 백금코팅(전극)과 접촉될 수 있도록 원형이나 긴 홈형의 구멍을 판다. 외부표면은 산소농도가 낮은 배기가스에 노출되어 있으며, 백금피막을 통해 센서 하우징과 접촉하여 (-)극을 형성하고, 백금피막 위에 다공성 세라믹을 코팅하고 내부표면에는 산소농도가 높은 대기에 노출되어 있으며, 제2의 백금피막을 통해 외부로 나가는 (+)배선과 연결되어 있다.

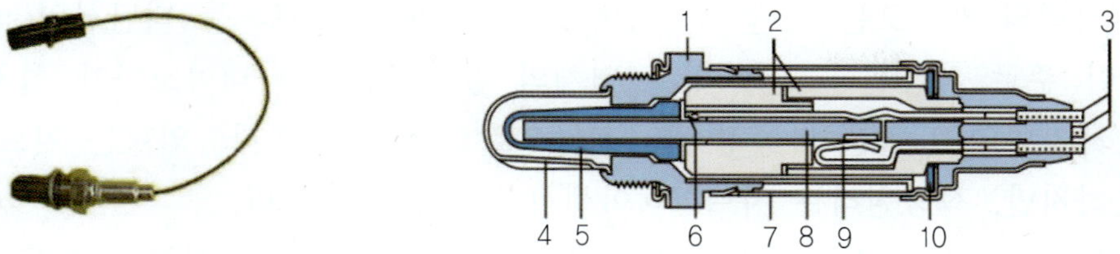

1. 센서하우징 2. 세라믹튜브 3. 배선 4. 내부 보호캡 5. 센서 엘리먼트
6. 전극연결 포인트 7. 외부 보호캡 8. 히터 엘리먼트 9. 히터연결 포인트
10. 스프링 와셔

(a) (b)

[그림 31] **지르코니아타입 O_2센서의 구조**

산소센서의 U자형 튜브내부에는 대기공기가 들어갈 수 있는 구조(일반 산소센서/EGO/LS)로 되어 있고 튜브 내에 히팅코일이 설치되며 센서부가 U자형이 아닌 평판(planar)형 구조로 되어 있는 가열식 산소센서(LSF)도 있다. 지르코니아 산소센서는 공기와 연료의 비율이 이론공연비보다 농후하면 약 1V, 희박하면 약 0V를 출력하며 이론공연비 부근에서 출력전압이 급변한다. 농후한 혼합기($\lambda < 0.99$)가 연소되었을 경우, 배기가스가 센서 소자 외부표면의 백금에 접촉되면 백금의 촉매작용에 의해 배기가스 중의 저 농도의 O_2는 배기가스 중의 CO나 HC와 반응하여 거의 소진된다.

결과적으로 센서소자 외부표면의 산소농도가 크게 낮아지면, 센서소자 양측 표면 간의 산소농도 차는 아주 커지면서 약 800mV~900mV 정도의 기전력을 발생시킨다.

이론 혼합비($\lambda = 1.0$)에서의 발생전압은 약 450~500mV 정도이다.

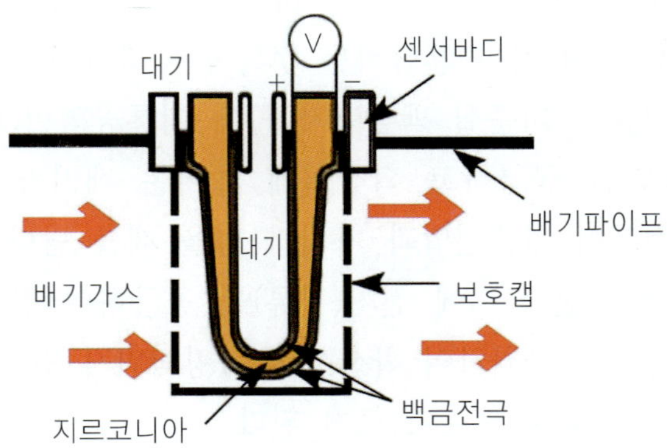

[그림 32] **일반 산소센서(EGOS/LS)의 구조**

[2] 티타니아(titania)센서

센서 세라믹의 재질로는 티탄-디옥사이드(TiO_2) 또는 스트론튬 티탄산염(strontium titanate)이 주로 사용된다. 세라믹 절연체의 끝(tip)에 티타니아소자가 설치되어 있다. 센서 세라믹의 표면은 다공성 백금전극으로 코팅되어 있다. 외형은 지르코니아센서와 비슷하지만, 작동원리는 지르코니아센서와는 크게 다르다.

티타니아 산소센서는 이론공연비 부근에서 저항이 급변하는 성질을 이용한 것으로 농후한 공연비에서 0.3~0.8V, 희박한 공연비에서 4.3~4.7V를 출력한다. 최근에는 산소센서의 활성도를 높이기 위하여 내부에 히터를 장착하기도 한다.

(a)

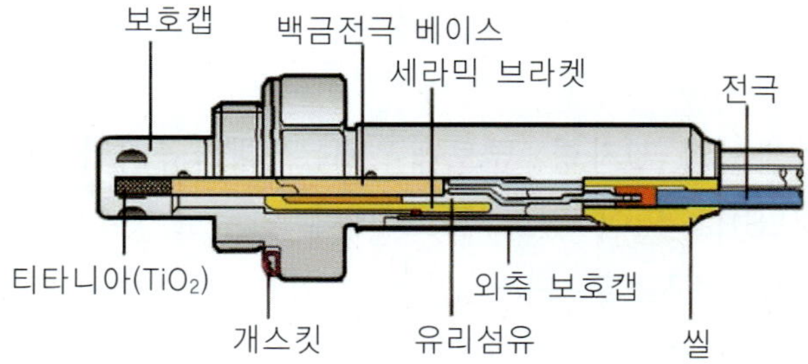

(b)

[그림 33] **티타니아타입 O_2센서의 구조**

[3] 광역 산소센서(wide band oxygen sensor)

광역 산소센서는 이론 공연비보다 넓은 범위의 공기연료비를 정량적으로 정확하게 알아낼 수 있는 산소센서로 자동차용으로는 희박연소 엔진용(가솔린 린번엔진이나 GDI엔진)으로 사용되며 전영역 산소센서라고 부르기도 한다. 한쪽 백금전극에 직류전압을 공급하면 산소를 펌핑하는 작용을 하기도 한다. 너무 희박한 상태나 너무 농후한 상태에서는 반응 폭이 작아 혼합비를 정확하게 나타낼 수 없는 단점이 있다.

희박과 농후의 기준은 기준실 백금단자(+)에 이론공연비(14.7 : 1, 람다1)에 준하는 기준전압(약 450mV)을 공급하고 확산실에 들어온 배기가스중 산소농도와 기준실의 산소농도에 따른 전압이 기준전압과 차이가 없을 때를 람다 1이라 정하고 기준전압보다 낮다면 펌프셀 백금전극(+)에 전기(전류)를 공급하여 산소를 펌핑하고 기준전압보다 높다면 일산화탄소를 환원하여 확산실로 펌핑되면서 전기(전류)가 발생되어 펌프셀 백금전극에서 컨트롤회로 쪽으로 흐르게 된다.

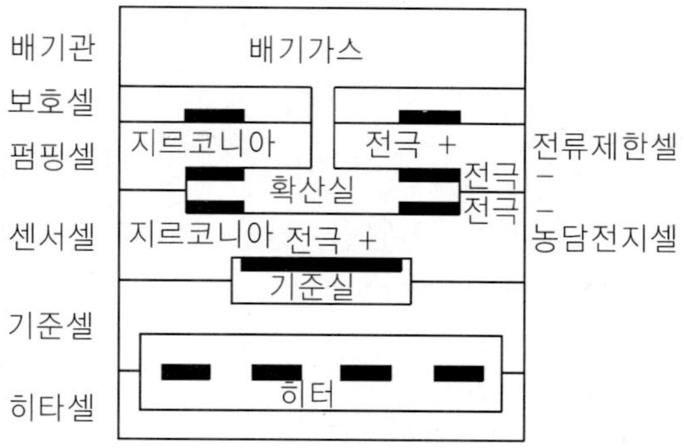

[그림 34] **광역 O_2센서의 내부구조**

따라서 컨트롤 회로와 펌핑셀사이의 전류흐름 방향과 크기에 따라 희박과 농후가 결정되는데 펌핑셀에서 컨트롤회로로 전류가 흐르면 희박상태를 나타내고 컨트롤회로에서 펌핑셀 쪽으로 전류가 흐르면 농후상태를 나타내며 전류의 크기에 따라 공기연료비를 확인하는데 이때의 전류는 ±3mA 정도이다.

1.4.6. NOx센서

배기가스 중 질소산화물을 감지하는 NOx센서는 가스감지 원리에 따라 반도체방식, 제한 전류방식, 혼합 전위방식이 있다. 반도체방식의 가스센서는 절연 기판위에 전극, 금속산화물 세라믹소재로 이루어진 감지막이 증착되어 있는 구조를 갖는다.

이산화 타이타늄(TiO_2), 산화주석(SnO_2), 삼산화 텅스텐(WO_3)과 같은 금속산화물 감지막 표면에 산소가 흡착된다. 감지막이 150℃ 이상의 온도로 가열되면 흡착된 산소의 전자들이 여기되면서 전기전도도를 갖는다.

[그림 35] **NOx센서**

1.4.7. 노크센서(knock sensor)

노크센서(KS)는 실린더블록 측면에 장착되어 있으며, 노킹발생시 특정 주파수 범위(5~16kHz)로 진동하게 된다. 이 진동에 의해 피에조 세라믹소자에는 충격적인 압력이 작용한다. 이로 인해 노크센서는 전압을 발생시키고 이 전압은 ECU로 전달하고 ECU는 노킹발생시 점화시기를 지각시킨다.

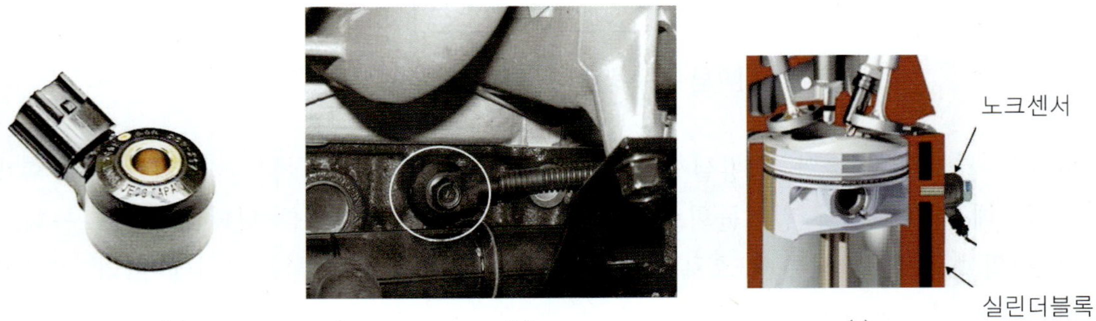

(a) (b) (c)

[그림 36] **노크센서**

1.4.8. 차속센서(speed sensor)

차속센서는 변속기 하우징이나 계기판 내에 장착되어 차량이 정지 상태인지 또는 주행상태인지를 컴퓨터 및 계기판에 알려주는 기능을 한다. 컴퓨터는 이 신호에 의해 공전속도 조절밸브, 캐니스터 퍼지(canister purge), 토크컨버터 클러치 및 자동변속기 변속단수 등을 결정하거나 제어한다.

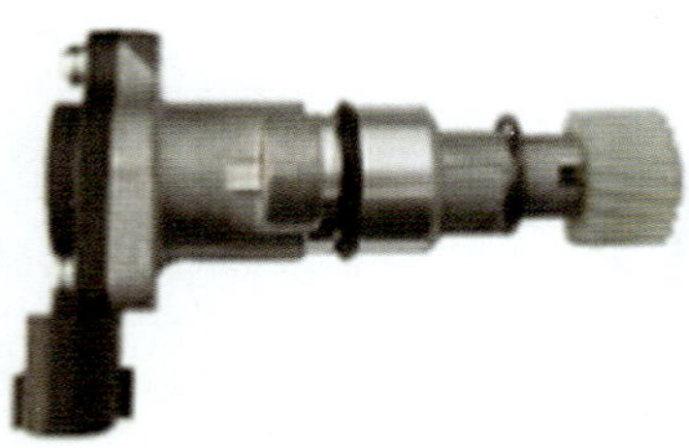

[그림 37] **차속센서**

[그림 38] **인히비터 스위치**

1.4.9. 인히비터 스위치(inhibitor switch)

인히비터 스위치는 P레인지와 N레인지에서만 기동전동기가 작동될 수 있도록 회로를 연결하여주고, 크랭킹하는 동안 연료분사시간을 조절하기 위해 설치된 스위치로 점화 스위치를 ST위치에서 크랭킹하는 동안 크랭킹 신호를 ECU에 입력시켜 P레인지와 N레인지에 알맞은 공전속도 제어 서보를 조절하고 그 외는 자동변속기의 각 위치에 따른 신호를 TCU에 입력시키는 역할을 한다.

1.5. 가솔린 전자제어 연료장치

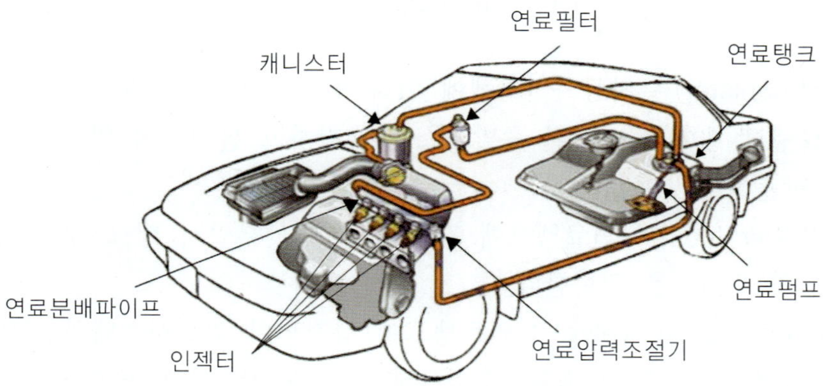

[그림 39] **전자제어 연료계통의 구조**

1.5.1. 연료탱크(fuel tank)

연료탱크는 자동차의 주행에 소요되는 연료를 저장하는 탱크로써 강판(steel) 연료탱크 내면에는 녹스는 것을 방지하기 위하여 아연이나 주석 또는 알루미늄 등으로 피막처리되어 있다. 일반적으로 플라스틱(plastic) 연료탱크에 사용되는 것은 HPDE로 불리는 고밀도 폴리에틸렌 플라스틱이다.

① **연료탱크(fuel tank)** : 주로 차량 뒷좌석 하단에 장착되어 연료를 저장한다.

② **연료펌프(fuel pump)** : 주로 연료탱크 내부에 설치되어 연료탱크 내의 연료를 연료분사장치로 공급하고 연료 양을 측정하는 장치(sender unit)가 설치되어 있으며, 연료라인 내 압력을 일정하게 유지한다.

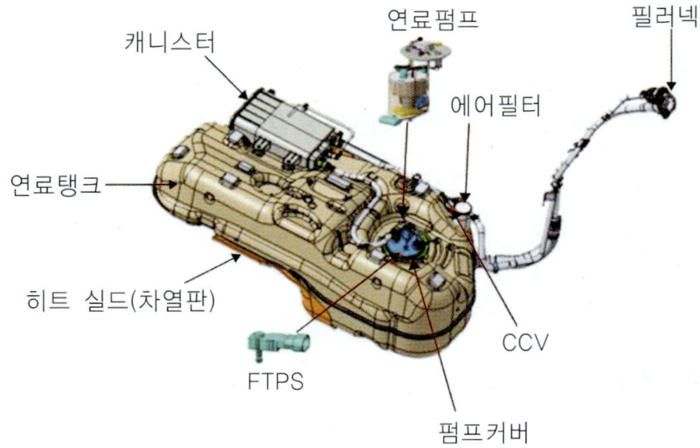

[그림 40] **연료탱크의 구성품**

③ **캐니스터**(canister) : 자동차시스템에 따라 연료탱크 또는 자동차 차체에 부착하며, 연료탱크 내에서 발생된 증발가스를 흡착하고 활성탄에 의해 정화된 공기는 대기로 방출한다.

④ **에어 필터**(air filter) : 연료탱크에 장착되어 탱크 부압시 탱크 내로 유입되는 대기 중 공기 오염물을 정화한다.

⑤ CCV(canister close valve) : 연료탱크에 장착되어 연료시스템의 증발가스 누유 여부 모니터링 시(약 2분소요, 수회/1일) CCV를 작동하여 닫으면 평상시 OPEN 상태이다.

⑥ FTPS(fuel tank pressure sensor) : 연료탱크 혹은 연료펌프에 부착되어 증발가스 누유 모니터링 시 탱크내부 압력을 평가한다.

⑦ **필러넥**(filler neck) : 연료주입구에 장착되어 연료주입 통로이다.

⑧ **히트 실드**(hear protector, heat shield) : 머플러 장착부 윗면의 연료탱크 하단부에 장착되어 머플러 발생 열이 탱크 내 온도상승을 억제한다.

⑨ **배플**(baffle) : 연료탱크 내에 장착(조립 및 insert type이 있음)되어 차량의 주행 및 가·감속시 연료의 거동을 안정화 및 유동을 방지기능

1.5.2. 연료여과기(fuel filter)

연료여과기는 연료에 포함된 먼지나 수분 등 불순물을 제거하여 깨끗한 연료를 장치 내로 공급하는 역할을 하며 연료탱크와 분배파이프(기화기 차량은 연료펌프)사이에 설치되며, 독립적으로 설치된 분배형과 연료펌프와 일체로 만들어진 비분배형이 있다.

연료여과기는 보통 분배형이 많이 사용되며 금속판 또는 플라스틱 케이스 내부에 여과지나 여과 포식의 엘리먼트를 넣어 밀봉시킨 카트리지식(cartridge type)으로 되어 있다. 여과지의 여과성능은 5~10㎛ 정도이며 연료여과기는 장시간 사용되면 오손으로 인하여 여과작용의 성능이 떨어지므로 보통 40,000km 주행 후 교환한다.

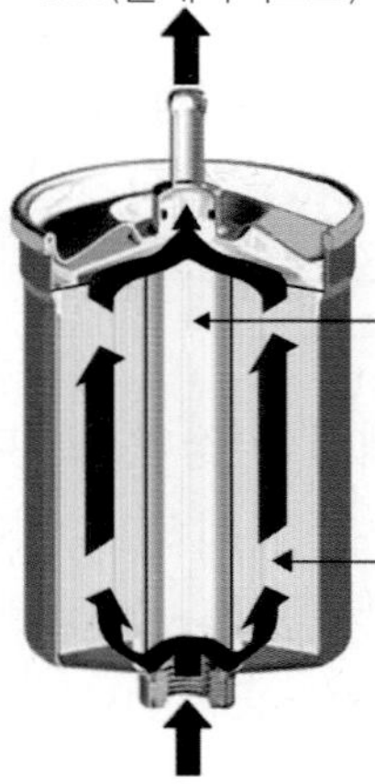

[그림 41] **연료여과기**

1.5.3. 연료펌프(fuel pump)

연료펌프는 연료탱크에서 인젝터(injector)까지 연료를 공급해 주는 장치이며 전기모터식 펌프(electrical motor pump)를 사용한다. 전기모터식 연료펌프는 연료 속에서 작동되므로 연소 가능한 혼합기와 접촉되지 않아 폭발 위험성은 전혀 없고 모터 작동 소음이 감소되며 엔진이 요구하는 이상의 충분한 연료를 공급할 수 있고 회로 내에 잔압을 유지시키므로 점화스위치가 작동되는 순간 연료를 공급할 수 있으며 베이퍼록(vapor lock)에 강한 이점이 있다.

연료펌프는 엔진 시동시, 점화스위치가 시동(start)에 있을 때는 시동스위치에 의하여 작동되며 엔진이 작동된 후부터는 ECU(ECM)에 의하여 ON/OFF제어 된다. ECU에서는 점화신호나 회전수 신호가 입력되지 않으면 연료펌프를 정지시킨다.

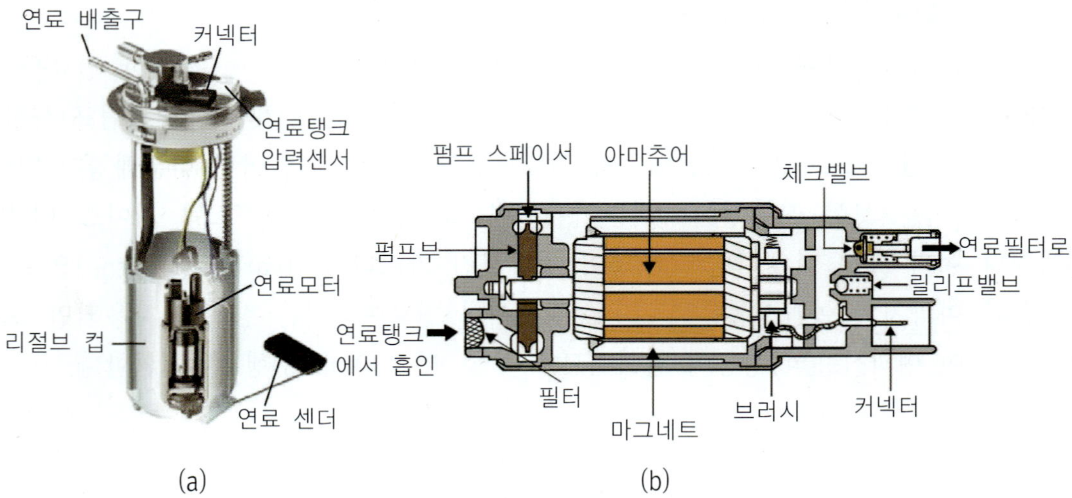

[그림 42] **연료펌프**

① **펌프**(pump) : 펌프모듈의 주 부품으로 탱크 내의 연료를 엔진에 공급하기 위해 연료를 흡입한다.

② **안전밸브**(relief valve) : 연료라인에서 일정압력보다 비정상적으로 올라가는 연료 압력을 제어하여 항상 일정한 압력을 유지하도록 한다.

③ **체크밸브**(check valve) : 연료펌프가 작동 중 멈추면 체크밸브는 스프링의 힘에 의해 닫히고, 일정압력이 연료라인에 남게 된다. 연료라인에 남은 일정한 압력은 엔진의 재시동을 용이하게 하며, 높은 온도에서의 베이퍼 록을 방지한다.

④ **리절브 컵**(reserve cup) : 펌프와 필터를 감싸고 있는 케이스로 연료 끊김을 방지하기 위해 항상 연료를 저장하고 있다.

⑤ **연료 센더**(fuel sender) : 연료의 양을 게이지로 나타내기 위한 센서가 달린 부품이다.

⑥ suction **필터**(filter) : 펌프 모듈 상에서 연료를 빨아들이는 곳으로 1차적인 필터 작용을 한다.

1.5.4. 연료파이프(fuel pipe)

연료파이프는 연료탱크에서 인젝터까지 각각의 장치를 연결하며 보통 구리 파이프를 사용하며 비닐파이프나 내유성 고무파이프를 사용하는 경우도 있다. 파이프의 안지름은 보통 5~8mm 정도이며 파이프 이음매는 연료가 누설되지 않도록 원뿔형이나 구형의 유니언으로 되어 있고 파이프너트로 조여져 있다.

1.5.5. 딜리버리 파이프(delivery pipe : 연료분배 파이프)

이 파이프는 각 인젝터에 동일한 분사압력이 되도록 하며, 연료저장 기능을 지니고 있다.

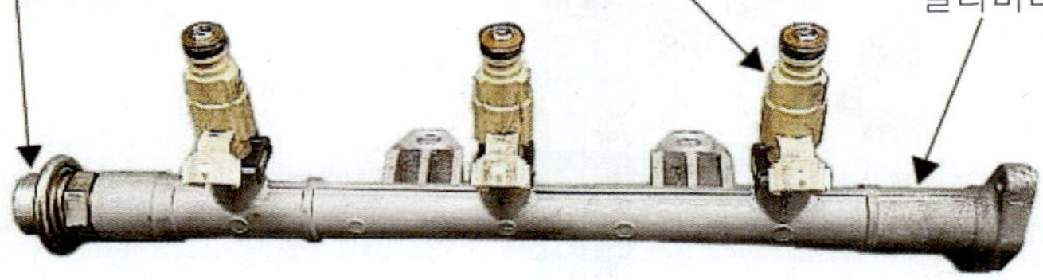

[그림 43] **딜리버리 파이프**

1.5.6. 연료압력조절기(fuel pressure regulator)

연료압력조절기는 흡기다기관의 부압을 이용하여 연료계통 내의 압력을 조절해주는 것으로 분배파이프 앞 끝에 설치되어 있다. 즉 연료계통 내의 압력을 2~3kgf/cm^{2}로 유지시켜 주는 다이어프램 조절의 오버플로(over flow)형식이다.

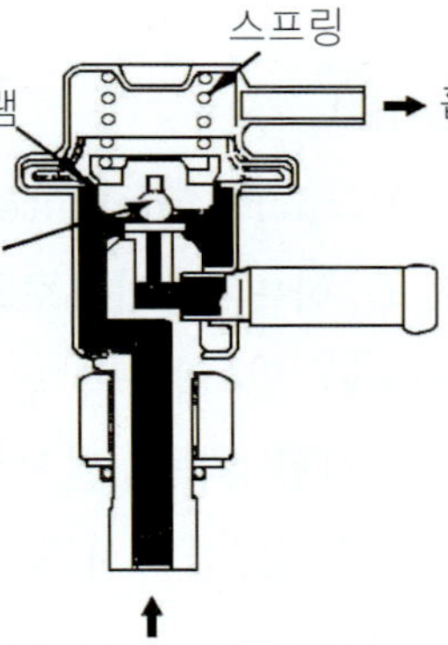

[그림 44] **연료압력조절기**

1.5.7. 인젝터(injector)

인젝터는 각 실린더의 흡입밸브 앞쪽(흡기다기관)에 1개 또는 2개씩 설치되어 각 실린더에 연료를 분사하는 솔레노이드밸브이다.

인젝터는 컴퓨터로부터의 전기적 신호에 의해 작동하며, 그 구조는 밸브보디와 플런저가 설치된 니들밸브로 되어 있다. 솔레노이드 코일에 전류가 흐르지 않을 경우

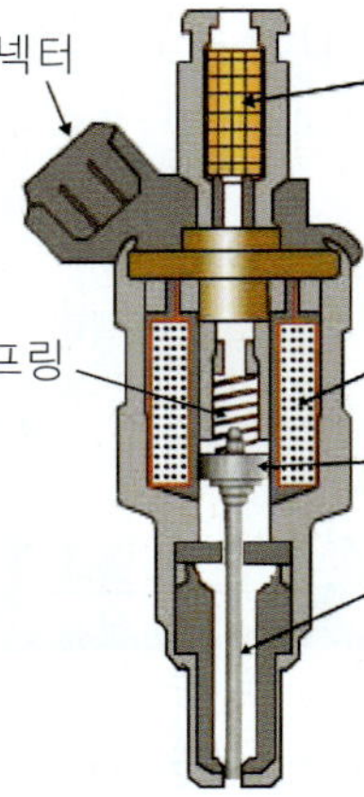

[그림 45] **인젝터의 구조**

니들밸브는 스프링의 장력에 의해 밸브시트에 밀착되어 연료의 분사를 차단하고, 솔레노이드코일에 전류가 흐르면 솔레노이드코일이 니들밸브를 들어 올려 연료가 원통형의 분사구멍에서 분사된다. 인젝터의 분사각도는 10~40° 정도이며, 분사시간은 1~1.5ms(ms= 1/1,000sec), 분사압력은 2~3kgf/cm^2이다.

1.5.8. ECU(electronic control unit)

엔진을 전자제어하기 위해서는 MICOM(micro computer)이 필요하며 자동차에 사용되고 있는 MICOM은 ECM이라 부르기도 하며 마이크로프로세서(CPU), RAM(random access memory), ROM(read only memory) 및 입출력 단자로 구성되어 있다. 즉, ECU는 일종의 컴퓨터로써 엔진의 상태를 감지한 각종 센서로부터의 입력신호에 따라 연료분사량(기본분사량, 증량보정), 분사시기 및 점화시기 등을 제어하는 것으로 전자제어 가솔린분사장치 중 핵심부에 해당한다.

엔진 ECU는 입력부분과 제어부분 및 출력부분으로 구성되어 있으며, 입력은 각 센서를 이용하여 측정한다. 그리고 이 측정된 신호를 입력 연산 처리하여 엔진의 상태에 대응하는 최적의 연료분사 및 점화시기를 출력회로를 통하여 제어함으로써 각 액추에이터를 구동시킨다.

ECU는 AFM과 CAS로부터 엔진의 흡입공기량과 회전속도를 검출하여 기본 분사량 즉, 기본분사시간을 계산하고 여기에 엔진의 상태를 감지하는 각종 센서(ATS, WTS, BPS, TPS 등)로부터 입력신호를 이용하여 보정분사량(보정 분사시간)을 결정하여 총 분사량(총 분사시간)을 결정한다.

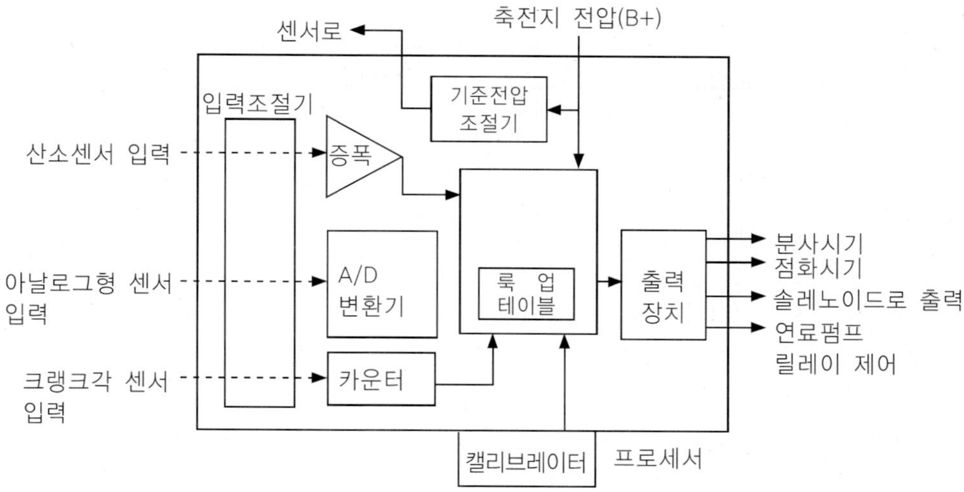

[그림 46] **ECU 내부 블록선도**

그리고, 각종 엔진 관련 센서의 신호를 기초로 최적 점화시기의 제어와 노크제어, 공회전피드백제어를 한다.

① ROM(read only memory) : ROM은 읽기만 가능한 메모리로서 생산단계에서 그 내용을 기록하고, 그 이후에는 기록된 내용을 다시 변경할 수 없도록 제작한다.

② EPROM(erasable programmable ROM) : 소거와 프로그래밍이 가능한 ROM으로 CPU는 주소버스/데이터버스를 거쳐 EPROM과 통신한다.

③ 플래시 EPROM(FEPROM) : 플래시 EPROM은 불휘발성 메모리로서 전기적으로 소거하고, 다시 프로그래밍할 수 있다.

④ RAM(random access memory) : 임의 접근 기억장치로 현재의 모든 데이터의 보관은 RAM에서 이루어진다. 전원으로부터 ECU를 분리할 때, RAM에 들어있는 모든 데이터는 휘발성 메모리이므로 상실된다.

⑤ EEPROM(E2PROM) : EEPROM은 전기적으로 소거할 수 있는 EPROM으로서, 플래시 EPROM과는 대조적으로 각각의 메모리 셀을 개별적으로 소거할 수 있다. 따라서 EEPROM은 비휘발성 쓰기, 읽기, 메모리로 사용할 수 있다.

⑥ **감시 모듈** : 마이크로프로세서와 감시모듈은 소위 질의 및 응답기능을 이용하여 서로 상대방을 감시한다. 오류를 감지하면, 쌍방은 서로 독립적으로 해당하는 대체기능을 찾게 된다.

[표] **엔진제어항목 및 내용**

항 목	제어내용
연료분사	• 엔진회전수와 흡입공기량에 맞는 기본 분사량 제어 • 워밍업 전후 연료량 보정제어 • 가감속에 대한 연료 증/감량 제어 • 공연비 피드백 제어 • 인젝터 구동시간 및 연료차단 제어
점화시기 제어	• 기본점화시기 제어 • 점화시기 보정제어(공회전, 주행조건, 촉매가열상태 등 · 노크제어 및 시동시 점화제어)
공회전속도 제어	• 시동시 제어 • 패스트아이들 제어 • 공회전 보상제어(idle up/down : 에어컨, 동력조향, AT 등의 부하 시) • 대쉬포트 제어(dashpot)
연료증발가스 제어	캐니스터 PCSV(purge control solenoid valve)제어
메인릴레이 제어	이그니션키 On/Off시 제어(설정시간 : 제작사양)
연료펌프릴레이 제어	이그니션키 On/Off시 제어(설정시간 : 제작사양)
에어컨릴레이 제어	엔진시동 및 가속 시 에어컨 컴프레서 Off제어
자기진단 및 고장통제 기능	• 각 센서의 고장을 사전에 진단하여 경고등(warning lamp)으로 운전자에게 알림 • 고장 발생 시 ROM에 기억된 설정값으로 제어하는 기능(fail safe function/limp home function)

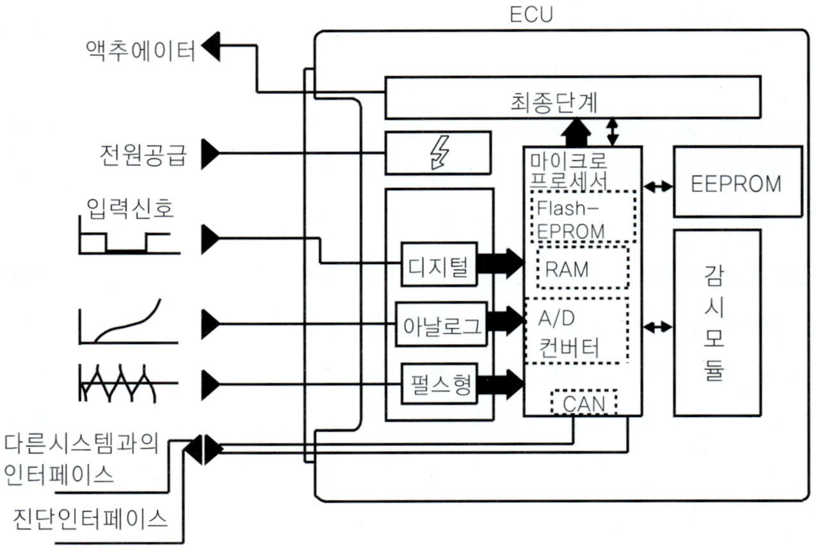

[그림 47] **ECU 신호처리**

⑦ **자기진단기능(self diagnostic function)** : ECU는 엔진 전자제어 각 시스템의 고장여부를 자기진단할 수 있으며 고장 발생시 계기판의 엔진 체크 경고등(warning lamp, MIL, malfunction indicate lamp)을 점등시켜 운전자에게 엔진을 정비하도록 경고한다.

⑧ **페일 백업기능(Fail Back Up)** : ECU는 어떤 센서에 고장 발생 시 그 센서 신호를 무시하게 되며 대신 미리 입력된 프로그램 또는 수치로써 제어할 수 있도록 하는 백업기능을 가지고 있다.

02 GDI(gasoline direct injection)엔진

GDI엔진이란 원래 디젤엔진에서 쓰이는 기술로 연료를 흡기포트가 아닌 실린더내로 가솔린을 직접 분사함으로써 흡기 충진효율이 증대되고, 실린더 내 연료증발을 통하여 연소실온도를 낮추어 노킹특성을 개선하고 압축비를 증대시켜 성능/연비를 개선한 가솔린엔진이다. 자연흡기(NA)에 비해 직분사는 연료를 분사하는 양을 ECU, 센서, 액추에이터(주로 솔레노이드나 피에조방식)로 제어한다.

연료를 고압분무인 인젝터(injector)를 사용하면 연료의 기름방울이 그냥 분사할 때보다 몇 배에서 몇 십배까지 가늘고 작게 만들 수 있다. 그 만큼 짧은 연소순간에 반응에 참여할 수 있는 표면적이 넓어지므로 출력과 연비가 좋다.

일반 엔진의 공기와 연료의 혼합기 질량비는 14.7 : 1인데, 린번엔진의 혼합기 질량비는 최대 22~23 : 1까지 희박하게 할 수 있고, GDI엔진은 25~40 : 1이라는 극히 희박한 혼합기 질량비가 가능하다.

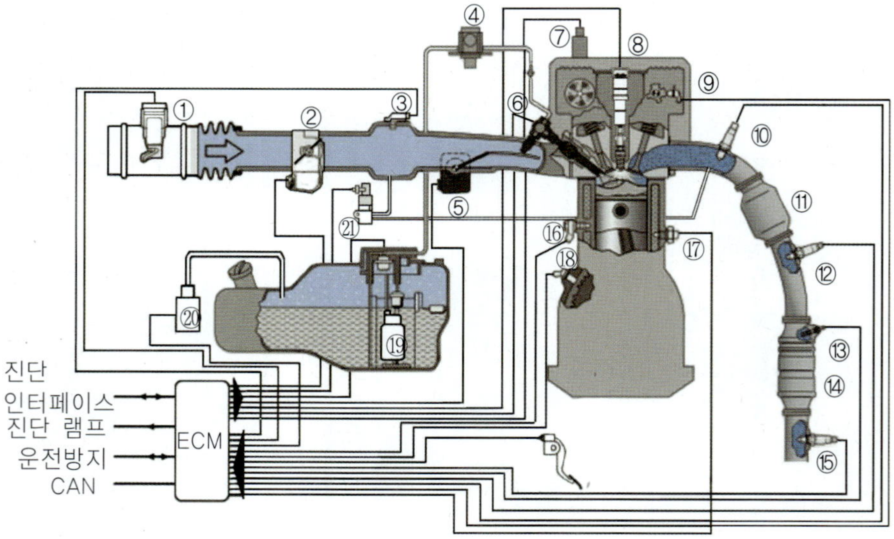

1. 공기량 센서(MAFS) 2. 스로틀밸브(ETC) 3. MAP센서 4. 고압펌프
5. 에어플로우 컨트롤밸브 6. 연료레일 및 인젝터 7. 캠샤프트 액추에이터
8. 점화코일 및 플러그 9. 캠각센서(CMPS) 10. 1st 산소센서 11. 1st 카탈리스트
12. 2nd 산소센서 13. 배기가스 온도센서 14. 메인카탈리스트 15. 3rd 산소센서
16. 노크센서 17. 냉각수온센서(ECTS) 18. 크랭크각 센서(CKPS)
19. 저압 연료펌프 모듈 20. 차압센서 21. EGR밸브

[그림 48] GDI시스템의 구성

2.1. GDI방식의 장・단점

2.1.1. GDI방식의 장점

① 최소의 연료로 최대의 출력을 낼 수 있다.

② 냉각효과가 있어 압축비가 높아지기 때문에 효율이 저 중속에서는 4~8%, 고속에서는 10~14%의 토크 증대를 가져다준다.

③ 연료분사 타이밍의 제한을 받지 않는다.

④ 압축비가 일반 엔진에 비해 높기 때문에 배기가스가 줄어든다.

2.1.2. 단점

① 연료분사압력이 상대적으로 높아(50~120bar) 소음과 진동이 크다.

② 엔진의 내구성이 떨어진다.

높은 압축비를 갖고 있기 때문에 높은 열과 폭발력을 갖게 된다. 따라서 엔진의 내구성 또한 떨어지게 되고 직접분사방식 자체가 복잡한 구조를 갖기 때문에 고장이 날 경우 수리가 용이하지 않다.

③ 높은 압축비를 갖고 있어 엔진 내부에 보강된 부품을 써야 하므로 가격이 비싸다.

④ NOx 배출이 현저하게 증가하기 때문에 미세먼지 필터장착이 필요하다.

2.2. GDI시스템의 적용기술

2.2.1. 와류의 형성

[1] 스월 유동(swirl flow, 선회유동)

공기는 나선형 흡기관을 통해 실린더로 유입되며, 연소실에서 수직 축을 중심으로 선회 운동한다. 이 경우, 흡기통로는 흔히 두 갈래로 설계된다. 제2의 통로(충진 통로)는 층상급기 모드에서는 플랩(flap)에 의해 닫힌다.

균질혼합기 모드에서는 플랩을 열어, 충진률을 극대화시켜 고출력을 목표로 한다. 스월은 공기와 연료의 혼합을 크게 촉진시키고 연소과정 동안 화염 면을 빠르게 확산시키기 위한 기법이기도 하다.

(a) 스월 유동 (b) 텀블 유동

[그림 49] **스월 유동과 텀블 유동**

[2] 텀블 유동(tumble flow)

압축행정 말기에 피스톤이 TDC에 가까워질 때, 연소실의 외측 가장자리 주위의 체적은 갑자기 줄어든다. 실린더 반경 외측의 체적을 차지하고 있는 혼합 가스는 이 외측 체적이 거의 영(0)으로 줄어들 때까지 반경 안쪽방향으로 밀려들어간다. 혼합가스의 반경 안쪽방향 운동을 스퀴시(squish)라고 한다.

스퀴시는 실린더 내부의 다른 질량운동과 합해져 공기와 연료를 혼합하고 신속하게 화염 면을 확산시킨다. 피스톤이 TDC에 가까워짐에 따라, 스퀴시운동은 텀블(tumble)이라고 하는 2차 회전운동을 일으킨다. 텀블은 성층연소로 작동하는 엔진에서 공기-연료 혼합기의 성층화를 이루는 데 있어서 중요한 변수 중의 하나이다.

2.2.2. 흡기포트

텀블 유동을 발생시키기 위해 흡기포트를 직립으로 세우고 실린더로 들어온 흡기가 실린더 안에서 아래로 내려갔다가 위로 올라오면서, 분사된 연료를 스파크플러그 주위로 모이도록 해서 농후한 혼합기로 함으로써 점화가 쉽게 되도록 한다.

2.2.3. 연료공급

연료공급 면에 있어서, 짧은 기간에 기화 및 연소를 이루기 위해서는 연료분사압력을 기존 포트분사엔진의 약 3bar보다 훨씬 높은 50bar 정도로 해 줄 수 있는 고압연료펌프가 필요하고, 연료의 미립화와 분산특성이 우수한 고압스월 인젝터를 사용하여야 한다. 또, 실린더에 분사된 연료가 공기와 잘 혼합이 되고 희박한 공연비에서도 점화가 잘 이루어지도록 저·중부하에서는 혼합기를 층상으로 형성시켜야 하기 때문에 흡기포트를 세우고 피스톤 상면에 움푹 페인 곳을 만들어 흡기유동을 조절해야 한다.

2.3. GDI엔진의 희박연소과정

이론공연비를 훨씬 상회하는 공연비 30~40 정도에서 초 희박연소를 가능하게 하기 위해서는 연소실내의 혼합기가 확산하지 않도록 점화플러그 주변에 집중시켜야 한다.

GDI엔진의 초 희박 연소과정은 다음과 같다.

[1] 연소실의 강한 상하유동 흡입공기 와류(tumble) 형성

직립흡기관에 의해 흡입되는 공기를 수직방향으로 강력한 하강기류를 형성토록 해야 하며, 하강기류의 흡입공기는 다시 만곡형 피스톤에 의해 공기의 흐름을 위쪽 방향으로 바꾸게 되어 흡입공기는 상하방향으로 강력한 와류가 형성되게 된다.

[2] 압축행정시 연료분사로 연료 성층화 형성

압축행정 말기에 강력한 와류가 형성되어 있는 실린더내로 고압 스월 인젝터로 부터 연료를 분사한다. 연소실내에서 강력한 공기와류가 형성될 때 와류의 중앙부위는 바깥부분보다 속도가 훨씬 빠르기 때문에 바깥부분에 비해 상대적으로 압력이 떨어지게 된다. 이때 분사된 공기보다 무거운 연료입자는 압력이 높은 바깥부분에서 낮은 중앙부위로 압력차에 의해 이동하게 되어 와류의 중심부위인 점화플러그 주위로 대부분의 연료가 집중되어 농후한 혼합기가 형성된다.

[3] 초희박 연소

성층화된 농후한 혼합기에 점화플러그에서 스파크가 발생하면 혼합기가 연소하기 시작하여 강력한 화염이 형성된다. 이때 연소실 바깥부분의 혼합기는 연료가 없는 상태이거나 초 희박상태이지만 이미 형성된 화염에 의해 모두 완전 연소된다. 이때 유해 배출가스는 완전연소에 의해 30% 정도 감소하게 된다.

2.4. GDI엔진의 제어(연비 및 성능)

GDI엔진의 초 희박 공연비(40 : 1)로 제어하는 영역은 저속 저 부하영역에서만 제어하며, 초 희박공연비 제어영역을 벗어나 엔진부하가 증가하면 이론공연비(14.7 : 1)와 희박공연비(23 : 1)에서 제어하고, 엔진부하가 더욱 증가하여 엔진 출력이 많이 요구되는 고속 고 부하영역에서는 공연비가 12 : 1~14.7 : 1로 제어한다.

일정한 조건에서 공연비에 따라 엔진 출력은 공연비 12 : 1~13 : 1 부근에서 가장 높게 출력된다. 따라서 언덕길을 올라가거나 추월시 등 엔진부하가 높은 영역에서는 공연비 12 : 1~13 : 1로 제어한다.

2.4.1. 매니폴드 스로틀밸브(MTV : manifold throttle valve)

[1] 매니폴드 스로틀밸브(와류(swirl) 제어밸브)의 개요

희박한 상태에서 연소를 시킬 수 있는 것은 와류의 성층화이다. 희박연소 제어영역에서 연료분사 시기는 흡입행정 ATDC 60~90° 에서 분사를 완료시키고 분사 전 연료는 와류유동에 의해 연소실에서 성층화가 이루어져 점화될 때 점화플러그 주위에는 상대적으로 농후한 공연비(약 13~14 : 1)가 형성되며 전체적으로는 공연비가 희박한 상태이지만 성층화에 의한 강력한 초기 화염형성으로 급속 연소가 유도된다.

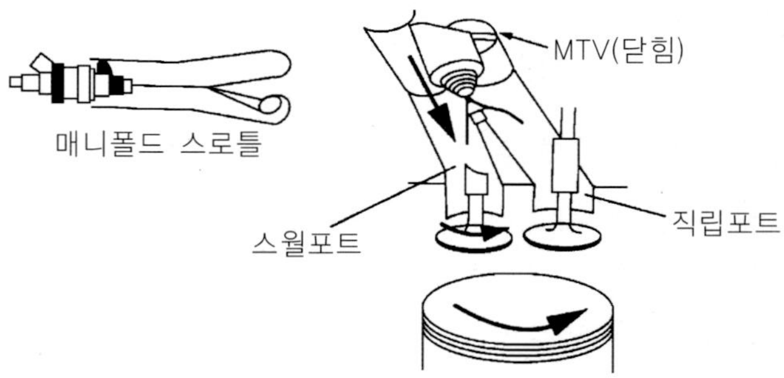

[그림 50] **매니폴드 스로틀밸브의 설치위치**

공전상태에서는 매니폴드 스로틀밸브를 닫아 안정된 연소를, 이론 공연비 영역에서는 열려 엔진의 출력저하를 방지하며, 희박연소 영역에서는 밸브를 닫아 연소실 내의 혼합기 유동을 와류현상으로 발생시킨다.

[2] 매니폴드 스로틀밸브의 작동

진공탱크와 매니폴드 스로틀밸브 액추에이터 통로사이에 있는 솔레노이드밸브가 컴퓨터 제어에 의해 개폐되어 매니폴드 스로틀밸브 액추에이터를 작동시킨다. 즉, 컴퓨터가 희박연소 영역에서는 솔레노이드밸브를 접지시켜 매니폴드 스로틀밸브 연결 축 끝에 설치된 액추에이터에 진공이 가해지면서 축이 회전하여 밸브를 닫는다.

희박연소 영역이 아닌 경우에는 솔레노이드밸브의 작동을 중지시키면 진공이 해제되어 매니폴드 스로틀밸브가 연결된 축이 회전하여 밸브가 열린다.

(1) 매니폴드 스로틀밸브 작동단계

• 엔진 냉각수 온도 • 주행속도 • 엔진 회전속도	⇛	• 컴퓨터 • 연산 수행	⇛	진공 솔레노이드밸브	⇛	매니폴드 스로틀 밸브 액추에이터

(2) 와류 제어용 매니폴드 스로틀밸브 닫힘 조건

① 희박연소 작동영역 조건일 때

② 엔진을 시동할 때

③ 엔진이 공전할 때

④ EGR이 작동할 때

공전할 때에는 공전스위치가 ON상태에서 매니폴드 스로틀밸브가 곧바로 닫히는 것이 아니라 약 2초 후에 닫힌다. 이것은 주행속도가 낮은 1단에서 3단사이의 변속을 할 때 매니폴드 스로틀밸브의 개폐가 반복되는 것을 방지하기 위함이다.

점화스위치(IG S/W) OFF 후에도 3초 동안 솔레노이드밸브를 3번 ON, OFF시킨다. 이것은 가동 중지 후에도 컴퓨터 전원이 OFF되고 또한 솔레노이드밸브가 계속 닫혀 있게 되므로 매니폴드 스로틀밸브에 부하가 계속 가해질 경우 밸브 고착을 방지하기 위함이다.

2.5. GDI시스템의 연료공급회로

2.5.1. 저압회로

GDI시스템에서 저압회로는 흡기다기관 분사방식에서의 연료공급시스템과 본질적으로 동일하다.

2.5.2. 고압회로

고압회로는 고압펌프, 연료분배관(rail), 압력센서 그리고 시스템에 따라서는 압력제어밸브 또는 압력제한밸브로 구성되어 있다.

고압회로는 계속공급시스템과 필요한 만큼만 공급하는 시스템으로 구분할 수 있다. ECU는 엔진의 작동상태에 따라 연료압력조절기를 통해 연료압력을 50~120bar 범위에서 제어한다. 제어회로는 압력센서를 포함한 완벽한 피드백(feed back)회로를 구성하고 있기 때문에 실제값은 항상 ECU에 피드백된다.

2.5.3. 연료제어(fuel control)

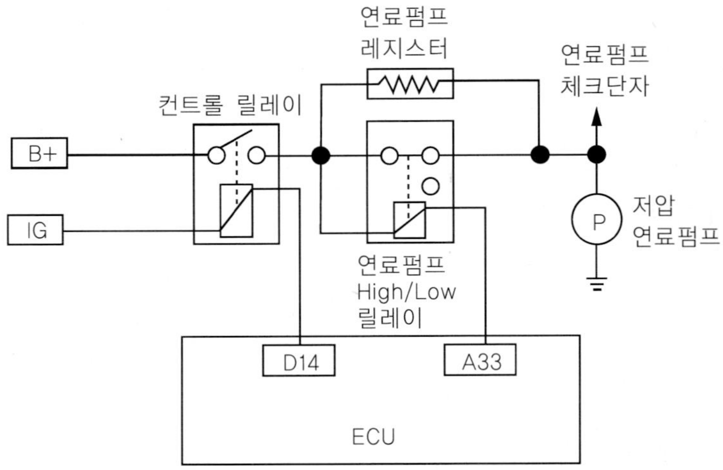

[그림 51] **연료장치의 구성도**

[1] 스월형 인젝터(swirl injector)

2분사(spray)방식이며, 기존의 인젝터와는 달리 연료가 분사되면서 주위의 공기와 쉽게 혼합될 수 있도록 하기 위해 소용돌이를 이루면서 연료가 분사된다.

인젝터의 분사시기는 점화시기와 동일하게 분사되며, 엔진의 부하에 따라 피스톤의 흡입행정(일반연소) 또는 압축행정(희박연소)에서 분사된다. 부분부하 영역에서는 압축행정 말기에 분사되고, 전부하 영역에서는 흡입행정 중에 분사되어 흡입공기의 열을 흡수하여 기화하는 한편 흡입공기의 냉각으로 흡입효율이 향상된다. 인젝터의 구동은 엔진 컴퓨터가 직접하는 것이 아니라 엔진 컴퓨터가 인젝터 드라이브 A & B에 연료분사 신호를 보내면 인젝터 드라이브는 해당 인젝터를 구동한다.

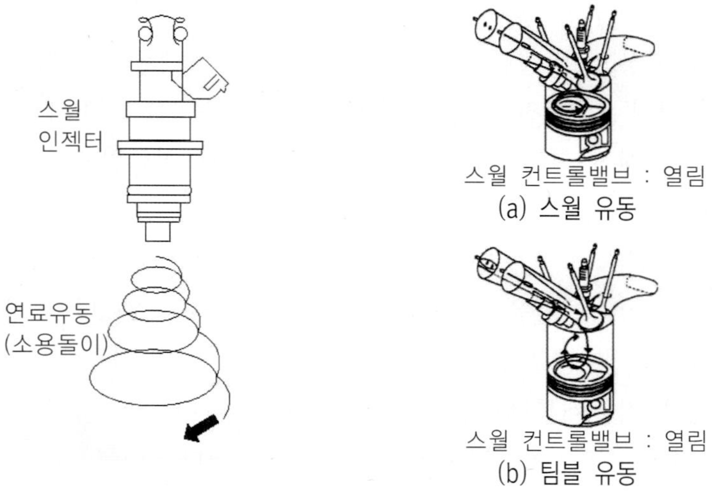

[그림 52] **스월형 인젝터의 분사형상**

[2] 인젝터 드라이브(injector drive) A & B

인젝터 드라이브는 드라이브 릴레이로부터 전원을 공급받아서 각 인젝터에 전원을 공급함과 동시에 인젝터 회로의 단선, 단락을 검출하여 엔진 컴퓨터로 고장유무 신호를 입력시킨다. 인젝터의 구동은 엔진 컴퓨터로부터 연료분사시간 신호를 입력받아 인젝터를 구동시킨다.

인젝터 드라이브를 사용하는 목적은 연료압력이 기존 흡기관 내 분사식 엔진보다 10~20배 이상 되기 때문에 인젝터에서의 전류소모가 많으며, 발열량이 커지기 때문에 이를 방지하기 위함이다. 인젝터 드라이브는 #1, #4, #6, #7 인젝터를 구동하는 드라이브 A와 #2, #3, #5, #8 인젝터를 구동하는 드라이브 B 등 2개가 있다.

[3] 연료압력센서(fuel pressure sensor)

연료 압력센서는 저압 연료펌프 상단에 장착되어 있으며 저압 연료라인의 압력을 측정한다. 검출된 압력을 전압신호로 컴퓨터에 입력시켜 인젝터의 연료 분사량 보정 신호로 사용한다.

[그림 53] **연료압력센서**

[4] 연료펌프 릴레이

연료 압력센서의 고장으로 인한 엔진 경고등의 점등 또는 고압모드에서 연료의 압력이 70kgf/cm^2 이상일 때 엔진 컴퓨터는 연료펌프 릴레이를 OFF시킨다. 또한 크랭크각 센서로부터 검출된 엔진 회전속도가 50rpm 이하에서도 연료펌프를 OFF시킨다.

[5] 연료펌프 레지스터

고압펌프의 유량특성은 엔진을 크랭킹할 때에는 회전속도가 낮기 때문에 토출량이 적으며 이 상태에서 저압 연료펌프가 작동하면 연료펌프의 전류소모가 커지게 된다. 고압펌프 이전까지의 저압계통에는 저압 레귤레이터 바이패스 압력까지 상승하여 토출부하가 걸리게 되어 저압 연료펌프의 손상이 염려된다. 이를 방지하기 위해 저압 연료펌프의 배선에 레지스터(저항)를 두어 연료펌프가 천천히 구동되도록 엔진 컴퓨터에서 연료펌프 릴레이를 제어한다.

[6] 고압 연료펌프(high pressure fuel pump)

좌우 실린더헤드에 각각 설치된 고압 연료펌프는 엔진의 흡입 캠축의 캠으로 구동된다.

압축된 연소실로 연료를 직접분사하기 위해서는 연료탱크 내에 설치된 저압 연료펌프만으로는 분사압력(약 3kgf/cm^2)이 매우 낮으므로 저압 연료펌프에서 공급된 연료를 고압 연료펌프에서 약 50kgf/cm^2 정도의 압력으로 상승시켜 인젝터에 공급한다.

[7] 고압 레귤레이터(high pressure regulator)

엔진 회전속도가 상승하면 고압 연료펌프의 작동이 빨라져 연료압력이 계속 상승한다. 만약 연료압력이 계속 상승한다면 연료 분사량 등이 바뀔 수 있기 때문에 연료 파이프에 고압 레귤레이터를 설치하여 연료압력이 약 50kgf/cm^2 이상을 초과하면 바이패스시킨다.

또한 고압 레귤레이터 내에는 체크밸브(check valve)가 설치되어 있으나 엔진의 작동을 정지시킨 경우에는 압력이 저하되므로 엔진을 재 시동하였을 때에는 연료압력이 정상으로 되기까지는 다소 시간이 걸린다.

[8] 연료압력조절밸브(FPRV : fuel pressure regulator valve)

연료압력조절밸브는 고압 연료펌프에 장착되어 있으며, 여러 엔진 구동조건으로 계산된 ECU 컨트롤신호에 의해 인젝터로 유입되는 연료량을 조절한다.

[그림 54] **고압 연료펌프 및 연료압력 조절밸브**

03 LPI(liquid petroleum injection)엔진

LPI장치는 LPG를 고압의 액체상태(5~15bar)로 유지하면서 엔진 ECU(컴퓨터)에 의해 제어되는 인젝터를 통하여 각 실린더로 분사하는 방식이다. 즉, LPG가 각각의 실린더에 독립적으로 공급 제어되는 방식이다.

가스믹서 형식의 LPG 연료장치에 비하여 성능, 연료소비율, 저온 시동성능, 역화, 타르발생 등을 개선할 수 있으며, 매우 정밀한 LPG 공급량 제어로 유해 배기가스를 감소시킬 수 있다.

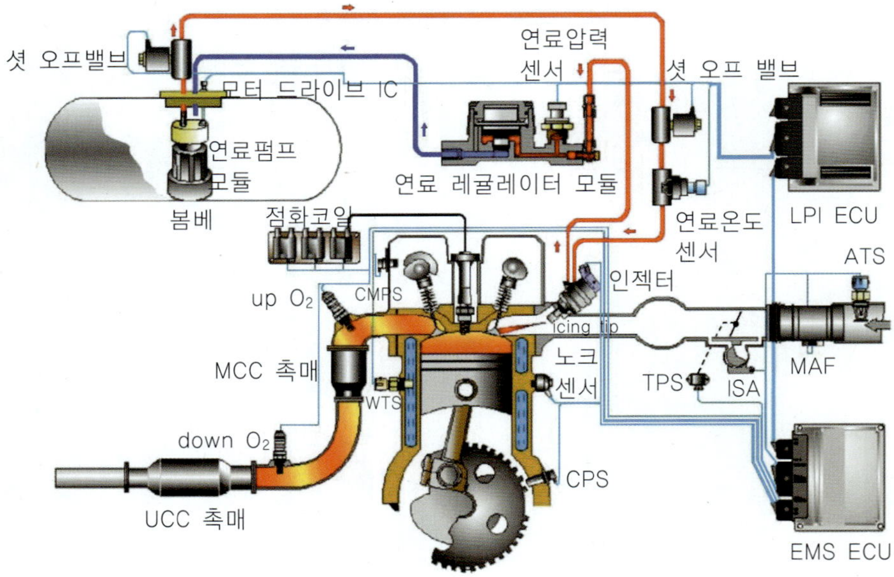

[그림 55] LPI장치의 구성도

3.1. LPI 연료 공급장치의 구성과 작용

3.1.1. 봄베(bombe)

① **봄베(연료탱크)** : LPG를 저장하는 탱크이며, 연료펌프를 내장하고 있다.

② **멀티밸브** : 송출밸브, 수동밸브, 연료차단 솔레노이드 밸브, 과류방지밸브 등으로 구성한다.

③ **충전밸브** : LPG를 충전하기 위한 밸브이다.

④ **유량계** : 봄베 내의 LPG 보유량을 표시한다.

[그림 56] 전LPI 봄베

3.1.2. 연료펌프 모듈

연료펌프 모듈은 멀티밸브와 BLDC 모터 & 펌프 어셈블리로 구성되어 있으며, ECU의 제어에 맞춰 봄베내 액상 LPG 연료를 송출하는 역할을 한다. 멀티밸브에는 밸브 하우징, 연료 누출 시 연료를 차단하는 연료차단 솔레노이드밸브, 장기간 차량을 운행하지 않을 때 연료를 수동으로 차단하는 수동밸브, 남은 연료를 탱크로 리턴시키는 리턴밸브, 연료라인 이상 압력 발생시에 연료를 봄베 내로 복귀시키는 릴리프밸브로 구성되어 있다. 펌프 어셈블리에는 BLDC모터와 양정형 펌프로 구성되어 있다.

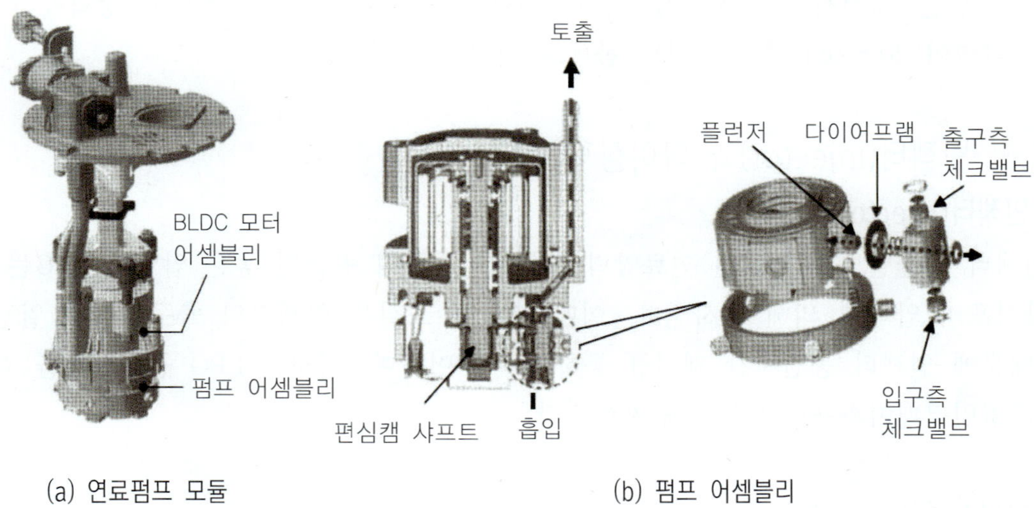

[그림 57] LPI 연료펌프 모듈

연료펌프 모터는 BLDC(brush less direct current) 3상 모터로 구동되며, 연료모터와 연결된 펌프 중심축은 편심 캠샤프트로 만들어져 있어서 모터가 회전하면 끝단부 편심축이 회전운동을 하고 펌프실 다이어프램이 왕복운동을 하게 된다. 펌프실 내부의 다이어프램이 스프링 힘에 의해 밀려 연료가 흡입되면서 연료 입구측 체크밸브가 열리게 되고 출구측 체크밸브는 닫힌다.

편심축이 계속회전을 하여 펌프실 다이어프램을 밀면 연료는 압축될 때 입구측 체크밸브를 닫고 출구측 체크밸브는 열리면서 액상의 LPG연료를 압송하게 된다. 엔진에서 요구되는 펌프 유량에 따라 펌프 드라이브 모듈에 의해 5단계로 연료를 압송한다.

3.1.3. 과류 방지밸브

과류 방지밸브는 자동차 사고 등으로 인하여 LPG 공급라인이 파손되었을 때 봄베로부터 LPG송출을 차단하여 LPG방출로 인한 위험을 방지하는 작용을 한다.

3.1.4. 수동밸브(액체상태 LPG 송출밸브)

수동밸브(manual valve)는 장기간 동안 자동차를 운행하지 않을 경우 수동으로 LPG 공급라인을 차단할 수 있도록 한다.

3.1.5. 릴리프밸브

릴리프밸브(relief valve)는 LPG 공급라인의 압력을 액체상태로 유지시켜, 열간 재시동 성능을 개선시키는 작용을 하며, 입구에 연결되는 판과 스프링 장력에 의해 LPG 압력이 20±2bar에 도달하면 봄베로 LPG를 복귀시킨다.

3.1.6. 인젝터(injector)와 아이싱 팁(icing tip)

[1] 인젝터(injector)

인젝터 니들밸브가 열리면 연료압력조절기를 통하여 공급된 높은 압력의 LPG는 연료파이프의 압력에 의해 분사된다. 이때 분사량 조절은 인젝터의 출구면적이 일정하기 때문에 인젝터 통전시간 제어를 통하여 이루어지며, 이것은 LPG 공급압력을 감지한 IFB(인터페이스 박스)에 의해 제어된다.

[2] 아이싱 팁(icing tip)

LPG분사 후 발생하는 기화 잠열로 인하여 주위 수분이 빙결을 형성하는데 이로 인한 엔진 성능저하를 방지하기 위해 아이싱 팁을 사용한다. 아이싱 팁은 열 전도성이 좋은 황동 재질을 사용한다. 재질의 차이를 이용하여 얼음의 결속력을 저하시켜 얼음의 생성을 방지하는 작용을 한다.

(a) 아이싱 팁 (b) 인젝터 하우징 (c) 인젝터

[그림 58] **LPI 인젝터와 아이싱 팁**

3.1.7. 연료압력조절기

연료압력조절기는 봄베 내의 압력변화에 대하여 분사량을 일정하게 유지하는 작용을 하며, 인젝터 내에 걸리는 LPG의 공급압력을 봄베의 압력보다 항상 5bar 정도 높도록 조정한다.

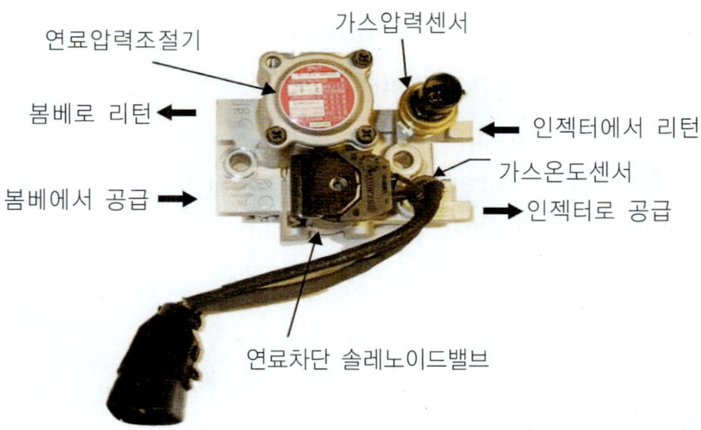

[그림 59] **연료압력조절기의 구조**

연료압력조절기의 스프링 실은 출구쪽 압력과 연결되어 있어 항상 봄베의 압력이 형성되며, LPG 공급압력이 규정 값을 초과하면 다이어프램이 밀려 올라가게 되고, 이때 LPG는 리턴라인을 거쳐 봄베로 복귀한다. 또 연료압력조절기 이외에 분사량을 보상하기 위한 가스압력 측정센서, 가스온도 측정센서 및 연료차단 솔레노이드밸브를 내장하고 있어 LPG 공급라인의 공급 및 차단을 제어하는 작용을 한다.

3.1.8. 연료필터

LPI차량의 경우 LPG엔진 시스템보다 흡기내 카본 슬러지가 많이 퇴적되며 인젝터의 오염도 상당히 심해지고 고장도 자주 발생되어 시동성 및 연비, 출력에 영향을 미치므로 연료중의 슬러지를 걸러 준다.

(a)

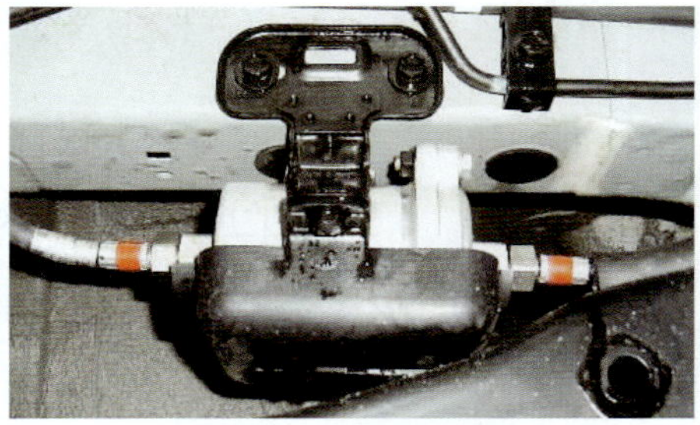

(b)

[그림 60] LPI 연료필터 및 장착위치

3.2. LPI장치의 전자제어 입력요소

① 공기량 측정센서(MAF : mass air flow meter)

② 흡기 온도센서(ATS : air temperature sensor)

③ 수온센서(WTS : water temperature sensor)

④ 스로틀 위치센서(TPS : throttle position sensor)

⑤ 노크센서(knock sensor)

⑥ 차량 속도센서

⑦ 산소센서(HO_2S) - 지르코니아방식(ZrO_2)

⑧ 캠축 위치센서(TDC센서)

⑨ 크랭크축 위치센서(CKP)

⑩ **가스압력 측정센서(GPS : gas pressure sensor)** : 액체상태의 LPG 압력을 측정하여 해당 압력에 대한 출력전압을 인터페이스 박스(IFB)로 전달하는 작용을 하며, 이때 인터페이스박스는 ECU가 LPG 공급 압력에 따른 인젝터 분사량을 계산하도록 ECU로 전달한다. 또 가스압력에 따르는 연료펌프 구동시간 결정 및 LPG 조성 비율을 판정하여 최적의 분사량을 보정하는데 이용되며, 가스온도 측정센서가 고장일 때 대처 기능으로 사용된다.

⑪ **가스온도 측정센서(GTS : gas temperature sensor)** : 가스온도 측정센서는 연료압력조절기 유닛 보디에 설치되어 있으며, 서미스터소자의 원리를 이용하여 LPG

온도를 측정하여 ECU로 보낸다. ECU는 이 온도 값을 이용하여 계통 내의 LPG특성을 파악하여 분사시기를 결정한다. 가스압력 측정센서와 함께 LPG 조성비율 판정신호로도 이용되며 분사량 및 펌프 구동시간 제어에도 사용된다.

3.3. LPI장치의 전자제어 출력요소

① 점화코일

② 공전속도제어 액추에이터(ISA)

③ 인젝터

④ **연료차단 솔레노이드밸브(cut-off solenoid valve)** : 연료차단 솔레노이드밸브는 연료압력조절기 유닛에 설치되어 있으며, 엔진 시동을 ON/OFF할 때 작동하는 ON/ OFF방식이며, 엔진시동을 OFF로 하면 봄베와 인젝터사이의 LPG 공급라인을 차단하는 작용을 한다.

LPI장치는 연료압력조절기 유닛과 멀티밸브에 각각 1개의 연료차단 솔레노이드밸브를 두고 있으며, 이 2개의 밸브는 동일한 조건으로 동일하게 작동하여 2중으로 LPG공급을 차단하는 기능을 한다.

⑤ **펌프 드라이버** : 멀티밸브 상단에 조립되어 BLDC모터의 구동을 제어하는 컨트롤러이며, ECU제어 신호에 맞추어 엔진 부하조건에 따라 펌프의 회전속도를 5단계(1단 : 500rpm, 2단 : 1000rpm, 3단 : 1500rpm, 4단 : 2000rpm, 5단 2800rpm)로 구동하도록 제어하는 역할을 한다.

[그림 61] **펌프 드라이버**

04 천연 가스자동차(NGV : natural gas vehicle)

천연 가스자동차(NGV : natural gas vehicle)는 천연 가스를 사용하는 저공해자동차의 일종이다. 연료로는 압축 천연가스(CNG : compressed natural gas)를 주로 사용하며, 최근에는 액화 천연가스(LNG : liquefied natural gas)를 사용하기도 한다.

4.1. 천연 가스자동차의 종류

[1] 압축 천연가스자동차

천연가스를 약 200~250기압의 높은 압력으로 압축하며, 분진, 유황 등 불순물이 거의 함유되지 않은 청정연료이며 비중이 0.6으로 고압 용기에 저장하여 사용한다.

[2] 액화 천연가스자동차

천연가스를 -162℃ 이하의 액체 상태로 초저온 단열용기에 저장하여 사용한다.

[3] 흡착 천연가스자동차

천연가스를 활성탄 등의 흡착제를 이용하여 압축 천연가스에 비해 1/5~1/3 정도의 중압(50~70기압)으로 용기에 저장한다.

4.2. CNG 연료장치

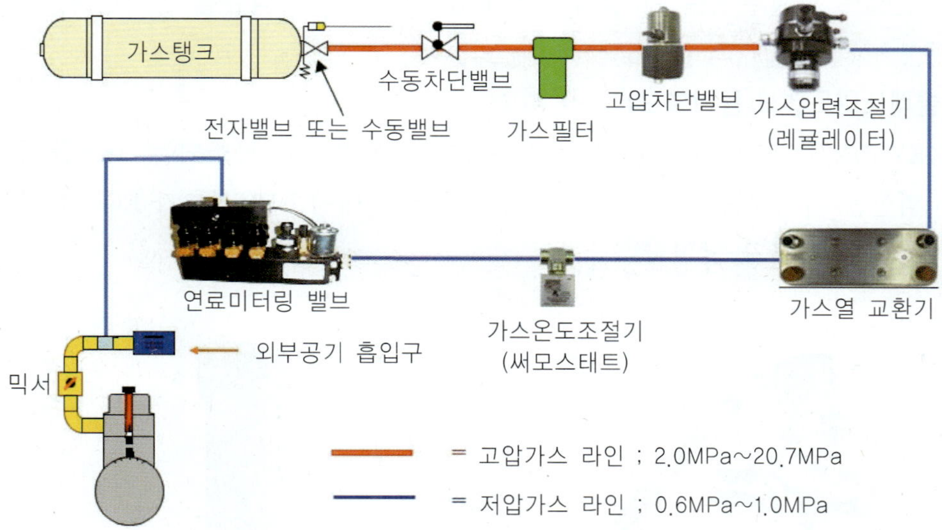

[그림 62] **CNG 연료공급 계통**

[1] 가스충전밸브(가스 주입구)

가스를 충전시 사용하는 밸브로 충전밸브에는 체크밸브가 연결되어 고압가스 충전시 역류를 방지하는 기능을 한다.

[2] 가스 압력계

가스탱크 내의 연료량을 압력으로 표시하며 탱크 잔류압력 1MPa 이하에서는 엔진 출력 부족현상이 발생하며 3.0MPa 이하에서는 재충전을 실시하여야 한다. CNG가스 탱크 완충압력은 약 207bar(= 3,000psi = 201kgf/cm^2 = 20.7MPa)이며 연료가 기체상태인 관계로 가스탱크의 온도에 따라 압력이 변화된다.

[그림 63] **가스충전밸브 및 가스압력계**

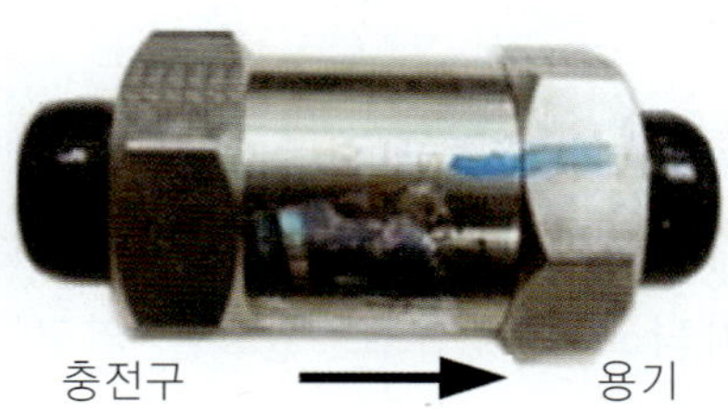

[그림 64] **체크밸브**

[3] 체크밸브

가스 충전밸브 연결부 뒤쪽에 설치되어 고압가스 충전시 역류를 방지한다.

[4] GFI 솔레노이드밸브(용기밸브)

시동 KEY ON/OFF 상태에 따라 가스용기에서 엔진으로 공급되는 가스를 공급 및 차단하는 역할을 하며 시동 KEY "ON" 상태로 5초 내에 RPM신호가 ECU에 입력되지 않으면 자동으로 밸브가 닫힌다.

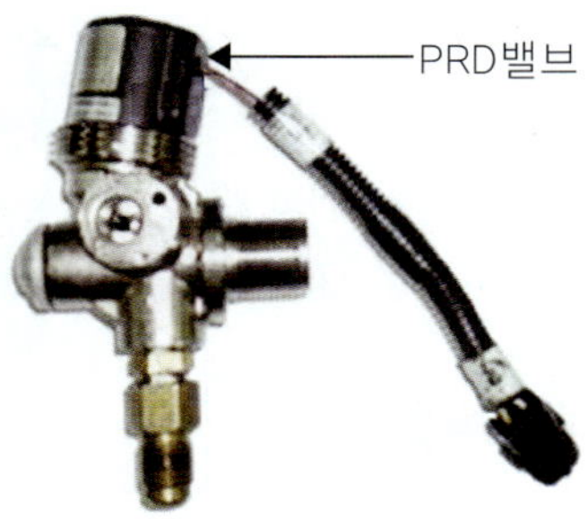

[그림 65] **GFI솔레노이드밸브 및 PRD밸브**

[그림 66] **가스필터**

[5] PRD(pressure relief device)밸브

화재로 인해 용기의 파열이 발생할 우려가 있을 경우 PRD밸브의 가용전(연납)이 녹으면서 가스를 방출하여 용기의 파열을 예방한다.

[6] 가스필터

수동 차단밸브의 파이프라인에 설치되며, 가스내의 불순물을 여과하여 불순물이 엔진에 공급되는 것을 방지한다. 가스필터 점검 또는 교환 시에는 반드시 수동 차단밸브를 잠그고 엔진이 정지된 후 작업해야 하며, 가스필터 관리주기는 점검은 약 5,000km 마다. 교환은 20,000km마다 한다.

[7] 기계식 수동밸브(용기밸브)

가스용기에서 엔진으로 공급되는 가스를 공급 및 차단하는 밸브로 각각의 용기에 설치되고, 수동으로 밸브를 열고 닫는다.

[8] 수동 차단밸브

엔진 정비시 엔진 배관에 남아있는 가스를 제거할 때 사용한다. 수동 차단밸브를 잠그고 엔진 시동을 걸어 엔진 측 배관내의 잔류가스가 제거되면 엔진은 자동으로 정지된다.

[9] CNG탱크 온도센서(NGTTS : natural gas tank temperature sensor)

CNG탱크 온도센서는 부특성 서미스터로 탱크 위에 설치되어 있으며 탱크 속의 연료 온도를 측정한다. 연료온도는 연료를 구동하기 위해 탱크내의 압력센서와 함께 사용된다.

[10] 고압 차단밸브(high pressure lock-off valve)

고압 차단밸브는 가스필터와 가스압력조정기사이에 설치되며 가스탱크에서 엔진에 공급되는 압축 천연가스를 과다한 압력 및 누기 발생시 차량과 엔진을 보호하기 위하여 고압 가스라인을 차단하는 안전밸브이다. 시동키 "ON/OFF" 시 동시에 열리고 닫힌다(전원 공급시 플런저가 상향운동으로 밸브 개방 및 폐쇄).

밸브가 열리면 가스탱크로부터 고압의 가스가 연료라인을 따라 가스압력조절기로 공급된다. 연료공급압력은 3.0~20.7MPa로 매우 높은 압력이다.

[그림 67] **고압차단벨브**

[그림 68] **가스압력 조정기 및 가스탱크 압력센서**

[11] 가스압력조정기(gas pressure regulator)

가스압력조정기는 고압 차단밸브로부터 공급되는 고압의 가스를 0.62MPa로 감압시켜 감압시 압력팽창에 의한 온도저하 및 동파방지를 위해서 엔진의 냉각수가 유입된다. 가스압력조정기 바디에 가스탱크 압력센서가 장착되어 있어 가스탱크의 가스압력 검출이 가능하며, 이 검출된 값이 계기판의 연료게이지에 표시된다.

가스압력조정기의 가스 출구 측에는 과도압력 조절장치(PRD)가 장착되어 있어 가스 출구압력이 1.1MPa 이상일 경우에는 가스를 대기로 방출시킨다. 또한 가스압력조정기에는 흡기관 압력보상장치가 있어 흡기압력에 따라 가스의 토출 압력이 변하게 되어 있다.

[12] 가스열 교환기(heat exchanger)

가스열 교환기는 가스압력 조정기와 가스온도조절기사이 프레임 상단에 설치되어 가스탱크에 압축된 가스는 가스압력 조정기를 통과하면서 압력이 팽창하여 가스 온도 저하 및 동파방지를 위하여 상대적으로 따뜻한 냉각수를 공급하여 가스의 온도를 상승시키는 역할을 한다. 정확한 연료량 제어를 위하여 적정한 가스온도(-40~45℃)로 유지하는 기능을 한다. 가스의 온도가 과냉 또는 과열되면 연료 유동상태가 나빠진다.

[그림 69] **가스열 교환기**

[그림 70] **가스온도조절기**

[13] 가스온도조절기(gas thermostat)

가스온도조절기는 열 교환기에서 나온 가스는 플렉시블 호스를 통해 고압 차단밸브 우측에 설치된 온도조절기로 공급된다. 엔진 냉각수의 유입을 자동적으로 조절하여 가스의 과냉 및 과열을 방지한다.

최적의 작동 온도로 유지하기 위해 일정 온도에서 냉각수의 흐름을 제어한다. 개방 온도는 10~16℃이고 시동시에는 완전히 개방이 되며 닫힘 온도는 40~49℃이다.

[14] 연료 미터링밸브(fuel metering valve)

연료 미터링밸브는 가스온도조절기를 거친 가스는 플렉시블 호스를 통해 엔진의 좌

측면에 설치된 연료미터링 밸브로 공급되며, 디젤엔진 인젝션펌프와 유사하다. 8개의 인젝터가 개별적 또는 간헐적으로 유로를 개폐하여 연료의 압력을 조정해서 엔진에 필요한 연료가스를 공급하며, 가속페달의 밟힘량 및 엔진회전수신호 등을 ECU에서 펄스신호로 제어하여 인젝터를 개방(인젝터의 개방시간으로 연료량을 제어)한다.

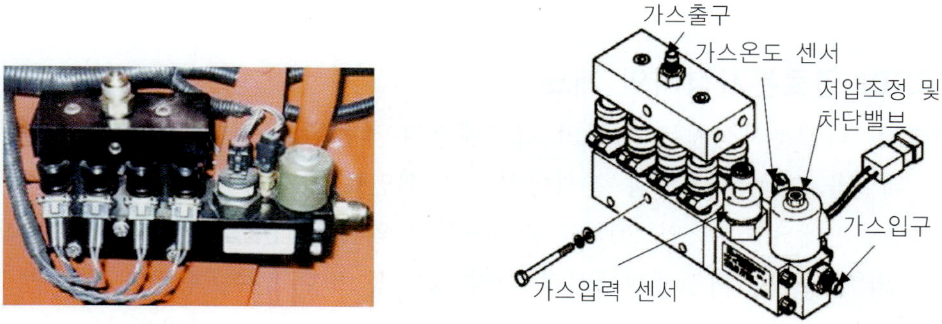

[그림 71] **연료 미터링밸브**

[15] 가스혼합기(gas mixer)

가스혼합기는 연료 미터링밸브에서 공급된 가스와 압축공기를 혼합시킨다.

(a) (b)

[그림 72] **가스혼합기 및 스로틀밸브**

[16] 스로틀밸브(throttle valve)

스로틀밸브는 엔진 흡기 매니폴드 파이프에 장착되어 가스혼합기를 통과한 혼합가스가 엔진 실린더로 들어가는 양을 조절한다. 스로틀밸브는 ECM에 의해 구동되는 모터와 스로틀밸브의 위치를 파악하기 위한 스로틀밸브 위치센서(TPS)가 일체로 구성되어 있다.

05 CRDI(common rail direct injection) 연료분사장치

5.1. CRDI 연료분사장치의 개요

커먼레인 디젤분사장치는 기존의 디젤엔진에 적용되고 있던 인젝션펌프를 고압펌프와 커먼레일을 이용한 초고압 분사방식의 디젤연료 분사장치이다. 또한, 기존 인젝션펌프 디젤엔진에 비하여 약 20%의 출력향상과 약 15%의 연비향상을 얻어냈으며 유해배출가스의 감소 및 디젤엔진에서의 차량 응답성 또한 많은 향상을 가져왔으며 저공해, 저소음을 위하여 연소실 중앙 직립 인젝터, 주분사 전 예비분사(ilot injection), 사후분사(post injection), 전자제어 EGR, 배기가스 후처리장치 등을 적용하고 있다.

커먼레일 디젤엔진은 주요 구성부품들이 정밀도가 높기 때문에 부품의 수리나 교체에 드는 비용이 값이 비싸며 또한 연료품질에 민감하다.

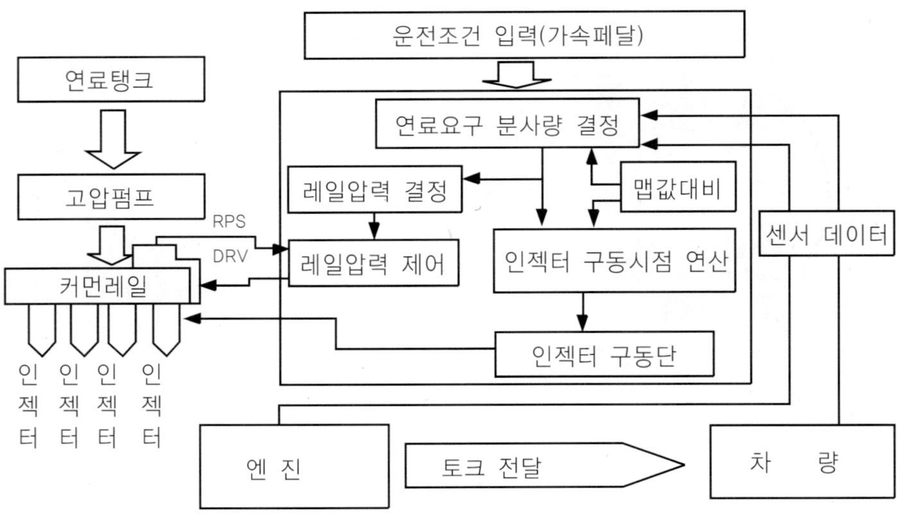

[그림 73] **연료장치의 전자제어의 개요도**

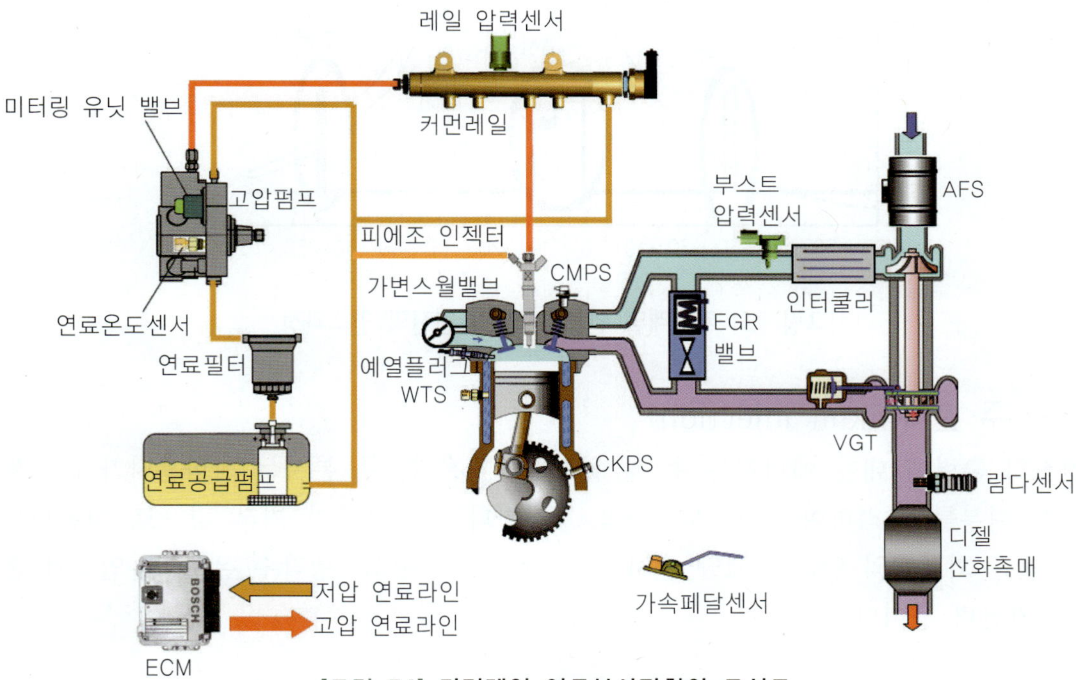

[그림 74] **커먼레일 연료분사장치의 구성도**

5.2. 커먼레일 연료분사장치 엔진의 연소과정

5.2.1. 점화(예비)분사(pilot injection)

점화분사란 주 분사가 이루어지기 전에 연료를 분사하여 연소가 원활히 되도록 하기 위한 것이며, 점화분사 실시 여부에 따라 엔진의 소음과 진동을 줄일 수 있다. 주 연소 이전에 작은 양의 연료를 분사할 경우 즉, 점화분사를 하여 주 연소 이전에 연소실의 압력 및 온도를 상승시켜 착화 지연기간을 감소시키기 때문에 질소산화물의 발생과 연소실 압력의 급상승 부분이 부드럽게 이루어지도록 하여 엔진의 소음과 진동을 줄일 수 있다(서징현상 억제).

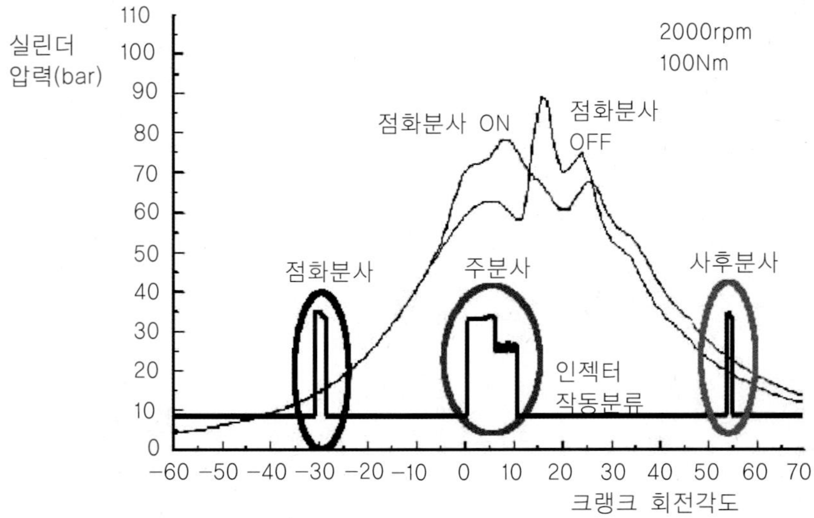

[그림 75] **커먼레일 연료분사장치 엔진의 연소과정**

5.2.2. 주 분사(main injection)

엔진의 출력에 대한 에너지는 주 분사로부터 나온다. 주 분사는 점화분사가 실행되었는지 여부를 고려하여 연료 분사량을 계산한다. 주 분사의 기본 값으로 사용되는 것은 엔진 회전력의 양(가속페달 센서 값), 엔진 회전속도, 냉각수 온도, 흡입공기 온도, 대기압력 등이다.

5.2.3. 사후분사(post injection)

사후분사는 배기가스 규제의 강화에 의해 사용되는 것이며, 이것은 연소가 끝난 후 인젝터를 작동시켜 배기행정에서 연료를 연소실로 공급하여 배기가스를 통해 촉매변환기에 공급하기 위한 것이다. 즉 촉매변환기에서 배기가스를 통해 같이 나온 연료에 의해 다시 연소됨으로서 질소산화물을 감소시키기 위한 것이다.

5.3. 커먼레일 연료분사장치의 구성

커먼레일 연료분사장치 엔진은 연료탱크에서 고압펌프 입구까지 저압 연료계통, 고압 연료펌프부터 인젝터까지 고압 연료계통 및 인젝터/고압 연료펌프부터 연료탱크까지 복귀계통 등 3단계로 구분을 할 수 있다.

5.3.1. 저압 연료계통

커먼레일 연료분사장치 엔진의 저압 연료장치는 연료탱크, 연료여과기, 저압 연료펌프로 구성되어 있다.

[1] 연료탱크(fuel tank)

연료탱크의 구조는 기존의 것과 별차이가 없으며, 일반적으로 부식되지 않는 재질을 사용하며, 허용압력에 2배(0.3bar 이상)에 견디어야 한다. 또 연료탱크 내에는 1차 연료여과기가 설치되어 있다.

[2] 연료여과기(fuel filter)

1차 연료여과기는 연료탱크에 내장되어 있으며, 그물망과 같은 형식으로 비교적 큰 이물질을 여과한다. 2차 연료여과기는 엔진 룸에 설치되어 연료 속의 이물질과 수분을 여과한다.

저압 연료펌프를 전동기를 이용하는 방식의 경우에는 연료여과기에 오버플로밸브(over flow valve)가 부착되어 있어 저압 연료계통의 압력을 일정하게 유지시킨다. 또 저압 연료펌프를 기계식 펌프를 이용하는 경우에는 연료여과기에 프라이밍 펌프(공기빼기용)가 부착되어 있다.

(a) 전동기 사용시 여과기

(b) 기계식 사용시 여과기

[그림 76] 저압 연료펌프의 연료여과기

(1) 오버플로밸브(over flow valve)

연료압력을 일정하게 조정한다. 조절압력은 1.5~2.0bar 정도이며, 일정한 유량을 바이패스시킨다.

(2) 연료히터(fuel heater)

추운지역에서 냉간된 상태의 엔진을 시동을 할 때 시동성능 향상을 위해 연료여과기 중간에 설치되어 연료를 직접적으로 가열한다.

(3) 프라이밍펌프(priming pump)

저압 연료펌프를 기계식 연료펌프(기어펌프)를 이용하는 엔진에서 주로 사용하며 저압 연료계통에 공기가 침입하였을 경우 연료계통의 공기빼기 작업을 한다.

[3] 저압 연료펌프(low pressure fuel pump)

커먼레일 연료분사장치의 디젤엔진에는 저압 연료펌프(1차 연료공급 펌프)의 종류에는 기계식(기어펌프 사용)과 전동식이 있다.

(1) 기계식 저압 연료펌프

기계식 저압 연료펌프는 기어펌프를 사용하며, 고압 연료펌프와 일체로 구성되어 있어 엔진의 가동과 동시에 작동된다. 엔진이 가동되면 캠축이나, 타이밍체인과 연결된 구동축에 의해 작동을 시작하며, 연료탱크의 연료를 흡입하여 고압 연료펌프로 공급한다.

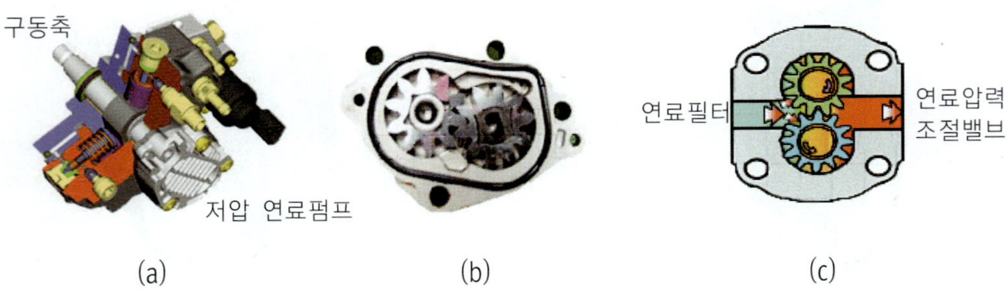

[그림 77] **기계식 저압 연료펌프의 구조**

(2) 전동식 저압 연료펌프

전동식의 저압 연료펌프는 전자제어 가솔린엔진에서 사용하는 연료펌프와 거의 같은 구조로 되어있으며, 연료탱크 내부에 설치하는 방식과 외부에 설치하는 방식이 있다. 이 연료펌프는 연료를 고압 연료펌프로 공급하는 역할뿐만 아니라 연료계통을 감시하는 기능으로 저압 연료계통에 고장이 발생하였을 때 연료공급을 차단하는 작용도 한다.

전동식 저압 연료펌프의 작동은 엔진의 회전속도에 관계없이 연속적으로 작동하며, 이 펌프에서 공급되는 6.5~8.5bar의 연료는 연료여과기를 거쳐 고압 연료펌프로 공급되고, 과잉 공급된 연료는 오버플로밸브를 거쳐 연료탱크로 복귀된다.

5.3.2. 고압 연료계통

커먼레일 연료분사장치 엔진의 고압 연료계통은 고압 연료펌프, 인렛 미터링 밸브, 커먼레일, 연료압력 조절밸브(또는 연료압력 제한밸브), 인젝터 등으로 구성되어 있다.

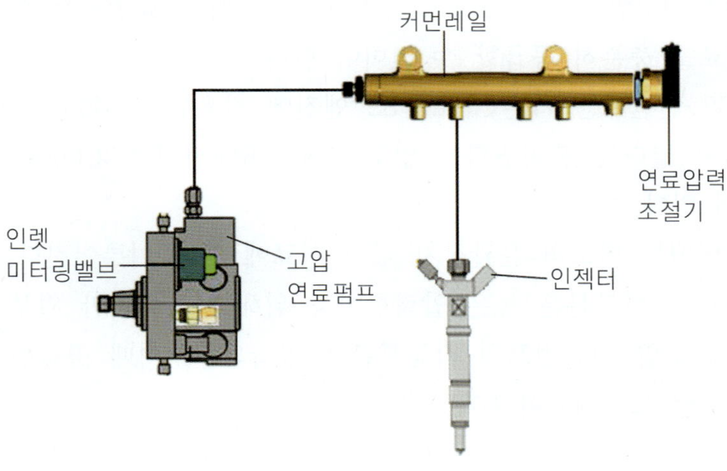

[그림 78] **고압 연료계통**

[1] 고압 연료펌프(high pressure fuel pump)

고압 연료펌프는 엔진의 타이밍체인(벨트)이나 캠축에 의해 구동되며, 저압 연료펌프에서 공급된 연료를 높은 압력으로 형성하여 커먼레일로 공급한다.

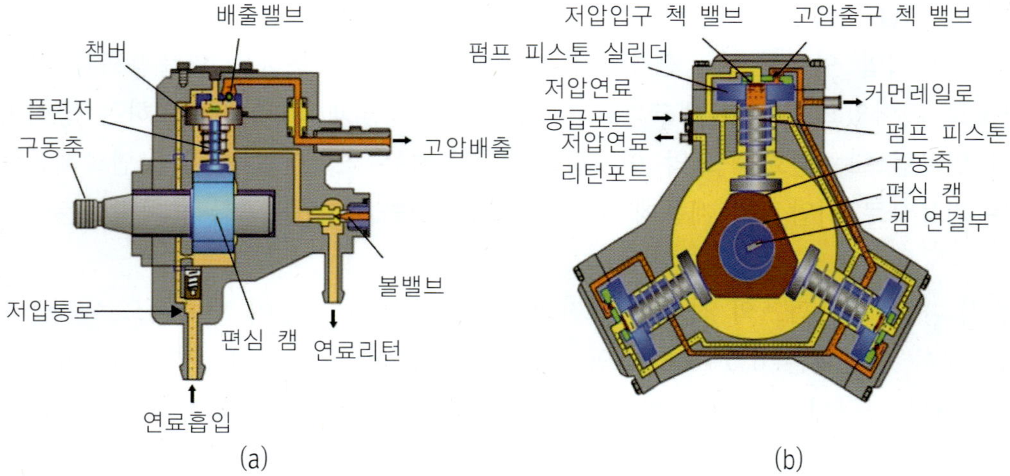

[그림 79] **고압 연료펌프**

고압 연료펌프는 저압과 고압단계의 사이의 중간영역으로 볼 수 있으며, 공급된 연료압력을 연료압력 조절밸브에서 규정 값으로 유지시킨다. 보통 작동 최고압력은 1,600bar 정도이고 ECM제어 최고압력은 1,350bar 정도이다. 고압 연료펌프는 엔진 작동 중의 모든 조건에서 연료를 충분히 공급할 수 있어야 한다.

모하비 유로6 S2 엔진에는 기존 유로5 S2 엔진에 적용한 1,800bar 피에조 인젝터를 그대로 적용해서 별다른 출력변화는 없고 유로6 R엔진에는 2,000bar 솔레노이드 인젝터가 적용되어 있다.

고압 연료펌프 내에는 별도의 윤활장치 없이 연료에 의해 이루어진다. 저압 연료펌프에서 공급된 연료의 대부분은 높은 압력형성을 위해 사용되지만 일부의 연료는 윤활 및 냉각을 위해 고압 연료펌프의 작동부분에 공급되고, 이때 공급된 연료는 복귀계통을 통하여 연료탱크로 되돌아간다.

[2] 커먼레일(common rail, 고압 어큐뮬레이터)

커먼레일은 고압 연료펌프에서 공급된 높은 압력의 연료가 저장되는 부분으로 모든 실린더에 공통적으로 연료를 공급하며 커먼레일 내의 연료압력을 일정하게 유지한다.

즉, 인젝터에서 연료를 분사할 때 순간적으로 낮아지는 분사압력을 일정하게 유지시킨다. 또, 고압 연료펌프에서 연료를 압송할 때 맥동이 발생하는 경우가 있는데 이러한 맥동을 완화시키는 효과도 있다.

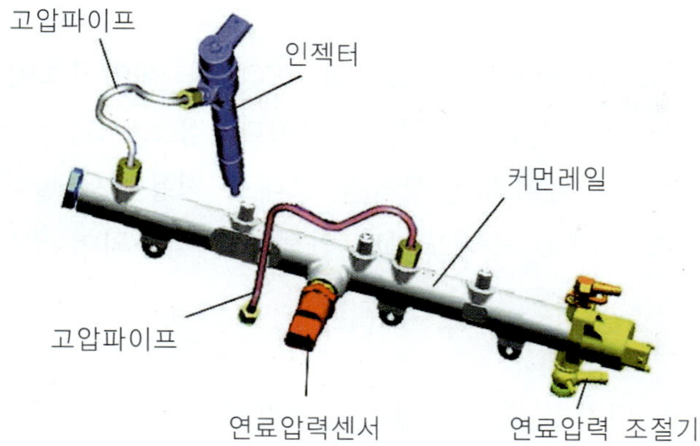

[그림 80] **커먼레일의 구조**

[3] 연료압력 조절밸브(fuel pressure control valve)

기계식 저압 연료펌프를 사용하는 방식에서는 저압 연료펌프와 고압 연료펌프의 연료 통로사이에 연료압력 조절밸브가 설치(입구제어방식)되며, 고압 연료펌프로 보내지는 연료량을 제어하는 역할을 하는데, ECM으로부터의 전기적신호, 즉 전류제어로 연료압력을 조절한다. 또 시동스위치(키)를 OFF로 하면 항상 열리도록 되어있기 때문에 엔진을 시동할 때 연료가 낮은 압력에서 높은 압력으로 형성하는 시간을 단축시켜 시동성능을 향상시킨다.

전동식 저압 연료펌프를 사용하는 경우에는 커먼레일에 연료압력 조절밸브(출구제어방식)가 설치되어 있다. 이 밸브는 고압 연료펌프에서 높은 압력으로 된 연료를 복귀계통으로 배출하여 연료압력을 제어하는 방식이며, 시동스위치(키)를 OFF로 하면 항상 닫혀있는 방식이다.

[4] 연료압력 제한밸브

연료압력 제한밸브는 안전밸브와 같은 역할을 하며 입구제어방식에서 사용한다. 입구 제어방식에서 고압 연료펌프에서 압력이 조절된 연료를 커먼레일로 공급하기 때문에 커먼레일에서는 복귀계통으로 연료를 보내지 못한다. 이에 따라 연료압력조절에 문제가 있어 과도한 압력의 연료가 커먼레일로 공급된다면 고압 연료계통의 파손을 초래한다.

연료압력 제한밸브는 커먼레일 끝부분에 설치되며, 연료압력이 한계(1750bar)값 이상 되면 과잉압력의 연료는 복귀계통을 통하여 연료탱크로 돌아간다.

[5] 인젝터(Injector)

인젝터는 각 실린더헤드에 장착되어 있으며, ECM의 제어신호에 따라 커먼레일에 저장된 압축연료를 실린더에 직접분사하는 장치이다. 유로6 S2 엔진에는 기존 유로5 S2 엔진에 적용한 1,800bar 피에조 인젝터를 그대로 적용해서 별다른 출력변화는 없는데 유로6 R엔진에는 2,000bar 솔레노이드 인젝터가 적용되어 있다.

(1) 점화분사 금지조건

점화분사의 기본 값은 냉각수 온도와 흡입공기량에 의해 조정되며, 그 밖의 제약에 따라 점화분사가 중단될 수 있다. 점화분사가 금지되는 조건은 다음과 같다.

① 점화분사가 주 분사를 너무 앞지르는 경우
② 엔진 회전속도가 3,200rpm 이상인 경우
③ 연료 분사량이 너무 많거나 주 분사를 할 때 연료 분사량이 불충분한 경우
④ 연료압력이 최소값(약 100bar) 이하인 경우
⑤ 엔진 가동중단에 오류가 발생한 경우

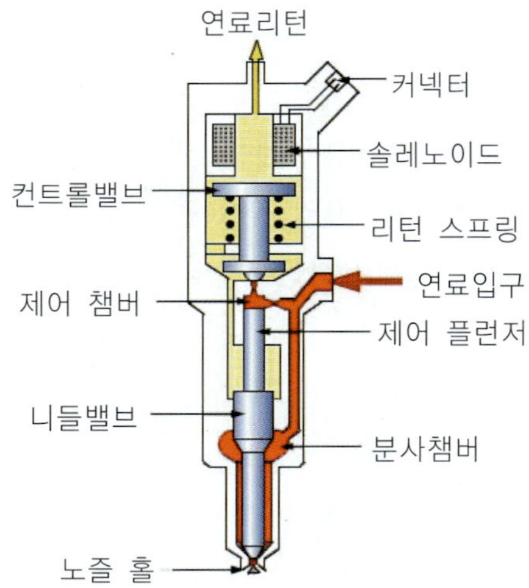

[그림 81] 인젝터의 구조

(2) 인젝터 니들밸브 닫힘

이 상태에서는 솔레노이드밸브에 전류가 공급되지 않아 인젝터의 니들밸브가 닫혀 있게 된다.

또 배출구멍이 닫힌 상태이기 때문에 커먼레일 내의 연료는 제어 챔버와 니들밸브 아랫부분에 같은 압력이 형성되어 양쪽의 압력이 균형을 이룬 상태이므로 인젝터 니들밸브는 리턴스프링에 의해 닫혀 있는 위치를 유지한다.

(3) 인젝터 니들밸브 열림

인젝터가 닫힌 상태에서 솔레노이드밸브에 전류가 공급되면 배출구멍이 열린다. 배출구멍이 열리면 제어 챔버에 있던 연료가 배출구멍을 통해 배출되므로 제어 챔버의 압력이 낮아져 제어 챔버와 인젝터 니들밸브 아랫부분에 압력차이가 일어나 양쪽 압력의 균형이 깨진다. 이때 인젝터 니들밸브 아랫부분의 압력이 높아지는 현상에 의해 리턴스프링의 장력보다 높은 압력으로 니들밸브를 들어올린다. 이에 따라 노즐의 분사구멍이 열린다.

5.4. 커먼레일 연료분사장치 엔진의 전자제어

커먼레일 연료분사장치 엔진의 전자제어가 가솔린엔진의 전자제어와 다른 점은 디젤엔진의 특성에 의해 전기 점화기능과 흡입 공기제어(공전할 때 흡입 공기제어)를 하지 않는다.

아날로그 입력요소	디지털 입력요소	출력요소
공기유량센서 흡기온도센서 연료압력센서 가속페달센서 연료온도센서 축전지 전압 수온센서 크랭크축 위치센서	에어컨 스위치 2중 브레이크 스위치 에어컨 압력스위치(Low, High) 에어컨 압력스위치(Middle) 송풍기 모터 스위치 차속센서	인젝터 연료압력 조절밸브 메인 릴레이 프리히터 릴레이 예열플러그 릴레이 EGR 솔레노이드밸브 CAN통신

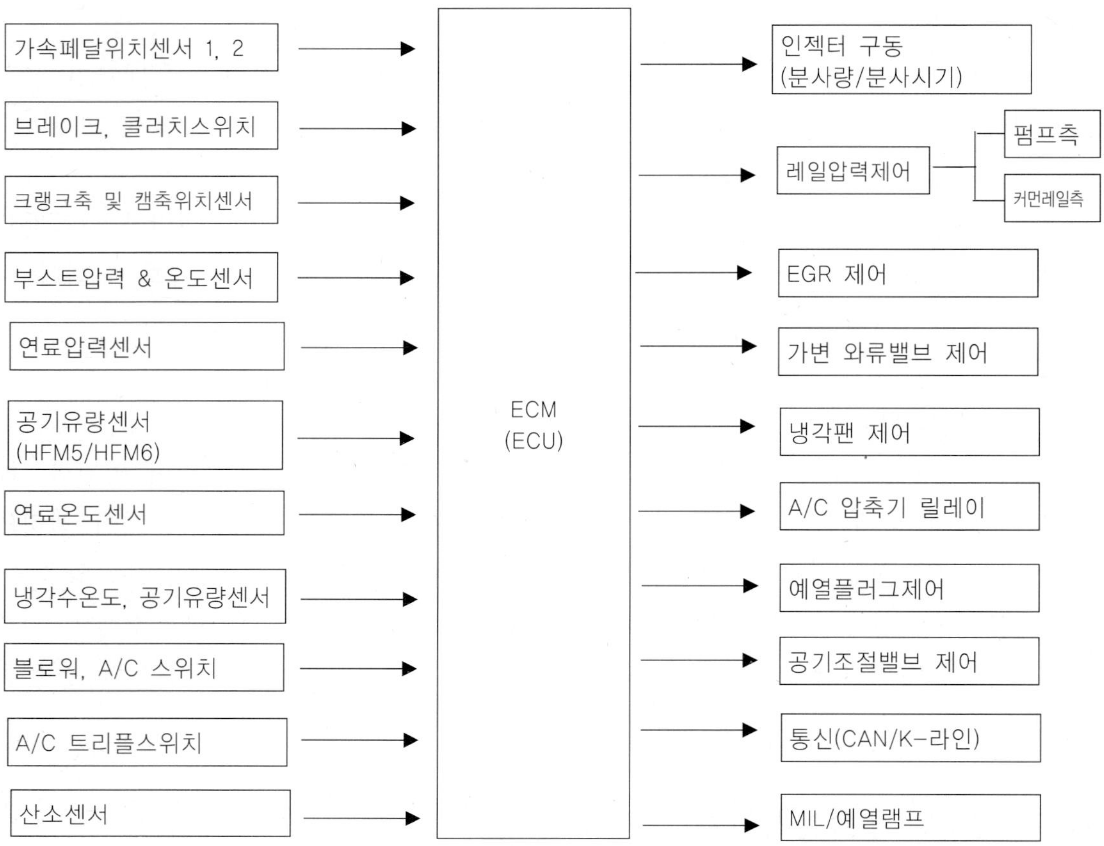

[그림 82] **커먼레일 연료분사장치 엔진의 입·출력도**

5.4.1. 커먼레일 연료분사장치 엔진 ECM제어

ECM의 기능에는 기본적인 기능과 보조 제어기능이 있다. 기본적인 기능은 연료분사를 적절한 시간에 알맞은 양과 정확한 분사압력으로 제어하여 엔진을 원활하고 경제적으로 작동하도록 한다.

그리고 보조 제어기능은 유해 배기가스의 배출감소 및 연료소비율의 향상, 안전성, 승차감각, 편리성 향상을 위해 사용된다. 또 CAN(control area network)통신을 사용하여 다른 전기계통(자동변속기와 ABS)과의 데이터 교환이 원활하도록 한다. ECM의 제어는 다음과 같다.

[1] 축전지 전압에 따른 공전제어

축전지 전압에 따른 공전제어는 축전지 전압과 엔진 회전속도의 값을 입력받아 제어한다. 즉, 차량은 정지된 상태이고 엔진 회전속도가 700rpm 이상 850rpm 이하인 상태에서 축전지 전압이 약 12.5V 이하로 30초 이상 유지되면 공전속도를 850rpm으로 증가시킨다.

[2] 스모그(smog)제어

스모그제어는 너무 많은 스모그가 발생하는 것을 방지하기 위한 것이다. 흡입 공기량과 대기압력 그리고 엔진 회전속도 등을 이용하여 스모그 감소제어를 하는데 설정된 스모그 맵 중 현재의 변속단이 되는 하나의 맵을 선택하여 연료 분사량을 감량하는 제어를 한다.

[3] 엔진 과열방지제어

과열방지제어의 경우는 엔진이 과열되었을 때 출력을 감소시켜 과열하는 것을 방지하는 제어이다. 이것은 연료 분사량을 감량하여 냉각수온도가 어느 일정값 이상 올라가지 못하게 하는 기능으로 엔진 회전속도가 약 1,700~4,750rpm사이에서 이 기능을 수행한다.

[4] 연료압력 제어

연료압력 제어는 엔진이 가·감속 또는 부하여부에 따라 커먼레일에 공급되는 연료압력을 적절하게 조절한다. 현재의 엔진 회전력에서 구해진 연료압력과 엔진 회전속도 그리고 그 밖의 보정(대기압력/냉각수 온도/흡입공기 온도/냉간상태에서 시동을 할 때/연료온도 보정 값)값을 이용하여 연료압력 맵(map)값과 비교하여 제어한다.

또 연료압력 센서가 고장일 경우에는 최대 연료압력이 900bar, 최소 연료압력 450bar로 제한하며, 엔진의 시동이 되지 않도록 하는 방식과 최대 연료압력/최소 연료압력을 제한하지 않고 시동이 가능한 방식이 있다.

[5] 연료압력 모니터링

고압계통에서의 연료누출과 그 밖의 고장을 감시하기 위해 사용한다.

연료압력 모니터링의 요건은 엔진의 회전속도가 700rpm 이상, 오픈루프 제어(open loop control)일 경우에만 실행한다.

[6] 연료분사 제어

연료분사 제어는 점화, 주 분사 및 사후분사로 구성된다. 사후분사는 배기가스 규제에 따라 실시 여부가 결정되며, 연료분사 제어에서 분사시간 및 분사량은 각종 센서(엔진 회전속도/연료압력 센서 등)의 입력에 의해 계산된다.

[7] 배기가스 재순환(EGR) 제어

배기가스 재순환(EGR) 제어는 배기가스 중 질소산화물을 줄이기 위해 연소가 끝난 배기가스를 흡입행정에서 다시 공급하는 것이며, 배기가스 재순환의 설정 값은 엔진 회전속도, 연료분사량, 흡입공기 온도, 냉각수 온도 및 대기 압력과 함수관계에 있다.

크루즈 루프제어(closed loop control)를 할 경우에는 흡입되는 공기량을 통해 EGR 가스의 피드백제어(feed back control)를 하며, 오픈루프 제어(open loop control)의 경우에는 EGR밸브의 ON/OFF 비율을 계산하여 제어한다.

[8] 스로틀 플랩 제어(throttle flap control)

흡입공기 통로에 플랩을 설치하여 실린더 내로 들어가는 공기의 통로를 좁게 하여 공기의 양을 감소시키는 장치이다. 이것은 엔진의 작동을 정지시킬 때 사용되며, 스로틀 플랩 솔레노이드밸브의 듀티(duty)제어를 통해 흡입공기 통로를 좁게 한다. 이 제어는 오픈루프로 제어를 하며, 제어하는 방법은 각종 센서의 신호를 통해 제어된다.

[9] VGT(variable geometry turbo charger)제어

VGT제어는 터보차저제어를 위한 것이며, 터보차저에 설치된 베인제어 액추에이터(vane control actuator)를 구동한다. VGT제어는 엔진 회전속도, 가속페달 위치센서, 대기압력, 부스터 압력, 냉각수 온도, 흡입공기 온도, 주행속도, 클러치 스위치 신호 등을 입력받아 운전상황을 판단한다.

(1) VGT 금지조건

① 엔진 회전속도가 700rpm 이하일 때
② 냉각수 온도가 약 0℃ 이하일 때
③ EGR 관련부분, 부스터 압력센서, VGT 액추에이터에 고장이 있을 때
④ 공기유량 센서가 고장일 때
⑤ 스로틀 플랩장치가 고장일 때
⑥ 가속페달 위치센서가 고장일 때

[10] 예열장치 제어

예열장치(예열플러그)제어에는 프리 글로우(pre-glow), 스타트 글로우(start-glow), 포스트 글로우(post-glow) 등의 단계별로 제어하도록 되어 있다.

[11] 보조히터 제어

보조 히터장치는 냉각수 또는 히터의 라디에이터 앞에서 공기를 가열하는 장치이며, 흡입공기 온도와 냉각수온도에 따라 제어되며, 또 엔진이 작동하는 상태에서만 작동한다. 보조 히터장치가 작동을 하면 공전상태에 영향을 주며 몇 가지 신호에 의해 작동하기도 하고, 정지되기도 한다.

[12] 실린더 평형제어(cylinder balance control)

실린더 평형제어는 각 실린더의 연료 분사량 차이와 각 실린더 효율로부터 나오는 연료 분사장치에 의한 엔진 회전속도 불안정을 제어하기 위한 기능이다. 이 기능은 엔진 회전속도가 300rpm에서 1,400rpm 범위에 있고, 연료 분사량이 3.5mm^3에서 99mm^3사이에 있을 때 크루즈제어를 하며, 이 범위를 벗어나면 제어를 하지 않는다.

그리고 어떠한 셧오프(shut off)조건도 충족되지 않고 엔진 회전속도가 1,400rpm과 1,500rpm사이 또는 실제 연료 분사량이 99mm^3와 100mm^3사이, 1.5mm^3와 3.5mm^3사이에 있다면 실린더 평형제어는 오픈루프 제어를 한다.

5.4.2. ECM 입력요소

[1] 레일 압력센서(RPS)

레일 압력센서는 커먼레일에 부착되며 커먼레일(common rail) 내의 연료압력을 측정하여 ECM으로 입력시키며, ECM은 이 신호를 받아 연료분사량, 분사시기를 조정하는 신호로 사용한다. 레일 압력센서 내부는 피에조 압전 소자방식으로 되어있다.

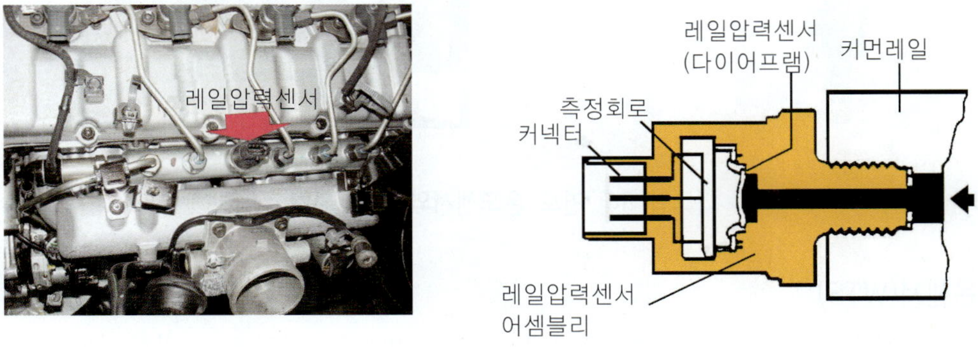

(a) (b)

[그림 83] 레일 압력센서의 설치위치 및 구조

[2] 공기 유량 센서(AFS) & 흡기 온도센서(ATS)

공기 유량 센서는 열막(hot film)방식을 사용하며, 가솔린엔진과는 달리 공기 유량 센서의 주 기능은 EGR 피드백제어이며, 또 다른 기능으로는 스모그 리미트 부스트 압력(smog limit boost pressure)제어용으로 사용된다.

흡기 온도센서는 부특성 서미스터 방식을 사용하며, 각종제어(연료 분사량, 분사시기, 시동할 때 연료 분사량 제어 등)에 보정신호로 사용된다.

[3] 액셀러레이터 포지션 센서(APS) 1, 2

전자제어 가솔린엔진에서 사용하고 있는 스로틀 위치센서와 동일한 원리로, 가속페달 위치센서 1(주 센서)에 의해 연료 분사량과 분사시기가 결정된다. 센서 2는 센서 1을 검사하는 센서로 차량의 급출발을 방지하기 위한 것이다.

[4] 연료온도 센서(FTS)

연료온도 센서는 고압펌프 입구의 연료온도를 감지한다. 수온센서와 동일한 부특성 서미스터이며, 연료온도에 따른 연료분사량 보정신호로 사용된다. 연료온도가 높아지면 ECM은 연료 분사량을 감소시킨다. 이 센서는 엔진의 형식에 따라 사용하지 않는 경우도 있다.

(a) (b)

[그림 84] **연료 온도센서와 센서 위치**

[5] 수온센서(WTS)

엔진의 냉각수 온도를 감지하여 냉각수 온도의 변화를 전압으로 변화시켜 ECM으로 입력시키면 ECM은 이 신호에 따라 연료 분사량을 증감하는 보정신호로 사용되며, 열간 상태에서는 냉각 팬 제어에 필요한 신호로 사용된다.

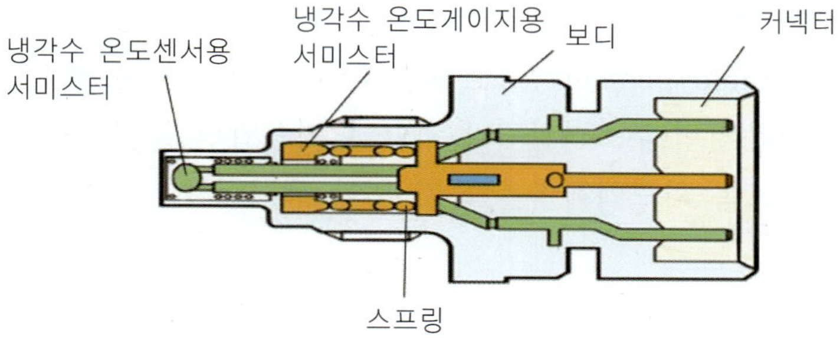

[그림 85] **수온센서의 구조**

[6] 크랭크축 위치센서(CPS, CKP)

크랭크축 위치센서는 마그네틱 인덕티브방식(magnetic inductive type)이며, 실린더블록 또는 변속기 하우징에 설치되어 크랭크축과 일체로 되어 있는 센서 휠(sensor wheel)의 돌기를 검출하여 크랭크축의 각도 및 피스톤의 위치, 엔진 회전속도 등을 감지하여 연료 분사시기를 결정하는데 중요한 역할을 한다.

센서 휠에는 총 60개의 돌기가 있으며, 이 중 2개의 돌기가 없으며, 이중 missing teeth와 캠축 위치센서를 이용하여 1번 실린더를 찾도록 되어 있다. 센서가 고장이 발생하면 엔진의 안전상의 이유로 가동을 정지시킨다.

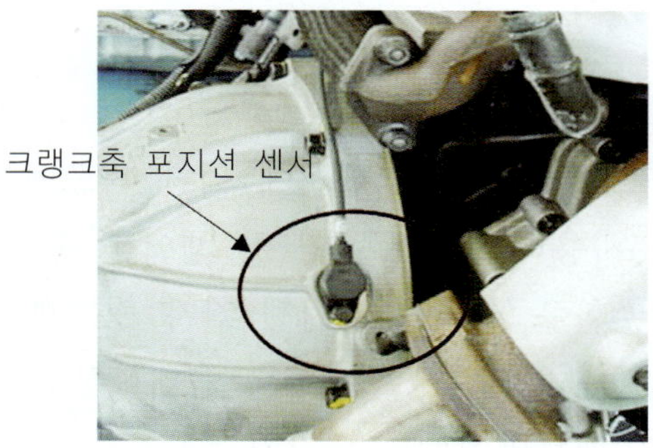

[그림 86] **크랭크 포지션센서 위치**

[그림 87] **캠 포지션센서 위치**

[7] 캠 포지션센서(CMP)

CMP센서는 홀 센서방식(hall sensor type)이며, 캠축에 설치되어 캠축 1회전(크랭크축 2회전)당 1개의 펄스신호를 발생시켜 ECM으로 입력시킨다. ECM은 이 신호에 의해 1번 실린더 압축상사점을 검출하게 되며, 연료분사의 순서를 결정한다.

[8] 부스터 압력센서(BPS)

이 센서는 VGT(variable geometry turbo charger)가 설치된 엔진에 있는 센서이며, 실제 흡기다기관의 압력(부스터압력 : 과급기 작동압력)을 계측하여 목표로 하는 부스터 압력으로 맞추도록 피드백제어를 하기 위한 센서이다.

[9] 그 밖의 입력요소

① 클러치 스위치 신호
② 에어컨 스위치
③ 송풍기 모터 스위치
④ 2중 브레이크 스위치

5.4.3. ECM의 출력요소

[1] 인젝터(injector)

고압연료를 연소실에 직접 분사하는 부품이다.

[2] 연료압력 조절밸브

커먼레일 내의 연료압력을 조정하는 밸브이다.

[3] 배기가스 재순환장치(GER)

배기가스 재순환 제어를 기존의 방식과는 다르게 공기유량 센서에 의한 피드백제어뿐만 아니라 공기 조절밸브와 광역 산소센서를 사용하여 연료 분사량 제어를 통한 정밀한 제어를 실행한다. 또 정확한 배기가스 재순환을 제어하기 위해 전자 EGR밸브와 수랭식 EGR 냉각기를 사용하여 엔진의 출력 및 배기가스 감소효과를 극대화하였다.

배기가스 재순환 정밀 제어장치는 전자 EGR밸브와 EGR 냉각기, 공기유량 센서(AFS), 광역 산소센서, 공기 조절밸브 등으로 구성되어 있다.

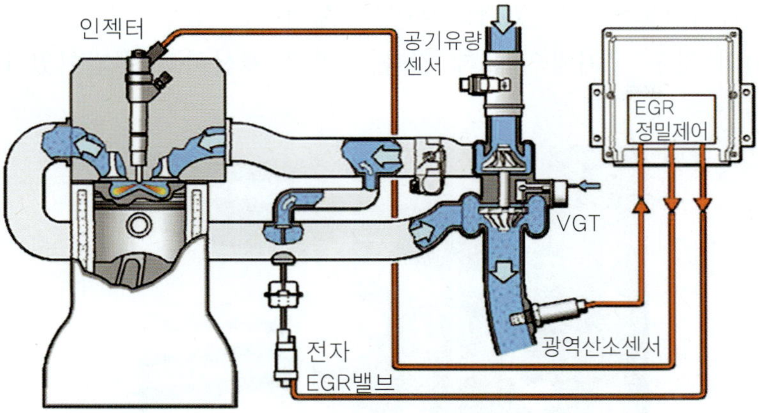

[그림 88] **배기가스 재순환 정밀 제어장치의 구성**

(1) EGR(exhaust gas recirculation)밸브

EGR밸브는 배기가스 중의 일부분을 다시 흡기 매니폴드로 유입 재 연소시켜 엔진에서 배출되는 가스 중 질소산화물(NOx) 배출을 억제하기 위한 밸브이다.

전자 EGR밸브는 기존에 진공으로 작동하던 EGR밸브와는 다르게 솔레노이드밸브와 EGR밸브가 일체로 되어 있다. 전자 EGR밸브는 배기가스 재순환을 제어할 때 응답성능과 정밀하게 제어할 수 있어 질소산화물과 같은 유해 배출가스를 효과적으로 억제할 수 있다.

(a) 진공식 EGR밸브

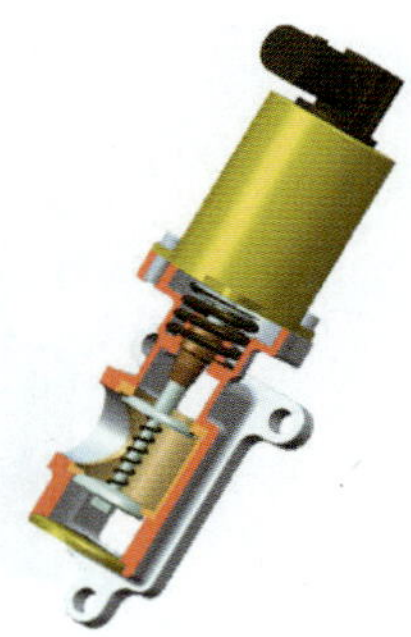

(b) 전자식 EGR밸브

[그림 89] **EGR밸브**

(2) EGR 솔레노이드밸브

EGR 솔레노이드밸브는 ECM에서 계산된 값을 PWM방식으로 제어하며, 제어값에 따라 EGR밸브 작동량이 결정이 되는데 각종 입력되는 값과 흡입공기량을 계산하여 실제 제어값을 출력하도록 되어있다. EGR을 제어하는 동안 그 밖의 보조장치(연료 분사량 제어 등)의 경우 공기량의 실제 값을 추가로 계산하도록 되어있다.

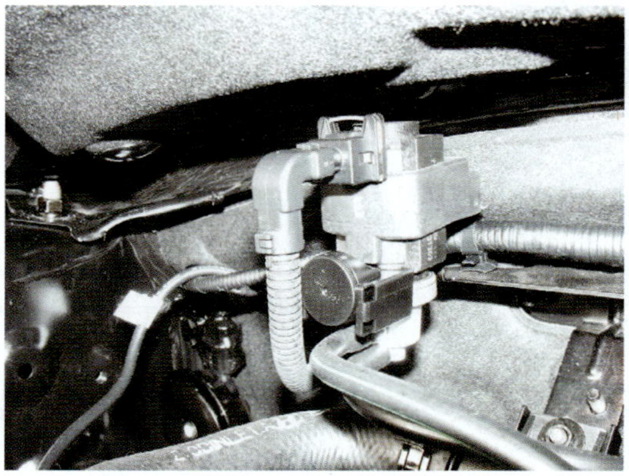

[그림 90] **EGR 솔레노이드밸브 설치위치**

(3) 수랭식 EGR 냉각기

수랭식 EGR밸브의 사용목적은 다시 순환되는 배기가스가 흡입공기와 함께 유입되므로 이때 배기가스의 온도에 의해 흡입공기의 온도가 올라가 흡입공기의 밀도에 영향을 주는데 이를 방지하기 위함이다.

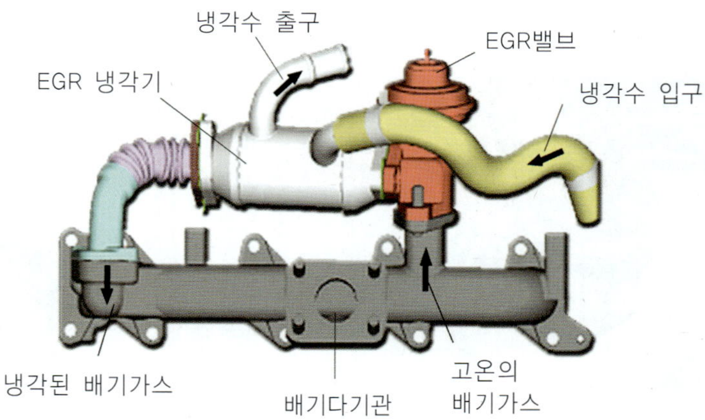

[그림 91] **수랭식 EGR 냉각기**

(4) EGR작동 정지명령

① 공전할 때(1,000rpm 이하에서 52초 이상)
② 연료압력 제한밸브가 고장일 때
③ 공기유량센서(AFS)가 고장일 때
④ EGR밸브가 고장일 때
⑤ 냉각수 온도가 37℃ 이하 또는 100℃ 이상일 때
⑥ 축전지 전압이 8.99V 이하일 때
⑦ 연료량이 42mm^3 이상 분사될 때
⑧ 엔진을 시동할 때

위 조건에서는 컴퓨터에서 EGR제어를 하지 않도록 되어 있다.

(5) 광역 산소센서

광역 산소센서는 배기가스통로에 설치되어 있으며, 배기가스 중의 산소농도를 엔진 ECM으로 입력시키면 ECM은 EGR밸브의 열림 정도를 조절하여 배출가스 발생을 감소시키는 제어를 한다.

광역 산소센서를 통해 산소량이 많다는 신호를 ECM이 받으면 EGR밸브의 열림을 좀 더 크게 하고, 산소량이 적다는 신호를 ECM이 받으면 EGR밸브의 열림을 작게 한다. 이와 같이 광역 산소센서를 사용하면 유해 배출가스의 농도를 현저하게 감소시킬 수 있다.

[4] 프리 히터(pre-heater)장치

커먼레일 연료분사장치 엔진에는 가열 플러그방식 히터, 열선을 이용하는 PTC히터 등이 있다. 가열 플러그방식과 PTC 히터는 ECM에서 제어하고, 또 예열장치의 제어가 완료되어야만 보조 히터장치가 작동한다.

(1) 가열플러그방식

겨울철에 전류에 의한 발열로 엔진의 냉각수를 가열하여 실내 히터 열 교환기로 보내는 장치이며, 냉각수라인에 직접 설치되며 3개의 가열플러그가 냉각수와 접촉하도록 되어 있다. 냉각수는 가열된 플러그를 지나서 히터 코어방향으로 흘러가며 이때 냉각수 온도가 상승한다. 가열플러그의 소비전력은 900W이며, 컴퓨터에 의한 자동 제어방식이다. 컴퓨터는 냉각수 온도가 65℃ 이상되면 프리히터의 전원을 OFF한다.

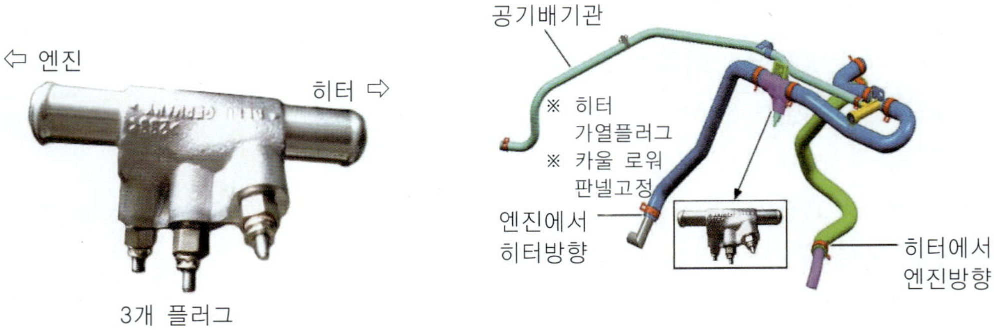

(a) 구조 (b) 라인

[그림 92] **가열플러그의 구조 및 라인**

(2) PTC(positive temperature coefficient) 히터

PTC 서미스터를 이용한 전기발열체 소자로 히터 라디에이터 뒤쪽에 설치되어 있어 공기를 직접 가열하여 난방을 향상시킨다.

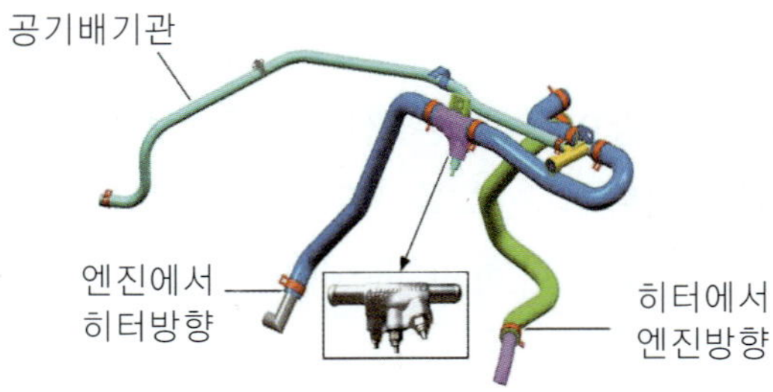

[그림 93] **PTC 히터**

[5] 예열장치

엔진이 냉간된 상태에서 시동이 원활히 하기 위한 장치이며 이것은 배기가스와 매우 밀접한 관계가 있다. 즉, 난기 운전시간을 줄여 유해 배기가스 배출을 감소시킬 수 있다. 예열장치는 냉각수 온도와 엔진 회전속도에 의해 제어된다.

(1) 프리 글로우(pre-glow)

프리 글로우 단계는 컴퓨터에 전원공급과 동시에 개시된다. 엔진 가동 중 45rpm, 480ms 이상을 초과할 때 프리 글로우는 작동을 중지한다. 또한 수온센서 값에 따라 프리 글로우 제어시간이 변경되며, 수온센서가 고장일 때는 -24.9℃로 결정하여 활용한다.

[표] 산프리 글로우(Pre-Glow) 제한시간

냉각수 온도 / 축전지 전압	30℃	20℃	-10℃	-20℃
10V	0.5초	3초	5초	16초
14.9V	0.5초	1.5초	5초	16초

(2) 스타트 글로우(start-glow)

스타트 글로우는 60℃ 이하인 경우 매번 실시되며 엔진 회전속도 45rpm과 480ms 이상을 초과할 때 실시한다. 동시에 스타트 글로우 상태와 관련된 타이머가 작동하며, 수온센서가 고장나면 -24.9℃로 대처한다. 또한, 스타트 글로우는 다음 경우에 종료한다.

① 스타트 글로우 시간 15초 경과 후

② 냉각수 온도가 60℃ 이상일 때

(3) 포스트 글로우(post-glow)

포스트 글로우시간은 냉각수온도에 따라 결정되며, 전원공급 후 단 1회만 실시하며 수온센서가 고장나면 -24.9℃로 대처한다. 또한, 포스트 글로우는 다음의 경우에 종료한다.

① 연료량이 $75mm^3$를 초과할 때

② 엔진 회전속도가 3,500rpm 이상일 때

[표] 산포스트 글로우 제어시간

냉각수 온도(℃)	-10.5	-0.5	50	70
제어시간(초)	100	10	50	0

[6] 냉각 팬 제어

① 에어컨 압축기 cut off 온도 : 115℃

② 수온센서 고장일 때 : 콘덴서 팬, 냉각 팬 High 구동

③ 에어컨 ON조건은 압축기스위치 신호기준이며, 압축기 ON, OFF는 관계가 없다.

5.5. 배기가스 후처리장치

5.5.1. 배기가스 후처리장치

기존의 산화촉매와 함께 배기통로에 배기가스 후처리장치(CPF : catalyzed particulate filter or DPF : diesel particulate filter)를 설치하여 매연을 포집하여 연소시켜 매연을 현저하게 감소시키는 장치이다.

[그림 94] **배기가스 후처리장치의 내부구조**

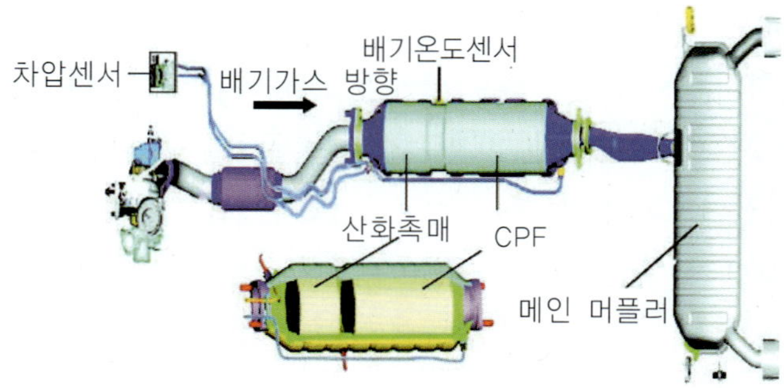

[그림 95] **배기가스 후처리장치의 구성**

배기가스 후처리장치는 CPF(catalyzed particulate filter)를 비롯하여 산화촉매, 차압센서, 배기 온도센서 1, 2로 구성되어 있다.

① **CPF(catalyzed particulate filter)** : CPF는 산화촉매 뒤쪽에 설치되어 있으며, 엔진에서 발생한 고체의 입자상물질을 포집 및 재생하는 장치이다.

② **산화촉매** : 산화촉매는 CPF 앞쪽에 설치되어 있으며, 엔진에서 발생한 일산화탄소와 탄화수소를 산화작용을 통해 이산화탄소와 물로 변환시키는 역할을 하고, 또 CPF가 재생할 때 촉매의 온도를 높이기 위한 발열작용을 한다.

③ **차압센서** : 차압센서는 촉매 앞뒤의 압력차이를 검출하는 센서이며, 엔진 연소과정에서 발생한 입자상물질이 CPF에 축적된 정도를 측정한다.

④ **배기 온도센서 1과 2** : 배기 온도센서 1과 2는 센서가 설치된 부분의 배기가스 온도를 측정하여 엔진 ECM으로 입력시킨다. 센서 1은 VGT(가변용량 터보차저)에 설치되고, 센서 2는 CPF와 산화촉매사이에 설치되어 CPF가 재생할 때 온도를 피드백 제어한다.

(a) (b)

[그림 96] **배기 온도센서 설치위치**

5.5.2. SCR(selective catalytic reduction)

SCR은 LNT(lean nox trap), EGR과 같이 질소산화물을 줄이기 위한 장치로 불완전 연소를 의도적으로 만들어 질소산화물을 줄이던 EGR과는 달리 엔진에 공급되는 산소농도를 높이고 이어서 연소온도를 높여 완전연소하게 만들어 미세먼지, 매연은 줄이지만 연소온도가 높기 때문에 다량으로 만들어진 질소산화물에 요소수로 부르기도 하는 NH_3(암모니아)수 또는 우레아(Urea : $NH_2(2CO)$)수용액을 전용 분사 제어장치를 통해 분사한 후 질소산화물(NOx)과 반응을 일으켜 물과 질소로 변환시키는 촉매장치이다. SCR 구성은 다음과 같다.

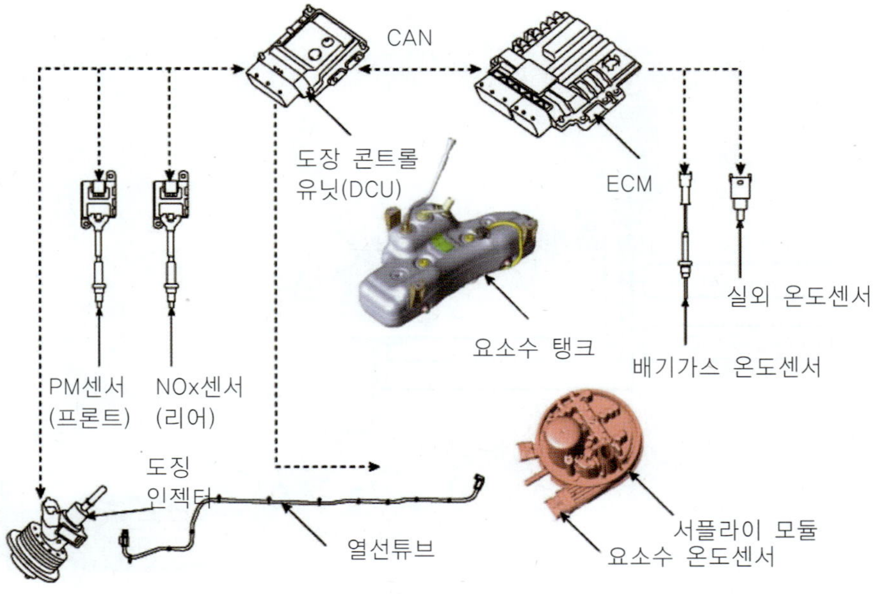

[그림 97] **유로 6 SCR의 구성부품**

엔진 → DOC(디젤산화촉매) → DPF(디젤매연필터) → DM(도징모듈) → SCR(선택적 환원촉매)

[1] SCR시스템 개요 및 작동원리

SCR 촉매 전단으로 유입되는 NOx량이 센서(sensor)나 modeling에 의해 도징 컨트롤 유닛인 DCU(dosing control unit)에 전달되면 DCU는 전달된 NOx량의 저감반응을 위해 SCR 내부에서 소모되는 암모니아(NH_3)량을 계산한다. 동시에 DCU는 촉매내부에 최적의 NH_3 피적량을 유지하기 위해 NH_3 소모량에 해당하는 요소(urea)를 인젝터를 통해 배기관 내에 분사한다.

분사된 요소는 NH_3로 변환되어 다시 촉매표면에 보충되며 이후로 유입되는 NOx와 반응하게 된다. 유입된 NOx는 피적된 NH_3와 반응하여 N_2와 H_2O로 변환된다. 시스템의 노후 및 이상에 의한 저감효율 변화와, 암모니아의 누출은 SCR 후단의 NOx센서에 의해 감지되어 DCU에 의해 제어 값이 보상된다.

[2] SCR시스템의 구성

도징 컨트롤 유닛(DCU)은 SCR시스템에서 필요한 양의 요소수를 분사하기 위해 도징 인젝터를 제어한다. 도징 컨트롤 유닛의 기능은 도징 인젝터 제어, 열선 튜브 제어, 외부센서의 측정, 모니터링기능, OBD기능 등이 있다.

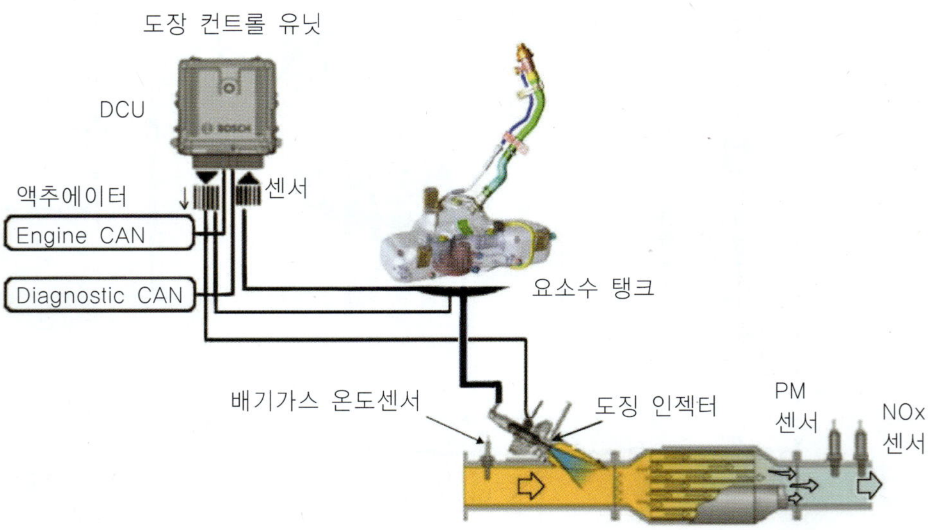

[그림 98] **도징 컨트롤 유닛 및 작동원리**

(1) 도징 모듈

① 인젝터는 배기파이프 안으로 요소수를 분사하는 역할을 한다.

② 매 도징밸브의 작동마다 전류의 변화는 두 단계로 구성된다.

③ 영구전류의 흐름은 코일이 과열될 수 있는 위험요소를 방지한다.

④ 요소수 없이는 도징 인젝터의 작동을 허용하지 않는다. 건조상태에서의 작동은 마모와 분사 오차를 악화시키기 때문이다.

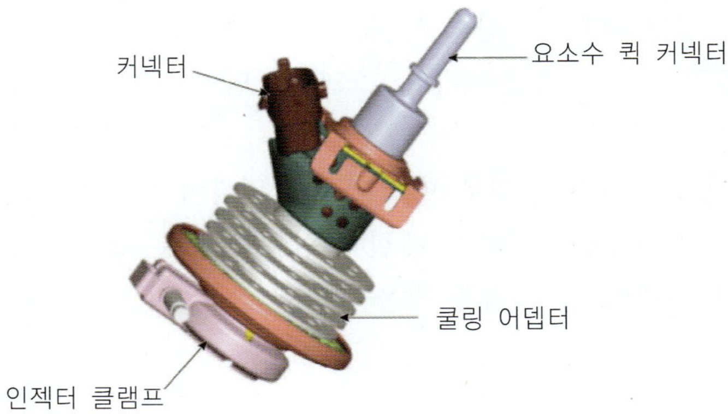

[그림 99] 도징 모듈

⑤ 스위치 ON 전류는 공급전압에 따른다. 16V 이상의 배터리 전압의 경우, 전압은 반드시 최대 16V일 때의 전류에 해당하는 방식으로 제어해야 한다.

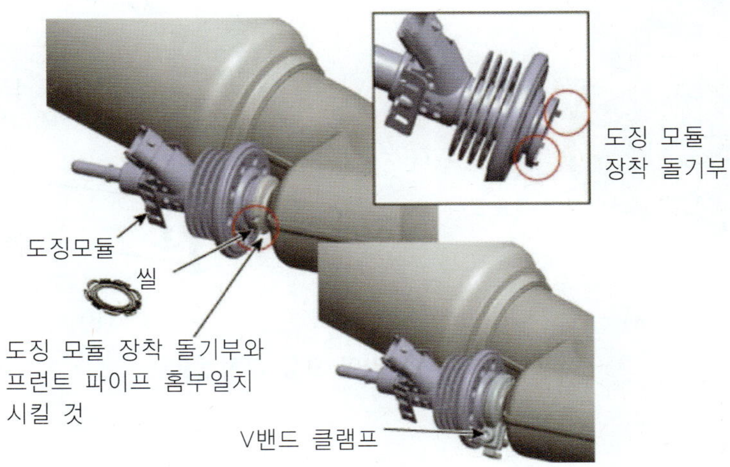

[그림 100] 도징 모듈 장착위치

(2) 서플라이 모듈(SM : supply module)

요소수 저장탱크로부터 요소수를 펌핑하여 도징 모듈로 요소수를 공급한다.

1) 일반 사항

① **서플라이 모듈의 교환 가능한 횟수** : 3회

② **청결유지** : 탈·장착 시 부품의 수분과 오염에 주의한다.

③ **부품의 세척** : 물과 보풀이 없는 천으로 청소한다. 서플라이 모듈, 펌프 모듈의 공급라인, 압력라인들은 압축공기로 청소하여서는 안 된다.

④ **재사용 불가 항목** : 작은 부품들(스크류, 댐퍼, 슬리브, 씰)은 반드시 신품으로 교환하여야 한다.

⑤ SCR시스템 장착차량인 경우 매연저감을 위하여 머플러 내부에 물청소를 해서는 안 된다. 머플러 내부 세라믹 재질인 담체가 수분 흡수율이 높기 때문에 고열의 배기가스로 인하여 열 충격을 받을 수 있다.

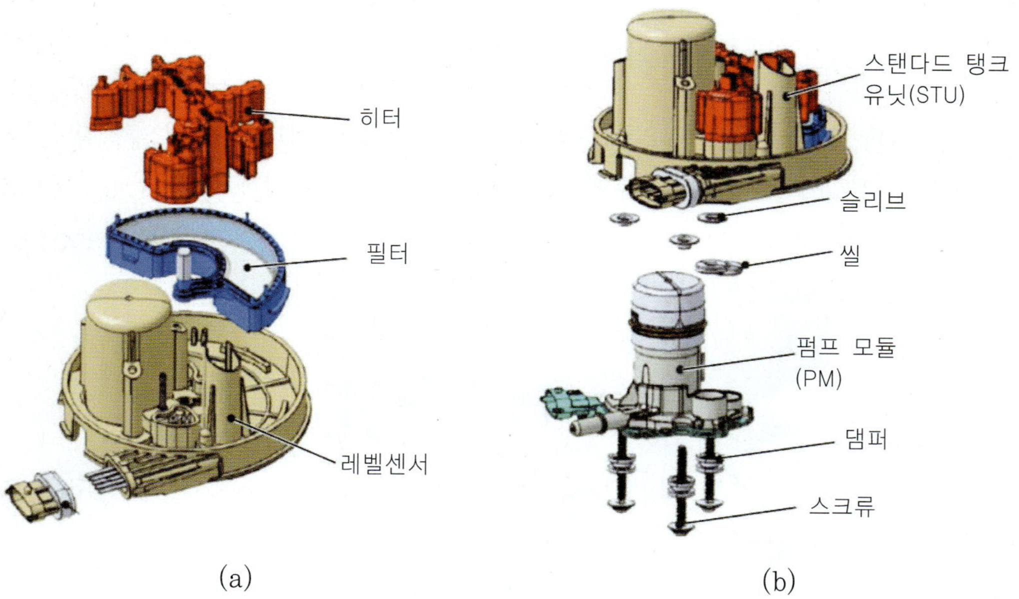

[그림 101] **서플라이 모듈 구성부품**

2) 메인필터

① 메인필터는 도징 펌프 내부에 장착되어 있다.

② 요소수 순환에 따른 요소수 이물질을 필터링한다.

③ 교환주기 비 준수시에는 요소수 내의 이물질로 인한 관련 부품손상으로 엔진 체

크등 점등 및 엔진출력이 60%로 제한 될 수 있다.

④ 메인필터는 1년 또는 100,000km마다 반드시 교환해 주어야만 한다.

(3) NOx센서

배기시스템에 한 개의 NOx센서가 장착되어 있다. 감지장치(지르코니아 멀티 레이어 감지 유닛), 컨트롤 유닛과 케이블로 구성되어 있다. NOx센서는 배기가스중의 질소산화물을 측정한다. 출력신호는 ECM으로 CAN통신을 통해 전송된다.

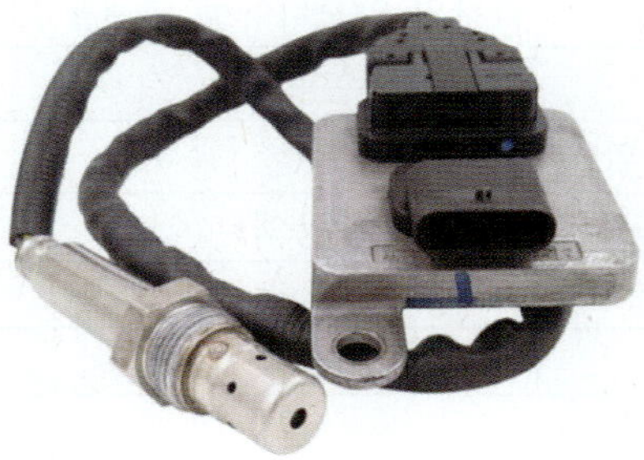

[그림 102] **NOx센서**

(4) 히팅튜브

열선라인은 전기로 작동되며 겨울철 요소수 라인의 동결을 예방한다.

(5) 요소수

요소수란 요소를 물에 녹이는 방식으로 요소와 초순수를 혼합한 화학물질로 무독, 무색, 무취인 수용석 물질이다. 요소수에서 요소가 차지하는 비율은 31.8~33.3% 정도이다. 요소는 암모니아(NH_3)가 희석된 형태로 열을 가하면 다시 암모니아로 변한다.

[그림 103] **요소수 잔량표시**

암모니아는 질소산화물과 화학반응을 일으키며 질소산화물을 질소와 물로 환원한다. SCR장치는 이 원리를 응용해 자동차에서 발생한 질소산화물을 정화시킨다. SCR 장치를 통해 줄어드는 질소산화물은 약 70~90%이며 매연이나 일산화탄소 등의 유해가스를 저감하는 효과도 있다.

[표] 산고체 요소의 물리적, 화학적 특성

구 분	특 징
외관	무색으로 흰색의 흡습성, 사방정계의 프리즘
냄새	약간의 암모니아성 냄새를 가진 작은 구형
pH	7.2(10% 수용액)
녹는점/ 녹는점 범위	275°F(135℃)
비 중	7.2(10% 수용액)
겉보기 비중	0.74g/ml
분자량	60.06

5.5.3. 희박 질소촉매(LNT : lean nox trap)

LNT은 질소산화물을 정화하기 위한 촉매로 주행 중 백금, 팔라듐, 바륨 등의 귀금속으로 코팅된 필터에 NOx를 흡장(occlusion)하고 정화시에는 DPF 재생 때와 마찬가지로 후 분사를 통해 NOx를 탈장한다. 연소시켜서 없애는 방식이어서 연료효율이 떨어지는 단점이 있다.

LNT방식은 NOx의 일부를 내보내지 않고 필터에 묶어두는 방식이다. 이후 연료를 과잉으로 내보내 필터에 쌓인 NOx를 다시 태워 필터를 환원한다. 극적인 감소는 아니지만 배기가스 재순환시스템과 결합하면 유로6을 만족시킬 수 있게 된다. LNT를 이용해 상당량 배기가스를 흡기로 보내는데다, 환원을 위한 연료를 내보내면서도 연비를 크게 떨어뜨리지 않는 것이 기술력이다. 이를 위해선 매우 정교한 제어가 필요하다.

LNT는 배기온도가 높아지면 점차 효율이 떨어지게 되므로, 2.5리터급 이상의 엔진에서나 고성능을 요구하는 차는 LNT만으로 유로6을 극복할 수 없고, SCR방식에 비해 질소산화물을 제거하는 효과는 20% 정도 낮은 약 70% 정도의 효율을 가지고 있고 반드시 SCR을 함께 사용해야 한다.

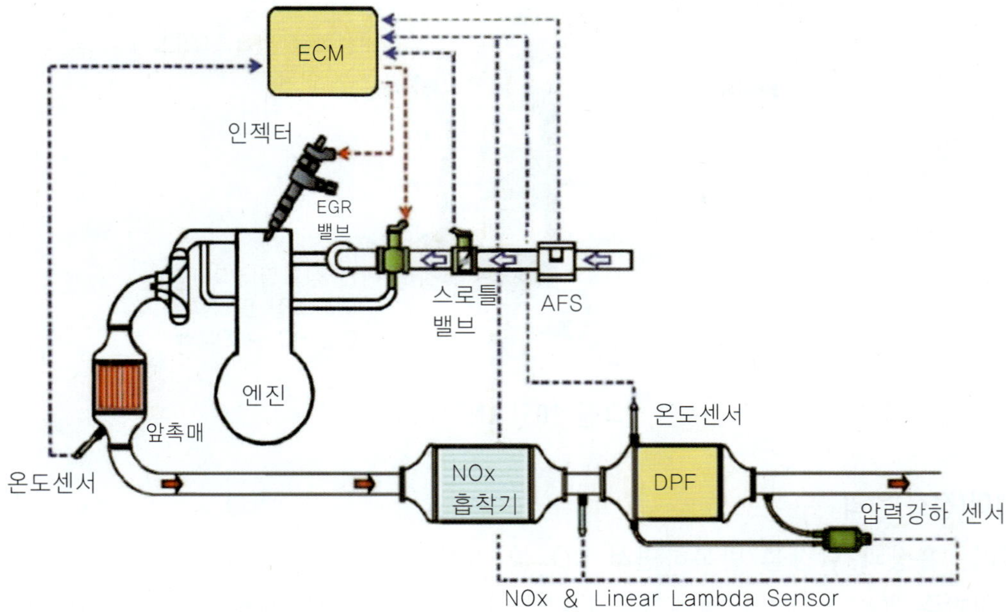

[그림 104] LNT시스템

[표] LNT와 SCR 비교

구 분	LNT(희박질소 촉매장치)	SCR(선택적 촉매 환원장치)
방식	질소산화물을 필터에 모은 후 연소	요소수 분사해 질소산화물 분해
장점	가격이 저렴하고 작은 공간에 설치가능	배기가스 90% 이상 제거
단점	오염물 제거능력 낮고, 연료소모	요소수 탱크 공간 필요, 가격상승

[1] 구성

기존의 DPF장치 내부 DOC를 LNT가 대체하면서 전단에는 배기가스 온도센서, 전·후방에는 람다센서가 추가되었다. 오염된 배기가스가 촉매(필터)를 거치면서 물과 이산화탄소 등으로 정제된다.

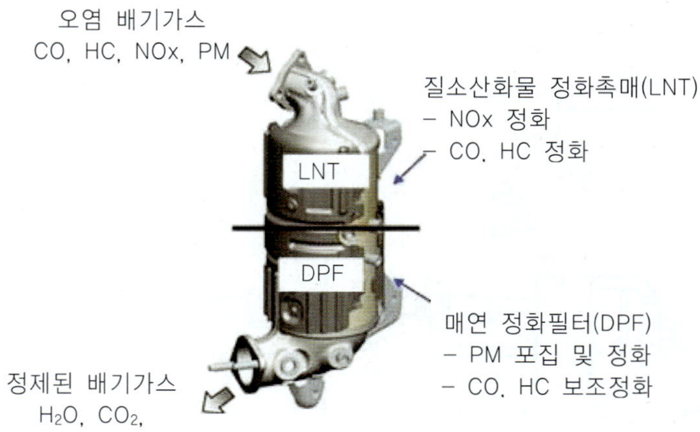

[그림 105] LNT+DPF

[2] 제어(정화)원리

LNT는 흡장과 탈장을 반복하면서 NOx를 저감한다.

① **일반주행(λ 〉 1)** : 디젤엔진은 대부분의 운전영역에서 희박연소가 진행되기 때문에 CO, HC보다 NOx가 많이 생성되며, 생성된 NOx는 백금, 팔라듐, 바륨 등의 귀금속이 코팅된 촉매에 흡장된다.

② **NOx 정화(λ 〈 1)** : NOx 정화 시에는 LNT촉매에 흡장된 NOx를 환원시키기 위해 후 분사를 실시한다.

[3] 재생

① **NOx 흡장량 계산** : 엔진의 운전조건에 따른 NOx 발생량을 계산하여 흡장량이 설정치 보다 높은지 비교한다.

② **NOx 재생** : 운전 중 후 분사를 통해 농후한 연소를 만든다. 이때 LNT 전단의 람다 센서의 값을 읽는다.

③ **NOx 탈장량 계산** : 전・후방의 람다센서를 이용해 LNT 촉매에 흡장된 NOx량을 계산한다.

[4] 탈황

LNT는 황산화물에 특히 취약해서 필터 내부에 황산화물을 제거하기 위해 역시나 후분사를 실시하여 600℃ 이상의 고온 상태를 만들어 내부의 황산화물을 제거한다.

Chapter

03

자동차 전기·전자
(Automotive Electric·Electronic)

01 전기·전자 기초이론

1.1. 전기의 성질

모든 물질은 기계적으로 더 이상 쪼갤 수 없는 최소 단위인 분자 그리고 이들 분자들은 다시 화학적으로 더 이상 쪼갤 수 없는 원자(原子 : atom, 10-10m)들로 구성되어 있다.

① 양자(proton) : 최소량의 (+)전기를 가지고 있으며, 질량은 전자의 약 1,840배이고, 중성자와 함께 핵을 구성한다.

② 중성자(neutron) : 질량은 양자와 거의 같으나, 전기적으로는 중성이며, 양자와 함께 핵을 구성한다.

③ 전자(electron) : 최소량의 (-)전기를 가지고 있으며, 원자핵의 주위를 원형 또는, 타원형 궤도를 따라 빛의 1/10 정도의 속도로 운동한다.

④ 자유전자(free electron) : 원자핵으로부터 인력이 약해 궤도를 이탈하는 전자

⑤ 정공(hole) : 전자가 이탈하게 되면 전자가 빠져나간 자리

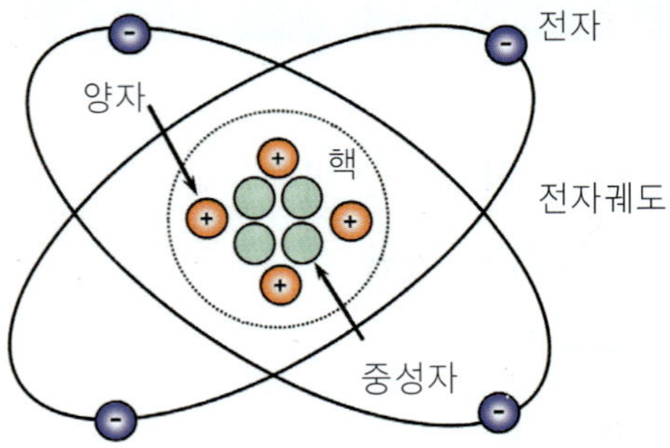

[그림 1] **원자의 구조**

1.2. 전기 기초이론

[1] 전자와 전류

전자는 작은 입자 중에서 음(-)전하를 지니는 질량이 매우 작은 입자로 모든 물질의 구성요소로 정지 질량은 9.107×10^{-28}g이고, 전하는 1.6021×10^{-19}C이며, 전류란 (+)

대전체와 (-)대전체사이를 도체로 연결하면 (+)쪽에서는 도체 내의 전자를 흡인하고, (-)쪽에서는 전자가 반발당하여 도체 내부로 들어가므로 도체 내에 있는 전자는 (-)쪽에서 (+)쪽으로 이동한다. 이때 전자는 중화되며 전자의 이동을 전류라 한다.

전류의 측정단위는 암페어(A : ampere)이며 1A는 도체 단면의 임의의 한 점을 매초 1쿨롱(C : coulomb)의 전하가 이동하고 있을 때의 전류의 크기를 말한다. 전류는 발열작용, 화학작용, 자기작용 등 3대 작용을 한다.

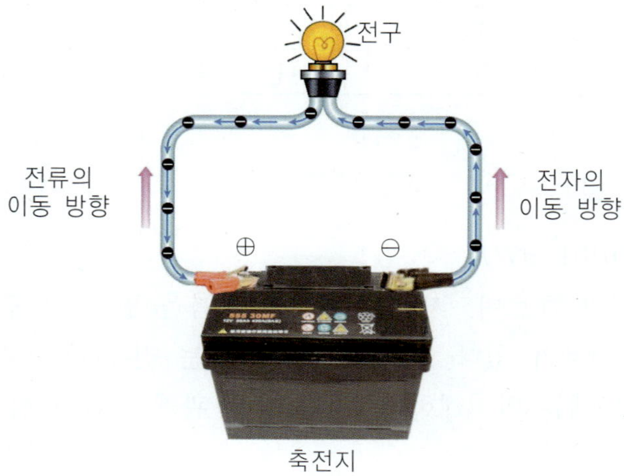

[그림 2] **전자와 전류의 이동**

[2] 전압(전위차)

전압이란 전류가 흐를 수 있도록 하는 전기적인 압력을 말하며, 측정단위는 볼트(V : voltage)이다. 전압차이가 클수록 큰 전류가 흐르며, 1V란 1옴(Ω)의 도체에 1A의 전류를 흐르게 할 수 있는 전기적인 압력을 말한다.

[3] 저항

저항이란 물질 속을 전류가 흐르기 쉬운가, 또는 어려운가를 표시하는 것이며, 측정단위는 옴(ohm : Ω)이다.

저항은 자유전자의 수, 원자핵의 구조, 물질의 형상, 온도에 따라서 변화한다. 1옴(Ω)이란 1A의 전류를 흐르게 할 때 1V의 전압을 필요로 하는 도체의 저항으로 표시한다. 저항에는 다음과 같은 것들이 있다.

물질의 고유저항(비저항)은 물체 자체가 지니고 있는 고유한 전기저항이며 길이 1m, 단면적 $1m^2$인 도체 두 면사이의 저항 값을 비교한 것을 그 물체의 고유저항 또는 비저항이라 한다. 측정단위는 옴 미터(Ω ·m), 옴 센티미터(Ω ·cm)이나 실용상의 단위로는 마이크로 옴 센티미터(μ Ω ·cm)를 사용하고 있다.

[표] 도체의 고유저항

금속 명칭	고유저항(μ Ω · cm)20℃	금속 명칭	고유저항(μ Ω · cm)20℃
은	1.62	니 켈	6.90
구 리	1.69	철	10.0
금	2.40	강	20.6
알루미늄	2.62	주 철	57~114
황 동	5.70	니켈-크롬	100~110

1.3. 전기의 기본법칙

1.3.1. 옴의 법칙(ohm'law)

전압에 의하여 전류가 흐르며, 저항은 전류의 흐름을 방해하므로 전류, 전압 및 저항 사이에는 밀접한 관계가 있다. 즉, 도체에 흐르는 전류(I)는 전압(E)에 정비례하고, 그 도체의 저항(R)에는 반비례한다. 이와 같은 관계는 옴의 법칙이라 부른다.

$$I = \frac{E}{R}, \quad E = IR, \quad R = \frac{E}{I}$$

I : 전류(A), E : 전압(V), R : 저항(Ω)

1.3.2. 저항의 접속방법

[1] 직렬 접속방법

이 접속방법은 몇 개의 저항을 한 줄로 연결하는 것이며, 다음과 같은 특징이 있다.

① 어느 저항에서나 똑같은 전류가 흐른다.

② 전압이 나누어져 저항 속을 흐른다.

③ 각 저항에 가해지는 전압의 합은 전원전압의 합과 같다.

④ 합성저항(전체 저항)은 다음과 같이 나타낸다.

$$R = R_1 + R_2 + R_3 + \cdots\cdots + Rn$$

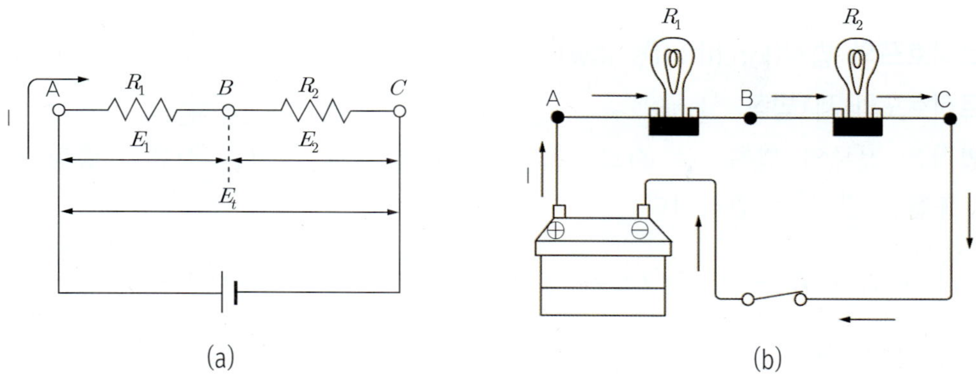

[그림 3] **저항의 직렬 접속방법**

[2] 병렬 접속방법

이 접속방법은 모든 저항을 두 단자에 공통으로 연결하는 것이며, 작은 저항을 얻고자 할 때 사용하는 것으로 다음과 같은 특징이 있다.

① 어느 저항에서나 동일한 전압이 흐른다.

② 병렬접속 합성저항은 각각의 저항의 역수의 합 분의 1이다.

③ 저항이 감소하는 것은 전류가 나누어져 저항 속을 흐르기 때문이다.

④ 전원에서의 전류는 각 전장부품을 흐르는 전류의 합이 되므로 병렬접속하는 전장부품이 많을 경우에는 용량이 큰 전원을 사용하여야 한다.

⑤ 합성저항(전체 저항)은 다음과 같이 나타낸다.

$$R = \frac{1}{\frac{1}{R_1} + \frac{1}{R_2} + \frac{1}{R_3} + \cdots\cdots + \frac{1}{R_n}}$$

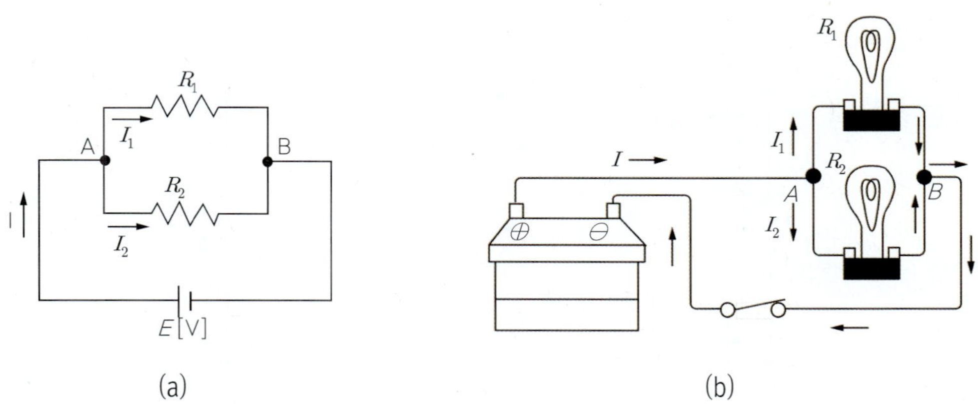

[그림 4] **저항의 병렬 접속방법**

[3] 키르히호프의 법칙(kirchhoff's law)

(1) 키르히호프의 제1법칙

이 법칙은 전류의 법칙으로 회로 내의 "어떤 한 점에 들어온 전류의 총합과 나간 전류의 총합은 같다"는 법칙이다.

$$(I_1 + I_3 + I_4) - (I_2 + I_5) = 0$$

$$\therefore \ \Sigma I = 0$$

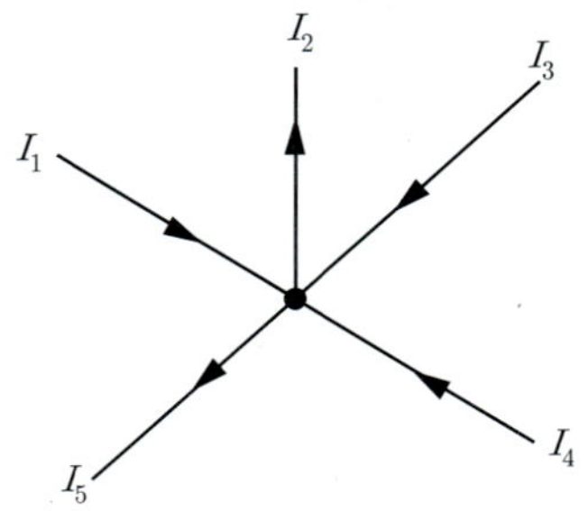

[그림 5] **키르히호프의 제1법칙**

(2) 키르히호프의 제2법칙

이 법칙은 전압의 법칙으로 "임의의 폐회로에 있어서 기전력의 총합과 저항에 의한 전압강하의 총합은 같다." 따라서 키르히호프의 제2법칙은 에너지 보존법칙으로 임의의 한 폐회로에서 소비된 전압강하의 총합과 기전력의 총합과 같다. 즉, 전압강하의 총합은 기전력의 총합이다.

$$V_T - (V_1 + V_2 + V_3) = 0 \qquad \therefore \ \Sigma V = 0$$

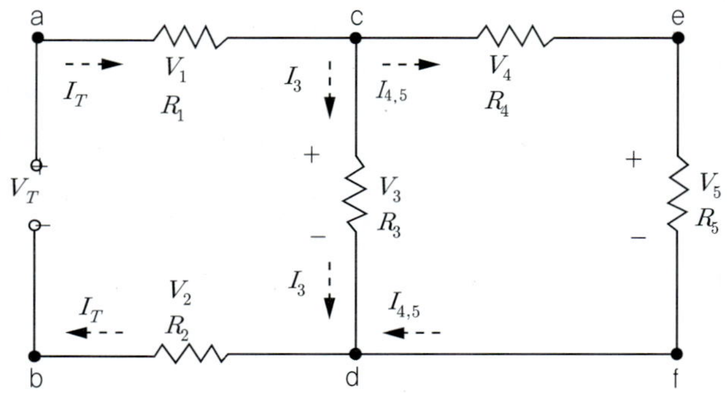

[그림 6] **키르히호프의 제2법칙**

1.3.3. 전력과 전력량

[1] 전력

전력이란 전기가 단위시간 동안에 한 일의 양이며 전등, 전동기 등에 전압을 가하여 전류를 흐르게 하면 기계적 에너지를 발생시켜 여러 가지 일을 할 수 있도록 하는 것을 말한다. 전력(P)는 전압(E)과 전류(E)를 곱한 것에 비례하고 전력의 측정단위는 와트(W)나 킬로와트(kW)를 사용한다.

$$P = EI, \quad P = I^2R, \quad P = \frac{E^2}{R}$$

[2] 전력량

전력량이란 전류가 어떤 시간 동안에 한 일의 총량을 말한다. 따라서 전력(P)을 t초 동안에 사용하였을 때 전력량 W는 P×t로 표시된다. I(A)의 전류가 R(Ω)의 저항 속을 t초 동안 흐를 경우에는 $W = I^2Rt$로 표시한다. 그리고 전력량의 측정단위로는 WS 또는 kW/h이다.

[3] 퓨즈(fuse)

퓨즈는 단락(short)으로 인하여 전선이 타거나 과대전류가 부하로 흐르지 않도록 하는 안전장치이며, 퓨즈의 접촉이 불량하면 전류의 흐름이 저하되고 끊어진다. 퓨즈는 회로에 직렬로 연결되며, 재료는 납+주석+창연+카드뮴의 합금이다.

1.4. 반도체(semiconductor)

게르마늄(Ge)이나 실리콘(Si) 등은 도체와 절연체의 중간인 고유저항을 지니고 있으므로 반도체라 부르며 반도체는 온도에 의한 저항 값의 변화가 금속과는 반대이다.

따라서 반도체는 온도가 상승하면 고유저항이 감소하는 성질을 나타낸다. 반도체에는 진성반도체와 불순물 반도체가 있다.

[표] 각 물질의 고유저항

도체					반도체				절연체		
10^{-8}	10^{-6}	10^{-4}	10^{-2}	1	10^{2}	10^{4}	10^{6}	10^{8}	10^{10}	10^{12}	Ω·m
은·구리 백금	니크롬 탄소			게르마늄	실리콘	셀렌			베이클라이트	다이아몬드	

1.4.1. 진성 반도체(intrinsic semiconductor)

진성 반도체란 불순물을 첨가하지 않은 순수한 반도체로 도체의 결정에 불순물이 없거나, 있더라도 매우 적다.

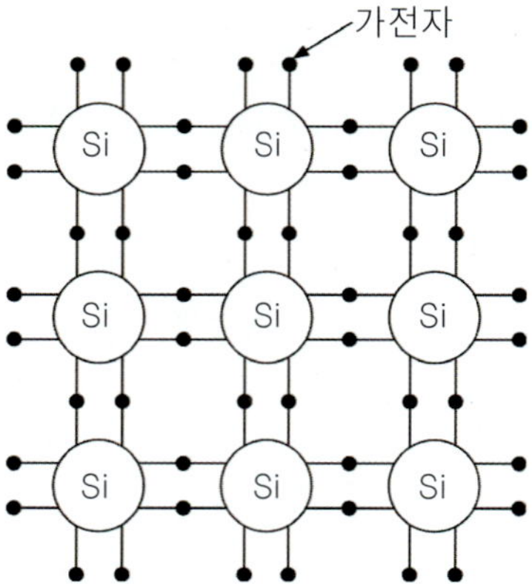

[그림 7] **진성 반도체 실리콘의 공유결합**

1.4.2. 불순물 반도체(impurity semiconductor)

진성 반도체에 미량의 불순물을 혼입하여 만든 반도체로 전압이나 온도에 대하여 민감한 반도체성질을 얻는 것을 불순물 반도체라고 한다.

[1] P(positive)형 반도체

자유전자보다 정공을 증가시킨 반도체이다. 진성반도체에 정공을 증가시키기 위해 불순물인 3가 원소(알루미늄(Al), 붕소(B), 갈륨(Ga), 인듐(In))를 첨가한다. 규소의 가전자는 4개이고 알루미늄은 3개이므로 공유결합하기 위해서는 가전자 1개가 부족하다. 이때 전자가 부족한 곳이 정공이 되고, 전체의 캐리어(carrier)는 자유전자보다 정(positive)의 전기를 갖는 정공 쪽이 많아지게 되고 positive의 머리문자를 따서 P형 반도체라 한다.

[2] N(negative)형 반도체

실리콘에 5가의 원소인 비소(As), 안티몬(Sb), 인(P) 등의 원소를 조금 섞으면 5가의 원자가 실리콘원자 1개를 밀어내고 그 자리에 들어가 실리콘원자와 공유결합을 한다. 이때 5가의 원자에서는 전자 1개가 남게 되며 이 경우 전기의 캐리어(carrier : 운반자)가 전자이므로 (−)라는 의미에서 N형 반도체라 한다. 전자를 만들어 주는 불순물 원자를 도너라 부른다.

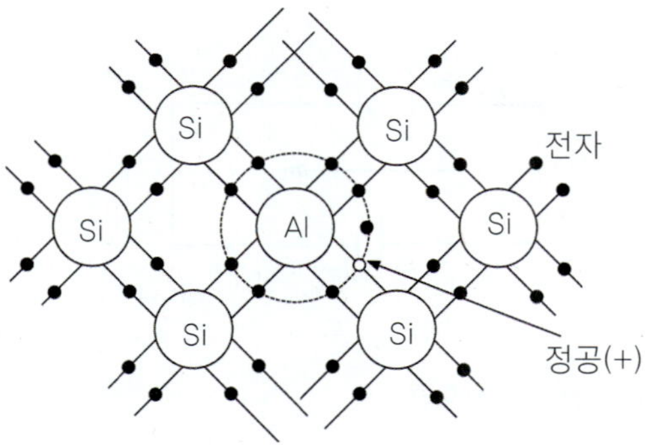

[그림 8] **P형 반도체**

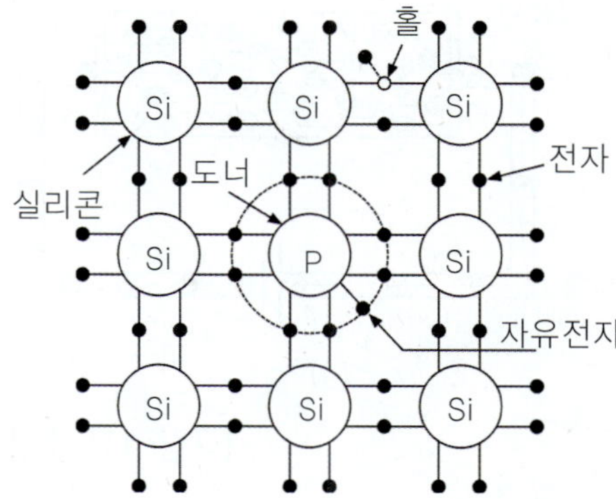

[그림 9] **N형 반도체**

1.4.3. 다이오드(diode)

한쪽 방향으로만 전류가 흐르기 쉬운 성질을 이용한 정류용이나 검파용의 것을 말하며, 다이오드는 P형 반도체와 N형 반도체를 마주 대고 접합한 것이며, P형 부분에는 애노드(A), N형 부분에는 캐소드(K)의 전극이 양 끝에 설치되어 있고, P형 부분과 N형 부분이 접하고 있는 면을 접합면이라 한다. 접합면 부근은 캐리어가 결핍한 층이 발생되는데 이것을 공핍층이라 한다.

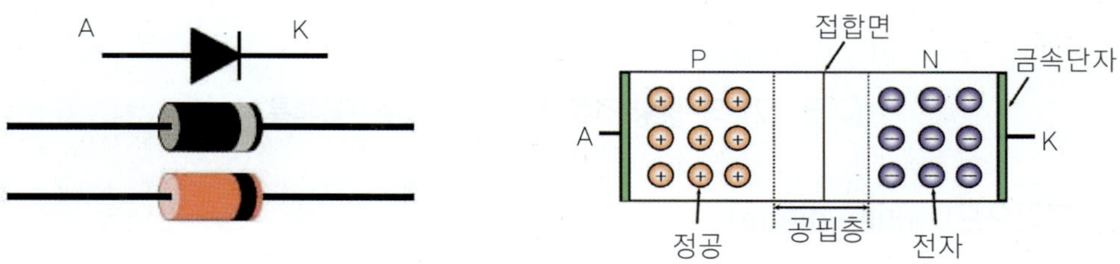

(a) 기호 및 모형　(b) 다이오드 구조

[그림 10] **다이오드**

[1] 다이오드의 정류작용

(1) PN접합에 순방향 전압을 가한 경우

전원을 P형에는 (+)을, N형에는 (−)을 접속하면 P형의 홀은 (+)극에 반발하여 N형으로 유입되고, N형의 전자는 (−)극에 반발하여 P형 속으로 유입된다. 이에 따라 다이오드에는 전류가 흐르며 이러한 상태를 순방향 흐름이라 한다.

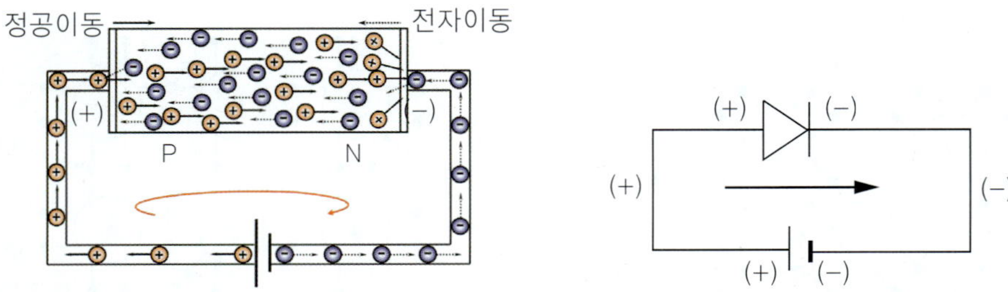

(a) (b)

[그림 11] **순방향(전류가 흐를 때)흐름**

(2) PN접합에 역방향 전압을 가한 경우

P형 부분에 음(−)전압, N형 부분에 양(+)전압을 가하면 P형 부분의 정공은 음극에, N형 부분의 전자는 양극에 끌려가며, 전위 장벽은 높아지고 더욱 공핍층의 폭도 넓어진다. 따라서 캐리어의 이동이 되지 않으므로 전류는 흐르지 않는다.

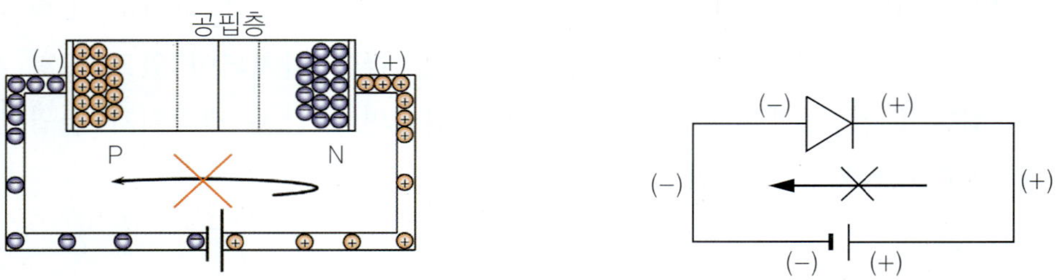

(a) (b)

[그림 12] **역 방향(전류가 흐르지 않을 때)흐름**

[2] 제너 다이오드(zanier diode)

역방향으로 가해지는 전압이 어떤 값에 도달하면 순방향 흐름과 같이 급격히 전류를 흐르게 한다. 이때의 전압을 제너 전압(브레이크다운 전압 : brake down voltage)이라 부른다. 또 역방향 전압이 점차 감소하여 제너전압 이하가 되면 역방향 전류가 흐르지 못한다.

(a) 기호 (b) 모형

[그림 13] **제너 다이오드**

[3] 발광 다이오드(LED : light emission diode)

발광 다이오드는 순방향으로 전류를 흐르게 하면 빛이 발생되는 것이며, 가시광선으로부터 적외선까지 다양한 빛을 발생한다. 용도는 각종 파일럿램프, 배전기의 크랭크 각 센서와 상사점(TDC)센서, 차고 센서, 조향핸들 각속도 센서 등에서 사용한다.

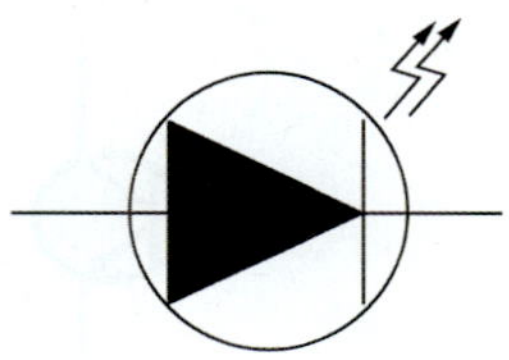

(a) 기호

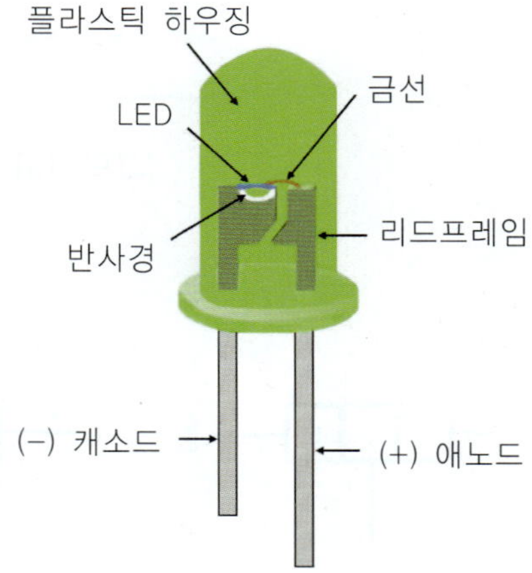

(b) 구조

[그림 14] **발광 다이오드**

[4] 포토다이오드(photo diode)

포토다이오드에 역방향 전압을 가하고, PN접합부에 빛을 비추면 접합부에 있는 전자는 빛에너지에 의해 가속 공유결합으로 부터 이탈하여 자유전자가 되고 그 자리에 같은 수의 정공이 발생한다. 빛의 양에 의해 자유전자, 정공이 활성화된다. 용도는 배전기 내의 크랭크 각 센서와 상사점(TDC) 센서에서 사용한다.

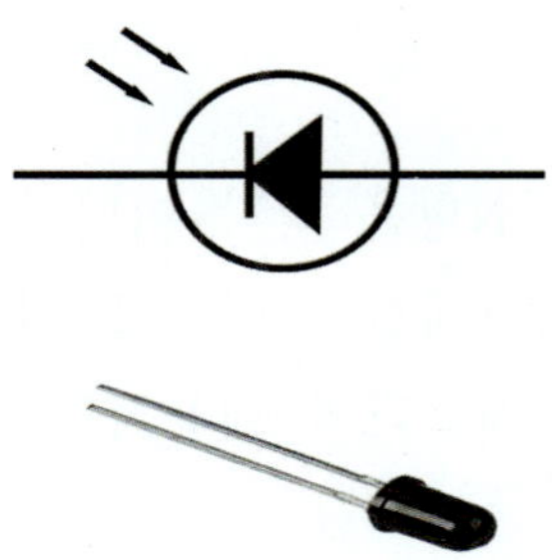

(a) 기호 및 모형

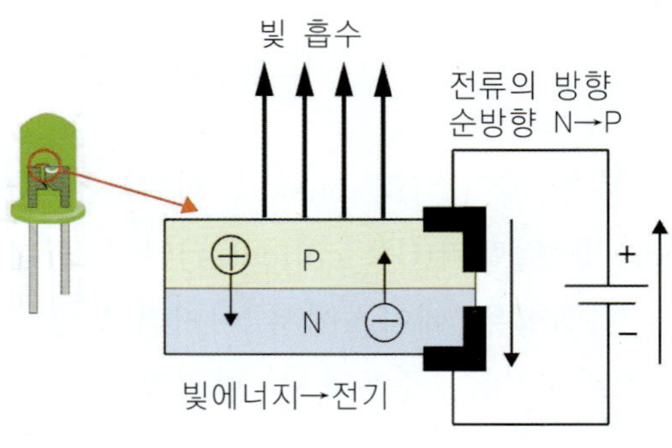

(b) 원리

[그림 15] **포토 다이오드**

1.4.4. 트랜지스터(transistor)

트랜지스터는 PN형 다이오드의 N형 쪽에 P형을 덧붙인 PNP형과, P형 쪽에 N형을 덧붙인 NPN형이 있으며, 3개의 단자부분에는 인출선이 붙어 있다.

[그림 16] 트랜지스터

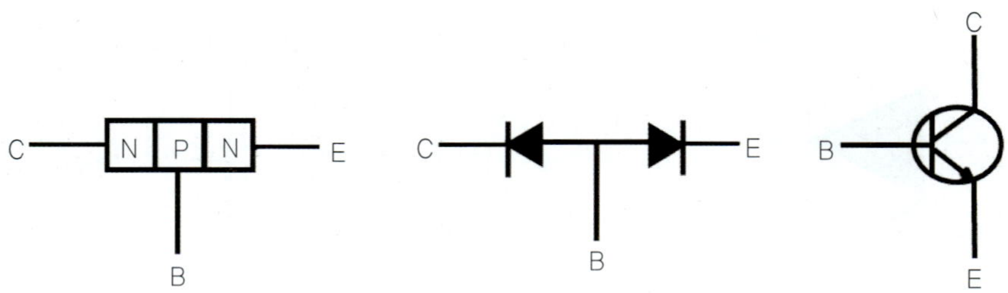

(a) NPN형

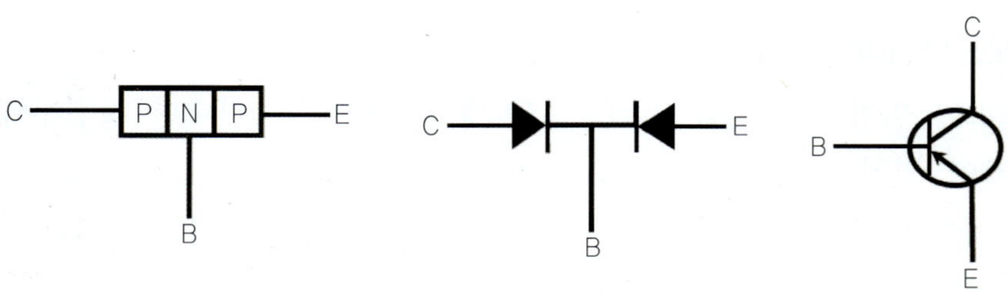

(b) PNP형

[그림 17] 트랜지스터의 구조 및 기호

중앙부분을 베이스(B, base : 제어부분), 양쪽의 P형 또는 N형을 각각 이미터(E : emitter) 및 컬렉터(C : collector)라고 한다. PNP형은 이미터에서 베이스로 전류가 흐르고, NPN형은 베이스에서 이미터로 전류가 흐른다. 트랜지스터의 대표적인 작용으로는 스위칭작용, 증폭작용, 발진작용 등이 있다.

[1] 트랜지스터에 전류가 흐를 때

베이스와 이미터사이에 순방향 전압 V_1을 가하고 있으므로 전위장벽은 낮아지며, 이미터의 N형의 부분은 불순물의 농도가 짙으므로 전자가 다수 발생하고 베이스의 P형 부분은 두께가 얇아 불순물 농도도 저하하고 있으므로 정공은 매우 적다. 이미터의 전자는 전위장벽을 지나 확산하면서 베이스로 향하고 1% 정도가 베이스의 정공과 결합하여 소멸한 베이스의 약간의 정공은 전지의 (+)극이 계속 보급되므로 이것이 약간의 베이스 전류 I_B가 된다.

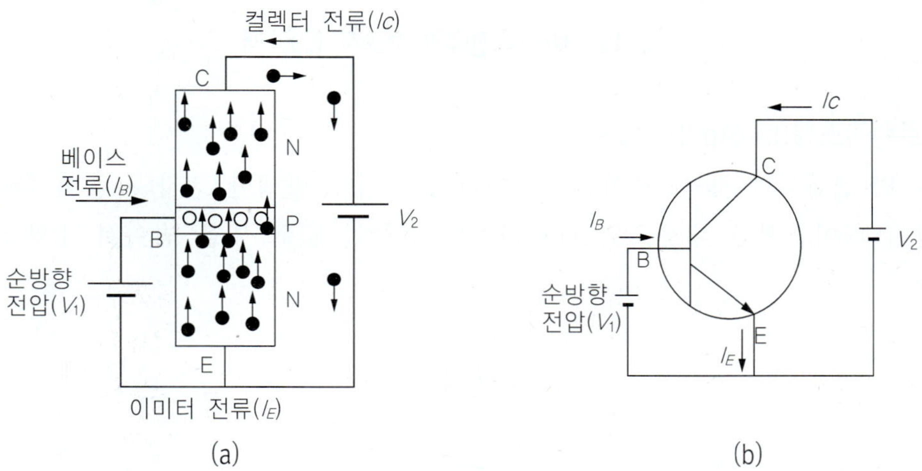

[그림 18] **베이스전류가 흐를 때(트랜지스터에 전압을 가하는 방법)**

베이스의 정공과 결합되지 않은 이미터로부터의 99% 정도의 전자는 컬렉터 쪽의 전압 V_2에 의해 컬렉터 쪽으로 이동한다. 이것이 컬렉터전류 I_C가 된다. 이미터의 전자는 전지의 (-)극에서 계속 보급되므로 이것이 이미터전류 I_E가 되며, 이미터전류 I_E의 대부분은 컬렉터전류 I_C가 되고 베이스전류 I_B로 되는 것은 매우 적다.

[2] 트랜지스터에 전류가 흐르지 않을 때

베이스와 이미터사이에는 전압이 가해지지 않으므로 베이스전류가 흐르지 않을 때이며, 컬렉터와 베이스에만 역방향 전압이 가해져 있는 경우 컬렉터와 베이스의 접합면 부근은 장벽이 높아 컬렉터 베이스사이에 전류는 흐르지 않는다.

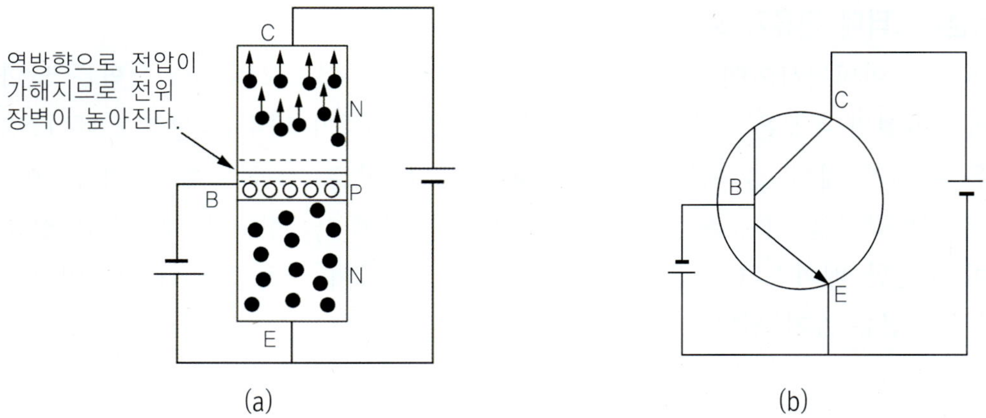

[그림 19] **베이스 전류가 흐르지 않을 때**

[3] 포토트랜지스터(photo transistor)

이것은 PN접합부에 빛을 쪼이면 빛 에너지에 의해 발생한 전자와 홀이 외부로 흐른다. 빛이 베이스전류 대용으로 사용되므로 전극이 없고 빛을 받아서 컬렉터전류를 제어한다.

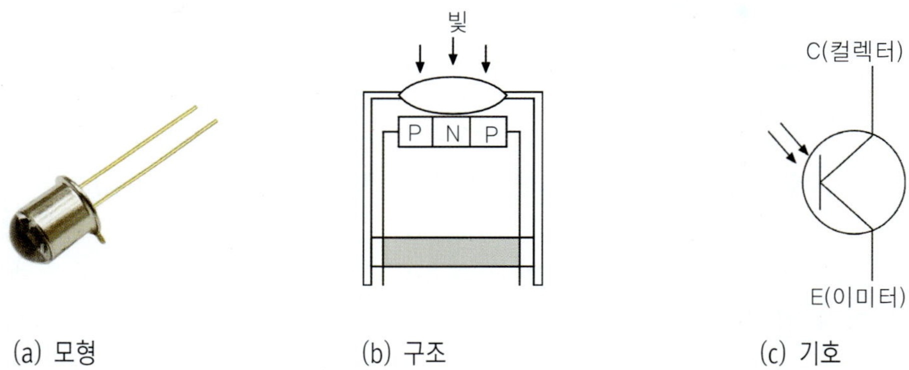

[그림 20] **포토트랜지스터의 구조 및 기호**

1.4.5. 사이리스터(thyrister)

SCR(silicon control rectifier)이라고도 하며 PNPN 또는 NPNP 접합으로 되어 있으며 스위칭작용을 한다. 사이리스터는 일반적으로 단방향 3단자를 사용한다. (+)쪽을 애노드(anode), (−)쪽을 캐소드(cathode), 제어단자를 게이트(gate)라 부른다. 애노드에서 캐소드로의 전류가 순방향 흐름이며, 캐소드에서 애노드로 전류가 흐르는 방향을 역방향 흐름이라 한다.

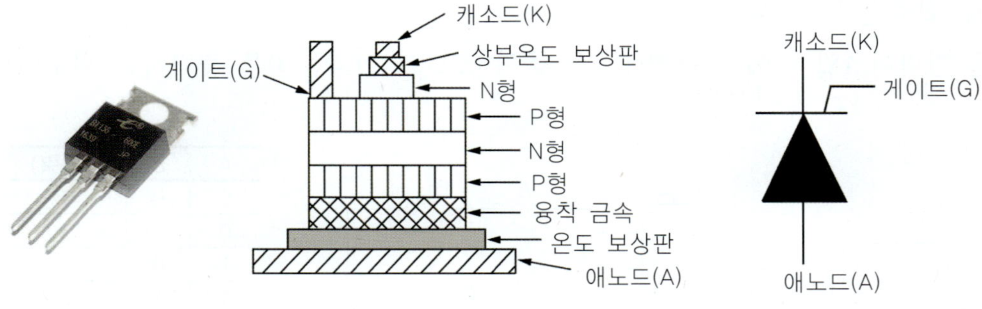

(a) 모형 (b) 구조 (c) 기호

[그림 21] **사이리스터**

1.4.6. IC(집적회로 : integrated circuit)

IC는 한 개의 기판에 여러 개의 트랜지스터와 저항 등의 회로소자를 결합하여 고체화시킨 전기회로이다. IC는 반도체의 급속한 발달에 따라 초소형, 신뢰성능, 내 진동성능, 내구성능, 경제성 등이 우수하고 대량생산에 알맞으나 큰 저항이나 축전기를 얻기가 어렵고, 회로의 선택 설계의 자유가 어렵다. IC에는 반도체 IC, 다이어프램 IC 그리고 이 2가지를 병용한 혼성 IC 등이 있다.

1.4.7. 컴퓨터의 논리회로

[1] OR회로(논리합회로)

입력 A, B 중 최소한 어느 한쪽의 입력이 1이면, 출력이 1이 되는 회로이다.

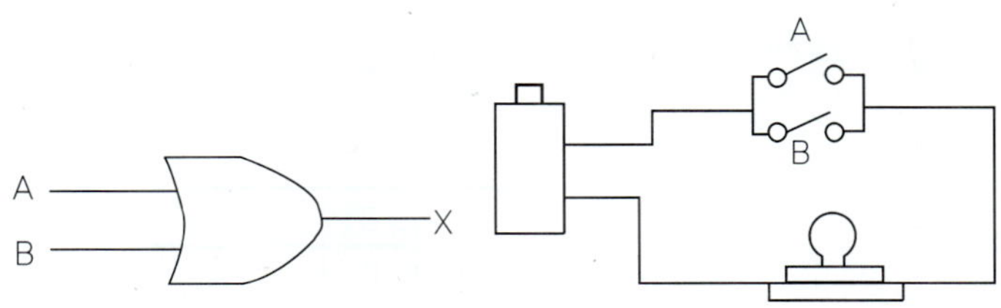

A	B	X(출력)
0	0	0
0	1	1
1	0	1
1	1	1
X= A+B		

(a) 기호 (b) 등가회로 (c) 진리값표

[그림 22] **OR회로**

[2] AND회로(논리적회로)

모든 입력이 1일 때에만 출력에 1을 출력하고 그 이외는 0을 출력하는 회로이다.

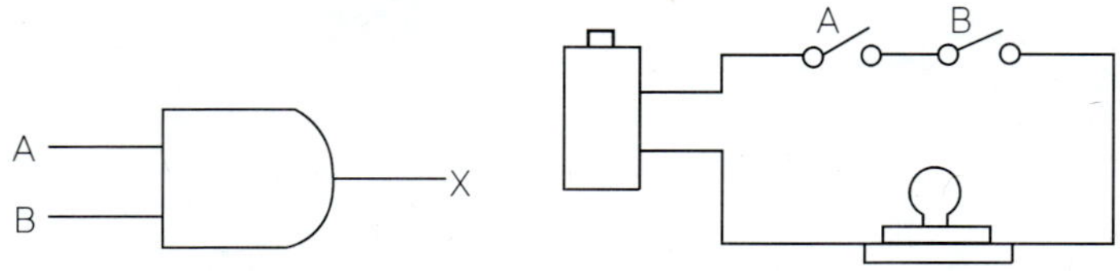

(a) 기호 (b) 등가회로

A	B	X(출력)
0	0	0
0	1	0
1	0	0
1	1	1
$X = A \cdot B$		

(c) 전리값표

[그림 23] AND회로

[3] NOT회로(부정회로)

입·출력신호가 서로 정반대일 경우 즉, 입력이 1일 때 출력은 0, 입력이 0일 때 출력은 1이 되는 회로이다.

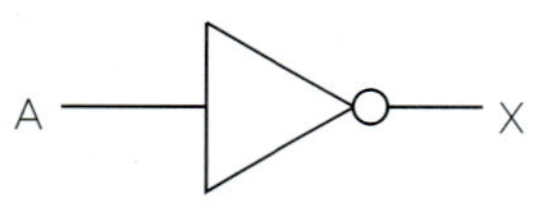

(a) 기호

입력	출력
0	1
1	0
$X = \bar{A}$	

(b) 전리값표

[그림 24] NOT회로

[4] NOR회로(부정 논리합회로)

모든 입력단자에 "O"이 입력되었을 때에만 출력단자에 "1"을 출력하는 회로이다.

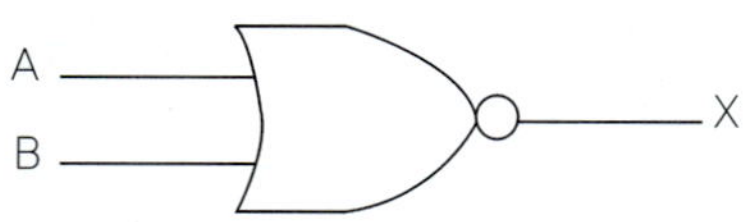

(a) 기호

A	B	X(출력)
0	0	1
0	1	0
1	0	0
1	1	0
$X = \overline{A + B}$		

(b) 진리값표

[그림 25] NOR회로

[5] NAND회로(부정 논리적회로)

2개 이상의 입력단자와 1개의 출력단자가 있어 적어도 1개의 입력단자에 입력 "1" 이 가해졌을 때 출력단자에 "1" 이 나타나고 또한 어느 쪽의 입력단자도 "0" 일 때에는 출력단자에 "1" 이, 역으로 어느 쪽의 입력단자도 "1" 일 때에는 출력단자에 "0" 이 나타나도록 한 회로이다.

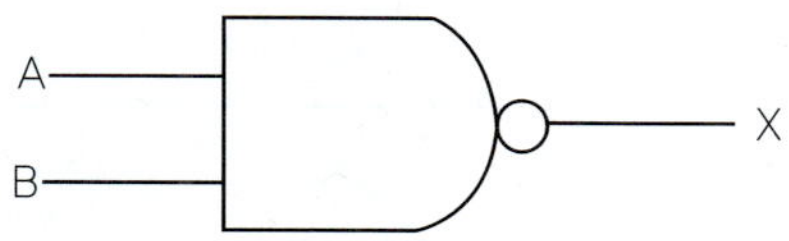

(a) 기호

A	B	X(출력)
0	0	1
0	1	1
1	0	1
1	1	0

$$X = \overline{A \cdot B}$$

(b) 진리값표

[그림 26] NAND회로

1.4.8. 반도체의 성질과 장・단점

[1] 반도체의 성질

① 다른 금속이나 반도체와 접속하면 정류작용(다이오드), 증폭작용 및 스위칭작용(트랜지스터)을 한다.

② 빛을 받으면 고유저항이 감소한다(포토다이오드 및 포토트랜지스터).

③ 열을 받으면(온도가 상승하면) 전기 저항 값이 변화하는 지백(zee back)효과를 나타낸다(서미스터).

④ 압력을 받으면 전기가 발생하는 피에조(piezo)효과를 나타낸다(압전소자).

⑤ 자기(磁氣)를 받으면 통전성이 변화하는 홀(hall)효과를 나타낸다.

⑥ 전류가 흐르면 열을 흡수하는 펠티어(peltier)효과를 나타낸다.

[2] 반도체의 장점 및 단점

(1) 반도체의 장점

① 매우 소형이고, 가볍다.

② 내부 전력손실이 매우 적다.

③ 예열시간을 필요로 하지 않고 곧 작동한다.

④ 기계적으로 강하고, 수명이 길다.

(2) 반도체의 단점

① 온도가 상승하면 그 특성이 매우 나빠진다(게르마늄은 85℃, 실리콘은 150℃ 이상 되면 파손되기 쉽다).

② 역내압이 매우 낮다.

③ 정격 값 이상 되면 파괴되기 쉽다.

02 축전지(battery)

2.1. 축전지의 개요꼬

축전지는 전극의 작용물질과 전해액이 가지는 화학적 에너지를 전기적 에너지로 변환시키는 역할(방전)을 하며, 반대로 전기적 에너지를 공급하면 다시 화학적 에너지로 변환(충전)된다. 이와 같이 충전과 방전이 반복되는 전지를 2차전지라고 한다. 1차 전지는 충전과 방전이 반복되지 않는다.

(a) 내연기관 납산배터리　　(b) 전기자동차 리튬이온 배터리 팩

[그림 27] 축전지

2.1.1. 내연기관 축전지의 구비조건

① 소형·경량이고 수명이 길어야 한다.
② 심한 진동에 견딜 수 있어야 하며, 다루기가 쉬워야 한다.
③ 전기부하의 증가에 따라 용량이 크고, 가격이 저렴하여야 한다.
④ 고온 내구성이 있어야 한다.

2.1.2. 내연기관 축전지의 기능

① 시동장치의 전기적 부하를 부담한다.
② 발전기가 고장할 때 주행을 확보하기 위한 전원으로 작동한다.
③ 주행상태에 따른 발전기의 출력과 부하와의 불균형을 조정한다.

2.2. 납산축전지의 구조와 작용

2.2.1. 납산축전지의 구조

[1] 납산축전지의 극판

극판에는 양극판과 음극판이 있으며 격자(grid)에 납 분말이나 산화납을 묽은황산으로 반죽하여 양극판은 과산화납으로 음극판은 해면상납으로 한 것이다. 격자는 과산화납이나 해면상납의 탈락을 방지하고 외부와 작용물질과의 전기전도 작용을 하며, 재질은 납과 안티몬의 합금을 사용한다.

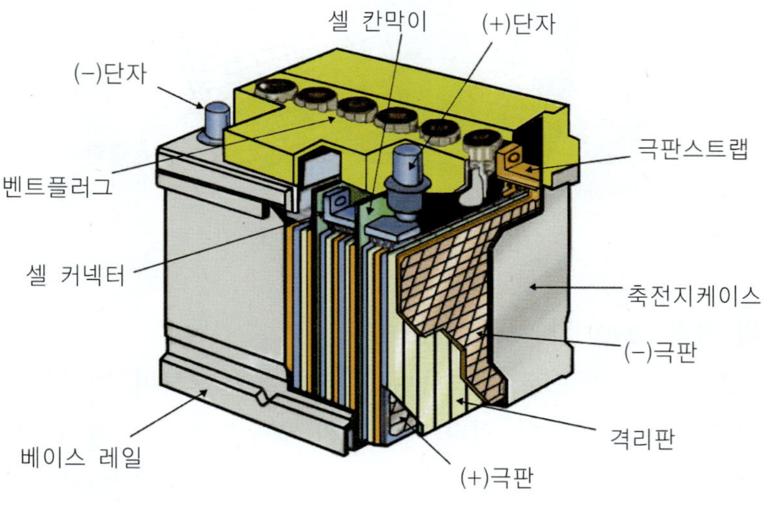

[그림 28] 납산축전지의 구조

[2] 납산축전지의 격리판

격리판은 양극판과 음극판사이에 끼워져 양쪽 극판의 단락을 방지하는 일을 하며, 격리판은 플라스틱(합성수지)을 주로 사용한다. 격리판의 구비조건은 다음과 같다.

① 비 전도성일 것
② 구멍이 많아서 전해액의 확산이 잘 될 것
③ 기계적 강도가 있고, 전해액에 부식되지 않을 것
④ 극판에 좋지 못한 물질을 내 뿜지 않을 것

[3] 납산축전지의 극판군

극판군은 몇 장의 극판을 조립하여 접속 편에 용접하여 1개의 단자(terminal post)와 일체가 되도록 한 것이다. 이와 같이 하여 만든 극판 군을 1셀(cell)이라 하며, 완전충전되었을 때 약 2.1V의 기전력을 발생한다. 따라서, 12V 축전지의 경우에는 6개의 셀이 직렬로 연결되어 있다. 그리고 극판의 장수를 늘리면 축전지용량이 증가하여 이용전류가 많아진다. 그리고, 양극판이 음극판 보다 더 활성적이므로 음극판을 1장 더 둔다.

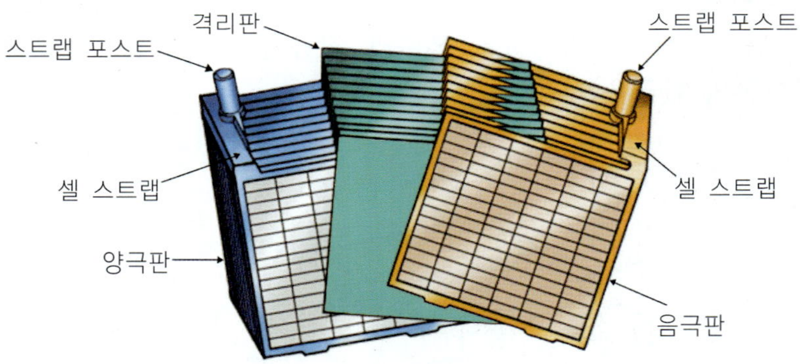

[그림 29] **극판군의 구조**

[4] 납산축전지의 커버(cover)와 케이스(case)

커버와 케이스는 플라스틱으로 제작하며 접착제로 접착하여 기밀을 유지한다. 12V 축전지의 것은 6칸으로 나누어져 있다. 각 셀의 밑부분에는 극판의 작용물질의 탈락이나 침전물 축적에 의한 단락을 방지하기 위한 엘리먼트 레스트(element rest)가 마련되어 있다.

[5] 납산축전지의 단자(terminal post)

단자는 납합금이며, 외부회로와 확실하게 접속되도록 하기 위해 테이퍼(taper)되어 있다. 양극단자는 양극판이 과산화납이므로 쉽게 산화가 발생되어 부식되기 쉽다. 만약 부식되었을 경우에는 깨끗이 세척한 후 그리스(greese)를 얇게 발라 준다. 그리고, 양극과 음극단자에는 문자, 색깔 및 크기 등으로 표시하여 잘못 접속되는 것을 방지하고 있다.

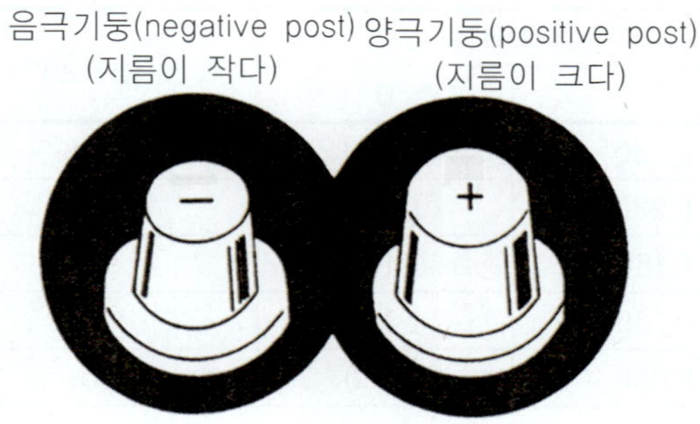

[그림 30] 단자와 접지단자

[6] 납산축전지의 전해액(electrolyte)

전해액은 순도가 높은 묽은황산(H_2SO_4)을 사용한다. 전해액은 극판과 접촉하여 충전을 할 때에는 전류를 저장하고, 방전될 때에는 전류를 발생시켜 주며, 셀 내부에서 전류를 전도하는 작용도 한다. 전해액의 비중은 20℃에서 완전 충전되었을 때 1.260~1.280이다.

전해액이 표준 비중일 때 황산의 도전성이 가장 높다. 또 완전 방전되었을 경우에는 비중이 1.050 정도이다. 그리고 전해액은 온도가 상승하면 비중이 작아지고, 온도가 낮아지면 비중은 커진다. 전해액 비중은 온도 1℃ 변화에 대하여 0.0007이 변화한다.

$$S_{20} = St + 0.0007 \times (t - 20)$$

S_{20} : 표준온도 20℃로 환산한 비중
St : t℃에서 실제 측정한 비중
t : 측정할 때의 전해액 온도

(1) 전해액 비중과 충전상태

전해액의 비중은 방전량에 비례하여 저하된다. 비중이 1.200(20℃) 정도 되면 보충 충전을 실시하여야 하며, 축전지를 사용하지 않고 보관 중일 경우에는 15일(MF축전지는 약 1개월)에 1번씩 보충 충전을 하여야 한다. 전해액의 비중을 측정하여 축전지 충전여부를 판단할 수 있으며 비중계로 측정한다.

1Ah의 방전량에 대해 전해액 중의 황산(H_2SO_4)은 3.660g 소비되며, 0.67g의 물이 생성된다. 또 같은 1Ah의 충전량에 대해서도 0.67g의 물이 소비되고, 3.660g의 황산이 생성된다. 1.280(20℃)의 묽은황산 1ℓ 에 약 35%의 황산과 65%의 물(증류수)이 포함되어 있다.

[표] 전해액 비중과 잔존 용량

전해액 비중		잔존용량(%)
A	B	
1.280	1.260	100
1.230	1.210	75
1.180	1.160	50
1.130	1.110	25
1.080	1.060	0

주) A : 완전히 충전되었을 때의 비중이 1.280(20℃)의 축전지 경우
B : 완전히 충전되었을 때의 비중이 1.260(20℃)의 축전지 경우

(2) 극판의 영구 황산납(유화, 설페이션)

축전지의 방전상태가 일정 한도 이상 오랫동안 진행되어 극판이 결정화되는 현상을 말하며 그 원인은 다음과 같다.

① 전해액의 비중이 너무 높거나 낮다.
② 전해액이 부족하여 극판이 노출되었다.
③ 불충분한 충전이 되었다.
④ 축전지를 방전된 상태로 장기간 방치하였다.

2.2.2. 납산축전지의 화학작용

양극판		전해액		음극판	방전 ⇄ 충전	양극판		전해액		음극판
PbO_2	+	$2H_2SO_4$	+	Pb	$\rightleftarrows$	$PbSO_4$	+	$2H_2O$	+	$PbSO_4$
과산화납		묽은황산		해면상납		황산납		물		황산납

[1] 방전 중의 화학작용

축전지를 방전시키면 방전이 진행됨에 따라 극판과 황산이 화합하여 양극판의 과산화납과 음극판의 해면상납 모두 황산납이 된다. 한편, 전해액인 묽은황산 속의 수소는 양극판 내의 산소와 화합하여 물을 만든다. 따라서 전해액의 비중은 방전이 진행됨에 따라 점차 낮아진다.

[2] 충전 중의 화학작용

방전된 축전지에 발전기나 충전기를 접속하여 축전지로 전류가 흐르도록 하면 극판의 표면에 붙어 있던 황산납이 분해되어 전해액 중으로 방출된다. 이에 따라 양극판은 다시 과산화납으로, 음극판은 해면상납으로 환원되고 전해액은 극판에서 황산이 나오므로 그 비중은 점차 증가하고, 전압도 상승한다. 양극판에서는 산소를, 음극판에서는 수소를 발생시킨다.

2.3. 납산축전지의 여러 가지 특성

2.3.1. 축전지의 기전력

축전지 셀당 기전력은 2.1V이며, 이것은 전해액의 비중, 온도, 방전 정도에 따라서 조금씩 다르다. 기전력은 전해액 온도저하에 따라 낮아지며, 이것은 전해액의 온도가 낮아지면 축전지 내부의 화학반응이 늦어지고, 전해액의 고유저항이 증가하기 때문이다. 또한, 전해액의 비중이 낮거나 방전량이 많은 경우에도 조금씩 기전력이 낮아진다.

2.3.2. 방전 종지전압(방전 끝 전압)

축전지는 어느 정도 방전되면 그 후의 전압강하가 매우 급격한데 이 급격히 떨어지는 전압 이후로 방전시키면 축전지에 재생불능의 악영향을 줄 수 있는데 이 한계를 방전종지 전압이라 한다. 20시간율 방전의 경우 방전종지 전압은 셀 당 1.75V이다.

2.3.3. 축전지 용량

축전지 용량이란 완전 충전된 축전지를 일정한 전류로 연속 방전하여 방전 중의 단자 전압이 규정의 방전 종지전압이 될 때까지 방전시킬 수 있는 용량이다. 축전지 용량의 단위는 암페어시 용량(AH : ampere hour rate)으로 표시하며 이것은 일정 방전전류(A)×방전 종지전압까지의 연속 방전시간(H)이다. 그리고 축전지 용량의 크기를 결정하는 요소에는 극판의 크기(또는 면적), 극판의 수, 전해액의 양 등이 있다.

2.3.4. 축전지의 자기방전

충전된 축전지를 사용하지 않고 방치해 두면 조금씩 자연 방전하여 용량이 감소되는 현상을 자기방전(자연방전)이라 한다. 자기 방전량은 24시간 동안 실제 용량의 0.3~1.5%이다. 자기 방전량은 전해액의 온도가 높고, 비중 및 용량이 클수록 크다.

온도(℃)	자기 방전량(1일당 %)
30	1.0
20	0.5
5	0.25

[1] 자기방전의 원인

① 음극판의 작용물질(해면상납)이 황산과의 화학작용으로 황산납이 되면서 자기방전되며 이때 수소가스를 발생시킨다. - 구조상 부득이한 경우이다.

② 불순물이 유입되어 국부전지가 형성되어 방전된다.

③ 탈락한 극판의 작용물질이 축전지 내부의 밑이나 옆에 퇴적되거나 격리판이 파손되어 양쪽 극판이 단락되어 방전된다.

④ 축전지 커버 위에 부착된 전해액이나 먼지 등에 의한 누전으로 방전된다.

2.3.5. 납산축전지 충전

충전방법에는 새것의 축전지를 제조한 후 처음 사용할 때 전해액을 넣고 최초로 하는 충전인 초 충전과 자기방전에 의하거나 사용중에 소비된 용량을 보충하기 위해 실시하는 충전으로 보 충전이 있으며 보충전 종류는 다음과 같다.

① **정전류 충전** : 충전의 시작에서 끝까지 전류를 일정하게 하고, 충전을 하는 과충전의 전체 기간을 일정한 전압으로 충전한다. 정전류 충전은 표준은 축전지 용량의 10%, 최대 20%, 최소 5%이다.

② **정전압 충전** : 충전의 전체기간을 일정한 전압으로 충전한다.

③ **단별 전류충전** : 충전 중의 전류를 단계적으로 감소시킨다.

④ **급속충전** : 시간적 여유가 없을 때 하는 충전이며, 급속충전 전류는 축전지 용량의 50%이다.

[1] 축전지를 충전할 때 주의사항

① 충전하는 장소는 반드시 환기장치를 하여야 한다.

② 축전지는 방전 상태로 두지 말고 즉시 충전한다.

③ 충전 중 전해액의 온도를 45℃ 이상으로 상승시키지 않는다.

④ 충전 중인 축전지 근처에서 불꽃을 가까이해서는 안 된다(수소가스가 폭발성가스이다).

⑤ 축전지를 과다 충전시켜서는 안 된다(양극판 격자의 산화가 촉진된다).

⑥ 축전지를 2개 이상 동시에 충전할 때에는 반드시 직렬접속하여야 한다.

⑦ 축전지와 충전기를 서로 역 접속해서는 안 된다.

⑧ 암모니아수 및 탄산소다 등의 중화제를 준비해 둔다.

⑨ 축전지를 자동차에서 떼어내지 않고 급속충전을 할 경우에는 반드시 축전지의 (−)케이블을 분리하여야 한다(전자부품 및 AC발전기 다이오드를 보호하기 위함이다).

⑩ 각 셀의 벤트 플러그를 열어 놓는다.

2.4. MF축전지(maintenance free battery)

MF축전지 격자의 재질은 안티몬 함량이 적은 납-저 안티몬 합금이나 납-칼슘합금으로 자기방전 비율이 매우 적고, 장기간 보관이 가능하다. 또한, 전해액의 증류수를 보충하지 않아도 되는 방법으로는 전기 분해할 때 발생하는 산소와 수소가스를 촉매를 사용하여 다시 증류수로 환원시키는 촉매 마개를 사용하고 있다.

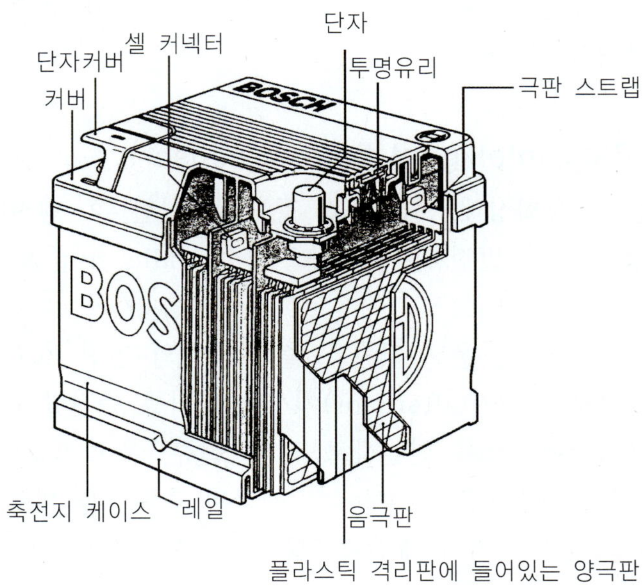

[그림 31] MF축전지의 구조

2.5. AGM배터리(absorbent glass mat battery)

배터리 내에 AGM이라는 흡수성 유리섬유 격리판에 전해액을 흡수함으로써 전해액을 비유동적으로 조절하며, 배터리 상단에 밸브를 적용하여 충전 중 발생한 가스가 전조 밖으로 빠져 나가지 못하고 방전 중에 재결합하여 전해액으로 다시 돌아가기 때문에 가스방출을 최소화시켜준다.

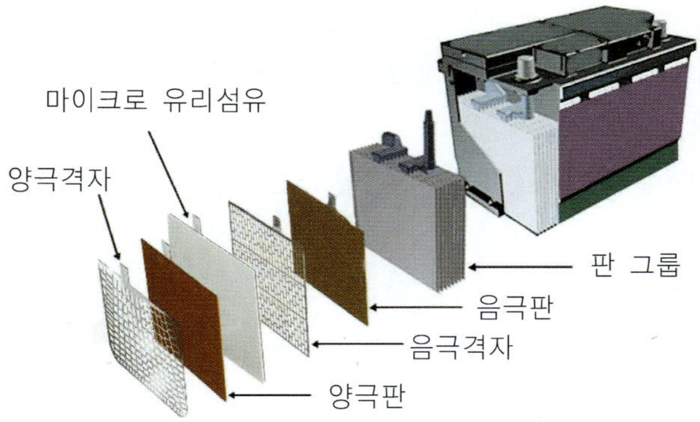

[그림 32] AGM 배터리의 구조 및 각부 명칭

AGM 배터리는 진동 저항성이 뛰어나며, 완전히 밀봉되어 있고 배터리에 압력이 가해져 파손이 되더라도 전해액이 흘러내리지 않는다. 또한 특수 유리섬유 격리 기판에 전해액을 흡수시켜 전해액 유동을 방지한다. 극판사이에 매트가 삽입된 형태로 punch 기판을 적용하고 고밀도 배합 흡습성 격리판을 설치하여 긴압 강화가 가능하며, 온도차에 의한 성층화 방지가 가능하다.

2.6. 배터리센서(IBS : intelligent battery sensor)

배터리상태(충전상태, 노화상태, 시동능력 등)를 계산한 후 엔진 ECU로 전송하여 최종적으로 연비향상을 위한 발전제어시스템으로 ISG(idle stop & go)시스템에 적용되는 부품이다.

IBS는 배터리의 전압, 전류, 온도 값을 표출해 차량의 엔진 ECU로 보내면 ECU에서는 그 정보를 바탕으로 발전기(alternaor)에서 배터리를 충전할지 말지를 결정을 하게 된다. 배터리의 (-)극에 IBS를 연결하고 전압, 전류, 온도 3가지의 양을 이용하여 현재 배터리의 충전량을 계산하고 ECU는 그 계산된 충전량을 바탕으로 적정한 충전량이라 판단을 하게 되면 발전기의 내부에 있는 코일을 자석으로 만들지 않아 배터리 충전을 하지 않는 원리이다.

[그림 33] **배터리센서**

2.7. 고전압 배터리

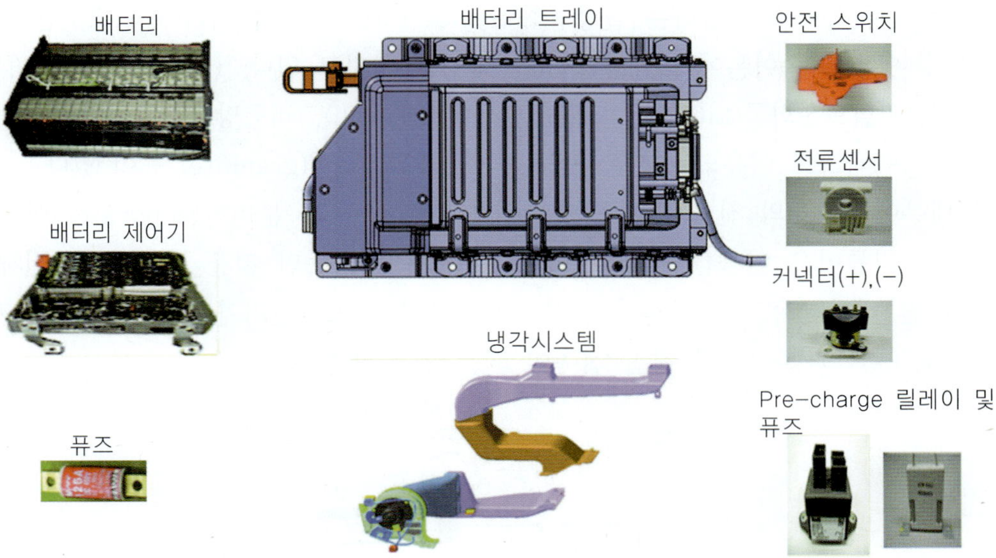

[그림 34] **고전압 배터리의 구성도**

2.7.1. 고전압 배터리의 구성

하이브리드자동차 또는 전기자동차에 사용하는 고전압 배터리에는 제작회사마다 다를 수 있지만 리튬이온 또는 리튬폴리머 등 리튬 2차 전지를 사용한다. 리튬이온 전지는 각형 또는 원형의 배터리(3.7~4.2V, 3000mAh 내외) 셀(Cell)이 96개 정도가 들어가고 12개 정도의 셀이 하나로 묶인 모듈(module)이 8개, 모듈 8개가 하나로 묶인 팩(pack) 1개가 들어가 있다.

(a) 셀　　(b) 모듈　　(c) 팩

[그림 35] 고전압 배터리의 구성

2.7.2. 리튬이온 축전지(Li-ion battery)

리튬이온 전지는 금속박지에 전극재료를 도포하여 만들어져 있다. 리튬이온 전지는 2개의 전극(+, −극), 분리막, 전해질로 구성되어 있고 (+)극 전극물질은 리튬이온이 쉽게 들락거릴 수 있는 공간을 포함하는 결정구조(crystal structure)를 지녀야 되고, 산화와 환원이 될 수 있는 금속이온이 포함되어 있는 특징을 가지고 있다. (+)극으로 사용되는 물질로는 리튬코발트산화물($LiCoO_2$), 리튬철인산염($LiFePO_4$), 리튬망간산화물($LiMn_2O_4$) 등이 있으며, (−)극으로 이용되는 전극물질은 금속 리튬, 흑연(graphite) 등이 있다.

전지 내부에는 2개의 전극 외에도 전해질(electrolyte)과 분리막(separator)이 있다.

전해질은 리튬이온 염을 물이 전혀 없는 유기용매에 녹인 것을 사용한다. 전해질에 물이 있다면 리튬금속과 폭발적인 반응이 일어난다. 또, 전기가 통하지 않는 고분자 분리막으로 (+)극과 (−)극이 직접 접촉이 되는 일을 막는다.

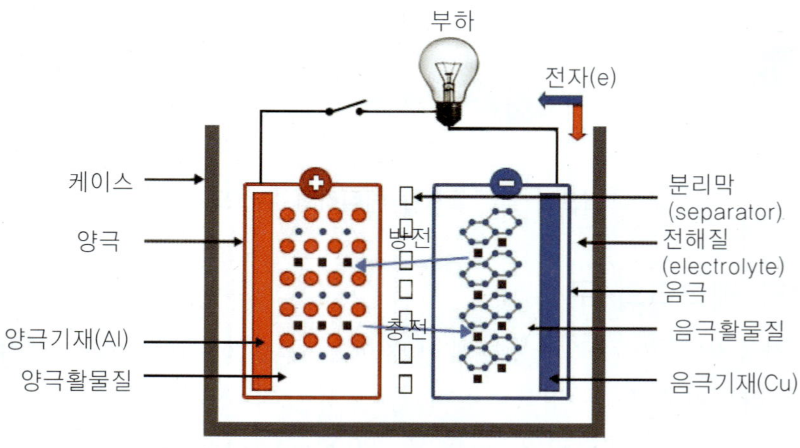

[그림 36] 리튬이온 축전지의 구조

2.7.3. 배터리 pack 어셈블리

[1] 외기 온도센서

① 배터리 pack 상단에 장착되어 있다.

② 부특성 NTC소자이다.

③ 배터리 주변온도를 감지하여 BMS ECU(배터리제어 유니트)로 정보를 입력한다.

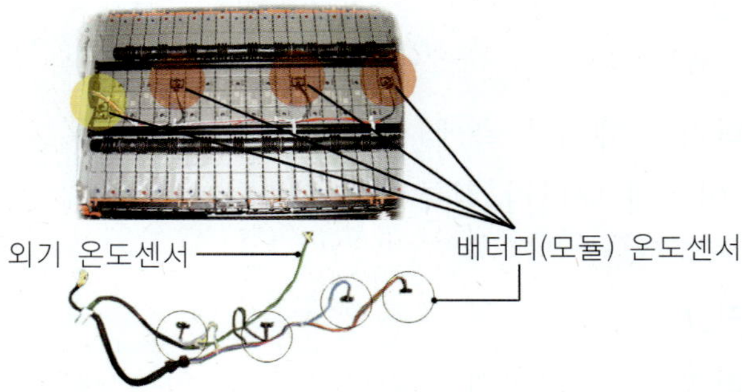

[그림 37] **외기온도센서, 배터리 온도센서**

[2] 배터리 내부 모듈 온도센서

① 배터리 팩 내부에 장착되어 있으며 부특성 NTC소자이다.

② 배터리 팩 내부온도를 감지하여 BMS ECU(배터리제어 유니트)로 정보를 입력한다.

[3] 배터리 제어기(BMS ECU : battery management system ECU)

① 고전압 배터리 제어를 위한 컴퓨터이다.

② 입·출력 에너지 제한 및 안전제어 그리고 에너지 잔존 용량 계산 등을 한다.

③ 배터리 성능유지를 위한 전류 온도전압 사용시간 등 각종 정보를 모니터링한다.

④ 종합적으로 연산된 배터리 에너지 상태 정보를 HCU또는 MCU로 송신한다.

⑤ BMS는 배터리의 블록으로부터 전압을 모니터링하여 각각의 블록 전압을 확인한다.

[4] 메인릴레이

① 고전압 배터리의 전원을 MCU(motor control unit)측으로 공급한다.

② 이그니션 키가 ON되고 고전압 전기 동력시스템이 정상일 경우 MCU는 메인릴레이를 작동시키고 고전압 배터리 전원을 MCU내부에 설치된 인버터로 공급한다.

[5] 프리차저 릴레이 및 레지스터

① 프리차저 릴레이는 메인릴레이(+)와 병렬회로로 되어있다.

② MCU는 프리차저 릴레이를 먼저 동작하여 (+)전원을 공급한다.

③ 프리차저 레지스터는 인버터 손상을 방지한다.

④ MCU는 프리차저 릴레이 작동 직후 완만한 전압상승을 완료하고 메인릴레이(+)를 작동시켜 정상적인 전원공급을 완료 즉시 프리차저 릴레이를 OFF한다.

[6] 전류센서

① 고전압 배터리(-)케이블 측에 설치되어있다.

② 홀 효과를 이용해 배터리 전류량을 검출한다.

[7] 세이프티 플러그

① 고전압 배터리 전원을 임의로 차단시킬 수 있는 전원 분리장치로 과전류 방지용 퓨즈를 포함하고 있다.

② 고전압 전기 동력시스템과 관련된 부품을 탈 부착하거나 정비 점검시 세이프티 플러그를 탈거하면 고전압을 차단시킬 수 있다.

③ 이그니션 ON상태에서는 세이프티 플러그를 탈거하지 말아야 한다.

03 시동장치(starting system)

3.1. 시동장치의 개요

내연기관은 자기 기동(self-starting)을 하지 못하므로 별도의 시동장치에 의해 시동되어야만 한다. 가솔린엔진은 시동하기 위해서는 기동전동기의 출력이 0.5~0.6PS이고, 100rpm 이상으로 회전하여야 하며, 디젤엔진은 출력이 3~10PS이고, 180rpm 이상으로 회전하여야 한다.

$$\text{기동전동기의 필요 회전력} = \frac{\text{피니언의 잇수} \times \text{회전 저항}}{\text{링 기어의 잇수}}$$

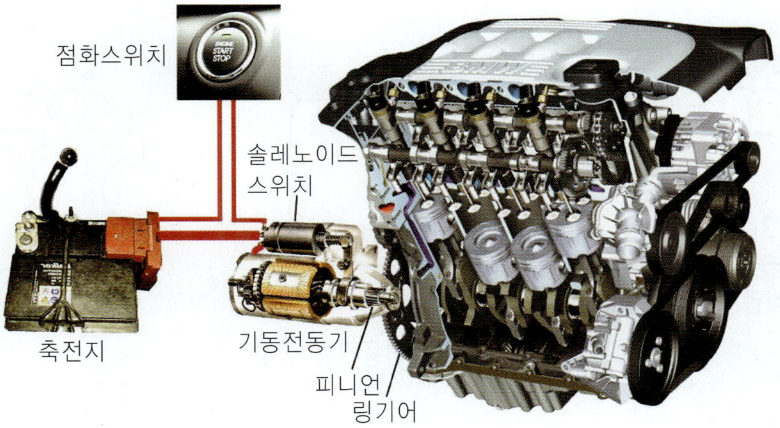

[그림 38] 시동장치의 구성

3.2. 기동전동기의 원리

기동전동기의 원리는 플레밍의 왼손법칙(fleming′ left hand rule)으로 왼손의 엄지, 인지, 중지를 서로 직각이 되게 펴고 인지를 자력선의 방향으로, 중지를 전류의 방향에 일치시키면 도체에는 엄지의 방향으로 전자력이 작용한다는 법칙이며 계자철심 내에 설치된 전기자에 전류를 공급하면 전기자는 플레밍의 왼손법칙에 따르는 방향의 힘을 받는다.

이 원리에 따라 전기자에 전류를 흐르게 하면 전기자 양쪽의 전류방향이 역으로 되므로 회전력이 작용하여 회전운동을 발생시킨다. 기동전동기, 전류계, 전압계 등의 원리이다.

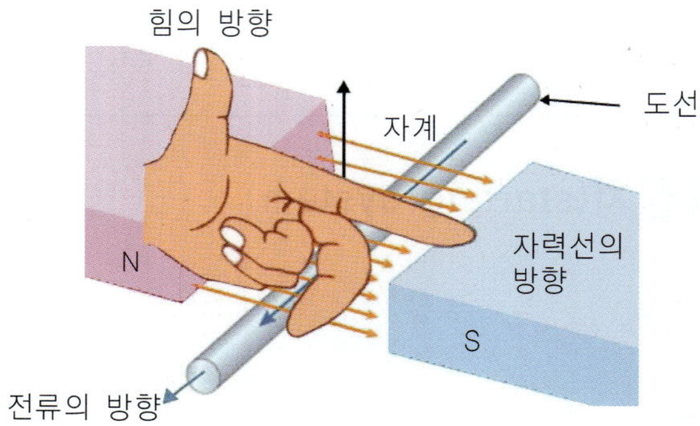

[그림 39] **플레밍의 왼손법칙과 전동기의 원리**

3.3. 기동전동기의 종류와 특징

3.3.1. 직권전동기

전기자 코일과 계자코일이 직렬로 접속된 것이다. 특징은 기동 회전력이 크고, 부하가 증가하면 회전속도가 낮아지고 흐르는 전류가 커지는 장점이 있으나 회전속도 변화가 크다.

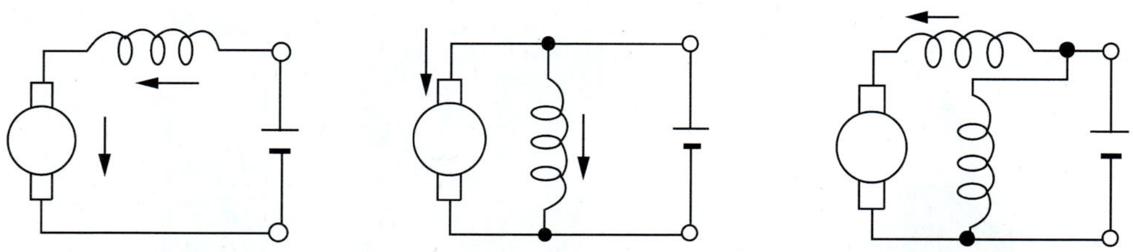

[그림 40] **전동기의 종류**

3.3.2. 분권전동기

이 전동기는 전기자와 계자코일이 병렬로 접속된 것이다. 특징은 회전속도가 일정한 장점이 있으나 회전력이 작은 단점이 있다. 분권전동기는 자동차용 직류발전기에서 사용하였다.

3.3.3. 복권전동기

이 전동기는 전기자 코일과 계자코일이 직·병렬로 접속된 것이다. 특징은 회전력이 크며, 회전속도가 일정한 장점이 있으나 구조가 복잡한 단점이 있다. 복권전동기는 윈드 실드 와이퍼 전동기로 사용된다.

3.4. 기동전동기의 구조와 기능

3.4.1. 전동기부분

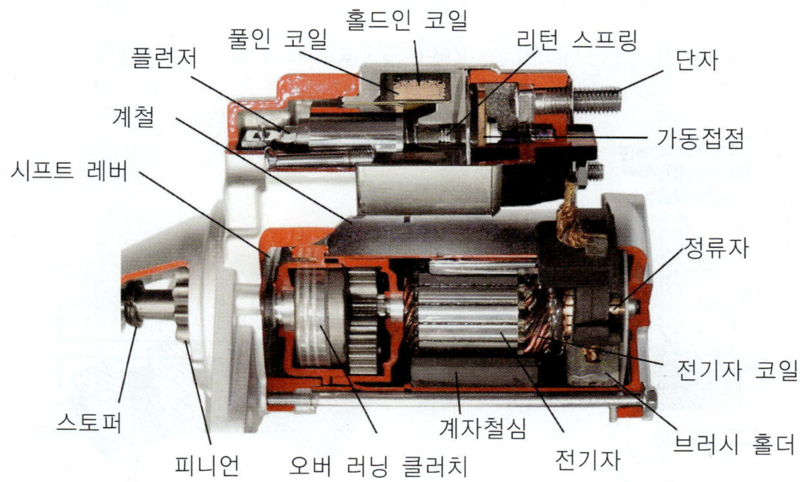

[그림 41] 기동전동기의 구조

[1] 회전운동을 하는 부분

(1) 전기자(armature)

전기자는 축, 철심, 전기자 코일 등으로 구성되어 있으며, 전기자축 앞쪽의 피니언 미끄럼 운동부에는 스플라인이 파져 있다. 전기자철심은 자력선을 잘 통과시키고 맴돌이 전류를 감소시키기 위해 얇은 규소 철판을 각각 절연하여 성층철심으로 하였으며, 바깥둘레에는 전기자 코일이 들어가는 홈(slot)이 파져 있다.

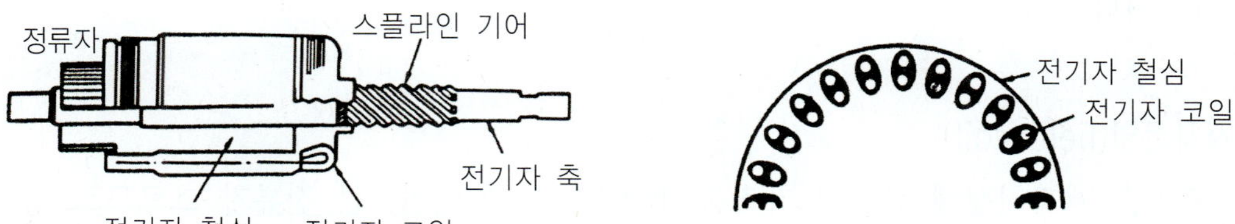

(a) (b)

[그림 42] 전기자 및 전기자 철심의 구조

(2) 정류자(commutator)

정류자는 경동(단단한 구리)으로 만든 정류자 편을 절연체로 감싸서 원형으로 제작한 것이며, 그 작용은 브러시에서의 전류를 일정한 방향으로만 전기자 코일로 흐르게 한다. 정류자 편사이는 운모(mica)로 절연되어 있고, 정류자 면보다 0.5~0.8mm(한계 0.2mm) 정도 낮게 파져 있는데 이를 언더 컷(under cut)이라 한다.

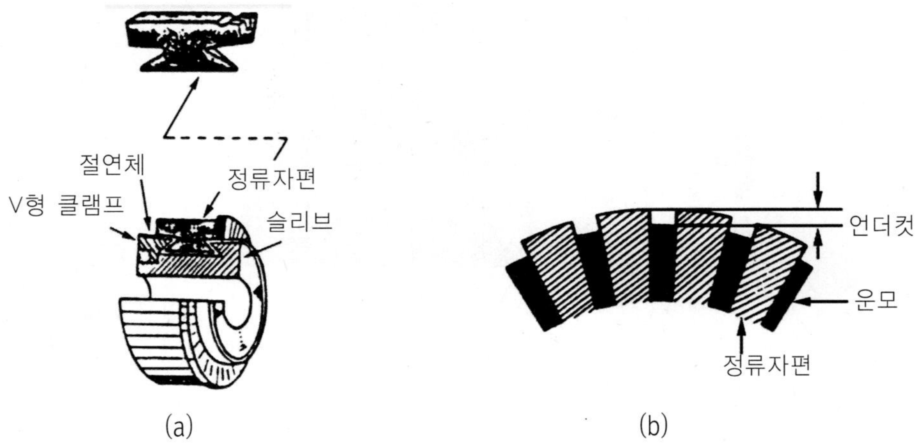

[그림 43] **정류자의 구조**

[2] 고정된 부분

(1) 계철과 계자철심(yoke & pole core)

계철은 자력선의 통로와 기동전동기의 틀이 되는 부분이며, 안쪽 면에는 계자코일을 지지하여 자극이 되는 계자철심이 나사로 고정되어 있다. 계자철심은 계자코일이 감겨져 있어 전류가 흐르면 전자석이 된다. 계자철심에 따라 전자석 수가 결정되며 4개면 4극이다.

(2) 계자코일(field coil)

이 코일은 계자철심에 감겨져 자력을 발생시키는 것이며, 큰 전류가 흐르므로 평각 구리선을 사용한다. 코일의 바깥쪽은 테이프를 감거나 합성수지 등에 담가 막을 만든다.

(a) 계자철심 · 계자코일

(b) 계자코일의 연결상태

[그림 44] 계자철심과 코일의 구조

(3) 브러시와 브러시 홀더(brush & brush holder)

브러시는 정류자를 통하여 전기자 코일에 전류를 출입시키는 일을 하며, 일반적으로 4개가 설치되는데 2개는 (+)이고, 2개는(-) 브러시이며, 스프링장력에 의해 정류자와 접속되어 홀더 내에서 미끄럼운동을 한다. 스프링 장력은 0.5~1.0kgf/cm^{2}이다.

또 브러시가 표준 길이에서 1/3 정도 마멸되면 교환하여야 한다. 기동전동기의 브러시는 큰 전류가 흐르므로 재질은 금속 흑연계열이다.

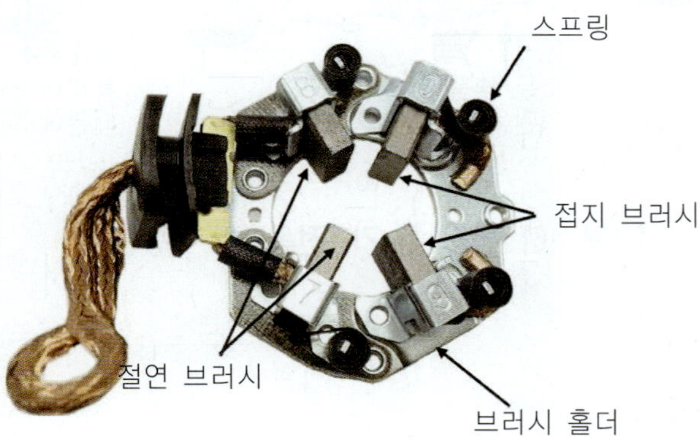

[그림 45] 브러시와 브러시 홀더의 구조

3.4.2. 동력전달기구

동력전달기구는 기동전동기에서 발생한 회전력을 엔진 플라이휠 링기어로 전달하여 크랭킹시키는 부분이다. 플라이휠 링기어와 피니언의 감속비율은 10~15 : 1 정도이다.

[1] 벤딕스형(관성 섭동형)

이 형식은 피니언의 관성과 기동 전동기가 무부하에서 고속으로 회전하는 성질을 이용한 것이다. 작동은 기동전동기에 전류가 흐르면 전기자는 고속회전을 한다.

그러나 피니언은 관성으로 인하여 전기자 축과 함께 회전하지 못하고 나사 슬리브 위를 회전하면서 축방향으로 이동하여 정지되어 있는 플라이휠 링기어에 물린다. 엔진이 시동되면 피니언이 플라이휠 링기어에 의해 회전하므로 나사 슬리브 위를 반대방향으로 미끄럼 운동하여 양쪽 기어의 물림이 풀리고 피니언은 제자리로 복귀한다. 따라서 오버러닝 클러치(over running clutch)를 필요로 하지 않는다.

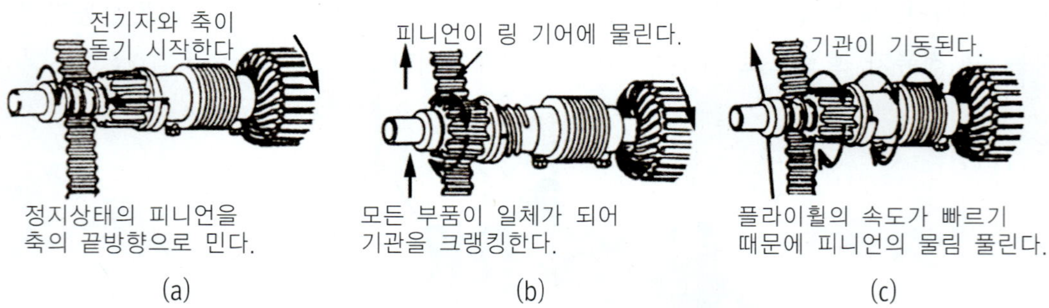

[그림 46] 벤딕스형 기동전동기의 작동원리

[2] 피니언 섭동형

(1) 피니언 섭동형의 구조

이 형식은 피니언의 미끄럼운동과 기동전동기 스위치의 개폐를 전자력으로 하는 솔레노이드 스위치(solenoid switch)를 둔 것이며, 솔레노이드스위치는 시프트 레버(shift lever)를 잡아당기는 전자석과 여자코일로 구성되어 있다.

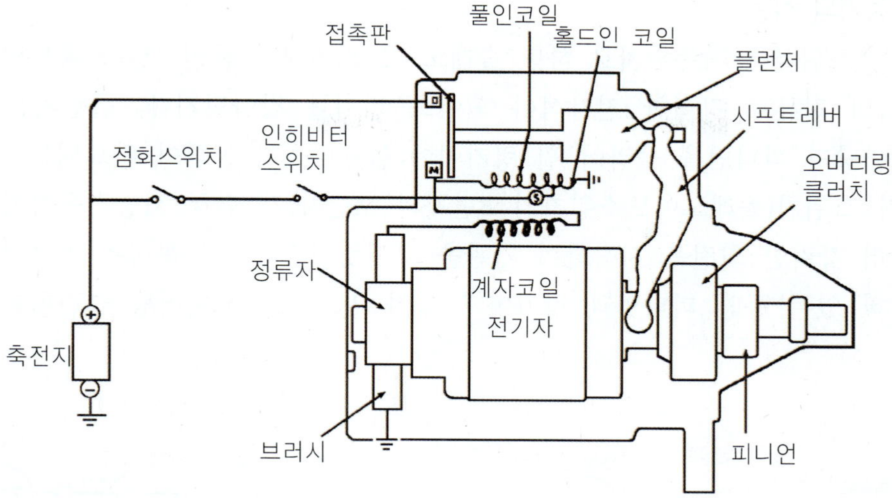

[그림 47] 전자 피니언 섭동형식의 구조

(2) 솔레노이드스위치의 구조

솔레노이드스위치는 마그넷 스위치(magnet switch)라고도 부르며 전자력으로 작동하는 기동 전동기용 스위치이다. 구조는 철심, 철심 위에 감겨져 있는 풀인코일과 홀드인 코일, 플런저, 접촉판, 2개의 접점(B단자와 M단자)으로 되어 있다.

풀인코일은 솔레노이드 스위치 ST단자(시동단자)에서 감기 시작하여 M단자(전동기단자)에 접속되어 있고, 홀드인 코일은 ST단자에서 감기 시작하여 솔레노이드 스위치 몸체에 접지되어 있다. 플런저를 잡아당기는 풀인 코일은 축전지와 직렬 접속되어 있으며, 잡아당긴 상태를 유지해 주는 홀드인 코일은 병렬로 접속되어 있다.

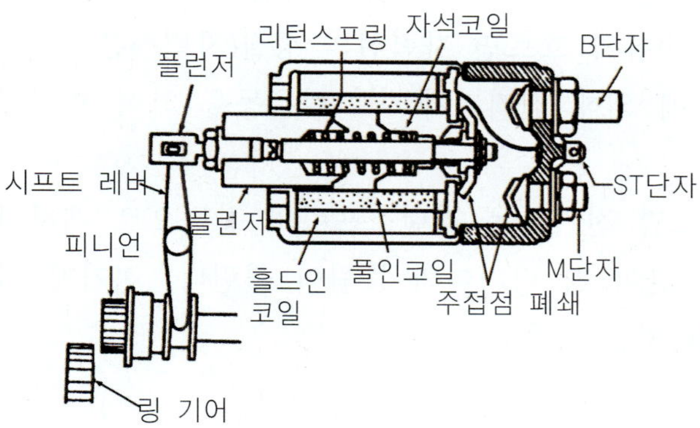

(a)

(b)

[그림 48] 솔레노이드 스위치의 구조

(3) 기동전동기의 작동

점화(시동)스위치를 시동위치로 하면 솔레노이드스위치의 풀인코일과 홀드인 코일이 축전지에서의 전류로 강력한 전자석이 되어 플런저를 잡아당긴다. 플런저는 시프트 레버를 잡아당겨 피니언을 플라이 휠 링기어에 물린다. 이 물림이 완료되는 순간부터 기동전동기 스위치(솔레노이드스위치의 B단자와 M단자)가 닫혀 기동전동기에 축전지 전류가 흘러 강력한 회전을 시작하여 기관을 크랭킹시킨다. 이 형식은 기동전동기 스위치가 닫혀 있는 동안 피니언과 링기어가 물려 있으므로 오버러닝 클러치를 필요로 한다.

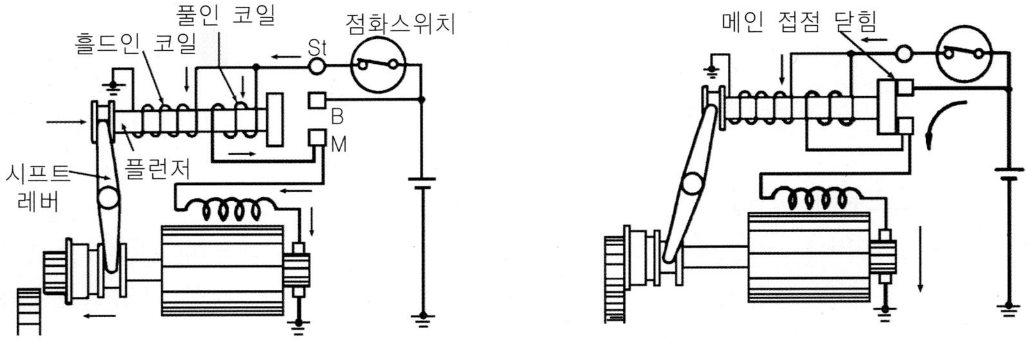

(a) (b)

[그림 49] **피니언 섭동형식의 작동회로**

[3] 전기자 섭동방식

이 형식은 계자철심의 중심과 전기자 중심이 일치되지 않고 약간의 위치 차이를 두고 조립되어 있다. 따라서 계자코일에 전류가 흐르면 자력선의 성질(자력선은 가장 가까운 거리를 통과하려는 성질이 있음)에 의해 전기자가 미끄럼운동을 하여 피니언이 플라이 휠 링기어에 물리게 된다.

엔진이 시동된 후 점화스위치를 놓으면 전기자는 리턴스프링의 장력으로 제자리로 복귀하고 이때 기동전동기 피니언과 플라이 휠 링기어의 물림이 풀린다. 전기자 이동형은 다판 클러치 형식의 오버러닝 클러치를 사용한다.

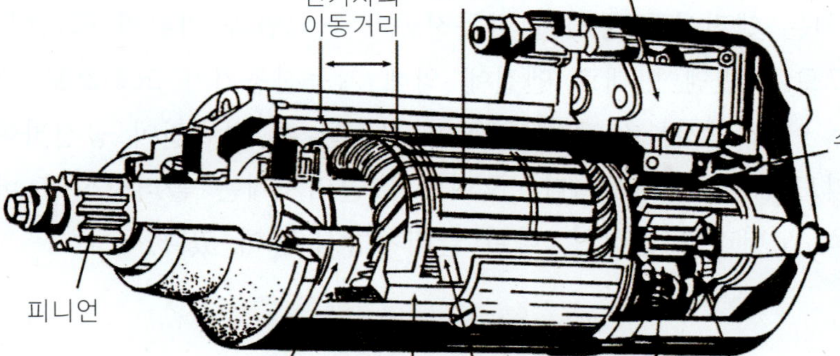

[그림 50] 전기자 섭동방식의 구조

[4] 유성기어식 시동전동기

근래에는 시동전동기의 소형 경량화 추세에 부합하기 위해 유성기어식 시동전동기를 많이 사용한다. 링 기어를 시동전동기의 하우징을 이용하여 고정시키고 전기자를 고속으로 회전시켜 4.5 : 1 정도로 감속시키는데 피니언과 링 기어사이의 감속비까지 감안하면 총 감속비가 70 : 1에 이른다.

계자코일을 전자석을 이용하지 않고 영구자석을 사용하는 시동전동기에서도 이 방식을 많이 사용하고 있다. 동일한 출력을 내는 직접구동방식에 비해 중량이 거의 60% 정도 감소된다.

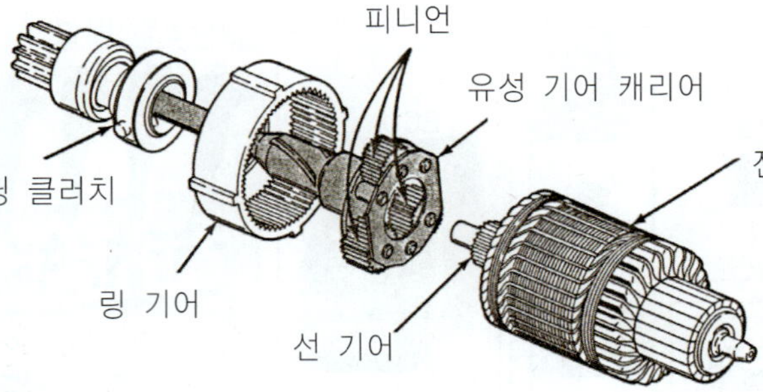

[그림 51] 유성 기어식 시동전동기

3.4.3. 오버러닝 클러치(over running clutch)

오버러닝 클러치는 엔진이 시동되면 기동전동기 피니언과 기관의 플라이 휠 링기어가 물린 상태이므로 이번엔 반대로 엔진에 의해 기동전동기가 고속으로 구동되어 전동기가 손상된다. 이를 방지하기 위해 기관이 시동된 후 피니언이 공전하여 기동전동기가 구동되지 않도록 하는 기구이다. 오버러닝 클러치에는 롤러방식 오버러닝 클러치, 스프래그 방식 오버러닝 클러치, 다판 클러치방식 등이 있다.

04 점화장치(ignition system)

4.1. 점화장치의 개요

점화장치는 연소실에 설치된 점화플러그를 통하여 전기불꽃을 발생시켜서 혼합가스를 적정 시기에 연소시키는 장치이다. 엔진의 고성능화와 배출가스의 규제와 함께 단속기 접점방식 점화장치에서 최근에는 전자 점화방식으로 발전하였다.

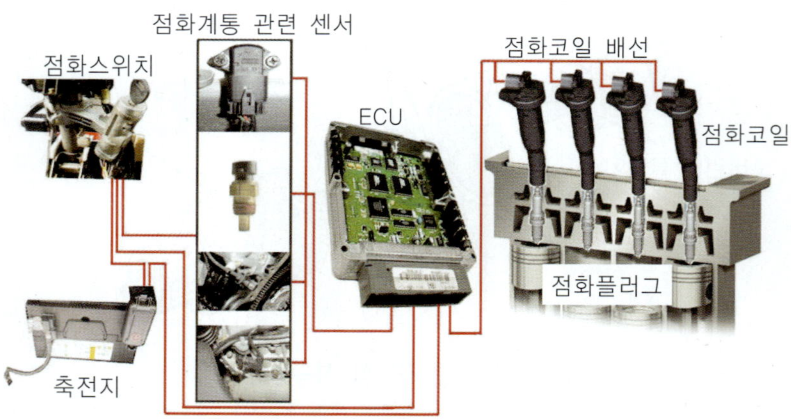

[그림 52] **전자 점화장치의 구조**

전자 점화장치는 컴퓨터에 의해 1차코일 전류의 통전개시 및 점화시기를 제어하기 때문에 최적의 제어를 통해 성능과 연료소비율 향상 및 배기가스 제어에 훨씬 유리하다.

점화장치의 요구조건은 발생전압이 높고 여유전압이 크고, 점화시기 제어가 정확해야 하며, 불꽃 에너지가 높고, 잡음 및 전파방해가 적어야 하며, 절연성이 우수해야 한다.

4.2. 고압 발생원리

4.2.1. 자기유도작용(self induction action)

자기유도작용이란 그림 53(a)에 나타낸 바와 같이 스위치를 닫아 철심에 감은 코일에 전류를 공급하면 철심에 자력선이 형성되는 순간 그림 53(b)에 나타낸 바와 같이 코일에는 철심에 자력선이 형성되는 것을 방해하는 방향으로 전류가 흘러 전압이 유기된다. 즉, 스위치를 닫으면(ON으로 하면) 전류가 흐르는 방향과 반대방향으로 유도기전력이 유기된다.

또 코일의 자기유도작용은 그림 53(c)에 나타낸 바와 같이 전류가 흐르는 상태에서 그림 53(d)에 나타낸 바와 같이 스위치를 신속하게 열면(OFF시키면) 소멸하는 자력선을 지속시키려는 방향으로 전류를 흐르게 하여 전압이 코일에 유기된다.

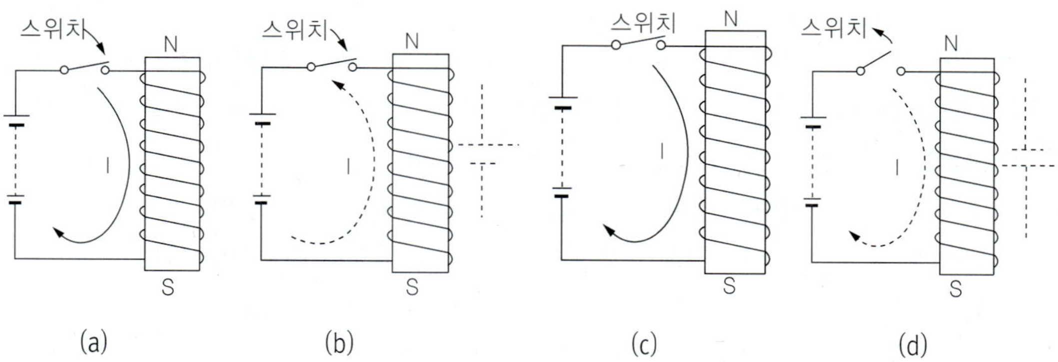

[그림 53] 자기유도작용

4.2.2. 상호유도작용(mutual induction action)

하나의 전기회로에 자력선의 변화가 생기면 그 변화를 방해하려고 다른 전기회로에 기전력이 발생되는 현상을 코일의 상호유도작용이라 한다.

점화코일에서 높은 전압을 얻도록 유도하는 공식은 다음과 같다.

$$E_2 = \frac{N_2}{N_1} \times E_1$$

E_2 : 2차 코일의 유도전압, E_1 : 1차 코일의 유도전압

N_1 : 1차 코일의 권수, N_2 : 2차 코일의 권수

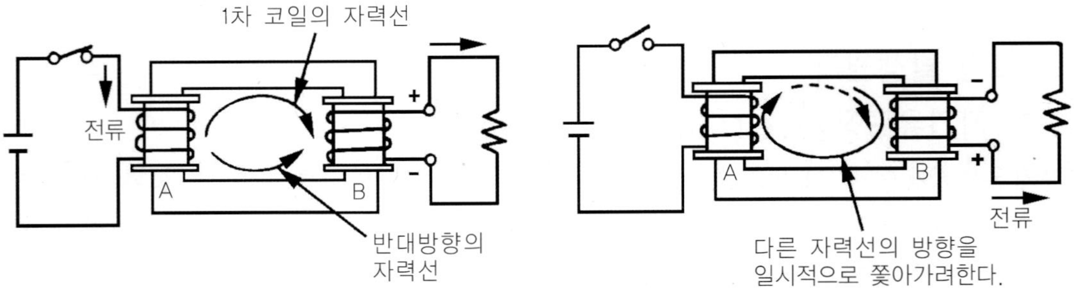

(a) 스위치 OFF → ON (b) 스위치 ON → OFF

[그림 54] **상호유도작용**

4.3. 컴퓨터 제어방식의 점화장치

4.3.1. 컴퓨터 제어방식 점화장치의 개요

엔진의 작동상태(회전속도・부하 및 온도 등)를 각종 센서로 검출하여 컴퓨터(ECU)에 입력시키면 컴퓨터는 점화시기를 연산하여 1차 전류의 차단신호를 파워 트랜지스터로 보내어 점화코일의 2차 코일에서 높은 전압을 유기하는 방식이다.

컴퓨터가 점화시기를 제어하며, 점화코일도 폐자로형(몰드형)을 사용한다. 종류에는 HEI와 DLI(또는 DIS)가 있으며, 다음과 같은 장점이 있다.

① 저속・고속 운전영역에서 매우 안정된 점화불꽃을 얻을 수 있다.

② 노킹이 발생할 때 점화시기를 자동으로 늦추어 노킹발생을 억제한다.

③ 기관의 작동상태를 각종 센서로 검출하여 최적의 점화시기로 제어한다.

④ 높은 출력의 점화코일을 사용하므로 완벽한 연소가 가능하다.

4.3.2. HEI(high energy ignition : 고강력 점화방식)의 구조와 작동

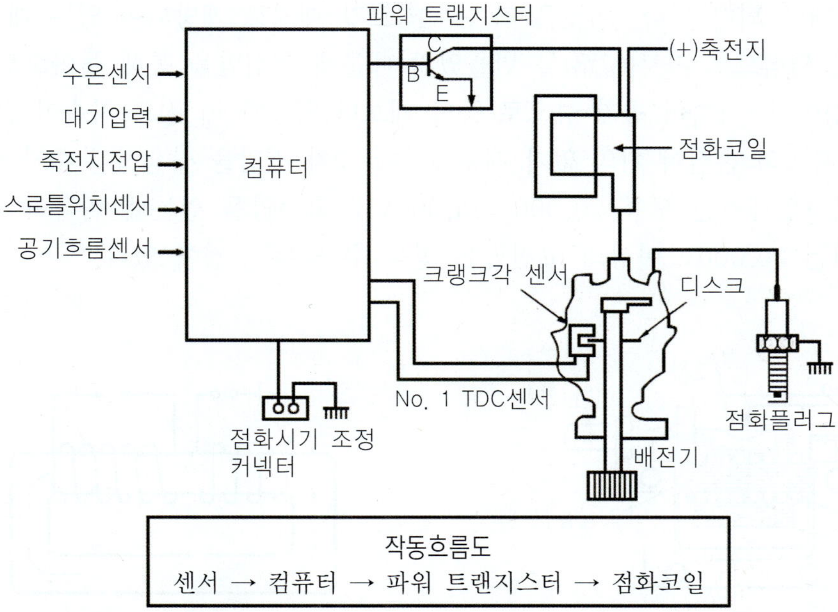

[그림 55] HEI의 구성도

[1] 파워 트랜지스터(power TR)

파워 트랜지스터는 컴퓨터로부터 제어신호를 받아 점화코일에 흐르는 1차 전류를 단속하는 역할을 하며, 구조는 컴퓨터에 의해 제어되는 베이스(base), 점화코일 1차 코일의 (-)단자와 연결되는 컬렉터(collector), 그리고 접지되는 이미터(emitter)로 구성된 NPN형이다.

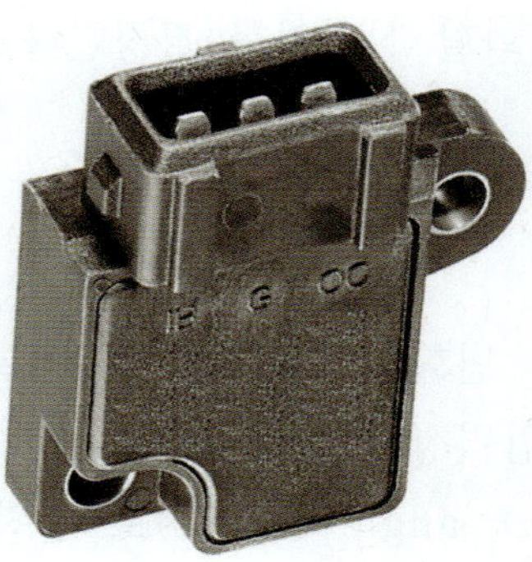

[그림 56] 파워 트랜지스터

[2] 점화코일(ignition coil)

폐자로형 점화코일은 4각 철심의 안쪽에 1차 코일을 감고 바깥쪽에 2차 코일을 감아 개자로형과는 반대로 되어 있다. 이것은 자속의 경로가 대기로 개방되어 있는 개자로형과는 달리 4각의 철심으로 자로(磁路)를 만들었기 때문에 철심만을 통해 돌아오도록 소형화된 것이 특징이며, 자속이 공기 중으로 통할 때보다 약 1만 배 정도 자속이 잘 통하는 성질이 있어 자속의 손실이 거의 없기 때문에 높은 2차 전압을 발생시킬 수가 있다.

개자로형 점화코일에서는 보통 20,000~25,000V의 고전압을 얻는데 비하여 폐자로형 점화코일에서는 30,000V 이상의 고전압을 얻을 수 있는 장점이 있다.

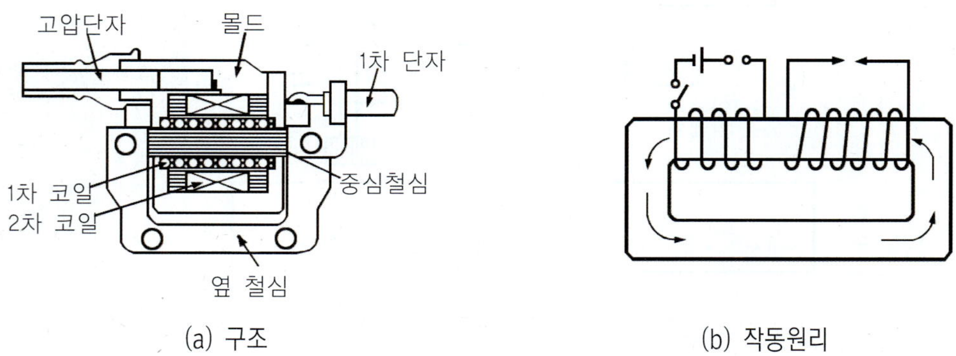

[그림 57] 폐자로형 점화코일의 구조와 작동

[3] 크랭크 각 센서와 상사점 센서

크랭크 각 센서는 각 실린더의 크랭크 각을 검출하여 신호를 ECU에 보낸다. ECU는 이 신호를 이용하여 엔진의 회전속도 및 1행정당의 흡입공기량과 점화진각을 연산하여 점화코일의 1차 전류 단속신호를 파워 트랜지스터에 보낸다.

TDC센서는 No.4 실린더의 압축 상사점을 검출하여 ECU에 보내며 ECU는 이 신호를 기초로 연료분사 신호와 점화할 실린더를 결정한다.

[4] 점화시기 보정

(1) 점화시기 보정요소

엔진의 점화시기의 가장 큰 변화요인은 기관 회전속도 변화와 부하 변화이며, 그 밖에 엔진의 난기상태, 대기 압력상태 및 연료 등이 약간의 영향을 준다. 전자제어장치에서는 크랭크 각 센서(crank angle sensor)로 엔진 회전속도를 측정하고, 공기유량 센서(air flow sensor)를 이용하여 흡입공기량을 측정한 후 기본 점화시기를 결정한 다음, 엔진의 각종 상태를 보정하여 가장 적절한 점화시기를 결정한다.

점화시기	=	초기기준 점화시기	+	기본점화 진 각 도	+	냉각수 온도보정 진 각 도	+	고지보정 진 각 도
		⇩ 5° 상사점 전		⇩ 부하 및 회전속도에 의한 진각				

(2) 점화시기 제어기구

점화시기를 제어하기 위해서는 각종센서, 컴퓨터, 액추에이터의 3부분으로 나눌 수 있으며, 액추에이터부분인 파워 트랜지스터를 제어하여 이 파워 트랜지스터가 ON-OFF됨에 따라 1차 전류를 ON-OFF한다.

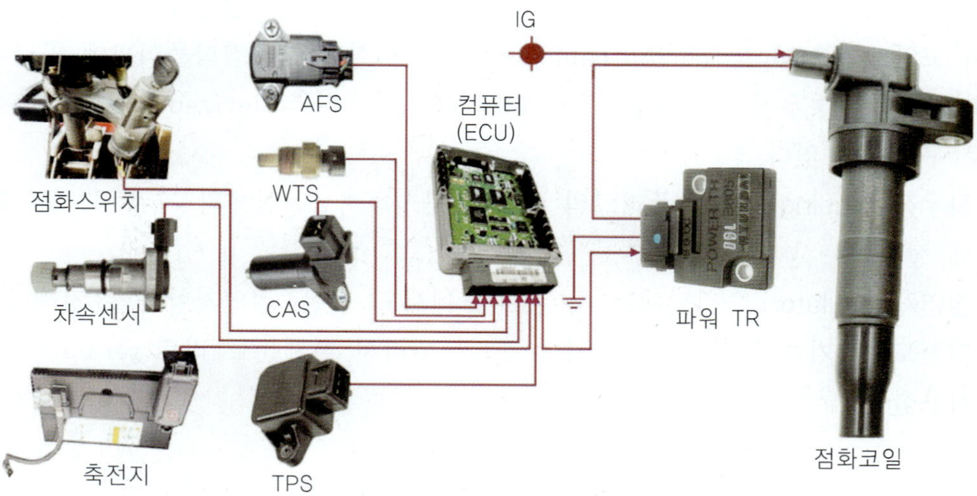

[그림 58] **점화시기 제어의 구성**

[5] 고압케이블(high tension cable)

고압케이블은 점화코일의 2차 단자와 점화플러그를 연결하는 절연전선이다. 고압케이블의 한 쪽 끝은 황동제의 태그(tag)를 통하여 점화플러그 단자에 끼워지고 다른 한 쪽은 점화코일의 점화플러그 단자에 끼워진 후 수분이 들어가지 못하도록 고무제의 캡이 씌워져 있다.

구조는 중심부분의 도체를 고무로 절연하고 다시 그 표면을 비닐 등으로 보호하고 있다. 고압케이블 종류에 따라 중심도체에는 구리선을 몇 가닥 합친 것과 섬유에 탄소를 침투시켜 균일한 저항을 둔 것을 TVRS(television radio suppression)케이블이 있으며 이 TVRS케이블은 점화회로에서의 고주파 발생에 따른 잡음을 방지하기 위해 케이블 전체에 약 10kΩ 정도의 저항을 두고 있다.

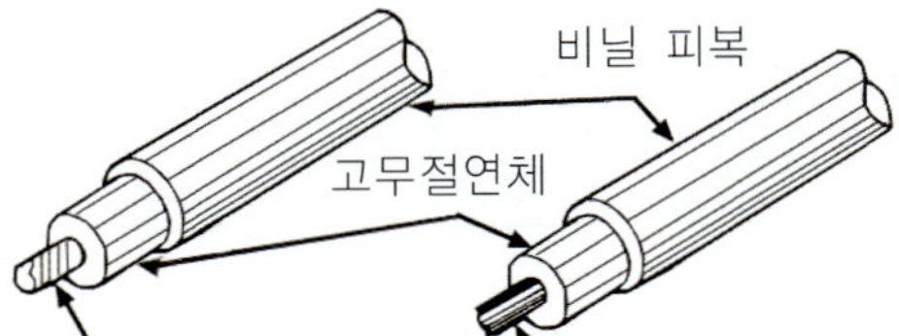

[그림 59] **고압케이블의 종류**

[6] 점화플러그(spark plug)

(1) 점화플러그 개요

점화플러그는 실린더헤드에 설치되어 있으며, 실린더 내의 압축된 혼합가스에 고압 전기로 불꽃을 일으키는 역할을 한다. 이때 불꽃에너지(높은 전압)는 점화코일에서 발생하여 고압케이블(high tension cable)을 통해 각 실린더의 점화플러그에 공급된다.

점화플러그는 하우징(housing), 절연체(insulator), 전극(electrode)의 3가지 주요부분으로 구성되어 있다.

① 하우징(housing) : 점화플러그의 외곽을 구성하며, 절연체의 지지 및 실린더헤드에 설치되는 부분이다.

② 절연체(insulator) : 절연체는 높은 온도에서도 높은 절연저항을 유지해야 하고 열전도성, 기계적 강도 등이 커야 한다. 따라서 현재는 세라믹(ceramic)을 주로 사용한다.

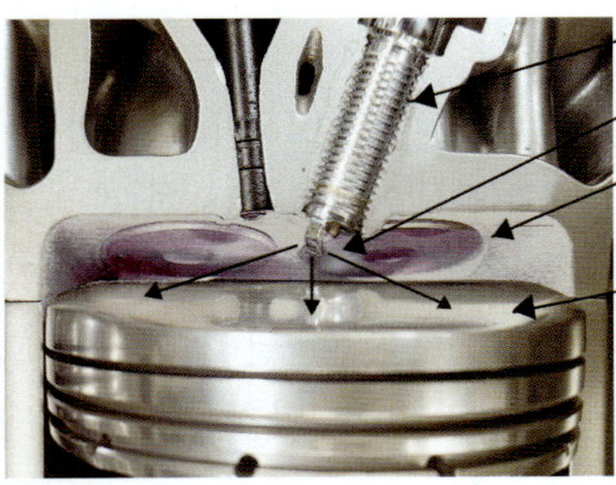

(a)

(b)

[그림 60] **점화플러그의 설치상태 및 구조**

③ **전극**(electrode) : 전극은 중심전극과 접지전극으로 되어 있으며, 접지전극은 금속 셀(shell)에 부착되어 있다. 전극간극은 0.7~1.1mm 정도의 간극을 두고 불꽃을 일으킨다. 중심전극은 니켈-망간합금, 철-크롬합금, 백금 등을 사용한다.

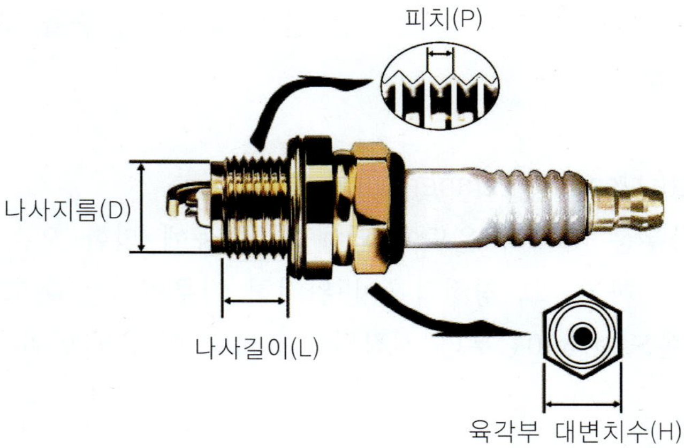

[그림 61] **점화플러그 설치부분의 규격**

(2) 점화플러그 열값에 따른 분류

① **열형 플러그**(hot type plug) : 절연체의 노스(nose) 면적이 넓어 더 많은 열을 흡수하므로 열 분산이 낮다.

② **표준형 플러그**(standard type plug) : 절연체 노스(nose) 면적이 열형보다 작아 열 흡수가 더 낮으며, 열 분산은 더 높다.

③ **냉형 플러그**(cold type plug) : 절연체 노스(nose) 면적이 작아 열을 거의 흡수하지 못하며, 짧은 열전도 통로를 통한 열 분산성이 우수하다.

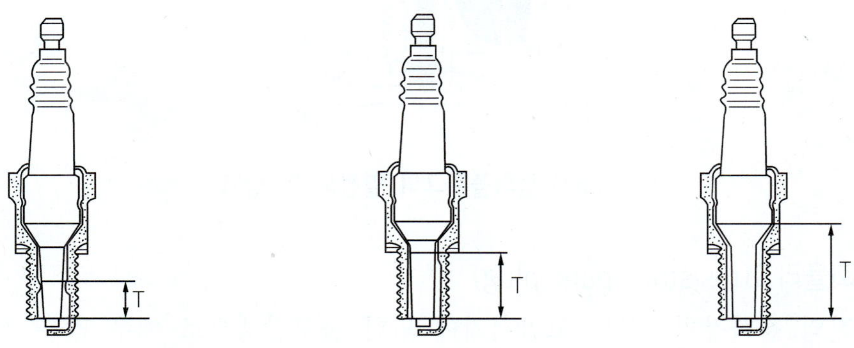

[그림 62] **점화플러그의 열값에 따른 분류**

(3) 점화플러그의 구비조건

① 전기 절연성이 좋을 것
② 내열성이 클 것
③ 열전도율이 클 것
④ 기계적인 강도가 클 것
⑤ 기밀유지가 잘 될 것
⑥ 내구성이 좋을 것
⑦ 내 오손성이 클 것
⑧ 불꽃 방전성이 좋을 것
⑨ 착화성이 좋을 것

(4) 자기 청정온도(self cleaning temperature)

점화플러그의 전극부분 자체의 온도에 의해 카본 등에 의한 오손을 청소하는 작용을 자기 청정작용이라 하고, 그 청정작용이 완전히 이루어지는 온도를 자기 청정온도라 한다. 자기 청정온도는 500℃부터 시작하여 950℃ 이하의 범위가 이 자기 청정온도에 해당한다.

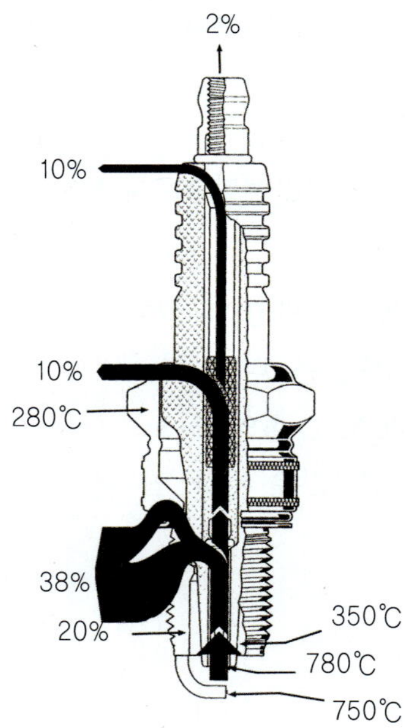

[그림 63] **점화플러그의 열전도 및 방열**

(5) 저항 점화플러그(resistor spark plug)

가솔린엔진의 점화장치에서는 고압전기에 의한 불꽃발생으로 매우 많은 전파잡음이 발생한다. 고압전기에 의한 불꽃은 단위시간 당 전류변화량이 매우 크고 전파의 발생량도 비례하여 증가한다. 이러한 전기불꽃에 의한 잡음전파는 다양한 주파수를 포함하고 있어 차량의 AM·FM라디오, TV, 무전기, 내비게이션(navigation) 등에 악영향을 준다.

이러한 잡음전파를 방지하기 위한 방법으로 고압케이블의 재료를 실리콘을 사용하거나 저항을 넣은 저항 고압케이블을 사용하여 잡음 전파방지 등의 방지기로 사용되기도 하며, 점화플러그의 내부에 저항(10,000Ω)을 넣은 저항 점화플러그를 사용하기도 한다.

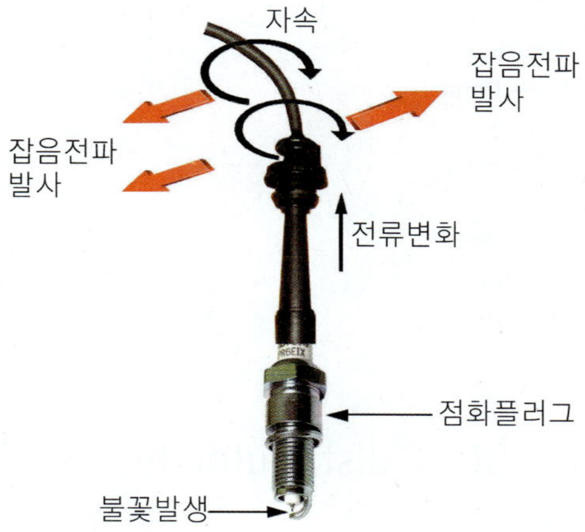

[그림 64] 고압케이블의 잡음 전파발사

(6) 점화플러그의 형식

점화플러그의 형식은 BP5ES—11, PFR5A—11, BRE527Y—11 등으로 표시하며 형식에 따른 세부내용은 아래 표와 같다.

[표] 점화플러그 형식

B 〈나사지름〉	P 〈구조/특징〉	5 〈열가〉	E 〈나사길이〉	S 〈구조/특징〉	-11 〈플러그 간극〉
A ············18mm	P 절연체	2 열형	E 19.0mm	S 표준타입	9 ······0.9mm
B ············14mm	(돌출타입)	4		Y V-파워플러그	10 ··· 1.0mm
C ············12mm	R 저항타입	5 ↑	H 12.7mm	V V 플러그	11 ··· 1.1mm
D ············10mm	U Semi—연면	6		VX VX 플러그	13 ··· 1.3mm
E ············18mm	(연면 방전타입)	7		K 외측 2극전극	
BC ·········14mm		8 ↓		M 2극 로타리용 전극	-L ···중간열가
		9		Q 4극 로타리용 전극	-N ···외측전극
		10		B CVCC 기관용	
		11		J 2극 사방전극	
		12		C 사방전극	
		13 냉형			

B	R	E	5	2	7	Y	-11
〈나사지름〉	〈저항형식〉	〈나사길이〉	〈열가〉	〈절연체 돌출지수〉	〈발화위치〉	〈중심전극〉	〈플러그간극〉
				(2:2.5M)	(7:7.0mm) (9:9.5mm)	(선단 V홈)	(11:1.1mm)

P	F	R	5	A	-11
〈플러그 종류〉	〈나사지름〉	〈저항형식〉	〈열가〉	〈추가기호〉	〈플러그간극〉
P : 백금 플러그 Z : 돌출형 플러그	육각대변치수 F :∅14×19mm 육각대변 16.0mm G :∅14×19mm 육각대변 20.6mm J :∅12×19mm 육각대변 18.0mm F :∅10×12.7mm 육각대변 16.0mm	R : 저항타입	5 열형 6 ↕ 7 냉형	A, B, C···	-11: 1.1mm

4.3.3. 전자배전 점화장치(DLI : distributor less ignition)

[1] 전자배전 점화장치의 종류

전자배전 점화장치는 DIS(direct ignition system) 또는 무배전기 점화장치라고도 부른다. 자동차 제작회사마다 다르지만 기본 형식에 따라 다음과 같이 나눌 수 있다.

- 전자배전 점화장치
  - 코일분배 방식
    - 동시 점화방식
    - 독립 점화방식
  - 다이오드 분배방식 – 동시 점화방식

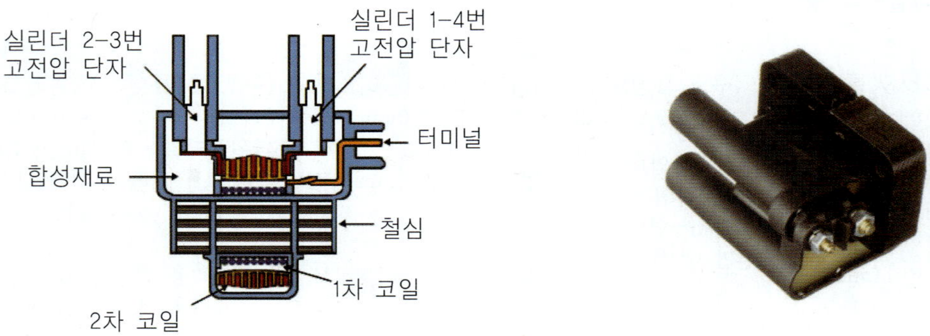

(a) 구조 (b) 외형

[그림 65] **듀얼 스파크 점화코일의 구조 및 외형**

코일 분배방식은 높은 전압을 점화코일에서 점화플러그로 직접 배전하는 방식이며, 1개의 점화코일이 2개의 실린더에 동시에 점화를 시키는 동시 점화방식과 1개의 코일이 1개의 실린더에 점화시키는 독립 점화방식이 있다. 다이오드 분배방식인 경우는 고압전류의 방향을 다이오드에 의해 제어하는 방식을 말하며 동시 점화방식이다.

(1) 동시 점화방식

이 방식은 듀얼 점화방식(dual ignition type)이라고도 하며, 2개의 실린더에 1개의 점화코일로 압축상사점과 배기상사점에 있는 각각의 점화플러그에 동시에 점화시키는 장치이다. 4번 실린더는 배기상사점에 1번 실린더는 압축상사점에 점화시켰지만 4번은 압축압력이 낮기 때문에 방전에너지도 작게 되어 점화플러그의 불꽃은 약하고 공회전과 저속 운전시의 토크변동이 억제되는 등의 운전성이 향상된다.

(2) 독립 점화방식

이 방식은 각 실린더마다 1(점화코일) + 1(점화플러그)방식에 의해 직접 점화하는 장치이며, 고압케이블이 없기 때문에 에너지의 손실이 거의 없고 각 실린더 별로 점화시기 제어가 가능하기 때문에 연소제어가 쉽다.

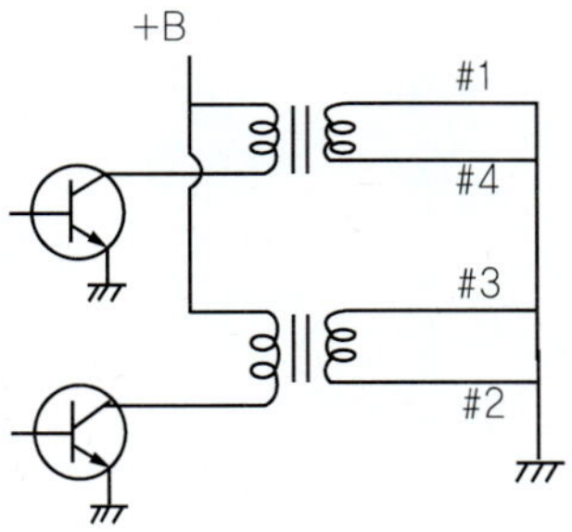

(a) 동시(듀얼) 점화방식

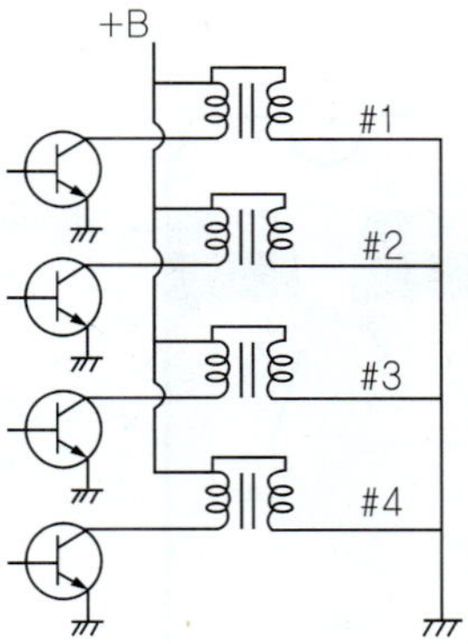

(b) 독립 점화방식

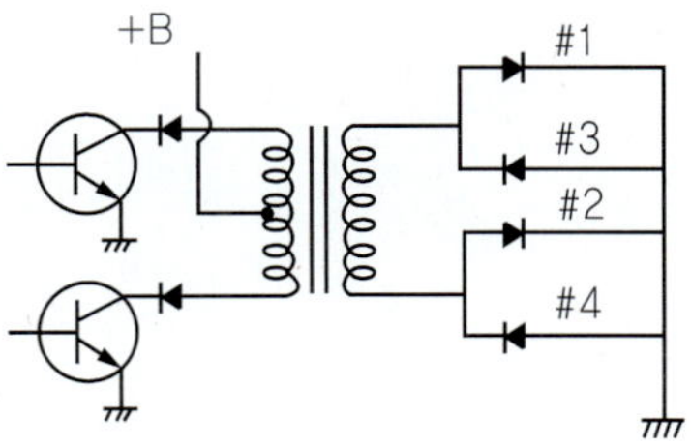

(c) 동시(다이오드분배) 점화방식

[그림 66] 점화방식의 종류

(3) 동시(다이오드분배) 점화장치

대부분 DLI장치의 점화코일은 폐자로(閉磁路)형으로 소형 경량화 하였고, 1개의 점화코일로 2개의 실린더에 동시에 점화하는 동시 점화방식을 사용한다.

즉, 점화코일의 1차 전류가 파워 트랜지스터에서 차단될 때, 2차 쪽에는 (+)와 (−) 양극성의 높은 전압이 동시에 발생한다. 따라서 (+)출력 쪽에 다이오드가 조립되어 있다.

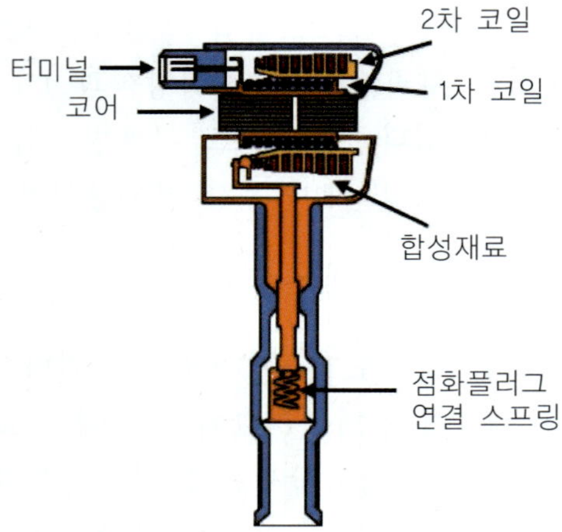

(a) 구조

(b) 외형

[그림 67] **싱글 스파크 점화코일의 구조 및 외형**

4.3.4. IGBT(insulated gate bipolar transistor) 점화장치

IGBT는 전력용 반도체의 일종으로 정확하게 고전력 스위칭용 반도체를 뜻한다. 바이폴라 트랜지스터가 베이스전류를 통해 컬렉터 전류를 제어하는 전류 구동형 소자인데 비해 IGBT는 게이트전압을 통해 컬렉터 전류를 제어하는 전압 구동형 소자이다.

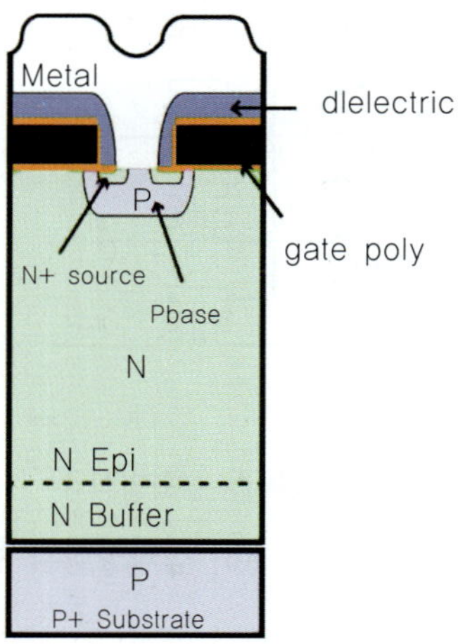

[그림 68] IGBT

턴오프 시간이 1μs로 초당 15,000번 이상 스위칭이 가능하다. 최대 정격은 1.2kV, 400A이다. 현재 주로 사용하고 있는 유도방전 점화장치에서 일어나는 큰 변화는 파워 트랜지스터가 고속 스위칭소자인 IGBT로 바뀌고 있다는 것이다. 물론, ECM은 IGBT 드라이브를 통해 IGBT를 제어한다. 특히 클램핑회로가 들어가 있어 1차 전압을 300~600V로 제한하여 IGBT와 코일의 절연성을 높이고 있다.

점화장치의 고장진단은 과거에는 주로 페일러센서를 사용하였으나 근래에는 ECM의 실화모니터링(misfire monitoring)기능으로 실화되는 실린더를 특정할 수 있다. IGBT 점화장치는 ECM, 구동드라이브, IGBT, 점화코일 그리고 점화플러그로 되어 있다.

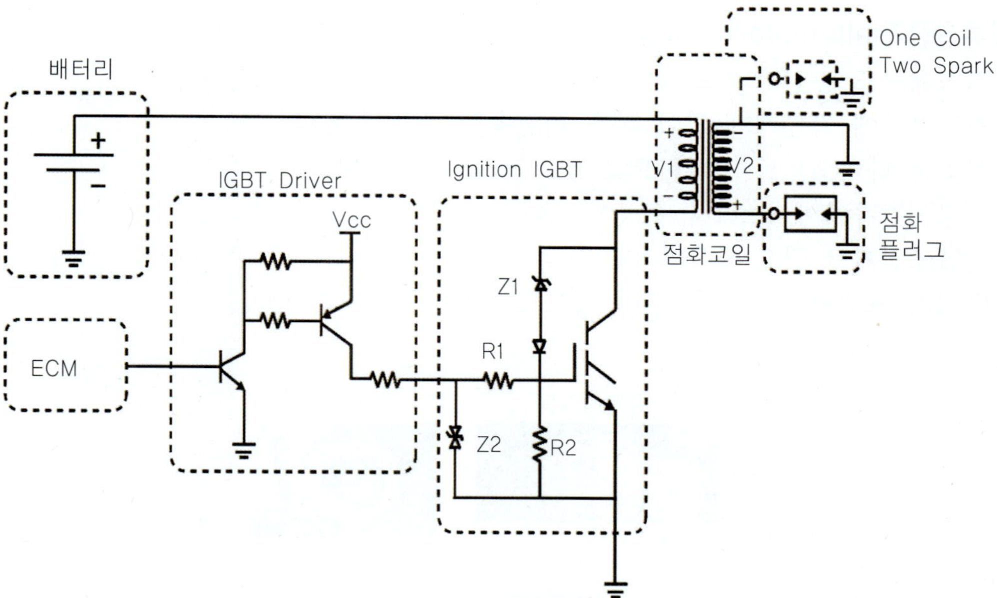

[그림 69] IGBT 점화장치의 구성도ㄴ

05 충전장치(charging system)

자동차에 부착된 모든 전장부품은 발전기나 축전지로부터 전력을 공급받아 작동한다. 그러나 축전지는 방전량에 제한이 따르고, 기관 시동을 위해 항상 완전 충전상태를 유지하여야 한다. 이를 위해 설치된 발전기를 중심으로 한 일련의 장치들을 충전장치라 한다.

[1] 교류발전기(alternator)의 특징

① 저속에서도 충전이 가능하다.
② 회전부분에 정류자가 없어 허용 회전속도 한계가 높다.
③ 실리콘 다이오드로 정류하므로 전기적 용량이 크다.
④ 소형·경량이며, 브러시 수명이 길다.
⑤ 전압조정기만 필요하다.
⑥ 발전기 자체에는 극성을 주지 않아도 된다.

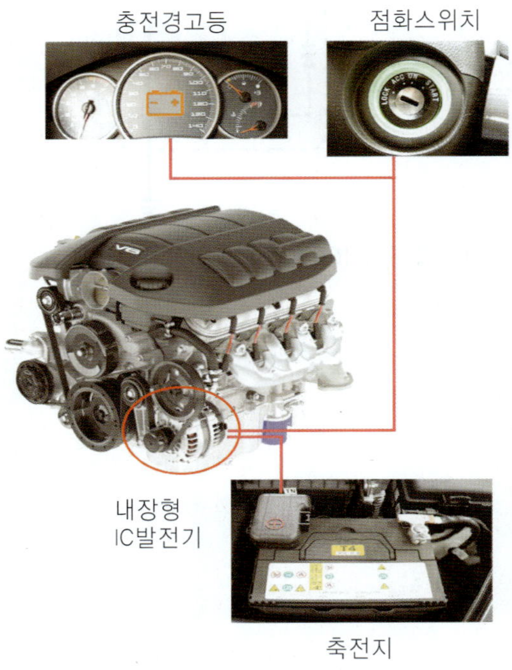

[그림 70] 충전장치의 구성

5.1. 발전기(alternator)의 원리

5.1.1. 플레밍의 오른손법칙

유도기전력의 방향은 (+), (−)도체를 움직이는 운동의 방향과 자력선의 방향에 따라서 결정이 되는데 이들 방향의 관계는 다음과 같다. 오른손 엄지손가락, 인지, 장지를 서로 직각이 되게 하고 인지를 자력선의 방향에, 엄지손가락을 도체의 운동방향에 일치시키면 장지가 유도 기전력방향을 표시한다. 이 법칙을 플레밍의 오른손법칙이라 한다.

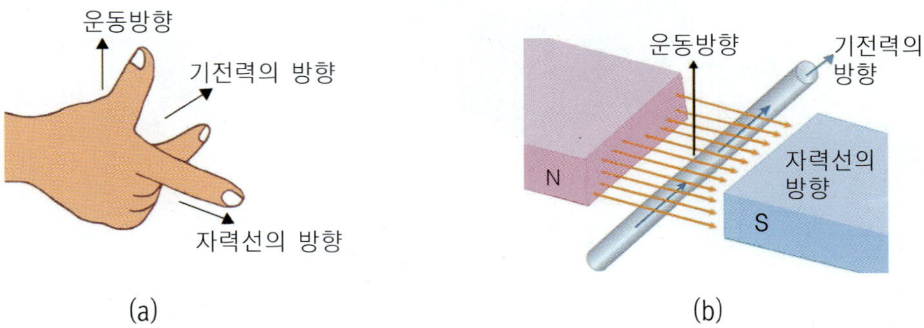

[그림 71] 플레밍의 오른손법칙

도체에 전류계를 접속한 후 도체를 상하로 움직이면 전류계의 지침은 좌우로 흔들리며, 도체의 움직임이 빠르면 빠를수록 전류계의 지침이 크게 흔들리게 되는데 이것은 기전력이 발생하기 때문이다.

5.1.2. 발전기와 렌츠의 법칙(lenz's law)

발전기의 이론은 렌츠의 법칙을 통해서도 알 수 있다. 전류에 의해 발생하는 자력선과 자계의 운동방향은 반대이기 때문에 기전력은 교번한다. 예를 들면 그림 72에서 자석을 오른쪽으로 회전시키면 자력선은 자석을 왼쪽으로 회전시키려고 한다.

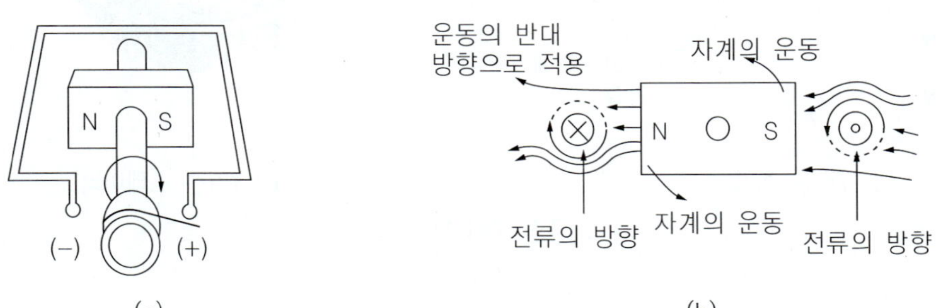

[그림 72] 렌츠의 법칙에 의한 발전기의 원리

5.2. 교류발전기의 구조

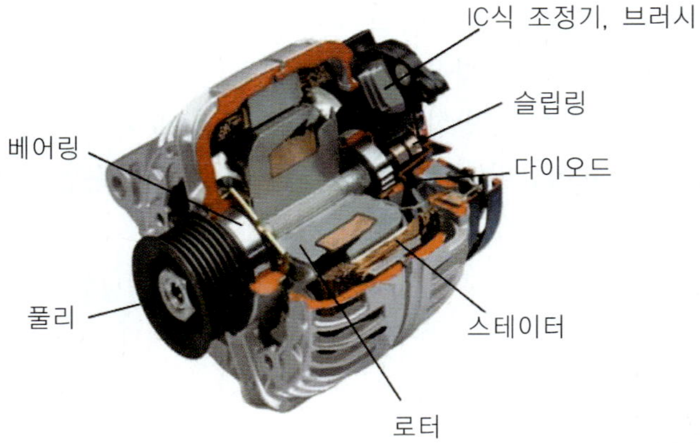

[그림 73] **교류발전기**

5.2.1. 스테이터(stator)

스테이터에는 독립된 3개의 코일이 감겨져 있고 여기에서 3상 교류가 유도된다. 스테이터 코일의 접속방법에는 Y결선(또는 스타결선)과 삼각형결선(델타결선)이 있으며, Y결선이 삼각형 결선에 비하여 선간 전압이 각 상 전압의 $\sqrt{3}$배가 높아 엔진이 공전할 때에도 충전 가능한 전압이 유도된다.

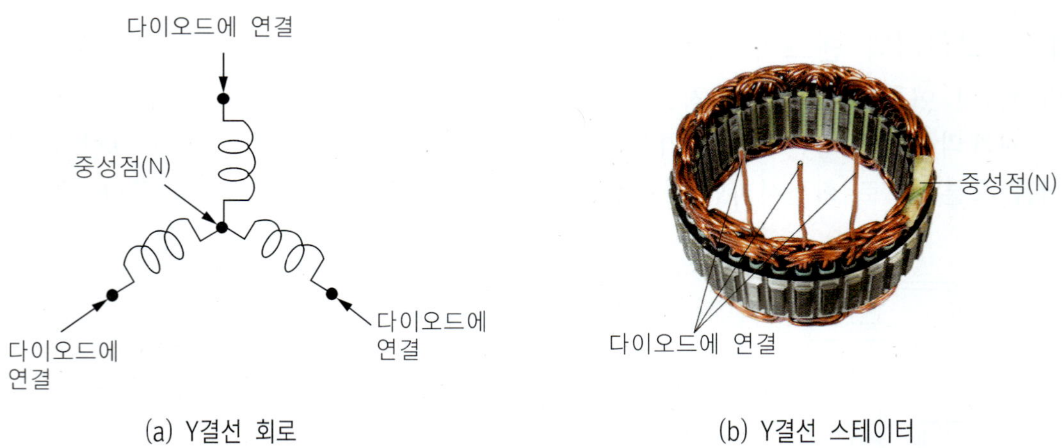

[그림 74] **Y결선**

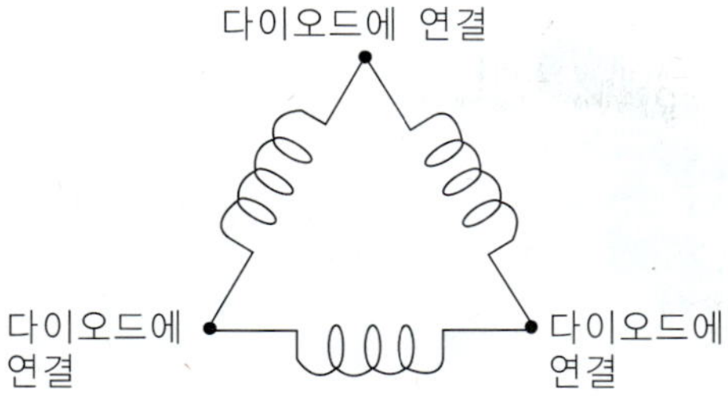

(a) 델타 결선회로

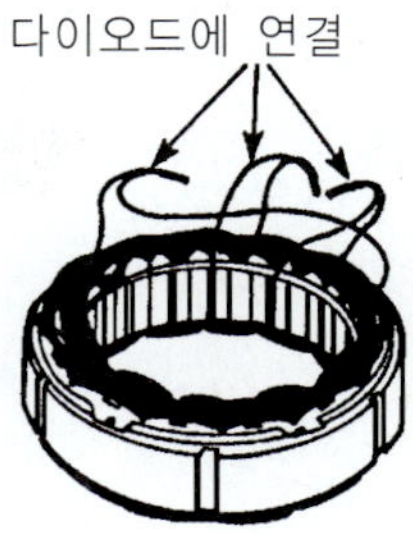

(b) 델타 결선 스테이터

[그림 75] **삼각형 결선**

5.2.2. 로터(rotor)

로터는 자극을 형성한다. 코일에 여자전류가 흐르면 N극과 S극이 형성되어 자화되며, 로터가 회전함에 따라 스테이터 코일의 자력선을 차단하므로 전압이 유도된다. 그리고 슬립 링(slip ring)은 축과 절연되어 브러시가 미끄럼운동하면서 로터코일에 여자전류를 공급한다.

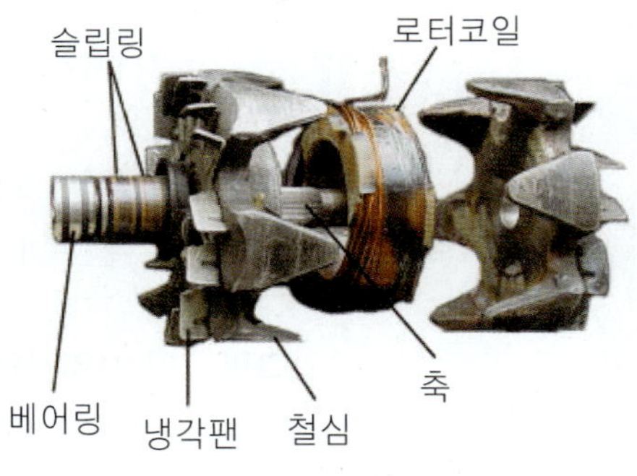

[그림 76] **로터의 구조**

5.2.3. 정류기(rectifier)

교류발전기에서는 실리콘 다이오드를 정류기로 사용한다. 교류발전기에서 다이오드의 기능은 스테이터 코일에서 발생한 교류를 직류로 정류하여 외부로 공급하고, 또 축전지에서 발전기로 전류가 역류하는 것을 방지한다.

다이오드 수는 (+)쪽에 3개, (−)쪽에 3개씩 6개를 두며, 여자 다이오드를 3개 더 두고 있다. 그리고 다이오드의 과열을 방지하기 위해 엔드 프레임에 히트 싱크(heat sink)를 두고 있다.

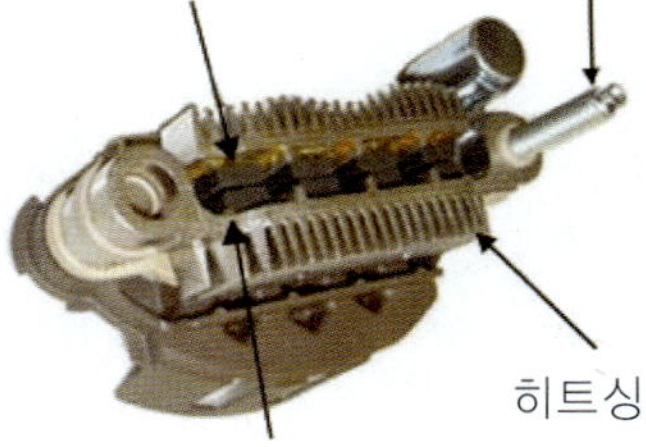

[그림 77] **다이오드의 구조**

5.2.4. 브러시(brush)

브러시의 재질은 일반적으로 슬립링의 재질이 구리인 경우에는 전기흑연 또는 금속흑연이 스테인리스인 경우에는 금속흑연이 사용된다. 브러시 홀더는 합성수지 성형부품이 사용되며, 전압조정기를 발전기 내부에 내장하는 경우에는 브러시홀더와 전압조정기를 일체로 하는 경우가 많다.

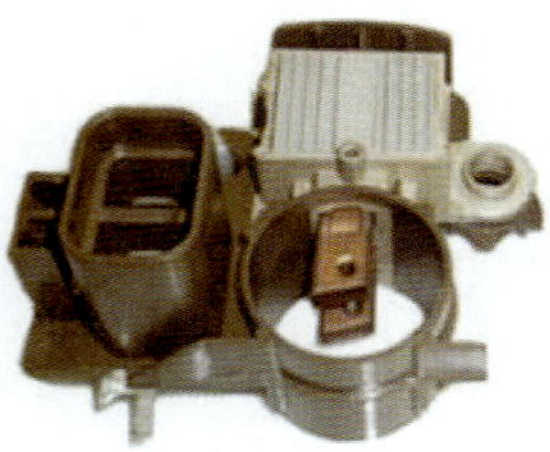

[그림 78] **브러시와 전압조정기**

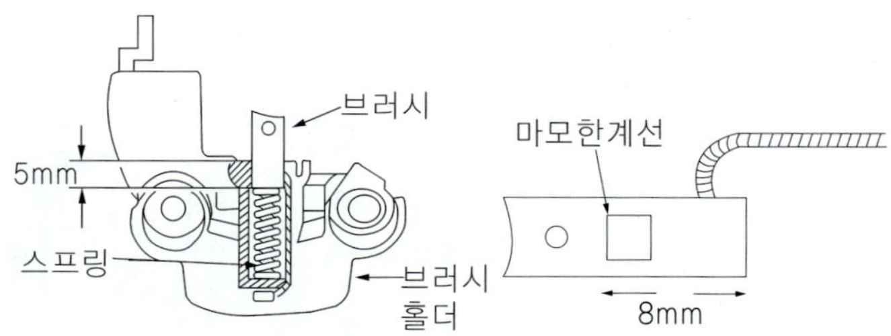

[그림 79] **브러시의 구조**

5.2.5. 교류발전기 조정기

발전기의 출력은 스테이터 코일의 권수, 로터의 세기, 단위 시간당 자속을 자르는 횟수에 따라 결정된다. 따라서 엔진의 회전속도가 증가하면 발전기의 발생전압과 전류가 모두 증가한다. 이에 따라 발전기 조정기가 필요하며, 교류발전기의 조정기는 전압조정기만 필요하다. 전압조정기는 발전기의 발생전압을 일정하게 유지하기 위한 장치이다.

5.3. 시동발전기(HSG : hybrid starter generator)

하이브리드자동차는 2종류의 배터리를 사용한다. 하나는 일반 차량과 같은 납산배터리이며 나머지 하나는 리튬이온 고전압 배터리를 사용한다.

시동발전기를 사용하지 않는 차량은 납산배터리의 전원을 이용해 스타터 모터로 시동을 걸지만 엔진과 벨트로 연결된 시동발전기 설치 차량은 고전압 배터리의 전기에너지를 이용하여 기관 시동을 걸어주고 고전압배터리의 충전율 저하시 엔진의 동력을 이용하여 발전하고 고압배터리에 전기 에너지를 공급시킨다. 시동발전기는 영구자석형 동기모터(PMSM : permanent magent synchronous motor)로 수냉식이다.

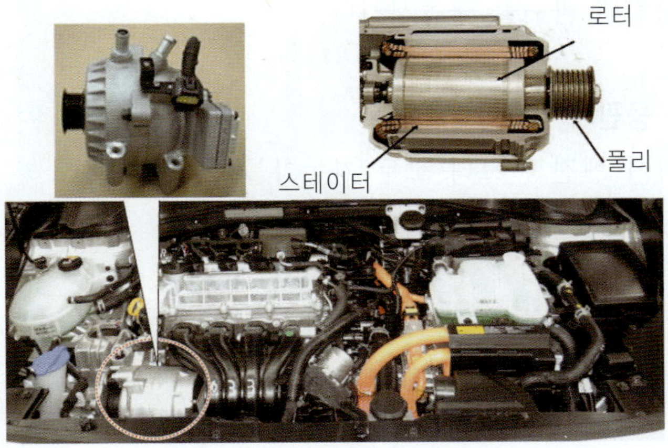

[그림 80] **시동발전기(HSG)**

5.3.1. HSG의 특징

① 하이브리드차량에서 납산배터리(시동배터리)의 역할은 각종 제어기(ECU, HPCU 등), 오디오, 등화류, 도어록, 썬루프 등에 사용된다.

② 엔진 시동은 납산배터리(시동배터리)가 아닌 리튬이온 배터리로 전원을 공급받아 HSG(일반 차량의 스타트모터 역할)가 시동을 건다. 역으로 리튬이온 배터리 충전이 필요한 상황에서는 엔진의 힘으로 HSG가 역회전하며 알터네이터 처럼 작동하여 리튬배터리로 충전을 한다. 리튬이온 배터리는 정차 시 히터의 온수공급을 위한 펌프, 에어컨 컴프레서, 자동변속기 오일펌프, 브레이크 유압을 만드는데도 사용된다.

③ HSG를 구동하고 제어하는 것은 HPCU(hybrid power control unit)가 담당을 하는데 HPCU는 납산배터리(시동배터리)로 전원을 공급받기 때문에 납산배터리(시동배터리) 방전시 하이브리드차량도 시동이 불가하다.

④ HPCU 내부에 LDC(DC-DC컨버터)가 리튬이온 배터리의 고압전기를 변환시켜 납산 배터리(시동배터리)를 충전시킨다.

5.3.2. HSG 작동

[1] 첫 시동 후 저속주행(모터로만 주행)

① 납산배터리의 전력을 통해서 HPCU를 가동한다.
② HCPU가 리튬전지를 제어한다.
③ 리튬이온 전지는 납산배터리를 충전하는 동시에 변속기 내부의 구동모터에 전력을 공급한다.
④ 구동모터는 차량의 바퀴를 구동시킨다.

[2] 가속 혹은 언덕 등판시

① 가속을 시작하여 엔진과 모터 모두 자동차를 움직인다.
② 첫 시동 후 저속주행(모터로만 주행)은 유지된다.
③ 리튬이온 배터리가 HSG에 전력을 공급한다.
④ HSG가 기관을 스타트(일반 내연기관 차량의 스타터모터 역할)한다.
⑤ 엔진이 바퀴를 함께 움직인다.

[3] 정속 주행시

① 정속주행으로 기관이 차량 구동과 리튬이온 배터리 충전을 진행한다.
② HPCU와 납산 배터리(시동 배터리)는 동일하게 역할을 한다.
③ 엔진의 구동력을 통해서 HSG 회전하며 내연기관 차량의 발전기 역할을 한다.
④ HSG로 발전된 전력으로 리튬이온 전지를 충전한다.

[4] 액셀 오프시

① 액셀을 땐 상황에서 차량의 타력(관성)을 통한 회생제동과 엔진에 의한 발전이 동시 작동 중이다.
② 엔진의 구동으로 HSG가 회전하므로 리튬전지를 충전시킨다.
③ 차량의 타력(관성)으로 구동모터를 회전시킨다.
④ 바퀴가 구동모터를 회전시키므로 회생제동으로 전기에너지를 리튬전지를 충전시킨다.

[5] 기관 정지 후 회생제동 단독 작동

① 차량의 타력(관성)으로 구동모터를 회전시킨다.

② 바퀴가 구동모터를 회전시키므로 회생제동으로 전기에너지를 리튬이온 전지를 충전시킨다.

③ 엔진과 HSG작동은 중지된다.

06 차체 전기장치

6.1. 자동차용 전선

6.1.1. 전선의 온도에 따른 분류

① AV(automotive vinylon) : 80℃(자동차용 저압전선)

② AVX(automotive vinyl extra) : 90℃(내열자동차 비닐)

③ AEX(automotive polyethylene extra) : 110℃(고압전선)

6.1.2. 전선의 피복색깔

도체는 순도 99.9% 이상의 전기용 황 인동선을 가공한 전기용 연동선이나 주석도금 연동선을 주로 사용한다. 절연체는 사용 환경 및 특성에 맞는 재질을 도체 위에 동심원상으로 피복한다. 전선을 구분하기 위한 전선의 색깔은 전선피복의 바탕색, 보조 줄무늬 색깔의 순서로 표시한다.

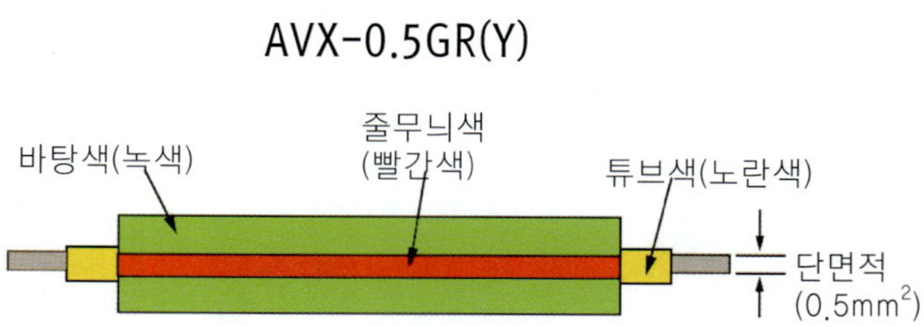

AVX : 내열 자동차용 배선
G : 바탕색(녹색)
Y : 튜브 색(노란색)
0.5 : 전선 단면적($0.5mm^2$)
R : 줄무늬 색(빨간색)

[그림 81] 전선의 피복색깔 표시

[표] 전선의 피복색깔 기호

기 호	영 문	색	기 호	영 문	색
B	BLACK	검정색	O	ORANGE	오렌지색
Be	BEIGE	베이지색	P	PINK	분홍색
Br	BROWN	갈색	Pp	RURPLE	자주색
G	GREEN	녹색	R	RED	빨간색
Gr	GRAY	회색	T	TAWNY	황갈색
L	BLUE	청색	W	WHITE	흰색
Lg	LIGHT GREEN	연두색	Y	YELLOW	노란색
Ll	LIGHT BLUE	연청색			

그리고 배선방법에는 단선방식과 복선방식이 있으며, 단선방식은 부하의 한끝을 자동차 차체에 접지하는 방식이며 접지 쪽에서 접촉불량이 생기거나 큰 전류가 흐르면 전압강하가 발생하므로 작은 전류가 흐르는 부분에서 사용한다. 복선방식은 접지 쪽에도 전선을 사용하는 방식으로 주로 전조등과 같이 큰 전류가 흐르는 회로에서 사용된다.

(a) 단선방식 (b) 복선방식

[그림 82] 단선방식과 복선방식

6.1.3. 하니스의 종류

① **메인 하니스** : 실내 C/PAD에 장착되며 실내 및 트렁크까지의 전원공급 및 오디오 클러스터, 각종 UNIT류의 작동을 지원한다.

② **프런트 하니스** : 엔진룸 전방에 위치하며 차량의 모든 전원공급 및 램프류나 차량냉각성능 작동을 지원한다.

③ **플로워 L/H 하니스** : 실내 운전석 카페트 밑에 배선되며 트렁크 및 리어 도어측에 장착되는 전장품을 동작 지원한다.

④ **플로워 R/H 하니스** : 실내 조수석 카페트 밑에 배선되며 트렁크 및 리어 도어측에 장착되는 전장품을 동작 지원한다.

⑤ **컨트롤 하니스** : 엔진룸 중 엔진 및 TM에 배선되며 엔진 가동과 관련된 각종센서 및 ECU/TCU측에 동작 지원한다.

⑥ **에어백 하니스** : 실내 및 엔진룸에 장착된 에어백 관련센서 및 UNIT를 동작 지원하며 하니스 색은 노란색(SAFETY 부품)이다.

⑦ **루프 하니스** : ROOF에 배선되며 선루프 및 각종 실내 LP 동작을 지원한다.

⑧ **트렁크 리드 하니스** : TRUNK OPEN 관련 차체에 배선되며 TAIL/STOP/RR FOG LP 등을 동작 지원한다.

⑨ **도어 하니스** : 차량 도어에 장착되며 P/WDW, DR LOCK, O/S MIRROR 등과 같은 전장품의 동작을 지원한다.

6.2. 등화장치

6.2.1. 조명의 용어

① **광속** : 광속이란 광원(光源)에서 나오는 빛의 다발을 말하며, 단위는 루멘(lumen, 기호는 lm)이다.

② **광도** : 광도란 빛의 세기를 말하며 단위는 칸델라(candle, 기호는 cd)이다. 1cd라는 광원에서 1m 떨어진 $1m^2$의 면에 1m의 광속이 통과하였을 때의 빛의 세기이다.

③ **조도** : 조도란 빛을 받는 면의 밝기를 말하며, 단위는 룩스(lux, 기호는 Lx)이다. 빛을 받는 면의 조도는 광원의 광도에 비례하고, 광원의 거리의 2승에 반비례한다. 즉, 광원으로부터 r(m)떨어진 빛의 방향에 수직한 빛을 받는 면의 조도를 E(Lx), 그 방향의 광원의 광도를 I(cd)라고 하면 다음과 같이 표시한다.

$$E = \frac{I}{r^2}(Lux)$$

6.2.2. 전조등

[1] 전조등(head light)방식

전조등에는 실드빔 방식과 세미 실드빔 방식이 있다. 전구는 먼 곳을 비추는 하이빔(high beam : 상향등)과 시내를 주행하거나 교행할 때 대향 자동차나 사람이 현혹되지 않도록 광도를 약하게 하고, 동시에 빔을 낮추는 로우 빔(low beam : 하향등)이 있다.

(1) 실드빔 방식(sealed beam type)

이 방식은 반사경에 필라멘트를 붙이고 여기에 렌즈를 녹여 붙인 후 내부에 불활성 가스를 넣어 그 자체가 1개의 전구가 되도록 한 것으로 특징은 다음과 같다.

① 대기의 조건에 따라 반사경이 흐려지지 않는다.

② 사용에 따르는 광도의 변화가 적다.

③ 필라멘트가 끊어지면 렌즈나 반사경에 이상이 없어도 전조등 전체를 교환하여야 한다.

(2) 세미 실드빔 방식(semi sealed beam type)

렌즈와 반사경은 녹여 붙였으나 전구는 별개로 설치한 것이다. 필라멘트가 끊어지면 전구만 교환하면 된다. 그러나 전구 설치부분으로 공기유통이 있어 반사경이 흐려지기 쉽다.

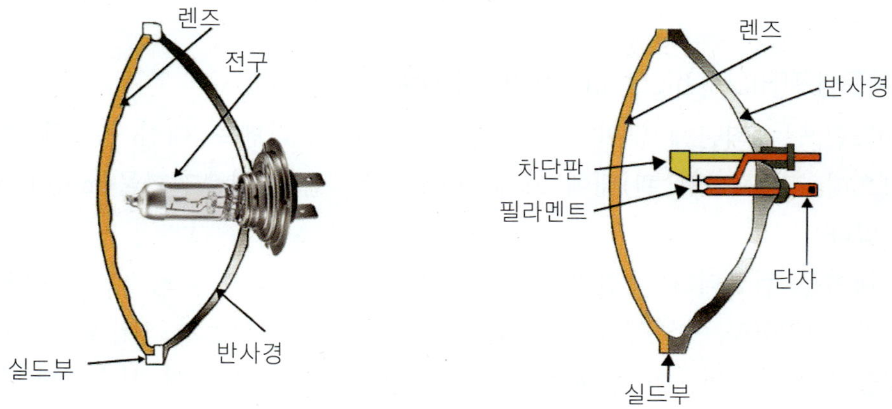

(a) 세미 실드빔형 (b) 실드빔형

[그림 83] 세미 실드빔형 및 실드빔형

(3) 할로겐램프

필라멘트에 전류가 흐르면 열이 발생되는데 이 열이 빛으로 변한다. 이때 필라멘트는 높은 온도로 증발되기 때문에 전구 내면에 침착되어 검은색을 띠어 광도를 저하시킨다. 이러한 현상을 방지하고 필라멘트의 수명을 증대시키기 위해 전구내부를 진공으로 하고 할로겐 가스를 주입한다.

할로겐은 비활성 기체이므로 다른 물질과 반응을 잘하지 않는다. 텅스텐 필라멘트가 증발하면 텅스텐 증기는 할로겐과 결합하여 열운동에 의해 전구 내를 떠돌아다니다가 다시 필라멘트에서 할로겐과 텅스텐이 분리되어 텅스텐에 달라붙는 할로겐화 사이클을 통해 흑화현상을 방지하는 기능이 있다. 이러한 이유로 할로겐램프는 다른 전구에 비해 수명이 길다.

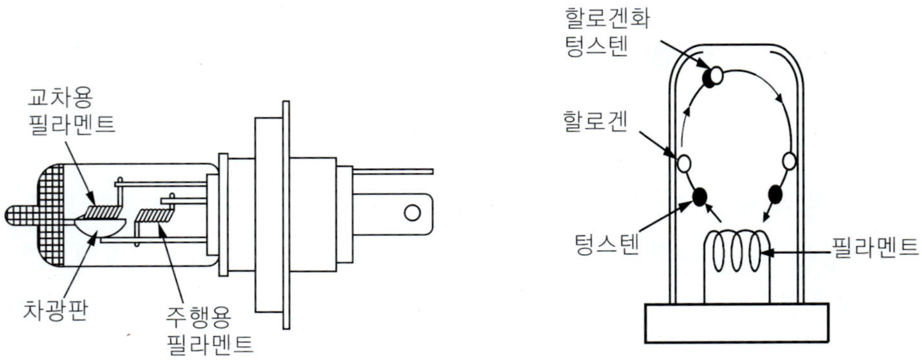

(a) 구조 (b) 할로겐화 사이클

[그림 84] 할로겐램프

(4) 방전 헤드램프(HID : hight intensity discharge)

방전 헤드램프는 최근에 많이 사용되는데 구조는 필라멘트 대신 텅스텐 전극이 설치되어 있으며, 전구(발광 관)내에 크세논(Xe)가스, 금속 할로겐화물(metal halide)이 봉입되어 있다.

전조등 제어용 컴퓨터가 축전지로부터 12V를 받아 승압시켜 텅스텐 전극사이에 순간적으로 약 20,000V 이상의 펄스를 발생시키면 먼저 크세논가스가 활성화되면서 청백색의 빛을 발생시킨다. 이 상태에서 전구 내의 온도가 더욱 더 상승하면 수은이 증발하여 아크방전이 일어나고, 더욱 더 온도가 상승하면 금속 할로겐화물이 증발하면서 유리전자가 발생되는데, 이 유리전자가 금속원자와 충돌하면서 높은 휘도의 빛을 발생시킨다.

이러한 이유로 고휘도 방전 전조등(HID : hight intensity discharge)이라고도 한다. 할로겐램프에 비해 약 2배 정도 밝으며, 태양광선에 가까운 백색의 자연광선을 얻을 수 있을 뿐만 아니라 소비전력은 이전의 약 1/2 정도이며, 수명은 필라멘트에 비해 2배 정도이나 텅스텐 전극에 높은 전압을 안정적으로 공급하기 위해 전조등 제어용 컴퓨터가 필요하다.

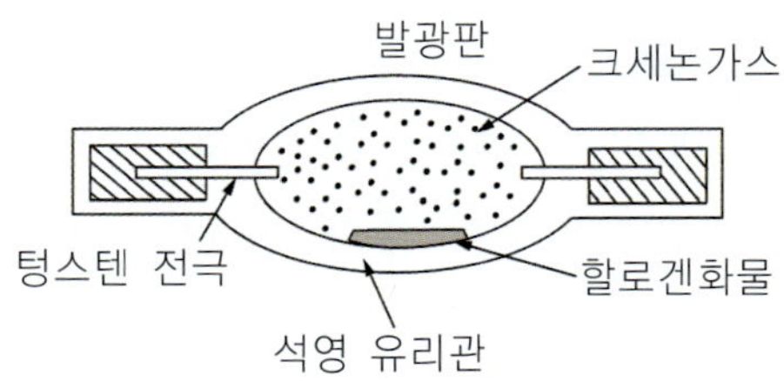

(a) 구조

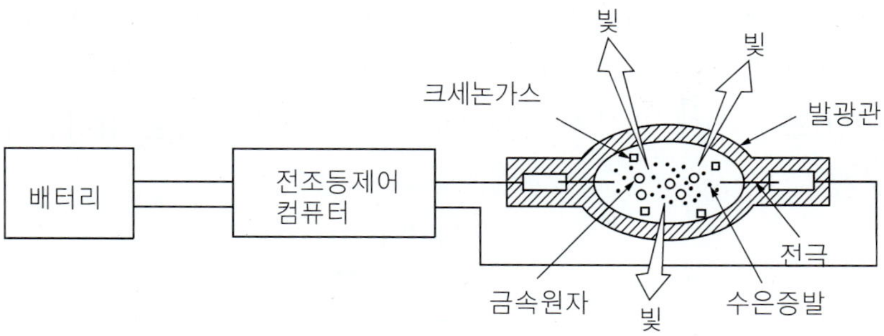

(b) 발광원리

[그림 85] 방전 헤드램프의 발광원리

(5) LED 전조등

LED 전조등은 보다 나은 시야를 확보해 주고, 눈부심 현상 감소는 물론 색온도 조작도 가능해 태양광과 거의 근접한 환경을 조성할 수 있는 기능성과 안전성을 갖고 있으며, 14W LED램프는 65W 표준 할로겐램프와 대등한 밝기 성능을 갖고 있기 때문에 에너지 절감 측면에서도 뛰어난 성능을 가지고 있다.

또한 LED의 최대 수명이 10만 시간으로 자동차 수명보다 길고, 오랫동안 광량을 유지할 수 있는 내구성을 갖고 있어 광원을 교체할 필요도 없고, 광원의 교체를 고려한 공간 설계도 필요 없으며, 헤드램프 내부에 LED 광원을 매립해 넣을 수도 있게 되었다.

[표] 광원에 따른 램프의 종류 및 특성

종 류	기본원리	장 점	단 점
halogen lamp	전구 안에 할로겐 물질을 주입하여 텅스텐의 증발을 억제한 램프	-가격이 저렴함 -교환 쉬움 -대체성이 우수함	-수명이 짧음 -소비전력이 높음 -부품의 크기가 큼
HID lamp	고전압을 이용하여 방전관 내의 전자와 금속물질을 충돌, 방전시켜 발광	-높은 광량으로 뛰어난 야간 시인성 제공 -태양광과 유사하여 야간 운전시 눈의 피로도 감소	-점화기(ignitor), 안정기(ballast)등 별도 부품이 필요 -가격이 높음
LED lamp	여러개의 LED를 연결하여 자동차의 전구로 사용함	-수명이 길다 -광도가 높다 -사용전력이 낮다	-가격이 높음

[2] 오토라이트(auto light)

오토라이트는 운전자가 직접 라이트 스위치를 작동시키지 않아도 조도센서를 이용하여, 주위 조도변화에 따라 오토모드(auto mode)에서 자동적으로 미등 및 전조등을 점등시켜주는 장치이다. 주행 중 주위의 조도가 변화하면 작동한다. 오토라이트장치는 크래쉬 패드 상단(조수석)에 센서와 유닛으로 주위의 조도변화를 감지한다.

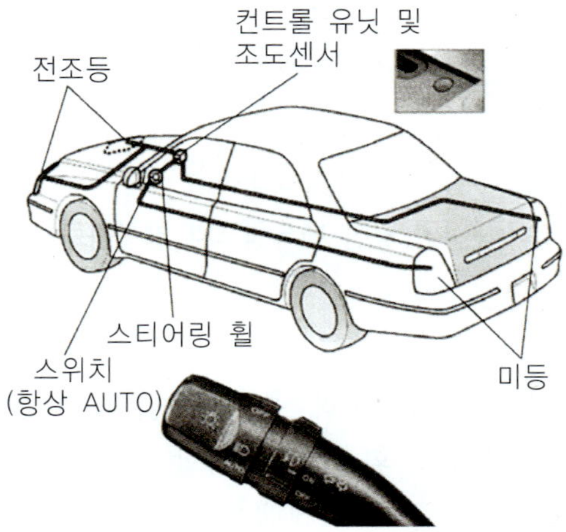

[그림 86] **오토라이트시스템의 구성도**

[입·출력 다이어그램]

입력	제어	출력
오토라이트 스위치 점화스위치(시스템전원) 검출조도 조정용 입력 → 미등용 → 전조등 접지	오토라이터 제어유닛 CPU TR1 작동 TR2 작동	미등 릴레이작동 → 미등점등 전조등 릴레이작동 → 전조등접지

6.2.3. 방향지시등(turn signal)

방향지시등은 자동차의 진행방향을 바꿀 때 사용하는 것이며 플래셔 유닛(flasher unit)을 사용하여 램프에 흐르는 전류를 자동차 안전기준상 매분 당 60회 이상 120회 이하로 단속·점멸하여 전구를 점멸시키고 등광색은 황색 또는 호박색으로 1등당 광도는 50~1,050cd의 범위에 있어야 한다.

6.2.4. 안개등(fog lamp)

전조등의 빛이 안개 속을 통과하면 산란되어 먼 거리까지 도달하지 못하지만, 안개등은 빛의 파장이 긴 빛을 사용하기 때문에 일반적인 빛에 비하여 산란이 적어 같은 조건에서 빛이 멀리까지 비춰지기 때문에 악천후 속에서 자신의 위치를 알리기 위한 것이다. 따라서 안개 때문에 잘 보이지 않아도, 멀리서 다가오는 상대 운전자에게는 안개등의 불빛이 보여 서로 안전하게 운행할 수 있게 한다.

6.2.5. 미등(tail lamp)

미등은 야간에 주행하거나 정지하고 있을 때 자동차가 있는 것을 뒤차에 알리는 표시등이다. 미등은 미등으로만 사용하는 단독방식과 제동등과 겸용으로 사용하는 겸용방식이 있으며, 겸용방식의 전구에는 2개의 필라멘트가 있으며, 제동등을 작동시킬 때는 그 광도가 3배 이상 증가되어야 한다.

6.2.6. 번호등(license plate lamp)

번호등은 자동차의 뒷면에 설치된 번호판을 조명하는 것으로 전조등 스위치의 조작으로 점등되어야 하며 광원이 눈에 직접적으로 보여서는 안 되며, 등록번호 숫자 위의 어느 부분에서도 8룩스(Lux) 이상이어야 한다.

6.2.7. 제동등(stop lamp)

제동등은 브레이크페달을 밟았을 때 뒤차에 제동함을 알리는 것으로 제동장치의 작동에 따라 점등되며, 제동등 스위치는 브레이크페달을 밟으면 스위치의 접점이 접속되어 점등되는 기계방식과 마스터실린더안의 유압이 높아지면 유압에 의하여 다이어프램이 밀려서 접점이 접속되는 유압방식이 있다.

6.3. 난방장치 및 냉방장치

6.3.1. 난방 · 냉방장치의 개요

온도, 습도 및 풍속을 쾌적 감각의 3요소라고 하며, 이 3요소를 제어하여 안전하고 쾌적한 자동차 운전을 확보하기 위해 설치한 장치를 난방 · 냉방장치라고 한다. 그리고 자동차의 열 부하에는 환기부하, 관류부하, 복사부하, 승원부하 등이 있다.

6.3.2. 난방장치(heater)

자동차에서 사용하는 난방장치는 실내를 따뜻하게 하고 동시에 앞면 창유리가 흐려지는 것을 방지하는 장치(디프로스터 : defroster)도 겸하게 되어 있다. 난방장치는 주로 온수(溫水)난방을 사용하며 이것은 기관의 냉각수를 이용하는 방식이다.

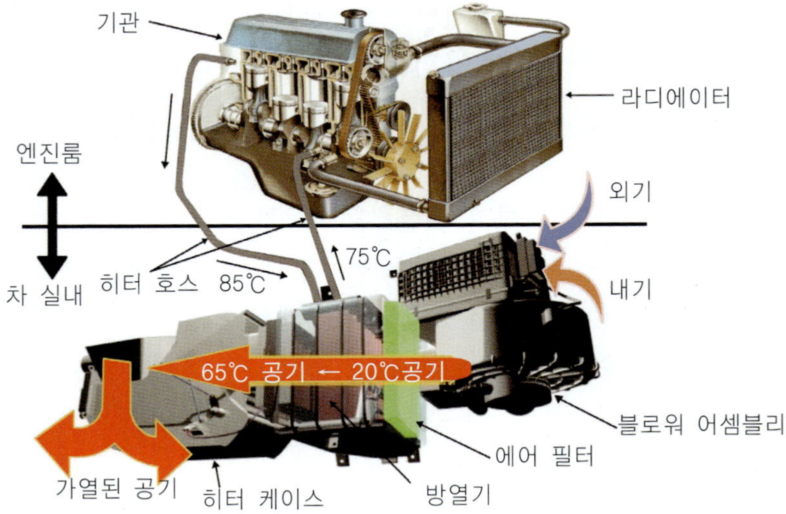

[그림 87] 온수방식 난방장치의 개념도

구조는 히터유닛을 중심으로 하여 엔진의 냉각수를 유입하고, 히터유닛에서 엔진으로 배출하기 위한 호스 및 냉각수 유통을 차단하기 위한 밸브 등으로 구성되어 있다. 또 엔진에서의 냉각수 출구는 수온조절기의 작동과 관계없는 곳에 설치되며, 입구는 물 펌프의 입구 근처에 설치되어 있다. 온수식 회로는 라디에이터회로와 병렬로 접속되어 있다.

6.3.3. 에어컨

[1] 에어컨의 개요

에어컨은 에어컨디셔너(air conditioner)의 줄임말이며, 공기 조화장치(냉 · 난방장치)를 의미한다. 이것은 "일정한 공간의 요구에 알맞은 온도 · 습도 및 청결도 등을 동시에 조절하기 위한 공기 취급과정"이라고 정의된다.

공기 조화장치를 작동시키는 장치에는 다음과 같다.

① 온도 조절장치(냉 · 난방장치)
② 습도 조절정치
③ 공기를 청정 및 정제시키는 여과장치
④ 공기를 이동 및 순환시키는 장치

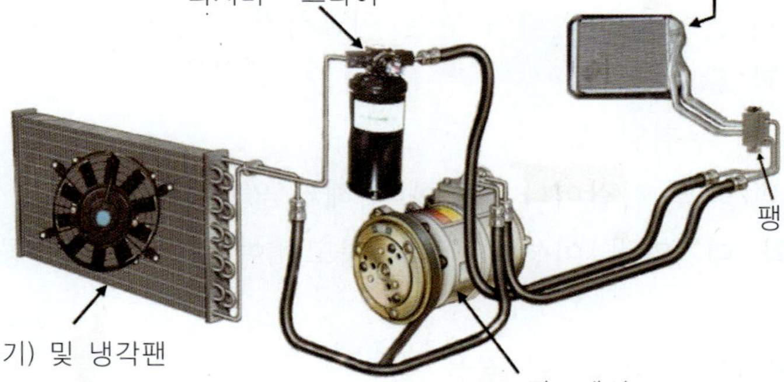

[그림 88] **에어컨의 구성품**

[2] 냉동원리

물질의 상태(고체·액체 및 기체)변화는 열의 변화와 밀접한 관계가 있으며, 열의 출입에 의해 그 상태가 변화한다. 일반적으로 냉동기구는 그 내부에서 상태가 변화하면서 주위의 열을 흡수하는 냉매에 의하여 냉각작용을 한다.

[3] 에어컨의 종류

(1) 수동 에어컨(manual air con)

냉방유닛(cooling unit)이 독립적으로 가동된다. 수동 에어컨은 바깥 공기의 유입이나 히트 믹싱(heat mixing)기능이 없는 방식과 대시보디 내부에 설치되어 바깥 공기의 유입이나 히트 믹싱은 가능하나 레버와 케이블에 의해 수동으로 조작되는 방식이 있다.

(2) 반자동 에어컨(semi auto air con)

반자동 에어컨은 전자동 에어컨의 제어 중에서 공기의 흡입구와 배출구 제어를 수동으로 실행하는 것이다. 배출온도·풍량 및 압축기의 제어를 자동화한 것이다.

(3) 전자동 에어컨(FATC : full auto air con)

전자동 에어컨은 온도제어 다이얼을 희망하는 온도에 맞추면 햇빛의 유무·차량 실내 온도 및 바깥 온도 등의 변화에 대해 자동적으로 실내 온도를 설정 온도에 일정하게 유지되도록 다음과 같이 제어를 한다.

공기의 흡입구, 배출온도, 풍량, 압축기 ON/OFF 등과 같은 자동제어는 전자제어로 컴퓨터에 의한 제어 또는 진공제어에 의해 항상 쾌적한 실내 환경을 유지한다.

[4] 냉매

냉매란 냉동사이클 속을 순환하여 열을 이동시키는 매개체가 되는 물질이며 냉매의 구비조건은 다음과 같다.

① 무색·무미 및 무취일 것

② 가연성·폭발성 및 사람이나 동물에 피해가 없을 것

③ 낮은 온도와 대기압력 이상에서 증발하고, 여름철 뜨거운 공기 중의 저압에서 액화가 쉬울 것

④ 증발 잠열이 크고, 비체적이 적을 것

⑤ 임계온도가 높고, 응고점이 낮을 것

⑥ 화학적으로 안정이 되고, 금속에 대해 부식성이 없을 것

⑦ 사용온도 범위가 넓을 것

⑧ 가스누출 발견이 쉬울 것

(1) R-134a의 장점

① 오존을 파괴하는 연소(Cl)가 없다.

② 다른 물질과 쉽게 반응하지 않는 안정된 분자구조로 되어 있다.

③ 열역학적 성질은 R-12와 비슷하다.

④ 불연성이며, 독성이 없다.

(2) R-134a의 단점

① R-12와 같은 응축온도에서 냉동능력이 떨어진다. 따라서 R-12와 동일한 냉방성능을 얻기 위해서는 응축온도를 낮추어야 한다.

② 고무 및 플라스틱제품의 상용성에 문제점이 있다.

③ 기존에 사용 중인 압축기 오일과 불 용해성의 문제점이 있다.

④ 온실효과가 있으므로 회수 및 재생에 문제점이 있다.

⑤ 냉동유의 흡수성에 문제점이 있다.

[5] 에어컨의 구조

(1) 압축기(compressor)

엔진에 의해 V벨트로 구동되며 저온, 저압가스냉매와 고온, 고압가스로 만들어 콘덴서로 보낸다. 컴프레서를 제어할 수 있는 마그네틱 클러치가 설치되어 있다.

[그림 89] **사판방식 압축기의 구조**

(2) 응축기(콘덴서 : condenser)

라디에이터 앞에 설치되어 있으며 차량속도와 냉각팬에 의해 고온, 고압 기체상태의 냉매를 응축시켜 고온, 고압의 액상 냉매로 만든다.

[그림 90] **응축기**

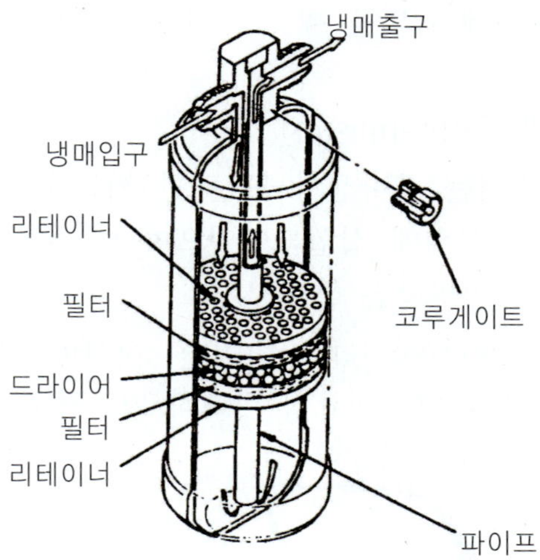

[그림 91] **리시버 드라이어의 구조**

(3) 리시버드라이어(receiver drier : 건조기)

냉매속에 포함되어 있는 수분을 흡수하여, 냉매를 원활하게 공급할 수 있도록 냉매를 저장한다.

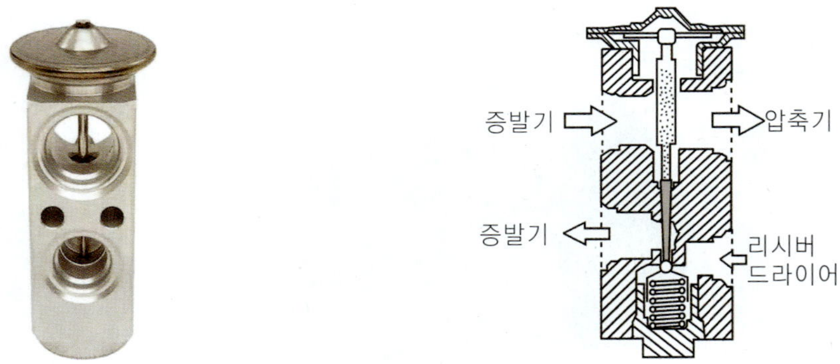

(a) 외관　　　　　　　　(b) 내부구조

[그림 92] 블록형 팽창밸브의 구조

(4) 팽창밸브(expansion valve)

고압 및 저압 냉매사이의 경계이며 에바퍼레이터 코어로 유입되는 냉매의 흐름을 조절한다.

(5) 증발기(evaporator : 에바퍼레이터)

증발기 내부를 통과하는 저온·저압의 냉매에 의해 표면에 접촉하고 있는 고온의 실내 공기에서 열을 빼앗아 실내 공기를 냉각시키는 열 교환기이다.

(6) 서미스터(thermistor)

서미스터는 에바센서 또는 핀 써모센서라고도 하며 에바퍼레이터 코어 평균온도가 검출되는 부위에 삽입되어있으며 이 부위의 온도를 감지해 자동으로 에어컨 ECU로 입력시키는 역할을 한다.

NTC(negative temperature coefficient)으로 일정한 온도범위에서 온도의 상승에 대하여 저항값이 비교적 비례적으로 감소하는 부특성 서미스터이다.

(a) 서미스터　　　　　　　　(b) 증발기 및 서미스터 설치상태

[그림 93] 서미스터 및 증발기

자동 에어컨 ECU는 에바퍼레이터 온도가 0.5℃ 이하로 감지되면 컴프레서 구동 출력을 OFF시키며 3℃ 이상이면 컴프레서를 구동시킨다.

(7) 듀얼 압력스위치

듀얼 압력스위치는 리시버 드라이어 위쪽에 설치되어 있으며, 안전장치로서 에어컨 사이클 내의 냉매압력에 의해 작동되며, 2개의 압력 설정 값(저압 및 고압)을 지니고 1개의 스위치로 저압 보호기능과 고압 보호기능을 수행한다.

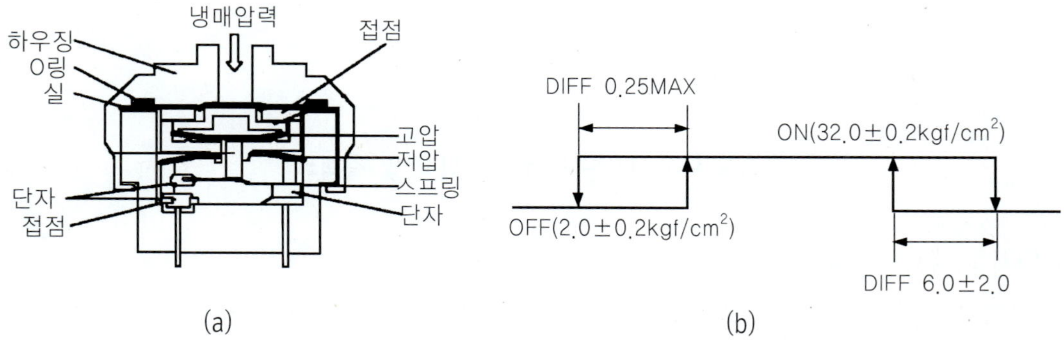

[그림 94] 듀얼 압력스위치의 구조 및 작동

(8) 에어컨 릴레이(air con relay)

에어컨 릴레이는 압축기에 전원을 공급하는 것이며, 작동 전원은 에어컨스위치, 서모스위치, 듀얼 압력스위치를 통하여 공급된다.

[6] 전자동 에어컨(FATC)

전자동 에어컨은 희망하는 온도를 한번 지정하여 놓으면 외부조건의 변화에 관계없이 에어컨장치 자체가 냉방능력을 조절하여 항상 지정한 온도로 실내온도를 유지한다. 자동적으로 조절하기 위하여 컴퓨터 및 센서가 사용된다.

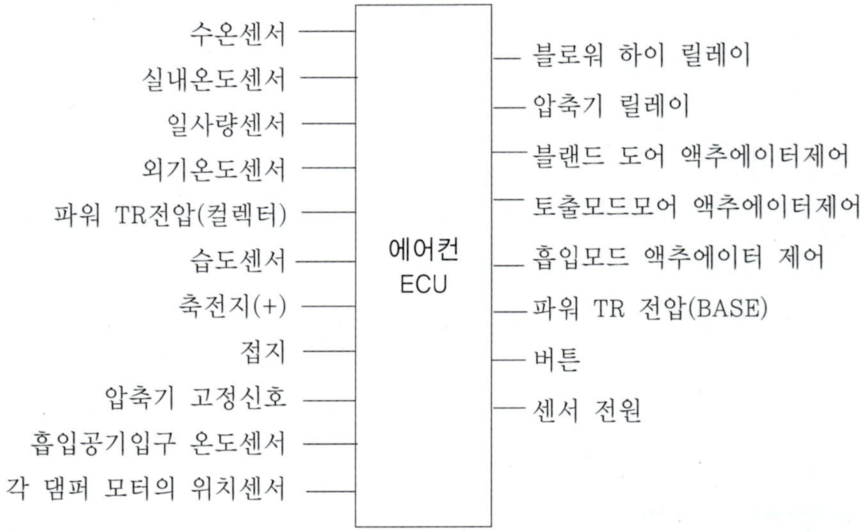

[그림 95] **전자동 에어컨의 입력 및 출력도**

(1) 일사량(일광) 센서

일사량 센서는 포토다이오드를 사용하며 포토다이오드는 빛의 양에 따른 일종의 가변 전원이다. 포토다이오드의 고유저항이 클 때에는 전류의 흐름이 작아지기 때문에 저항 값은 고정된 상태에서 전류의 변화는 전압변화에 큰 영향을 미친다.

(2) 실내 온도센서

자동차 실내의 온도를 검출하여 컴퓨터로 입력시키며, 이 값에 의해 블로워 모터의 회전속도를 제어한다. 실내 온도센서는 부특성 서미스터를 이용한 것으로 온도가 상승하면 저항 값이 감소하고, 온도가 낮으면 저항 값이 증가한다.

(3) 외기 온도센서

외기 온도센서는 바깥온도를 검출하여 컴퓨터로 입력시키며, 이 신호에 의해 컴퓨터는 부하량을 감지한다. 이 센서도 부특성 서미스터를 사용하며 온도 변화에 따른 저항 값의 변화는 실내 온도센서와 약간의 차이는 있으나 원리는 같다.

(4) 습도센서

습도센서는 자동차 실내의 습도를 검출하여 컴퓨터로 입력시키며, 컴퓨터는 실내의 습도, 실내온도 및 내부공기 순환, 외부공기 순환모드 상태에 따라 자동차 실내의 습도를 조절한다.

6.4. 윈드 실드 와이퍼(wind shield wiper : 창닦이기)

6.4.1. 와이퍼전동기(wiper motor)

와이퍼전동기는 직류 복권전동기(전기자코일과 계자코일이 직·병렬연결된 것)를 사용하며, 블레이드가 항상 창유리 아래쪽으로 내려갔을 때 정지되도록 하기 위한 자동 정위치 정지장치 등과 저속에서 블레이드작동 속도를 조절하는 타이머 등이 함께 조립되어 있다.

[그림 96] **와이퍼 전동기의 구조**

6.4.2. 링크기구

링크기구는 좌우의 와이퍼 블레이드를 연동시키는 것이며, 전동기 회전축이 회전하는 경우에는 전자식 왕복운동으로 변환시키는 작용도 한다.

6.4.3. 와이퍼 암 및 블레이드

와이퍼 암은 그 한 끝에 지지된 와이퍼 블레이드를 유리면에 접촉시키고, 프로텍션 박스(protection box)를 통하여 링크 또는 전동기 구동축과 결합하는 역할을 한다.

일반적으로 두 개의 와이퍼 블레이드가 같은 방향으로 움직이는 탠덤방식과 하나의 와이퍼 블레이드로 전체 앞 유리를 닦는 싱글 암 와이퍼, 와이퍼가 앞 유리창(윈드쉴드) 바깥쪽으로 좌우로 펼쳐지는 버터플라이 방식(오버랩타입)으로 구분된다. 와이퍼 블레이드 재질은 천연고무나 클로로플랜 합성고무는 발포고무, 실리카 고무제품 등 다양한 재질이 사용되고 있으며, 평면 유리용과 곡면 유리용이 있다.

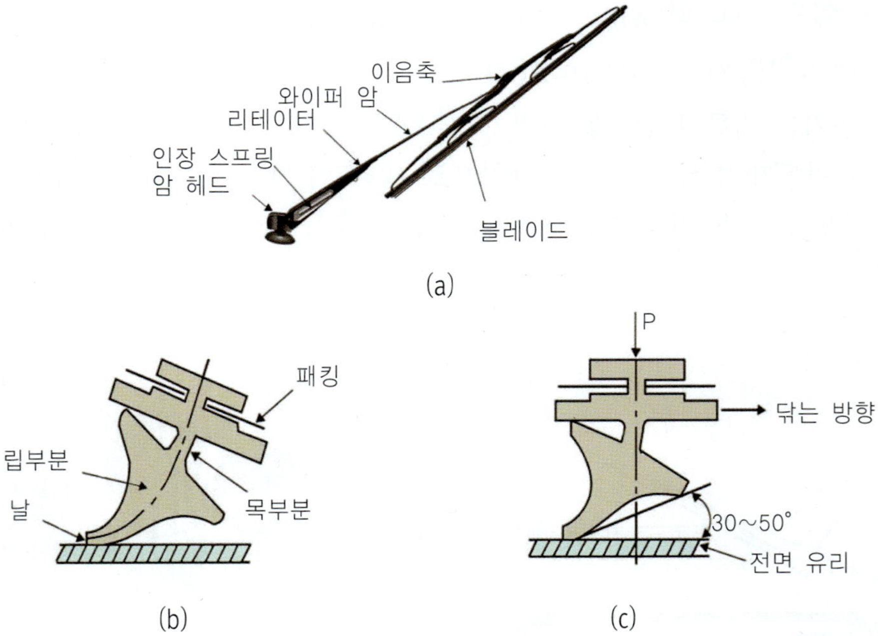

[그림 97] **와이퍼 암 및 와이퍼 블레이드 각도**

6.5. 경음기

경음기는 전기식과 공기식으로 구분되며, 공기식은 공기압축기를 두고 있는 대형 자동차에서 사용된다. 일반 자동차에서는 전기식을 주로 사용하며, 전기식의 종류에는 맴돌이형, 나팔형, 마이크폰형 등이 있다. 최근에는 자동차의 고속 주행화에 따라 지향성(指向性)이 크고 멀리까지 소리가 퍼지며, 소형·경량으로 제작하기 쉬운 평형 경음기가 많이 사용된다.

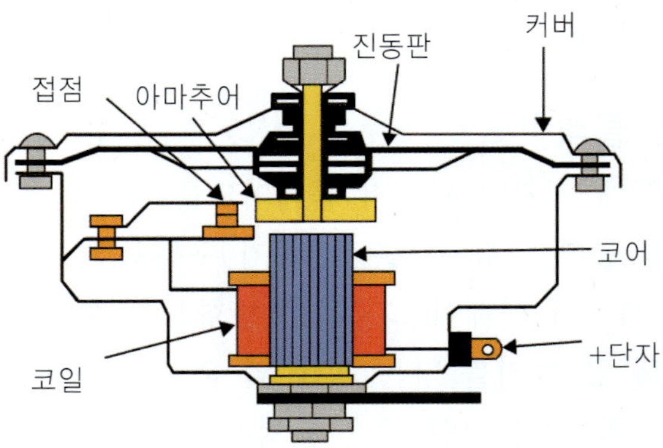

[그림 98] **평형경음기의 구조**

Chapter 04

자동차 섀시 (Automotive Chassis)

01 동력전달장치
02 현가장치
03 조향장치
04 휠 얼라인먼트
05 제동장치
06 SRS 에어백

자동차를 구성하고 있는 부분을 크게 나누면 차체(body)와 섀시(chassis)로 분리할 수 있다. 섀시를 구성하는 각 장치는 자동차가 주행하는데 필요한 장치들로 이루어져 있고, 자동차의 성능을 좌우하는 주된 역할을 한다.

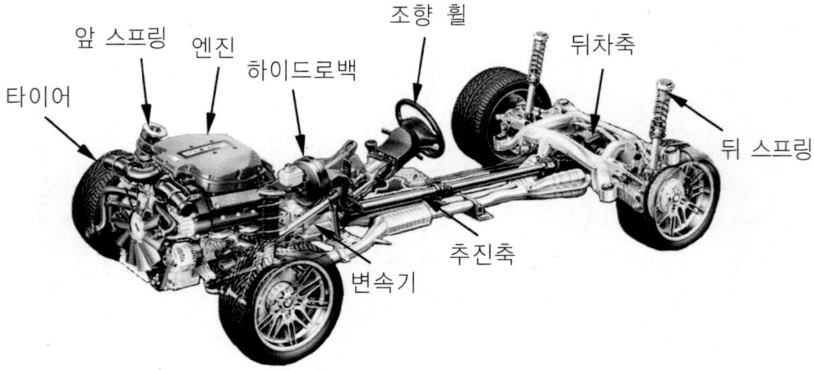

[그림 1] **섀시의 구성**

01 동력전달장치

1.1. 클러치(clutch)

클러치(clutch)는 엔진 플라이휠과 변속기 입력축사이에 설치되며, 엔진의 동력을 변속기에 전달하거나 차단하는 역할을 한다.

1.1.1. 클러치의 필요성

① 엔진은 자기기동(self starting)이 불가능하다. 따라서 시동할 때에는 엔진을 일단 무부하 상태로 하여야 한다.

② 변속할 때 변속기의 기어를 변환하려면 엔진의 회전력을 일시 차단하여야 한다.

③ 자동차를 관성운전을 하려면 엔진과의 연결을 차단하여야 한다.

1.1.2. 클러치의 구비조건

① 회전관성이 적어야 한다.
② 동력을 전달할 때에는 미끄럼을 일으키면서 서서히 전달되고, 전달된 후에는 미끄러지지 않아야 한다.
③ 회전부분의 평형이 좋아야 한다.
④ 냉각이 잘 되어 과열하지 않아야 한다.
⑤ 구조가 간단하고, 다루기 쉬우며 고장이 적어야 한다.
⑥ 단속작용이 확실하며, 조작이 쉬워야 한다.

1.1.3. 클러치의 작동(단판 클러치의 경우)

[1] 클러치 페달을 밟지 않은 경우

클러치 페달을 놓으면 클러치 스프링(또는 다이어프램 스프링)의 장력에 의하여 압력판이 클러치판을 플라이휠에 압착시켜 플라이휠과 함께 회전한다. 클러치판은 변속기 입력축의 스플라인에 설치되어 있으므로 클러치판이 회전하면 엔진의 동력이 변속기로 전달된다.

[2] 클러치 페달을 밟은 경우

클러치 페달을 밟으면 릴리스 베어링이 릴리스 레버(다이어프램 스프링)를 밀게 되므로 압력판이 뒤쪽으로 이동한다. 이에 따라 압착되어 있던 클러치판이 플라이휠과 압력판에서 분리되어 있으므로 엔진의 동력이 변속기로 전달되지 않는다.

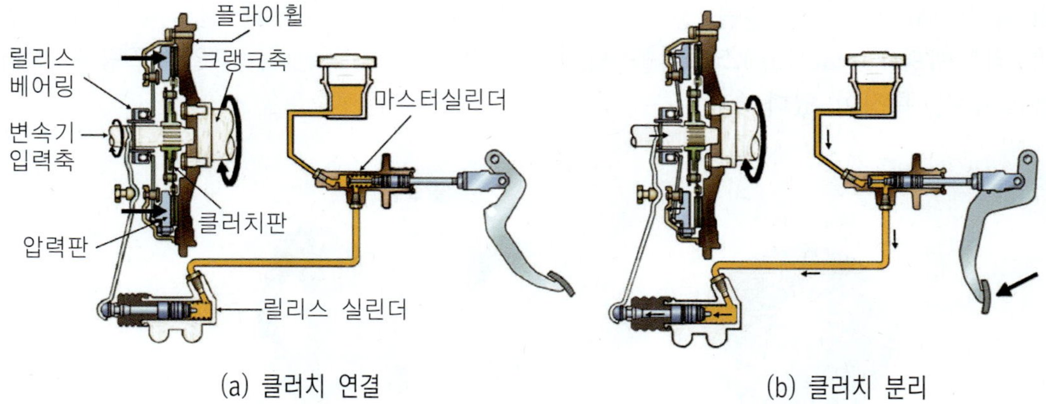

[그림 2] **클러치 작동**

1.1.4. 클러치의 종류 그 특징

[1] 코일 스프링 클러치(coil spring clutch)

이 클러치는 몇 개의 코일스프링을 클러치 압력판과 커버사이에 설치한 것이며, 스프링의 크기와 수는 클러치 용량이나 설계에 따라서 다르나 약 6~12개로 되어 있다.

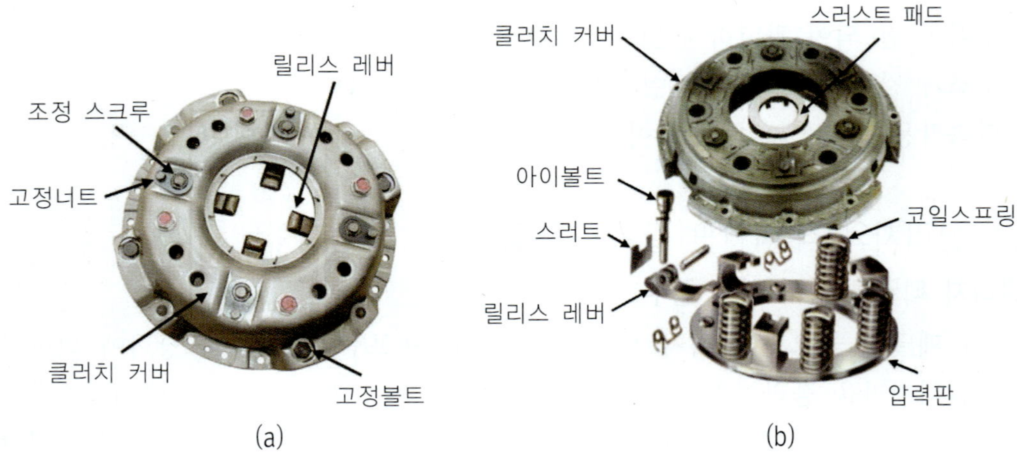

[그림 3] **코일스프링 클러치의 구조**

[2] 다이어프램 스프링 클러치

다이어프램이 클러치 스프링의 작용과 릴리스 레버의 작용을 겸하는 방식이며, 다이어프램 스프링은 원둘레 방향으로 놓여진 피벗 링(pivot ring)에 의해 클러치 커버에 결합되어 있다. 따라서 다이어프램 스프링은 피벗 링을 지점으로 하여 스프링 둘레의 끝부분으로 압력판을 누르고 있다.

작동은 클러치 페달을 밟으면 릴리스 베어링이 다이어프램 스프링의 플랜지부분을 눌러 주기 때문에 피벗 링을 중심으로 스프링 둘레의 끝 부분과 결합되어 있는 압력판의 리트랙팅(retracting)스프링을 당겨서 클러치가 차단된다. 코일스프링에 비하여 다음과 같은 특징이 있다.

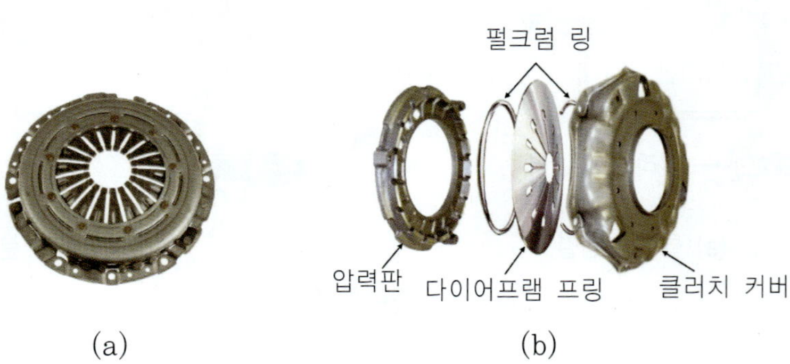

[그림 4] 다이어프램 스프링 클러치의 구조

① 각 부품이 원형으로 되어 있어 회전평형이 좋고 압력판에 작용하는 압력이 균일하다.
② 고속에서 원심력에 의한 스프링의 감소가 적다.
③ 클러치판이 어느 정도 마모가 되어도 압력판을 미는 힘의 변화가 적다.
④ 클러치 페달을 밟는 힘이 적게 든다.

1.1.5. 클러치의 구조

[1] 클러치판(클러치 디스크 : clutch plate)

클러치판은 플라이휠과 압력판 사이에 끼워져 있으며 엔진의 동력을 변속기 입력축을 통하여 변속기로 전달하는 마찰판이다.

비틀림 코일스프링은 클러치판이 플라이휠에 접속될 때 회전충격을 흡수하는 일을 하고, 쿠션스프링은 클러치를 급속히 접속시 클러치판의 편마모, 변형, 파손 등의 방지하는 역할을 한다. 라이닝은 대부분 석면을 주재료로 한 것을 사용하고 있으나 최근에는 금속제 라이닝을 사용하기도 한다. 라이닝의 마찰계수는 0.3~0.5 정도이다.

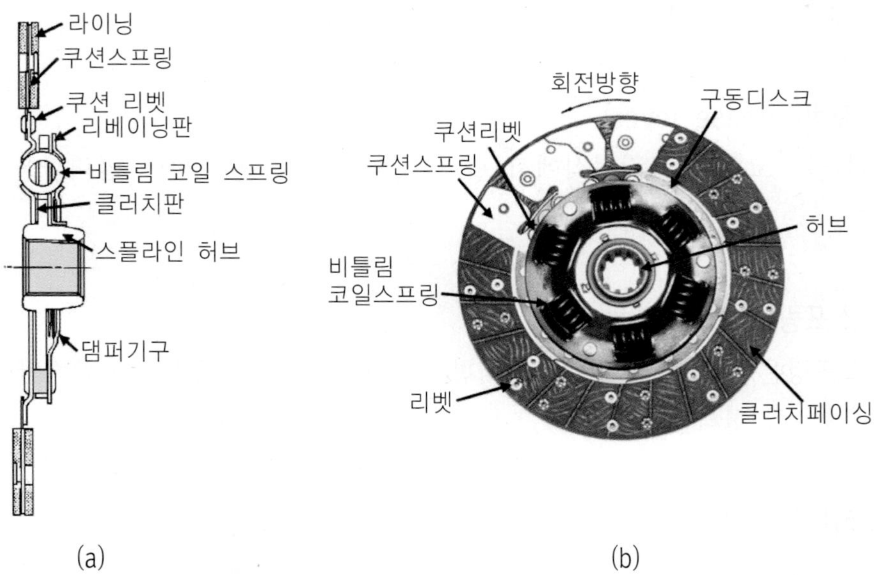

[그림 5] **클러치판의 구조**

[2] 변속기 입력축(클러치 축)

변속기 입력축은 클러치판이 받은 기관의 동력을 변속기로 전달하며, 축의 스플라인부분에 클러치판 허브의 스플라인이 끼워져 길이 방향으로 미끄럼운동을 한다.

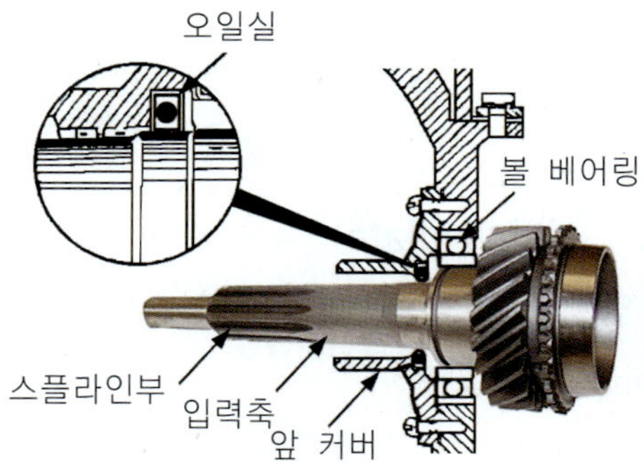

[그림 6] 변속기 입력축의 구조

[3] 클러치 압력판

압력판은 다이어프램 스프링(또는 클러치 스프링)의 힘으로 클러치판을 플라이휠에 밀착시키는 작용을 한다.

[4] 릴리스 레버(release lever)

릴리스 레버는 코일 스프링형식에서 릴리스 베어링의 힘을 받아 압력판을 움직이는 작용을 한다.

[5] 클러치 스프링(clutch spring)

클러치 스프링은 클러치 커버와 압력판사이에 설치되어 있으며, 압력판에 압력을 발생시키는 작용을 한다.

[6] 클러치 커버(clutch cover)

클러치 커버는 압력판, 다이어프램 스프링(코일 스프링형식에서는 릴리스 레버, 클러치 스프링) 등이 조립되어 플라이휠에 함께 설치되는 부분이다.

1.1.6. 클러치 조작기구

[1] 클러치 페달(clutch pedal)

클러치 페달은 페달의 밟는 힘을 감소시키기 위해 지렛대 원리를 이용한다. 설치방법에 따라 펜던트형(pendant type)과 플로어형(floor type)이 있다. 페달을 밟은 후부터 릴리스 베어링이 릴리스레버에 닿을 때까지 페달이 이동한 거리를 자유간극(유격)이라 하며 클러치의 미끄러짐을 방지한다.

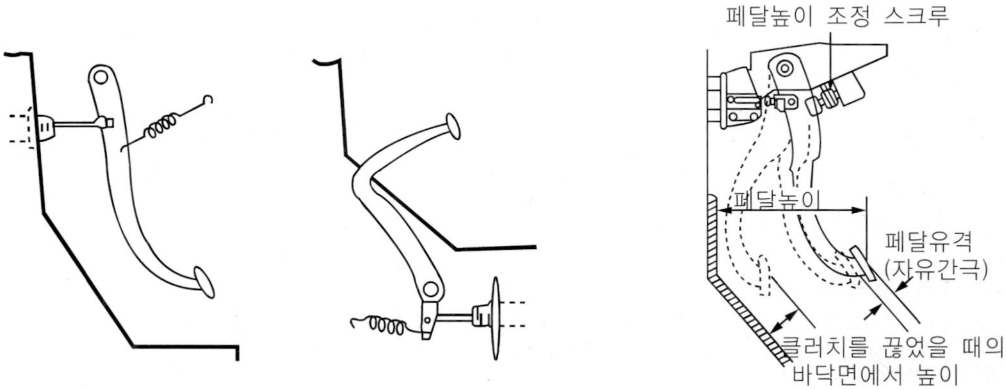

(a) 펜던트식 (b) 플로어식 (c) 클러치 페달의 자유간극

[그림 7] 클러치 페달의 종류와 자유간극

자유간극이 너무 적으면 클러치가 미끄러지며, 이 미끄럼으로 인하여 클러치판이 과열되어 손상된다. 반대로 자유간극이 너무 크면 클러치 차단이 불량하여 변속기 기어를 변속할 때 소음이 발생하고 기어가 손상된다. 따라서 페달의 자유간극은 기계식의 경우는 20~30mm이며, 유압식은 6~10mm 정도가 좋다.

[2] 릴리스 포크(release fork)

릴리스 포크는 릴리스 베어링 칼라에 끼워져 릴리스베어링에 페달의 조작력을 전달하는 작용을 한다.

[3] 릴리스 베어링(release bearing)

릴리스 베어링은 페달을 밟았을 때 릴리스 포크에 의하여 회전 중인 릴리스 레버를 눌러 기관의 동력을 차단하는 일을 한다. 릴리스 베어링의 종류에는 앵귤러 접속형, 볼 베어링형, 카본형 등이 있으며 대개 영구 주유방식(oilless bearing)이므로 솔벤트 등의 세척제 속에 넣고 세척해서는 안된다.

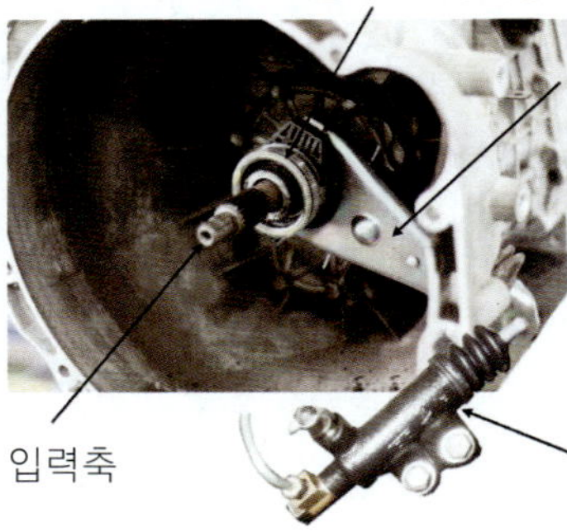

[그림 8] **릴리스 베어링 설치상태**

1.1.7. 클러치 조작방식

[1] 기계식의 클러치

이 방식은 클러치 페달의 조작력을 케이블이나 로드를 통하여 릴리스 포크로 전달하여 릴리스베어링을 작동시킨다.

[2] 유압식 클러치

유압식 클러치 조작기구는 클러치 페달을 밟으면 마스터실린더에 유압이 발생하고 이 유압은 파이프를 통해 릴리스 실린더에 압송된다. 릴리스실린더는 이 유압에 의해 릴리스 레버를 밀게 되어 클러치의 작동이 이루어진다.

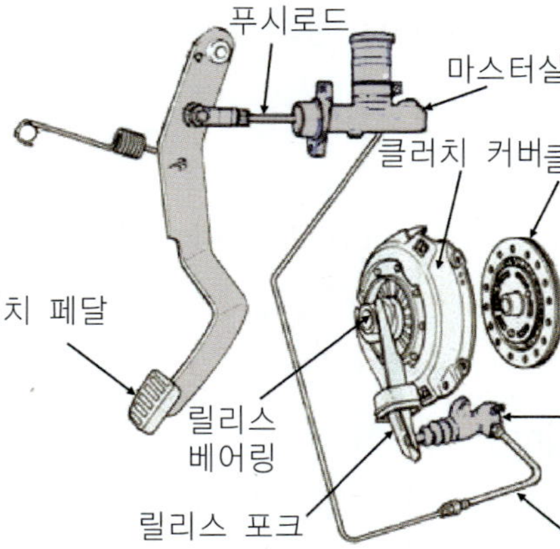

[그림 9] **유압 조작방식 클러치의 구성**

(1) 마스터실린더(master cylinder)

마스터실린더의 실린더는 주철이나 알루미늄합금이며, 클러치 페달을 밟으면 푸시로드가 피스톤을 밀어 유압을 발생시켜 릴리스실린더로 보낸다.

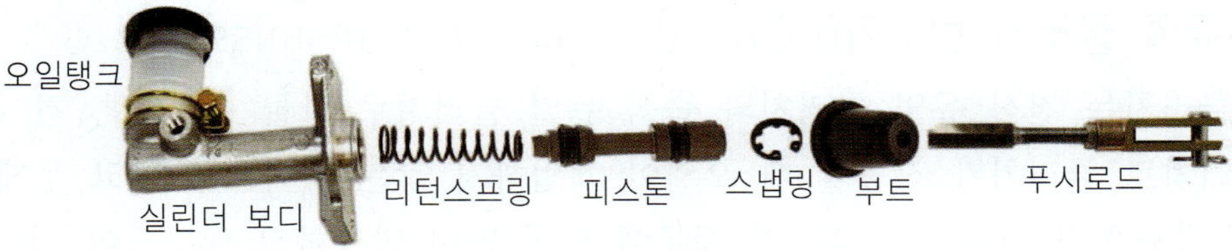

[그림 10] **마스터실린더의 구조**

(2) 릴리스실린더(release cylinder : 슬레이브 실린더)

릴리스실린더는 마스터실린더에서 보내 준 유압을 피스톤과 푸시로드에 작용하여 릴리스 포크를 미는 작용을 한다. 릴리스 실린더에는 유압회로 내에 침입한 공기를 배출시키기 위한 공기빼기용 나사가 있다.

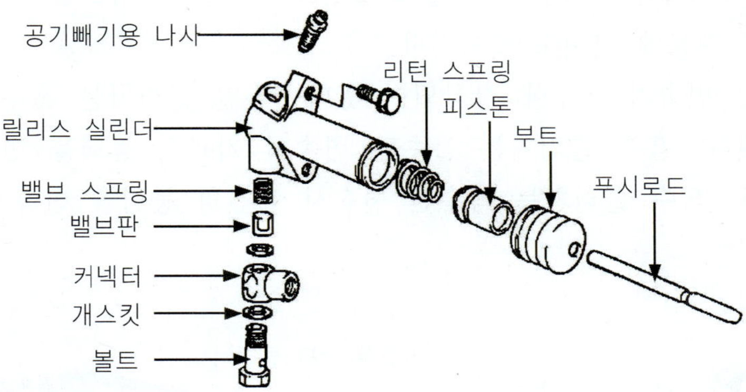

[그림 11] **릴리스실린더**

1.1.8. 클러치 용량

클러치 용량이란 클러치가 전달할 수 있는 회전력의 크기이며, 일반적으로 사용 기관 회전력의 1.5~2.5배 정도이다. 클러치 용량이 너무 크면 클러치가 엔진 플라이휠에 접속될 때 기관이 정지되기 쉬우며, 반대로 너무 작으면 클러치가 미끄러져 클러치판의 라이닝 마멸이 촉진된다.

$$P\mu\ r(\text{클러치 용량}) \geq T$$

P : 클러치 스프링 장력(kgf) μ : 클러치판과 압력판사이의 마찰계수
r : 클러치판의 평균 반지름(m) T : 엔진 회전력(kgf · m)

1.1.9. 듀얼 클러치 변속기(DCT : dual clutch transmission)

듀얼 클러치는 건식 듀얼 클러치와 습식 듀얼 클러치로 나눌 수 있다. 건식 DCT는 단판 클러치로 클러치가 작동할 때 오일이 개입하지 않는 방식으로 작고 무게가 가볍다. 반면 클러치가 마찰에 노출되기 때문에 열이 많이 발생하고 내구성이 취약하다.

따라서 높은 토크를 내는 엔진에 사용하기 어렵고 변속충격이 강하여 승차감이 떨어진다.

습식 DCT는 클러치 작동에 있어 오일이 개입하는 방식으로 판이 여러 개인 다판 클러치 방식으로 부드러운 변속이 가능하다. 오일이 마찰면의 윤활제 역할을 하고 쿨러로 가열된 오일을 쿨링하는 방식으로 강한 내구성이 있어 높은 토크의 엔진에도 사용할 수 있어 고출력 차량에 주로 사용된다. 오일이 많이 사용되므로 미션 오일을 자주 교환해 주어야 하고, 오일을 제어할 오일펌프 및 솔레노이드밸브, 쿨러 등의 추가 부품이 들어가기 때문에 연비도 떨어진다.

듀얼 클러치는 변속기 내부에 장착되어 있다. 듀얼 클러치는 홀수 클러치와 짝수 클러치로 구성된다. 홀수 클러치는 홀수단 변속시 기관의 동력을 변속기에 전달 및 차단역할을 한다. 짝수 클러치는 짝수단 변속시 엔진의 동력을 변속기에 전달 및 차단역할을 한다.

(a) 건식

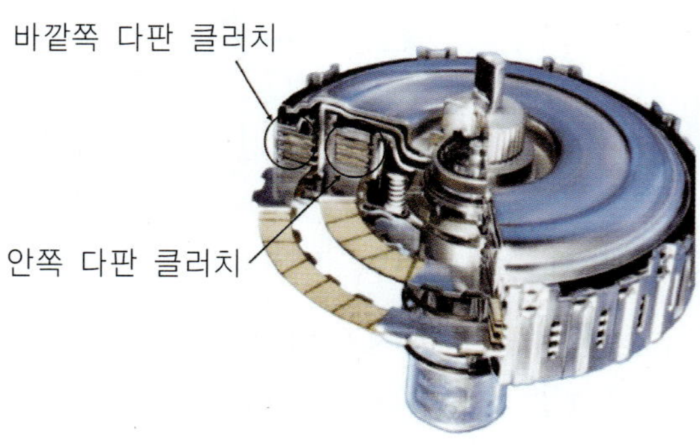

(b) 습식

[그림 12] **듀얼클러치**

[1] DCT의 장 · 단점

(1) 장점

① 매우 빠르고 부드러운 변속

② 동력손실이 매우 적고 자동변속기 대비 6~10% 이상 연비가 좋다.

③ 일반 자동변속기와 같이 편리하다.

(2) 단점

① 구조상 공간이 협소하여 클러치의 마찰 면을 싱글 클러치만큼 크게 할 수가 없다.

② 허용 토크값이 낮다.

③ 미션이 차지하는 공간과 무게가 크다.

[2] 듀얼 클러치 변속기의 작동

운전자가 가속페달을 조작하면 컴퓨터가 최적의 변속시점을 판단하여 자동으로 변속된다. 듀얼 클러치 변속기는 클러치가 2개이고, 톱니바퀴가 배열된 회전축이 2개이다. 즉, 듀얼 클러치 변속기는 각 단을 2개의 축으로 구분하여 배열하고(1-3-5, 2-4-6), 2개의 축을 각각 담당하는 클러치를 2개를 둠으로써 다음 변속을 최대한 빠르게 한 변속기이다.

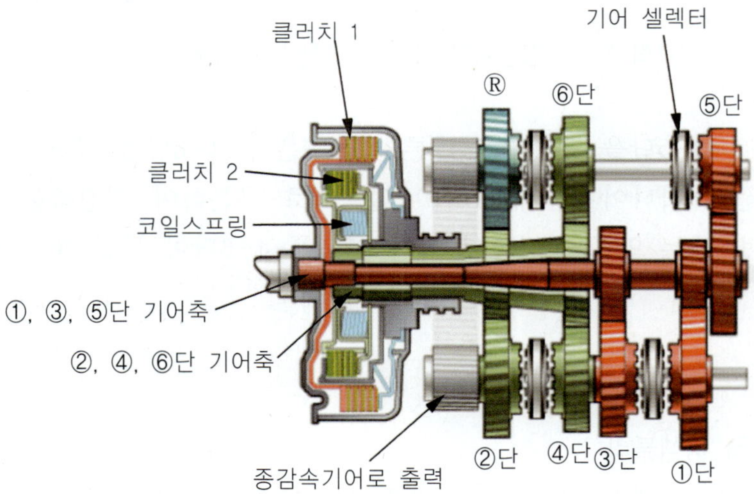

[그림 13] DCT의 구조

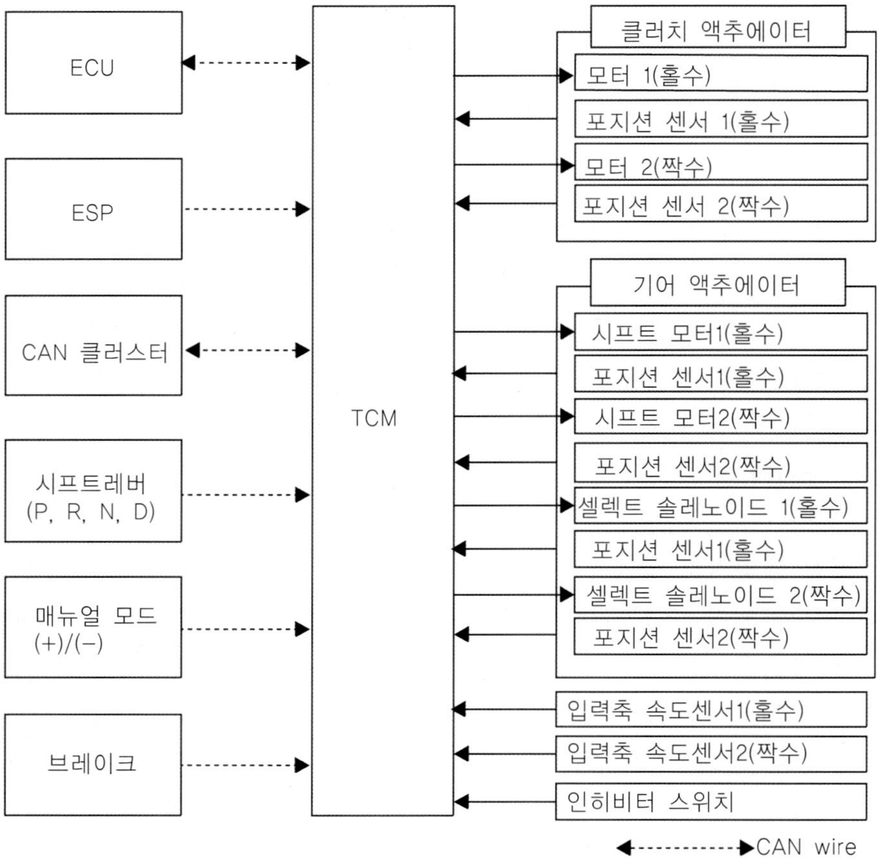

[그림 14] **듀얼클러치 변속기시스템의 구성도**

하나의 회전축은 1-3-5단을 담당하고 다른 회전축은 2-4-6단을 담당하되, 클러치와 연결된 회전축선은 하나이지만 안쪽과 바깥쪽으로 구분하여 회전축을 구동한다. 즉, 1-3-5단이 물릴 때는 안쪽 회전축이 회전하고, 2-4-6단이 물릴 때는 바깥쪽 회전축이 회전한다.

[3] 주요 구성부품

(1) 클러치 액추에이터 어셈블리

클러치 액추에이터는 트랜스미션 컨트롤 모듈(TCM)으로부터 신호를 받아, 클러치를 결합 및 해제하는 역할을 한다.

(2) 기어 액추에이터 어셈블리

기어 액추에이터는 시프트 모터와 셀렉트 솔레노이드로 구성되어 있으며 TCM의 신호를 받아 시프트 모터와 셀렉트 솔레노이드를 제어한다.

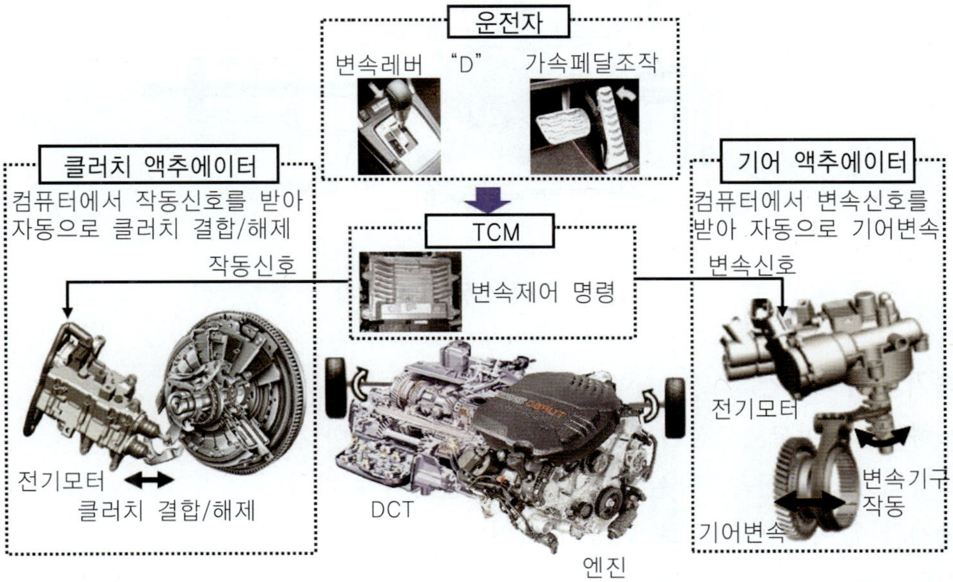

[그림 15] **듀얼 클러치 변속기의 작동원리**

(3) 입력축 속도센서 1, 2

입력축 속도센서는 변속기 입력축 회전수를 감지하여 TCM으로 전달하는 입력센서이며, 이 출력센서는 전자제어에 있어 중요한 입력 정보로 피드백제어, 변속단 설정제어 기타 센서 고장 판정기준 등 모든 작동범위에서 필요한 정보이다.

1.2. 수동변속기(MT : manual transmission)

1.2.1. 변속기의 필요성과 구비조건

[1] 변속기의 필요성

① 엔진과 차축사이에서 회전력을 증대시킨다.

② 엔진을 시동할 때 엔진을 무부하 상태로 한다(변속레버 중립위치에서).

③ 자동차를 후진시키기 위하여 필요하다.

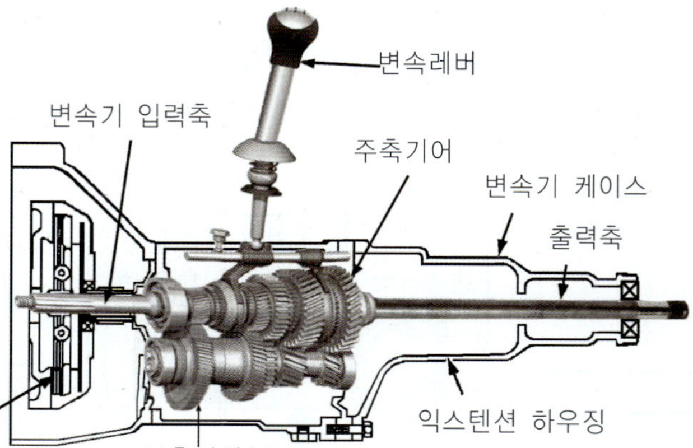

[그림 16] 수동(FR)변속기

[2] 변속기의 구비조건

① 소형 · 경량이고, 고장이 없으며 다루기 쉬워야 한다.
② 조작이 쉽고, 신속, 확실, 정숙하게 작동되어야 한다.
③ 단계가 없이 연속적으로 변속이 되어야 한다.
④ 전달효율이 좋아야 한다.

[3] 자동차 구동력(tractive force)

자동차의 구동력은 구동바퀴가 자동차를 미는 힘이며, 다음 공식으로 나타낸다.

$$F = \frac{T}{R}$$

F : 자동차의 구동력(kgf) T : 축의 회전력(kgf · m)
R : 구동바퀴의 반지름(m)

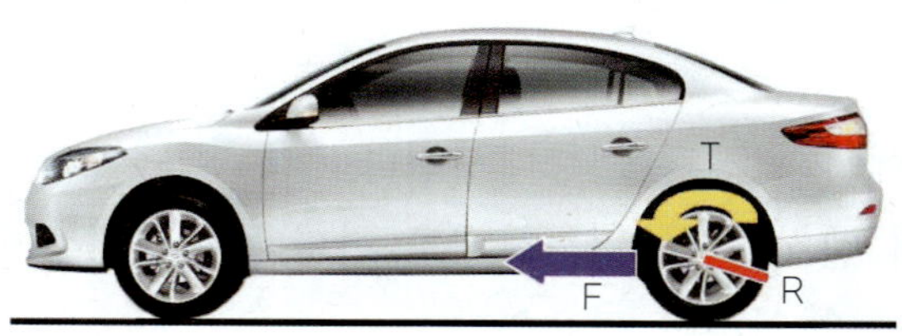

[그림 17] 구동력과 축 회전력과의 관계

1.2.2. 변속기의 분류

[1] 점진기어 형식 변속기

이 변속기는 운전 중 제1속에서 직접 톱 기어(top gear)로 또는 톱 기어에서 제1속으로 변속이 불가능한 형식이다.

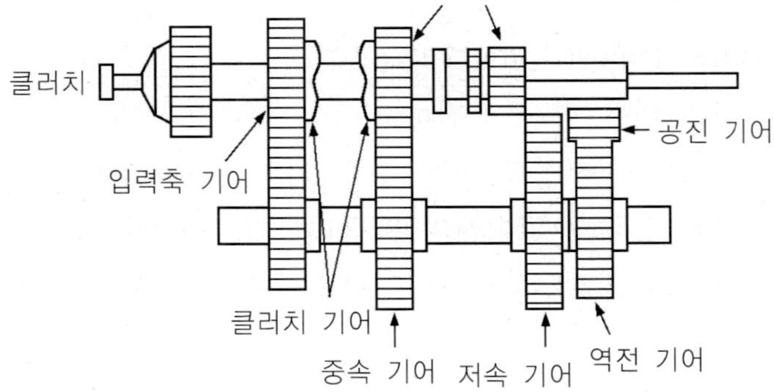

[그림 18] **점진기어형식 변속기**

[2] 선택기어형식 변속기

(1) 활동(섭동)기어 형식(sliding gear type)

이 변속기는 주축과 부축이 평행하며 주축에 설치된 각 기어는 스플라인에 끼워져 축 방향으로 미끄럼운동을 할 수 있다. 변속을 할 때에는 변속레버의 조작으로 주축에 설치된 기어 중에서 1개를 선택하여 미끄럼운동을 시켜서 부축기어에 물려 동력을 전달한다. 기어와 주축의 회전속도 차이를 맞추기 어려워 기어가 파손되기 쉽다.

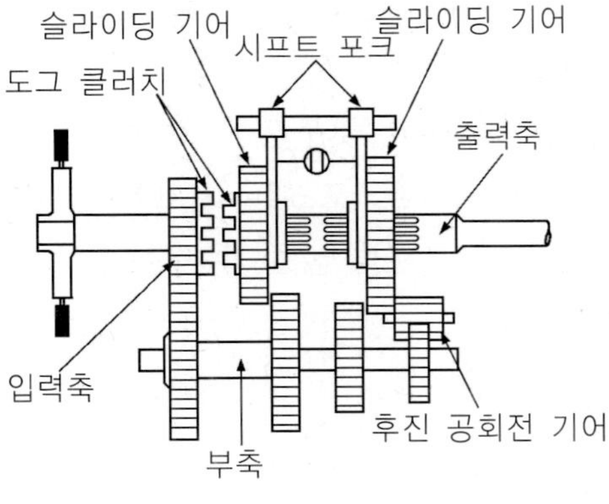

[그림 19] **섭동 기어형식 변속기**

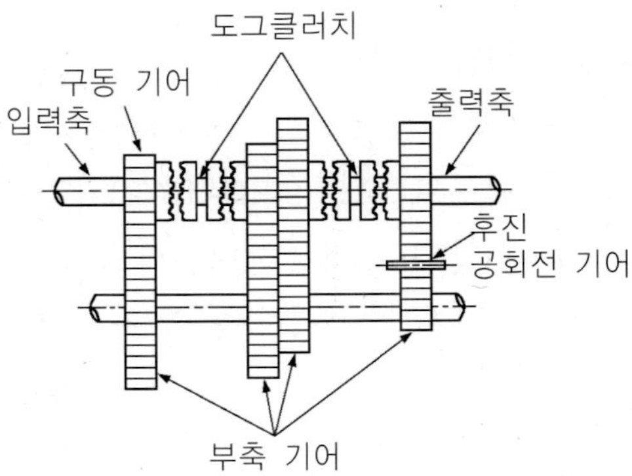

[그림 20] **상시 물림형식 변속기**

(2) 상시 물림형식(constant mesh type)

이 변속기는 주축기어와 부축기어가 항상 물려 있는 상태로 작동하며, 주축에 설치된 모든 기어는 공전을 한다. 변속을 할 때에는 주축의 스플라인에 설치된 도그클러치(dog clutch or clutch gear)가 변속레버에 의하여 이동해 공전하고 있는 주축기어 안쪽의 도그 클러치에 끼워져 주축과 기어에 동력을 전달한다.

(3) 동기 물림형식(synchro mesh type)

동기 물림형식은 주축 위를 항상 공전하고 있는 변속기어와 주축 및 스플라인에 의해 결합된 허브기어사이에 원추형의 마찰 면을 가진 싱크로나이저 링(클러치)과 슬리브를 이용한 것이다. 변속할 때 변속레버로 슬리브를 움직이면 싱크로나이저 링이 작용하고, 이 링의 마찰력에 의해 주축과 변속되는 기어가 부드럽게 물리게 되므로 조용하게 변속을 시킬 수 있다.

[그림 21] **동기 물림장치의 구성**

1.2.3. 변속기 조작기구

[1] 직접 조작방식 변속기

직접 조작방식(floor shift type)은 변속레버는 변속기의 뒷부분에 부착되어 변속레버에 의해 시프트 포크(shift fork)가 선택되고, 각 시프트 포크는 시프트 레일(shift rail)과 함께 앞뒤로 작동하며, 시프트 레일에 고정된 시프트 포크가 싱크로나이저 슬리브 홈에 들어가서 슬리브를 작동시킨다.

[2] 원격 조작방식 변속기

(1) 컬럼형(column type) 원격 조작방식

이 방식은 로드(rod)를 이용한 것이며, 변속레버를 움직이면 로드가 이동하여 시프트 포크가 작동하여 변속이 이루어진다.

(2) 플로어형(floor type) 원격 조작방식

이 방식은 운전석 옆에 있는 변속레버의 동작에 따라 시프트 케이블(shift cable)과 셀렉터 케이블(selector cable)이 움직이고, 2개의 케이블은 시프트 레버와 셀렉터 레버를 움직여 변속이 이루어진다.

1.2.4. 인터록 플런저와 포핏 스프링(록킹볼)

① **인터록 플런저(inter-lock plunger)** : 기어가 변속될 경우, 동시에 2중으로 변속이 이루어지지 않도록 2중 물림방지를 한다.

② **포핏 스프링(록킹볼)** : 포핏 스프링은 볼을 일정한 힘으로 밀어 시프트 레일의 헐거운 움직임을 제한하는 역할을 한다.

1.2.5. 변속비와 주행속도

변속비(또는 기어비)는 기관의 회전수(또는 입력축 구동기어의 회전수)와 추진축(또는 변속기 주축)의 회전수와의 비를 말한다.

$$\text{기어비} = \frac{\text{카운터 기어(부축기어) 잇수}}{\text{입력축 기어 잇수}} \times \frac{\text{변속단 출력축 기어 잇수}}{\text{변속단 카운터 기어 잇수}}$$

자동차의 주행속도는 주행저항을 계산에 넣지 않는다면 엔진의 회전수, 변속비, 종감속비 및 바퀴 크기에 따라 정해진다.

$$V_1 = \pi D \frac{N}{r_t r_f}\ (\text{m/min}) = \pi D \times \frac{N}{r_t r_f} \times \frac{60}{1000}\ (\text{km/h})$$

N : 엔진회전수(rpm)　　r_t : 변속기의 기어비
r_f : 종감속비　　D : 바퀴직경(m)

1.2.6. 수동 트랜스액슬(trans axle)

트랜스액슬은 앞 엔진 앞바퀴 구동방식(FF) 자동차에서 종감속 기어와 차동장치를 일체로 제작한 것이다. 조작방법, 구조 및 작동은 뒷바퀴 구동방식과 거의 같으며 특징은 다음과 같다.

① 실내 유효공간이 넓다.

② 자동차의 경량화로 인해 연료소비율이 감소한다.

③ 가로방향에서 받는 바람에 대한 안전성 및 직진 성능이 좋다.

④ 방향 안전성이 우수하며, 험한 도로를 주행할 때 안전성이 좋다.

⑤ 제동할 때 안전성이 우수하다.

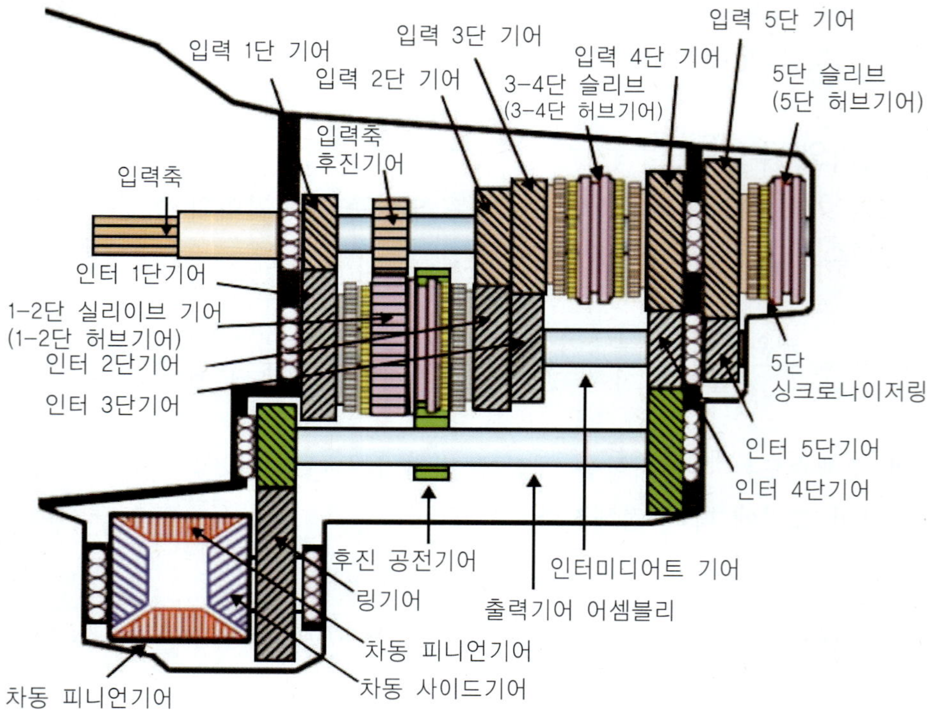

[그림 22] **트랜스액슬의 단면도**

1.3. 자동변속기(AT : automatic transmission)

자동변속기는 클러치와 변속기의 작동이 자동차의 주행속도나 부하에 따라 자동적으로 이루어지는 장치이다.

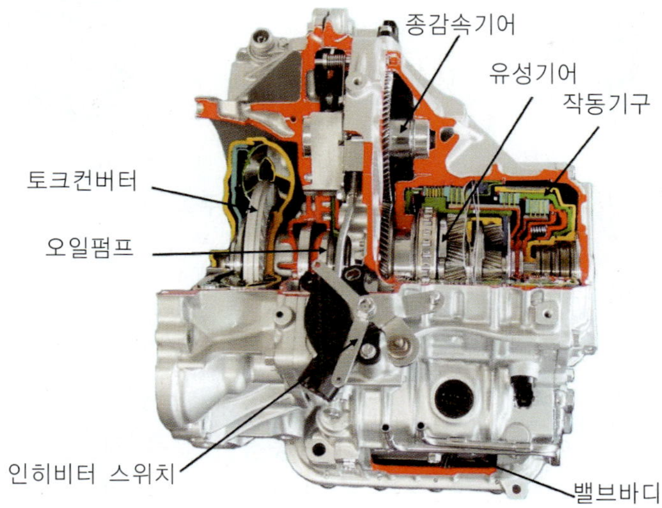

[그림 23] **자동변속기의 구조**

자동변속기에는 변속조작 방법에 따라 여러 가지 형식이 있으나 주로 토크컨버터와 유성기어 변속기에 유압 조절장치를 두며, 최근에는 컴퓨터로 조절하는 전자제어 자동변속기가 사용된다.

1.3.1. 유체 클러치(fluids clutch)

[1] 유체 클러치의 작동원리

유체 클러치는 2개의 날개차 사이에 오일을 가득 채운 후 한쪽의 날개차를 회전시키면 오일은 원심력에 의해 상대편 날개차를 회전시킬 수 있다. 이 원리를 이용하여 기관의 동력을 오일의 운동에너지로 바꾸고, 이 에너지를 다시 회전력으로 바꾸어 변속기로 전달하는 장치이다.

[2] 유체 클러치의 구조

유체 클러치는 기관 크랭크축에 펌프를, 변속기 입력축에 터빈을 설치하고, 오일의 맴돌이 흐름(와류)을 방지하기 위한 가이드 링을 두고 있다.

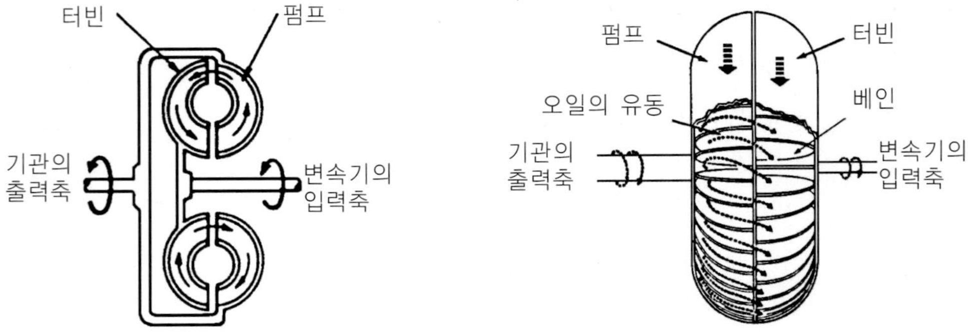

(a) (b)

[그림 24] **유체 클러치의 구조**

[3] 유체 클러치 오일의 구비조건

① 점도가 낮을 것
② 비중이 클 것
③ 착화점이 높을 것
④ 내산성이 클 것
⑤ 유성이 좋을 것
⑥ 비등점이 높을 것
⑦ 응고점이 낮을 것
⑧ 윤활성능이 클 것

1.3.2. 토크컨버터(torque converter)

[1] 토크컨버터의 개요

토크컨버터는 그 내부에 오일 가득 채워져 있고 자동차의 주행저항에 따라 자동적, 연속적으로 구동력을 변환시킬 수 있으며 그 기능은 다음과 같다.

① 엔진의 회전력을 변속기에 원활하게 전달하는 기능을 한다.
② 회전력을 변환시키는 기능을 한다.
③ 회전력을 전달할 때 충격 및 크랭크축의 비틀림 완화 등의 기능을 한다.

토크컨버터의 터빈과 펌프와의 회전속도 비율[$\frac{\text{터빈의 회전속도}}{\text{펌프의 회전속도}}$]에 대하여 그 회전력 변환비율[$\frac{\text{터빈의 회전력}}{\text{펌프의 회전력}}$] 및 동력 전달효율[회전속도 비율 × 회전력 변환비율]을 표시한다. 회전력은 회전속도 비율 0에서 최대가 되며, 이 점을 스톨 포인트(stall point)라 한다. 또 회전력 변환비율은 회전속도 비율이 높아짐에 따라 감소하며 어떤 회전속도 비율에서는 회전력 변환비율이 1이 된다. 이 점을 클러치 점(clutch point)이라 한다. 그 이상의 회전속도 비율에서는 회전력 변환비율이 1 이하가 된다.

동력 전달효율은 스톨 포인트에서는 0이 되고 회전속도 비율이 높아짐에 따라 증가하는데 일반적으로 클러치 점보다 낮은 회전속도 비율에서 최대가 되고 이후에는 급격히 낮아진다. 그 이상에서는 토크컨버터의 일반적인 특성으로 회전력 변환비율 1의 클러치 점에서는 유체클러치로 변환한다. 따라서 스테이터와 프레임사이에 원웨이 클러치(one way clutch, 일방향 클러치)를 설치하고 있는데 이 원웨이 클러치에 의하여 클러치 점에 도달하면 지금까지 작동을 멈추고 있던 스테이터 날개의 뒷면에 오일이 작용하기 때문에 스테이터가 회전하기 시작하여 유체클러치와 같은 작용(동력만 전달)을 한다. 그리고 유체클러치는 토크 변환율 1 : 1이지만 토크컨버터 토크 변환율은 약 2~3 : 1 정도이다.

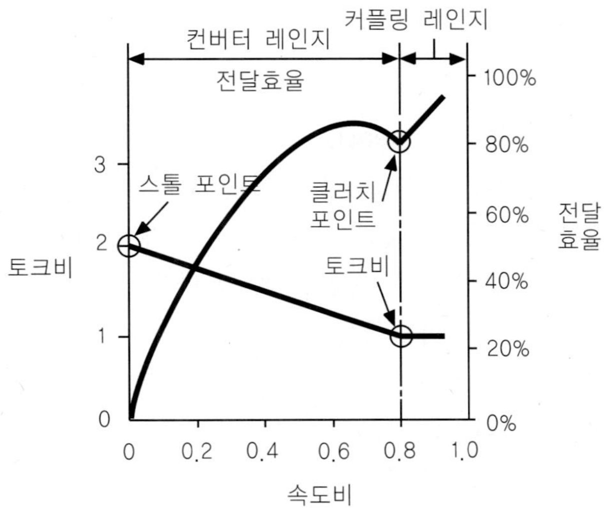

[그림 25] **토크컨버터의 성능곡선**

[2] 토크컨버터의 구조

① **펌프** : 엔진의 기계적 에너지를 유체의 유동 에너지로 바꾼다.

② **터빈** : 유체의 유동에너지를 기계적 에너지로 바꾼다.

③ **스테이터** : 유체의 유동방향을 변환시켜 터빈 출력토크를 증대시키며, 유체의 유동방향 변환시에는 토크컨버터 영역이고 스테이터가 회전을 하면 유체커플링 영역이다.

④ **토크컨버터 베인 형상** : 유체 운동에너지를 이용하여 토크로 변환하며 3요소(펌프, 터빈, 스테이터) 1단(터빈의 수) 2상형(토크컨버터 영역, 유체커플링 영역)이다.

[그림 26] **토크컨버터의 구조**

1.3.3. 유성기어장치

[1] 유성기어장치의 구성

① **포워드 선 기어(forward sun gear)** : 전진용 선 기어이며, 리어 클러치 허브를 통하여 구동력이 전달되면 포워드 선 기어는 숏 피니언을 구동한다.

② **리버스 선 기어(reverse sun gear)** : 후진용 선 기어이며, 프론트 클러치 리테이너에 설치되어 프론트 클러치가 작동할 때 킥다운 드럼의 중계로 구동력이 리버스 선 기어에 전달되어 롱 피니언을 구동한다.

③ **유성 캐리어(planetary carrier)** : 유성 캐리어는 로 & 리버스 브레이크 허브 및 원웨이 클러치 아웃 레이스와 일체로 되어 있으며, 4단 자동변속기에서 엔드 클러치축의 중계로 엔드 클러치와 연결되어 있으며, 엔드 클러치가 작동될 때 구동력을 링 기어로 전달한다.

④ **링 기어(ring gear or annulus gear)** : 출력 플랜지와 연결되어 있으며, 출력 플랜지에 설치된 트랜스퍼 구동기어로 구동력을 전달한다.

[그림 27] **유성기어의 구성**

[2] 유성기어 변속장치의 작용

유성기어 변속장치는 유압에 따라 변속 제어장치에 의하여 자동차의 주행속도에 따라 자동변속이 이루어진다. 이것에 의하여 토크컨버터의 회전력 변환능력 부족분량을 보충하여 자동차의 구동력을 증대시키고 또 후진할 때 회전방향을 변환하여 자동변속기의 기능이 충분히 발휘되도록 한다. 유성 기어장치의 작동은 다음과 같다.

(1) 증속시킬 경우

① 링기어를 증속시키고자 할 경우에는 선기어를 고정시키고, 유성 캐리어를 구동하면 증속되며, 링기어의 증속은 다음 공식으로 산출된다.

$$N = \frac{A+D}{D} \times n$$

N : 링 기어의 회전 A : 선 기어 잇수
D : 링 기어 잇수 n : 유성 캐리어의 회전수

② 선기어를 증속시키고자 할 경우에는 링기어를 고정시키고, 유성 캐리어를 구동하면 증속된다.

(2) 감속시킬 경우

① 선기어를 고정시키고 링기어를 구동하면 유성 캐리어가 감속한다.
② 링기어를 고정시키고 선기어를 구동하면 유성 캐리어가 감속한다.

(3) 후진(역회전)시키고자 할 경우

① 유성 캐리어를 고정하고 선기어를 회전시키면 링기어가 역전 증속한다.
② 유성 캐리어를 고정하고 링기어를 회전시키면 선기어가 역전 감속한다.

(4) 직결시킬 경우

선기어, 유성 캐리어, 링기어의 3요소 중에서 2요소를 고정하면 동력은 직결(top gear)된다. 유성기어를 자동변속기의 보조 변속기로 사용하는 이유는 다음과 같다.

① 유성기어 트레인의 각 기어는 항상 물려 있기 때문에 동력전달 중에도 기어의 변속이 가능하다.
② 1세트의 유성기어 트레인로 2가지의 변속비율 얻을 수 있다. 가령 2세트의 유성

기어세트인 경우 전진 3단, 후진 1단의 변속비율을 얻을 수 있다.
③ 수동변속기에 비해 소형화할 수 있다.

1.3.4. 유압 제어장치

자동변속기는 유압 제어장치에 의해 자동차의 주행속도에 따라 자동적으로 유성 기어장치의 브레이크밴드와 클러치를 결합시키기도 하고 해제하기도 한다.

(1) 오일펌프(oil pump)

오일펌프는 유압 제어장치의 유압 발생원으로 적당한 유압과 유량을 공급한다. 오일펌프는 내접기어형이며, 구동기어와 피동기어로 되어있고, 초승달 모양의 크레센트(crescent)를 사이에 두고 서로 맞물려 있으며 기관 시동과 동시에 유압을 발생한다.

(2) 거버너 밸브(governor valve)

이 밸브는 유성 기어장치의 변속이 그 때의 주행속도에 적응되도록 한다. 작동은 오일펌프에서 유압을 받아 이를 주행속도에 비례하는 유압(이것을 거버너 압력이라 함)으로 조정하여 최종적으로 이 유압을 밸브보디 내의 시프트밸브(shift valve)의 끝부분에 작용시킨다. 이 유압에 의해 시프트밸브가 이동하여 오일회로가 열리면서 주라인압력이 클러치, 브레이크 밴드로 송출되어 클러치 또는 브레이크 밴드가 작용하여 유성 기어장치가 변속된다. 즉, 거버너밸브에 의하여 시프트 업이나 시프트다운이 자동적으로 이루어진다.

(3) 밸브보디(valve body)

밸브보디는 변속기 내부에 장착되어 있고, 밸브보디는 자동변속기 제어의 중추적인 구성품으로 오일펌프에서 공급되는 유체를 제어하는 각종 밸브가 내장되어 있다. 압력을 조절하는 레귤레이터밸브, 오일의 방향을 바꿔주는 변환밸브, 변속을 실행하는 시프트밸브, 변속레버와 연결된 매뉴얼밸브 등이 있다.

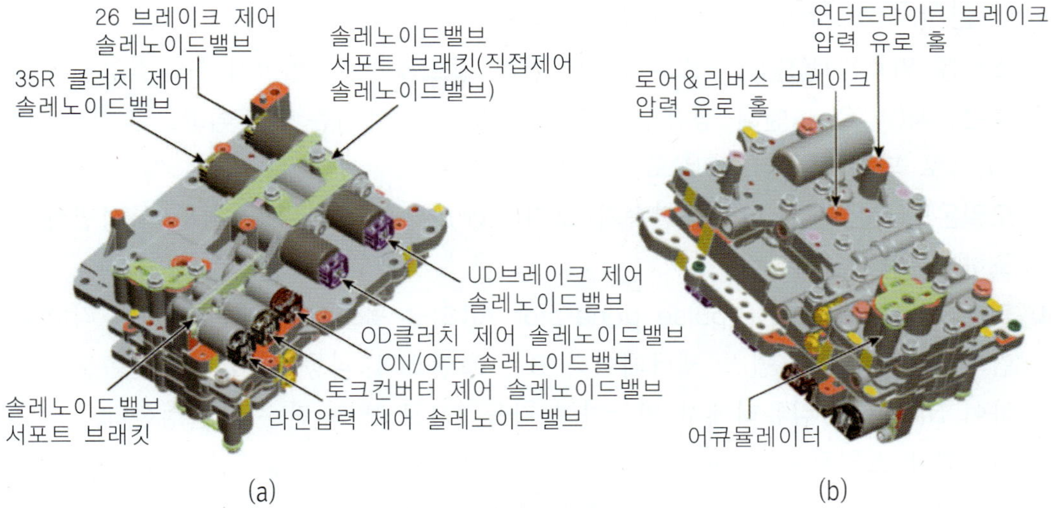

[그림 28] **밸브보디의 구조**

밸브바디 몸체에는 전자 솔레노이드밸브가 장착되어 있어 최상의 변속감을 실행시킨다.

1.3.5. 댐퍼 클러치(록업 클러치 : damper clutch or lock up clutch)

[1] 댐퍼 클러치의 기능

수동변속기에 비해 자동변속기가 연료소비율이 높았던 것은 동력전달 손실이 큰 것이 그 원인이며, 회전력 변환비율이 1에 가까운 구간에서는 마찰클러치와 같은 직결상태로 하여 동력전달 손실을 최소화하는 것이 댐퍼 클러치이다.

[2] 댐퍼 클러치가 작동하지 않는 범위

① 제1속 및 후진할 때
② 엔진 브레이크가 작동할 때
③ 변속할 때
④ 브레이크스위치가 ON상태일 때
⑤ 엔진이 공전할 때
⑥ 냉각수 온도 50℃, 오일온도 60℃ 이하시

1.3.6. 전자제어 자동변속기용 센서

① **스로틀 위치센서(TPS)** : 스로틀밸브 열림 정도에 따른 변속시기를 결정한다.

② **수온센서(WTS)** : 엔진 냉각수 온도가 50℃ 미만에서는 OFF되고, 그 이상에서는 ON으로 되어 컴퓨터(TCU)로 입력시킨다.

③ **오일온도(유온)센서** : 자동변속기 오일(ATF)의 온도에 따라 점도 특성변화를 참조하기 위해 설치한다.

④ **펄스 제너레이터 A&B(pulse generator A&B)** : 펄스 제너레이터 A는 킥다운 드럼의 회전속도를, 펄스 제너레이터 B는 트랜스퍼 피동 기어의 회전속도를 검출하여 Na/Nb를 컴퓨터에서 연산하여 자동적으로 변속 단수를 결정한다.

⑤ **가속페달 스위치(accelerator pedal S/W)** : 가속페달을 밟으면 OFF, 놓으면 ON으로 되어 이 신호를 컴퓨터로 보내며 주행속도 7km/h 이하, 스로틀밸브가 완전히 닫혔을 때 크리프(creep)량 이 적은 제2단으로 유도하기 위한 검출기구이다. 스로틀밸브가 완전히 닫힌 상태에서는 ON이나 조정불량 등으로 OFF가 되면 복잡한 작동을 하게 된다.

⑥ **차속센서** : 변속기 속도계 구동기어의 회전속도(주행속도)를 펄스신호로 검출하여 펄스 제너레이터 B에 이상이 있을 때 페일 세이프기능을 갖도록 한다.

⑦ **컴퓨터(TCU : transmission control unit)** : 컴퓨터는 각종 센서에서 보내 온 신호를 받아서 댐퍼클러치 제어 솔레노이드밸브(DCCSV), 변속제어 솔레노이드밸브(SCSV), 압력제어 솔레노이드밸브(PCSV) 등을 구동하여 댐퍼 클러치의 작동과 변속조절을 한다.

⑧ **인히비터 스위치(inhibitor S/W)** : 변속레버를 P(주차) 또는 N(중립)레인지 위치에서만 엔진 시동이 가능하도록 하고, 그 외의 위치에서는 시동이 불가능하게 하며 R(후진)레인지에서는 후퇴등(back up lamp)이 점등되게 한다.

1.3.7. 변속레버

[1] 기계식 변속레버(SBC : shift by cable)

기계식 변속레버의 작동은 운전자의 의지를 반영하는 변속레버와 자동변속기에 장착된 인히비터 스위치를 연결하는 케이블에 의해 이루어진다.

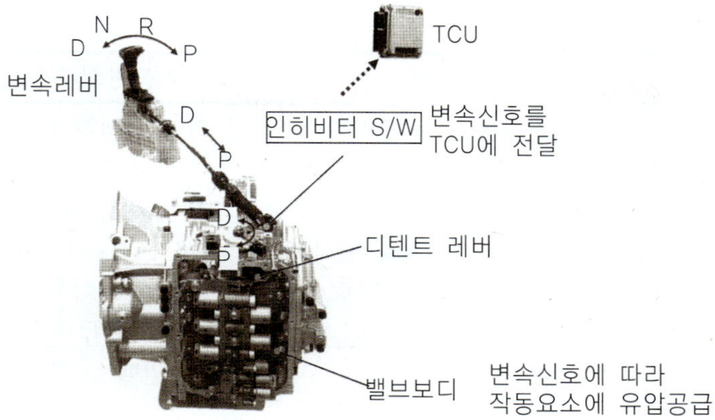

[그림 29] **기계식 변속레버**

운전자가 변속레버를 조작하게 되면 변속레버와 케이블로 연결된 인히비터 스위치는 변속기 내부의 밸브보디 유로 흐름을 변경하게 되고, 이 정보는 TCU가 판단하여 자동차의 변속상태를 만들어 낸다.

[2] 전자식 변속레버(SBW : shift by wire)

SBW는 자동변속기와 변속레버가 CAN통신제어로 변속되는 시스템으로, 변속레버 조작에 따른 진동이 없고 작은 조작력과 동선만으로 변속이 가능하여 편의성이 뛰어나다. 전자제어에 의한 변속이 가능하기 때문에 자율 주행자동차를 구현하는데 필수적이다.

전동식 전자식 변속레버는 변속버턴 또는 레버조작 시 전기신호에 따라 모터의 회전을 이용하여 P/R/N/D 변속을 가능하게 한다. 하지만 차종의 종류에 따라 제어방법의 차이가 있다. 제어방법의 차이는 동력을 전달하는 매개체인 감속기/변속기에 따라 달라지게 된다.

[그림 30] **전자식 변속레버**

[표] SBW 제어방법의 차이

항 목	전기차 적용 SBW	자동변속기 적용 SBW
SBW 액추에이터	모터 회전에 의한 P↔P 해제의 2 포지션제어(파킹 디텐트 레버 2 포지션)	모터 회전에 의한 P/R/N/D의 4 포지션 제어(파킹 디텐트 레버 4 포지션)
제어방식	모터 회전 끝단 부를 P위치로 인식하여 P위치에서 P 해제 위치로 이동	- 모터 회전 끝단부를 P위치로 인식하여 P↔R↔N↔D위치를 이동 - 각 포지션(P↔R↔N↔D) 위치확인을 위한별도 신호 필요
포지션 센서	없음	있음(매뉴얼밸브 위치 신뢰성 확보를 위한 신호)
비고	P/R/N/D 신호는 SBW 버튼으로부터 받음	←

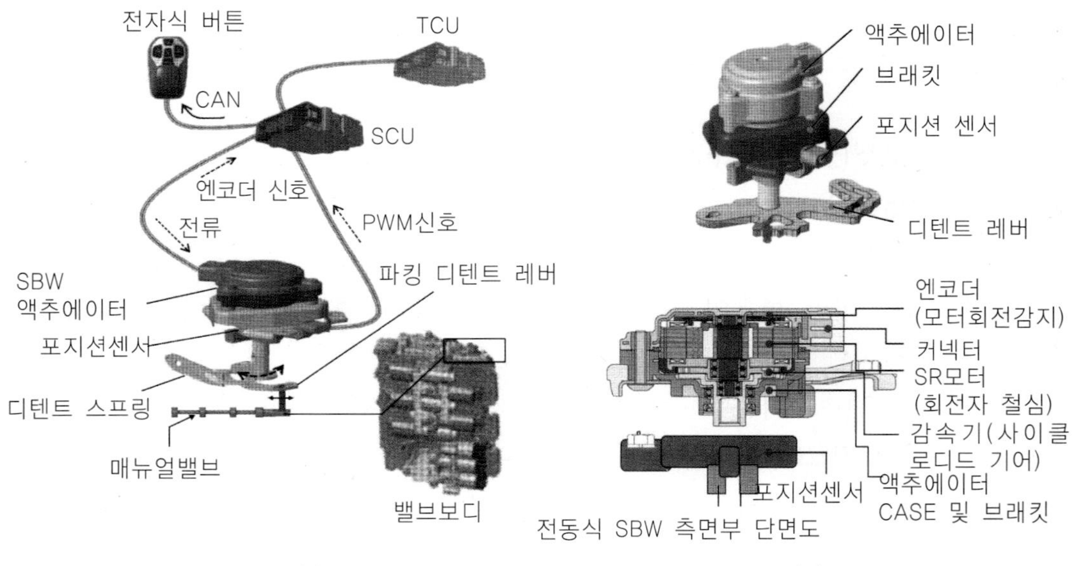

[그림 31] **전동식 SBW**

변속기의 포지션 스위치(인히비터스위치)와 변속레버 간 연결되어 있던 시프트 케이블은 SBW타입에서는 삭제되고, 시프트 케이블 브래킷 및 시프트 레버 역시 불필요하기 때문에 삭제된다. 또한 차량의 변속을 기계적인 움직임 대신 통신으로 제어하는데, 이를 위한 SCU(SBW control unit)가 추가된다. SCU는 SBW, TCU, ECU 등 각종 제어기와 CAN통신을 하며, SBW 액추에이터와 Hard wire로 연결되어 있다.

전동식 SBW에 적용되는 포지션센서는 기존 자동변속기의 인히비터 스위치(포지션센서) 역할을 하는 부품으로써, 변속기 내부를 P/R/N/D 위치로 바꾸게 되는 역할을 한다.

포지션 센서는 총 4핀으로 센서접지, 센서전원, Signal 1, Signal 2로 구성되는데 이중 Signal 1과 Signal 2의 PWM값이 변속단을 결정하는 신호값이다.

1.4. 무단변속기(CVT : continuously variable transmission)

무단변속기란 연속적으로 가변시키는 장치이다. 무단변속기의 최대 장점은 무단으로 변속을 실행하므로 변속기에서 발생할 수 있는 변속 충격방지 및 연료소비율 향상과 가속성능이 우수한 점이다. 무단변속기는 기관을 항상 최적 운전상태로 유지할 수 있어 효율이 10~20% 정도 높아진다.

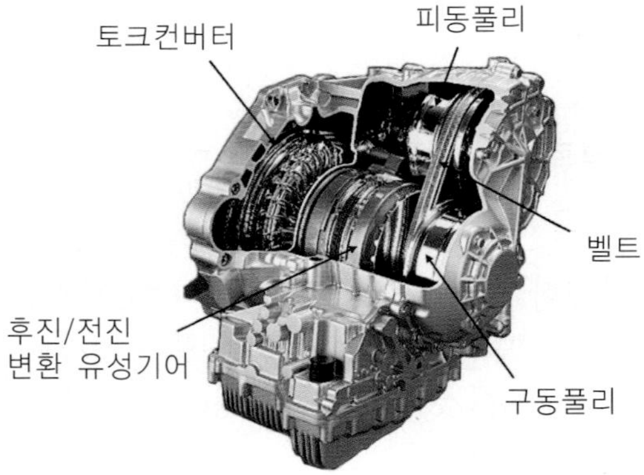

[그림 32] **무단변속기**

[1] 무단변속기의 특징

① 가속성능이 향상된다.

② 연료소비율이 향상된다.

③ 변속 충격이 감소한다.

④ 무게가 감소한다.

1.4.1. 무단변속기의 구성별 분류

[1] 기본형식에 의한 분류

(1) 벨트 구동방식

① **고무벨트방식** : 고무벨트는 알루미늄합금 블록의 측면 즉, 변속기 풀리와의 접촉면이 내열 수지로 성형되어 있다.

② **금속벨트방식** : 금속벨트방식은 두께 0.2mm의 금속밴드를 12장씩 겹친 밴드사

이에 끼워 넣은 상태의 금속 V-벨트이며 특이한 점은 고무벨트는 인장력으로 동력을 전달하지만 금속벨트방식은 금속블록사이의 압축력에 의해서도 동력을 전달한다.

(2) 트랙션(traction) 구동방식

트랙션 구동 전용으로 개발된 전단 저항이 큰 오일에 의해 금속 면사이에 오일 막을 형성시켜 동력을 전달하는 방식이다.

(3) 유압모터 · 펌프의 조합방식

유압펌프와 유압모터로 이루어져 있으며 펌프에서 만들어진 동력은 기계적인 동력으로 바꾸어지는 유압식 변속기 구조이다.

[2] 동력 전달방식에 의한 분류

(1) 토크컨버터 방식

토크컨버터 방식에서 사용하는 무단변속기의 토크컨버터는 자동변속기에서 사용하는 토크컨버터와 같다. 그러나 무단변속기 특성상 록 업(lock up)구간(댐퍼 클러치 제어 영역)을 자동변속기에 비해 작동영역을 크게 할 수 있어 연료소비율 개선에 큰 효과를 볼 수 있다.

(2) 전자 클러치방식(전자 분말방식)

전자 클러치방식(electronic clutch type)은 구동판(drive plate)에 볼트로 고정되어 있으며, 변속기 입력축과 연결된 로터(rotor), 구동판과 연결된 클러치 하우징의 요크(yoke) 및 코일(coil) 등으로 구성되어 있다.

컨트롤러(controller)에서 브러시(brush)에 전류를 공급하면 슬립 링(slip ring)을 통해 코일이 자화되어 요크와 로터사이에 있는 자석 성분의 분말이 연속적으로 연결된다. 이 결합력에 의해 요크와 변속기 입력축과 연결된 로터가 연결되어 동력을 전달한다. 이 결합력은 전류의 세기에 비례하며 컨트롤러에서 전류를 차단하면 분말의 연결상태가 해제되어 클러치가 분리되므로 동력이 차단된다.

1.4.2. 무단변속기의 구성요소와 작동

[1] 토크컨버터(torque converter)

토크컨버터는 기관의 동력을 변속기로 전달해 주는 유체 동력학적 동력 전달장치이다. 무단변속기용 토크컨버터는 록업(lock up)클러치의 강성화와 정숙성 확보, 록업 영역의 확대로 낮은 연료소비율 실현 및 출발성능 등이 향상 되었다.

[2] 오일펌프(oil pump)

오일펌프는 항상 기관에 의해 구동되는데 토크컨버터의 뒤쪽에 설치될 경우 토크컨버터의 펌프커버 허브에 의해 구동되며, 변속기 케이스 뒤쪽이나 밸브보디 내에 설치될 경우에는 토크컨버터 커버와 연결된 별도의 오일펌프 구동축에 의해 구동된다.

[3] 전・후진장치

무단변속기를 설치한 차량도 후진을 하여야 한다. 이를 위해 전・후진장치를 두고 있다. 전・후진장치의 작동은 유성 기어장치를 사용하며, 유성 기어장치의 구성은 링기어 유성 캐리어, 선기어, 더블 피니언(double pinion) 등이다. 이것은 전진에서 후진으로의 동력 전달방향을 변환할 때 회전방향을 바꾸기 위한 기구이다.

그리고 유성 기어장치를 제어하기 위한 클러치 및 브레이크가 있으며, 전진할 때 유성캐리어를 직접 구동하기 위한 전진 클러치 1세트와 후진에서 링기어를 케이스에 고정하기 위한 후진 브레이크 1세트가 마련되어 있다.

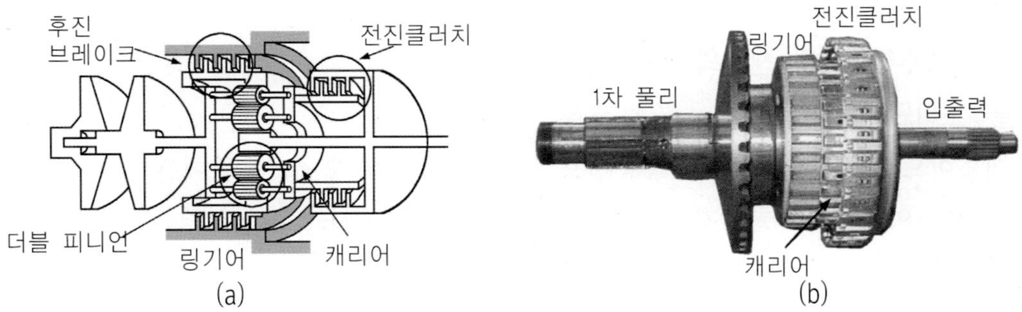

[그림 33] **전・후진장치의 구성**

[4] 가변 풀리

무단변속기에서 변속비율이 제어되는 곳이 가변 풀리이다. 즉, 지름이 다른 풀리 2개가 벨트를 통하여 연결되어 있으며, 각 풀리는 벨트가 설치되어 지름을 변경할 수 있도록 되어 있다. 풀리의 지름변경은 1차 풀리 피스톤과 2차 풀리 피스톤에 의한다.

(1) 1차 풀리

1차 풀리 즉, 구동 풀리는 더블 피스톤을 사용한다. 이것은 1차 풀리의 역할이 구동 중 변속비율 제어와 관련이 있다. 저속단계로 운행 중인 자동차를 고속단계로 변속을 하기 위해서는 1차 풀리의 유압 실에 유압을 가하게 되는데 이때 벨트는 가장 안쪽에 위치하고 있다가 바깥쪽으로 이동을 한다. 이때 벨트가 위치해 있는 풀리의 지름 비율이 곧 변속 비율이 된다.

(2) 2차 풀리

2차 풀리의 내부구조 및 원리는 1차 풀리와 거의 비슷하다. 그러나 1차 풀리가 변속비율 제어가 주 역할이었다면 2차 풀리는 벨트의 장력 제어가 주 역할이다.

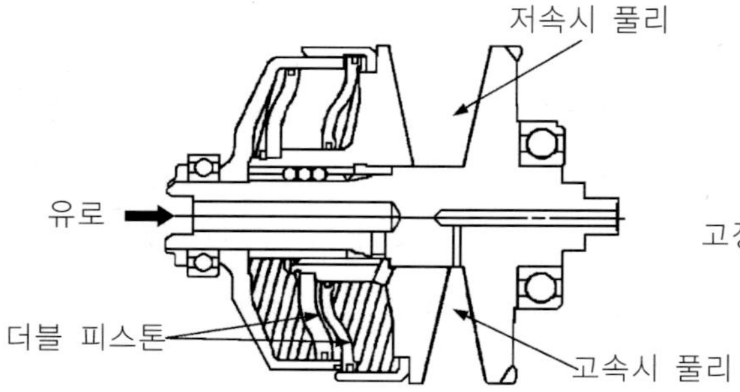

[그림 34] **1차 풀리의 구성**

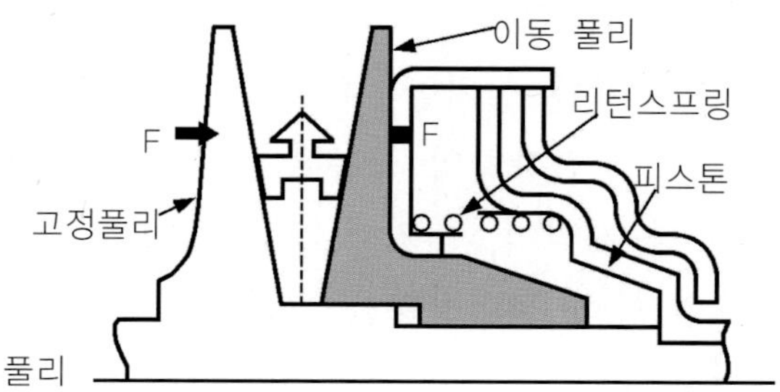

[그림 35] **2차 풀리의 구성**

1.4.3. 무단변속기의 전자제어

[1] 각종 액추에이터와 센서의 구성 및 작동원리

(1) 솔레노이드밸브

솔레노이드밸브는 컴퓨터의 작동신호를 받아 작동하며 그 종류에는 댐퍼클러치 컨트롤 솔레노이드밸브, 클러치 압력 컨트롤 솔레노이드밸브, 라인압력 컨트롤 솔레노이드밸브, 시프트 컨트롤 솔레노이드밸브 등이 있다.

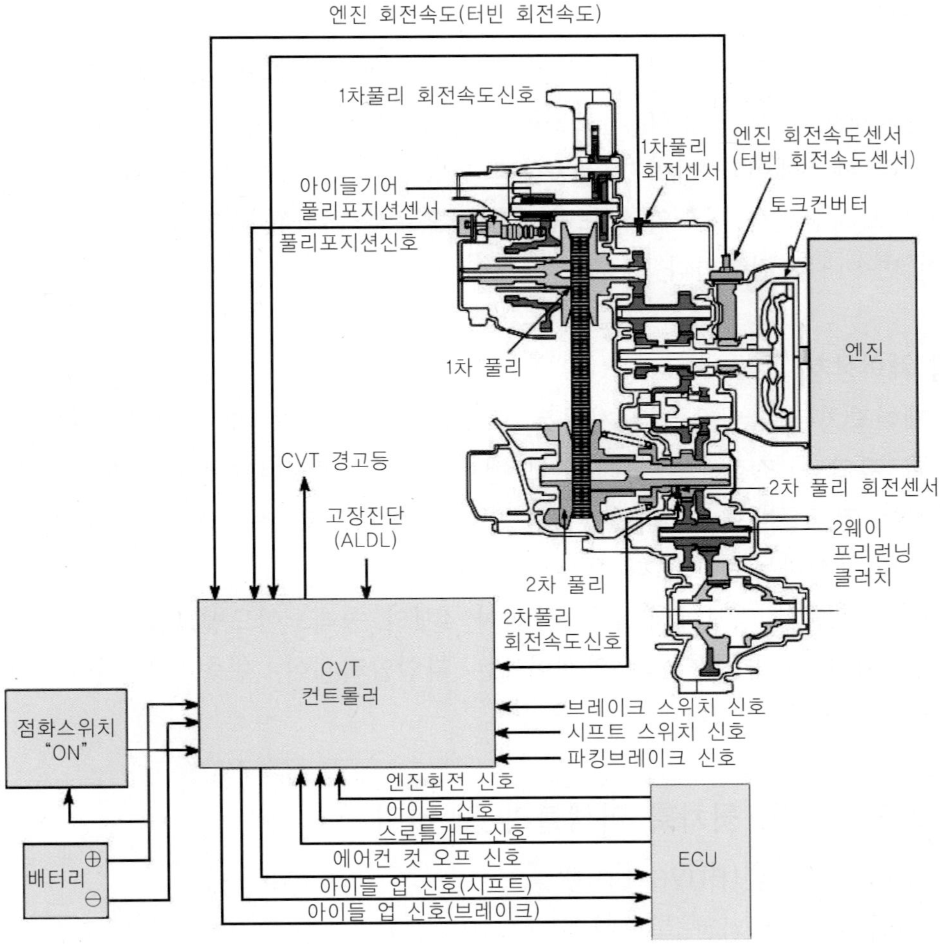

[그림 36] **무단변속기 전자제어의 구성도**

(2) 오일온도(유온) 센서

변속기 오일의 온도를 서미스터로 검출하여 댐퍼 클러치 작동 및 미 작동영역을 검출하고 변속할 때 유압제어 정보 등으로 사용한다.

(3) 유압센서

무단 변속기의 유압센서는 라인압력 또는 1차 풀리쪽 압력 검출용과 2차 풀리쪽 압력 검출용 2개가 설치된다.

(4) 회전속도 센서

회전속도 센서의 종류에는 터빈 회전속도 센서, 1차 풀리 회전속도 센서, 2차 풀리 회전속도 등 3가지가 있으며, 1, 2차 풀리 회전속도 센서는 공용화가 가능하다. 회전속도 센서는 홀 센서(hall sensor)형식이다.

(5) 풀리 포지션센서

풀리 포지션센서는 1차 풀리의 가동 풀리 측면에 설치되어 있으며 가동 풀리의 이동량을 감지하여 신호를 CVT 컨트롤러로 전송한다. CVT 컨트롤러에서 DC모터를 제어함에 따라 액추에이터 기어가 구동하면 가동 풀리가 축방향으로 이동되며, 이 이동값은 풀리 포지션센서 내부의 로드가 움직임으로서 변화된 저항값을 CVT 컨트롤러로 전송되어 변속비를 검출한다.

[2] 유압 제어장치

유압 제어장치는 유압을 발생시키는 오일펌프, 컴퓨터(CVT 컨트롤 유닛)의 전기신호를 받아 유압을 조절하는 솔레노이드밸브, 솔레노이드밸브에서의 제어압력을 기초로 작동하는 컨트롤밸브 및 라인압력을 일정한 압력으로 조정하는 레귤레이터밸브 그리고 이들을 구성하는 밸브보디 등으로 구성되어 있다.

컴퓨터는 각 센서 정보에서 신호를 받아 4개의 솔레노이드밸브를 구동하고 주행조건에 대한 제어를 실행한다. 유압제어에는 라인압력제어, 변속비율 제어, 출발제어, 클러치 압력제어 등이 있다.

1.5. 드라이브라인, 뒷차축 어셈블리 및 바퀴

1.5.1. 드라이브라인(drive line)

드라이브라인은 앞 기관 뒷바퀴 구동(FR)차량에서 변속기의 출력을 종감속 기어로 전달하는 부분이며 슬립이음, 자재이음 및 추진축 등으로 구성되어 있다.

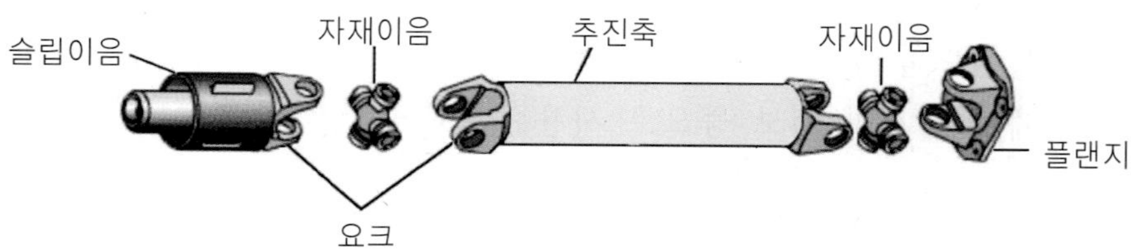

[그림 37] **드라이브라인의 구성**

[1] 슬립이음(slip joint)

슬립이음은 변속기 주축 뒤끝에 스플라인을 통하여 설치되며, 뒷차축의 상하운동에 따라 변속기와 종감속 기어사이에서 길이 변화를 가능하도록 하기 위해 두고 있다.

[2] 자재이음(universal joint)

자재이음은 변속기와 종감속 기어사이의 구동각도 변화를 주는 장치이며, 종류에는 십자형 자재이음, 플렉시블 이음, 볼엔드 트러니언 자재이음, 등속도 자재이음 등이 있다.

(1) 십자형 자재이음(훅 조인트)

이 형식은 중심부분의 십자축과 2개의 요크(yoke)로 구성되어 있으며 십자축과 요크는 니들 롤러베어링을 사이에 두고 연결되어 있다. 설치각도는 12~18° 이하로 하여야 한다.

[그림 38] **십자형 자재이음**

(2) 플렉시블 이음(flexible joint)

이 형식은 3가닥의 요크사이에 가죽이나 경질 고무로 만든 커플링(coupling)을 끼우고 볼트로 조인 것이다. 설치각도는 3~5° 이상 되면 진동을 일으키기 쉽다.

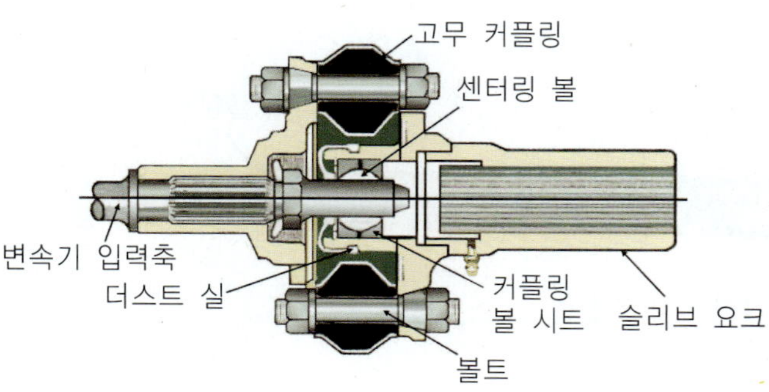

(a)

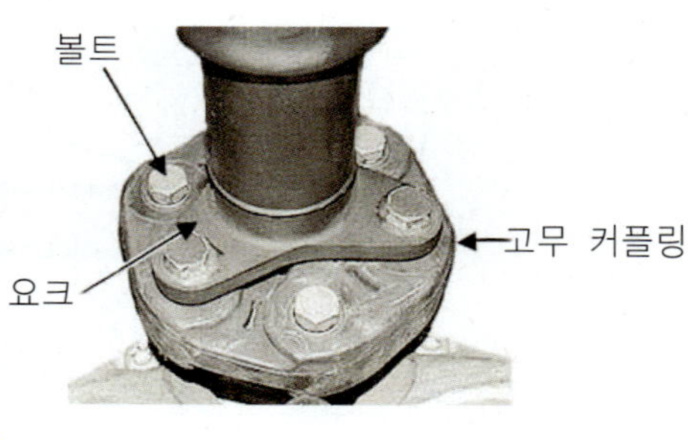

(b)

[그림 39] **플렉시블이음**

(3) 등속도(CV) 자재이음

등속도 자재이음은 주로 앞바퀴 구동방식(FF) 차량의 차축에서 사용된다. 종류에는 트랙터형, 벤딕스 와이스형, 제파형, 파르빌레형, 이중 십자이음 등이 있다. 이 중에서 파르빌레형(parville type)은 구조가 간단하고 용량이 커 앞바퀴 구동차량에서 주로 사용하며, 변속기 쪽에 있는 것을 더블 오프셋 이음, 바퀴 쪽에 있는 것을 버필드 이음(birfield joint)라 부른다.

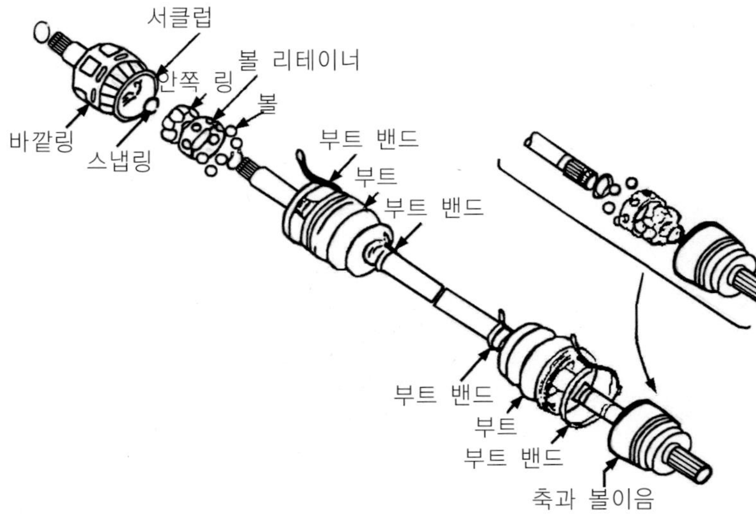

[그림 40] **더블 오프셋 이음**

[3] 추진축(propeller shaft)

추진축은 강한 비틀림을 받으면서 고속 회전하므로 이에 견딜 수 있도록 속이 빈 강관(steel pipe)을 사용한다.

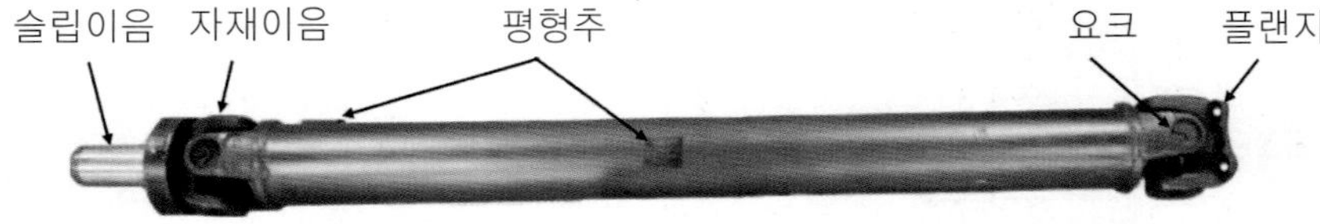

[그림 41] **추진축**

회전평형을 유지하기 위해 평형추가 부착되어 있으며, 그 양쪽에는 자재이음의 요크가 있다. 축간거리가 긴 자동차에서는 추진축을 2~3개로 분할하고, 각 축의 뒷부분을 센터 베어링으로 프레임에 지지하고, 대형 자동차의 추진축에는 비틀림 진동을 방지하기 위한 토션 댐퍼(torsional damper)를 두고 있다.

1.5.2. 종감속 기어와 차동장치

[1] 종감속 기어(final reduction gear)

종감속 기어는 추진축의 회전력을 직각으로 전달하며 엔진의 회전력을 최종적으로 감속시켜 구동력을 증가시킨다. 구조는 구동피니언과 링기어로 되어 있으며, 종류에는 웜과 웜기어, 베벨기어, 하이포이드 기어가 있으며 현재는 주로 하이포이드기어를 사용한다. 하이포이드기어(hypoid gear)는 링기어의 중심보다 구동피니언의 중심이 10~20% 정도 낮게 설치된 스파이럴 베벨기어의 전위(off-set) 기어이다.

(1) 하이포이드기어의 장점

① 구동 피니언의 오프셋에 의해 추진축 높이를 낮출 수 있어 자동차의 중심이 낮아져 안전성이 증대된다.

② 동일 감속비, 동일 치수의 링 기어인 경우에 스파이럴 베벨기어에 비해 구동 피니언을 크게 할 수 있어 강도가 증대된다.

③ 기어 물림률이 커 회전이 정숙하다.

(2) 하이포이드기어의 단점

① 기어 이의 폭방향으로 미끄럼접촉을 하므로 압력이 커 극압 윤활유를 사용하여야 한다.

② 제작이 조금 어렵다.

또 링 기어의 잇수와 구동 피니언의 잇수 비율을 종감속비라 한다.

$$\text{종감속비} = \frac{\text{링 기어의 잇수}}{\text{구동 피니언의 잇수}}$$

종감속비는 나누어서 떨어지지 않는 값으로 하는데 그 이유는 특정의 이가 항상 물리는 것을 방지하여 편마멸을 방지하기 위함이다. 또 종 감속비는 기관의 출력, 차량중량, 가속성능, 등판능력 등에 따라 정해지며, 종감속비를 크게 하면 가속성능과 등판능력은 향상되나 고속성능이 저하한다. 그리고 변속비×종감속비를 총 감속비라 한다. 이에 따라 변속기어가 톱기어(top gear)이면 기관의 감속은 종감속 기어에서만 이루어진다.

[2] 차동장치(differential)

(1) 차동장치의 개요

차동장치는 자동차가 선회할 때 양쪽바퀴가 미끄러지지 않고 원활하게 선회하려면 바깥쪽 바퀴가 안쪽바퀴보다 더 많이 회전하여야 하며, 울퉁불퉁한 노면을 주행할 때에도 양쪽 바퀴의 회전속도가 달라져야 한다. 즉, 차동장치는 노면의 저항을 적게 받는 구동바퀴 쪽으로 동력이 더 많이 전달될 수 있도록 하며 차동 사이드기어, 차동 피니언, 피니언축 및 케이스로 구성되어 있다.

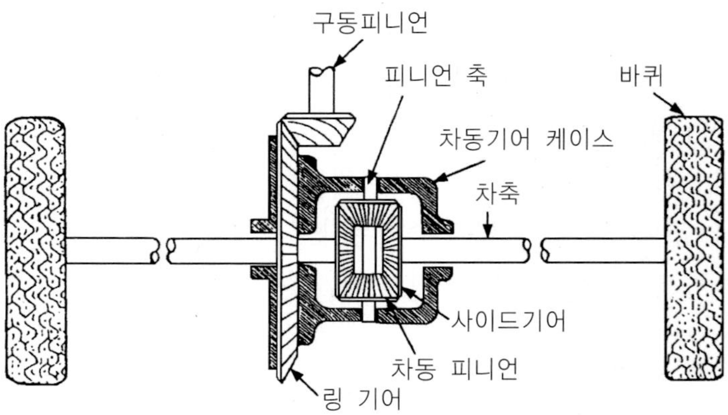

[그림 42] 차동장치의 구성도

(2) 차동장치의 작용

차동장치의 원리는, 움직이는 2개의 랙(Rack)사이에 피니언을 결합하여 피니언을 위로 끌어올릴 경우 양쪽 랙에 무게가 같은 추를 올려놓았을 때는 피니언의 좌우에 걸리는 저항이 같기 때문에 피니언은 자전할 수 없고, 양쪽 랙은 함께 끌려 올라간다.

그러나 어느 한쪽의 랙의 무게를 가볍게 한 상태에서는 피니언을 끌어올리면 좌우의 뒤차축을 연결하여 피니언을 종감속 기어에 의해 공전하도록 한 것이다.

평탄한 길을 직진할 때는 좌우 구동바퀴의 회전저항이 같기 때문에 차동피니언의 공전에 따라 사이드기어는 같은 회전수로 움직여 전체가 1개의 블록이 되어 회전하다. 선회시에는 차동 피니언이 공전하려면 고정되어 있는 사이드기어 위를 굴러가야 하기 때문에 자전을 시작하여 회전하려는 바깥쪽 사이드기어를 구동하게 되며, 결국 회전하는 바깥쪽 사이드 기어는 차동 피니언의 공전의 2배의 회전수로 구동하게 되어 원활한 선회주행을 할 수 있게 된다.

차동작용은 좌우 구동바퀴의 회전저항의 차로 인하여 일어나는 것이며, 바퀴는 통과하는 노면의 길이에 따라 회전하므로 커브를 돌 때의 안쪽 바퀴는 바깥쪽 바퀴보다 저항이 커져 회전수가 감속하고, 그 감소한 만큼 반대쪽 바퀴를 가속하게 된다.

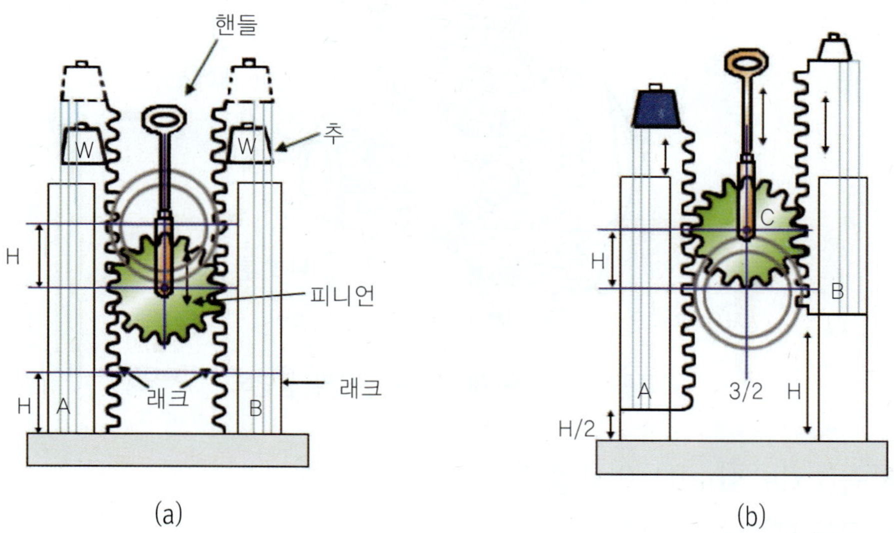

[그림 43] 차동장치의 작용

[3] 자동 제한 차동장치(LSD : limited slip differential)

일반적인 차동장치는 도로 면이 양호한 곳을 주행할 때에는 좌우 바퀴에 동일한 크기의 동력이 분배되지만, 커브 길을 선회하거나 미끄럼이 생기기 쉬운 도로에서는 노면의 저항이 작은쪽 바퀴가 공전하여 구동력이 감소되고, 반대쪽 구동바퀴는 저항이 증가되어 회전을 하지 못한다.

이것을 방지하기 위해 미끄럼으로 공전하고 있는 바퀴의 구동력을 감소시키고 반대쪽 저항이 큰 구동바퀴에 공전하고 있는 바퀴의 감소된 분량만큼의 동력을 더 전달시킴으로서 미끄럼에 따른 공전없이 주행할 수 있도록 하는 장치이다. 장점은 다음과 같다.

① 미끄러운 노면에서 출발이 쉽다.
② 미끄럼이 방지되어 타이어 수명을 연장할 수 있다.
③ 고속 직진주행을 할 때 안전성이 좋다.
④ 울퉁불퉁한 노면을 주행을 할 때 뒷부분의 흔들림을 방지할 수 있다.

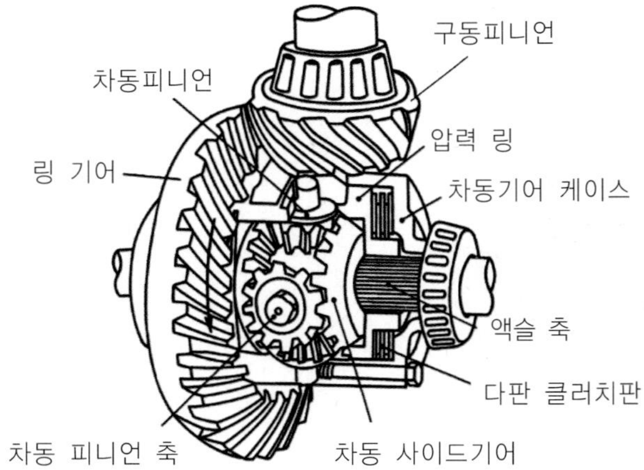

[그림 44] 자동 제한 차동장치의 단면도

1.5.3. 차축(axle shaft) 어셈블리

[1] 앞바퀴 구동(FF)방식의 앞차축

등속도(CV)자재이음을 설치한 구동축과 조향 너클, 차축 허브, 허브 베어링 등으로 구성되어 있다.

동력의 전달은 앞바퀴 구동방식은 트랜스액슬에서 직접 앞 차축으로 보내지며, 4바퀴 구동방식에서는 트랜스퍼 케이스→앞 추진축→앞 종감속 기어를 통하여 양끝에 등속도 자재이음이 설치된 앞차축과 차축 허브를 거쳐 앞바퀴로 보내진다. 차량의 하중은 바퀴에서 차축 허브를 거쳐 허브 베어링에 전달된 반력 조향너클과 현가스프링을 통하여 차체에 전달되므로 서 지지된다.

[2] 뒷바퀴 구동(FR)방식의 뒷차축 지지방식

이 방식은 차동장치를 거쳐 전달된 동력을 뒷바퀴로 전달하며 뒷차축의 끝 부분은 스플라인을 통하여 차동 사이드 기어에 끼워지고, 바깥쪽 끝에는 구동바퀴가 설치된다. 뒷차축의 지지 방식은 다음과 같다.

(1) 전부동식

이 방식은 안쪽은 차동 사이드 기어와 스플라인으로 결합되고, 바깥쪽은 차축허브와 결합되어 차축허브에 브레이크 드럼과 바퀴가 설치된다. 차축은 동력만 전달하며 바퀴를 빼지 않고도 차축을 빼낼 수 있다. 자동차에 가해지는 하중 및 충격과 바퀴에 작용하는 작용력 등은 차축 하우징이 받는다.

(2) 반부동식

이 방식은 구동바퀴가 직접 차축 바깥에 설치되며, 차축의 안쪽은 차동 사이드 기어와 스플라인으로 결합되고 바깥쪽은 리테이너로 고정시킨 허브 베어링과 결합된다.

이에 따라 내부 고정장치를 풀지 않고는 차축을 빼낼 수 없다. 뒷바퀴 구동방식 승용 자동차에서 많이 사용된다. 반부동 방식은 자동차 하중의 1/2을 차축이 지지한다.

(3) 3/4부동식

이 방식은 차축 바깥쪽 끝에 차축허브를 두며, 차축 하우징에 1개의 베어링을 두고 허브를 지지하는 방식이다. 3/4 부동방식은 차축이 자동차 하중의 1/3을 지지한다.

[3] 차축 하우징(axle housing)

차축 하우징은 종감속 기어, 차동장치 및 뒷차축을 포함하는 튜브모양의 고정축이며 중간에는 종감속 기어와 차동장치의 지지를 위해 둥글게 되어 있고, 양끝에는 플랜지 판이나 현가스프링 지지부분이 마련되어 있다. 차축하우징의 종류에는 벤조형, 분할형, 빌드업형 등 3가지가 있다.

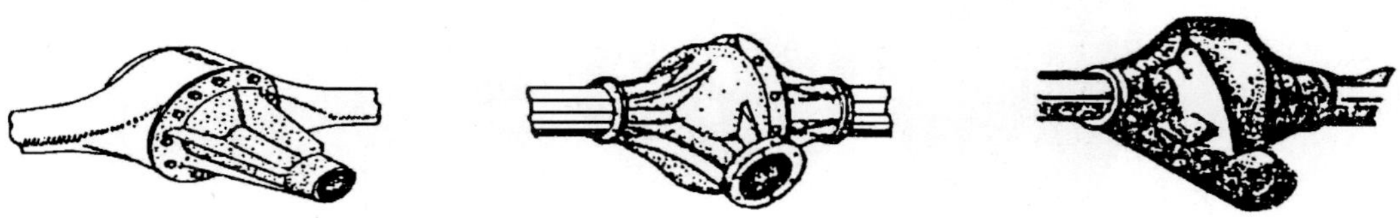

(a) 벤조형 (b) 스플릿형 (c) 빌드업형

[그림 45] 차축 하우징의 종류

1.5.4. 바퀴

바퀴는 휠(wheel)과 타이어(tire)로 구성되어 있다. 바퀴는 차량의 하중을 지지하고, 제동 및 주행할 때의 회전력, 노면에서의 충격, 선회할 때의 원심력, 차량이 경사졌을 때의 옆방향 작용을 지지한다. 휠은 타이어를 지지하는 림(rim)과 휠을 허브에 지지하는 디스크(disc)로 되어 있으며 타이어는 림 베이스(rim base)에 끼워진다.

[1] 휠의 종류

휠의 종류에는 연한 강철판을 프레스 성형한 디스크를 림과 리벳이나 용접으로 접합한 디스크 휠(disc wheel), 림과 허브를 강철 선의 스포크로 연결한 스포크 휠(spoke wheel) 및 방사선 상의 림 지지대를 둔 스파이더 휠(spider wheel)이 있다.

[2] 타이어(tire)

(1) 타이어의 분류

① 타이어는 사용 공기압력에 따라 고압타이어, 저압타이어, 초저압 타이어 등이 있다.

② 튜브(tub)유무에 따라 튜브 타이어와 튜브리스 타이어가 있다. 튜브리스 타이어의 특징은 다음과 같다.

㉮ 튜브가 없어 조금 가벼우며, 못 등이 박혀도 공기누출이 적다.

㉯ 펑크수리가 간단하고, 고속주행을 할 때에도 발열이 적다.

㉰ 림이 변형되어 타이어와의 밀착이 불량하면 공기가 새기 쉽다.

㉱ 유리조각 등에 의해 손상되면 수리가 어렵다.

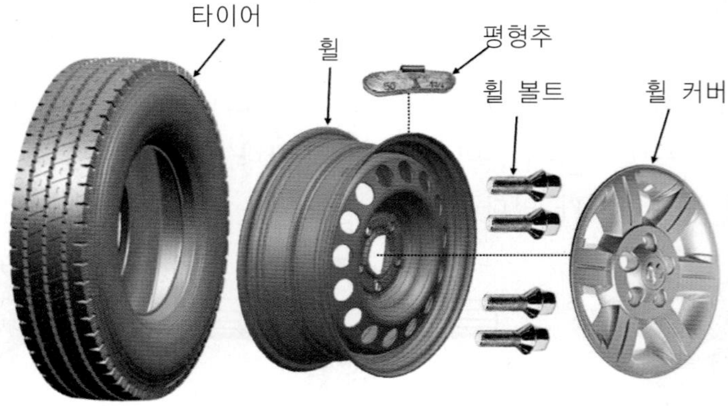

[그림 46] **휠(wheel)과 타이어(tire)**

(2) 타이어 형상에 따른 분류

1) 바이어스 타이어

이 타이어는 카커스 코드(carcass cord)를 빗금방향으로 하고, 브레이커(breaker)를 원둘레 방향으로 넣어서 만든 것이다.

2) 레이디얼(radial) 타이어

이 타이어는 카커스 코드를 단면방향으로 하고, 브레이커를 원둘레 방향으로 넣어서 만든 것이다. 따라서 반지름 방향의 공기압력은 카커스가 받고, 원둘레 방향의 압력은 브레이커가 지지한다.

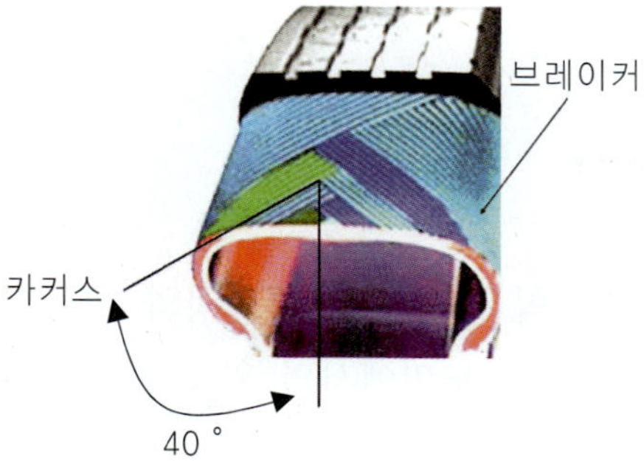

(a) 바이어스 타이어

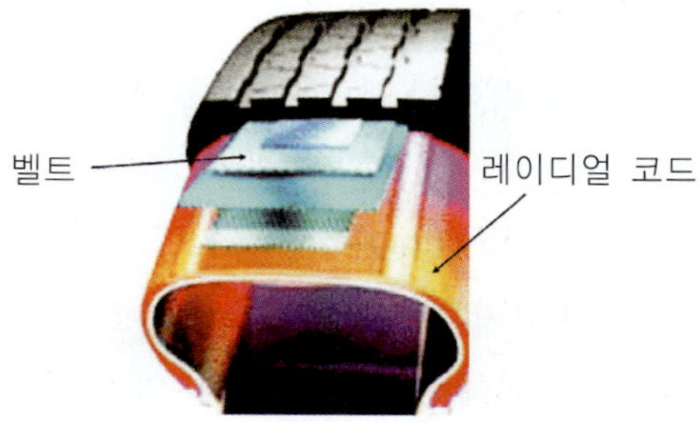

(b) 레이디얼 타이어

[그림 47] **바이어스 타이어와 레이디얼 타이어**

3) 스노우(snow)타이어

이 타이어는 눈길에서 체인을 감지 않고 주행할 수 있도록 제작한 것이며, 중앙 부분의 깊은 리브패턴이 방향성을 주고, 러그 및 블록패턴이 견인력을 확보해준다. 스노타이어를 사용할 때 주의할 사항은 다음과 같다.

① 바퀴가 고정(lock)되면 제동거리가 길어지므로 급제동을 하지 말 것
② 스핀(spin)을 일으키면 견인력이 급격히 감소하므로 출발을 천천히 할 것
③ 트레드 부분이 50% 이상 마멸되면 체인을 병용할 것
④ 구동바퀴에 걸리는 하중을 크게 할 것

4) 편평 타이어

이 타이어는 타이어 단면의 가로, 세로비율을 적게 한 것이며, 타이어 단면을 편평하게 하면 접지면적이 증가하여 옆방향 강도가 증가한다. 또 제동출발 및 가속을 할 때 등에서 내 미끄럼 성능과 선회성능이 좋아진다.

승용차용 타이어 편평 비율은 $\frac{\text{타이어 높이}}{\text{타이어 폭}}$로 나타내며, 편평 비율이 0.6일 때 60시리즈(60series)라 하며 이것은 폭이 100일 때 높이가 60인 타이어를 말한다.

(3) 타이어의 구조

1) 트레드(tread)

트레드는 노면과 직접 접촉하는 고무부분이며, 카커스와 브레이커를 보호하는 부분이다. 트레드 패턴의 필요성은 다음과 같다.

① 타이어의 사이드슬립이나 전진방향의 미끄럼을 방지한다.
② 타이어 내부에서 발생한 열을 방산한다.

③ 트레드에서 발생한 절상의 확산을 방지한다.

④ 구동력이나 선회성능을 향상시킨다.

2) 브레이커(breaker)

브레이커는 트레드와 카커스사이에 있으며, 몇 겹의 코드층을 내열성의 고무로 싼 구조로 되어 있으며 트레드와 카커스의 분리를 방지하고 노면에서의 완충작용도 한다.

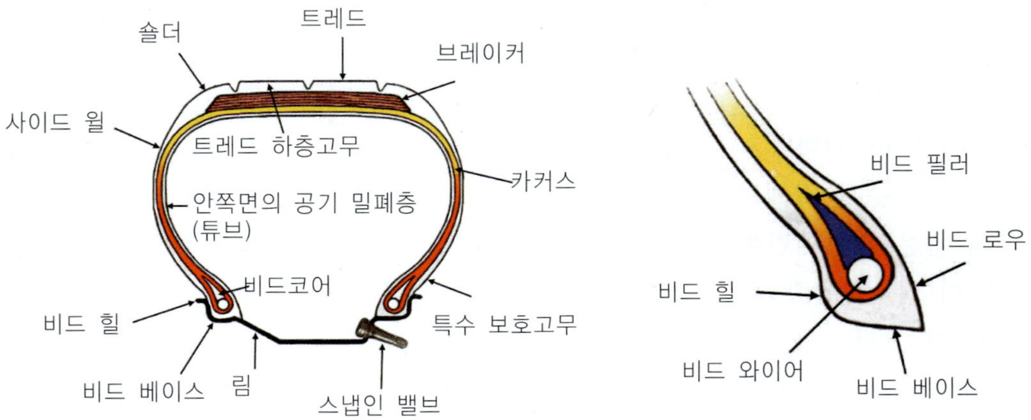

(a) 타이어 구조　　(b) 타이어 단면도

[그림 48] **타이어의 구조**

3) 카커스(carcass)

카커스는 타이어의 뼈대가 되는 부분이며, 공기압력을 견디어 일정한 체적을 유지하고 하중이나 충격에 따라 변형하여 완충작용을 한다. 카커스를 구성하는 코드층의 수를 플라이 수(ply rating, PR)라 한다.

4) 비드부분(bead section)

비드부분은 타이어가 림과 접촉하는 부분이며, 비드부분이 늘어나는 것을 방지하고 타이어가 림에서 빠지는 것을 방지하기 위해 내부에 몇 줄의 피아노선이 원둘레 방향으로 들어 있다.

5) 사이드 월(side wall)

트레드에서 비드부까지의 카커스를 보호하기 위한 고무 층이며, 노면과는 직접접촉하지 않는다. 하중이나 노면으로부터의 충격에 의하여 계속적인 굴곡운동을 하게 되므로 굴곡성 및 내 피로성이 높은 고무이어야 하며, 규격, 하중, 공기압 등 타이어의 기본 정보가 문자로 각인된 부위이다.

(4) 타이어의 호칭치수

① **고압 타이어의 호칭치수** : 바깥지름(inch) × 폭(inch) – 플라이 수(ply rating)

② **저압 타이어의 호칭치수** : 폭(inch) – 안지름(inch) – 플라이 수

③ **레이디얼 타이어** : 레이디얼 타이어는 가령 165/70 SR 13인 타이어는 폭이 165mm, 편평 비율이 0.7, 안지름이 13inch이며, 허용 최고속도가 180km/h 이내에서 사용되는 타이어란 뜻이다. 여기서 S 또는 H는 허용 최고속도표시 기호이며 R은 레이디얼의 약자이다.

(5) 타이어에서 발생하는 이상현상

1) 스탠딩 웨이브현상(standing wave)

이 현상은 고속으로 달리는 타이어의 접지부 뒤쪽에 나타나는 파상(波狀)의 변형을 말한다. 스탠딩 웨이브가 발생하면 타이어 내부의 고열로 인해 트레드 부분이 원심력을 견디지 못하고 분리되며 파손된다.

스탠딩 웨이브의 방지방법은 타이어 공기압력을 표준보다 15~20% 높여 주거나 강성이 큰 타이어를 사용하면 된다. 타이어의 임계 온도는 120~130℃이다.

[그림 49] **스탠딩 웨이브 현상**

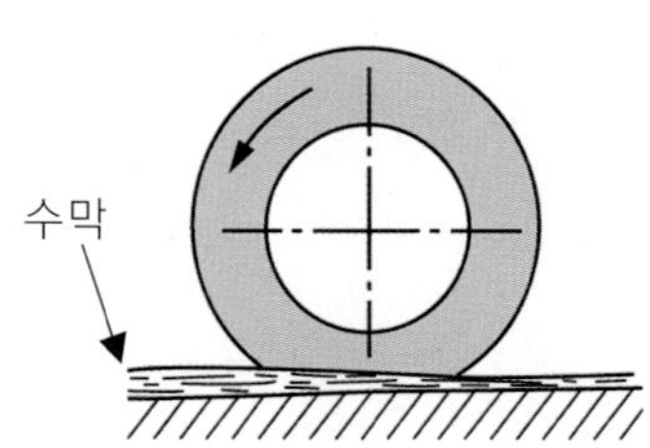

[그림 50] **하이드로 플래닝 현상**

2) 하이드로 플래닝(hydro planing : 수막현상)

이 현상은 물이 고인 도로를 고속으로 주행할 때 일정속도 이상이 되면 타이어의 트레드가 노면의 물을 완전히 밀어내지 못하고 타이어는 얇은 수막에 의해 노면으로부터 떨어져 제동력 및 조향력을 상실하는 현상이다. 이를 방지하는 방법은 다음과 같다.

① 트레드 마멸이 적은 타이어를 사용한다.

② 타이어 공기압력을 높이고, 주행속도를 낮춘다.
③ 리브패턴의 타이어를 사용한다. 러그패턴의 경우는 하이드로 플래닝을 일으키기 쉽다.
④ 트레드 패턴을 카프(calf)형으로 세이빙(shaving)가공한 것을 사용한다.

(6) 바퀴평형(wheel balance)

① **정적평형** : 타이어가 정지된 상태의 평형이며, 정적 불평형에서는 바퀴가 상하로 진동하는 트램핑(tramping바퀴의 상하 진동)현상을 일으킨다.
② **동적평형** : 회전 중심축을 옆에서 보았을 때의 회전상태의 평형, 동적 불평형이 있으면 바퀴가 좌우로 흔들리는 시미(shimmy 바퀴의 좌우 진동)현상이 발생한다.

[3] TPMS(TPMS : tire pressure monitoring system)의 개요

타이어 공기압 경보장치 TPMS는 안전운행에 영향을 줄 수 있는 타이어 압력변화를 경고하기 위해 타이어 내부의 휠에 탑재된 개별 센서로부터 타이어 내부압력을 측정하여 이를 실시간 무선송신하고 수신모듈에서 압력저하 감지 시 이를 클러스터에 표시하여 운전자에게 경고해주는 시스템이다.

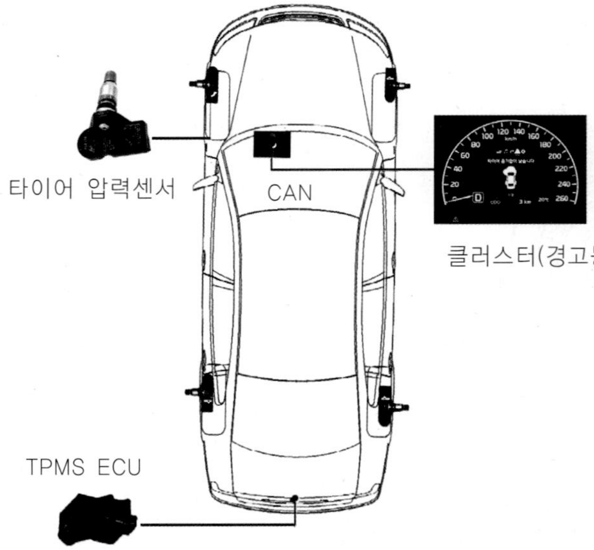

[그림 51] TPMS의 구성

1.6. 4WD(4wheel drive)

4WD는 앞뒤 4바퀴에 모두 기관의 동력을 전달하는 방식이다. 2WD(2바퀴 구동방식)에 비해 추진력이 매우 크기 때문에 험한 도로, 경사가 매우 가파른 도로 및 도로면이 미끄러운 곳을 주행할 때 효과적이다. 파트타임 4WD는 2H(2바퀴 구동), 4H(4바퀴 고속구동), 4L(4바퀴 저속구동)로 구성되어 있으며, 평상시에는 2WD로 운행을 하다가 눈길이나 오프로드 같이 필요할 때 수동으로 4WD로 전환한다. 파트타임 4WD는 평상시에는 2WD로 구동하기 때문에 연료소비율 면에서는 유리하지만, 운전자 판단에 의해 직접 조작해야 하므로 편의성이 떨어진다.

풀타임 4WD는 4H와 4L 구성의 상시(常時) 4WD이며, 평상시에는 4H모드로 2WD와 같이 운행하다가 도로조건에 따라 앞·뒷바퀴로 구동력이 자동적으로 분배된다. 상시 4WD이므로 우수한 접지력을 확보할 수 있지만 2WD에 비해 연료소비율이 다소 크다. AWD는 풀타임 4WD와는 달리 항상 앞·뒷바퀴로 4 : 6의 엔진 동력이 분배된다.

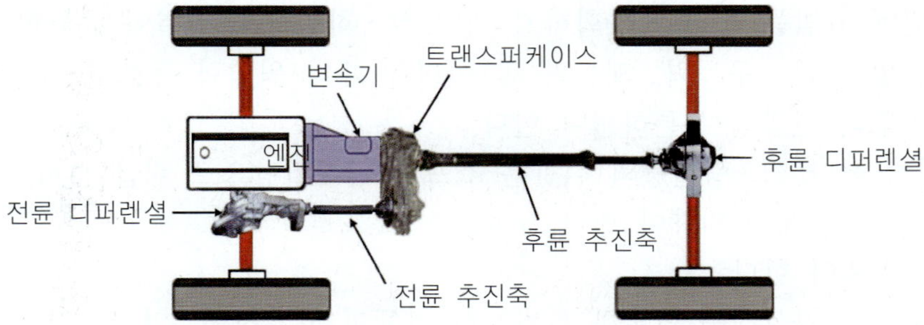

[그림 52] **4바퀴 구동장치의 구성**

02 현가장치(suspension system)

2.1. 현가장치(suspension system)의 개요

현가장치는 차축과 차체를 연결하여, 주행할 때 차축이 노면에서 받는 진동이나 충격이 차체에 직접 전달되지 않도록 하여 차체나 화물의 손상을 방지하고 승차 감각을 향상시키는 장치이다.

코일스프링, 판스프링, 쇽업소버, 토션바 스프링, 에어스프링 등이 있으며, 현재는 마이크로컴퓨터를 이용한 전자제어 현가장치(ECS)도 실용화되어 사용되고 있다.

[1] 현가장치의 구비조건

① 도로 면에서 받는 충격을 완화하기 위해 상·하방향의 연결이 유연하여야 한다.
② 바퀴에 발생하는 구동력, 제동력 및 선회할 때의 원심력 등을 이겨낼 수 있도록 수평 방향의 연결이 튼튼하여야 한다.
③ 가벼워야 한다(스프링질량의 절반은 스프링 아래질량으로 취급한다).
③ 설치공간을 적게 차지해야 한다.
④ 정비가 쉬워야 한다.
⑤ 적차 또는 공차상태를 막론하고 가능한 차체의 고유진동수가 같도록 해야 한다.
⑥ 적차 또는 공차상태에도 차체의 최저 지상고는 가능한 한 변화가 적어야 한다.

2.2. 현가장치용 스프링

2.2.1. 판스프링(leaf spring)

판스프링은 스프링 강을 적당히 구부린 띠 모양으로 된 것을 몇 장 겹쳐서 그 중심에서 센터볼트로 조인 것이다. 맨 위쪽에 길이가 가장 긴 주 스프링 판의 양끝에는 스프링아이(spring eye)를 두고 섀클 핀을 통하여 차체에 설치하게 되어 있다. 스프링 아이 중심사이의 거리를 스팬(span), 판스프링의 휨 양을 캠버(camber)라 한다.

판스프링을 차체에 설치한 부분을 브래킷 또는 행거(bracket or hanger)라 하며, 다른 끝은 섀클(shackle)이라 한다. 섀클은 스팬의 길이 변화를 위하여 설치하며 사용되는 부싱에 따라 고무 부싱 섀클, 나사 섀클, 청동 부싱 섀클 등이 있다.

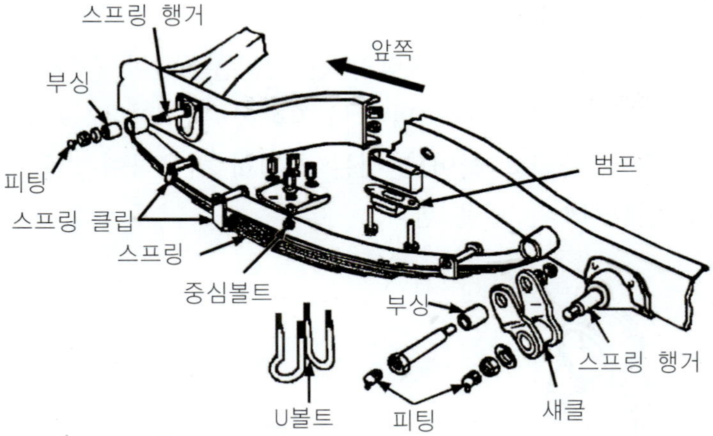

[그림 53] **판스프링의 구조**

2.2.2. 코일스프링(coil spring)

코일스프링은 스프링 강을 코일 모양으로 제작한 것이며, 외부의 힘에 의해 변형되는 경우 판스프링은 구부러지면서 응력을 받으나 코일스프링은 코일 1개 단면마다 비틀림에 의해 응력을 받는다. 미세한 진동에도 민감하게 작용하므로 현재의 승용차에서는 앞·뒷차축에서 모두 사용되고 있다.

2.2.3. 토션바 스프링(torsion bar spring)

토션바 스프링은 스프링 강의 막대(torsion bar)로 만든 것이며, 스프링 강은 바(Bar)의 길이 및 단면적에 따라 결정되고, 코일 스프링과 마찬가지로 진동의 감쇠작용이 없기 때문에 쇽업소버를 사용해야 한다.

[그림 54] **코일스프링 설치상태**

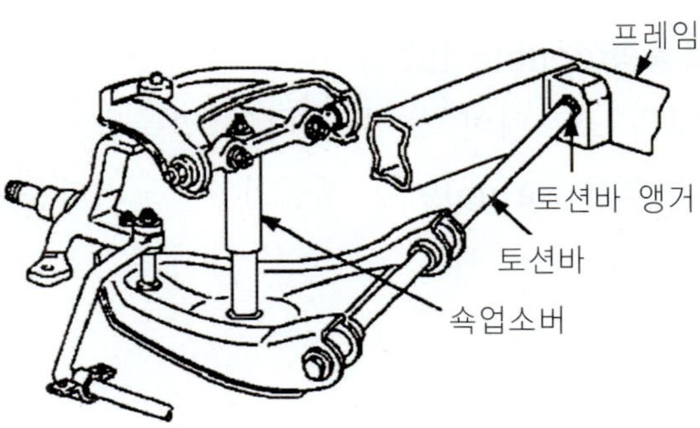

[그림 55] **토션 바 스프링**

2.3. 쇽업소버(shock absorber)

쇽업소버는 도로 면에서 발생한 스프링의 진동을 흡수하여 승차 감각을 향상시키고 동시에 스프링의 피로를 감소시키기 위해 설치하는 기구이다. 쇽업소버는 스프링이 압축될 때에는 급격히 압축되고 늘어날 때는 천천히 작용하여 스프링의 상하 운동에너지를 열에너지로 변환시키는 일을 한다.

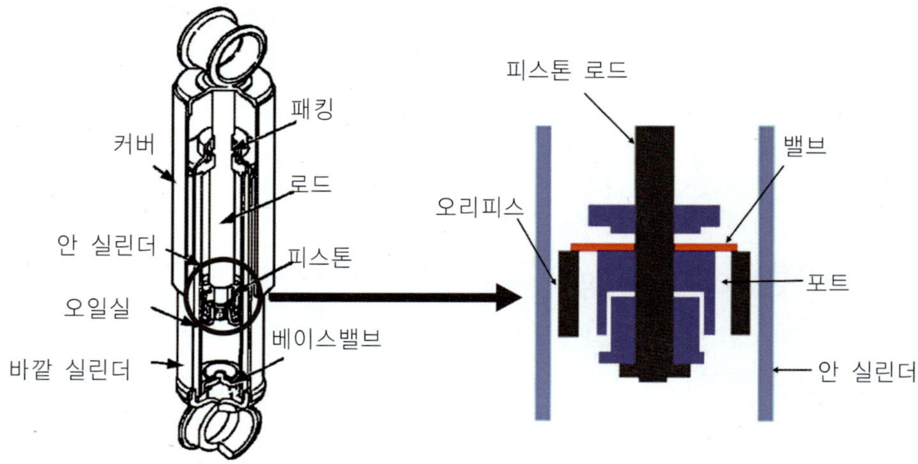

[그림 56] **쇽업소버의 구조**

2.3.1. 단동형과 복동형

[1] 단동형(mono tube)

이것은 스프링이 늘어날 때에는 통과하는 오일의 저항으로 진동을 조절하고, 스프링이 압축될 때에는 오일이 저항없이 통과하도록 하여 차체에 충격을 주지 않으므로 좋지 못한 곳에서 유리하다.

[2] 복동형(double tube)

이것은 스프링이 늘어날 때와 압축될 때 모두 저항이 발생되는 형식이며, 출발할 때 노스업(nose up)이나 제동할 때 노스다운(nose down)을 방지할 수 있다.

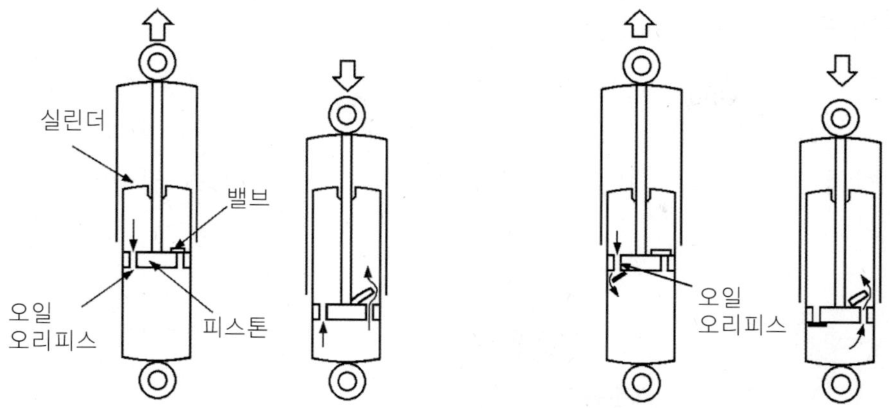

(a) 단동형 (b) 복동형

[그림 57] **단동형과 복동형 쇽업소버**

2.3.2. 드가르봉식(가스 봉입) 쇽업소버

이 형식은 유압식의 일종이며 프리 피스톤(free piston)을 더 두고 있으며, 프리 피스톤의 위쪽에는 오일이 들어 있고, 아래쪽에는 고압(30kgf/cm^2)의 질소가스가 봉입되어 내부에 압력이 걸려 있고 1개의 실린더가 있다.

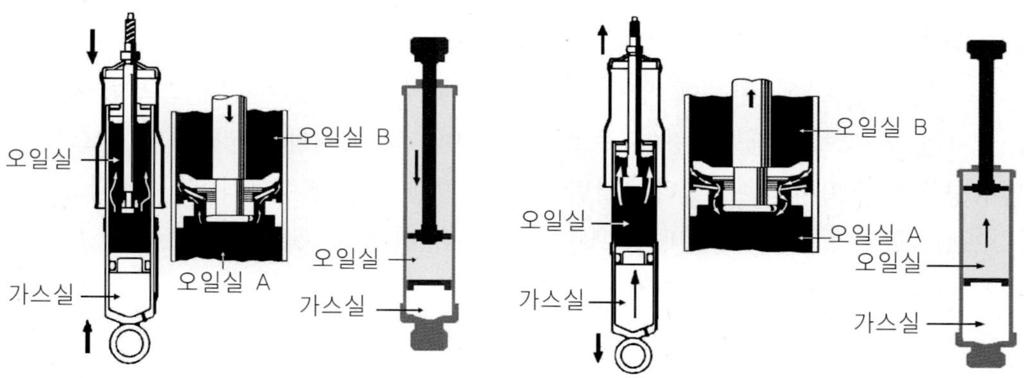

(a) 압축될 때 (b) 늘어날 때

[그림 58] **드가르봉식의 작동**

[1] 드가르봉식 쇽업소버의 특징

① 구조가 간단하다.

② 작동할 때 오일에 기포발생이 없어 장시간 작동하여도 감쇠 효과의 감소가 적다.

③ 실린더가 1개이므로 냉각 성능이 크다.

④ 내부에 압력이 걸려 있어 분해하는 것은 위험하다.

2.4. 스태빌라이저(stabilizer)

스태빌라이저는 토션바 스프링의 일종이며, 양끝이 좌우의 컨트롤 암에 연결되며, 중앙부분은 차체에 설치되어 커브 길을 선회할 때 차체가 롤링(rolling : 좌우 진동)하는 것을 방지하며, 차체의 기울기를 감소시켜 평형을 유지하는 기구이다.

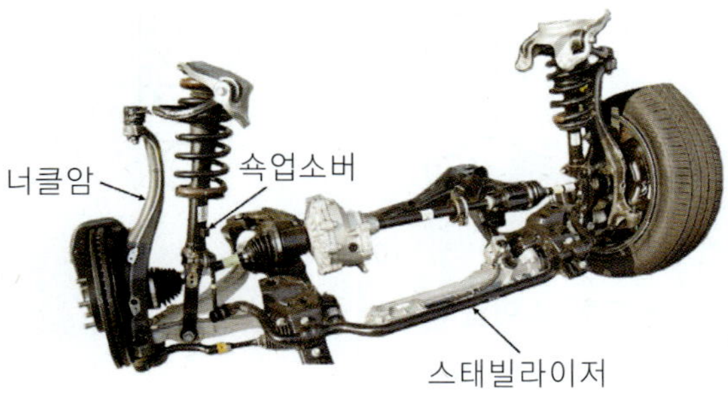

(a)

(b)

[그림 59] **스태빌라이저 설치상태 및 스태빌라이저**

2.5. 현가방식

2.5.1. 일체 차축 현가방식(solid axle suspension)

이 방식은 일체로 된 차축에 양쪽 바퀴가 설치되고 다시 이것이 스프링을 거쳐 차체에 설치된 형식으로 판스프링이 주로 사용되며, 그 배치에 따라 평행 판스프링형식과 옆방향 판스프링형식이 있다. 일반적으로 평행 판스프링형식이 사용되고 이외에 코일스프링, 공기스프링, 토션바 스프링 등이 사용된다.

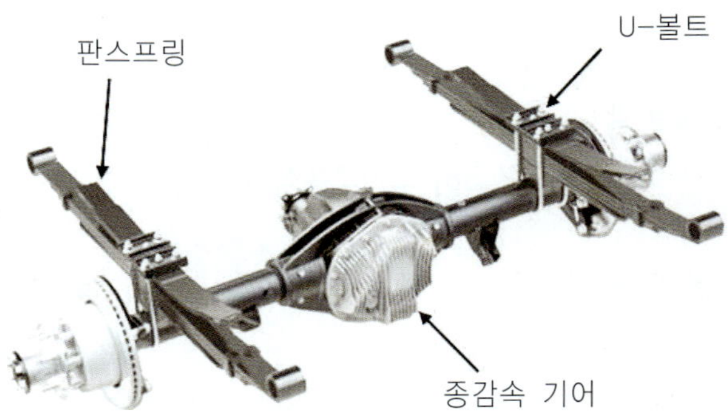

[그림 60] **일체차축 현가방식**

[1] 일체 차축 현가장치의 장점

① 휠 얼라인먼트 변화와 타이어 마모가 적다.
② 강도가 크고 부품수가 적어 구조가 간단하고, 가격이 싸다.
③ 공간을 적게 차지하여 차체 바닥(floor)을 낮게 할 수 있다.
④ 선회할 때 차체의 기울기가 적다.

[2] 일체 차축 현가장치의 단점

① 스프링 하중이 무겁고 좌우 바퀴 한쪽이 충격을 받아도 연동되거나 가로방향 진동이 생겨 승차감각과 조종 안정성이 나쁘다.
② 휠 얼라인먼트의 설계 자유도가 적고 조종 안정성 튜닝 여지가 적다.
③ 스프링 밑 질량이 커 승차감각이 불량하다.
④ 앞바퀴에 시미발생이 쉽고, 스프링 정수가 너무 적은 것은 사용하기 어렵다.

2.5.2. 독립 현가방식(independent suspension)

독립 현가방식은 차축을 분할하여 양쪽 바퀴가 서로 관계없이 움직이게 하며 승차감각이나 안정성이 향상되게 하는 것으로서 위시본(wishbone)형식과 맥퍼슨(macpherson)형식이 있다.

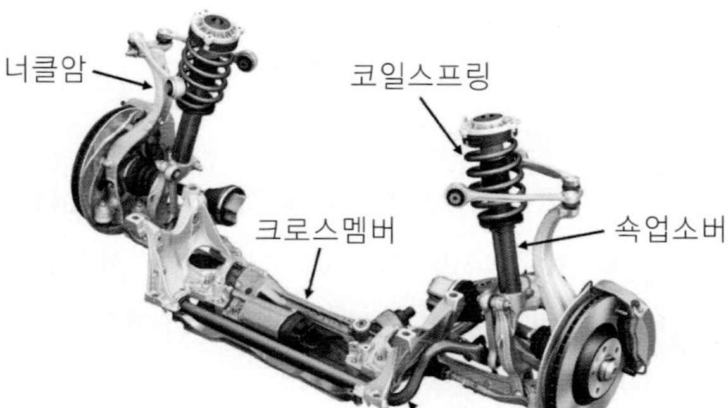

[그림 61] **독립 현가방식**

[1] 독립 현가방식의 장점

① 스프링 밑 질량이 작아 승차감각이 좋다.
② 무게중심이 낮아 안전성이 향상된다.
③ 옆방향 진동에 강하고 타이어의 접지성능 양호하다.
④ 휠 얼라인먼트 자유도가 크고 튜닝 여지가 많다.

⑤ 현가 암 등을 이용하여 방진을 할 수 있어 소음방지에도 유리하다.
⑥ 바퀴의 시미현상이 적으며, 로드 홀딩(road holding)이 우수하다.
⑦ 스프링 정수가 작은 것을 사용할 수 있다.

[2] 독립 현가방식의 단점

① 부품수가 많고 높은 정밀도가 요구되므로 가격이 비싸고 정비 면에서 불리하다.
② 휠 얼라인먼트 변화에 따른 타이어 마모가 크다.
③ 쇽업소버, 링크 등을 함께 설치해야 하므로 설치공간을 크게 차지한다.
④ 바퀴의 상하운동에 따라 윤거(tread)나 휠 얼라인먼트가 틀려지기 쉬워 타이어 마멸이 크다.
⑤ 앞뒤의 강성을 낮게 하기 어렵기 때문에 소음이 발생하기 쉽다.
⑥ 볼 이음 부분이 많아 그 마멸에 의한 휠 얼라인먼트가 틀려지기 쉽다.

[3] 독립 현가방식의 종류

(1) 스윙 차축(swing axle)방식

좌우 각각의 차축이 중심부근에서 결합되어 독립적으로 상하운동하며 이 차축 위에 쇽업소버와 스프링을 설치하는 형식으로 차축이 상하로 움직임에 따른 수평방향의 각도 변화가 곧바로 타이어의 캠버 변화로 이어진다.

(2) 세미 트레일링 암(semi trailing arm)방식

뒷바퀴 전용 현가방식으로 차축 앞쪽에서 차체의 피벗(pivot)과 차축을 A형의 암으로 결합하는 형식을 트레일링 방식이라 하는데 이중 암 회전축이 비스듬하게 설정된 것을 세미 트레일링 암 방식이라 한다. 최근에는 뒷바퀴 구동방식의 감소와 더불어 사용되지 않고 있다.

(3) 스트럿 방식(strut type : 맥퍼슨형식)

쇽업소버를 바퀴의 위치를 결정하는 스트럿(strut : 기둥)으로 이용하는 형식으로서 승용차의 앞바퀴 현가장치로 사용되며, 뒷바퀴 현가장치로도 이용된다. 이 형식은 쇽업소버가 내부에 들어 있는 스트럿 및 볼이음, 컨트롤 암, 스프링으로 구성되어 있다.

스트럿 위쪽에는 현가 지지를 통하여 차체에 설치되며 현가 지지에는 스러스트 베어링(thrust bearing)이 들어 있어 스트럿이 자유롭게 회전할 수 있다. 아래쪽에는 볼이음을 통하여 현가 암에 설치되어 있다. 코일 스프링을 스트럿과 스프링시트사이에 설치하며, 스프링시트는 현가 지지의 스러스트 베어링과 접촉되어 있다. 따라서 차량 중량은 현가 지지를 통하여 차체를 지지하고 조향할 때에는 조향 너클과 함께 스트럿이 회전한다.

(4) 더블 위시본방식(double wishbone type)

제동력이나 선회 구심력은 모두 현가 암이 지지하고 쇽업소버와 스프링은 수직방향의 하중만을 지지하는 구조로 되어있는데 위·아래 컨트롤 암의 길이가 같은 평행사변형식형과 아래 컨트롤 암의 길이가 더 긴 SLA(short long arm)형식이 있다.

평행사변형형식은 주행 중 윤거가 변하고 SLA형식은 아래 컨트롤 암이 위 컨트롤 암보다 길어 윤거의 변화가 없지만 컨트롤 암이 상·하로 움직일 때마다 캠버(camber)와 토(toe)가 변한다.

2.6. 공기 현가장치

2.6.1. 공기 현가장치의 개요

이 형식은 압축공기의 탄성을 이용한 것이며, 공기스프링, 레벨링밸브, 공기탱크, 공기 압축기로 구성되어 있다. 이 형식의 특징은 다음과 같다.

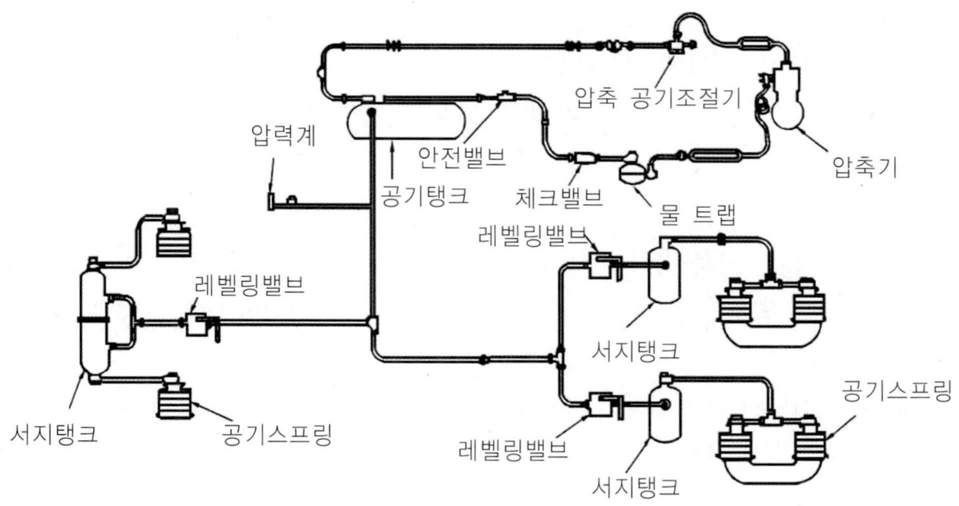

[그림 62] 공기 현가장치의 구성도

① 하중 증감에 관계없이 차체 높이를 항상 일정하게 유지하며 앞뒤, 좌우의 기울기를 방지할 수 있다.

② 스프링 정수가 자동적으로 조정되므로 하중의 증감에 관계없이 고유 진동수를 거의 일정하게 유지할 수 있다.

③ 고유 진동수를 낮출 수 있으므로 스프링 효과를 유연하게 할 수 있다.
④ 공기스프링 자체에 감쇠성이 있으므로 작은 진동을 흡수하는 효과가 있다.

2.6.2. 공기 현가장치의 구조 및 기능

① **공기압축기(air compressor)** : 엔진의 크랭크축에 의해 V벨트로 구동되며 압축공기를 생산하여 공기탱크로 보낸다.
② **서지탱크(surge tank)** : 공기스프링 내부의 압력변화를 완화하여 스프링작용을 유연하게 해주는 것이며, 각 공기스프링마다 설치되어 있다.
③ **공기스프링(air spring)** : 공기스프링에는 벨로즈형(bellows type)과 다이어프램형(diaphragm type)이 있으며, 공기탱크와 스프링사이의 공기통로를 조정하여 도로 상태와 주행속도에 가장 적합한 스프링 효과를 얻도록 한다.
④ **레벨링밸브(leveling valve)** : 공기탱크와 서지탱크를 연결하는 파이프 도중에 설치된 것이며, 자동차의 높이가 변화하면 압축공기를 스프링으로 공급하거나 배출시켜 차량 높이를 일정하게 유지시킨다.

2.7. 자동차 진동 및 승차감각

2.7.1. 자동차 진동

자동차는 현가스프링에 의해 지지되는 스프링 위 질량과 타이어와 현가장치사이에 있는 스프링 아래질량으로 분류되며 각각의 고유 진동에는 다음과 같다.

[1] 스프링 위 질량진동

① **바운싱(bouncing : 상하진동)** : 차체가 Z축 방향과 평행운동을 하는 고유진동이다.
② **피칭(pitching : 앞뒤진동)** : 차체가 Y축을 중심으로 하여 회전운동을 하는 고유진동이다.
③ **롤링(rolling : 좌우진동)** : 차체가 X축을 중심으로 하여 회전운동을 하는 고유진동이다.
④ **요잉(yawing : 차체 뒷부분 진동)** : 차체가 Z축을 중심으로 하여 회전운동을 하는 고유진동이다.

[2] 스프링 아래 질량진동

① **휠 홉(wheel hop)** : 차축이 Z방향의 상하 평행운동을 하는 고유진동이다.
② **휠 트램프(wheel tramp)** : 차축이 X축을 중심으로 하여 회전운동을 하는 고유진동이다.

③ 와인드 업(wind up) : 차축이 Y축을 중심으로 회전운동을 하는 고유진동이다.

(a) 위 질량 (b) 아래 질량

[그림 63] **스프링 질량진동**

2.7.2. 진동수와 승차감각

사람이 걸어갈 때 머리의 상하진동은 60~70cycle/min이고 뛰어갈 때는 120~160cycle/min이라고 하며 일반적으로 60~120cycle/min의 상하진동을 할 때 가장 좋은 승차 감각을 얻을 수 있다고 한다. 진동수가 120cycle/min을 넘으면 딱딱해지고, 45cycle/min 이하에서는 멀미를 느끼게 된다.

2.8. 전자제어 현가장치(ECS)

컴퓨터(ECU), 각종 센서, 액추에이터 등을 설치하고 노면의 상태, 주행조건, 운전자의 선택 등과 같은 요소에 따라서 자동차의 높이와 현가특성(스프링 정수 및 감쇠력)이 컴퓨터에 의해 자동적으로 조절되는 현가장치로 급제동을 할 때 노스다운(nose down)을 방지하고, 급선회를 할 때 원심력에 대한 차체의 기울어짐을 방지한다. 노면으로부터의 차량 높이를 조절할 수 있어 노면의 상태에 따라 승차감각을 조절할 수 있다.

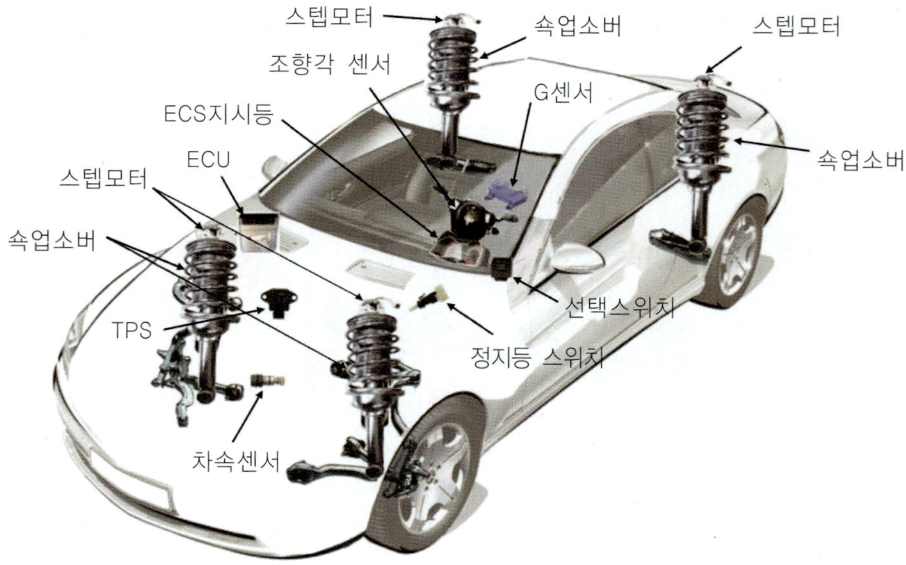

[그림 64] **전자제어 현가장치의 구성**

2.8.1. 전자제어 현가장치의 구성부품 및 작용

[1] 전자제어 현가장치의 센서

(1) 차속센서

변속기 주축이나 속도계(speed meter) 구동축에 설치되어 있으며, 자동차 주행속도를 검출하여 컴퓨터로 입력시킨다. 컴퓨터는 이 신호에 의해 차고, 스프링 정수 및 쇽업소버 감쇠력 조절에 이용한다.

(2) 차고센서

자동차 높이 변화에 따른 보디(body차체)와 차축의 위치를 검출하여 컴퓨터로 입력시키는 일을 하는 것이다. 종류에는 보디와 노면사이를 직접 검출하는 초음파 검출방식과 현가장치의 신축량을 검출하는 광 단속기 방식이 있다. 광 단속기방식은 레버와 연결되는 로드와 센서 보디로 구성되며, 앞뒤 차축에 1개씩 두고 있다. 작동은 레버의 회전량이 센서 보디로 전달되므로 차고 변화에 따른 보디와 차축의 위치를 검출한다.

(a) 프런트 차고센서

(b) 리어 차고센서

[그림 65] **차고센서**

(3) 조향핸들 각 속도센서

조향핸들의 조작 정도를 검출하는 것으로, 2개의 광 단속기와 1개의 디스크로 구성되어 있으며 광 단속기는 조향칼럼 스위치의 보디에, 디스크는 조향축에 고정되어 조향핸들과 함께 회전한다.

(a) 장착위치

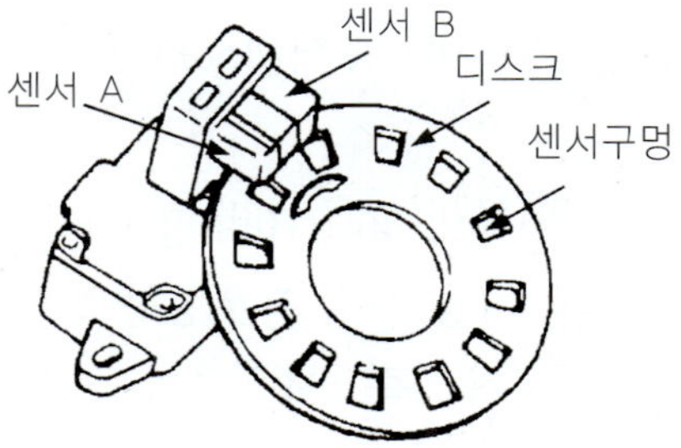

(b) 구조

[그림 66] **조향핸들 각 속도 센서**

(4) 스로틀 위치센서(TPS)

엔진의 급가속 및 감속상태를 검출하여 컴퓨터로 보내면 컴퓨터는 스프링의 정수 및 감쇠력 제어에 사용한다.

(5) G(gravity)센서

G센서(가속도센서)는 자동차 선회시 G센서 내부의 철심이 자동차가 기울어진 쪽으로 이동하면서 유도되는 전압이 변화되는데 ECU는 유도되는 전압의 변화량을 검출하여 차체의 기울어진 방향과 기울어진 양을 검출하여 안티 롤(anti roll)을 제어할 때 보정신호로 사용한다.

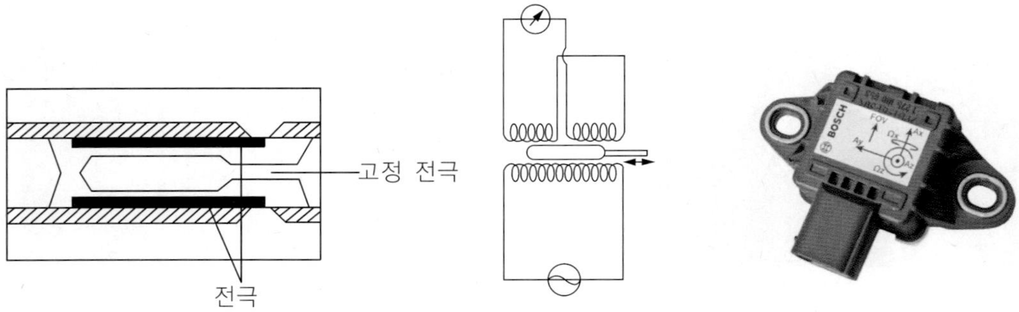

(a) (b) (c)

[그림 67] G센서(가속도센서)

[2] 컴퓨터(ECU) 제어기능(자세제어)

컴퓨터는 각종 센서들로부터 보내 온 신호들을 이용하여 쇽업소버 감쇠력 제어용 액추에이터를 작동시킨다.

컴퓨터로 입력되는 신호에는 주행속도, 조향핸들 각속도, 브레이크 압력스위치 신호, 전조등 릴레이, 도어(door)스위치, 스로틀위치 센서 등이 있다.

(1) 앤티 롤링 제어(anti-rolling control)

선회할 때 자동차의 좌우방향으로 작용하는 가로방향 가속도를 G센서로 감지하여 제어하는 것이다. 즉, 자동차가 선회할 때에는 원심력에 의하여 중심이동이 발생하여 바깥쪽 바퀴 쪽은 목표 차고보다 낮아지고 안쪽 바퀴는 높아진다. 이에 따라 바깥쪽 바퀴의 스트럿의 압력은 높이고 안쪽바퀴의 압력은 낮추어 원심력에 의해서 차체가 롤링하려고 하는 힘을 억제한다.

(2) 앤티 스쿼트 제어(anti-squat control)

급출발 또는 급가속할 때에 차체의 앞쪽은 들리고, 뒤쪽이 낮아지는 노스 업(nose-up)현상을 제어하는 것이다. 작동은 컴퓨터가 스로틀 위치센서의 신호와 초기의 주행속도를 검출하여 급출발 또는 급가속 여부를 판정하여 규정속도 이하에서 급출발이나 급가속상태로 판단되면 노스 업(스쿼트)를 방지하기 위하여 쇽업소버의 감쇠력을 증가시킨다.

(3) 앤티 다이브 제어(anti-dive control)

주행 중에 급제동을 하면 차체의 앞쪽은 낮아지고, 뒤쪽이 높아지는 노스다운(nose down)현상을 제어하는 것이다. 작동은 브레이크 오일 압력스위치로 유압을 검출하여 쇽업소버의 감쇠력을 증가시킨다.

(4) 앤티 피칭 제어(anti-pitching control)

자동차가 요철 노면을 주행할 때 차고의 변화와 주행속도를 고려하여 쇽업소버의 감쇠력을 증가시킨다.

(5) 앤티 바운싱 제어(anti-bouncing control)

차체의 바운싱은 G센서가 검출하며, 바운싱이 발생하면 쇽업소버의 감쇠력은 소프트(soft)에서 미디움(medium)이나 하드(hard)로 변환된다.

(6) 차속 감응 제어(vehicle speed control)

자동차가 고속으로 주행할 때에는 차체의 안정성이 결여되기 쉬운 상태이므로 쇽업소버의 감쇠력은 소프트(soft)에서 미디움(medium)이나 하드(hard)로 변환된다.

(7) 앤티 쉐이크 제어(anti-shake control)

사람이 자동차에 승하차할 때 하중의 변화에 따라 차체가 흔들리는 것을 쉐이크라고 한다. 자동차의 속도를 감속하여 규정속도 이하가 되면 컴퓨터는 승차 및 하차에 대비하여 쇽업소버의 감쇠력을 Hard로 변환시킨다. 그리고 자동차의 주행속도가 규정값 이상 되면 쇽업소버의 감쇠력은 초기 모드로 된다.

[3] 쇽업소버(shock absorber)

쇽업소버는 공기실(air chamber)과 감쇠력 2단 변환밸브를 포함하고 있으며, 스프링 정수 및 감쇠력을 Hard 또는 Soft로 선택하는 기능과 차량높이를 조절하는 스위칭 로드, 액추에이터 등이 부착되어 있다.

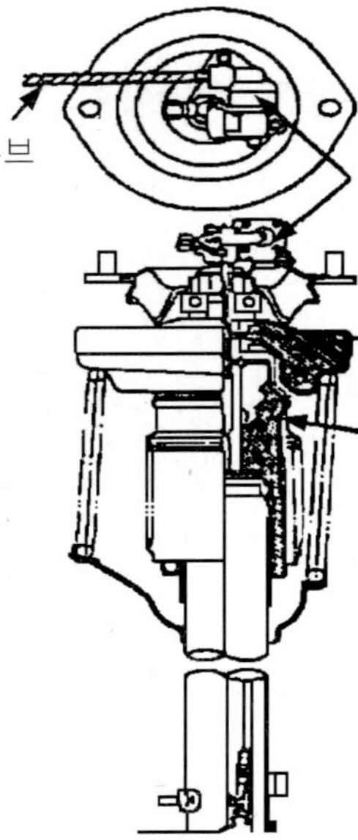

[그림 68] 쇽업소버

(1) 액추에이터(air actuator)

쇽업소버 위쪽에 설치되며 Hard-Soft 스위칭로드를 규정 각도만큼 회전시켜 주는 부분이다. 공급밸브로부터 액추에이터로 공기가 들어오면 스프링장력을 이기고, 피스톤이 작동하며 이에 따라 스위칭로드가 회전하여 Hard나 Soft로 현가특성을 선택한다.

(2) 스위칭로드(switching rod)

액추에이터에 의해 피스톤 내에서 약 60° 정도 회전하며 이 회전에 의해 스프링정수와 쇽업소버 감쇠력이 Hard나 Soft로 변화한다.

(3) 공기실(air chamber)

공기실의 유동부분에는 롤링 다이어프램(rolling diaphragm)이 설치되어 있으며 공기실 내의 공기는 스위칭로드의 구멍을 거쳐 흡입 또는 배출되어 공기실의 체적이 증가하거나 감소하여 차고가 조절된다.

[4] 공기압축기와 릴레이

릴레이는 컴퓨터로부터 전원이 공급되면 전동기에 전원을 공급하여 공기압축기에서 압축 공기를 생산하여 공기탱크로 보낸다.

[5] 공기탱크

압축기에서 생산된 압축공기를 저장하며 드라이어(dryer), 어큐뮬레이터, 체크밸브, 압력 스위치, 공기 공급 솔레노이드밸브 등이 부착되어 있다.

[6] 솔레노이드밸브(solenoid valve)

이 밸브는 쇽업소버에 부착되어 차고를 조정하거나 현가 특성을 Hard나 Soft로 변환하는 작용을 한다.

[7] 전조등 릴레이

이것은 전조등의 ON, OFF상태를 컴퓨터로 입력시켜 차량높이 조절에 사용된다.

[8] 발전기 L단자

발전기 L단자의 전압 발생신호에 의해 엔진의 작동여부를 감지하여 차량높이 조절에 사용된다.

[9] 도어 스위치

모든 도어 스위치는 병렬로 연결되어 있으며 한쪽의 도어만 열려도 컴퓨터에 입력되며, 컴퓨터는 앤티 쉐이크 제어를 한다.

[10] ECS지시 패널

운전석 계기판에 있으며 운전자가 직접 선택하여 조작할 수 있으며, 현가특성, 차량높이 조절을 할 때 등에는 지시등이 점등되며 부저가 울려 작동을 표시한다.

03 조향장치(steering system)

조향장치는 자동차의 진행방향을 운전자가 의도하는 바에 따라서 임의로 조작할 수 있는 장치이며 조향핸들을 조작하면 조향기어에 그 회전력이 전달되며 조향기어에 의해 감속하여 앞바퀴의 방향을 바꿀 수 있도록 되어 있다.

3.1. 조향장치의 원리

3.1.1. 애커먼-장토식(ackerman-jantoud type)

조향각도를 최대로 하고 선회할 때 선회하는 안쪽 바퀴의 조향각도가 바깥쪽 바퀴의 조향각도보다 크게 되며, 뒷차축 연장선상의 한 점 E를 중심으로 동심원을 그리면서 선회하여 사이드슬립방지와 조향핸들 조작에 따른 저항을 감소시킬 수 있는 방식이다.

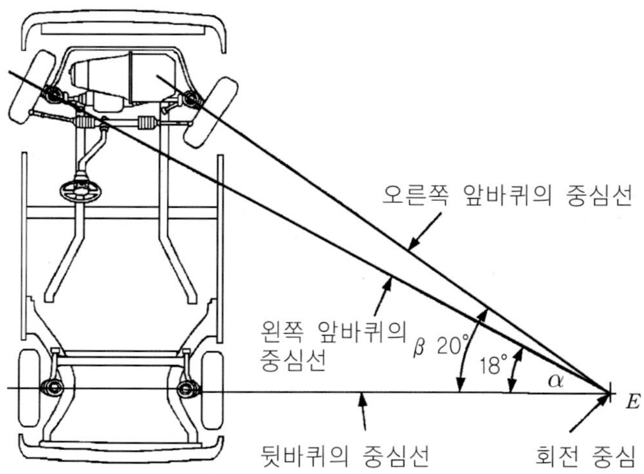

[그림 69] **조향원리(애커먼 장토식)**

3.1.2. 최소 회전반지름

조향각도를 최대로 하고 선회하였을 때 그려지는 동심원 중에서 가장 바깥쪽 바퀴가 그리는 원의 반지름을 말하며 다음의 공식으로 산출된다.

$$R = \frac{L}{\sin\alpha} + r$$

R : 최소 회전반지름
$\sin\alpha$: 가장 바깥쪽 앞바퀴의 조향각도
L : 축간거리(축거 wheel base)
r : 바퀴 접지면 중심과 킹핀과의 거리

3.1.3. 조향장치의 구비조건

① 조향조작이 주행 중의 충격에 영향을 받지 않을 것
② 조작이 쉽고, 방향변환이 원활하게 행해질 것
③ 회전반지름이 작아서 좁은 곳에서도 방향변환을 할 수 있을 것
④ 진행방향을 바꿀 때 섀시 및 보디 각 부에 무리한 힘이 작용되지 않을 것
⑤ 고속주행에서도 조향핸들이 안정될 것
⑥ 조향핸들의 회전과 바퀴 선회차이가 크지 않을 것
⑦ 수명이 길고 다루기나 정비하기가 쉬울 것

3.2. 조향장치의 구조와 작용

3.2.1. 일체 차축방식의 조향기구

일체 차축방식의 조향기구는 조향핸들, 조향축, 조향 기어박스, 피트먼 암, 드래그 링크, 타이로드, 너클암 등으로 구성되어 있다. 작동은 조향핸들을 돌리면 그 조작력이 조향축을 거쳐 조향 기어박스로 전달된다. 조향 기어박스에서는 감속하여 섹터축을 회전시키며, 섹터축이 회전하면 피트먼 암이 원호운동을 하여 드래그링크를 앞 뒤 방향으로 이동시킨다. 이에 따라, 오른쪽이나 왼쪽바퀴가 조향너클에 의해 선회하게 되고, 타이로드를 통해 반대쪽 바퀴를 선회시켜 진행방향을 변환시킨다.

3.2.2. 독립 차축방식의 조향기구

독립 차축방식 조향기구에는 타이로드가 둘로 나누어져 있다. 구성은 조향핸들, 조향축, 조향 기어박스, 피트먼암, 센터링크, 타이로드, 너클 암 등으로 구성되어 있다.

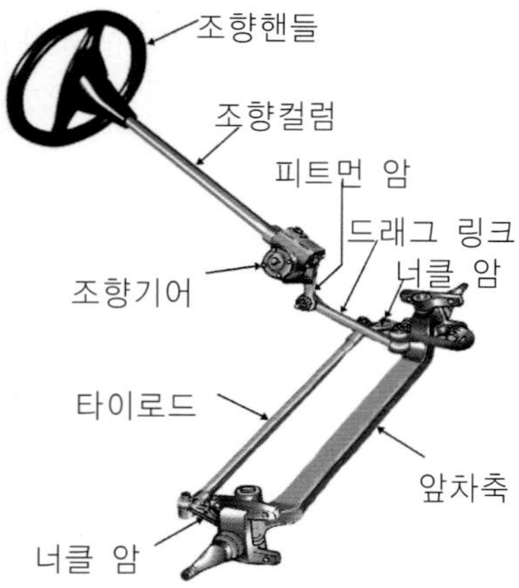

[그림 70] **일체 차축방식의 조향기구**

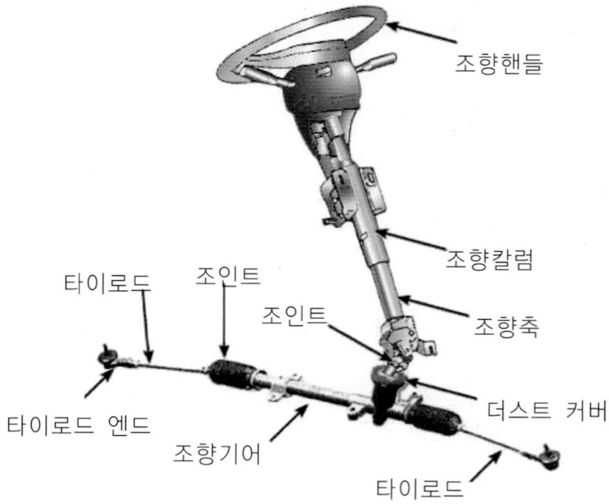

[그림 71] **독립 차축방식의 조향기구**

3.2.3. 조향기구

[1] 조향핸들(조향 휠)

조향핸들은 림(rim), 스포크(spoke) 및 허브(hub)로 구성되어 있으며 스포크나 림 내부에는 강철이나 알루미늄합금 심으로 보강되고, 바깥쪽은 합성수지로 성형되어 있다.

조향핸들은 조향축에 테이퍼(taper)나 세레이션(serration) 홈에 끼우고 너트로 고정시킨다.

[2] 조향축(steering shaft)

조향축은 조향핸들의 회전을 조향기어의 웜(worm)으로 전하는 축이며, 웜과 스플라인을 통하여 자재이음으로 연결되어 있다.

[3] 조향기어박스(steering gear box)

조향기어는 조향 조작력을 증대시켜 앞바퀴로 전달하는 장치이며, 종류에는 웜 섹터형, 웜 섹터 롤러형, 볼 너트형, 캠 레버형, 래크와 피니언형, 스크루 너트형, 스크루 볼형 등이 있으며 현재 주로 사용되고 있는 형식은 볼 너트형식과 래크와 피니언 형식이다.

(1) 볼-너트 형식(ball & nut type)

스크루와 너트사이에 많은 볼이 들어 있어 조향핸들의 회전을 볼의 동력전달 접촉으로 너트로 전달한다. 작동은 조향핸들이 회전하면 스크루 홈을 이동하여 너트의 한 끝에서 밖으로 나와 안내 튜브를 지나서 다시 스크루 홈으로 들어간다. 볼은 2줄로 나누어 순환하며, 이 순환운동으로 너트는 직선운동을 하고 섹터는 원호운동을 한다.

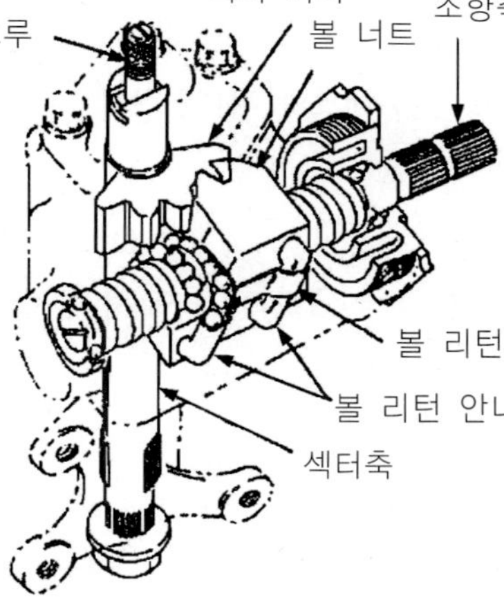

[그림 72] **볼-너트 형식**

(2) 래크와 피니언 형식(rack & pinion type)

이 형식은 조향핸들의 회전운동을 래크를 통해 직선운동으로 바꾸어 조향하도록 되어 있으며, 조향축 아랫부분에 피니언이 래크와 결합되어 있다. 따라서 래크는 피니언의 회전운동에 따라 조향기어박스 내에서 좌우로 직선운동을 하여 그 양끝의 타이로드를 거쳐 좌우의 너클암을 이동시켜 조향한다. 그리고 조향기어 비율은 다음과 같이 나타낸다.

$$\text{조향 기어비} = \frac{\text{조향핸들이 움직인각}}{\text{피트먼암이 움직인각}}$$

이 조향 기어비의 값이 작으면 조향핸들의 조작은 신속히 되지만 큰 조작력이 필요하게 된다. 이에 따라 조향 기어에는 가역식, 반가역식, 비가역식 등의 형식으로 하고 있다.

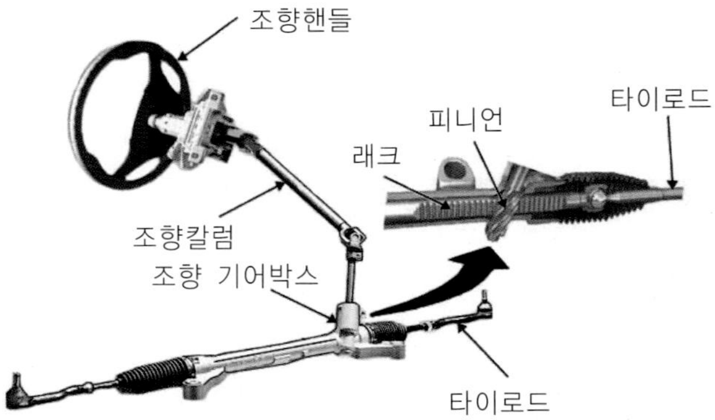

[그림 73] **래크와 피니언형식**

[4] 피트먼 암(pitman arm)

조향핸들의 움직임을 일체 차축방식의 조향기구에서는 드래그링크로, 독립 차축방식의 조향기구에서는 센터 링크로 전달한다.

[5] 드래그 링크(drag link)

일체 차축방식 조향기구에서 피트먼 암과 너클 암(제3암)을 연결하는 로드이다.

[6] 센터 링크(center link)

독립 차축방식 조향기구에서 피트먼 암과 볼 이음을 통하여 연결되며, 작동은 조향핸들을 회전시키면 피트먼 암으로부터의 힘을 타이로드로 전달한다. 그러나 래크와 피니언형식의 조향 기어박스를 사용하는 독립 차축방식에서는 센터 링크를 두지 않아도 된다.

[7] 타이로드(tie-rod)

볼-너트 형식의 조향 기어박스를 사용하는 독립 차축방식 조향기구에서는 센터 링크의 운동을 양쪽 너클 암으로 전달하며, 래크와 피니언형식에서는 래크축에 2개로 나누어져 볼 이음으로 각각 연결되어 있다. 타이로드의 길이를 조정하여 토인(toe-in)을 조정할 수 있다.

[8] 너클 암(knuckle arm, 제3암)

일체 차축방식 조향기구에서 드래그링크의 운동을 조향너클에 전달하는 기구이다.

[9] 일체 차축방식(ridge axle) 조향기구의 앞 차축과 조향너클

일체 차축방식의 앞 차축은 강철을 단조한 I단면의 빔이며, 그 양쪽 끝에는 스프링 시트가 용접되어 있고, 킹핀 설치부분에는 킹핀을 통해 조향너클이 설치된다.

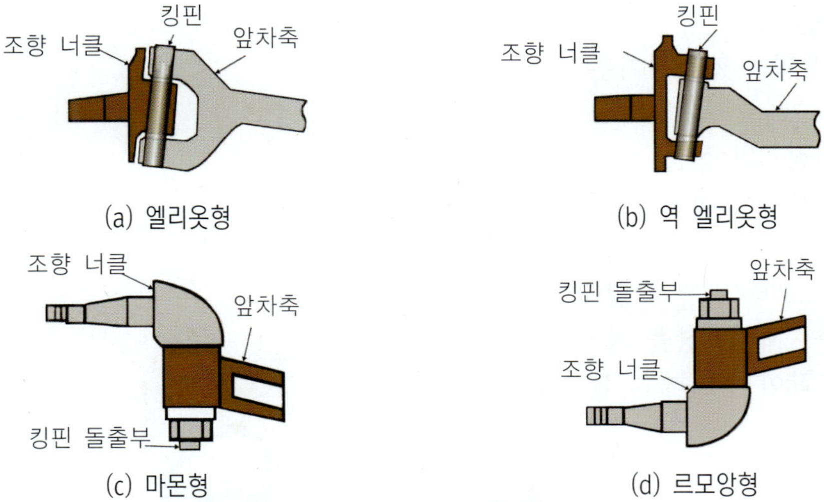

[그림 74] **조향너클의 설치방식**

조향너클은 킹핀을 통해 앞차축과 연결되는 부분과 바퀴 허브가 설치되는 스핀들(spindle)로 되어 있어 킹핀을 중심으로 회전하여 조향작용을 한다. 앞 차축과 조향너클의 설치방식에는 엘리옷형, 역엘리옷형, 마몬형, 르모앙형 등이 있다.

[10] 킹핀(king pin)

일체 차축방식 조향기구에서 앞차축에 대해 규정의 각도(킹핀경사각)를 두고 설치되어, 앞 차축과 조향너클을 연결하며 고정볼트에 의해 앞 차축에 고정되어 있다.

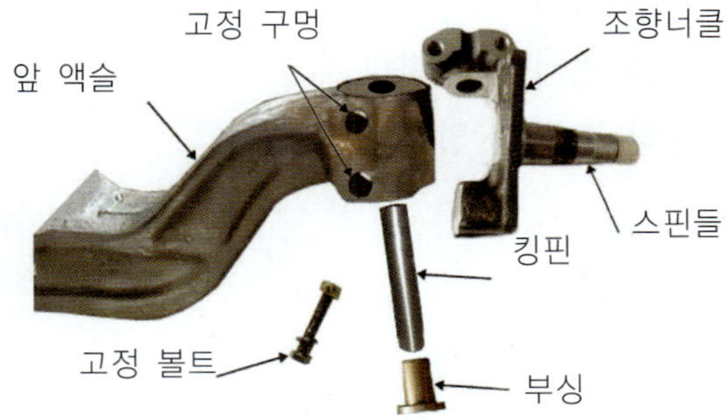

[그림 75] **킹핀**

3.3. 동력 조향장치(power steering system)

3.3.1. 동력 조향장치의 개요

자동차의 대형화 및 저압타이어의 사용으로 앞바퀴의 접지압력과 면적이 증가하여 신속하고 경쾌한 조향이 어렵다. 이에 따라 가볍고 원활한 조향조작을 위해 기관의 동력으로 오일펌프를 구동하여 발생한 유압을 이용하는 동력 조향장치를 설치하여 조향핸들의 조작력을 경감시키는 장치이다.

[1] 동력 조향장치의 장점

① 조향 조작력이 작아도 된다.
② 조향 조작력에 관계없이 조향 기어비를 선정할 수 있다.
③ 노면으로부터의 충격 및 진동을 흡수한다.
④ 앞바퀴의 시미현상을 방지할 수 있다.
⑤ 조향 조작이 경쾌하고 신속하다.

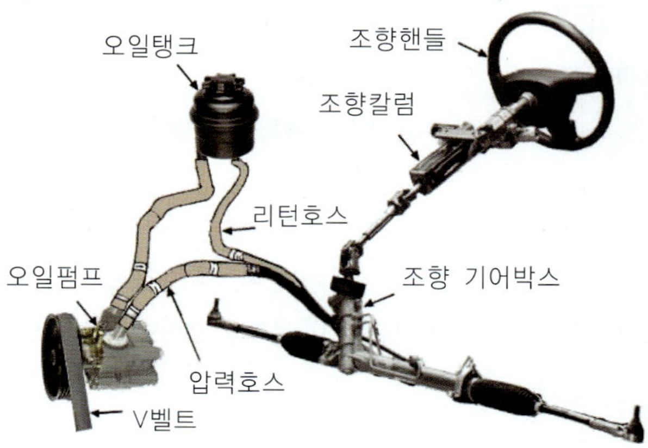

[그림 76] 동력 조향장치의 구조

[2] 동력 조향장치의 단점

① 구조가 복잡하고 값이 비싸다.
② 고장이 발생한 경우에는 정비가 어렵다.
③ 오일펌프 구동에 기관의 출력이 일부 소비된다.

3.3.2. 동력 조향장치의 분류

[1] 링키지형(linkage type)

동력실린더를 조향 링키지 중간에 둔 것이며, 조합형과 분리형이 있다.

① 조합형(combined type) : 이 형식은 동력실린더와 제어밸브가 일체로 된 것이다.

② 분리형(separate type) : 이 형식은 동력실린더와 제어밸브가 분리된 것이다.

[2] 일체형

동력실린더를 조향 기어박스 내에 설치한 형식이며, 인라인형과 오프셋형이 있다.

① 인라인형(in line type) : 이 형식은 조향 기어박스와 볼 너트를 직접 동력기구로 사용하도록 한 것이며, 조향 기어박스 상부와 하부를 동력실린더로 사용한다.

② 오프셋 형(off-set type) : 이 형식은 동력 발생기구를 별도로 설치한 형식이다.

3.3.3. 동력 조향장치의 구조

[1] 오일펌프 - 동력부분

오일펌프는 유압을 발생하며 기관의 크랭크축에 의해 V벨트를 통하여 구동된다. 오일펌프의 형식은 주로 베인펌프(vane pump)를 사용한다.

[2] 동력실린더 - 작동부분

동력실린더는 실린더 내에 피스톤과 피스톤 로드가 들어 있으며, 오일펌프에서 발생한 오일을 피스톤에 작용시켜서 조향방향 쪽으로 힘을 가해 주는 장치이다. 또 동력실린더는 피스톤에 의해 한쪽 방에 오일이 들어오면 반대쪽 방에서는 오일이 오일탱크로 복귀하는 복동식이다.

[3] 제어밸브 - 제어부분

제어밸브는 조향핸들의 조작력을 조절하는 기구이며, 조향핸들을 돌려 피트먼 암에 힘을 가하면 오일펌프에서 보내 준 오일을 조향방향으로 동력실린더의 피스톤이 작동하도록 오일회로를 변환시킨다. 제어밸브는 밸브보디 안쪽에 3개의 홈과 오일펌프에서 보내 준 오일을 동력실린더 2개의 방으로 공급하기 위한 오일통로가 있다.

밸브스풀(valve spool)에는 밸브보디에 있는 3개의 홈에 대응하는 3개의 랜드(land)가 있어 밸브스풀의 이동에 따라 밸브보디의 오일통로가 개폐된다.

[4] 안전 체크밸브(safety check valve)

제어밸브 속에 들어 있으며 엔진이 정지된 경우 또는 오일펌프의 고장, 회로에서의 오일 누출 등의 원인으로 유압이 발생하지 못할 때 조향핸들의 조작을 수동으로 할 수 있도록 해주는 밸브이다.

3.4. 전자제어 동력 조향장치(ECPS : electronic control power steering)

3.4.1. 차속 감응형 유량 제어방식의 작동

차속센서가 주행속도를 컴퓨터로 입력시키면 컴퓨터에서는 동력실린더의 유압을 변화시킨다. 즉, 저속에서는 유압을 정상 값으로 하고 주행속도가 증가할수록 유압을 낮춘다.

유압제어는 동력실린더 양쪽 체임버(chamber)를 연결하는 바이패스회로에 솔레노이드밸브를 설치하여 솔레노이드밸브가 열리면 고압 쪽의 오일은 드레인에 연결된 저압 쪽으로 들어가 유압을 저하시켜 배력작용을 감소시키므로 저항력이 커진다.

3.4.2. 반력 제어방식의 작동

차속센서가 로터리형 유압모터로 되어 있으며 통과하는 유량을 주행속도에 따라 조절하고 제어밸브의 움직임을 변화시켜 적절한 조향력을 얻도록 하고 있다. 제어밸브 양끝에는 롤러가 부착되어 있으며 여기에 반동 플런저가 설치되어 있다.

반동 플런저는 스프링의 장력과 반동실에 가해지는 유압을 받아 롤러를 가압한다.

이에 따라 제어밸브의 작동은 반동실에 가해지는 유압에 따라 변화하며 이 유압을 주행속도에 대응시키면 적절한 조향력을 얻을 수 있다. 차속센서에 작용하는 유압모터의 유로는 동력실린더와 병렬로 연결되며, 반동실의 유압제어는 컷 오프 밸브(cut-off valve)가 한다.

3.5. 전동형 동력 조향장치

3.5.1. 전동형 동력 조향장치의 구성

전동형 동력 조향장치는 차속센서, 회전력센서, 제어기구, 조향 기어박스. 전동기, 전동기 회전각도센서, 감속기구 등으로 구성되어 있다.

[1] 제어기구(controller)

제어기구는 회전력의 신호에 의해 최적의 배력(assist)을 실행하기 위하여 전동기를 제어한다. 또한 각종 신호를 검출하고, 고장이 발생하였을 경우에는 수동상태로 하는 페일세이프 기능을 지니고 있다.

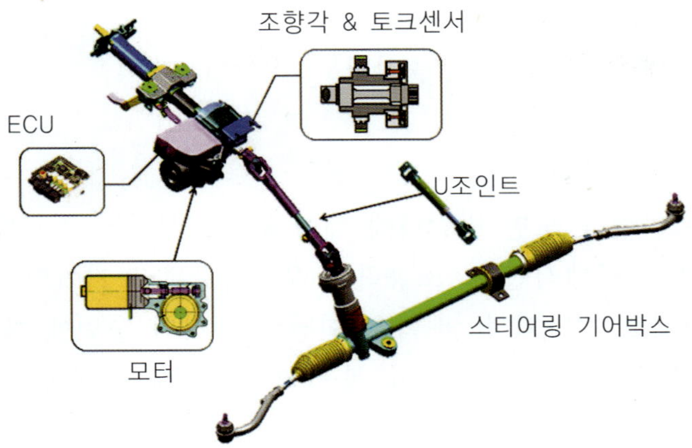

[그림 77] 전동형 동력 조향장치의 기본구성

[2] 3상 브러시 없는 전동기(중공형식)

전동기의 스테이터 쪽에 코일을, 로터 쪽에 영구자석을 배치한 3상 직류 브러시 없는 전동기와 로터 안쪽에 래크축(rack shaft)과 볼-너트를 배치하고, 너트의 회전(전동기의 회전)에 의해 래크축과 일체의 볼-너트가 직선운동을 한다. 제어기구에서의 전류에 의해 배력을 발생시킨다.

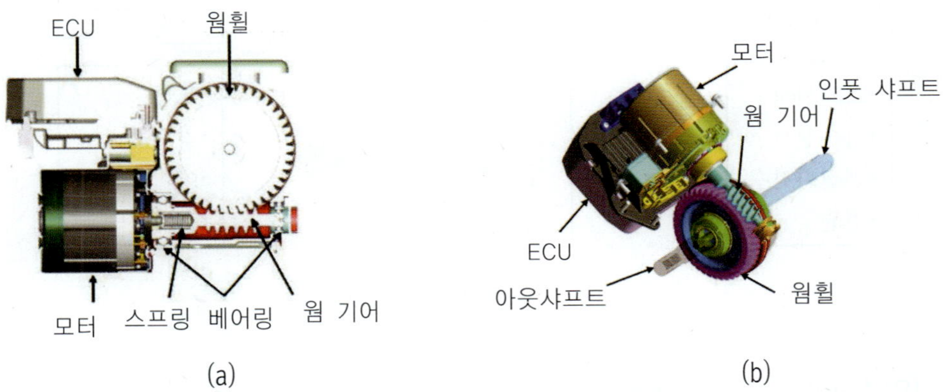

[그림 78] 전동기의 구조

[3] 전동기 회전각도 센서

전동기의 로터위치를 검출한다. 이 신호에 의해 컴퓨터가 전류출력의 위상을 결정한다.

[4] 회전력 센서

이 센서는 비접촉형 센서이며, 운전자의 조향핸들 조작력을 검출한다.

[5] 차속센서

이 센서는 자동차의 주행속도를 검출한다.

[6] 조향 기어박스

조향 기어박스는 바퀴를 노면 반발력에 대항해 조향시키는 액추에이터이며, 전동기에서 발생한 회전력을 증대시킨다. 조향력은 운전자로부터 기어의 입력축으로 전달되고 토션 바에서 바퀴로 전달되며, 배력은 회전력 센서의 출력에 대한 제어기구의 전류에 따라 전동기에서 발생시키는 힘이 볼-너트를 통해 증대되어 래크로 전달되고, 바퀴로 전달된다.

3.5.2. 제어회로의 구성과 작동

전동방식 동력 조향장치는 입력부분, 제어부분, 출력부분으로 구성되어 있다. 입력부분은 입력센서 신호로부터 운전상황을 판단하는 역할을 하며, 제어부분은 입력센서의 정보를 바탕으로 ECU에 설정된 제어로직에 따라 출력부분을 제어한다. 출력부분은 ECU의 신호를 받아 전동기를 구동하며 경고등, 아이들 업(idle up), 자기진단기능을 수행한다.

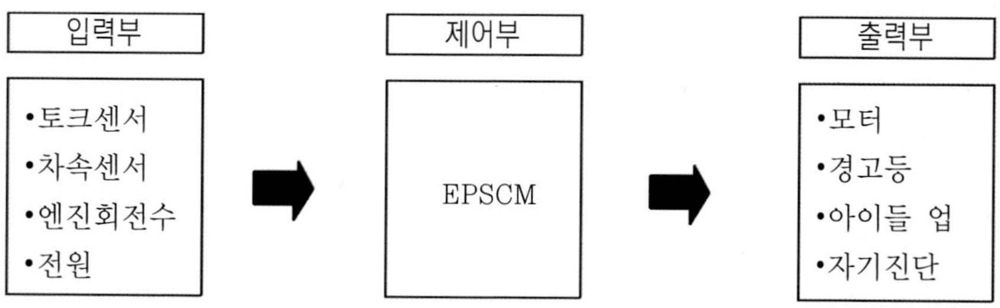

[그림 79] **출력 다이어그램**

3.6. 4WS(4-wheel steering)

4WS란 4바퀴 조향을 의미하며, 기존의 자동차에서는 앞바퀴로만 조향하는데 비해 뒷바퀴도 조향하는 장치이다.

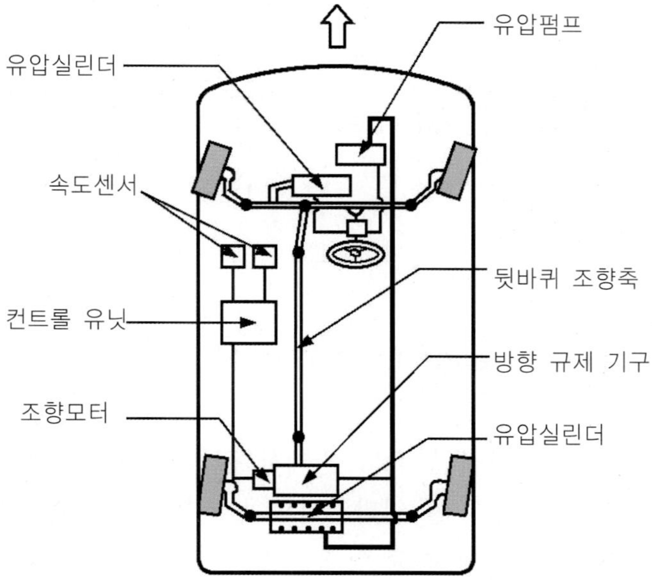

[그림 80] 4WS의 구성도

기존의 2WS 자동차는 고속에서 선회할 때 앞바퀴에는 조향핸들에 의한 회전으로 코너링 파워가 발생하지만, 뒷바퀴는 차체의 가로방향 미끄러짐이 발생해야만 코너링 파워가 발생하기 때문에 선회지연과 차체 뒤가 과도하게 흔들리는 문제점이 있었으나, 4WS는 고속에서의 차로를 변경할 때 안정성이 향상되고, 차고 진입이나 U턴과 같은 회전을 할 때 회전반지름이 작아져 운전이 용이해진다.

04 휠 얼라인먼트(wheel alignment)

4.1. 휠 얼라인먼트(wheel alignment)의 개요

자동차의 앞부분을 지지하는 앞바퀴는 어떤 기하학적인 관계를 두고 설치되어 있는데 이와 같은 앞바퀴의 기하학적인 각도 관계를 말하며 캠버, 캐스터, 토인, 조향축(킹핀) 경사각 등이 있다. 그리고 휠 얼라인먼트의 역할은 다음과 같다.

① 조향핸들의 조작을 확실하게 하고 안전성을 준다. - 캐스터의 작용
② 조향핸들에 복원성을 부여한다. - 캐스터와 조향축 경사각의 작용
③ 조향핸들의 조작력을 가볍게 한다. - 캠버와 조향축 경사각의 작용
④ 타이어 마멸을 최소로 한다. - 토인의 작용

4.2. 휠 얼라인먼트 요소의 정의와 필요성

4.2.1. 캠버(camber)

자동차를 앞에서 보면 그 앞바퀴가 수직선에 대해 어떤 각도를 두고 설치되어 있는데 이를 캠버라 하며 그 각도를 캠버 각도라 한다. 캠버 각도는 일반적으로 0.5~1.5° 정도이다. 그리고 바퀴의 윗부분이 바깥쪽으로 기울어진 상태를 정의 캠버(positive camber), 바퀴의 중심선이 수직일 때를 0의 캠버(zero camber) 그리고 바퀴의 윗부분이 안쪽으로 기울어진 상태를 부의 캠버(negative camber)라 한다.

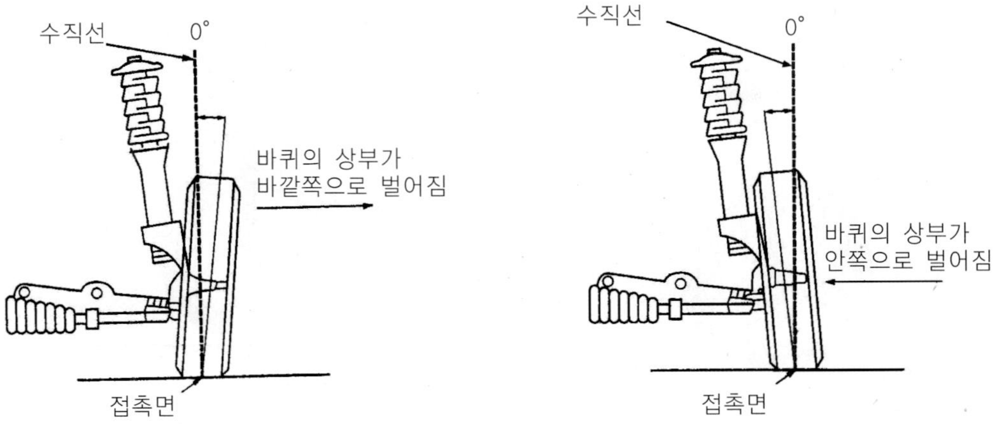

(a) 정의 캠버　　　　　　(b) 부의 캠버

[그림 81] **캠버**

[1] 캠버의 역할

① 수직방향 하중에 의한 앞차축의 휨을 방지한다.

② 조향핸들의 조작을 가볍게 한다.

③ 하중을 받았을 때 앞바퀴의 아래쪽(부의 캠버)이 벌어지는 것을 방지한다.

4.2.2. 캐스터(caster)

자동차의 앞바퀴를 옆에서 보면 조향너클과 앞차축을 고정하는 조향축(일체 차축방식에서는 킹핀)이 수직선과 어떤 각도를 두고 설치되는데 이를 캐스터라 하며 그 각도를 캐스터 각도라 한다. 캐스터 각도는 일반적으로 1~3° 정도이다. 그리고 조향축 윗부분(또는 킹핀)이 자동차의 뒤쪽으로 기울어진 상태를 정의 캐스터, 조향축의 중심선(또는 킹핀)이 수직선과 일치된 상태를 0의 캐스터, 조향축의 윗부분(또는 킹핀)이 앞쪽으로 기울어진 상태를 부의 캐스터라 한다. 캐스터의 역할은 다음과 같다.

① 주행 중 조향 바퀴에 방향성을 부여한다.

② 조향하였을 때 직진방향으로의 복원력을 준다.

킹핀(또는 조향축)의 중심선과 바퀴 중심을 지나는 수직선이 노면과 만나는 거리를 리드 또는 트레일(lead or trail)라고 하며, 이것이 캐스터효과를 얻게 한다. 캐스터효과는 정의 캐스터에서만 얻을 수 있으며 주행 중에 직진성이 없는 자동차는 더욱 정의 캐스터로 수정하여야 한다.

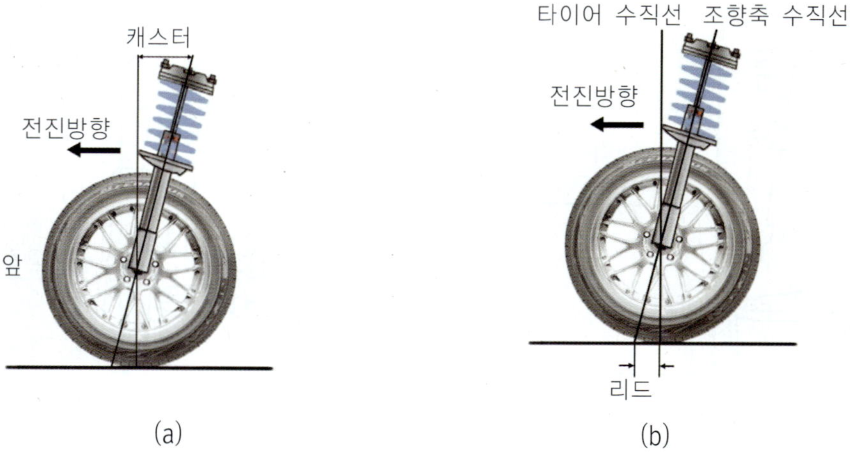

[그림 82] **캐스터**

4.2.3. 토인(toe-in)

자동차 앞바퀴를 위에서 내려다보면 바퀴 중심선사이의 거리가 앞쪽이 뒤쪽보다 약간 작게 되어 있는데 이것을 토인이라고 하며 일반적으로 2~6mm 정도이다. 토인의 역할은 다음과 같다.

① 앞바퀴를 평행하게 회전시킨다.
② 앞바퀴의 사이드슬립(side slip)과 타이어 마멸을 방지한다.
③ 조향 링키지 마멸에 따라 토 아웃(toe-out)이 되는 것을 방지한다.
④ 토인은 타이로드의 길이로 조정한다.

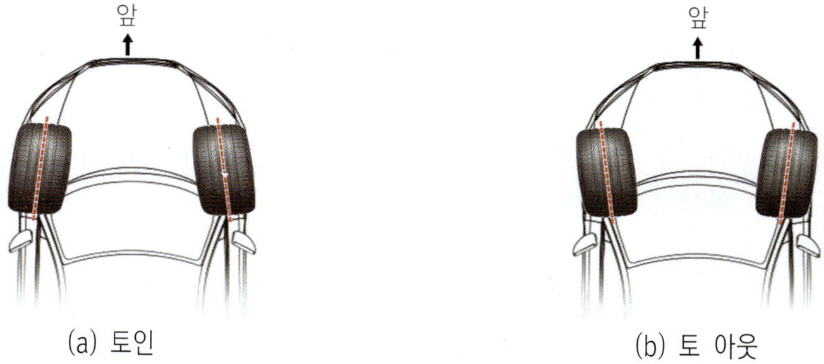

[그림 83] **토인과 토 아웃**

4.2.4. 조향축 경사각(킹핀 경사각)

자동차를 앞에서 보면 독립 차축방식에서의 위아래 볼 이음(또는 일체 차축방식의 킹핀)의 중심선이 수직에 대하여 어떤 각도를 두고 설치되는데 이를 조향축 경사(또는 킹핀 경사)라고 하며 이 각을 조향축 경사각이라 한다. 조향축 경사각은 일반적으로 7~9° 정도 둔다.

[1] 조향축 경사각의 역할

① 캠버와 함께 조향핸들의 조작력을 가볍게 한다.
② 캐스터와 함께 앞바퀴에 복원성을 부여한다.
③ 앞바퀴가 시미(shimmy)현상을 일으키지 않도록 한다.

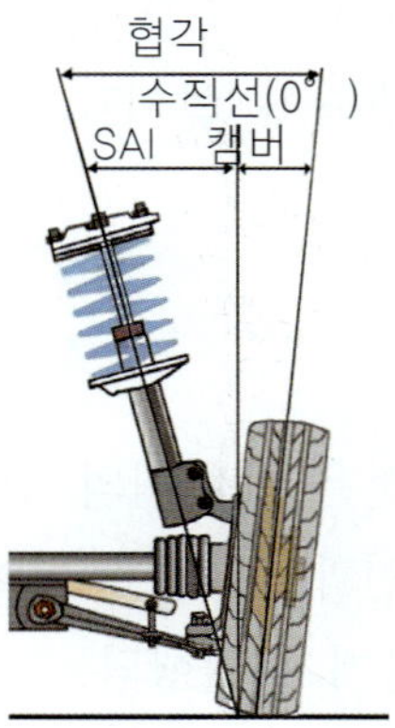

[그림 84] 조향축 경사각

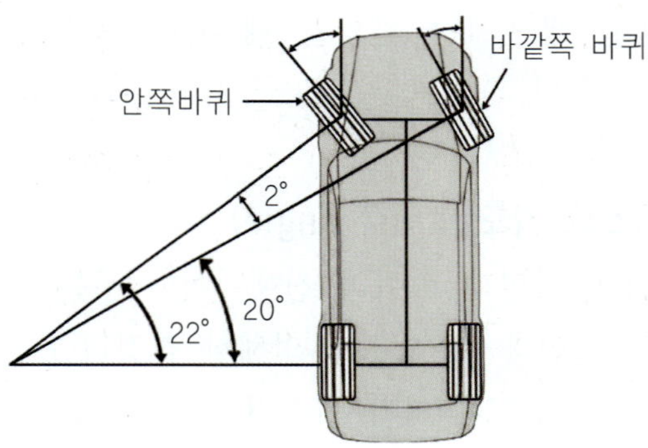

[그림 85] 선회할 때 토아웃

4.2.5. 선회할 때의 토 아웃(toe-out on turning)

자동차가 선회할 때 애커먼장토식의 원리에 따라 모든 바퀴가 동심원을 그리려면 안쪽 바퀴의 조향각이 바깥쪽 바퀴의 조향각보다 커야 한다. 즉, 자동차가 선회할 경우에는 토 아웃이 되어야 하며 이 관계는 너클암, 타이로드 및 피트먼 암에 의해 결정된다.

4.2.6. 올 휠 얼라인먼트(all wheel alignment)

[1] 셋백(set back)

셋백은 앞 뒤 차축의 평행도를 나타내는 것으로 앞 차축과 뒤차축이 완전하게 평행되는 경우를 셋백 제로라 한다. 그리고 셋백은 뒷차축을 기준으로 하여 앞차축의 평행도를 각도로 나타낸다. 축간거리의 차이가 발생된 경우에는 조향핸들이 한쪽으로 쏠리는 원인이 된다.

[2] 뒷바퀴 정렬(rear wheel alignment)

뒷바퀴의 정렬은 캠버와 토(toe) 각도로 이루어진다. 캠버는 앞바퀴와 공통으로 하여야 하며, 토 각도에 대해서는 4바퀴 조향 자동차를 제외하고는 조향장치를 조작하기 때문에 앞바퀴의 안쪽을 분할하여 좌우에는 각각 독립된 수치가 주어야 한다. 뒷바퀴 얼라인먼트는 자동차의 진행방향을 결정하여 주행 안정성이나 앞바퀴 얼라인먼트에 영향을 미치지 않도록 한다.

[3] 차축 오프셋

앞뒤 차축을 평행하도록 하고 차량 중심선에 대하여 차축 중심선을 일치시키지 않고 서로 좌우로 엇갈리게 되어 있는 상태를 차축 오프셋이라 한다. 축간거리의 차이가 발생된 경우에는 선회할 때 좌우 회전반지름의 차이가 발생되어 앞지르기 할 때 영향을 미친다.

[4] 스러스트 각도(thrust angle)

자동차 중심선과 바퀴의 진행선이 이루는 각도로 바퀴의 진행선은 뒷바퀴의 진행선은 뒷바퀴의 토인과 토 아웃에 의해서 결정된다. 뒤 좌우 바퀴의 토인과 토 아웃 차이의 크기가 커지는 정도에 따라서 스러스트 각도는 커지며 자동차의 기울기가 진행되는 것을 방지하고 스러스트 각도는 0을 요구할 때만 일반적으로 10° 이하로 설정되어 있다.

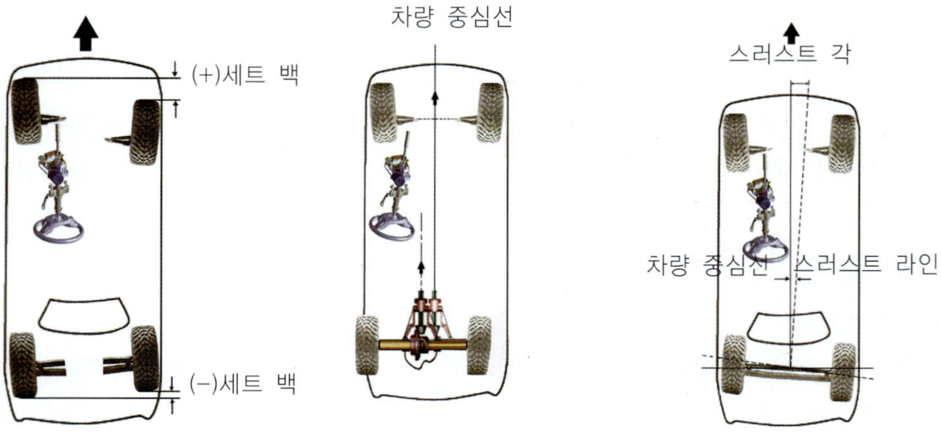

(a) 셋백 (b) 차축 오프셋 (c) 스러스트 각도

[그림 86] 올 휠 얼라인먼트

05 제동장치(brake system)

5.1. 제동장치(brake system)의 개요

제동장치는 주행 중인 자동차를 감속 또는 정지시키고, 또 주차상태를 유지하기 위하여 사용되는 매우 중요한 장치이다.

제동장치는 마찰력을 이용하여 자동차의 운동 에너지를 열에너지로 바꾸어 제동작용을 하며, 구비조건은 다음과 같다.

① 작동이 확실하고, 제동효과가 클 것
② 신뢰성과 내구성이 클 것
③ 점검정비가 쉬울 것

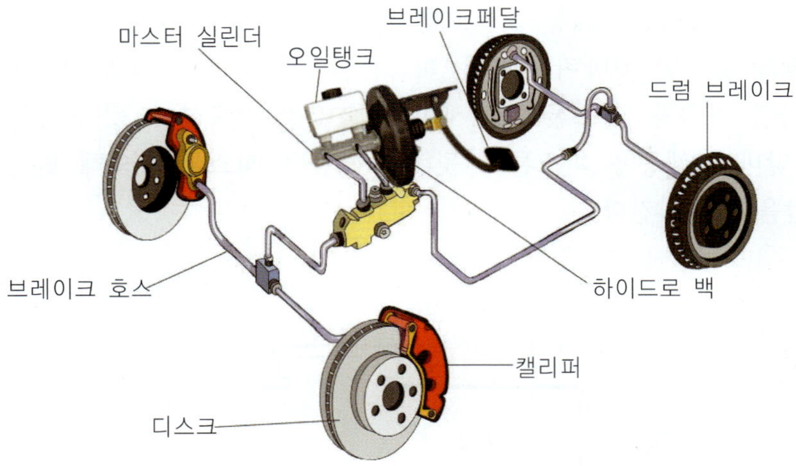

[그림 87] 제동장치

5.2. 유압 브레이크

유압 브레이크는 파스칼의 원리를 응용한 것이며, 유압을 발생시키는 마스터실린더, 이 유압을 받아서 브레이크슈(또는 패드)를 드럼(또는 디스크)에 압착시켜 제동력을 발생시키는 휠 실린더(또는 캘리퍼) 및 마스터실린더와 휠 실린더사이를 연결하여 오일회로를 형성하는 파이프(pipe)나 플렉시블 호스 등으로 구성되어 있다.

5.2.1. 유압 브레이크의 구조

[1] 브레이크페달(brake pedal)

브레이크페달은 조작력을 경감시키기 위해 지렛대 원리를 이용하며, 펜던트형 브레이크 페달과 플로워형 브레이크 페달이 있다.

[2] 마스터실린더(master cylinder)

(1) 마스터실린더의 구조 및 작용

마스터실린더는 브레이크페달을 밟는 것에 의하여 유압을 발생시키는 일을 하며 그 구조는 실린더보디, 오일탱크, 그리고 실린더 내에는 피스톤, 피스톤 컵, 체크밸브, 피스톤 리턴스프링 등이 들어 있다. 마스터실린더의 형식에는 피스톤이 1개인 싱글형과 피스톤이 2개인 탠덤형이 있으며 현재는 탠덤형을 사용하고 있다.

(2) 탠덤 마스터실린더의 작용

탠덤 마스터실린더는 유압 브레이크에서 안정성을 높이기 위해 앞뒤 바퀴에 대하여 각각 독립적으로 작동하는 2계통의 회로를 두는 형식이다.

작동은 페달을 밟으면 뒷바퀴 제동용 피스톤이 푸시로드에 의해 리턴스프링을 압축시키면서 앞바퀴 제동용 피스톤과의 사이에 오일을 압축하여 뒷바퀴를 제동시킨다. 이와 동시에 앞바퀴 제동용 피스톤도 뒷바퀴 제동용 피스톤에 의해 발생한 유압으로 앞바퀴에 유압을 작동시킨다.

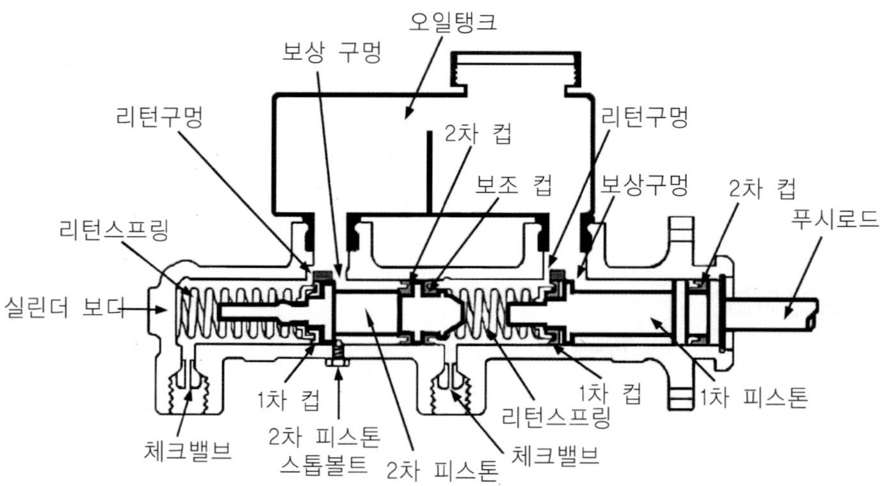

[그림 88] **탠덤 마스터실린더의 구조**

[3] 파이프(pipe)

브레이크 파이프는 강철제 파이프와 플렉시블 호스를 사용한다. 파이프는 진동에 견디도록 클립으로 고정하고 연결부분은 2중 플레어로 하며, 호스는 차축이나 바퀴와 연결하는 부분에서 사용하며 연결부분에는 금속제 피팅이 설치되어 있다.

[4] 휠 실린더(wheel cylinder)

휠 실린더는 마스터실린더에서 압송된 유압에 의하여 브레이크슈를 드럼에 압착시키는 일을 한다.

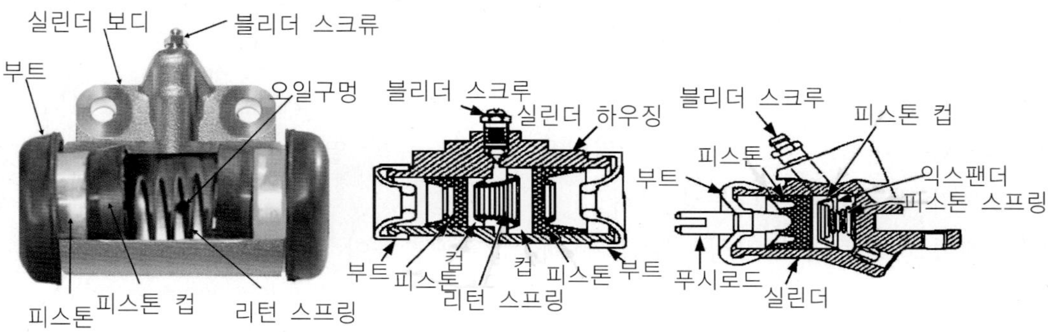

(a) 동일 지름형　　(b) 계단 지름형　　(c) 단일 지름형

[그림 89] **휠 실린더의 종류**

[5] 브레이크슈(brake shoe)

브레이크슈는 휠 실린더의 피스톤에 의해 드럼과 접촉하여 제동력을 발생하는 부분이며, 라이닝이 리벳이나 접착제로 부착되어 있다.

라이닝의 종류에는 위븐 라이닝, 몰드 라이닝, 반금속 라이닝, 금속 라이닝 등이 사용되고 있다. 그리고 라이닝은 다음과 같은 구비조건을 갖추어야 한다.

① 열에 견디는 성질이 크고, 페이드(fade)현상이 없을 것

② 기계적 강도 및 마멸에 견디는 성질이 클 것

③ 온도의 변화, 물 등에 의한 마찰계수 변화가 적을 것

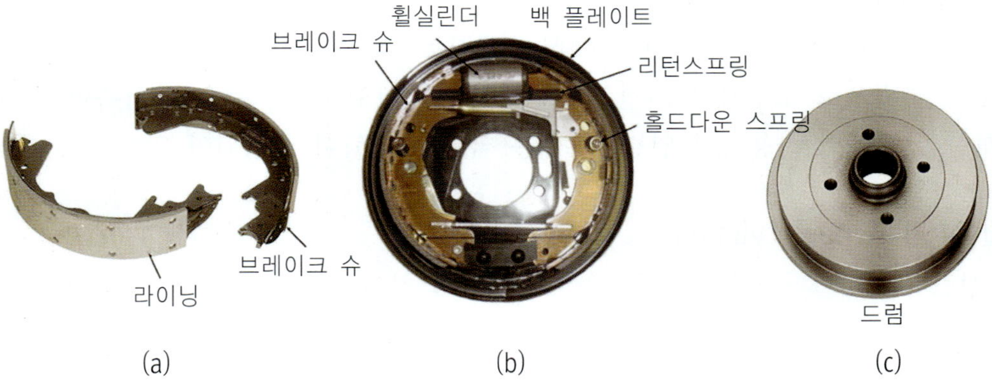

[그림 90] **브레이크 슈와 백 플레이트 및 드럼**

페이드(fade)현상이란 브레이크페달의 조작을 반복하면 드럼과 슈에 마찰열이 축적되어 제동력이 감소하는 현상이다. 원인은 드럼과 슈의 열팽창과 라이닝 마찰계수 저하에 있으며 방지방법은 다음과 같다.

① 브레이크 드럼의 냉각성능을 크게 하고, 열팽창률이 적은 형상으로 한다.
② 브레이크 드럼은 열팽창률이 적은 재질을 사용한다.
③ 온도 상승에 따른 마찰계수 변화가 적은 라이닝을 사용한다.

[6] 브레이크 드럼(brake drum)

브레이크 드럼은 휠 허브에 볼트로 설치되어 바퀴와 함께 회전하며 슈와의 마찰로 제동을 발생시키는 부분이다. 또 열방산을 크게 하고 강성을 높이기 위해 원둘레 방향으로 핀(fin)이나 직각방향으로 리브(rib)를 두고 있다. 그리고 제동할 때 발생한 열은 드럼을 통하여 냉각되므로 드럼의 면적은 마찰 면에서 발생한 열방산 능력에 따라 결정된다. 드럼이 갖추어야 할 조건은 다음과 같다.

① 가볍고 강도와 강성이 클 것
② 정적・동적평형이 잡혀 있을 것
③ 냉각이 잘되어 과열하지 않을 것
④ 마멸에 견디는 성질이 클 것

5.3. 브레이크슈와 드럼의 조합

5.3.1. 자기작동 작용

자기작동 작용이란 회전 중인 드럼에 제동을 걸면 슈는 마찰력에 의해 드럼과 함께 회전하려는 경향이 발생하여 확장력이 커지므로 마찰력이 증대되는 작용이다. 한편, 드럼의 회전 반대방향 쪽의 슈는 드럼으로부터 떨어지려는 경향이 생겨 확장력이 감소된다. 이때 자기작동작용을 하는 슈를 리딩 슈(leading shoe), 자기작동작용을 하지 못하는 슈를 트레일링 슈(trailing shoe)라 한다.

5.3.2. 작동상태에 따른 분류

[1] 넌 서보 브레이크(non-servo brake)

브레이크가 작동될 때 자기작동 작용이 해당 슈에만 발생하게 된 것이며, 전진방향에서 자기작동 작용을 하는 슈를 전진 슈, 후진방향에서 자기작동작용을 하는 슈를 후진 슈라 부른다.

[2] 서보 브레이크(servo brake)

이 형식은 브레이크가 작동될 때 모든 슈에 자기작동작용이 일어나는 것이며, 먼저 자기작동작용이 일어나는 슈를 1차슈, 나중에 자기작동작용이 일어나는 슈를 2차 슈라 부른다.

(1) 유니 서보형식(uni-servo type)

이 형식은 전진에서는 휠 실린더 피스톤에 의하여 1차 슈가 밀려지면 2차 슈에도 자기작동작용이 일어나 모든 슈가 리딩 슈가 되지만, 후진에서는 2개의 슈가 모두 트레일링 슈로 되어 제동력이 감소하는 것이다.

(2) 듀어 서보형식(duo-servo type)

이 형식은 슈가 드럼에 압착되어 있을 때 드럼의 회전방향에 따라 고정측이 바뀌어 전진 또는 후진에서 모두 자기 작동작용이 일어나 강력한 제동력이 발생한다.

5.3.3. 자동 조정 브레이크

브레이크 라이닝이 마멸되면 라이닝과 드럼의 간극이 커지므로 페달 밟는 양이 증가한다. 이에 따라 필요할 때마다 라이닝 간극을 조정하여야 한다. 이 형식은 라이닝 간극조정이 필요할 때 후진에서 브레이크페달을 밟으면 자동적으로 조정된다.

5.4. 브레이크 오일

브레이크 오일은 피마자기름에 알코올 등의 용제를 혼합한 식물성 오일을 사용하였으나, 지금은 합성유로 바꾸었으며 브레이크 오일은 글리콜(폴리 글리콜 에텔), 실리콘계, 광유계로 크게 구분을 할 수 있는데 이중에서 폴리 글리콜 에텔이 많이 사용되고 있으며 구비조건은 다음과 같다.

① 점도가 알맞고 점도지수가 클 것
② 윤활성능이 있을 것
③ 빙점이 낮고, 비등점이 높을 것
④ 화학적 안정성이 클 것
⑤ 고무 또는 금속제품을 부식, 연화, 팽창시키지 않을 것
⑥ 침전물 발생이 없을 것

5.5. 디스크 브레이크(disc brake)

5.5.1. 디스크 브레이크의 개요

디스크 브레이크는 마스터실린더에서 발생한 유압을 캘리퍼로 보내어 바퀴와 함께 회전하는 디스크를 양쪽에서 패드(pad : 슈)로 압착시켜 제동을 시킨다. 디스크 브레이크는 디스크가 대기 중에 노출되어 회전하므로 페이드 현상이 작으며 자동 조정 브레이크 형식이다. 그리고 이 형식의 구성은 바퀴와 함께 회전하는 디스크, 디스크와 함께 제동력을 발생시키는 패드, 패드와 피스톤을 지지하며 스핀들이나 판에 고정된 캘리퍼 등으로 구성되어 있다.

[1] 디스크 브레이크의 장점

① 디스크가 대기 중에 노출되어 회전하므로 냉각성능이 커 제동성능이 안정된다.
② 자기작동 작용이 없어 고속에서 반복적으로 사용하여도 제동력 변화가 적다.
③ 부품의 평형이 좋고, 한쪽만 제동되는 일이 없다.
④ 디스크에 물이 묻어도 제동력의 회복이 크다.
⑤ 구조가 간단하고 부품수가 적어 차량의 무게가 경감되며 정비가 쉽다.

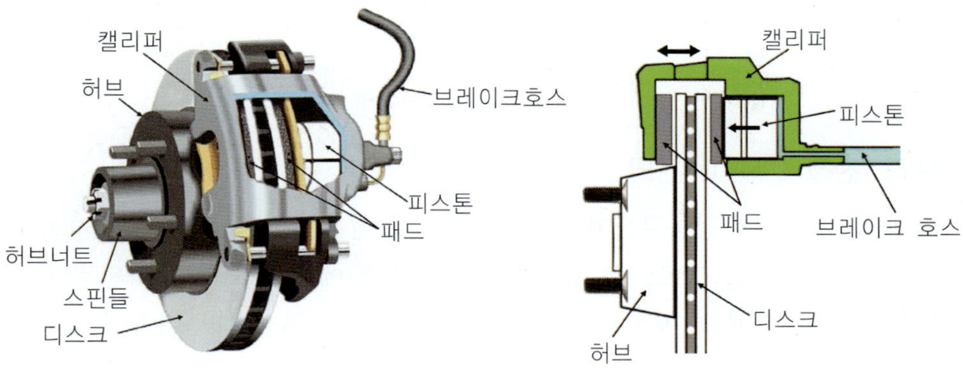

(a) (b)

[그림 91] **디스크 브레이크**

[2] 디스크 브레이크의 단점

① 마찰면적이 적어 패드의 압착력이 커야 한다.
② 자기작동작용이 없어 페달 조작력이 커야 한다.
③ 패드의 강도가 커야 하며, 패드의 마멸이 크다.
④ 디스크에 이물질이 쉽게 부착된다.

5.5.2. 디스크 브레이크의 분류

[1] 부동 캘리퍼형

캘리퍼 한쪽에만 1개의 브레이크 실린더를 두고 마스터실린더에서 유압이 작동하면 피스톤이 패드를 디스크에 압착하고, 이때의 반발력으로 캘리퍼가 이동하여 반대쪽 패드도 디스크를 압착하여 제동을 하는 것이다.

[2] 대향 피스톤형

브레이크 실린더 2개를 두고 디스크를 양쪽에서 패드로 압착시켜 제동을 하는 것이다.

5.6. 배력 브레이크 하이드로 백(hydro-vac)

5.6.1. 진공 배력방식의 원리

흡기다기관 진공과 대기압력과의 차이를 이용한 것이므로 배력장치에 이상이 발생하여도 일반적인 유압 브레이크로 작동할 수 있도록 하고 있다. 원리는 흡기다기관에서 발생하는 진공이 50cmHg이며, 대기압력이 76cmHg이므로 이들 사이에는 76cmHg − 50cmHg = 26cmHg = $0.34kgf/cm^2$이다. 그러므로 대기압력 $1.0332kgf/cm^2 - 0.34kgf$

/cm^2 = 0.7kgf/cm^{2}이 된다. 이 압력차이가 진공 배력방식 브레이크를 작동시키는 힘이다.

5.6.2. 직접 조작형 - 마스터 백

브레이크페달을 밟으면 작동로드가 포핏과 밸브 플런저를 밀어 포핏이 동력실린더 시트에 밀착되어 진공밸브를 닫으므로 동력실린더(부스터)에 진공도입이 차단된다. 동시에 밸브 플런저는 포핏으로부터 떨어지고 공기밸브가 열려 동력실린더 뒤쪽에 여과기를 거친 공기가 유입되어 동력 피스톤이 마스터 실린더의 푸시로드를 밀어 배력작용을 한다.

그리고 페달을 놓으면 밸브 플런저가 리턴스프링의 장력에 의해 제자리로 복귀됨에 따라 공기밸브가 닫히고 진공밸브를 열어 동력실린더 내의 압력이 같아지면 마스터실린더의 반작용과 다이어프램 리턴스프링의 장력으로 동력 피스톤이 제자리로 복귀한다. 이 형식의 특징은 다음과 같다.

① 진공밸브와 공기밸브가 푸시로드에 의해 작동하므로 구조가 간단하고 무게가 가볍다.

② 배력장치에 고장이 발생하여도 페달 조작력은 작동로드와 푸시로드를 거쳐 마스터 실린더에 작용하므로 유압 브레이크로 만으로 작동을 한다.

③ 페달과 마스터실린더사이에 배력장치를 설치하므로 설치 위치에 제한을 받는다.

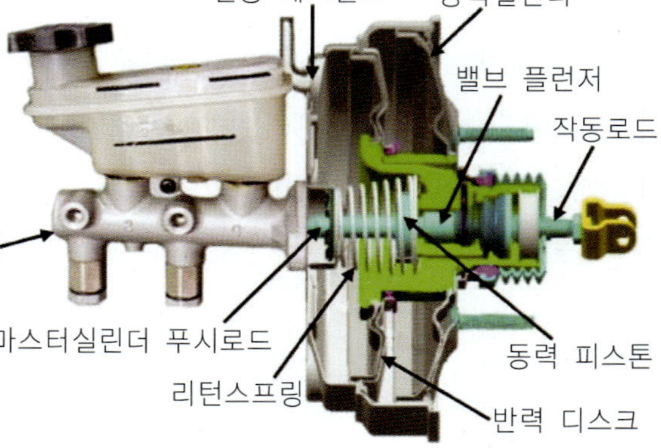

[그림 92] **직접 조작형**

5.7. 공기 브레이크

5.7.1. 공기 브레이크의 개요

이 브레이크는 압축공기의 압력을 이용하여 모든 바퀴의 브레이크 슈를 드럼에 압착시켜서 제동작용을 하는 것이며, 브레이크페달로 밸브를 개폐시켜 공기량으로 제동력을 조절하며 장단점은 다음과 같다.

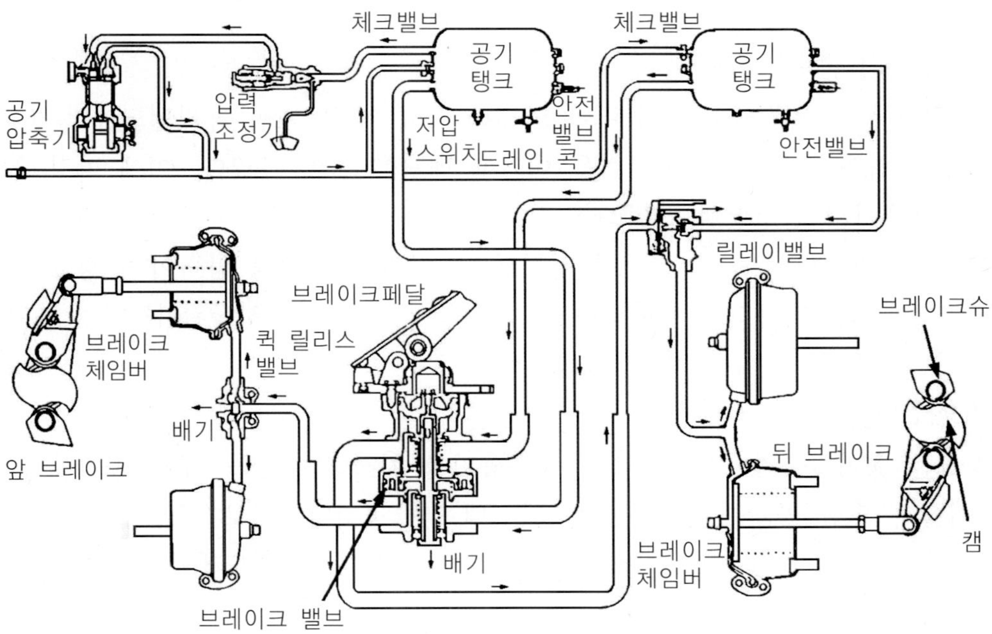

[그림 93] **공기 브레이크의 배관 및 구조**

[1] 공기 브레이크의 장점

① 차량 중량에 제한을 받지 않는다.
② 공기가 다소 누출되어도 제동성능이 현저하게 저하되지 않는다.
③ 베이퍼 록 발생 염려가 없다.
④ 페달 밟는 양에 따라 제동력이 조절된다(유압식 페달 밟는 힘에 의해 제동력이 비례한다).

[2] 공기 브레이크의 단점

① 공기 압축기 구동에 기관의 출력이 일부 소모된다.
② 구조가 복잡하고 값이 비싸다.

5.7.2. 공기 브레이크의 구조

[1] 압축공기 계통

(1) 공기압축기(air compressor)

이것은 엔진의 크랭크축에 의해 V벨트로 구동되며, 압축공기를 생산한다. 공기 입구 쪽에는 언로더밸브가 설치되어 있어 압력조정기와 함께 공기압축기가 과다하게 작동하는 것을 방지하고, 공기탱크 내의 공기압력을 일정하게 조정한다.

(2) 압력조정기와 언로더 밸브

압력조정기는 공기탱크 내의 압력이 5~7kgf/cm^2 이상 되면 공기탱크에서 공기 입구로 들어온 압축공기가 스프링장력을 이기고 밸브를 밀어 올린다. 이에 따라 압축공기는 공기압축기의 언로더밸브 위쪽에 작동하여 언로더밸브를 내려 밀어 열기 때문에 흡입밸브가 열려 공기압축기 작동이 정지된다. 공기탱크 내의 압력이 규정값 이하가 되면 언로더밸브가 제자리로 복귀되어 공기 압축작용이 다시 시작된다.

(3) 공기탱크

이 탱크는 공기압축기에서 보내 온 압축공기를 저장하며 탱크 내의 공기압력이 규정 값 이상이 되면 공기를 배출시키는 안전밸브와 공기압축기로 공기가 역류하는 것을 방지하는 체크밸브 및 탱크 내의 수분 등을 제거하기 위한 드레인 코크가 있다.

[2] 공기 브레이크의 제동계통

(1) 브레이크밸브(brake valve)

이 밸브는 페달에 의해 개폐되며 페달을 밟는 양에 따라 공기탱크 내의 압축공기를 도입하여 제동력을 조절한다. 즉, 페달을 밟으면 위쪽의 플런저가 메인 스프링을 누르고 배기밸브를 닫은 후 공급밸브를 연다. 그리고 페달을 놓으면 플런저가 제자리로 복귀하여 배기밸브가 열리며 제동작용을 한 공기를 대기 중으로 배출시킨다.

(2) 퀵 릴리스밸브(quick release valve)

이 밸브는 페달을 밟으면 브레이크 밸브로부터 압축공기가 입구를 통하여 작동되면 밸브가 열려 앞 브레이크 체임버로 통하는 양쪽 구멍을 연다. 이에 따라 브레이크 체임버에 압축공기가 작동하여 제동된다. 페달을 놓으면 브레이크밸브로부터 공기가 배출됨에 따라 입구 압력이 낮아진다. 이에 따라 밸브는 스프링장력에 의해 제자리로 복귀하여 배기구멍을 열고 앞 브레이크 체임버 내의 공기를 신속히 배출시켜 제동을 푼다.

(3) 릴레이밸브(relay valve)

이 밸브는 페달을 밟아 브레이크 밸브로부터 공기압력이 작동하면 다이어프램이 아래쪽으로 내려가 배기밸브를 닫고 공급밸브를 열어 공기탱크 내의 공기를 직접 뒤 브레이크 체임버로 보내어 제동시킨다. 페달을 놓아 다이어프램 위에 작동하던 브레이크밸브로부터의 공기압력이 감소하면 브레이크 체임버 내의 압력이 다이어프램 위에 작동하던 압력보다 커지므로 다이어프램을 위로 밀어 올려 윗부분의 압력과 평행이 될 때까지 밸브를 열고 공기를 배출시켜 신속하게 제동을 푼다.

(4) 브레이크 체임버(brake chamber)

브레이크 체임버는 페달을 밟아 브레이크밸브에서 조절된 압축공기가 체임버 내로 유입되면 다이어프램은 스프링을 누르고 이동한다. 이에 따라 푸시로드가 슬랙 조정기를 거쳐 캠을 회전시켜 브레이크 슈가 확장하여 드럼에 압착되어 제동을 한다. 페달을 놓으면 다이어프램이 스프링 장력으로 제자리로 복귀하여 제동이 해제된다.

5.8. ABS(anti lock brake system)

5.8.1. ABS의 개요

[1] ABS의 필요성

ABS란 주행 중 제동을 할 때 바퀴의 고착을 방지하는 것으로 급제동 또는 노면의 악조건 상태에서 제동을 할 때 바퀴의 고착으로 인하여 차량이 제어 불능상태로 진행되어 조향력 상실은 물론 제동거리 또한 길어지게 된다. ABS는 이러한 바퀴의 고착 현상을 미연에 방지하여 최적의 점착력을 유지하므로 사전에 사고의 위험성을 감소시키는 예방 안전장치이다.

[2] ABS의 설치목적

① 방향 안정성 확보(stability) : 스핀(spin)방지
② 조정 성능확보(steerability)
③ 제동거리 단축(stopping distance)

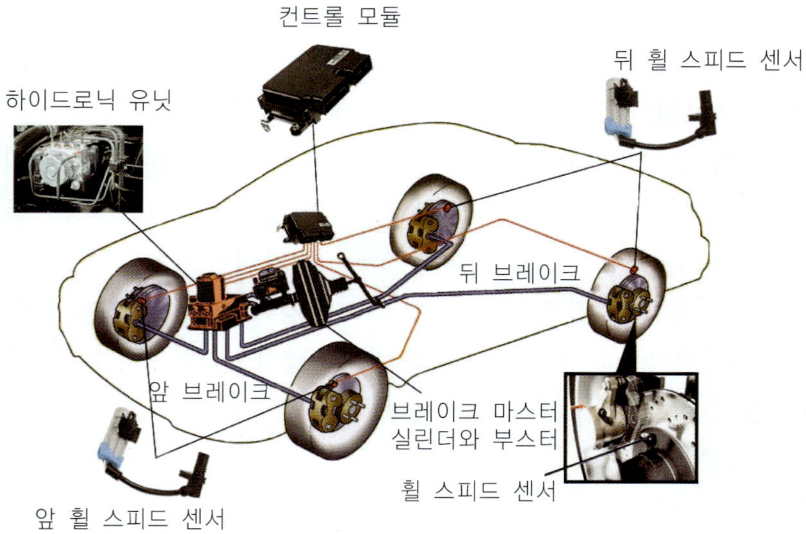

[그림 94] ABS의 기본 개요도

5.8.2. ABS의 구성

바퀴의 회전속도를 감지하는 휠 스피드 센서에서 고착 예정 상태를 판단하여 감압 및 증압 명령을 내리는 컴퓨터, 컴퓨터의 명령에 의하여 휠 실린더의 유압을 제어하는 하이드롤릭 유닛(hydraulic unit) 등이 주요 구성부품이다.

[1] 휠 스피드센서(wheel speed sensor)

이 센서는 마그네트와 코일로 구성되어 있으며, 톤 휠(tone wheel)은 휠 스피드센서로 부터 나오는 자속이 변화하며 교류전압이 발생한다. 이 교류전압은 구동축의 회전속도에 비례하여 주파수가 변화하기 때문에 이에 의하여 4바퀴 각각의 회전속도를 검출한다.

[2] G-센서(4WD)

자동차 앞뒤 방향의 가속도를 검출하였을 때 전압 차이에 대응하는 신호를 컴퓨터로 입력시킨다.

[3] 하이드롤릭 유닛(유압 조절기 : HCU)

컴퓨터 제어신호에 의해서 각 휠 실린더로 가는 유압을 조절하여 바퀴의 회전상태를 제동 제어한다.

(1) 솔레노이드밸브

컴퓨터에 의해 전류가 ON일 때 코일에 발생된 자력에 의하여 플런저를 움직여 감압 모드를 수행하고 전류가 OFF되면 스프링 장력에 의하여 플런저가 다시 닫혀 증압 모드를 수행한다.

(2) 오일탱크

제동할 때 바퀴가 고착되기 직전에 컴퓨터의 신호에 의해 솔레노이드밸브를 작동할 때 캘리퍼 내의 유압은 감압되며 이때 복귀된 브레이크 오일이 오일탱크로 들어가 저장된다.

(3) 어큐뮬레이터

ABS가 작동할 때 펌프로부터 토출된 고압의 브레이크 오일을 일시적으로 저장하여 유압의 맥동을 완화시키는 역할을 한다.

(4) 펌프

FL(front left)/RR(rear right), FR(front right)/RL(rear left)회로용 2개의 방사형 유압발생 피스톤으로 구성되어 있으며, ABS가 작동할 때 유압을 발생시켜 압송하는 역할을 한다.

(5) 모터

모터는 12V DC 4극으로 구성되어 있으며 모터 축에 압입된 편심 캠의 회전으로 피스톤 펌프를 작동시키는 역할을 한다.

[4] 컴퓨터

컴퓨터는 ABS 제어기능을 실행하는 부분으로 안전성과 직접 연결되는 만큼 매우 높은 신뢰성이 요구된다. 휠 스피드 센서 신호를 입력처리하는 입력 증폭회로, 제어를 위한 연산과 페일 세이프(fail safe)를 실행하는 ABS제어 및 안전회로 및 하이드롤릭 유닛의 구동을 실행하는 출력회로, 전압을 일정하게 유지하는 전압 조정회로 및 고장을 기억하는 페일 메모리(fail memory)회로 등으로 구성되어 있다. 고장이 발생한 경우에도 페일 세이프 기능이 작동하여 통상의 브레이크로 작동하도록 한다.

5.9. TCS(traction control system)

비에 젖은 노면이나 얼어붙은 노면과 같은 미끄러지기 쉬운 노면 위에서 출발하거나 가속할 때, 구동바퀴의 바퀴가 스핀하는 일이 있다. 이 때 앞바퀴 구동방식의 차량에서는 조향성, 뒷바퀴 구동의 차량에서는 안전성을 잃는다. 기관의 출력을 저하시키거나, 구동바퀴에 브레이크를 걸든지 하여, 바퀴와 노면과의 슬립율을 최적인 값으로 유지하는 제어를 하여, 구동바퀴가 스핀하지 않도록 최적의 구동력을 얻는 것이 TCS(구동력 제어장치)이다. 도로와 바퀴의 마찰계수의 관계는 TCS에서도 마찬가지로 취급한다. 즉, 슬립율이 15~20%으로 되도록 구동력을 제어한다.

5.9.1. TCS의 주요 기능

① **구동성능이 향상된다.** : 구동바퀴의 슬립(slip)이 제어되므로 차체의 흔들림이 적고 발진 성능가속 성능 및 등판능력이 향상된다.

② **선회 및 앞지르기 성능이 향상된다.** : 선회할 때 안전한 코너링 및 앞지르기가 가능해진다.

③ **조향 안전성이 향상된다.** : 조향핸들을 돌릴 때 구동력에 의한 가로방향의 작용력을 우선적으로 제어하므로 조향용이 용이하다.

5.9.2. TCS의 일반적인 기능

TCS는 엔진의 여유출력을 제어하는 모든 장치를 말하며, 눈길 등의 미끄러지기 쉬운 노면에서 가속성 및 선회 안전성을 향상시키는 슬립제어(slip control)기능과 일반 도로에서의 주행 중 선회 가속을 할 때 자동차의 가로방향 가속도 과다로 인한 언더 또는 오버 스티어링을 방지하여 조향성능을 향상시키는 트레이스 제어(trace control)가 있다.

슬립 또는 트레이스제어 모두 기관의 회전력을 저하시키는 방식을 채택하며 기관 제어 방식은 다음과 같은 특징이 있다.

① 미끄러운 노면에서 발진 및 가속할 때 미세한 가속페달의 조작이 불필요하므로 주행성능을 향상시킨다.

② 일반 노면에서 선회 가속할 때 운전자의 의지대로 가속을 보다 안정되게 하여 선회성능을 향상시킨다. - 트레이스 제어

③ 선회 가속할 때 조향핸들의 조작 량을 감지하여 가속페달의 조작 빈도를 감소시켜 선회 능력을 향상시킨다. - 트레이스 제어

④ 미끄러운 노면에서 뒷바퀴 휠 스피드센서에서 구한 차체속도와 앞바퀴 휠 스피드 센서로 구한 구동바퀴의 속도를 검출 비교하여 구동바퀴의 슬립률이 적절하

도록 기관의 회전력을 감소시켜 주행성능을 향상시킨다.

⑤ 일반 노면에서 운전자의 의지로 인한 가로방향 가속도가 규정 값을 초과할 경우 TCS의 컴퓨터가 운전자의 의지를 판단하여 기관 출력을 제어하므로 서 선회 안전성을 향상시킨다.

⑥ 운전자의 의지로 트레이스제어 Off 또는 트레이스제어와 슬립제어 Off의 모드 선택으로 TCS를 부착하지 아니한 자동차와 동일한 작동이 가능하므로 스포티브 운전 및 다양한 운전영역을 제공한다.

5.9.3. TCS의 종류

[1] 엔진 제어방식(engine control system)

(1) 흡입공기량 제어방식

흡입공기량 제어방식은 스로틀밸브로 흡입되는 공기량을 제어하여 엔진 출력을 제어하므로 엔진 출력의 절대량을 연속적으로 안정되게 조정이 가능한 반면 미세 슬립 영역에서는 충분한 기능 발휘가 어려운 결점이 있다.

(2) 엔진 조종방식(EM : engine management type)

이 방식은 전자제어 연료분사장치 엔진에서 액추에이터의 추가 없이 소프트웨어만의 대응이 가능하여 연료분사 제어와 점화시기 제어방식이 있다.

(3) 브레이크 제어방식(brake control system)

브레이크 제어방식은 슬립이 발생하는 바퀴자체를 제어하는 방식이며, ABS의 액추에이터(모듈레이터)를 수정 보완한 것을 ABS와 함께 사용한다.

[2] 동력전달장치 제어방식

동력전달장치 제어방식에는 차동장치 제어방식과 4WD(4wheel drive) 및 클러치 제어방식이 있다. 차동장치 제어방식은 차동장치에 차동 제한장치(LSD)를 기계방식, 비스코스 커플링방식, 전자방식 등으로 작동시키는 것이다.

[3] 통합 제어방식

TCS의 통합 제어방식에는 스로틀밸브와 브레이크제어를 복합한 방식, 엔진 조종과 브레이크 제어를 복합한 방식, 스로틀밸브와 브레이크제어 및 차동 제한장치를 복합한 방식 등이 있다.

5.10. 차체 자세제어장치(VDC : vehicle dynamic control)

VDC는 스핀(spin) 또는 언더 스티어링(under steering) 등의 발생을 억제하여 이로 인한 사고를 미연에 방지하는 장치이다.

이 장치는 자동차에 스핀이나 언더 스티어링 등이 발생하면 자동적으로 안쪽바퀴나 바깥쪽 바퀴에 제동을 가하여 자동차의 자세를 제어하여 안정된 상태를 유지하며(ABS 연계 제어), 스핀 한계 직전에서 자동 감속하며(TCS 연계 제어) 이미 발생한 경우에는 각 바퀴별로 제동력을 제어하여 스핀이나 언더 스티어링의 발생을 미연에 방지하여 안정된 운행을 도모한다.

VDC는 요 모멘트제어, 자동 감속제어, ABS(anti lock brake system) 및 TCS (traction control system)제어 등에 의하여 스핀방지, 오버 스티어링 방지, 굴곡도로를 주행을 할 때 요잉(yawing)발생 방지, 제동할 때 조정 안정성 향상, 가속할 때 조종 안정성을 향상 등의 효과가 있다. 이 장치는 브레이크 제어방식의 TCS에 요 레이트 센서(yaw rate sensor), G센서, 마스터실린더 압력센서 등을 추가시킨 것이다.

주행속도(車速), 조향핸들 각속도 센서, 마스터실린더 압력센서 등으로부터 운전자의 조종 의지를 판단하고 요 레이트 센서, G센서로부터 차체의 자세를 계산하여 운전자가 별도로 제동을 하지 않아도 4바퀴를 개별적으로 자동 제동하여 자동차의 자세를 제어하여 모든 방향(앞·뒤 및 옆 방향)에 대한 안정성을 확보한다. 또한 타이어의 공기 압력이 변화하면 지름이 변화되어 휠 스피드 센서의 값이 변화한다. 이를 감지하여 경고등을 점등하는 TPW(tire pressure warning)도 포함되어 있다.

5.11. iEB(integrated electronic brake : 통합형 전동 브레이크)

운전자가 브레이크를 밟는 힘을 브레이크액을 통해 전달하는 기존의 유압식과 달리 전동식 시스템은 전동모터로 직접 전달하기 때문에 제어 성능이 더 높다. 친환경차용 차세대 제동장치는 회생제동 브레이크시스템을 구성하는 압력공급부와 압력제어부를 하나의 전동식 시스템으로 통합해 차체 자세제어시스템(ESC), ABS, 적응형 순항제어 시스템(ACC), 자동 긴급제동시스템(AEB) 등 첨단 제동 기능들을 통합 구현할 수 있게 됐다.

5.11.1. iEB의 특징

① 압력 공급부 & 압력제어부(ESC) 통합시스템

② 모터에서 발생된 제동유압이 휠로 직접 제어

③ 제동시 필요한 만큼의 유압생성(기존 : 상시 180bar의 유압 유지)

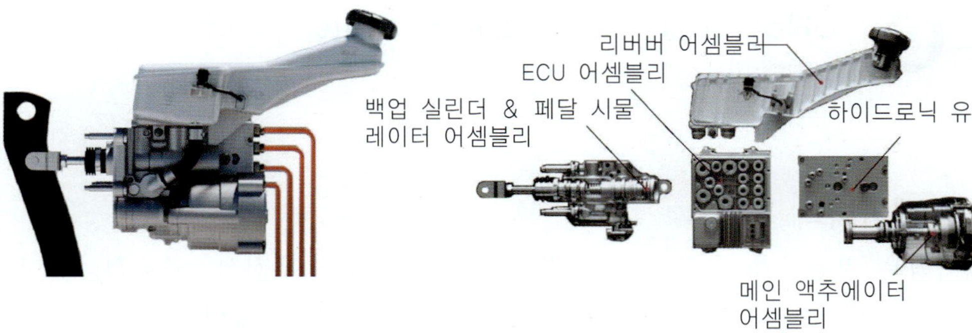

(a) (b)

[그림 95] iEB(통합형 전동 브레이크)의 구조

④ 제동시 필요한 만큼 모터 및 기어 셋트를 작동하여 유압 형성

⑤ 일반 차량에서 약 30kph주행 중 발생하는 HECU(모터 및 밸브 구동음)의 자기 진단음도 key On에서 실시하여 iEB는 작동음이 없다.

5.11.2. iEB의 작동원리

① 모터 작동 → 웜기어 → 피니언 기어(회전운동) → 랙(직선운동) → 피스톤 작동 → 유압 형성

② 조향 기어와 같은 원리(회전 운동 → 직선운동)로 유압 형성

③ 랙 기어를 좌/우로 작동하여 유압 가변 - 회생제동 협조 제어

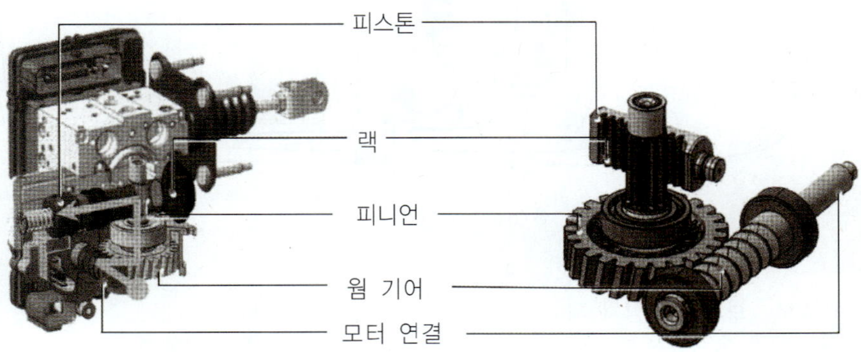

[그림 96] iEB(통합형 전동 브레이크)의 작동원리

06 SRS(supplement restraint system)에어백

6.1. SRS 에어백의 개요

SRS에어백은 자동차가 충돌하였을 때 충돌조건에 따라 운전석, 조수석, 앞 뒤 및 옆쪽에 설치된 에어백을 작동시켜 운전자 및 승객을 부상으로부터 보호하기 위한 안전띠 보조장치이다.

SRS에어백은 조향핸들 중앙에 설치한 운전자 에어백 모듈(DAB : driver air bag module), 크래시 패드 위쪽에 설치한 조수석 에어백 모듈(PAB : passenger air bag module), 운전석 및 조수석 안전띠에 부착한 프리 텐셔너(BPT : belt pre detect) 센서, 에어백을 제어하는 센터 페이서 패널 안쪽에 위치한 제어 모듈(SRSCM : supplement restraint system module), 조향칼럼에 설치한 클럭 스프링, 측면충돌이 발생하였을 때 충격량을 감지하는 사이드 임펙트 센서, 인터페이스 모듈, 계기판에 설치한 SRS 경고등 및 에어백 배선 등으로 구성되어 있다.

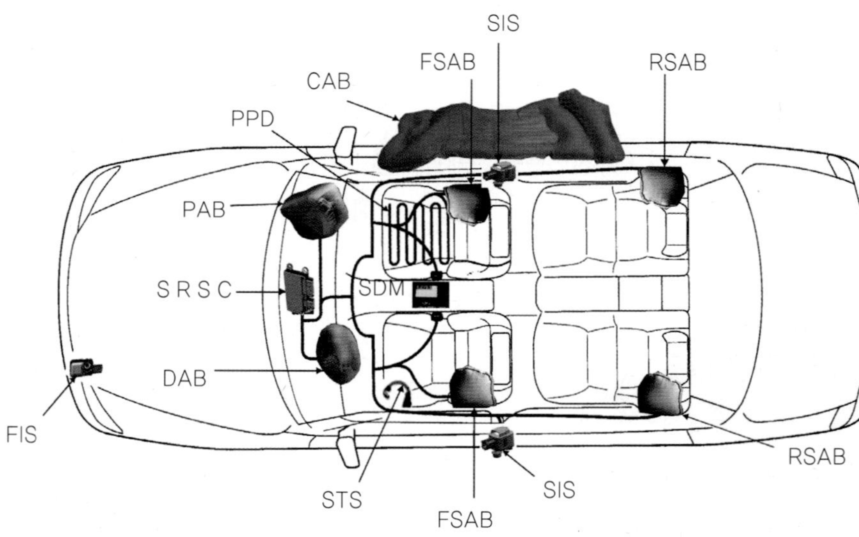

SRSCM : 보조 안전장치 제어모듈	SDM : 에어백 모듈
FIS : 정면 충격센서	SIS : 측면 충격센서
FSAB : 프론트 사이드 에어백	RSAB : 리어 사이드 에어백
CAB : 커튼 에어백	DAB : 운전석 에어백
PAB : 조수석 에어백	PPD : 승객유무 검출센서

[그림 97] 에어백의 설치위치

SRS 에어백은 제어모듈에 내장된 전자제어 가속센서에 의하여 충격신호를 받았을 때 작동한다. 에어백 배선은 황색튜브에 싸여 있어 다른 장치의 배선과 구분된다. 또한 운전석, 조수석, 측면 에어백 및 안전띠 프리 텐셔너의 커넥터 내부에는 단락 바가 들어있어 커넥터가 분리되었을 때 점화회로를 단락시켜 에어백 모듈을 정비할 때 우발적인 작동(폭발)을 방지할 수 있다.

6.2. SRSCM(보조 안전장치 제어모듈)

SRSCM은 내부에 설치된 센서에 의해 검출되는 정면충격 또는 사이드 임팩트센서에서의 측면충격을 검출한 후 에어백 완전 열림 요청 신호를 탐지하여 에어백 모듈을 팽창시킬 것인지를 결정한다.

6.2.1. DC, DC컨버터

전원 공급장치의 DC, DC컨버터는 승압 및 감압 컨버터로 이루어져 있으며, 2개의 정면 에어백 점화회로용의 점화전압과 내부 작동 전압을 공급한다. 내부 작동 전압이 설정된 한계 값 이하이면 재설정이 수행된다.

6.2.2. 안전센서

에어백 점화회로에 설치된 안전센서는 모든 팽창조건에서 에어백 회로를 작동시키고 일반 운전조건에서는 에어백회로를 안전하게 해제시키는 기능을 지니고 있다. 안전센서는 일정 한계 값 이상의 감속도를 검출하면 닫히는 2중 접점의 전기-기계방식 스위치이다.

6.2.3. 백업(back up)전원

SRSCM은 별도의 에너지 전원을 사용하여 전원 전압이 낮거나 정면충돌로 전원이 상실된 경우 잠시 동안 팽창에 필요한 에너지를 공급한다.

6.2.4. 자기진단

SRSCM은 자동차의 전원이 ON되어 있는 동안 연속적으로 현재의 SRC작동 상태를 모니터하고 장치의 기능장애를 검출한다.

기능장애는 자기진단 시험기를 이용하여 진단코드의 형태를 점검할 수 있다.

6.2.5. 에어백 경고등

에어백계통에서 오류가 검출되면 SRSCM은 계기판에 있는 경고등에 신호를 보내어 운전자에게 경고한다. 점화스위치를 ON으로 하면 경고등이 7회 점멸하여 SRSCM의 작동을 확인한다.

6.2.6. 고장기록 코드

에어백장치에 오류가 발생하면 SRSCM은 DCT의 형태로 오류를 기억시키며, DCT는 자기진단 시험기로만 삭제시킬 수 있다.

6.2.7. 자기진단 커넥터

SRSCM 기억장치에 기억된 데이터는 운전석 크래시 패드 밑 커넥터를 통하여 자기진단 시험기와 같은 외부 출력장치로 연결된다.

6.2.8. 에어백

에어백은 일단 전개되면 SRSCM은 다시 사용할 수 없다.

6.2.9. 안전띠

승객의 안전띠 착용 유무를 안전띠 버클에 내장된 스위치의 신호를 통하여 판단하여 각각의 충돌속도에서 앞좌석 에어백을 전개한다. 안전띠를 착용하였을 경우 정면충돌하였을 때 안전띠 착용만으로 상해가 방지되는 저속 충돌(25~30km/h)구간에서는 안전띠 프리 텐셔너만 작동시키고, 에어백은 전개하지 않으며 일정의 주행속도 이상(30km/h)에서만 에어백을 작동한다.

안전띠를 착용하지 않았을 경우 정면충돌을 하였을 때 상해 발생이 우려되는 일정속도(25km/h 이상)에서 에어백을 전개한다. 16~25km/h 구간에서는 상황에 따라 에어백이 전개 또는 비 전개된다(그레이 존 : gray zone).

6.2.10. 사이드 에어백

사이드 에어백은 안전띠 착용 여부와 관계없이 측면충돌이 발생하였을 때 사이드 임팩트(세터라이터)센서의 충격감지에 의해 SRSCM에서 전개 여부를 판단한다.

6.3. 에어백(air bag)의 구조

6.3.1. 에어백 커버(cover)

에어백 커버는 에어백을 둘러싸고 있으며, 에어백을 전개할 때 에어백이 잘 전개되기 위해서 레이저나 열도(熱刀)로 전개 라인을 플라스틱 뒷면에 칼집이나 구멍(완전히 뚫리지는 않음)을 낸 커버의 티어 심(tear seam)이 갈라지면서 에어백이 부풀어 나올 수 있는 통로를 만드는 구조로 되어있다.

6.3.2. 에어백(air bag)

자동차가 충돌할 때 운전자와 직접 접촉하여 충격 에너지를 흡수해주는 역할을 한다. 에어백은 안쪽에 고무로 코팅된 나일론 제 면으로 되어 있으며 인플레이터와 함께 에어백이 전개할 때 팽창된다.

에어백은 충돌할 때 점화회로에서 발생한 질소가스에 의해 팽창되는데 충돌 후 운전자의 충격을 최소화시키기 위해 일반적으로 2개의 배기구멍을 두어 가스를 외부로 배출한다.

6.3.3. 인플레이터(inflater)

인플레이터는 자동차가 충돌할 때 에어백 ECU(air bag control unit)로 부터 충돌 신호를 받아 에어백 팽창을 위한 가스를 발생시키는 장치이며, 단자의 연결부분에 단락 바를 설치하여 모듈을 떼어낸 상태에서 오작동이 발생되지 않도록 단자 사이를 항상 단락 상태로 유지한다.

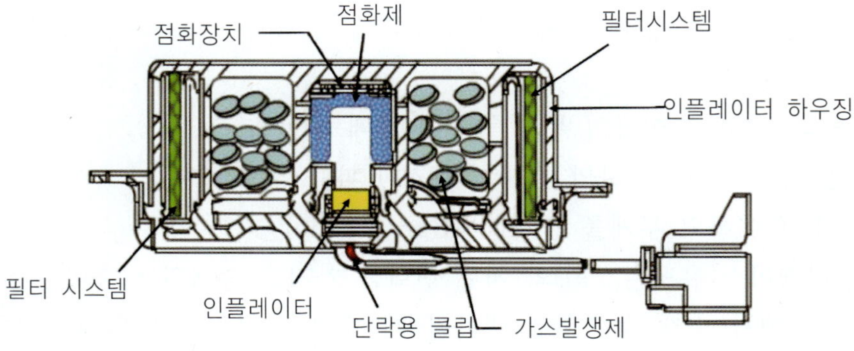

[그림 98] 화약 점화방식 인플레이터의 구조

6.3.4. 충돌 검출센서

충돌 검출센서는 자동차 내 특정지점의 가속도를 측정하여 자동차의 충돌 및 충격량을 검출하는 센서로 대표적으로 가속도센서가 이용되고 있다. 충돌 검출센서는 자동차의 종류에 따라 그 수량 및 설치위치가 달라진다. 일반적으로 에어백 ECU 내부에 1개, 정면 좌우 멤버에 전방 충돌센서 2개, 측면 충돌 검출센서는 좌우측 "B" 필러 아래쪽에 1개씩 설치된다.

6.3.5. 클럭 스프링(clock spring)

운전석 에어백은 조향 휠에 설치되므로 운전석 에어백과 에어백 ECU사이를 일반 배선을 사용하여 연결하면 좌우로 조향할 때 배선이 꼬여 단선되기 쉽다. 따라서 조향 휠과 조향칼럼사이에 클럭 스프링을 설치한다.

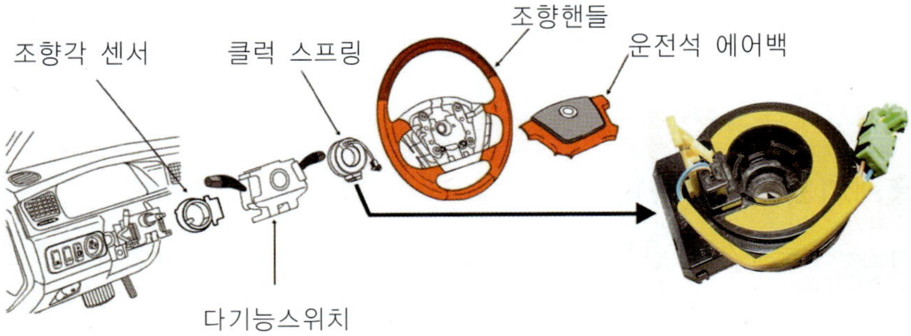

[그림 99] **클럭 스프링**

6.3.6. 승객유무 검출센서(PPD : passenger presence detect)

승객유무 검출센서는 승객석 시트 쿠션부분에 설치되어 있으며, 승객 탑승유무를 다음과 같이 판정한다.

① **승객 있음** : 15kgf 이상의 무게를 감지한 때
② **승객 없음** : 0.6kgf 이하의 무게를 감지한 때
③ 0.6~15kgf 이하의 무게를 감지한 때(gray zone)
④ PPD인터페이스 유닛은 PPD의 저항 변화를 가지고 승객의 탑승여부를 감지한다.
⑤ 승객 있음에서 승객 없음으로 변환될 때 오판을 방지하기 위해 9.6초 후 승객 없음으로 인정한다.

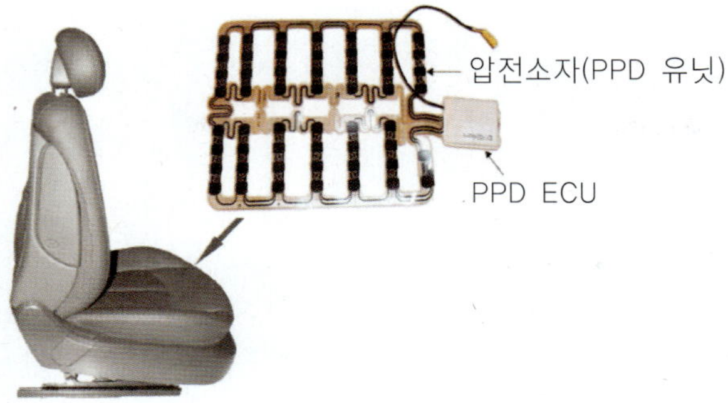

[그림 100] **승객 유무센서의 설치위치 및 구조**

6.3.7. 안전벨트 프리 텐셔너(seat belt pre tensioner)

안전벨트 프리 텐셔너는 자동차가 충돌할 때 에어백이 작동하기 전에 작동하여 안전벨트의 느슨한 부분을 되감아 주는 기능을 수행한다. 따라서 충돌할 때 승객을 시트에 고정시켜 에어백이 전개할 때 올바른 자세를 유지할 수 있도록 한다.

Chapter 05

친환경자동차

01 하이브리드 전기자동차

1.1. 하이브리드 전기자동차의 개요

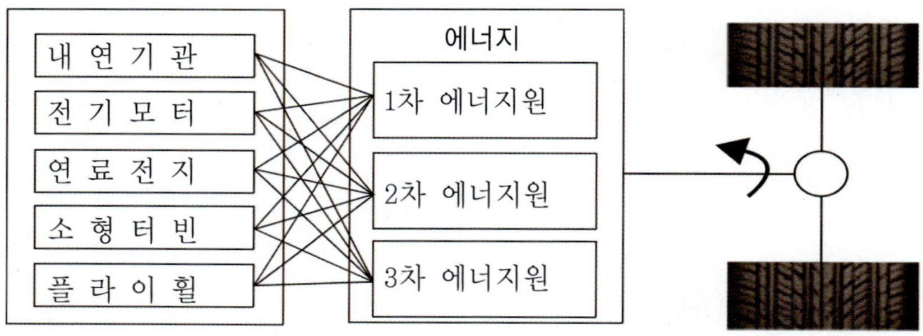

[그림 1] 하이브리드 전기자동차에서 2개의 동력원

하이브리드자동차의 엔진 부분은 일반 가솔린자동차와는 조금 차이가 있다. 하이브리드 자동차의 특성상 일반 가솔린자동차에 비해 배기량이 적은 엔진을 사용한다. 하이브리드자동차 엔진의 주요 특징을 내연기관 자동차와 비교하여 보면 다음과 같다.

① 하이브리드시스템은 공회전할 때 자동적으로 정지하므로 공회전시의 손실 동력을 경감시킬 수 있어 에너지 손실을 감소시킬 수 있다.

② 자동차가 감속 또는 제동할 때 버려지는 동력 에너지를 회수하여 시동전동기 또는 전동기의 동력으로 사용하기 때문에 에너지를 회수 및 재활용할 수 있다.

③ 가속시의 전동기의 동력으로 기관의 동력을 보조할 수 있으므로 전동기에 의한 동력의 보조가 가능하다.

④ 내연기관의 엔진 효율이 낮은 영역에서는 전동기를 사용하고, 전동기의 효율이 낮은 영역에서는 내연기관의 엔진을 사용하여 자동차의 효율을 최대화할 수 있다.

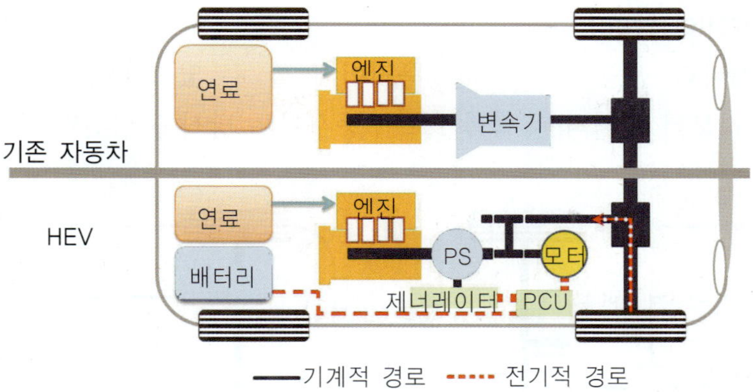

[그림 2] **기존 내연기관 자동차와 하이브리드 자동차의 비교**

1.2. 하이브리드 전기자동차의 종류

1.2.1. 풀 하이브리드(full Hybrid)

[1] 직렬방식(series type)

엔진과 인버터, 모터가 직렬로 이루어진 시스템으로 엔진에서 출력되는 기계적 에너지는 발전기를 통하여 전기적 에너지로 바뀌고 이 전기적 에너지가 배터리나 모터로 공급된다. 엔진은 발전기 역할만 하므로 엔진출력으로 기계적 에너지발생 → 발전기에 전기적 에너지 생성 → 전기적 에너지가 배터리나 모터로 공급 → 차량은 항상 모터로 구동한다.

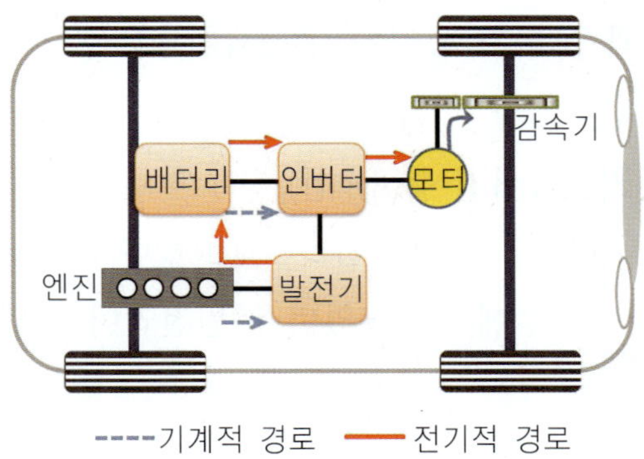

[그림 3] **직렬방식 HEV**

[2] 병렬방식(parallel type)

병렬방식은 배터리 전원으로도 차를 움직이게 할 수 있고 엔진만으로도 차량을 구동시키는 엔진과 모터가 각각 독립적으로 구동시키는 방식을 말한다.

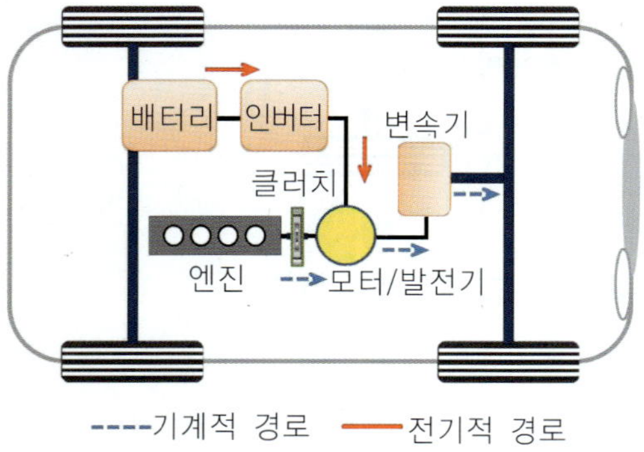

[그림 4] **병렬방식 HEV**

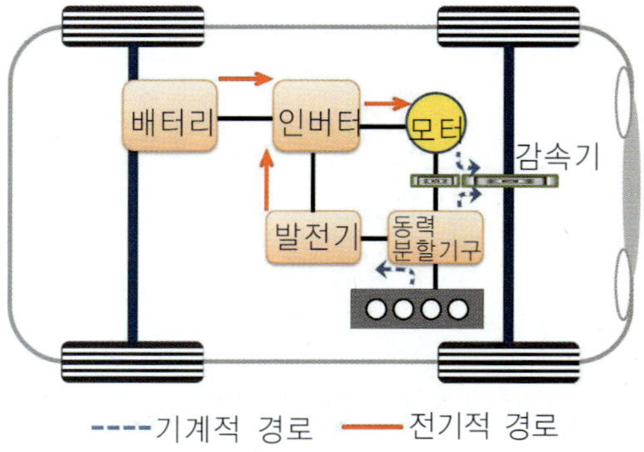

[그림 5] **직 · 병렬방식 HEV**

일반적으로 엔진과 변속기사이에 모터를 넣는 구조다. 출발할 때나 저속에선 모터로 가속하고 일정 속도 이상이 되면 엔진 클러치가 붙어 엔진이 힘을 더한다.

[3] 직병렬방식(series-parallel type, 복합방식)

직렬형과 병렬형을 조합한 방식으로 상황에 따라 직렬형 방식과 병렬형 방식을 사용할 수 있을 뿐만 아니라 양쪽 모두 작동시킬 수 있다. 즉, 엔진 단독 또는 모터 단독으로 구동되거나 엔진과 모터가 동시에 구동되게 된다.

1.2.2. 마일드 하이브리드(mild hybrid)

엔진 동력이 기본이고 모터는 보조만 한다. 모터로만 구동이 불가능하다. 마일드 하이브리드 자동차는 기존 시스템에서 12V였던 전원전압이 마일드 하이브리드 자동차의 경우 4배 높은 48V이다.

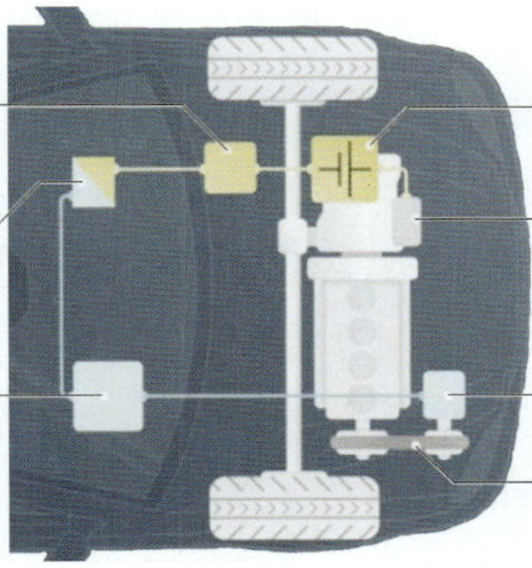

[그림 6] **마일드 하이브리드**

1.2.3. 플러그인 하이브리드(PHEV : plug-in hybrid electric vehicle)

주행에 엔진이 전혀 참여하지 않고, 엔진은 발전용으로만 쓰인다. 가정용 전기나 외부 전기콘센트에 플러그를 꽂아 충전한 전기로 주행하다가 충전한 전기가 모두 소모되면 발전용 엔진으로 움직이는, 내연기관 엔진과 배터리의 전기동력을 동시에 이용하는 자동차이다.

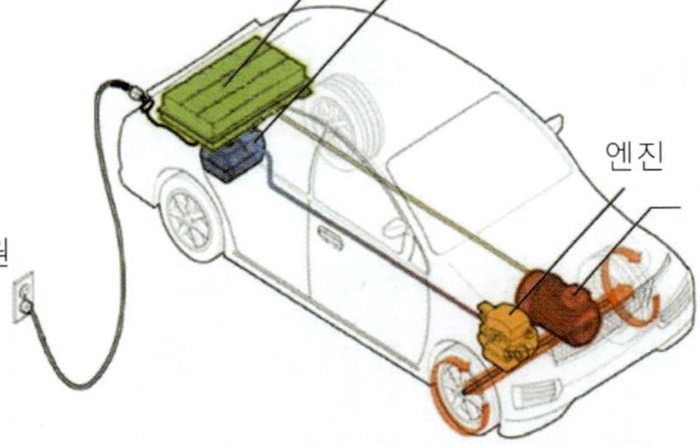

[그림 7] **플러그인 하이브리드**

1.2.4. 모터 사용정도에 따른 구분

[1] micro(mild)방식

micro방식은 공회전시에 시동이 자동으로 꺼지고 액셀러레이터를 밟아 출발하게 되면 시동이 켜지는 idle stop & go system을 장착한 차량으로 제약조건이 많은 소형 차량에 적합한 방식이다. 이 방식에서 모터는 보조역할만 하는 단순한 시스템이다.

[2] soft(power assist)방식

micro방식보다는 모터의 보조역할이 더 크며, 대부분의 병렬형방식이 이에 해당한다.

모터 단독으로도 차를 움직일 수 있지만 모터는 단지 추진의 보조역할을 하게 된다. 전기적인 비중이 적어 가격이 저렴한 장점이 있지만, 순수 전기모드의 구현이 불가능하므로 연비개선 및 배기가스 저감에서는 상대적으로 불리하게 된다. 이 방식은 시동이나 가속 순간에만 모터가 엔진을 보조하고 정속주행 시에는 일반 자동차와 동일하게 엔진으로만 구동하게 된다.

[3] hard(full)방식

이 방식은 모터가 출발과 가속 시에만 역할을 하는 것이 아니라 일반주행에서 주되게 사용된다. 직렬형과 혼합형이 이 방식에 속한다. 도요타의 프리우스가 대표적이며 엔진과 모터를 효율적으로 사용하기 때문에 연비개선 및 배기가스 저감 측면에서는 매우 유리하지만 이 방식을 실현하기 위해서는 기술과 비용측면에서 불리하다.

모터로만 주행하기 위해 대용량 모터와 배터리 그리고 복잡한 시스템을 구현할 제어기가 필요하기 때문에 Soft방식에 비하여 전용부품이 1.5~2배 이상 고가인 단점이 있지만, 회생제동 효율이 우수하고 연비가 좋은 장점을 가지고 있다.

1.3. 하이브리드 전기자동차의 배터리시스템

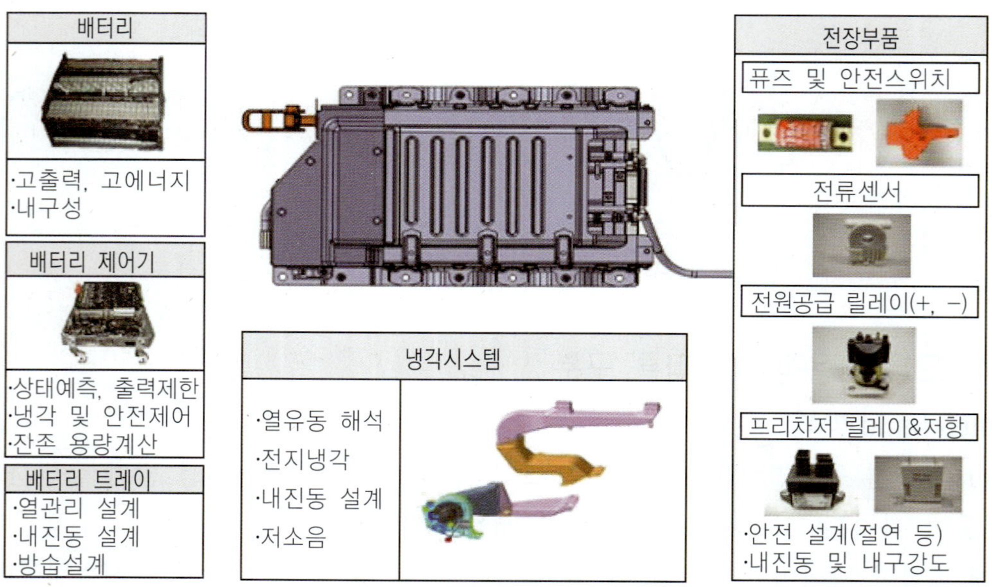

[그림 8] 고전압 배터리시스템의 구성

1.3.1. 고전압 배터리시스템 구성부품의 기능

고전압 배터리는 트렁크 룸 내부에 모터 제어기, 냉각시스템과 함께 장착되어 있다.

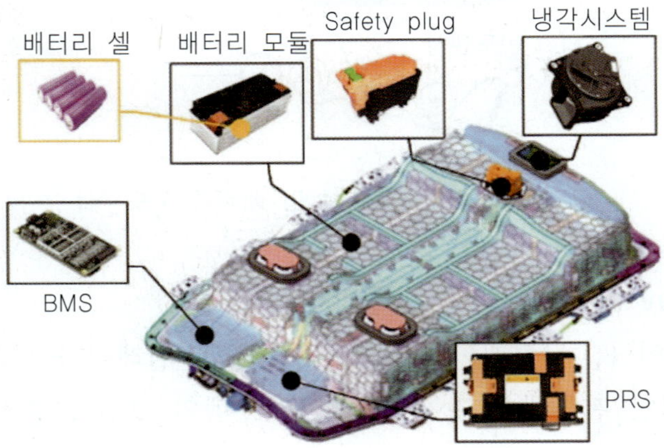

[그림 9] 고전압 배터리시스템의 구성

[1] 배터리 팩(pack) 어셈블리

DC 정격의 리튬이온 폴리머(파우치 타입) 배터리 셀의 전압은 3.75V, 용량은 5.5Ah 이다.

(a) 셀 (b) 모듈 (c) 팩

[그림 10] 배터리 팩(pack) 어셈블리

8개의 셀로 구성되어 1개의 모듈을 구성하고, DC 30V의 배터리 모듈을 직렬로 연결되는 구조로 9개의 CMA(cell module assembly)가 270V의 1개의 팩을 구성(고전압 배터리)한다.

배터리 팩(pack)에 장착된 외기온도센서는 부특성 더미스터(NTC)소자를 사용하며, 배터리 주변 온도를 감지하여 BMS ECU(배터리 제어 유닛)로 입력시킨다. 배터리 내부온도를 감지하기 위한 모듈온도센서가 장착되어 있다.

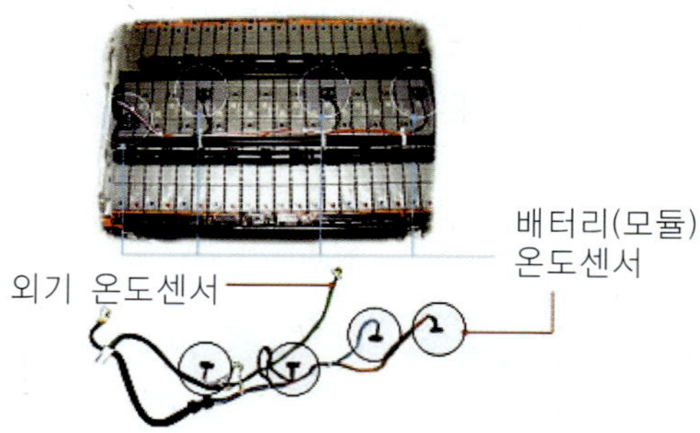

[그림 11] 외기온도센서 및 배터리 온도센서

[2] PRA(power relay assembly, 파워 릴레이 어셈블리)

PRA 내부에는 메인(+, -)릴레이, 프리차지 저항과 릴레이가 있다. 또한 PRA 온도센서, 고전압과 저전압 전류센서 및 솔라 루프시스템의 고전압 충전관련 퓨즈가 있다.

① **메인 릴레이(+, -)** : 고전압 배터리에서 공급되는 전원을 인버터(고전압장치)에 공급 또는 차단한다.

② **프리차저(pre-charger) 릴레이** : 이그니션 ON시 MCU는 고전압 배터리 전원을 인버터로 공급하기 위해 메인릴레이 (+)와 (-)릴레이를 작동시키게 되는데, 프리차저 릴레이는 메인릴레이 (+)와 병렬회로가 구성되어 있다.

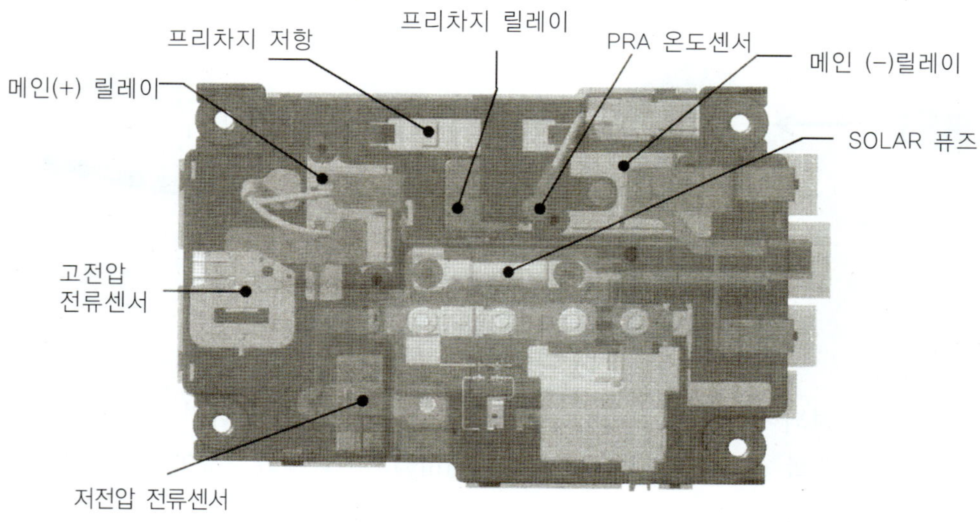

[그림 12] PRA의 내부구조

③ **전류센서** : 홀 효과를 이용해 전류 양을 검출하며, 고전압 배터리 (-)케이블 측에 설치되어 있다.

④ **세이프티 플러그** : 세이프티 플러그는 고전압 배터리 전원을 임의로 차단시킬 수 있는 전원 분리장치로 과전류 방지용 퓨즈를 포함하고 있다.

1.3.2. BMS(battery management system)

[1] BMS 주요기능

BMS ECU는 고전압 배터리 제어를 위한 컴퓨터이며, 배터리 에너지 입·출력 제어와 배터리 성능유지를 위한 전류, 전압, 온도, 사용시간 등 각종 정보를 모니터링하고, 종합적으로 연산된 배터리 에너지 상태정보를 HCU 또는 MCU로 송신하는 역할을 한다.

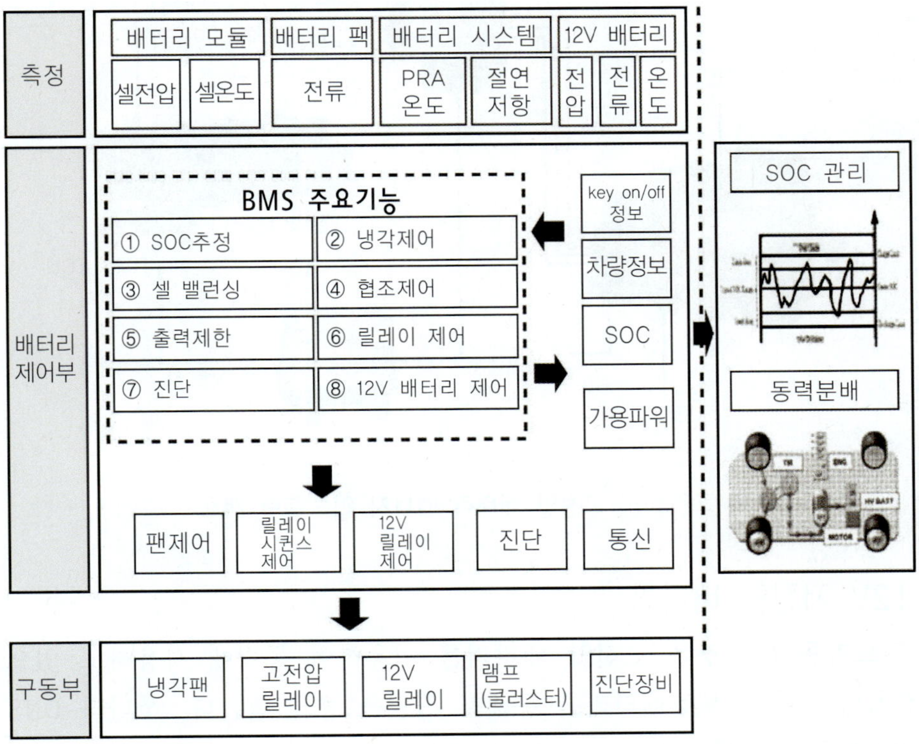

[그림 13] BMS 주요기능

[2] 고전압 배터리 제어시스템

하이브리드 전기자동차에서 고전압 배터리는 차량내의 타 제어시스템(HCU : 하이브리드 컨트롤 유닛, MCU : 모터 컨트롤 유닛) 제어기와의 CAN통신을 통하여 다음과 같은 항목들을 제어한다.

① **에너지 입·출력제어** : 고전압 배터리시스템에 이상이 있을 경우 방전 전류량 제어를 통해 가용 에너지 입·출력 파워를 제한한다.

② **안전제어** : 에너지 입·출력과정에서 발생되는 수소가스에 의한 폭발방지를 위한 제어와 배터리성능 또는 손상에 영향을 줄 수 있는 항목들을 모니터링하여 안전사고를 방지한다(BMS ECU).

③ **배터리 최적 동작환경 조성** : 배터리 외부온도 상승과 화학적 열발생을 제한하기 위해 냉각시스템을 제어하여 최적의 동작환경을 조성한다.

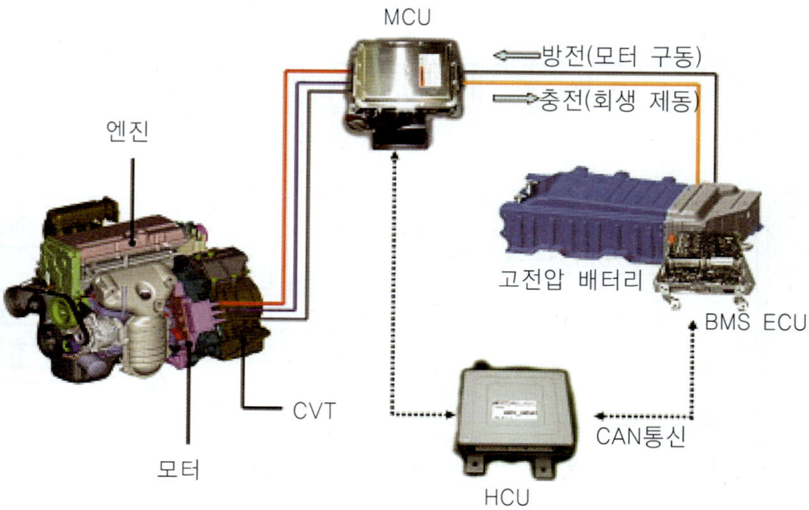

[그림 14] **고전압 배터리 에너지 입·출력 개요**

1.3.3. 12V 저전압 배터리

하이브리드자동차의 경우 고전압 배터리를 이용하여 동력에 사용하고 있으므로 일반 전기장치의 경우는 보조배터리를 통해서 전원을 공급 받는다. 쏘나타 DN8 HEV차량은 LIPB(리튬이온 배터리)를 사용한다. LIPB는 고전압/저전압 배터리 통합제어를 BMS에서 하고 방전시 12V 재접속 스위치 작동이 필요하다.

1.4. 하이브리드 전기자동차의 구성

[그림 15] **하이브리드 전기자동차의 구성**

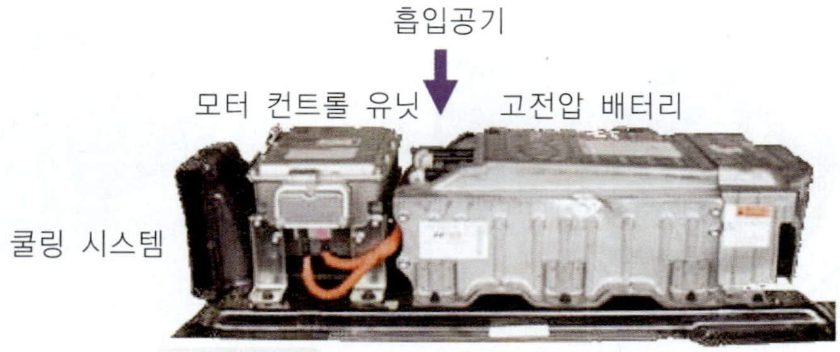

[그림 16] **하이브리드 고전압 배터리부분**

1.4.1. 모터

하이브리드 구동모터는 하이브리드차량의 핵심 동력원으로 전기차(EV) 모드에서 엔진의 도움없이 차량을 움직이고 일반 주행 시에는 엔진의 출력을 보조하며, 감속 시 발생하는 전기 에너지를 배터리에 충전시키는 역할을 한다.

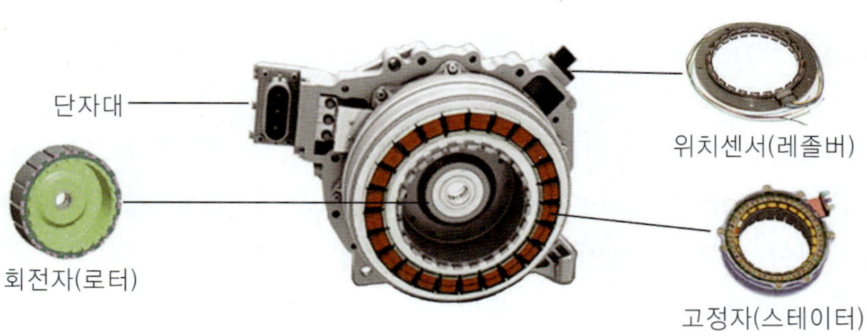

[그림 17] **HEV모터**

AC(교류)전압으로 동작하는 고출력 영구 자석형 동기모터(PMSM)로 모터 하우징과 스테이터, 스파이더, 로터 등으로 구성되어 있으며 스테이터는 코일이 감겨져 있고 모터의 고정자 기능을 하고 로터에는 영구자석이 내장되어 있어 모터 고정자에 형성된 회전 자계에 의해 발생된 회전토크를 변속기 입력 축으로 전달하는 회전자 기능을 하고 엔진 시동(이그니션 키 & 아이들 스탑 해제시 재시동) 제어와 발진 및 가속 시 엔진의 동력을 보조하는 기능을 한다. 모터 고정자는 하우징과 일체로 엔진블록에 장착되고, 회전자는 크랭크축에 직접 체결된다. 3상(U, V, W) 파워케이블이 모터 컨트롤 유닛(MCU)에서 모터 하우징에 가공된 체결부까지 연결되어 있다.

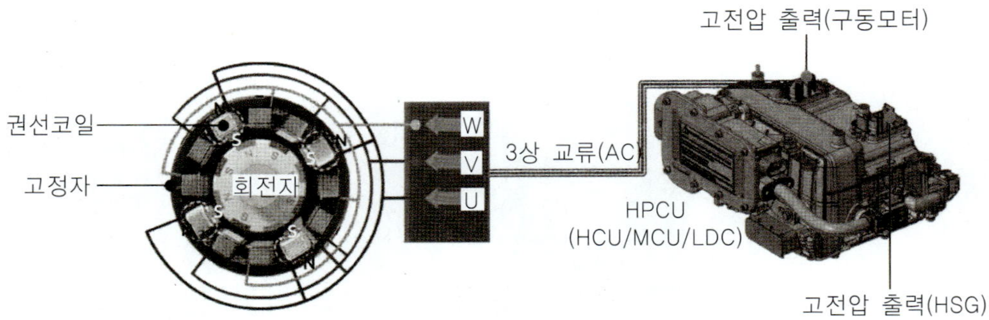

[그림 18] HEV모터의 구성

고정자(스테이터)에 감겨진 권선코일에 모터 컨트롤 유닛(MCU)에서 3상 교류전원을 흘려주어 회전자계가 형성되면 회전자(로터)에 형성된 자계와 전기적 상호작용으로 회전 토크가 발생하여 모터가 회전하게 된다.

예를 들면 자석은 같은 극성일 경우에는 밀어내는 성질이 있지만 다른 극성일 경우에는 당기는 성질이 있다. 그림에서 U상의 전원이 인가된 권선코일 내측이 S극일 때 비스듬히 마주보고 있는 회전자는 N극이므로 회전자를 잡아당길 것이다. 이때 V상에 전원을 인가하면 마주보고 있는 로터의 극성이 S극이므로 서로 밀어내면서 회전하게 된다.

레졸버(resolver)는 모터 회전자의 위치를 측정하기 위한 센서이다. 영구자석 전동기(PMSM : permanent magnet synchronous motor)의 경우 절대 위치 검출을 통해 모터를 구동시켜야 하기 때문에 레졸버사용이 필수적이다. 레졸버의 구조는 모터와 유사하며 크게 고정자와 회전자로 구분할 수 있다. 고정자는 1상의 여자권선과 2상의 검출권선이 감겨있으며, 회전자는 회전각에 따라 철심 형상이 변화하여 쇄교자속이 변동하게 된다.

1.4.2. 제어기의 구성

[1] 엔진 컨트롤 유닛(ECU : engine control unit)

엔진을 제어하는 ECU(engine control unit)는 일반 차량에도 있는 것으로, 엔진을 동작하거나 연료 분사량과 점화시기를 조절하게 된다.

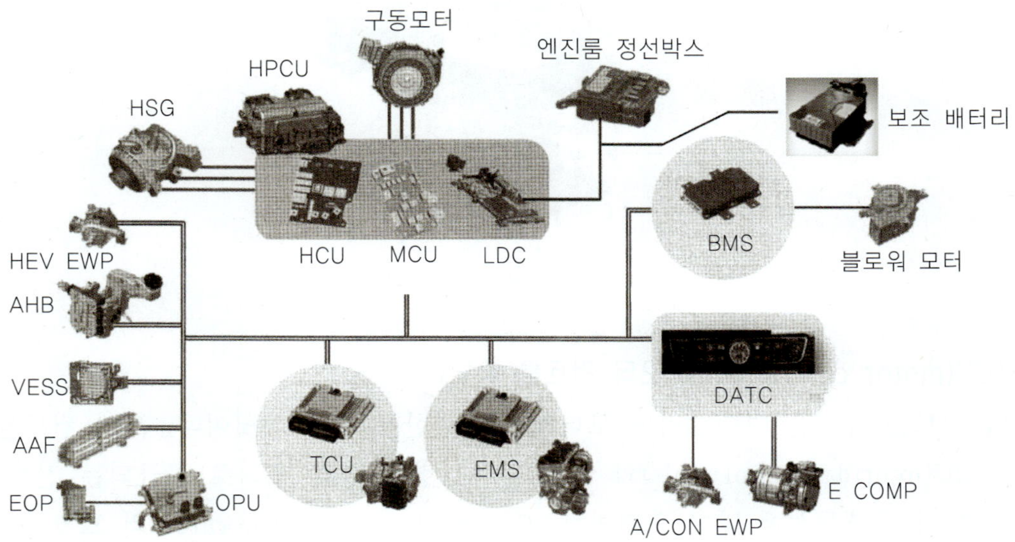

[그림 19] HEV 전체 통합제어 구성

[2] 변속기 컨트롤 유닛(TCU : transmission control unit)

TCU(transmission control unit)는 변속기를 제어한다.

[3] HPCU(hybrid power control unit, 전력변환시스템)

HPCU는 HCU, MCU, LDC(DC-DC컨버터), 고전압 정션 블록, HEV 냉각장치가 하나로 구성된 제어기들의 Ass′ y이다.

이중 HCU는 모든 HEV 제어기의 중앙제어 역할을 수행하며, 차량의 주행(고전압 제어) 및 경고, 12V 배터리 충전과 같은 전반적인 제어를 수행한다.

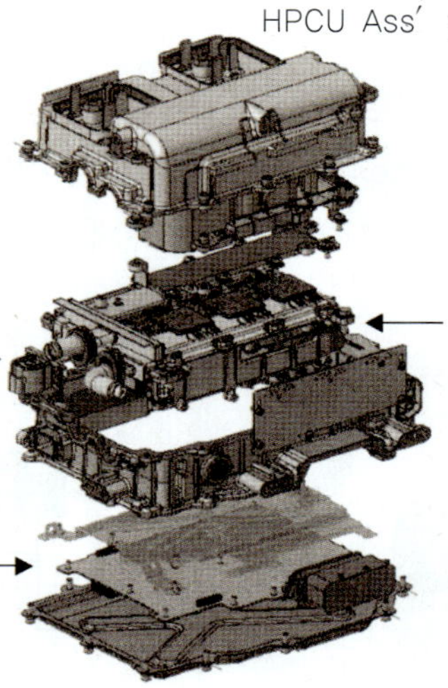

[그림 20] HPCU의 구성

[4] MCU(motor control unit, 모터 컨트롤 유닛)

모터 컨트롤 유닛은 하이브리드 모터제어를 위한 컨트롤 유닛이다. 모터 컨트롤 유닛은 HCU(hybrid control unit)의 토크 구동명령에 따라 모터로 공급되는 전류량을 제어하여 각 주행특성에 맞게 모터와 HSG(hybrid starter generator)의 토크를 제어하고 회전속도와 온도를 HCU로 피드백한다. 또한 MCU는 고전압 배터리의 DC(직류) 전원을 AC(교류)전원으로 변환시키는 인버터의 기능과 배터리 충전을 위해 모터에서 발생된 AC전원을 DC로 변환시키는 컨버터의 기능도 동시에 수행한다. 고전압시스템의 냉각을 위해 P-CAN을 이용하여 전동식 워터펌프(EWP)를 제어한다.

고전압 배터리와는 2상 파워 케이블이 연결되어 DC전기를 공급받도록 되어 있고, 모터와는 AC 3상 파워 케이블에 의해 연결되어 3상전류를 출력하게 된다. MCU는 고전압 전류를 제어하는 부품이기 때문에 모터제어 중 다량의 열이 발생된다. 트렁크룸 내부에 설치된 냉각장치는 쿨링팬, 흡입 및 배출 덕트로 구성되어 있고, 차량 실내 공기를 흡입해 고전압 배터리와 MCU를 냉각시키고 배출 덕트를 통해 차량 외부로 방출시키는 시스템으로 되어 있다.

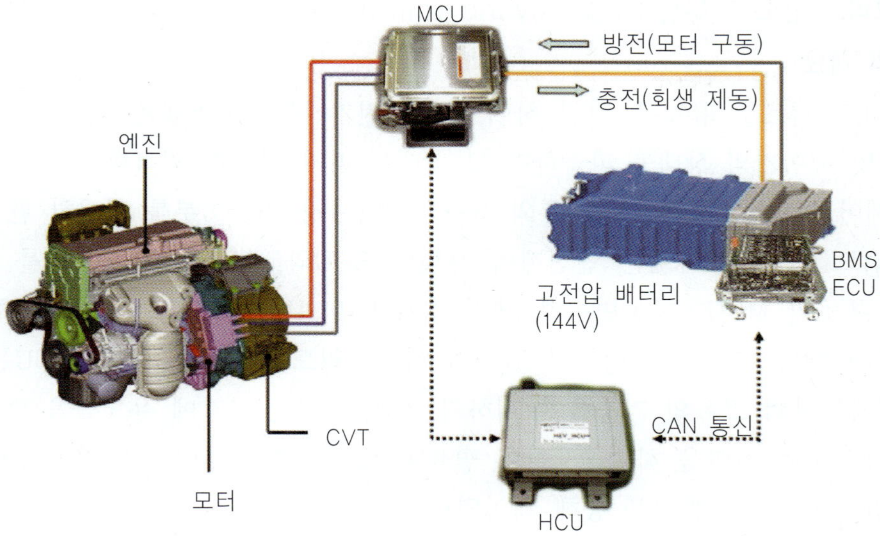

[그림 21] **모터제어의 개요**

[5] LDC(low voltage DC-DC converter)

LDC는 고전압 배터리 전력을 차량의 기본 전장 부하에 공급할 수 있도록 고전압을 저전압(12V)으로 전환시켜주는 모듈이다. MCU와는 달리 직류에서 직류로 전력을 변환하며, 기존 내연기관 차량에서의 알터네이터와 같은 역할을 한다.

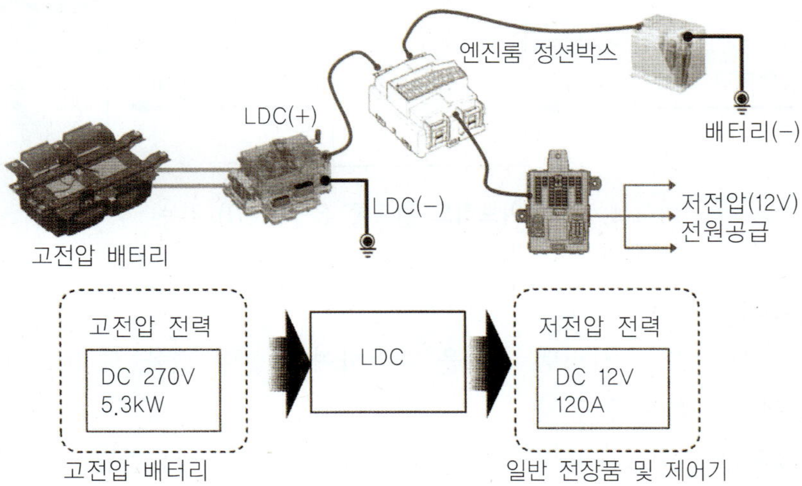

[그림 22] **LDC 역할**

[6] 하이브리드 컨트롤 유닛(HCU : hybrid control unit)

(1) HCU의 개요

하이브리드 컨트롤 유닛은 전체 하이브리드 전기자동차시스템을 제어하므로 각 하부시스템 및 제어기의 상태를 파악하며 그 상태에 따라 가능한 최적의 제어를 수행하고 각 하부 제어기의 정보사용 가능여부와 요구(명령) 수용 가능여부를 적절히 판단한다.

하이브리드 전기자동차에는 엔진제어 유닛인 ECU와, 모터의 출력토크를 제어하는 모터제어 유닛인 MCU, 자동변속기 제어 유닛인 TCU, 보조배터리 충전장치인 LDC 등이 각각의 해당 역할을 수행하고 있는데 하이브리드 컨트롤 유닛인 HCU는 하이브리드 전기자동차의 고유의 기능을 수행하기 위해 이러한 각각에 유닛들을 CAN통신으로 통합 제어하는 역할을 하며, 제어에 필요한 입·출력은 주로 CAN통신으로 입력받아 로직 판단 후 다시 통신을 통해 제어명령을 전송한다.

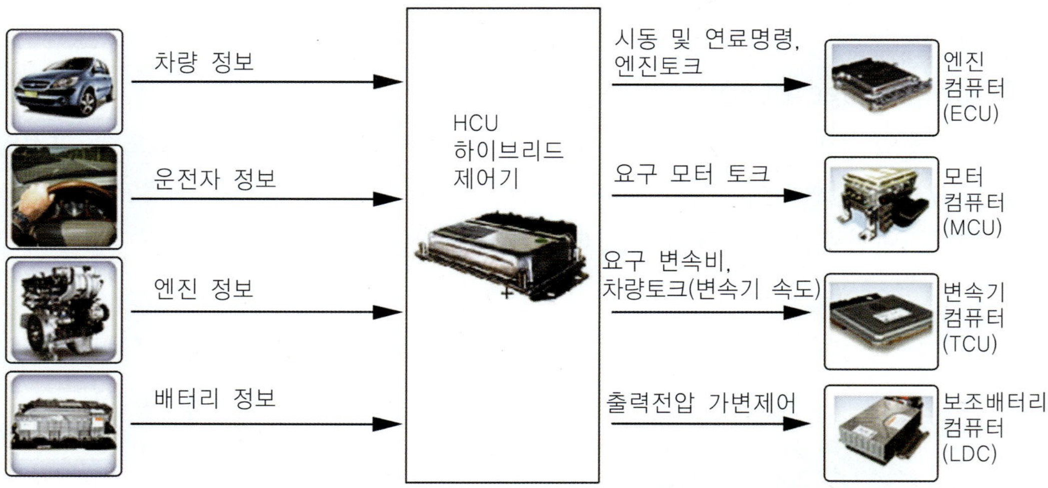

[그림 23] **하이브리드 컨트롤 유닛(HCU) 기능**

(2) HCU가 제어하는 주요 기능

① **시스템 On/Off제어** : 시스템 전반을 파악하여 이상이 없을 시 HEV ready상태로 차량출발이 가능하도록 유지

② **요구 토크계산** : 운전자의 가속 및 감속 요구 토크를 계산한다.

③ **회생제동 제어** : 사용자의 브레이크 요구 신호와 고전압 배터리 SOC를 고려하여 실제 회생 제동량을 MCU로 송부한다.

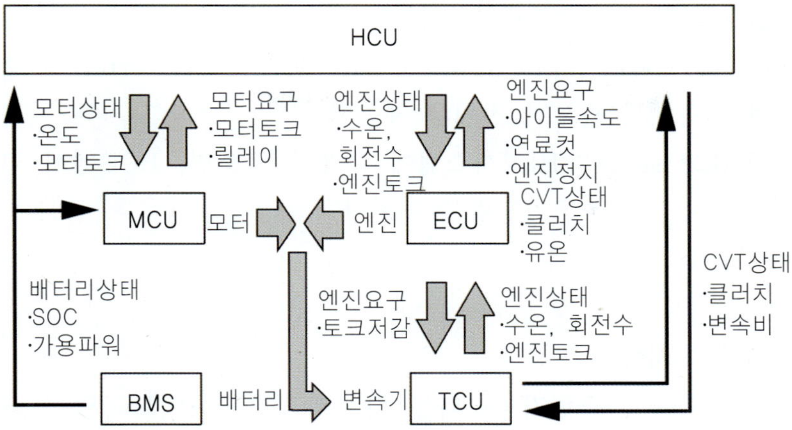

[그림 24] HCU 제어장치의 구성

④ **EV/HEV모드** : 차량상태와 주행조건에 따라 여러 주행모드로 수시로 전환되며 크게 3가지로 나눌 수 있다. 3가지 주행모드는 전기모터로만 주행하는 EV모드, 엔진에 의한 주행모드, 엔진과 모터 두 동력원으로 주행하는 HEV모드이다. 엔진에 의한 주행 시 HCU는 엔진 시동 시점과 엔진의 목표 운행상태를 결정한다.

⑤ **고전압 배터리 SOC밸런스(balance)** : 배터리 충·방전량을 최적의 SOC상태를 유지한다. SOC가 낮으면 구동모터 동작을 제한하여 고전압 사용을 줄이고 모터에 의한 회생제동과 엔진에 의한 충전제어를 수행한다(공회전 및 가속 시 충전).

⑥ **엔진 컨트롤** : 엔진이 최적화된 작동을 유지하도록 엔진 부하에 따른 목표 속도와 토크를 결정하여 ECU를 제어한다.

⑦ **엔진시동(On) 및 정지(Off)제어** : 시스템상태에 따라 엔진 시동방법을 결정한다. 주로 HSG로 엔진 시동을 걸지만, HSG가 고장일 경우 구동모터 또는 타력 주행으로 시동을 걸기도 한다. 시동 및 엔진정지 시에는 HSG가 구동되어 엔진 회전속도를 구동모터의 속도와 동기화시켜 진동 및 충격이 발생되는 것을 방지한다.

⑧ **엔진 클러치 제어** : 엔진 클러치의 동력전달, 슬립제어를 결정하여 TCU로 전송한다. HCU는 목표 유압을 결정하고 TCU는 해당 솔레노이드를 전류 제어한다.

⑨ **토크분배** : 주행상황에 따라 필요한 토크를 두 동력원에 효율적으로 분배한다(엔진 및 구동모터). 예를 들면, 모터의 효율이 높은 차량출발 시나 저속구간에서는 모터만으로 구동하고 엔진의 효율이 높은 정속 및 중·고속구간에서는 엔진으로 구동한다. 급가속 또는 등판과 같이 높은 토크가 요구되는 구간에서는 엔진과 모터를 동시에 구동시키며, 엔진의 작동효율을 우선하여 모터 동력을 보조한다.

⑩ **시스템 제한** : 고전압 배터리의 충·방전 한계치를 제어한다. 필요 시 모터의 출

력 및 충전량을(모터, HSG)제한한다.

⑪ **보조 배터리(12V) 제어** : LDC(low vlotage DC-DC converter)의 출력전압을 가변제어하며 차량에서 필요한 전원을 제공한다.

⑫ **페일 세이프(fail safe)** : HEV시스템에 문제가 있으면, HCU에서 고장을 진단하고 안전을 위해 적절한 조치명령을 내린다.

(3) HCU의 작동

1) 하이브리드자동차 시동

하이브리드자동차는 가솔린자동차와는 다르게 보통 하이브리드 모터를 이용해서 시동을 건다. 하지만 하이브리드 모터 시동에 장애가 생기면 MCU에서는 즉각 이에 대한 정보를 HCU로 보내게 되고 HCU는 이에 대한 적절한 조치로 가솔린엔진의 시동모터를 구동해서 시동을 걸 수 있게 ECU로 명령을 내리며 특별한 일이 없다면 보통은 하이브리드자동차의 모터로 시동을 걸게 된다.

2) 아이들 스탑

아이들 스탑 진입조건 즉, D단 주행 후 브레이크 정차 시 이에 대한 정보가 HCU로 입력이 되면 HCU는 MCU와 ECU에게 엔진과 모터의 작동 중지명령을 내리게 되고 이와 반대로 브레이크를 OFF시키거나 가속페달을 밟을 시에는 HCU에서 모터와 엔진을 움직여 상황에 맞는 적절한 주행을 할 수 있게 HCU가 명령을 내리게 되다.

3) 브레이크 밀림장치

경사로 밀림 방지장치는 일반 오토 가솔린자동차와는 달리 정차시 아이들 스탑 모드로 들어가는 특수성 때문에 언덕길에서 순식간에 차가 뒤로 밀리는 위험한 상황이 발생할 수 있는데 이러한 이유로 장착된 기능이 바로 CAS(creep aid system)로 하이브리드의 특성상 장착된 일종의 안정장치이다.

브레이크 밀림방지장치는 크게 브레이크스위치, 경사각 센서, HCU, ABS모듈 이 4가지 장치가 제어를 한다. 이 장치들은 브레이크를 작동시키고 차가 멈추기 시작하면서 시속 0.2km 이하로 속도를 줄이게 되면 일단 브레이크 밀림장치 진입에 들어간다.

4) 하이브리드 모터 보조

하이브리드자동차의 특성상 작은 엔진으로 인해 토크가 모자란 경우 ECU는 얼마 정도의 힘이 필요한지에 대한 정보를 HCU에게 보내게 된다. 이때 HCU에서는 가속

시 엔진이 어느 정도의 토크가 모자란 가에 대한 분석을 한 뒤 이 정보를 바탕으로 MCU에게 모자란 토크를 보조할 수 있게 모터를 구동하라는 명령을 내린다.

5) 부압보조

부압보조는 HCU에서 브레이크스위치 신호와 부압센서 신호를 받아서 부압의 상태를 판단하고 정보를 분석한 뒤 MCU로 모자란 부압을 회복시킬 만큼 모터를 구동하라고 명령을 내리는 것을 말한다.

6) 하이브리드 모터 회생제동

하이브리드 모터 발전을 통해 전기 에너지를 저장하는 하이브리드 모터 회생제동 모드는 ABS의 차속 값에 대한 정보와 브레이크스위치를 통한 차량의 브레이크 작동유무, BMS에서의 배터리 충전량에 대한 정보를 HCU로 보내게 된다.

이러한 정보를 받은 HCU가 데이터를 분석하고 MCU로 모터 구동명령을 내려서 주행속도 감속시 모터를 발전시켜 고전압 배터리에 전기를 충전하는 것을 모터 회생제동이라고 한다.

7) CVT 변속제어

하이브리드자동차에 CVT 변속제어를 위한 정보는 차속 값, 엔진 ECU에서의 가속페달 값, TCU의 유온, 변속비 등의 정보를 HCU와 서로 주고받아 주행상태에 따른 최적 변속비를 제어할 수 있게 한다.

8) 엔진 연료제어

HCU는 하이브리드자동차의 엔진 연료제어를 한다. 그 중 가솔린엔진의 시동, 주행 또는 감속시의 연료 분사량을 조절한다. 이는 보통 가솔린엔진에서는 ECU에서 이 모든 일을 하지만 하이브리드자동차는 가솔린엔진의 상태를 체크 해가며 모터가 작동을 해야 하기 때문에 HCU에서도 ECU와 같이 엔진을 제어할 필요가 있다.

9) 배터리관리

하이브리드자동차의 HCU는 SOC(배터리 충전상태) 리셋발생시 자체 보정 값을 산출해서 HCU가 제대로 조취를 취할 수 있도록 요청을 한다. 그중 과충전, 과방전, 과전압을 사전에 방지해서 배터리를 보호하는 등의 일은 HCU가 배터리를 보호하는 대표적인 일이라 할 수 있다.

배터리는 BMS가 관리도 하지만 배터리의 상태에 따라 엔진이나 모터를 어떻게 적절히 구동시키는지에 대한 밸런스 조절은 HCU가 한다. 배터리의 SOC 충전량이 65% 이상으로 과충전이 될 것 같으면 HCU는 토크에 제한을 두는 등의 조치를 취하고 반대로 SOC의 충전량이 18% 이하로 과방전이 예상되면 HCU는 MCU에게 아이들 스탑을 금지해서 배터리를 보호하게 된다.

1.5. 하이브리드자동차의 주행모드

하이브리드 전기자동차는 엔진에 모터의 동력을 같이 사용함으로써 각 주행모드별로 엔진과 모터의 작동이 차이가 나게 된다. 하이브리드자동차는 총 7가지 주행모드로 나눌 수 있다. 이는 자동차의 주행모드 5가지에 아이들·클립모드와 발진·가속모드가 추가된다고 보면 된다.

[그림 25] **주행모드별 HCU의 작동**

1.5.1. 시동모드

시동모드에서 엔진은 작동하지 않는다. 따라서 시동모드란 변속신호에 따라 바로 발진을 하기 위한 모터의 발진 준비상태를 말한다. 그런데, 이와 달리 병렬방식 중 소프트방식은 엔진시동을 하게 되는데, 하이브리드 전기모터로 시동을 걸게 된다.

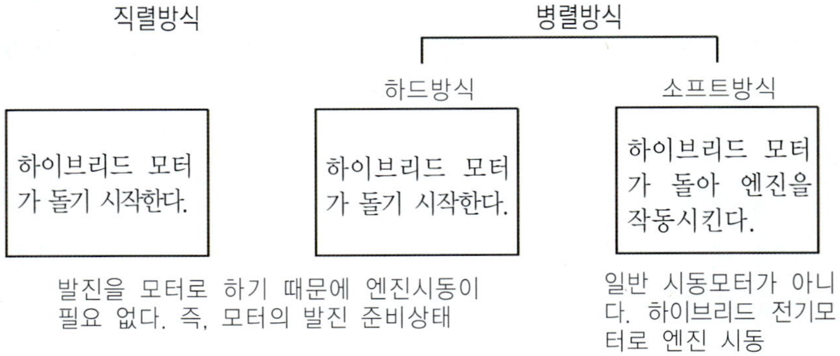

[그림 26] **시동모드**

1.5.2. 아이들과 클립모드

아이들 모드와 클립모드는 공회전하는 걸 말하는 건데, 차가 출발하기 전이나 멈춘 후 엔진만 돌고 있는 상태에서 기어를 넣었을 때 액셀러레이터를 밟지 않아도 차가 조금씩 움직이는 상태를 말한다. 클립모드란 자동차가 도로주행시 연비가 최상의 조건에서 운행하는 상태를 말한다. 먼저 아이들 모드에서는 엔진만이 돌고 있다가 클립모드로 들어가면 변속기와 차축으로 구동력이 전달되어 차가 조금씩 움직이게 된다.

그런데 이 단계는 액셀러레이터를 밟지는 않기 때문에 발진상태는 아니다. 아이들과 클립모드는 병렬의 소프트방식에서만 있는 것으로 이는 시동모드가 끝난 후 엔진이 가동되고 있는 것은 소프트방식뿐이기 때문이다.

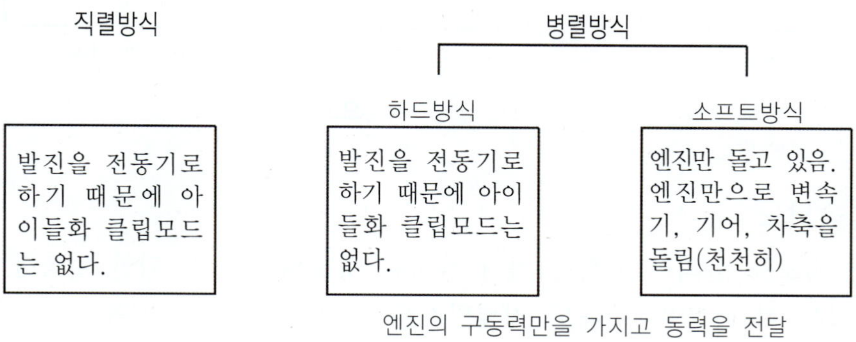

[그림 27] **아이들과 클립모드**

1.5.3. 발진모드

발진모드란 한 마디로 차를 출발시키는 것이다. 액셀러레이터를 밟으면 자동차가 정지 상태에 있거나 클립상태에 있는 차를 앞으로 나아가게 되는 발진하는 것으로 하이브리드 자동차의 방식에 따라 HCU에서 모터와 엔진을 제어하는 방식이 틀리다.

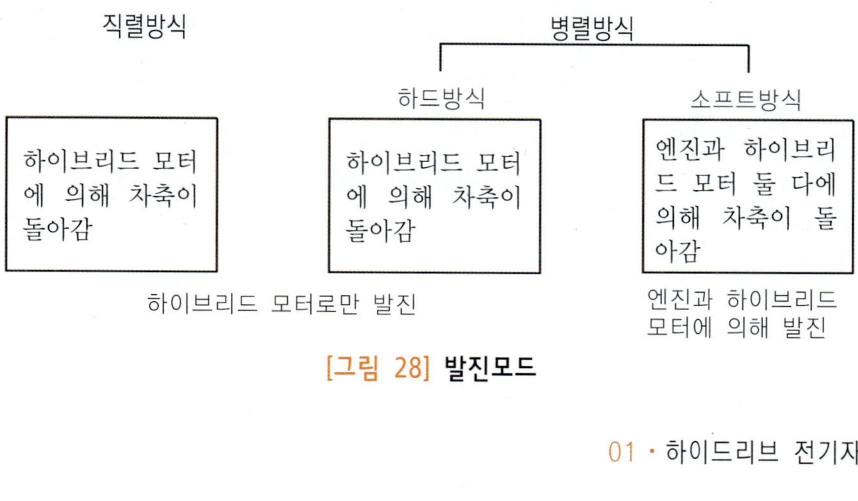

[그림 28] **발진모드**

1.5.4. 가속모드

가속모드는 주행모드 중 힘이 가장 많이 들어가는 모드이다. 따라서 HCU는 MCU, ECU와 서로의 상태에 대한 정보를 가장 많이 주고받으며 제어를 하게 되는데 가속모드는 구동력을 증가시켜 자동차의 속도가 올라가는 단계로서 엔진에 의해서도, 하이브리드 모터에 의해서도 가속이 될 수가 있다.

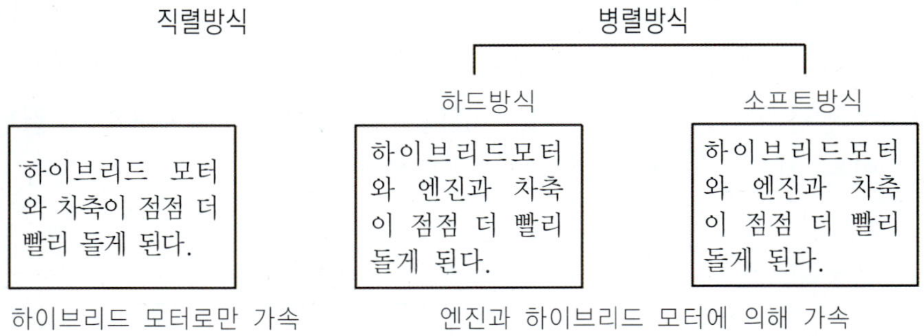

[그림 29] **가속모드**

1.5.5. 정속모드

자동차가 속도를 올리며 주행을 하다 원하는 정도의 속도가 되면 일정한 속도의 정속으로 주행을 하게 되며 이때도 직렬방식은 모터로만 정속주행을 하고 병렬방식의 하드방식과 소프트방식은 엔진동력으로만 주행을 실시하도록 HCU가 엔진과 모터를 컨트롤 한다. 이것은 정속주행일 경우는 모터보다는 엔진이 더 효율적이기 때문이다. 참고로 직렬방식의 하이브리드자동차는 배터리를 충전할 때 말고는 엔진을 시동하지 않는다.

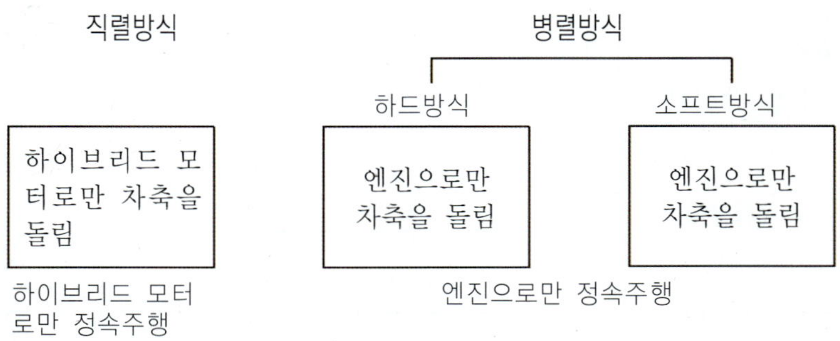

[그림 30] **정속모드**

1.5.6. 감속모드

감속모드는 하이브리드 전기자동의 가장 효율적인 모드로서 감속 시에는 차를 움직이는데 구동력이 쓰이지 않고 오히려 바퀴의 회전에 제동을 걸어야 한다. 때문에 바퀴에서 발생되는 회전동력을 전기 에너지로 전환하여 배터리로 충전(회생에너지)을 하게 되다.

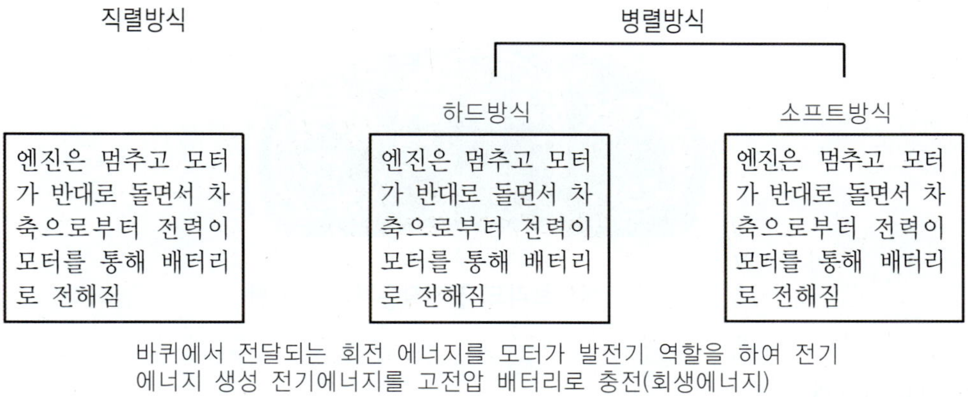

[그림 31] **감속모드**

1.5.7. 정지모드

하이브리드 전기자동차에서 정지모드는 일반 자동차와는 달리 감속상태에서 이미 엔진이 모두 꺼진상태이므로 아이들 모드 없이 곧바로 정지된다. 가솔린자동차로 말하자면 엔진이 전부다 꺼진 상태로 보면 된다. 특히 병렬의 소프트방식은 시동 시와는 다르게 바로 아이들 스탑의 실행상태에 있게 된다.

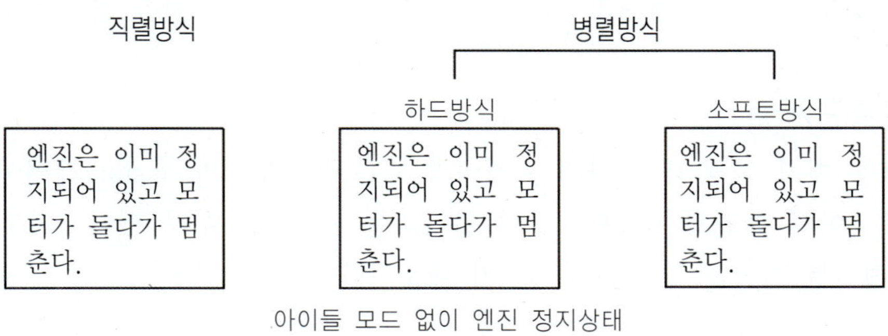

[그림 32] **정지모드**

1.6. 주행모드별 계기판의 작동

하이브리드 전기자동차의 계기판의 경우 운전자에게 하이브리드 전기자동차의 현재 모드별 작동을 알려주고 있는데, 계기판의 change로 눈금표시가 되면 불필요한 동력을 모터가 발전 제어하여 배터리를 충전하게 되고, 계기판에 assist로 눈금표시가 되면 모터가 엔진을 도와 차량성능을 향상시킨다.

[그림 33] **하이브리드 전기자동차의 계기판**

1.6.1. 시동단계

시동단계에서 이그니션 키를 작동하게 되면 계기판이 점등이 되는데 이때는 하이브리드 모터만 돌기 시작한 상태이다.

1.6.2. 발진단계

발진단계에서는 변속기어를 P에서 D로 바꾸는 상태로 차량은 서서히 출발을 하게 된다. 이때 계기판에서는 속도계가 약간 올라가면서 assist 레벨이 조금 올라가는 것을 볼 수 있다. 이것은 모터를 돌리기 위해 배터리에 저장된 전기 에너지를 사용하기 시작했다. 그러나 이때도 엔진의 RPM에는 아직 변화가 없는 것을 볼 수 있다.

1.6.3. 가속단계

가속단계는 차가 점점 더 빨라지는 것이기 때문에 속도계와 assist 레벨이 계속해서 올라가는데, 이때 엔진의 RPM도 같이 올라가는 것을 볼 수가 있다. 이것은 가속을 시키기 위해서는 엔진을 같이 구동시키기 때문이다.

1.6.4. 정속단계

정속단계에서는 차가 일정한 속도로 주행하게 되는데, 이때는 모터는 구동하지 않는 상태가 되고, 엔진의 힘만으로 주행을 하게 된다. 따라서 assist 레벨은 0이 되며, 엔진의 RPM만 어느 정도 올라가 있는 상태가 된다.

1.6.5. 감속단계

감속단계는 하이브리드 전기자동차에서 매우 중요한 단계이다. 바로 감속을 할 때 속도계와 RPM도 줄어들지만, 그보다도 assist가 아닌 charge쪽으로 게이지 레벨이 올라간다. 이것은 차가 감속할 때 남는 구동력을 발전 에너지로 전환하여 배터리에 충전을 하는 것으로 하이브리드 전기자동차가 주행 중 계속해서 배터리를 충전하는 원리가 된다.

1.6.6. 정지단계

정지단계에서는 모든 계기판이 0인 상태로 나타나게 된다. 엔진은 현 단계에서 아이들 스탑 상태가 되어 있기 때문에 auto stop이라고 표시등이 나타나게 된다.

1.6.7. auto stop

하이브리드 전기자동차는 운행 중 정지하게 되면 연료소비 및 배출가스를 저감시키기 위해 자동으로 엔진이 정지하게 되는데, 바로 이 기능을 오토 스탑이라고 한다. 이때 계기판에는 이렇게 "AUTO STOP" 표시등이 점등이 된다. 잠시 정지해 있을 때인데 엔진이 꺼지게 되고 이것은 하이브리드 자동차만의 특징으로 모터가 대신해서 구동력을 만들어 주기 때문에 가능하다. 그리고 이 오토 스탑기능은 그 기능을 ON/OFF 할 수도 있다.

(a) (b)

[그림 34] auto stop 표시등 및 auto stop ON/OFF스위치

이것은 하이브리드자동차라고 해도 엔진의 동력에 의해 작동되는 에어컨이나 히터 같은 것은 엔진과 직접적으로 관계가 되어 있기 때문에 엔진이 멈추면 사용할 수가 없게 되는 것 때문이다.

1.7. HEV 냉각시스템

하이브리드 차량을 제어하는 핵심부품인 HPCU 내부에는 다량의 반도체소자가 적용되어 있으며, 작동 시 열 발생을 피할 수 없다. 특히 고전압에 직접 연계되어 열 발생량이 기존 내연기관 차량의 전장부품 보다 더 높은 편이며 과열은 각 제어기의 효율을 떨어뜨리고 적절한 동작제어를 제한한다. 또한 반도체의 특성상 일정 온도 이상의 고온에서는 도체가 되어버릴 수 있어(전기적으로 항상 ON) 정상적인 작동이 불가능할 수 있다.

따라서 HPCU 관련 부품을 적절히 냉각시켜 주는 것이 매우 중요하며 이를 위해 기존 엔진 냉각라인과는 별도로 EWP(electronic water pump) 즉, 전기식 워터펌프를 이용하는 수냉식 냉각라인이 설치되어 있다.

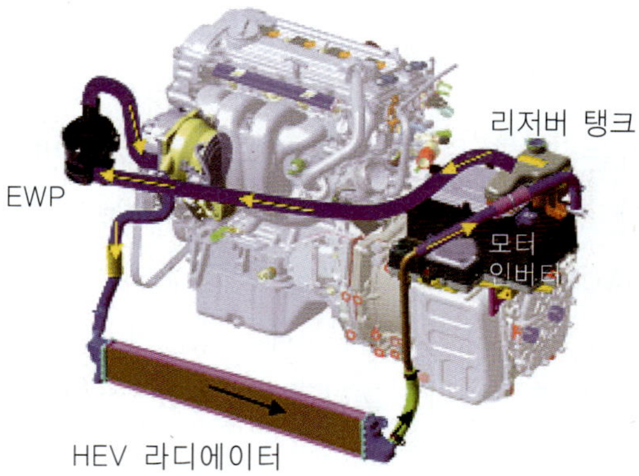

[그림 35] HEV 냉각시스템의 구조

1.8. 하이브리드 전기자동차의 엔진특징

하이브리드자동차에 엔진부분은 일반 가솔린자동차와는 조금 차이가 있다. 하이브리드자동차의 특성상 일반 가솔린자동차에 비해 배기량이 적은 엔진을 사용한다는 점이고 특히 연비를 증대시키는 동시에 배출가스 저감을 위해 많은 신기술을 엔진 본체에 적용되어 있다.

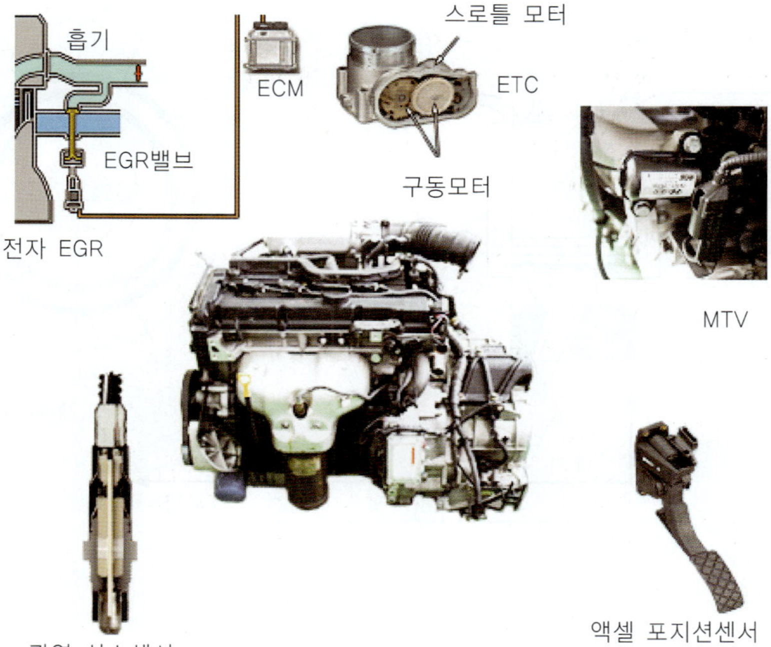

[그림 36] **하이브리드 엔진의 특성**

1.8.1. 아킨슨 사이클(atkinson cycle) 엔진

아킨슨 사이클은 압축행정과 팽창행정이 동일한 기존 사이클과는 달리 압축행정이 팽창행정에 비해 짧다.

압축행정 시 흡기밸브의 닫힘 시기를 지연하여 유효 압축행정을 짧게 하는 것이다. 아킨슨 사이클의 장점은 압축행정 시 발생되는 펌핑손실을 최소화하고 연소 시 발생하는 에너지는 최대로 활용하므로 연비가 향상된다는 것이다.

반면에 압축되는 연료-공기혼합기(fuel-air mixture)가 적어 엔진 출력이 떨어지는 단점이 있어 일반 차량에는 사용되지 않고 있다. 그러나 하이브리드 차량의 경우에는 전기모터로 엔진의 출력을 보조하기 때문에 이러한 단점이 문제되지 않으므로 연비향상을 위해 아킨슨 사이클 엔진을 사용하는 것이다.

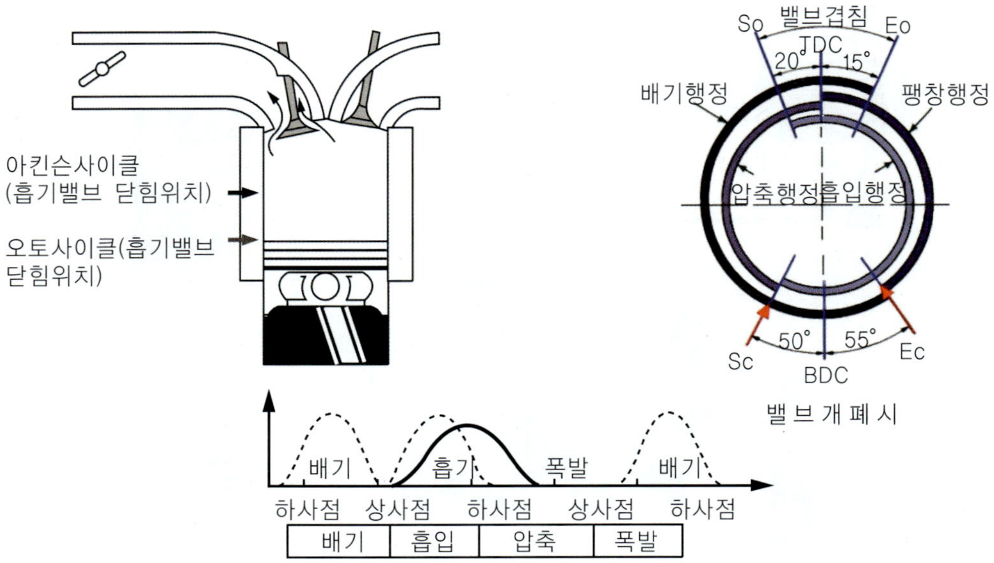

[그림 37] **아킨슨 사이클**

1.8.2. 하이브리드 전기자동차의 가솔린엔진 시동

하이브리드자동차의 엔진 시동방법은 2가지가 있다. 일반 자동차와 같이 시동모터를 이용하는 것과 하이브리드 모터를 이용해서 시동을 거는 방법인데 평상시에는 기본적으로는 하이브리드 모터를 사용해서 시동을 걸지만 하이브리드 모터 시동 금지조건에 들어가면 가솔린엔진과 같이 시동모터로 모터를 구동하여 시동을 건다.

[1] 하이브리드 모터를 이용한 시동

하이브리드 모터를 이용한 시동은 상황에 따라 또 2가지로 나뉘는데 하나는 변속레버가 "P" 나 "N" 단에서의 시동이고 다른 하나는 아이들 스톱 해제에 따른 하이브리드 시동이 있다. 아이들 스탑 해제를 위한 시동은 운전자가 액셀러레이터를 밟으면 모터가 다시 켜지는 것으로 운전자 입장에서는 꺼진다기보다 다시 시동이 걸린다고 보면 될 것이다.

하이브리드자동차의 가솔린엔진의 시동이 걸리는 것은 그림 38 그래프와 같다. 일단 Key On을 하면 하이브리드자동차의 시동모터가 동작하면서 모터의 토크가 올라간다. 엔진의 크랭크가 움직이면서 토크를 얻게 되고 이렇게 힘을 얻은 엔진이 시동이 걸릴 수 있는 RPM까지 올라가면 모터는 토크를 낮추며 멈추기 시작하고 HCU는 ECU에게 엔진에 연료를 분사하라는 명령을 내리게 되는데 이때 엔진의 연소실에 점화를 시작해서 엔진은 시동이 걸리는 것이다.

참고로 말하자면 가솔린엔진은 50rpm 정도에서 연료를 분사하지만 하이브리드 자동차는 800rpm 정도에서 가솔린엔진에서 연료를 분사한다. 때문에 50rpm에서 800rpm 사이에는 연료분사가 되지 않아서 어느 정도의 연료절감 효과도 있다.

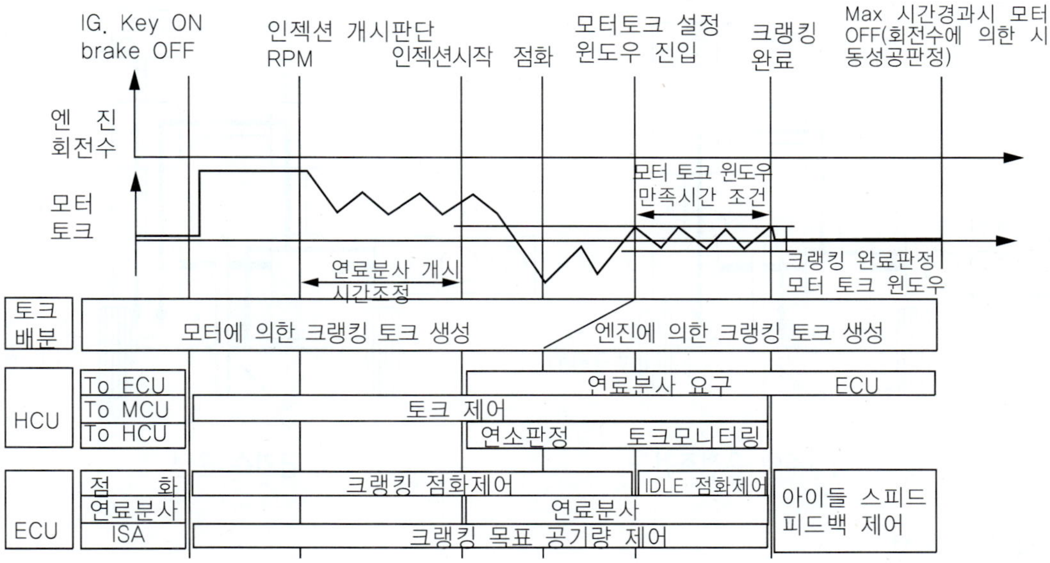

[그림 38] **하이브리드 모터를 이용한 시동**

[2] 하이브리드 모터 시동 금지조건

하이브리드 모터 시동 금지조건에 들어가면 가솔린엔진과 같이 시동모터로 모터를 구동하여 시동을 걸게 되는데 하이브리드 모터 시동금지 조건들은 직간접적으로 일단 하이브리드 시스템에 이상이 생겼다고 볼 수 있다.

① 고전압 배터리 온도의 온도가 약 -10℃ 이하인 경우, 약 45℃ 이상의 경우
② MCU 인버터(inverter) 온도가 94℃ 이상인 경우
③ 고전압 배터리 충전량이 18% 이하인 경우
④ 엔진 냉각 수온이 -10℃ 이하인 경우
⑤ ECU, MCU, BMS, HCU 고장 감지된 경우

이러한 경우에는 시동모터에 의한 시동을 하게 된다. 이런 경우는 엔진이나, 모터가 작동을 하지 못하는 상황 또는 전자계통에 이상이 생겼을 경우라고 보면 된다.

[3] 시동 및 저속-중속 범위

자동차가 출발할 때나 저속에서 중속의 범위에서는 기관은 정지하고, 하이브리드 전기 자동차는 전동기에 의하여 구동하게 된다. 따라서 동력흐름은 축전지, 인버터, 전동기를 거쳐서 구동바퀴로 전달된다.

[4] 정상주행

엔진의 동력은 동력 분배장치에 의하여 일부는 발전기를 회전시키고 일부는 전동기를 구동하여 구동바퀴를 돌려 주행하며 이 때 동력은 최대 효율을 갖도록 제어 된다.

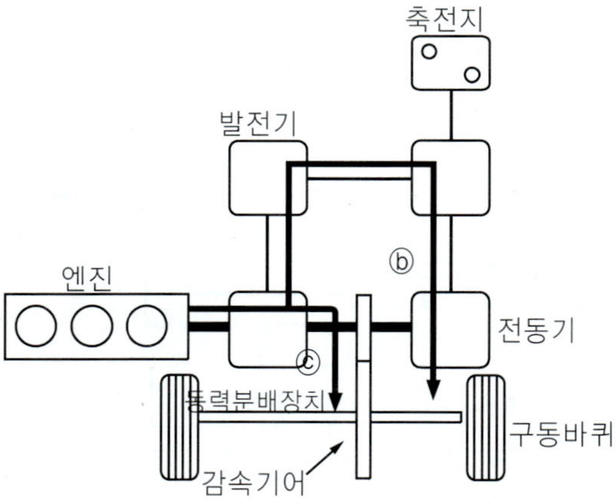

[그림 39] 정상주행 운전조건

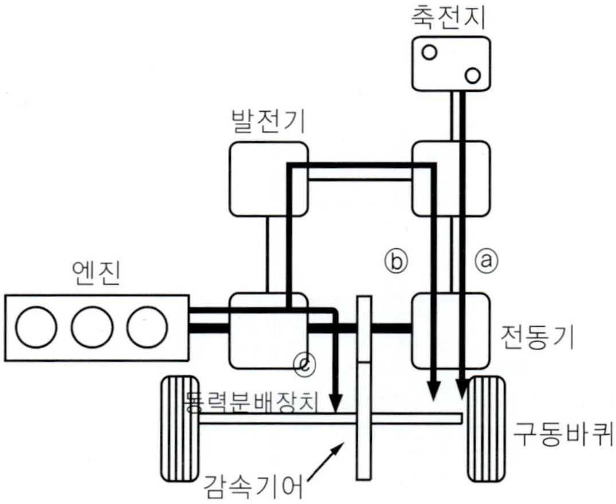

[그림 40] 급가속 운전

[5] 급가속 운전

그림 40에서 엔진과 전동기가 동력을 시스템 경로(ⓑ +ⓒ)로 전달하고 운행 중 가속특성을 좋게 하기 위하여 축전지로부터 동력 ⓐ가 공급되어 자동차의 급가속과 주행조건에 알맞은 동력을 전달한다.

[6] 축전지 재충전

하이브리드시스템이 성능을 충분히 발휘하기 위해서는 축전지는 충분히 충전된 상태를 유지해야 한다. [그림 41]의 동력흐름 ⓔ와 같이 재충전할 경우에는 엔진은 발전기를 구동하여 충전한다.

[7] 감속 및 제동

감속 및 제동할 때에는 [그림 42]와 같이 전동기는 바퀴의 구동에 의하여 고출력 발전기로서 작동하게 된다. 이때의 운동 에너지는 전기 에너지로 회수되어 고성능 전지에 충전하여 저장된다. 이러한 기능을 하이브리드 동력시스템의 회생 제동작용이라고 한다.

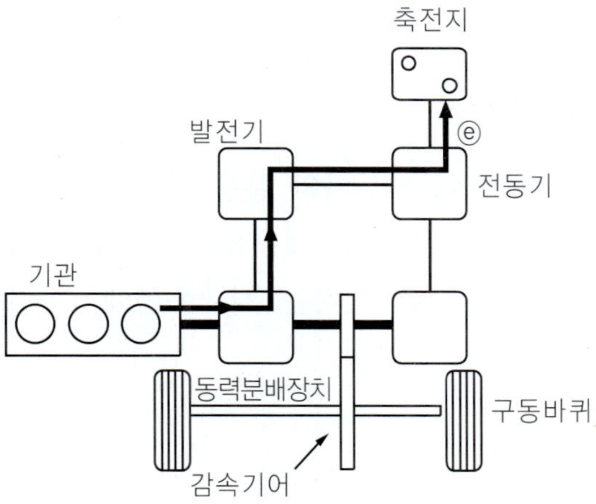

[그림 41] **축전지 재충전**

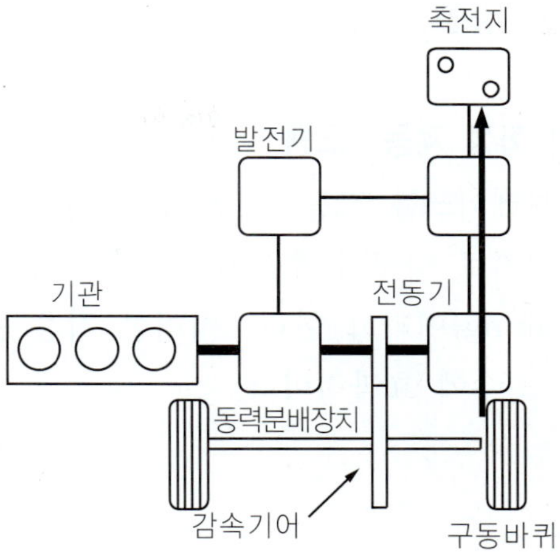

[그림 42] **감속 및 제동**

[8] 자동 정지와 자동 시동

(1) 자동 정지

브레이크를 밟아 자동차가 완전히 정지하면 자동적으로 엔진을 정지시켜 불필요한 에너지 손실을 방지한다. 그러나 이때 다음과 같은 정지조건을 만족해야만 운전이 정지된다.

① 기어 레버가 주행위치에 있을 때
② 엔진, 변속기 또는 하이브리드 축전지가 워밍업 되었을 때
③ 외기온도가 기준 온도(약 -15℃)보다 높을 때
④ 에어컨시스템이 A/C 컴프레서 작동을 요구하지 않을 때
⑤ 하이브리드 축전지의 충전상태가 양호할 때
⑥ 12V 축전지의 충전상태가 양호하고 부하가 작을 때
⑦ 후드가 완전히 닫혀 있을 때

(2) 자동 시동

브레이크에서 발을 떼거나 가속페달을 밟으면 자동적으로 엔진의 시동이 걸린다. 이때 시동이 걸리는 운전조건은 다음과 같다.

① 기어 레버가 주행 위치에서 다른 기어로 기어 레버를 이동하는 경우
② 에어컨시스템이 OFF상태에서 정상 에어컨상태로 작동할 경우
③ 히터 혹은 냉방성능을 위해 엔진을 작동시켜야 하는 경우
④ 후드가 열리는 경우
⑤ 하이브리드 축전지의 충전상태가 낮아 재충전이 필요한 경우

⑥ 자동 정지시간이 기준 시간을 초과하는 경우

[9] 회생 제동시스템

브레이크를 작동시키면 전동기는 발전기로서 작동하여 자동차의 운동 에너지를 전기 에너지로 바꾸어 축전지에 충전하게 된다. 이러한 작용을 회생 제동작용(regenerative braking)이라고 한다. 이러한 작용은 가속과 감속을 되풀이 하는 시내주행에서 에너지 회수에 효과적이다.

02 전기자동차(EV : electric vehicle)

내연기관 자동차의 구동력은 엔진에서 나오지만 전기자동차는 모터에서 나온다. 내연기관 자동차의 엔진 회전수와 출력은 액셀레이터로 조절하지만 모터는 이 기능을 위해 컨트롤러로 조절한다.

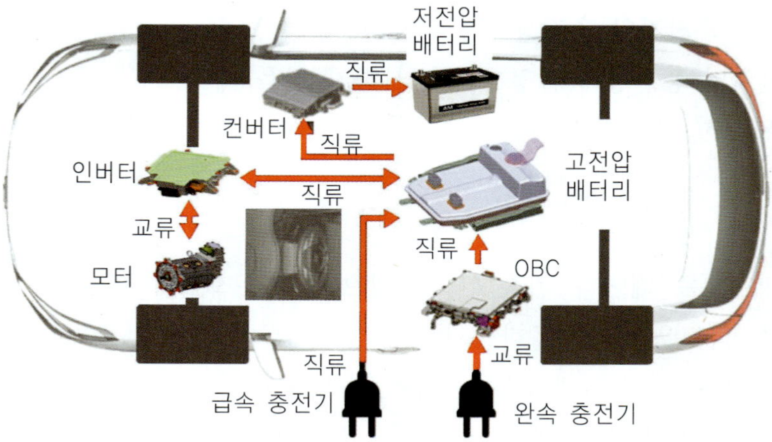

[그림 43] 전기자동차의 전기 에너지 흐름

2.1. 전기자동차의 장 · 단점

2.1.1. 전기자동차의 장점

① 주행시 CO_2 를 배출하지 않는다. 소형 전기자동차가 충전 전기 제조시 주행 1km 당 40g(소형 가솔린차의 경우는 170g)의 CO_2 를 발생한다.

② 부품수가 하이브리드카는 물론, 내연기관차보다 적어(엔진, 트랜스미션 등이 불필요) 시스템이 단순화가 가능하므로, 고장 리스크 범위도 줄일 수 있고 고장이 적은 편이다.

③ 값싼 심야 전기를 이용할 경우 비용을 더 낮출 수 있고 자택에서 충전이 가능하다.

④ 주행 중 화석연료를 전혀 사용하지 않아 가장 친환경적이다.

⑤ 차량 소음이 적고, 진동이 적고, 차량 수명이 상대적으로 길다.

⑥ 사고 시 폭발의 위험성이 적다.

⑦ 다양한 에너지원을 이용할 수 있고, 에너지 효율이 높다.

⑧ 차량디자인 및 부품배치 자유도가 크다.

⑨ 운전 중에 기어를 바꿔줄 필요가 없어 운전조작이 간편하다.

⑩ 낼 수 있는 에너지당 중량이, 석유계 연료에 비해서 매우 크다.

2.1.2. 전기자동차의 단점

① 차량 총 중량 20ton 트럭일 경우, 현재 기술에서는 전지만으로도 5ton 정도 되고, 따라서 대형차에 맞지 않는다.

② 고가의 전지가 필요하기 때문에 차량 가격이 비싸다.

③ 자동차 수명보다 전지 수명이 짧다.

④ 장거리 주행을 위해서는 급속 충전 스탠드의 전국 규모로 충전해야한다.

⑤ 일반 가솔린자동차에 비해 속도가 느리고, 배터리 1회 충전으로 주행할 수 있는 거리(항속거리)가 짧다.

⑥ 충전시간이 오래 걸리고, 별도의 충전시설을 위한 인프라 구축도 선행돼야 한다.

⑦ 겨울철에 주행거리의 편차가 심하고, 사고 시 수리비가 많이 나온다.

2.2. 전기자동차 전지

2.2.1. 리튬이온 전지(lithium-ion battery, Li-ion battery)

[1] 리튬이온 전지의 특성

리튬이온 배터리는 리튬을 저장할 수 있는 물질을 양극과 음극의 재료로 사용하여 배터리가 충·방전을 하면서 리튬이온(Li+)이 양극과 음극사이를 이동함으로써 외부로 전기를 생성하는 방식의 배터리를 말한다.

양극재료는 일반적으로 층상구조(layered structure)의 금속산화물로 구성이 되어 있으며 대표적인 물질로는 $LiCoO_2$(LCO)가 있으며 터널구조의 물질로는 $LiMn_2O_4$가 많이 쓰인다. 양극에서 발생하는 전자의 집전체로는 알루미늄이 통상적으로 쓰인다.

음극재료는 층상구조의 흑연이 대표적으로 쓰이게 되며 이때의 집전체로는 구리가 쓰이고 있다.

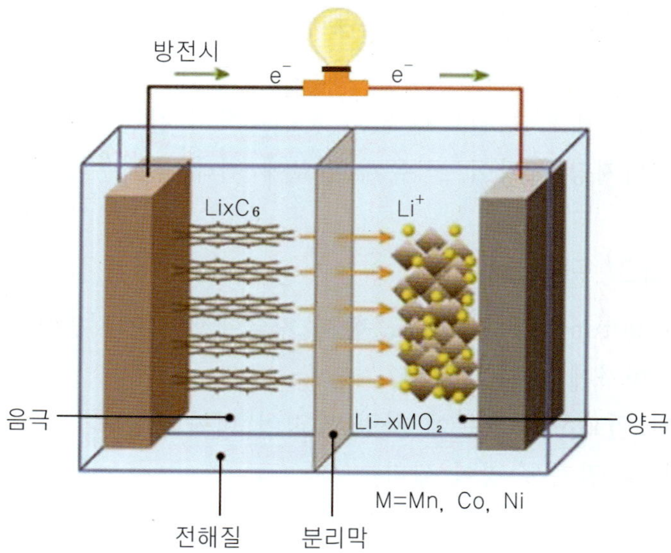

[그림 44] 리튬이온 배터리의 양·음극 내부반응 및 개요도

[2] 리튬이온 배터리의 장·단점

리튬이온 배터리의 가장 큰 장점은 높은 에너지 밀도에 있다. 비중량 에너지 밀도의 경우 ~240Wh/kg이며 부피 에너지 밀도는 640Wh/l로 높기 때문에 중량이나 부피에 민감한 전자제품(핸드폰, 노트북, 친환경 차량)에 많은 관심을 받고 있다. 또한 리튬이온 배터리의 낮은 자가 방전율(2~8%/월), 높은 수명 사이클(1000사이클 이상) 그리고 넓은 작동온도 범위(충전시 0~45℃, 방전시 −40~65℃)는 많은 제품에 적용하기에 매력적인 특성을 보유하고 있다.

다양한 제품군에 의하여 배터리 제조사들은 이에 맞은 형상(각형, 원통형, 파우치형)을 제조하며 사이즈 또한 제품의 특성에 맞게 다양하게 개발 중에 있다. 리튬이온 배터리의 정격 전압은 2.5~4.3V이지만 리튬이온 배터리의 단점으로는 리튬이온전지는 구조적으로 발화 및 폭발 위험성을 내재하고 있다. 일반적으로 2V 이하로 방전시에 열화가 진행이 되며 과충 전시(배터리 셀전압 ~5V 이상) 액체 전해질의 화학적 분해 반응을 통하여 발열반응 및 가스발생의 원인이 된다.

[3] 리튬이온 전지의 원리

(1) 리튬이온 전지의 충·방전작용

리튬이온 전지는 정극(양극, anode)으로 lithium oxide계(예 : $LiCoO_2$)를 사용하고, 부극(음극, cathode)으로 carbon계(예 : graphite)를 사용한다. 방전시 리튬이온은 부극인 graphite 격자구조 속에 있는 리튬이온이 빠져나와 분리막을 거쳐 정극의 결정구조 속으로 이동해 들어간다.

충전시에는 산화물 정극에서 리튬이온이 빠져나와 분리막을 거쳐 탄소부극의 결정속으로 이동하여 들어간다. 따라서 충방전시 리튬이온의 이동에 따라 결정구조는 크게 변한다. 전해질로 수용액대신 유기용매를 사용한다. 따라서 전지작동은 충·방전시 양쪽 전극의 전위차에 따라 전지 외부회로에서의 전자흐름과 전지내부에서의 이온흐름이 동시에 일어난다. 충전은 외부의 전기에너지를 전지내부의 전기화학반응을 통하여 화학에너지로 바꾸는 것이다. 외부에서 음극(탄소전극)으로 전자가 들어가면 전해염의 리튬이온은 전자를 받아 환원되어 음극에 붙게 된다. 이때, 양극에서는 전자가 외부회로로 흘러나가며 전극 활물질은 산화되고 리튬이온을 잃게 된다.

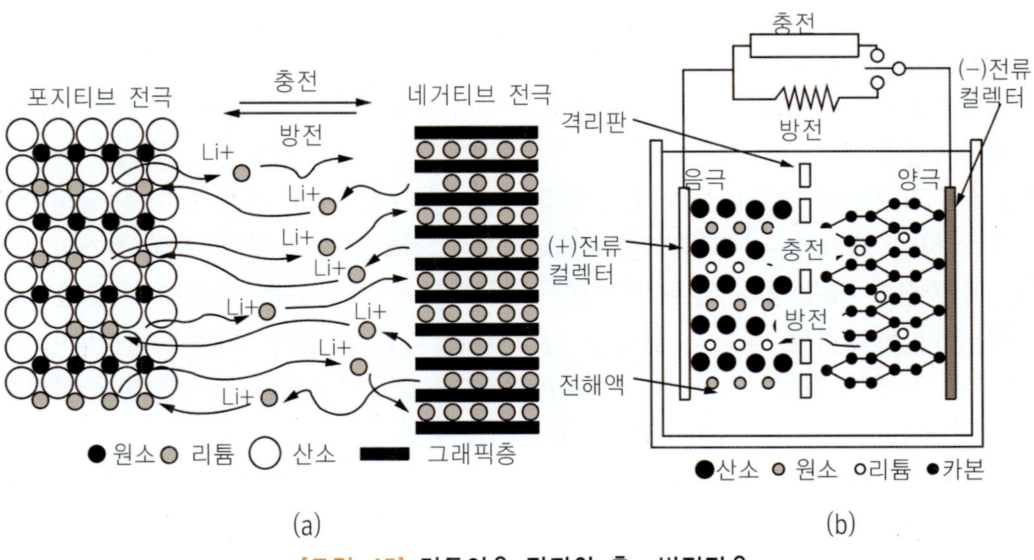

[그림 45] 리튬이온 전지의 충·방전작용

방전은 충전의 역반응으로 외부회로에 전기에너지를 공급한다.

충전← → 방전

양극 : $LiMO_2 \leftrightarrow Li_{1-x}MO_2 + xLi^+ + xe^-$

음극 : $C + yLi^+ + ye^- \leftrightarrow Li_yC$

총괄반응 : $LiMO_2 + \frac{x}{y}C \leftrightarrow \frac{x}{y}Li_yC + Li_{1-x}MO_2$

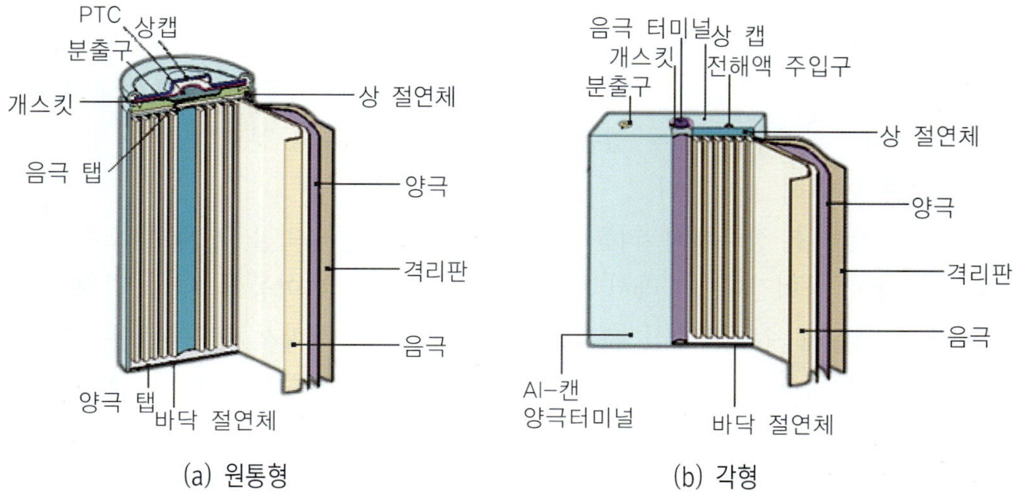

[그림 46] **리튬이온 각형, 원통형의 구조**

(2) 양극

양극은 리튬이 들어가는 공간이다. 리튬은 원소상태에서 반응이 불안정하기 때문에 산소와 결합한 리튬산화물의 형태로 양극에 사용되고, 리튬산화물이 전극반응에 관여하는 양극활물질이다.

양극재는 집전체인 알루미늄박에 활물질, 도전재, 바인더를 섞은 합제를 코팅한 후, 건조, 압착하여 제작한다. 도전재는 리튬산화물의 전도성을 높이기 위해 첨가하고, 바인더는 활물질과 도전재가 알루미늄박에 정착하도록 도와주는 접착제 역할을 한다. 양극활물질이 배터리의 용량과 전압을 결정한다. 리튬을 많이 포함하면 용량이 커지고, 음극과 양극의 전위차가 크면 전압이 커진다. 양극활물질은 금속염의 구성성분에 따라 LCO, NCM, NCA, LMO, LFP 등으로 구분한다.

LCO 중 고가인 코발트 일부를 니켈, 망간 또는 알루미늄으로 대체한 삼원계가 NCM과 NCA다. LFP는 철이 쓰이기 때문에 원재료가 가장 저렴하고 안전성이 우수하나 순도 및 전기전도도가 낮고, 에너지 용량을 늘리는데 한계가 있어 경쟁력을 잃어가고 있다.

(3) 음극

음극은 양극에서 나온 리튬이온을 저장, 방출함으로써 전기를 발생시키는 역할을 한다. 충전 시 음극이 리튬이온을 저장한다. 방전 시 양극과 음극을 도선으로 이어주면 리튬이온은 전해액을 통해 다시 양극으로 이동하게 되고, 리튬이온과 분리된 전자가 도선을 따라 이동하면서 전기가 발생한다. 음극재는 동박 위에 활물질, 도전재, 바인더가 입혀진다. 음극활물질은 대부분 흑연이 사용되는데, 흑연은 구조적 안정성, 낮은 전자 화학 반응성, 많은 리튬이온 저장능력, 저렴한 가격 등의 조건을 갖췄다.

음극활물질은 천연흑연, 인조흑연, 금속계, 저결정탄소(소프트카본, 하드카본) 등으로 구분된다. 천연흑연은 원가와 용량에서 강점을 가진다. 인조흑연은 고열을 가해서 흑연의 고 결정구조를 만들기 때문에 천연흑연보다 조직이 안정적이고, 수명이 2~3배 우수하다. 전기차용으로는 성능 향상이 유리한 인조흑연의 사용이 확대되고 있다.

(4) 전해액

전해액은 양극과 음극사이에서 리튬이온이 이동할 수 있도록 하는 매개체다. 전지 조립 공정을 거친 후 마지막에 전해액을 주입해 분리막과 전극에 스며들도록 함으로써 리튬이온 이 전달되는 통로와 활물질-전해액 계면을 형성한다. 전해액은 리튬이온이 원활하게 이동하도록 이온전도도가 높은 물질을 사용한다. 전해액은 염, 용매, 첨가제로 구성된다. 염은 리튬이온이 지나가는 이동통로이고, 용매는 염을 용해시키기 위해 사용되는 유기액체이며, 첨가제는 특정목적을 위해 소량으로 첨가되는 물질이다.

(5) 분리막

분리막은 양극과 음극이 섞이지 않도록 물리적으로 막아주는 역할을 한다. 내부의 미세한 구멍을 통해 리튬이온만 이동하게 하고, 전자가 전해액으로 직접 흐르지 않도록 한다. 다공성 폴리에틸렌(PE)과 폴리프로필렌(PP)이 상용화되어 있다.

2.2.2. 리튬폴리머 전지

리튬폴리머전지인 경우는 리튬이온전지와 유사하나 리튬이온전지의 전해액을 고분자물질로 대체하여 안정성을 높인 것이 다르다. 또한 리튬폴리머전지는 음극으로 리튬금속을 사용하는 경우와 카본을 사용하는 경우가 있는데 카본음극을 사용하는 경우를 구별하여 리튬이온폴리머전지로 표기하는 경우가 있으나, 대부분의 경우 편의상 리튬폴리머전지로 통용하고 있다.

[그림 47] 리튬폴리머 전지

[1] 리튬폴리머 전지 장·단점

(1) 장점

① 리튬이온전지의 우수한 성능 유지

② 셀의 두께가 1mm 정도여서 리튬이온 전지보다 가볍고, 얇게 만들 수 있다.

③ 액체 전해질의 누액 누수 및 폭발 위험성이 없고 고체전해질이라 원하는 형태로 제작이 가능하다.

④ 셀당 출력전압이 3.7V(리튬이온과 동일)이다.

⑤ 자체 방전율이 낮고(월 약 5% 정도), 이로 인해 보관 수명이 길다.

⑥ 친환경적이다(카드뮴이나 수은 같은 중금속 성분이 없다).

(2) 단점

① 얇은 외장재형태라 외부충격에 약하다(케이스가 보완을 해준다).

② 액체 전해질의 누수 및 폭발위험은 없으나, 내부연소가 발생해 불이 날수도 있고, 배터리팩이 부풀어 오른 경우는 건드리지 말고 바로 교체를 해야 한다.

③ 저온에서 성능이 잘 안 나온다.

[2] 전기 화학적 원리

음극과 양극의 활물질(active material)이 리튬이온 전지와 유사하기 때문에 전기화학적 원리는 같다. 전지의 작동은 충·방전에 의해 리튬이온이 양극과 음극사이를 이동하며 사이에 끼움에 의해 이루어진다. 전지작동에 의한 전극의 변화는 없기 때문에 안정적인 충·방전이 가능하다.

- 양극(anode) : $LiCoO_2(s) = LI_{1-n}CoO_2(s) + ne^-$
- 음극(cathode) : $C(s) + nLi^+ + ne^- = CLi_x$

$LiCoO_2(s) + C(s) = LI_{1-n}CoO_2(s) + CLi_x$

LIPB는 리튬이온 전지(LIB)의 전극구성과 비슷하며, 단지 전해질만 고분자 전해질을 사용하는 것이 다르다. 전해질은 고체 고분자 전해질, 유기용매와 염을 고분자에 혼합한 하이브리드 겔(gel) 전해질이 있다.

2.2.3. 전 고체전지(all solid state battery)

전 고체전지는 전해질이 고체인 전지다. 이로써 모든 소재가 고체가 된다. 2011년 동경공업대 Ryoji Kanno 교수가 상온에서 유기 액체 전해질과 동등한 수준의 높은 전도도($1.2 \times 10^{-2}(Scm^{-1})$)를 가진 LGPS($Li_{10}GeP_2S_{12}$)계열 황화물 고체 전해질을 개발하면서 중대한 계기가 마련됐다.

일반적으로 전고체전지에는 배터리 음극 소재로 "리튬금속(Li-metal)"이 사용되고 있다. 하지만, 리튬금속은 전고체전지의 수명과 안전성을 낮추는 "덴드라이트(dendrite)" 문제를 해결해야 하는 기술적 난제가 있다.

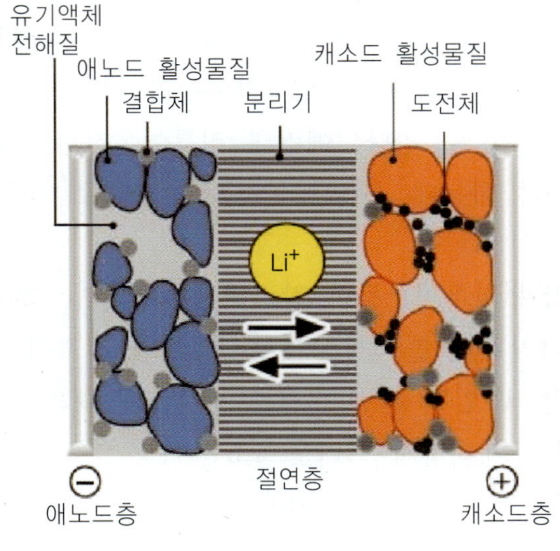

(a) 전통 리튬이온전지

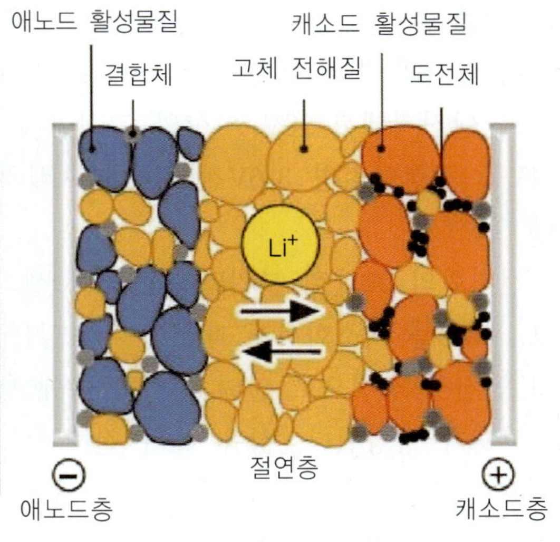

(b) 전 고체 리튬이온전지

[그림 48] 전통 리튬이온전지와 전고체 리튬이온전지의 개념도 비교

덴드라이트는 배터리를 충전할 때 양극에서 음극으로 이동하는 리튬이 음극표면에 적체되며 나타나는 나뭇가지 모양의 결정체. 이 결정체가 배터리의 분리막을 훼손해 수명과 안전성이 낮아진다.

전고체전지 장점은 다음과 같다.

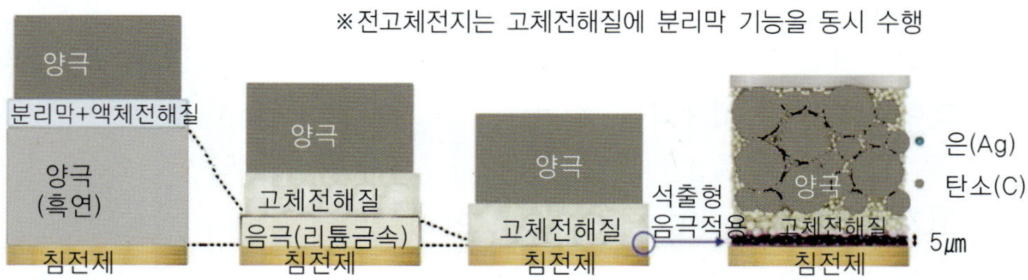

(a) 리튬이온전지 (b) 전고체전지 (음극에 리튬금속 적용) (c) 전고체전지 (삼성전자 개발) (d) 전고체전지 구조

[그림 49] **삼성전자 종합기술원이 개발한 "전고체전지" 기술**

첫째, 폭발 및 발화특성이 없어 안전성이 우수하다. 고체 전해질은 온도변화에 따른 증발이나 외부 충격에 따른 누액 위험이 없다. 부피 팽창(swelling)이 발생하지 않고, 열과 압력 등 극한 외부조건에서도 정상 작동할 수 있다.

둘째, 높은 에너지 밀도를 구현할 수 있다. 이는 적층 가능한 바이폴라(bipolar) 구조의 장점이다. 그림 50에서 보듯이 유기 전해액을 고체 전해질로 대체하면 집전체 양면에 음극과 양극이 결합된 바이폴라 전극을 제조할 수 있다. 바이폴라 전극의 적용으로 단전지에서 10V 이상의 고전압이 발현할 수 있다. 예컨대 리튬이온전지에서 14.4V를 구현하려면 3.6V전지 4개를 배치해야 하는데, 전고체전지는 단전지로 가능하다.

단전지화의 효과로 분리막, 집전체, 셀외장재(파우치) 등이 감소해 셀 부피가 줄어들고, BMS를 최소화하기 때문에 부피당 에너지 밀도를 높일 수 있다. 또한 전고체전지의 안전성 장점으로 인해 배터리 팩에 냉각 및 안전 관련 부자재가 축소돼 팩의 에너지밀도가 향상된다. 상용 유기 전해액에서는 채택하기 어려운 4.5V 이상 양극재를 적용할 수도 있다. 리튬메탈 음극재를 적용해 전고체 리튬메탈전지로 진화하면 400Wh/kg 이상, 1,200Wh/L 이상의 에너지 밀도를 구현할 수 있다.

셋째, 고출력이 가능하다. 액체 전해질과 달리 리튬이온이 용매와 분리되는 탈용매 반응이 불필요하다. 충·방전반응이 곧 고체 내 리튬이온의 확산반응으로 반영돼 높은 출력이 기대된다.

넷째, 사용온도가 넓다. 기존 유기 전해액에 비해 넓은 온도영역에서 안정적인 성능을 확보할 수 있다. 특히 저온에서 높은 이온전도도가 기대된다.

다섯째, 전지구조가 단순하다. 분리막이 필요 없다.

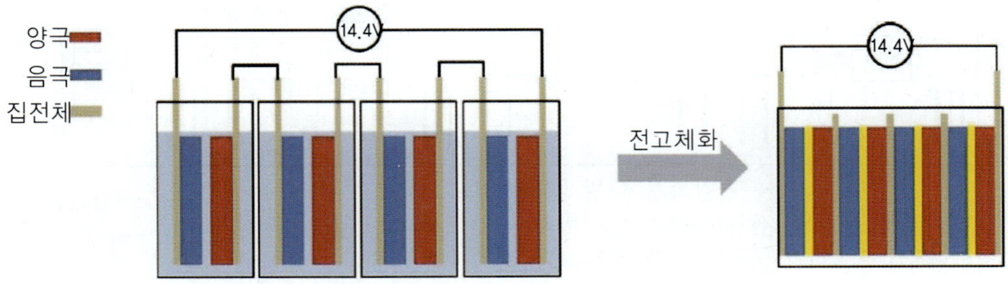

(a) 기존 LIB system (b) 전고체전지 system

[그림 50] **전고체전지 바이폴라 전극**

2.3. 전기자동차 전지의 충전

2.3.1. 전기자동차의 충전방법

전기차를 충전하는 방법은 크게 AC(교류)충전과 DC(직류)충전으로 나눌 수 있다. 전기차에 탑재되는 배터리는 고전압 DC 배터리로 실제 배터리에 충전되는 전류는 직류이어야 한다. 그러나 보통 국가 전력망은 장거리 전송이 유리한 교류전류를 사용하는데 이 교류전류를 직류 전류로 바꾸어야만 배터리를 충전할 수 있게 된다.

AC충전이라는 것은 차량이 AC전류를 입력받아 배터리 충전에 필요한 고전압 DC전류를 직접 만들어서 충전하는 방식을 얘기한다. 이를 위해서 차량에는 OBC(on- board charger)라고 하는 전류 변환장치가 탑재된다. 보통 3~7kW 수준의 충전용량을 갖춘 OBC가 차량에 탑재된다. 따라서 7kW OBC로 60kW 배터리를 0%에서부터 100%까지 충전하기 위해서는 60/7= 8.57로 8~9시간 정도의 충전시간이 소요된다.

[표] 전기차의 구동원리 및 충전방식

주행 모드				
	출발/가속	감속	완속충전	급속충전
	모터	회생제동	배터리충전(6시간)	배터리충전(25분)
작동 원리	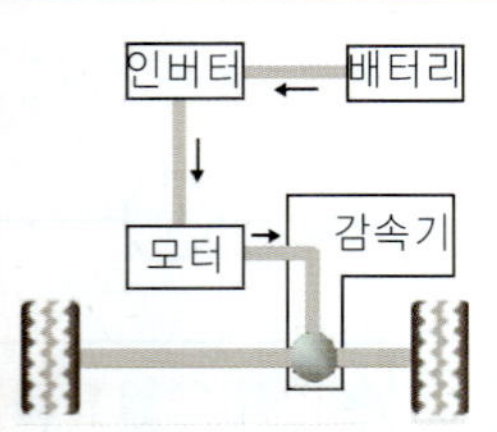	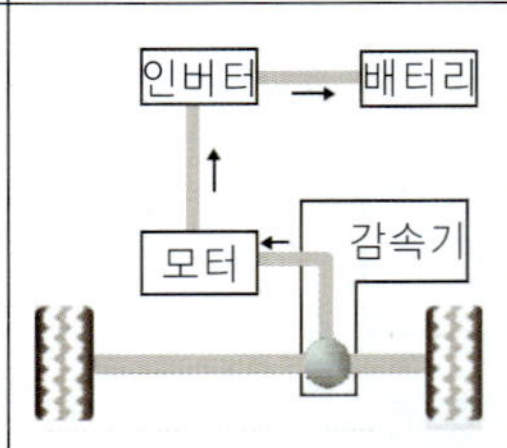	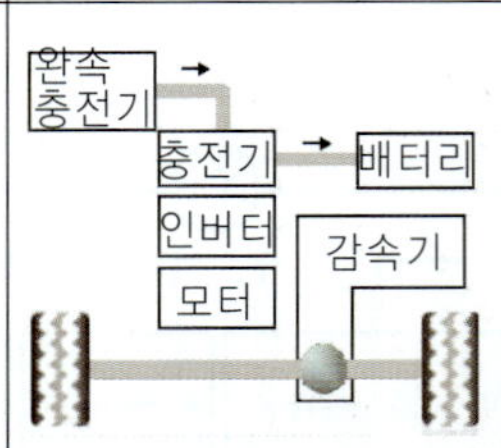	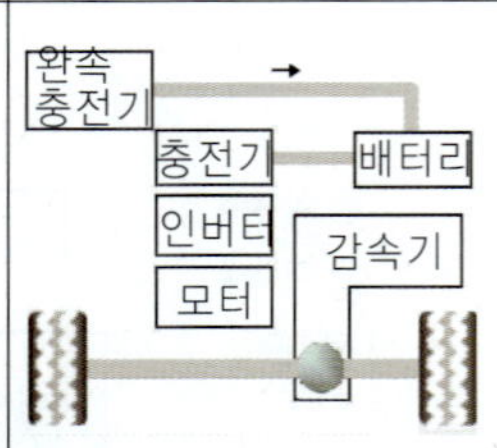
	배터리에 저장된 전기에너지를 이용하여 구동모터에서 구동력을 발생	감속시에 발생하는 운동에너지를 버리지 않고 구동모터를 발전기로 사용하여 배터리를 재충전	220V의 전압을 이용하여 배터리충전(0~100%). 충전까지 완속충전	외부에 별도로 설치된 급속충전기를 이용하여 충전(0~80%). 충전까지 급속충전

DC충전은 충전기 쪽에서 전력망으로부터 공급받은 380V 3상 교류전류를 직접직류로 변환하고 차량 쪽은 충전에 필요한 전압과 전류량을 충전기 쪽에 요청하여 고전압 DC전류를 입력받는 방식이다.

차량에 내장된 OBC는 용량에 한계가 있지만 충전기의 경우 50~150kW까지 차량 1대당 충전용량을 증가시킬 수 있다. 따라서 보통 급속충전은 DC충전으로 진행되기 때문에 보통 DC충전기를 급속충전기라고 얘기한다.

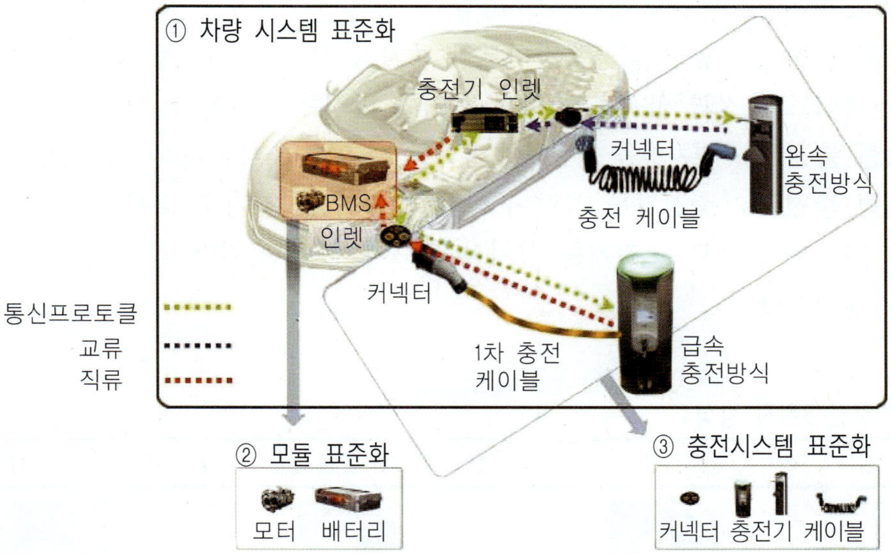

[그림 51] **전기자동차의 충전방법**

2.3.2. 충전 접속형식에 의한 분류

① **인덕티브 충전방식**(inductive charging) : 변압기 원리를 응용한 전자유도에 의해 에너지를 전달하는 방법이다.

② **컨덕티브 충전방식**(conductive charging) : 일반적인 전기접속방법에 따라 단자간 접촉으로 에너지를 전달하는 방법이다.

2.3.3. 충전시간에 의한 분류

① **급속충전** : 큰 전력으로 단시간에 충전하는 방식으로 30분에 약 80% 정도까지 충전한다. 단, 급속충전의 경우 만 충전은 불가능하다.

② **보통충전** : 야간에 교류 220V를 사용하여 적은 전력으로 만 충전시키는 방법으로 전기자동차의 기본이 되는 충전방식이다. 심야전력제도를 이용하면 경제적으로 충전할 수 있다.

③ **균등충전** : 전지의 충전상태를 초기조건으로 되돌리기 위해 정기적으로 충전하는 방식이다.

2.3.4. 충전기의 설치장소에 따른 분류

① **별치형 충전기** : 충전기를 차량외부인 주차장이나 주유소 등에 설치하는 방식으로 인덕티브 충전과 급속충전 등이 이러한 방식에 해당된다.

② **휴대형 충전기** : 별치형을 개량하여 휴대할 수 있도록 사용 편의성을 높인 형태이다.

③ **탑재형 충전기** : 충전기를 차량에 탑재하고 이동하다가도 교류전원이 있으면 충전이 가능한 형태로 충전기를 설치할 필요가 없이 전원만 있으면 충전이 가능하므로 편리하다.

[표] 전기차 충전 3가지 방식

구분	차데모	DC 콤보	AC 3상
커넥터 형상			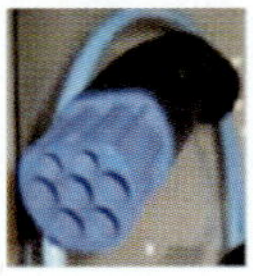
개발 시기 및 주체	10년 도쿄 전력	11년 10월 GM 등 독일, 미국의 7개 기업	12년 12월 르노
특징	–완속·급속 소켓이 구분 –전파 간섭의 우려가 적음	–충전구가 하나로 효율적(완속·급속이 위아래로 위치) –충전이 가능(15분 소요)	–배터리와 전력망을 전기교란으로부터 보호하는 기술(갈바닉) 적용
단점	–충전기 부피가 큼 –충전시간 다소 김(80% 충전하는데 30분 소요)	–급속충전시간에 비해 완속충전 시간이 김	–충전기 출력을 20kW 이상 올리기 어려움 –충전기 설치비용 높음

2017년 말부터 국내 규격도 DC 콤보 1로 통일되어서, 최근 대부분의 차종이 DC 콤보방식이다(볼트 EV, 코나 일레트릭, 아이오닉 일렉트릭, 니로 EV, 쏘울 EV 등).

[표] 충전구 및 커넥터 종류

<table>
<tr><th>구 분</th><th colspan="3">종 류</th><th>국내 통일</th></tr>
<tr><td rowspan="2">전기자동차
충전구
(inlet)</td><td></td><td></td><td></td><td></td></tr>
<tr><td>차데모</td><td>AC 3상</td><td>콤보 1</td><td>콤보 1</td></tr>
<tr><td rowspan="3">급속충전기
커넥터
(connector)</td><td rowspan="2"></td><td colspan="2">커넥터(Connector)</td><td rowspan="2"></td></tr>
<tr><td colspan="2"></td></tr>
<tr><td>멀티형 충전기</td><td colspan="2">차데모+AC 3상+콤보 1</td><td>콤보 1</td></tr>
</table>

2.3.5. 충전인프라

전기자동차의 충전인프라는 배터리 관리시스템(BMS : battery management system)을 꼽을 수 있다. 이 시스템은 배터리 충전시, 안전한 충전이 가능하도록 배터리 상태를 지속적으로 모니터링한 정보를 충전기 및 외부충전 스탠드와 주고받음으로써 안정적인 충전동작이 수행되도록 하는 시스템을 가리킨다. 배터리 관리시스템은 배터리의 전압, 온도, 전류를 실시간으로 측정한 데이터를 기반으로 배터리 충전잔량(SOC : state of charge)을 산출하며, 충전기에 해당 정보를 전송하여야 한다.

충전인프라와 연계시에는 전기자동차가 안전하게 충전될 수 있는 상황인지를 차량 내부 네트워크에서 정보공유를 통해 판단하고, 이를 통신 인터페이스장치를 통해 외부 충전스탠드 및 중앙관리시스템에 전송함으로써 안전한 충전동작이 수행되도록 해야 한다.

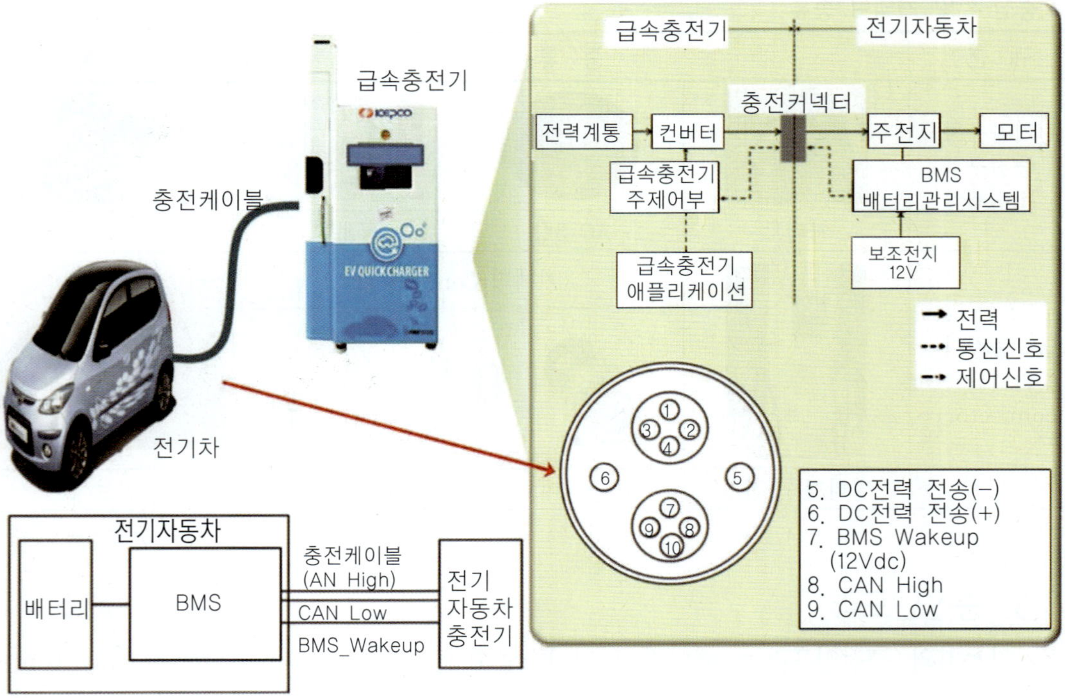

[그림 52] **전기자동차의 핵심 충전인프라**

2.4. 전기자동차의 주요부품

2.4.1. 모터

전기 자동차의 파워트레인에 사용되는 모터는 EV 구동력을 실현하는 중요한 부품이다. 승용차의 주행용으로 사용되는 모터의 경우, 출력은 10~60kW 정도가 일반적이다. 동기모터(synchronous motor)의 종류는 다음과 같다.

[1] 영구자석 동기 전동기(PMSM : permanent magnet synchronous motor)

영구자석식 동기모터는 회전자에 스스로 자기장을 생성할 수 있는 영구자석이나 전자석이 존재하며, 이들이 상호작용하여 발생하는 자기 배열토크를 사용할 수 있다. 로터 주위에 배치된 고정자(스테이터)에 3상 교류전류를 통과시키면 모터 내에 회전자계가 발생한다.

[그림 53] **영구자석 동기전동기의 구조**

로터의 회전위치를 레졸버가 검출하여 속도에 맞게 자계를 제어하면 로터에 설치된 영구자석이 회전자계에 흘러들어 회전토크가 발생한다. 토크의 강약은 흐르는 전류에 비례하고 이 전류를 제어하는 것에 의해 출력을 제어하는 게 가능하고, 회전자계와 로터자계의 각도를 제어하는 것에 의해 고회전까지의 강한 토크를 발생한다.

(1) 특징

① 유도전동기나 전자석 동기 전동기보다 고효율이다.
② 정류자, 브러시, 계자여자 회로, 슬립링이 없어 보수가 용이하다.
③ 회전속도가 전원 주파수에 의해 결정된다. 상용 교류의 주파수는 장기적으로 안정되어 있다.
④ 속도를 변화시키기 위해서는 가변전압, 가변주파수 제어 인버터가 필요하다.
⑤ 시동 및 정지 시에 독특한 음이 발생한다.
⑥ 정현파 벡터 제어를 하기 위해, 회전자의 위상각을 검출하기 위한 홀 소자 등을 사용한 센서가 사용되는 등, 최근에는 직류 버스의 과전류 보호용 분류기 전압으로부터 교류전류를 재현하여, 회전자 위치를 마이크로컴퓨터로 계산하는 센서리스 방식이 주류가 되어 가고 있다.
⑦ 구형파에 의한 제어는 역기전력을 검출하여 위상각을 검출하는 방법이 일반적이다.

[2] 동기 릴럭턴스 전동기(SynRM : synchronous reluctance motor)

돌극비를 극단적으로 키워 릴럭턴스(인덕턴스, 자기저항) 토크만을 이용하는 전동기이다. 회전자의 구조가 마치 톱니바퀴 같은 모양으로 독특하게 설계된다는 특징이 있는데 이러한 구조에서 전기자에 전류를 인가하게 되면 전기자와 거리가 가까운 톱니바퀴 부분에서 톱니부분이 자화되면서 전기자에게 끌려오게 된다. 이런 원리를 이용하여 고정자계를 자기저항이 최소가 되는 회전자의 위치와 일정 각도 차를 유지하며 회전자를 견인하게 된다.

회전자에 영구자석이 사용되지 않으므로 희토류 의존도를 줄일 수 있고 저렴한 장점이 있지만 제어성과 원리가 상당히 까다로워서 영구자석 동기전동기 이상으로 전자 의존도가 매우 높고 코깅(cogging)이 상당히 크며 영구자석 전동기에 비해 출력밀도와 효율이 떨어진다.

[3] 인덕션 모터(유도전동기, induction motor)

교류전원의 종류에 따라 크게 단상 유도전동기, 3상유도 전동기, 3상권선형 유도전동기 등이 있으며 일반적으로 3상 교류를 이용한다.

유도전동기 모터의 원리는 고정자(스테이터) 권선에 흐르는 교류전류에 의해 발생하는 회전 자기장과 로터부에 발생하는 유도 전류와의 상호작용에 의해 생기는 회전력이다. 이 때문에 인덕션 모터를 유도모터라 한다. 구조로는 로터부(회전자)는 규소 강관을 적층한 것, 슬롯부는 구리나 알루미늄 등으로 노형으로 권선을 형성한 것이 사용되고 있다.

유도전동기의 스테이터에 공급되는 교류전력은 교류 주파수에 맞춰서 회전 자기장을 생성하고 로터는 스테이터보다 느린 속도로 회전한다. 따라서 유도전동기 스테이터의 자기장은 로터에 대해서 변화하거나 회전한다. 이것은 유도전동기의 로터에 대향하는 전류를 유도하며, 실제로 전동기의 2차 권선은 외부 임피던스를 통해 단락되거나 닫힐 때 발생한다. 회전 자속은 로터의 권선에 자기 선속을 유도하여 전류를 흐르게 한다.

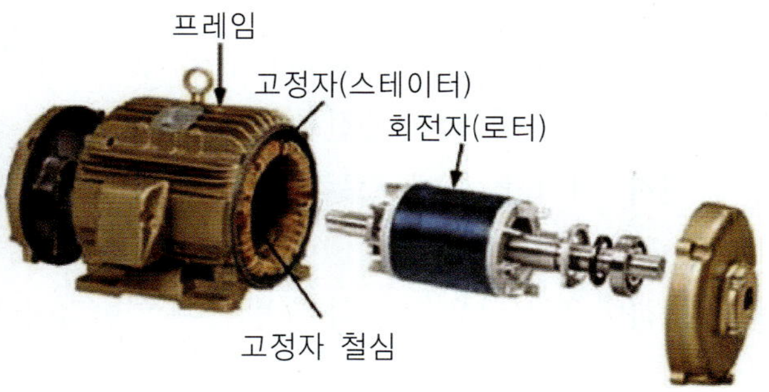

(a)

(b)

[그림 54] **인덕션 모터**

로터권선에서 유도전류의 원인은 회전하는 스테이터 자기장이다. 로터 권선전류의 변화에 맞서기 위해 로터는 회전하는 스테이터 자기장의 방향으로 회전하기 시작한다. 로터는 유도 스테이터 전류와 토크의 크기가 하중의 균형을 이룰 때까지 가속화

한다. 로터의 속도가 동기속도 이하로 내려가면 로터 자계에서 회전속도는 올라간다. 로터에 유도된 자기장의 회전속도와 스테이터의 회전방향에서 필드 회전속도사이의 비율을 슬립이라 한다.

하중이 늘어나면 속도가 내려가고 슬립이 증가하여 부하를 돌리는데 충분한 토크가 발생한다. 이러한 이유로 유도전동기는 비동기 전동기라고 하기도 한다.

유도전동기의 회전방향을 변경하는 방법은 3상 또는 단상시스템에 따라 달라진다. 3상의 경우 반전이 2상 도체의 접속을 교환함으로써 이루어진다. 단상 분상전동기에서 반전은 주요 권선과 시동회로사이의 접속을 변경하여 이루어진다. 인덕션 모터의 특징은 다음과 같다.

① AC전원의 동력용 모터에 적합하다.
② 구조가 간단하고 튼튼하며, 가격이 저렴하고 수명이 길다.
③ 어느 정도의 정속성도 가지고 있다.
④ 경부하에서의 효율은 일반적으로 낮다.
⑤ 수하 특성을 갖게 할 수 있다(로터의 도체 저항을 올려주면 된다).

2.4.2. 인버터(inverter), 컨버터(converter)

인버터는 직류전력을 교류전력으로 변환하는 장치, 즉 역변환장치이다. 전지에서 얻은 직류전압을 조정하는 장치로 컨버터(converter, 변환기)라고 부른다. 전기차에 장착된 인버터는 구동모터를 구동시키기 위한 장치로서 매우 중요한 장치 중 하나이고 이것은 고전압 배터리의 직류(DC) 전력을 모터 구동을 위한 교류(AC)로 변환시킴으로서 유도전동기를 제어하는 역할을 한다. 즉 고전압 배터리로 받은 직류(DC) 전원(+, -)을 이용하여 3상 교류(AC) 전원(U, V, W)으로 변환시킨 후 제어보드에서 입력받은 신호로 3상 AC 전원을 제어함으로써 구동모터를 구동시킨다.

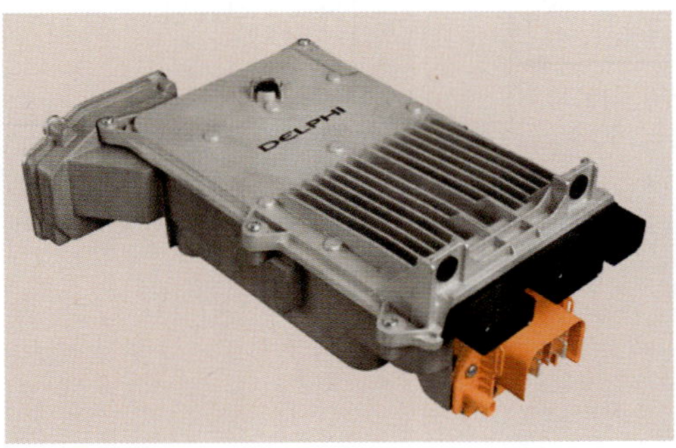

[그림 55] **전기자동차 인버터**

가속 시에는 고전압 배터리에서 구동모터로 에너지를 공급하고, 감속 시에는 구동모터에서 발생한 에너지를 다시 고전압 배터리에 충전함으로써(회생제동) 주행거리를 증대시킨다. 또한 인버터는 쿨링 팬 및 전자식 워터펌프(EWP)를 제어한다.

[표] **인버터의 주요 내용과 기능**

분 류	항 목	내 용	주요항목
제어기능	토크제어	회전자 자속의 위치에 따라 고정자의 전류의 크기와 방향을 독립적으로 제어하여 토크 발생	-전류제어 -회전자 위치 및 속도검출
보호기능	과온제어	인버터 모터의 제한온도 초과시 출력 제한	인버터 및 모터 온도에 따라 최대 출력 제한
	고장검출	-외부 인터페이스 관련 문제점 -검출 인버터 내부 고장 검출	-인버터 외부연결 관리 고장 검출 -성능관련 고장검출 -인버터 하드웨어 고장검출
협조제어	차량운전 제어	차량에서 필요한 정보 타 제어기와 통신	-요구토크, 배터리 상태 EWP 등 정보 수신 -인버터 상태 정보 수신

인버터는 차량 제어 유닛(VCU : vehicle control unit)의 모터 토크 지령 계산을 위하여 모터 가용 토크를 제공하고 VCU로부터 수신한 모터 토크 지령을 구현하기 위하여 인버터 펄스 폭 변조(PWM) 신호를 생성한다.

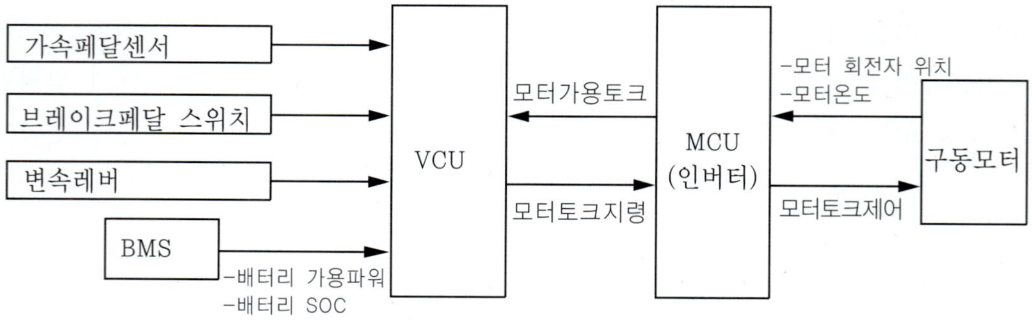

[그림 56] **모터 구동제어 블록 다이어그램**

[표] 회로구성에 따른 인버터의 분류

구 분		동작 특성	비 고
전류형 (current source)		정류부(rectifier)에서 전류를 가변하여 평활용 reactor로 일정 전류를 만들어 인버터로 주파수를 가변함.	대용량에 채용
전압형 (voltage source)	PAM	정류부(rectifier)에서 DC전압을 가변하여 콘덴서로 평활전압을 만들어 인버터부로 주파수를 가변함.	초기에 사용된 기술로 현재는 단종 됨.
	PWM	정류부(rectifier)에서 일정 DC전압을 만들고 인버터로 전압과 주파수를 동시에 가변함.	최근 대부분의 인버터에 채용

• PWM(pulse width modulation) : 펄스 폭 변조
• PAM(pulse amplitude modulation) : 펄스진폭 변조

2.4.3. 모터제어기(MCU : motor control unit)

액셀페달 조작량 및 속도를 검출해서 의도한 구동토크변화를 가져올 수 있도록 차속이나 부하 등의 조건에 따라 모터의 토크 및 회전속도를 제어한다. 이를 위한 시스템은 제어기라고 부른다. 여기서 전원은 전지이며, 일정전압의 직류전류를 얻을 수 있다.

직류모터라면 회로 내 저항을 이용하여 전류의 크기를 제어하기만 하면 되지만 교류모터일 경우에는 우선 교류로 변환하고, 다시 진폭이나 주파수/위상을 바꾸어서 자동차의 주행상황을 커버할 필요가 있다.

2.4.4. 회생 제동장치(regenerative braking system)

회생 제동장치는 브레이크를 밟을 때 모터가 발전기의 역할을 하게 된다는 개념이다. 전기자동차의 에너지 소비를 줄여 주는 데 있어 매우 중요한 역할을 하는 것이 회생 브레이크다.

회생제동에 유압 마찰제동을 복합으로 사용한다. 모터에 공급하던 전류를 차단하면 도로를 달리던 자동차는 바퀴가 모터를 돌리는 꼴이 된다. 이때 자동차의 관성에 의해 돌아가는 모터에서는 전류가 발생한다. 전동기를 발전기로 만들어서 운동에너지를 전기에너지로 변환해서 전력을 회수해 제동력을 발휘하는 제동방법이다.

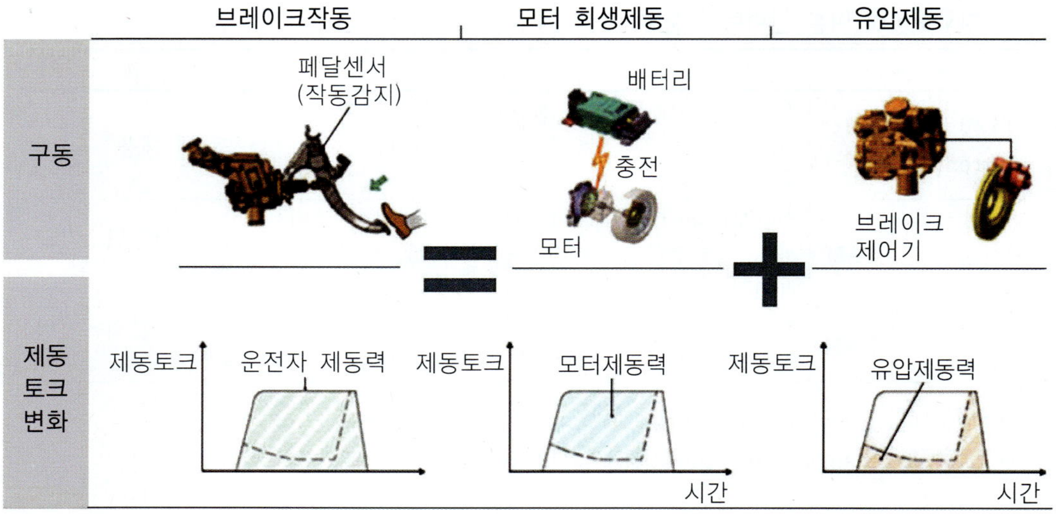

[그림 57] **회생 제동시스템의 작동**

(1) 장점

① 연비개선 효과가 매우 크다.

② 세기를 자유롭게 제어할 수 있다.

③ 마찰재의 부담이 줄어든다.

④ 일종의 엔진 브레이크 효과를 얻을 수 있다.

(2) 단점

① 회생제동이 시작되는 시점에서 갑작스런 제동력으로 인해 운전자가 진동을 느끼기 쉽다.

② 운전자가 밟는 발의 힘과 제동력사이에는 회생제동력의 크기만큼 이질감이 생겨 운전자에게 혼란을 초래하기 쉽다는 점 등은 개선해야 한다.

2.4.5. 전지시스템(BMS : battery management system)

전지시스템(BMS)은 실시간으로 2차전지의 전류·전압·온도 등을 측정해 에너지의 충·방전상태와 배터리 잔여량을 제어하는 것으로, 타 제어시스템과 통신하며 전지가 최적의 동작환경을 조성하도록 환경을 제어하는 2차 전지의 필수부품이다.

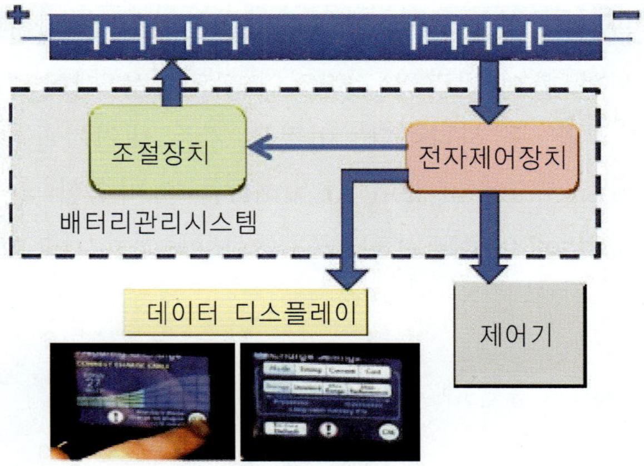

[그림 58] **전지시스템의 구성도**

전기자동차는 대용량 셀들이 노트북이나 휴대폰용과는 비교할 수 없을 정도로 많이 모여야 한다. 축전지 관리시스템에 문제가 발생할 경우 전기자동차가 폭발하는 사고까지 이어질 수 있기 때문에 2차 전지를 만드는데 있어 BMS는 핵심기술이다. 전기자동차에 대한 BMS의 기능은 다음과 같다.

① 축전지를 이루는 개별 셀의 상태를 모니터링
② 응급의 경우에는 축전지를 분리
③ 축전지 체인 내에서 셀 매개 변수에 있는 불균형에 대한 보상
④ 축전지 충전상태에 대한 정보제공
⑤ 축전지 상태에 대한 정보제공
⑥ 드라이버 디스플레이 및 경보에 대한 정보를 제공
⑦ 축전지의 사용가능 범위를 예측
⑧ 관련 차량 제어시스템에서 지시사항을 수락하고 구현
⑨ 셀 충전을 위한 최적의 충전 알고리즘을 제공
⑩ 제공하는 스위치와 돌입 전류를 제한하는 충전이 단계 전에 부하 임피던스 테스트를 수 있도록 사전충전
⑪ 개별 셀을 충전에 대한 액세스 수단을 제공
⑫ 차량 운영모드의 변화에 대응

2.4.6. 전력제어 장치(EPCU : electric power control unit)

EPCU는 모터의 제어와 함께 차량의 전반적인 움직임을 제어 컨트롤하는 장치로써 전기차에서 매우 중요한 부품 중 하나이다. 이것은 기존 내연기관 차량의 ECU(electronic control unit), TCU(transmission control unit)들과 비슷한 기능들을 한다. EPCU는 인버터(MCU-moter control unit)+LDC+VCU(vehicle control unit)로 이루어져 있다.

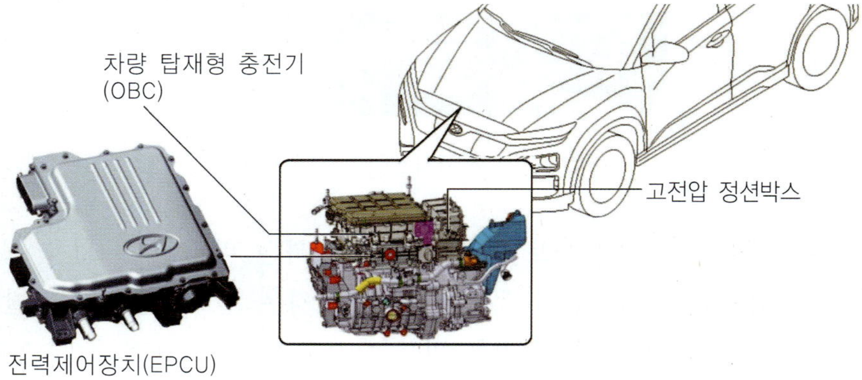

[그림 59] **EV EPCU 및 모터 어셈블리**

(1) 저전압 직류 변환장치(LDC : low voltage DC-DC converter)

기존의 엔진이 있는 자동차는 엔진이 발전기를 구동시켜 12V를 생성하였지만 LDC는 저전압 직류 변환장치로서 전기차에는 알터네이터(alternator, 교류발전기)가 없다. 그에 따라 보조배터리를 충전할 수 있는 시스템이 없기 때문에 이것을 보완하기 위하여 LDC가 장착되어 있다.

배터리의 고전압(DC 360V)이 LDC를 거쳐 저전압으로(DC 12V) 변환되면서 차량에서 사용되는 전자기기들(전조등, 와이퍼, 펌프, 제어보드 등)에 전력을 공급한다. 보조배터리도 충전하는 일을 겸하고 있고 현대/기아에서 출시한 전기차에는 유틸리티 모드라는 것을 지원하는데 이 모드로 지원하면 LDC를 거쳐 차량의 전자기기를 운영하는 것이다. 그러므로 장시간 내부 전자기기들을 이용하여도 방전의 염려가 없다.

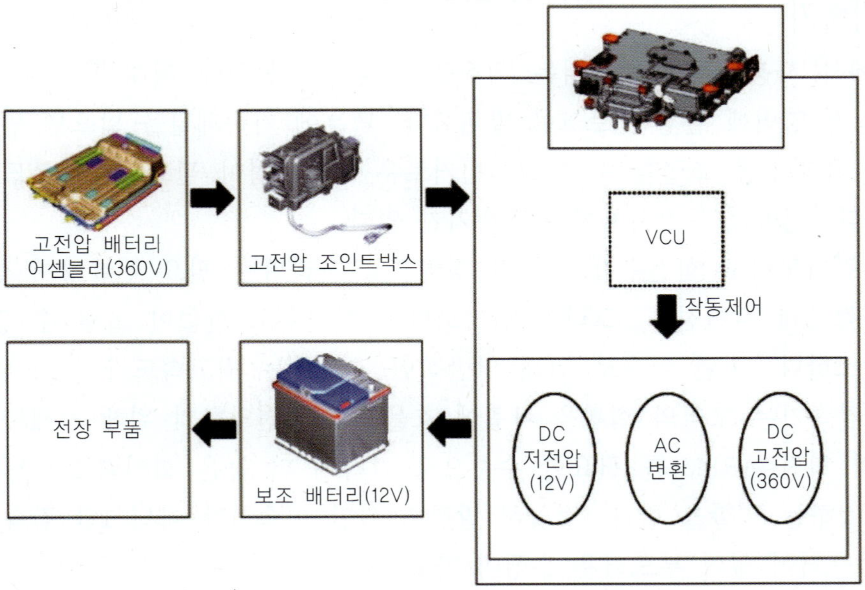

[그림 60] LDC(저전압 직류 변환장치)

(2) 차량제어 유닛(VCU : vehicle control unit)

VCU는 EPCU에서 중요한 부품 중 하나이다. 이름에서도 알 수 있듯이 차량제어를 하는 데 있어 모든 관여를 한다. 구동모터 제어, 회생제동 제어, 공조 부하제어, 전장 부하 전원 공급제어, 클러스터 표시, DTE(distance to empty), 예약/원격 충전/공조, 아날로그/디지털신호 처리 및 진단 등 차량을 운행하는 데 있어 매우 중요한 일을 한다.

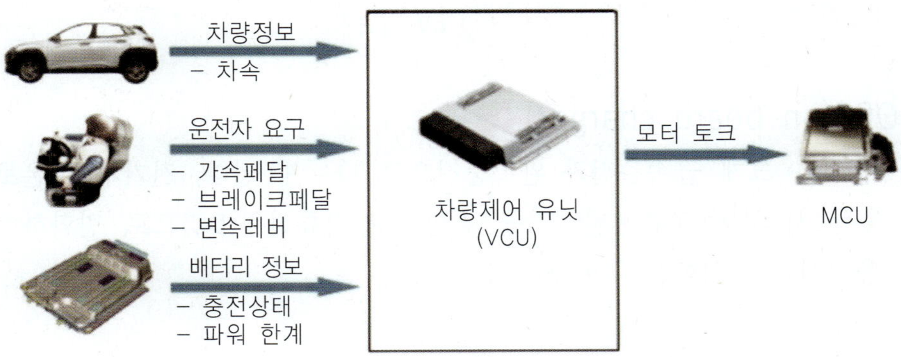

[그림 61] VCU(차량제어 유닛)의 개요

2.4.7. 감속기

전기차에서 사용하는 전기모터는 회전을 시작하는 동시에 최대 토크를 출력할 수 있고, 고회전 영역에 일정한 토크를 발휘한다. 덕분에 가속페달을 밟으면 인버터를 통해 전압과 주파수를 조절할 수 있고, 번거로운 변속작업이 필요 없이 부드러운 가속이 가능하다. 일반적인 전기차에는 변속기가 없다.

그러나 전기모터도 회전수가 고회전 영역으로 올라가면 필요 전류량이 높아지면서 효율이 급격하게 떨어진다. 그리고 전기모터의 회전수도 한없이 올릴 수 없고, 결국 토크도 감소한다. 이런 이유로 인해 일반적인 전기차는 최고속도가 높지 않다. 이런 과정에서 감속기는 모터의 회전을 바퀴에 효율적으로 전달하기 위해 탑재하는 장치이다. 모터의 회전수(RPM)를 필요한 수준으로 감속해 더 높은 회전력(토크)을 얻을 수 있도록 조정하는 역할을 한다. 정확히 말하면 다단 변속기가 아닌 1단 감속기를 사용하고, 변속충격이 없어 부드러운 운행이 가능하다.

(a) Offset Type A (b) Offset Type(B) (c) Inline Type

[그림 62] EV 감속기

2.4.8. OBC(on board charger)

전기차 충전은 크게 급속충전과 완속충전으로 나누게 된다. 전기차의 온보드 차저는 완속 충전 시 외부 교류전원(AC)를 승압하고 직류전원(DC)으로 변환하여 전기차 배터리를 충전시키는 역할을 수행하는 장치이다.

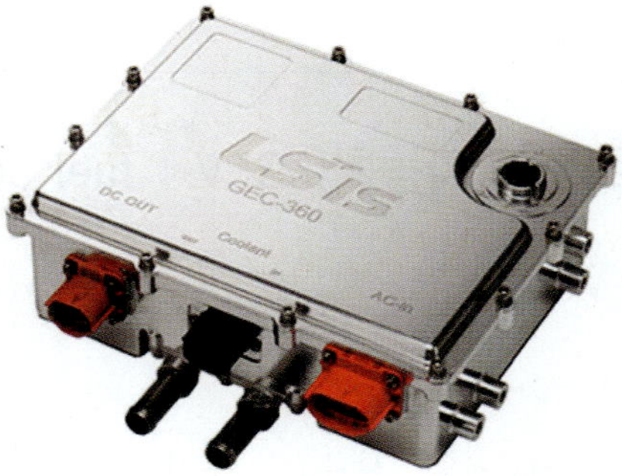

[그림 63] OBC

최근에는 6~10kW 사용하게 되면서 완속에서도 충전시간을 단축할 수가 있게 되었다. OBC는 상용전원인 교류(AC)를 직류(DC)로 변환해 차량 내부 배터리를 충전하는 기능을 한다. OBC는 크게 3개의 부분으로 나눌 수 있다.

① PFC(power factor correction) : 220V AC가 브릿지 다이오드를 통해 전파 정류되며, 정류된 전압은 부스트 컨버터회로를 통해 power factor를 높이고 전압을 승압시킨다.

② **풀 브릿지 컨버터**(full bridge converter) : 풀브릿지회로를 통해 고주파의 AC로 변환시킨다. 고주파의 교류전압은 트랜스포머를 통해 높은 전압으로 변압합니다. 변압기를 사용함으로써 220V AC와 고전압 배터리를 물리적으로 절연시킬 수 있다.

③ **풀 브릿지 정류기**(full bridge rectifier) : 고전압 교류는 풀 브릿지 회로를 통해 정류되며, 정류된 파형은 LC 필터 회로를 통해 DC전압으로 변환되어 배터리에 충전된다.

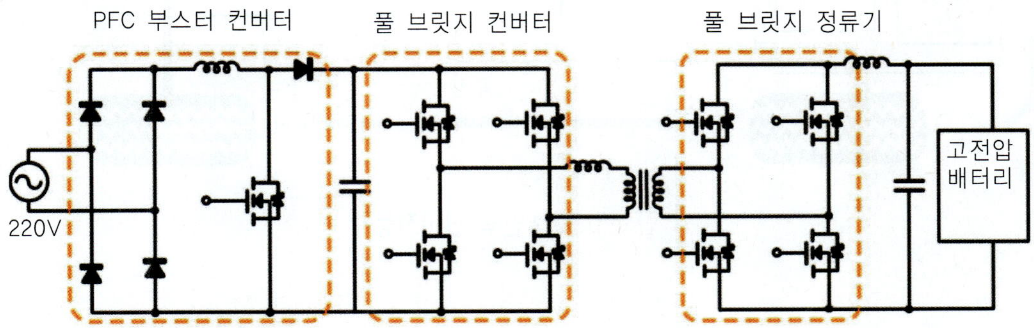

[그림 64] OBC(on board charger)의 구성

03 수소연료 전지자동차(FCEV : fuel cell electronic vehicle)

수소연료 전지자동차는 수소(H_2)와 산소(O)가 반응해 물(H_2O)을 생성하고, 생성하는 과정에서 발생되는 전기적인 에너지를 저장해 전원으로 사용하는 자동차를 말한다. 즉, 수소와 공기 중 산소를 반응시켜 발생되는 전기로 모터를 돌려 구동력을 얻는 친환경 자동차이다.

내연기관 차량에 비해 연료비가 싸고, 출력이 높으며, 이산화탄소 배출을 줄일 수 있고 전기자동차에 비해 충전시간, 주행거리 등에서 장점이 있다. 다만 아직까지 충전소 등 교통 인프라에서 전기자동차에 크게 밀리는 상황이다. 그리고 내연기관 엔진의 효율 30% 수준 대비 연료전지 40~60%로 효율이 높다.

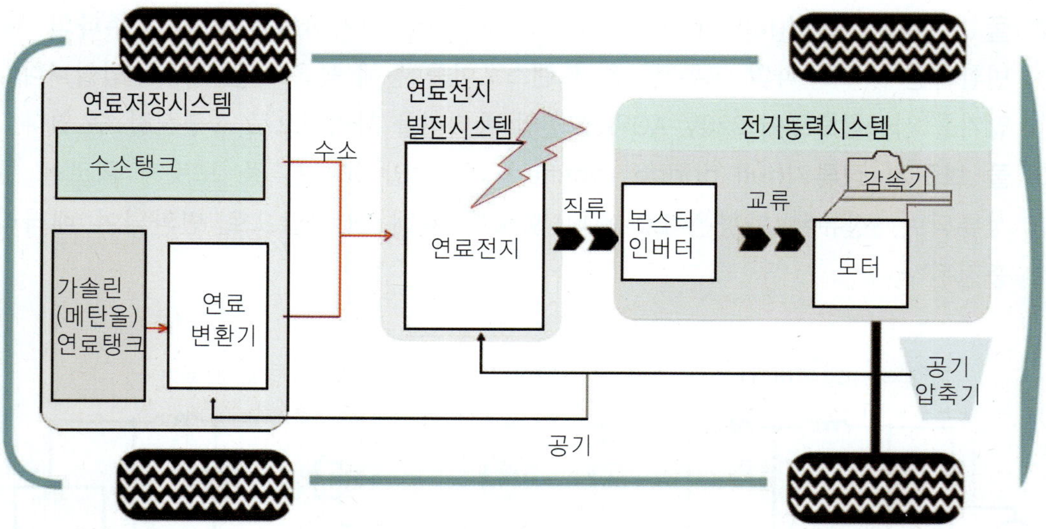

[그림 65] 수소연료 전지자동차

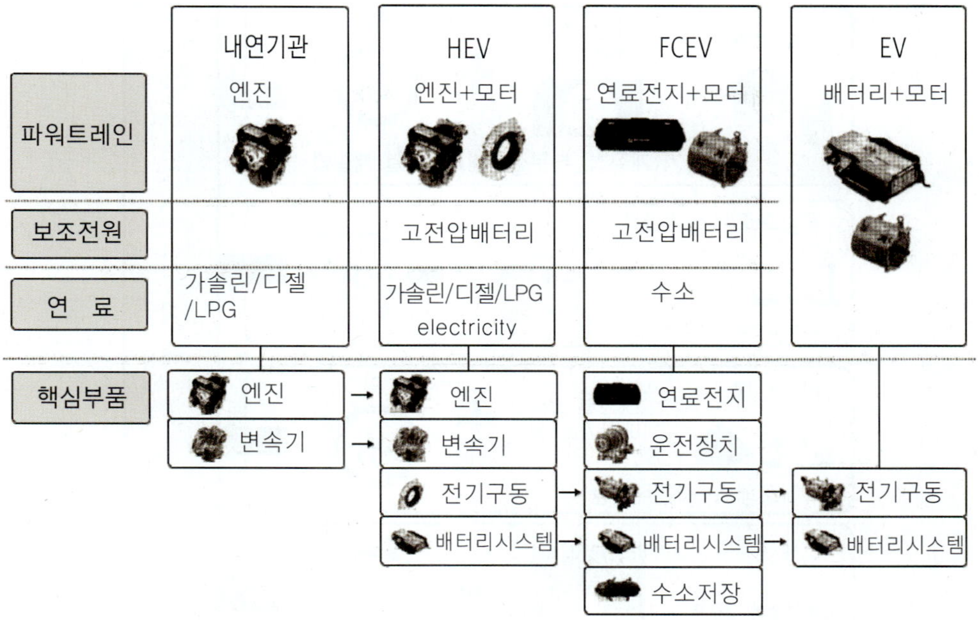

[그림 66] **동력원에 따른 구성원**

3.1. 수소가스 제조기술

수소는 공기 중에 약 0.01%가 함유된 무색, 무취의 가연성 가스로 비등점이 -252.5℃이며, 비중은 1기압 25℃에서 0.0695이고 확산속도는 1.8km/sec이다.

수소는 연소할 때 공해물질 방출이 전혀 없는 청정에너지이며, 생산을 위한 원료의 고갈 우려가 없다. 또한 에너지 밀도가 높고, 이용기술의 실용화 가능성이 높은 에너지이다.

수소가스 제조기술은 천연가스, 석탄, 바이오매스의 분자구조에 포함되어 있는 수소를 열분해, 전기분해, 광분해 등에 의해 분리시키는 방법이 있다. 현재 상용화되고 있는 공업용 수소 생산은 주로 탄화수소의 수증기 메탄 개질법이나 물 전기분해법 등으로 이루어지고 있다. 바이오매스(농작물, 농공업 잔여 유기물 등)를 분해해 수소를 얻거나 고온에서 물을 분해시킨다거나 하는 방법들이 고려되고 있으나 아직 장기적 관점에서도 전망이 밝지 않은 상황이다.

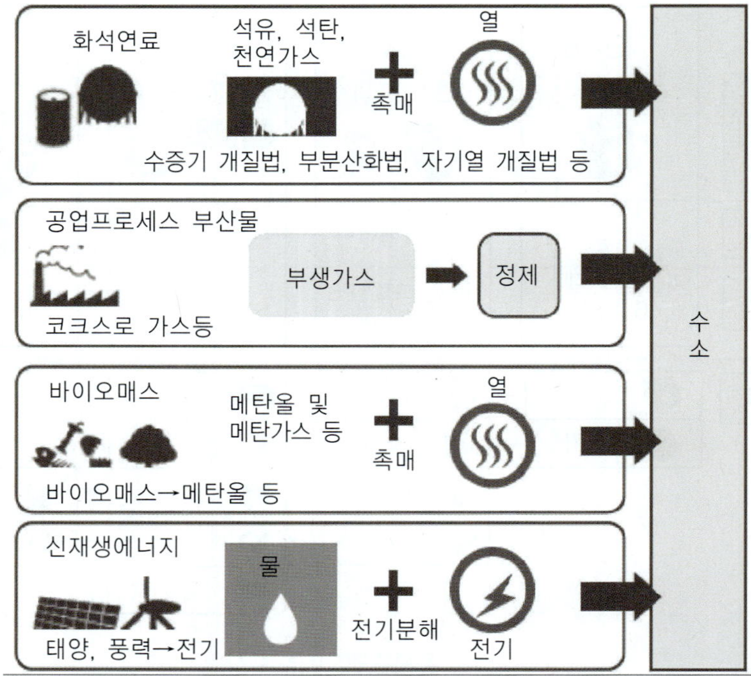

[그림 67] **수소가스 제조방법**

3.2. 연료전지의 개요

연료전지자동차는 수소를 연료로 사용하는데 아직은 수소 저장 및 운반기술이 미흡하고, 충전소도 많지 않아서 상용화되지 못하고 있다. 그러나 연구는 활발하게 이루어지고 있다.

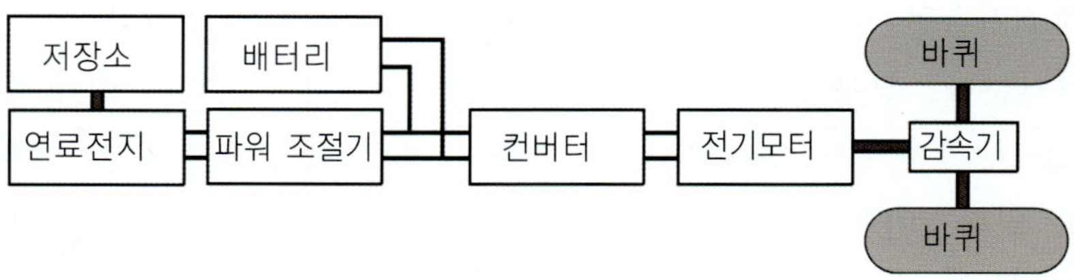

[그림 68] **연료전지 전기자동차의 구조**

3.2.1. 전기의 발생원리

연료전지는 화학에너지에서 바로 전기에너지로 직접 변환된다. 천연가스나 메탄올 등의 연료에서 얻어낸 수소와 공기 중의 산소를 반응시키면 전기에너지를 직접 얻을 수 있다. 이러한 원리는 물을 전기분해하면 수소와 산소가 발생된다는 것을 역으로 이용한 것이다.

수소와 산소를 반응시키면 연소반응에 의해 열이 발생하면서 물이 되는데 이때 수소와 산소를 직접 반응시키는 대신 연료전지를 통해 전기화학반응이 일어나게 하면 물과 열 이외에도 전기를 발생시킬 수 있다. 즉 연료전지란 수소 등의 연료가 갖고 있는 화학에너지로부터 전기에너지를 연속적으로 직접 발생시키는 발전장치이다.

연료전지는 공기극과 연료극의 전극, 두극사이에 위치하는 전해질로 구성되어 있다. 연료전지의 구성요소 중 전극은 전기화학반응을 진행시킬 수 있는 일종의 촉매역할을 하고, 전해질은 생성된 이온을 상대 극으로 전달시켜주는 매개체 역할을 한다.

연료 극에는 수소, 공기 극에는 공기(또는 산소)가 공급되어 각 전극에서 전기화학반응이 진행된다. 이렇게 구성된 연료전지 한 쌍을 단전지(single cell)이라 하며 연료극과 공기극간의 전압은 약 1V 내외가 된다. 이러한 단전지를 직렬로 연결하면 원하는 만큼의 전압을 얻을 수 있다.

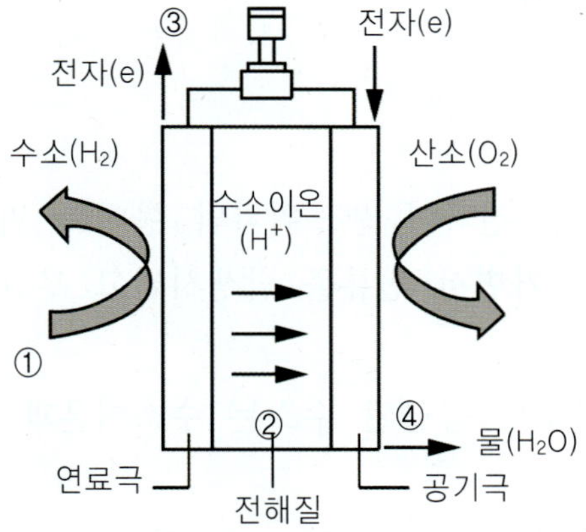

① 연료극에서 수소가 수소이온과 전자로 분해
② 수소이온은 전해질을 거쳐 공기극으로 이동
③ 전지는 외부회로를 거쳐 전류를 발생
④ 공기극에서 수소이온과 전자, 산소가 결합해 물이 된다.

[그림 69] **연료전지의 전기발생원리**

3.2.2. 연료전지 화학반응

연료전지(fuel cell)는 수소와 산소의 화학반응으로 생기는 화학에너지를 직접 전기에너지로 변환시키는 기술을 이용한 전지이다. 즉 연료와 산화제를 전기화학적으로 반응시켜 전기 에너지를 발생시키는 장치이다. 이 반응은 전해질 내에서 이루어지며 일반적으로 전해질이 남아있는 한 지속적으로 발전이 가능하다.

$$H_2 + \frac{1}{2}O_2 = H_2O + \text{ 전기}$$

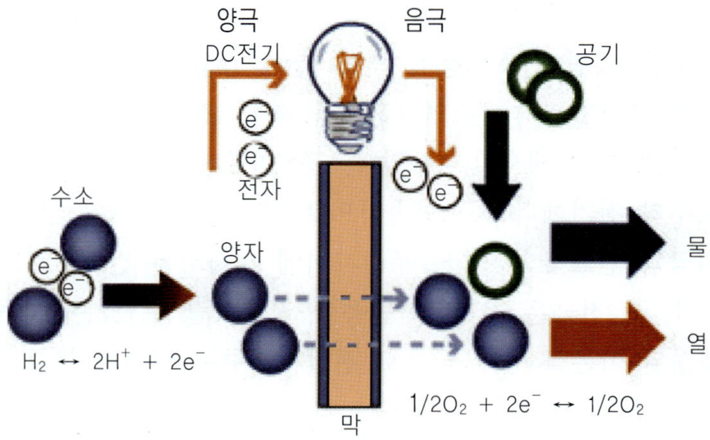

[그림 70] **연료전지의 원리**

음극(cathode) : $H_2 \rightarrow 2H^+ + 2e^-$

양극(anode) : $1/2O_2 + 2H^+ + 2e^- \rightarrow H_2O$

전체(overall) : $H_2 + 1/2O_2 \rightarrow H_2O$ + 전류 + 열

연료전지의 구조는 전해질을 사이에 두고 두 전극이 샌드위치의 형태로 위치하며 두 전극을 통하여 수소이온과 산소이온이 지나가면서 전류를 발생시키고 부산물로서 열과 물을 생성한다.

① 연료극(hydrogen from tank, 양극)으로부터 공급된 수소는 수소이온과 전자로 분리

② 수소이온은 전해질층을 통해 공기극으로 이동하고 전자는 외부회로를 통해 공기극으로 이동하며 전기생성

③ 공기극(oxygen from air, 음극)쪽에서 산소이온과 수소이온이 만나 반응생성물(물)을 생성

최종적인 반응은 수소와 산소가 결합하여 전기, 물 및 열을 생성한다. 연료전지는 "전지" 라는 말이 붙어있기는 하지만 일반적인 전지와는 다르다. 전지는 닫힌계에 화학적으로 전기에너지를 저장하는 반면, 연료전지는 연료를 소모하여 전력을 생산한다. 또한 전지의 전극은 반응을 하여 충·방전상태에 따라 바뀌지만, 연료전지의 전극은 촉매작용을 하므로 상대적으로 안정하다. 생성물이 전기와 순수인 발전효율 30~40%, 열효율 40% 이상으로 총 70~80%의 효율을 갖는 신기술이라고 할 수 있다.

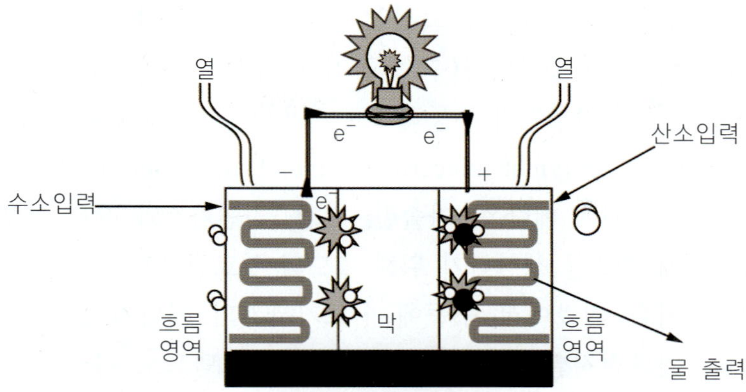

[그림 71] **연료전지의 전기발생원리**

3.2.3. 연료전지의 장 · 단점

[1] 장점

① 발전효율이 40~60%이며, 열병합 발전시 80% 이상 가능하다.

② 천연가스, 메탄올, 석탄가스 등 다양한 연료사용이 가능하다.

③ **환경공해 감소** : 배기가스 중 NOx, SOx 및 분진이 거의 없으며, CO_2 발생량에 있어서도 미분탄 화력발전에 비하여 20~40% 감소한다.

④ 회전부위가 없어 소음이 없으며, 기존 화력발전과 같은 다량의 냉각수가 불필요하다.

⑤ 도심부근 설치 가능하여 송배전시의 설비 및 전력 손실이 적다.

⑥ 부하변동에 따라 신속히 반응하며, 설치형태에 따라서 현지 설치용, 분산 배치형, 중앙 집중형 등의 다양한 용도로 사용이 가능하다.

[2] 단점

① 초기 설치비용이 고가이다.

② 수소공급, 저장 등 인프라 구축이 어렵다.

3.3. 수소연료 전지자동차 구조의 특징 및 구성부품의 레이아웃

수소연료 전지자동차(FCEV : fuel cell electric vehicle)는 연료전지 스택(stack)이라는 특수한 장치에서 수소(H_2)와 산소(O_2)의 화학반응을 통해 전기를 생산하고, 이 전기 에너지를 사용하여 구동모터를 돌려 주행하는 자동차를 말한다. 즉 수소연료 전지자동차는 공기와 산소연료를 이용하여 전기를 생성한다. 연료전지에서 생산된 전기는 인버터를 통해 모터로 공급된다(모터/인버터 일체형). 또한 스택에서 생산된 전기의 충·방전을 보조하기 위해 별도의 고전압 배터리가 적용된다. 이 과정 중에 유일하게 배출하는 배기가스는 수증기이다(수소 전기차 특징).

수소연료 전지자동차 중에 자동차의 주동력으로 사용되는 연료전지는 대표적으로 프로톤 교환막 연료전지(PEMFC : polymer electrolyte membrain fuel cell)이며 기본이 되는 연료는 수소이다. 수소 이외에 메탄올, 가솔린, 디젤, 천연가스와 같은 연료를 사용할 경우에는 이들 연료로부터 수소를 생산하기 위해 별도의 연료변환기를 장착해야 한다.

수소연료 전지자동차를 연료에서 구동에 이르기까지의 에너지 흐름의 관점에서 보면 연료저장시스템, 연료전지발전시스템, 전기 동력시스템으로 나눌 수 있다. 고압수소탱크에서 연료전지로 연료인 수소가 공급되며 전기화학 반응에 필요한 산소는 대기 중의 공기로부터 공급된다.

한번 연료전지 스택에 공급된 수소는 대기 중으로 방출되는 것이 아니라 수소 이용률을 높이기 위해 수소탱크의 수소와 혼합되어 다시 연료전지 스택에 공급된다.

이런 방법을 통해 연료의 소비를 줄일 수 있을 뿐만 아니라 대량의 수소가 공기 중으로 방출되어 발생할 수 있는 위험을 줄일 수 있다. 공기와 수소의 반응에 의해 연료전지스택에서 생성된 직류전기는 인버터를 통해 바뀐 뒤 전기 구동모터에 공급된다. 구동모터에서 발생되는 회전운동 에너지는 감속기를 통해 적절한 회전수로 감속되어 바퀴에 전달된다.

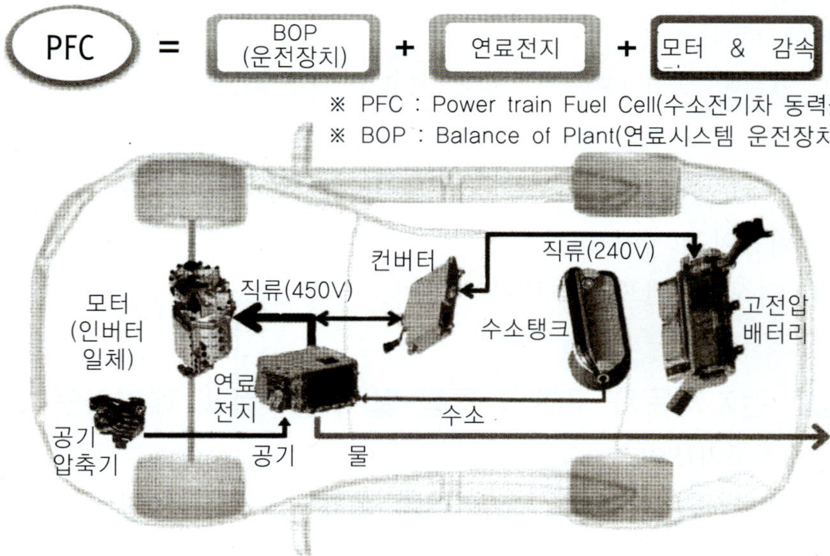

[그림 72] **수소연료 전지자동차의 연료전지시스템**

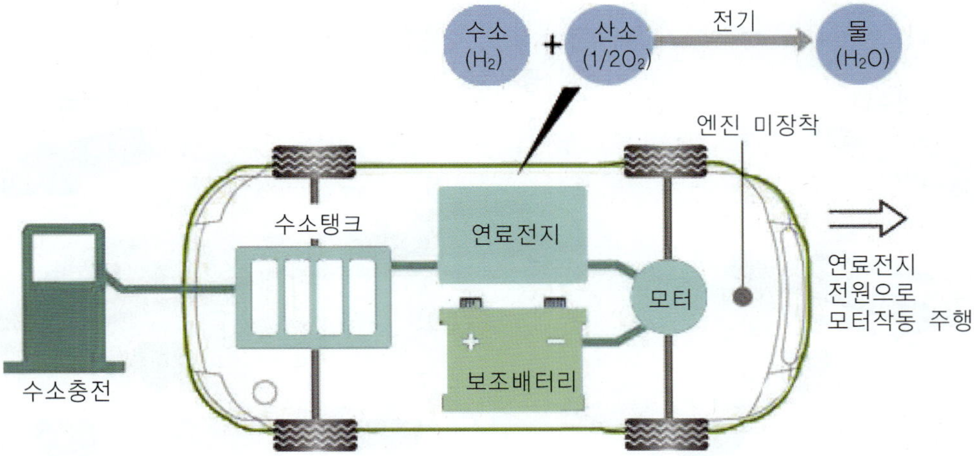

[그림 73] **수소전지자동차의 구조**

BOP(스택 운전장치)
-스택에 수소 및 공기공급
-화학반응시 발생하는 열관

연료전지 스택
-수소와 공기를 사용하여 전기생산
-수소+산소= 전기+물

구동모터 및 감속기
-구동력 발생 및 전달
-인버터(3상 공급) 필요

[그림 74] **PFC의 구성품**

워터펌프, 에어컨 컴프레서 등은 전기모터로 구동되며 진공을 형성하기 위해 별도의 진공펌프가 필요하다. 이러한 전기구동 모터 및 장치들을 운전하기 위해서는 각 부품들의 전압 사양을 맞추어 주어야 한다. 수소연료전지 자동차(FCEV)의 주행상황에 따른 구동원리는 하이브리드(HEV)차량과 아주 유사하다.

① **평지 주행시** : 차량에 부하가 적을 경우, 스택에서 생산된 전기로 모터를 구동한다.

② **등판 주행시** : 차량에 부하가 클 경우, 스택의 전기 생산량을 높여(수소 및 공기 공급 많아짐) 모터에 공급되는 전압을 높인다. 또한 스택에서 생산된 전기가 부족할 경우 고전압 배터리에 저장된 전기를 추가로 사용하여 모터를 구동한다.

③ **강판 주행시** : 차량에 부하가 없을 경우, 스택으로 공급되는 연료를 차단하여 스택을 차단하여 스택을 정지시킨다. 또한 회생제동으로 생산된 전기는 고전압 배터리를 충전하여 연비를 향상시킨다(회생제동으로 생산된 전기는 스택으로 가지

않고 고전압 배터리 충전에 사용된다).

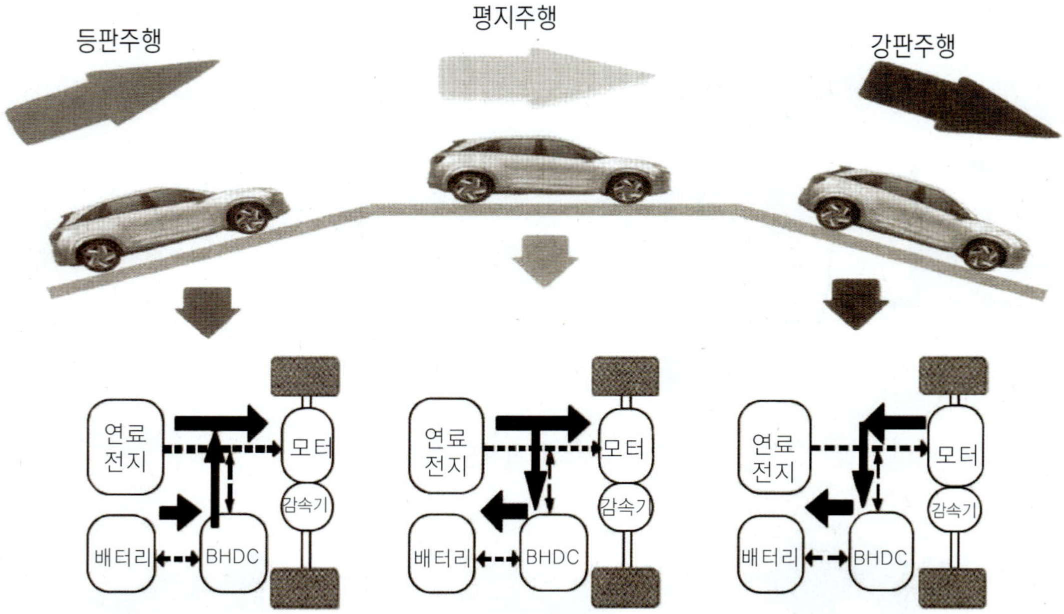

[그림 75] **수소연료 전지자동차의 주행특성**

3.4. 수소연료 전기차 시스템

FCEV(fuel cell electric vehicle)차량의 동력원인 전기를 생산하고 이를 통해 차량을 구동하는 시스템이 구성된 전체 모듈을 PFC(power train fuel cell)라 한다. PFC는 크게 연료전지 스택(stack)에 수소를 공급하는 FPS(fuel processing system), 공기를 공급하는 APS(air processing system), 스택을 냉각시키는 TMS(thermal management system), 스택에서 생산된 전기로 차량을 구동하는 모터 및 감속기로 구성된다.

[표] **수소 전기차 시스템 구성요소 및 기능**

구성요소	이미지	주요기능
스택모듈		-수소 전기차에서 실제적으로 전기를 발생시키는 모듈 -별도의 고온의 연소반응 없이 전기발생
운전시스템 (BOP)		-수소 공급계, 공기 공급계, 열 관리계로 구성 -연료전지 시스템을 최적의 조건으로 운전할 수 있도록 구현하는 운전 장치의 통칭

BPCU		운전장치에 사용되는 공기압축기 구동 제어기(제어보드, 게이트 보드, 캐패시터, IGBT, 전류센서, 홀더로 구성됨)
인버터		-직류전원을 가변전압 및 가변주파수 형태의 교류로 변환하는 장치 -구동모터의 구동력/회생력 제어
FCU		-연료전지 스택에서 최적의 효율로 전기를 발생시키고 주변 장치들을 제어하는 연료전지시스템 통합제어 -클러스터와 액셀, 브레이크 등을 관리하는 차량제어 기능 -고전압 배터리와 스택에서 생성되는 전기를 분배

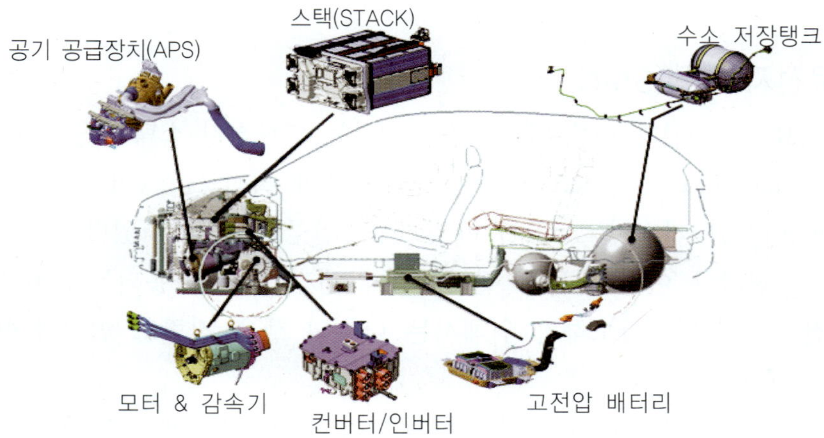

(a)

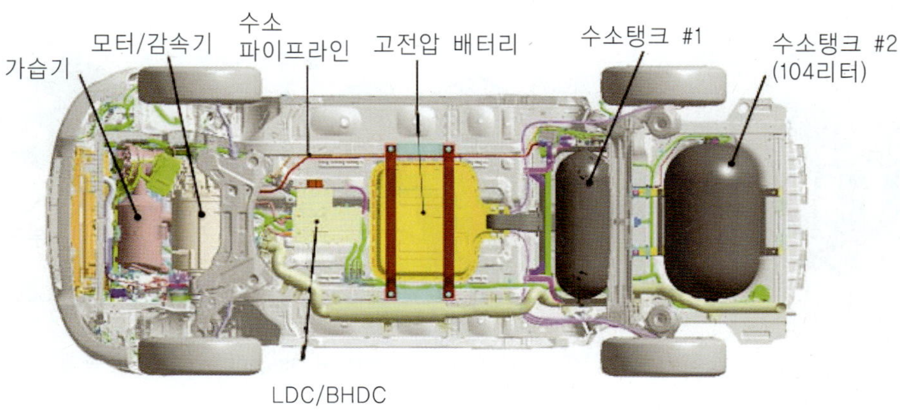

(b)

[그림 76] **수소연료 전지자동차의 구성부품**

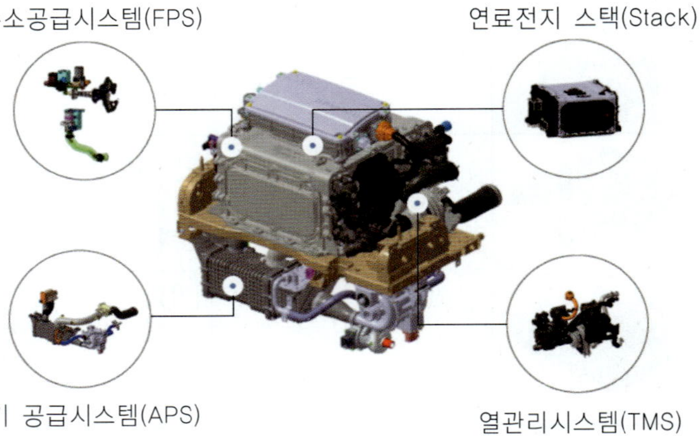

[그림 77] **PFC(power train fuel cell) 어셈블리**

3.4.1. 연료전지 스택(Stack)

수소차 구성요소 중 원가 비중 약40%를 차지하는 연료전지 스택의 구성요소는 막전극 접합체(MEA : membrane electrode assembly), 기체 확산층(gas diffusion layer), 분리판(bipolar plate), 개스킷(gasket) 체결기구, 인클로저 등이 있다. 수소연료전지차도 기본적으로 전기차 이기 때문에 전기모터가 엔진 대신 사용되는데 이를 구동하는데 필요한 전기에너지를 확보하기 위해서는 다수의 셀을 직렬로 연결하여야 하며 이를 스택이라고 한다.

Cell은 두 기체(수소와 산소)의 반응을 높이기 위해 적용된 소자와 냉각수 흐름과 각 부위의 기밀을 유지하기 위한 부분으로 구성된다.

(a) 스택모듈

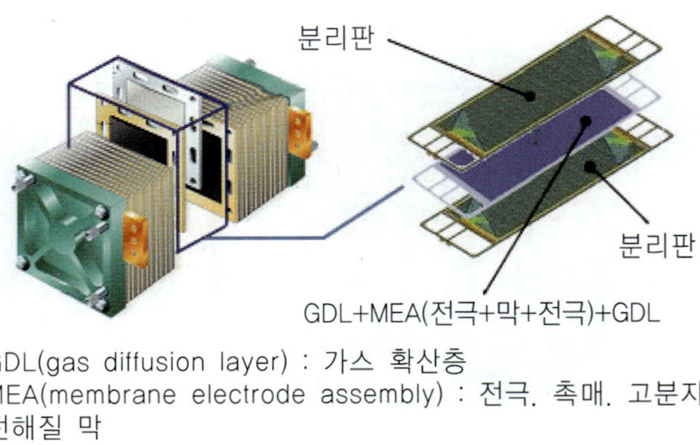

(b) 스택 내부구성

[그림 78] **연료전지 스택**

각 Cell은 약 0.5~1V의 전압을 출력할 수 있기 때문에 약 440장의 Cell을 적층 구조로 조립하면 250~450V 전압의 연료전지 Cell을 완성한다. 스택은 운전부하에 따라 다르나 계산식에 의해 단순계산을 하면 약 5kg의 수소가 산소와 완전결합을 한다면 약 45ℓ 의 물이 생성된다. 수소 연료전지 셀은 프로톤 전도성의 고체 고분자 전해질막 양면에 한 쌍의 백금촉매전극을 설치하고 수소가스를 연료가스로 한쪽의 전극에 공급, 산소가스 또는 공기를 산화제로 다른 전극에 공급하여 전기전력을 얻는 장치이다.

[1] 스택(stack)의 전기발생 원리

연료전지의 공기극에는 에어클리너를 거친 공기(산소)가 공급한다.

① 촉매에 의해 공기 중 산소만 반응하며, 2개의 산소원자로 분리한다.

② 분리된 산소원자들은 강한 음전하를 띠게 되어 수소이온(H^+)을 끌어당겨 전해질막을 쉽게 통과하도록 보조한다.

③ 전해질 막을 통과한 2개의 수소이온과 이를 끌어들인 산소원자. 외부 회로로부터 전달된 2개의 수소전자는 결합하여 물 분자(H_2O)를 생성한다.

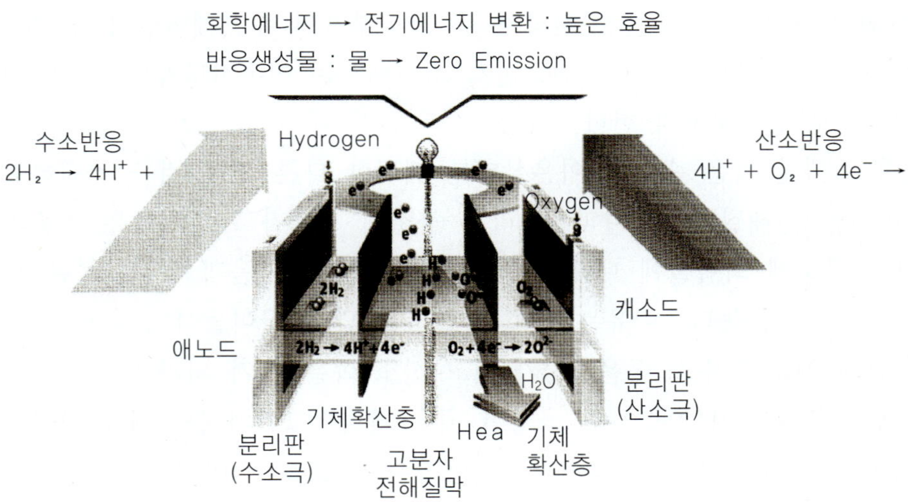

[그림 79] **전기발생 원리**

[2] 막전극집합체(MEA : membrane electrode assembly)

막전극집합체(MEA)는 연료극과 공기극 사이에 위치하는 전해질 막(membrane)이 접합되어 있는 구조이다. 막전극집합체(MEA)는 수소의 전기화학적 반응을 통해 전기에너지를 생산하는 역할을 한다. 따라서 효율적인 MEA제조는 연료전지의 성능향상을 위해 매우 중요하다.

연료극과 공기극에는 백금촉매가 사용된다. 백금촉매가 쓰이는 이유는 기본적으로 연료극으로 H-H, 즉, H_2 가 들어오게 되면 H^+라는 이온으로 만들어야 하는데 그러려면 H-H 결합이 깨져야 한다. 이때, 백금촉매를 쓰게 되면 H-H가 PT(백금)와 결합하면서 H-PT(백금) 결합이 된다. 즉, 각 H가 PT와 결합하는 구조가 된다는 것이다. 그런데 H-H 결합을 깨는 것보다 H-PT(백금) 결합을 깨는 것이 훨씬 쉽다. 그래서 H^+ 이온으로 만드는 반응을 할 때 더 에너지가 적게 들게 하기 위해서 H를 PT에 붙였다가 떼어내는 것이다.

이러한 기본 성질을 바탕으로 결국 반응면적을 늘리는 것이 중요한데 면적을 늘리려면 면보다는 면 위에 원소가 떨어져 있는 것이 표면적이 훨씬 크다. 즉, 하나의 백금 particle(입자)이 작아지면 작아질수록, 그리고 입자들을 판으로 깔아놓지 않고 최대한 분산시켜 놓아야 표면적이 넓어지는 것이다. 이때 백금을 분산시키기 위한 기본판에 카본이 들어간다. 즉, 카본이 기본 판이 되고 백금을 그 위에 작은 나노사이즈 입자형태로 최대한 분산시키는 기술이다.

그렇다면 전해질 막(membrane)은 원하는 이온만 통과하게 하는 장치이다. 사실 연료전지쪽만 보면 전해질 막은 수소이온만을 선택적으로 통과시키는 이온전도막이다. 다만, 그 외에 BOP라는 주변 운전장치 중 핵심부품인 수분제어장치(막 가습기)에도 멤브레인 기술이 사용되고 있다. 연료전지 스택에서는 이온전도막으로써의 전해질 막 기술을 중심으로 살펴보고자 한다.

연료전지 전해질 막은 수소의 이온상태를 제외한 다른 모든 것을 차단하는 소재를 사용해야 한다. 전해질 막은 나피온이라는 불소계 고분자로 나피온은 일종의 불소계 화합물이다. 불소계 화합물에 대해 간단히 설명하자면, 다음과 같다. 물은 모든 물질 중에서 가장 극성이 높다. 이유는 산소가 전자를 많이 끌어들이고 수소는 전자를 끌어들이지 않기 때문에 수소 쪽은 (+)가 되고 산소 쪽은 (-)가 되기 때문이다.

반대로 탄소와 수소가 결합하면 극성이 매우 낮다. 그런데 불소계 화합물은 극성이 높은 물하고도 섞이지 않고 극성이 낮은 탄화수소하고도 섞이지 않는 성질을 가지고 있다. 이러한 기본적 성질을 바탕으로 물과 친한 친수성 높은 원소들을 많이 붙여 놓았다. 그렇다보니 친수성 높은 원소들만 모여 있는 곳에 미세구멍이 형성되는 것이다. 그래서 이곳을 통해서만 수소이온이 통과할 수 있는 것이다. 이처럼 우수한 전기화학 특성에도 불구하고, 복잡한 제조공정으로 막의 가격이 매우 비싸며, 불소알킬구조로 인한 낮은 유리전이온도가 단점으로 지적되고 있다.

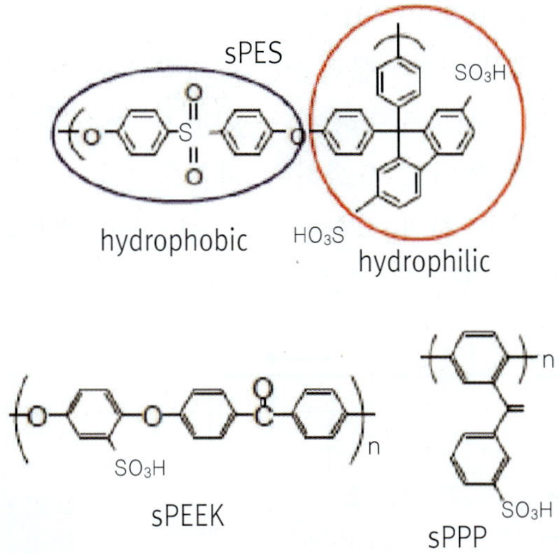

[그림 80] **연료전지용 탄화수소 전해질막**

장점으로는 탄화수소는 도처에 깔려있기 때문에 저렴한 재료 및 쉬운 합성방법으로 막의 단가를 크게 낮출 수 있다. 또한 높은 유리전이온도를 보유하여 100도 이상에서의 장기운전에서도 높은 치수안정성이 유지된다. 다만, 고온·저습도에서 낮은 이온전도도를 보인다.

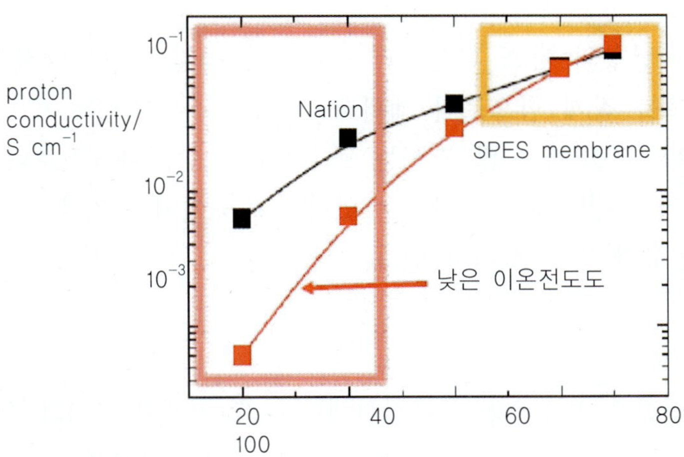

[그림 81] **탄화수소계, 이온전도도의 습도의존성**

[3] 가스확산층(GDL : gas diffusion layer)

연료전지는 일반적으로 세퍼레이터(분리판), 가스확산층, 촉매층, 전해질막, 촉매층, 가스확산층, 세퍼레이터 순서대로 적층하여 구성된다. 가스확산층은 세퍼레이터로부터 공급되는 가스(수소, 산소)를 촉매로 확산하는 역할을 한다.

이를 위해 높은 가스 확산성, 전기 화학반응에 수반하여 생성되는 물을 세퍼레이터로 배출하기 위한 높은 배수성, 발생한 전류를 취출 하기 위한 높은 도전성이 필요하다.

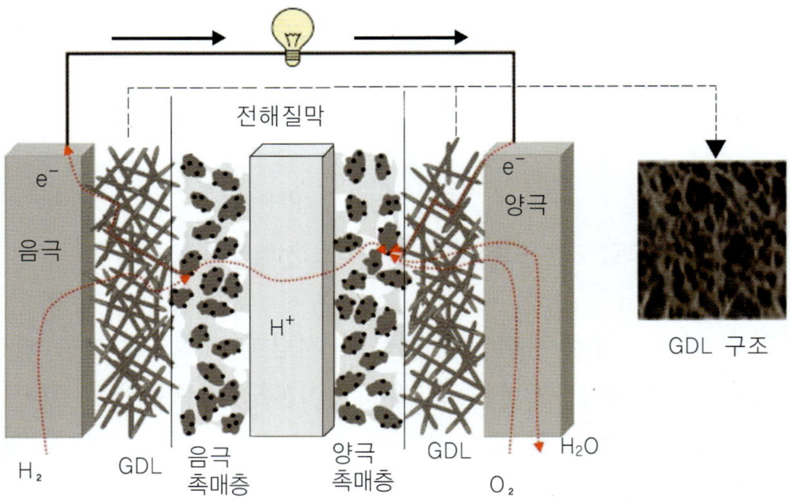

[그림 82] **연료전지 가스확산층(GDL)**

이를 위해 두께 방향의 가스 확산성과 배수성을 높임으로써 발전성능을 높게 하고 평면방향의 투기도를 작게 함으로써 세퍼레이터의 홈 사이에서 가스의 쇼트 컷을 억제할 수 있게 한다. GDL에서 많이 쓰는 탄소섬유는 폴리아크릴로니트릴(PAN)계, 피치계, 레이온계, 기상 성장계 등을 들 수 있다. 그 중에서도 기계 강도가 우수한 PAN계, 피치계 탄소섬유가 많이 쓰이고 있다.

[4] 분리판(separator)

연료전지용 분리판은 MEA(막-전극접합체), GDL(기체확산층)과 함께 스택을 구성하는 핵심부품으로서 수소, 산소, 냉각수를 각각 분리하여 MEA 전면에 균일하게 분배 및 공급하며, 전기화학 반응에 의해 생성된 전류를 수집(anode) 및 전달(cathode)하는 역할을 한다. 뿐만 아니라 다수의 셀 적층 시 MEA 및 GDL과 같이 강성이 없는 부품을 지지해주는 지지체 역할도 수행한다.

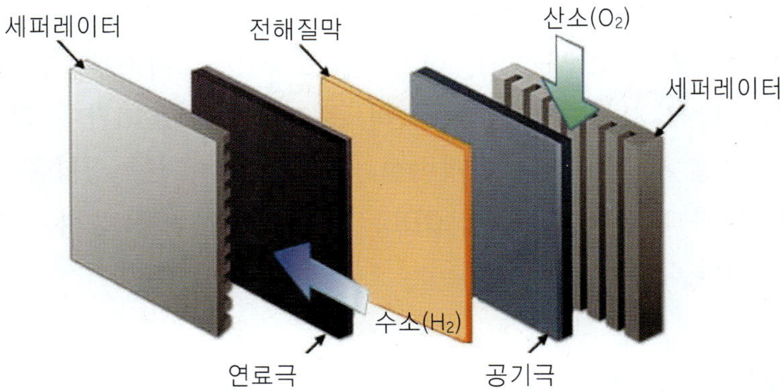

[그림 83] **연료전지 스택안 분리판 위치**

기존에는 연료전지차용 분리판으로 흑연 또는 흑연복합 분리판을 사용하였으나 대부분 금속분리판을 적용하고 있다.

금속분리판은 흑연 대비 내식성 및 전도성에 다소 취약한 점이 있지만 높은 강도 및 낮은 수소 투과도, 박판화에 따른 부피 및 경량화가 가능해 연료전지차에서는 compact화 및 충격 강성의 필요조건을 만족하는 금속계 분리판을 대부분 적용하고 있다. 또한 최근에는 금속계 분리판의 표면 코팅개발을 통해 흑연분리판 대비 내식성 및 전도성도 유사한 성능을 구현하고 있다.

[표] **분리판 소재별 장단점 비교**

구분	흑연	흑연/수지 복합재료	금속
제조방법	–기계가공	–사출/압축성형	–프레스 성형 –에칭
장점	–화학적 안정성↑ –내식성↑ –접촉저항↓	–내식성↑ –접촉저항↓ –제조단가↑	–강도↑ –수소 투과도↓ –양산성↑
단점	–강도↓ –수소 투과도↑ –제조단가↑	–치수 정확도↓ –전기 전도성↓ –강도↓	–내식성↓ –접촉저항↑

[5] 개스킷(gasket)

연료전지 스택의 성능향상 및 안정성을 확보하기 위해서는 공급되는 반응가스 및 냉각수가 외부로 유출되거나, 서로 섞이는 것을 방지해야 한다.

개스킷은 MEA와 분리판사이를 밀봉하는 역할을 수행하며, 제작이 용이하고 밀봉 특성이 우수한 고무가 사용되어야한다.

고무 개스킷 재료로는 탄화수소계 탄성체의 경우는, 에틸렌 프로필렌 디엔 모노머(EPDM), 에틸렌 프로필렌 고무(EPR), 이소프렌 고무(IR), 이소부틸렌-이소프렌 고무(IIR) 등의 고무가 많이 사용되고 있다. 특히, 박판인 금속분리판에 적용되는 고무재료는 개스킷 사출성형 시 발생되는 공정손실 및 표면 접촉저항 영향을 최소화하기 위해 최근에는 개스킷과 MEA, 개스킷과 GDL, 개스킷과 분리판 등과의 일체화를 위한 적용도 시도되고 있다.

3.4.2. 연료전지 운전장치

연료전지 운전장치는 연료전지(stack)에 연료(수소)공급, 공기공급, 냉각수를 공급하는 크게 3가지로 구분된다. 연료전지 운전장치는 스택(stack) 좌・우 및 하단에 각각 구성되어 있다.

운전시스템에서 주의할 점은 각 라인의 일부가 다른 라인과 연결된다는 것이다. 수소공급시스템의 일부라인은 공기공급시스템과 연결되어 수소배출 및 생성수(물) 배출을 하고 있다. 또한 열관리시스템은 스택 냉각 위주로 적용되어 있다.

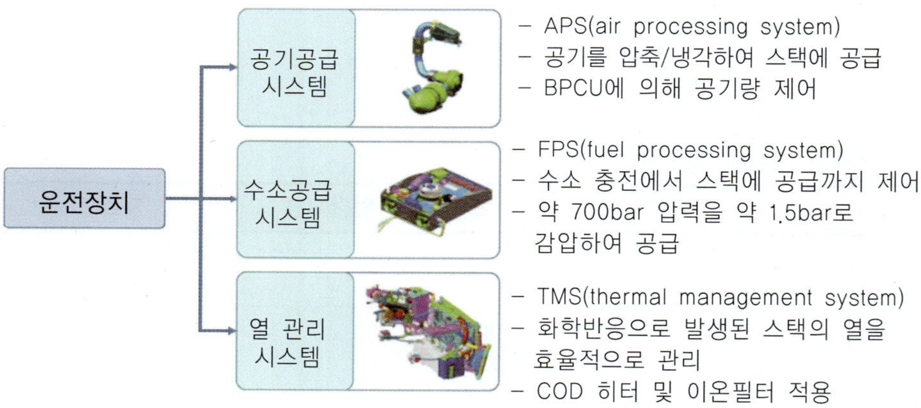

[그림 84] **연료전지 운전장치의 구성**

운전시스템 외에 별도의 냉각장치가 적용되어 있다. 바로 고전압 부품을 사용하는 제어기 및 인버터, 구동모터, 공기공급시스템의 냉각은 전장 냉각수를 활용하여 시스템 온도를 유지한다.

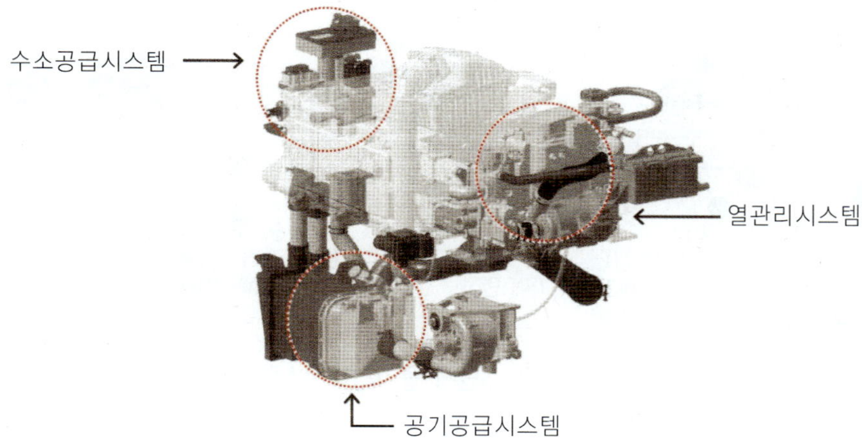

[그림 85] **연료전지 운전장치의 구성위치**

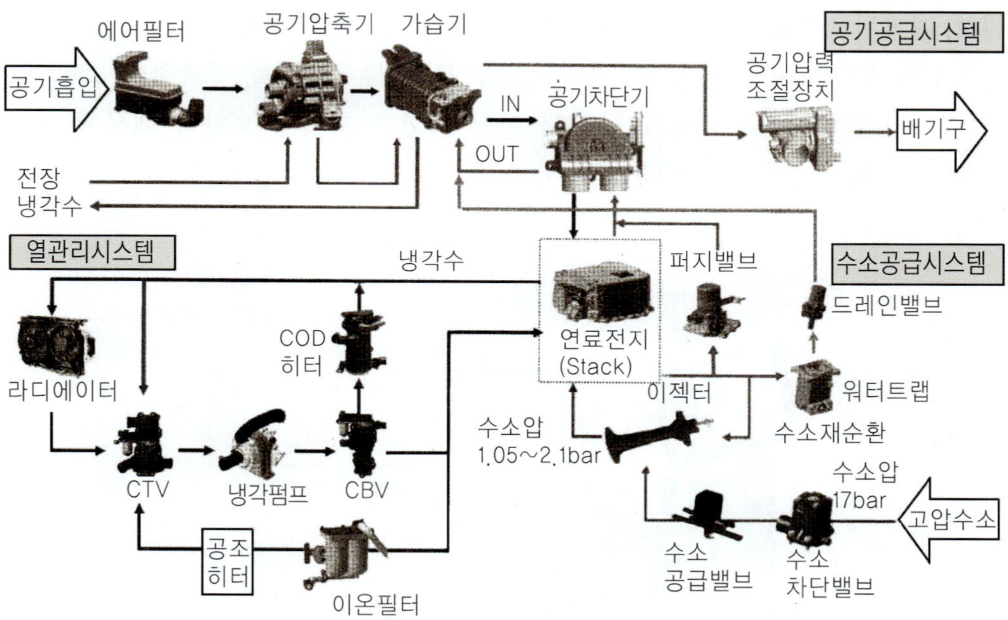

[그림 86] **연료전지 운전장치 전체 구성도**

[1] 에어공급 시스템(APS : air processing system)

수소연료전지 스택이 효율적으로 작동하기 위해서는 미세먼지가 제거된 청정한 공기가 필요하므로 수소차는 달리는 동안 주변 공기를 빨아들여 정화한 후 수소연료전지에 사용하고 다시 배기구로 깨끗한 공기를 내보내게 된다. 공기 중 먼지나 화학물질은 3단계 공기정화시스템을 통해 정화된다.

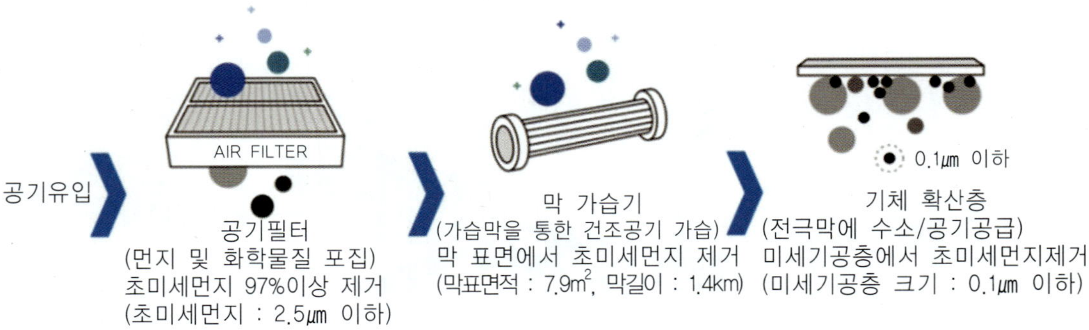

[그림 87] **3단계 공기정화시스템**

공기공급시스템이란 전기화학반응을 위해 연료전지 양극에 산소를 공급하는 장치를 말한다. 공기공급시스템은 공기 중에 포함된 이물질을 여과하는 에어클리너와 에어클리너에서 여과된 공기를 압축하여 공급하는 공기 블로워 및 공기 블로워를 제어하는 컨트롤박스를 포함하여 구성된다. 이중, 공기 블로워는 공기를 압축하여 스택에 공급하는 연료전지차의 핵심장치로 4만 RPM 이상 초고속 회전을 요하기 때문에 연료전지 파워의 10%가 여기에서 손실된다.

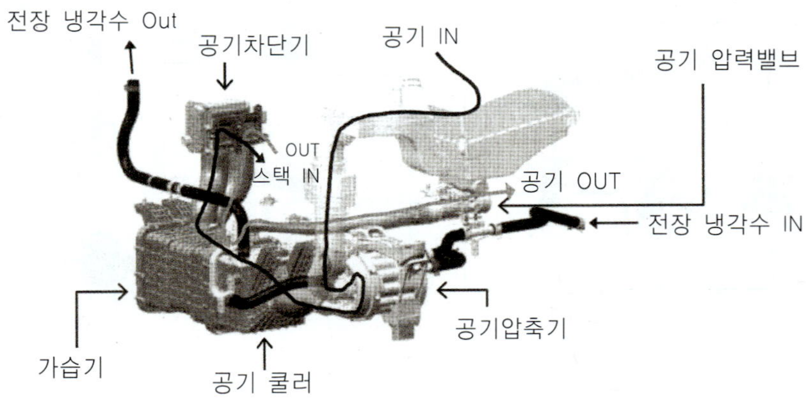

[그림 88] **에어공급시스템**

(1) 공기흐름 순서

① 흡입공기는 고효율 에어필터와 소음 감소를 위한 레조네이터를 지나 공기압축기로 흡입된다.

② 공기압축기는 최대 10만 RPM으로 회전하며 공기를 스택으로 밀어낸다.

③ 공기 쿨러에서 냉각된 공기는 가습기로 들어가 수분을 보충하여 습한 공기상태로 된다.

④ 습한 공기는 공기차단기의 Inlet을 통해 스택으로 공급되고, 스택을 지난 공기는 다시 공기차단기의 Outlet을 통해 가습기로 되돌아간다.

⑤ 가습기를 통과한 공기는 공기 압력밸브를 지나 배기로 배출된다.

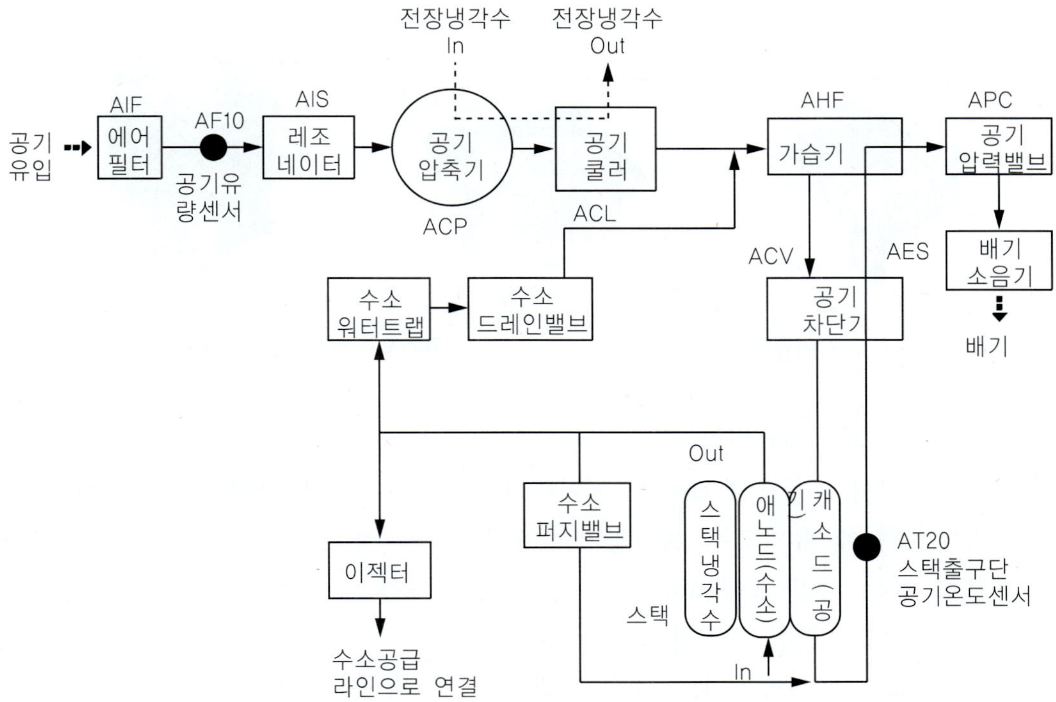

[그림 89] **에어공급시스템 흐름도**

(2) 에어필터(air filter)

연료전지는 순수한 산소만 필요하다. 여기에 유해가스나 먼지가 유입되면 이상 화학반응이 발생해 내구성이 크게 떨어진다. 흡기공기의 청정도 관리는 연료전지차의 생명이다.

연료전지 차량은 흡입공기에서 먼지 입자와 유해가스(아황산가스, 부탄)를 걸러 내는 화학필터를 사용한다. 20,000km마다 주기적으로 필터를 교환해야 한다. 필터의 구조는 다음과 같다.

① **파티클층 #1** : 입자상 물질을 포집하며 수준의 통기 저항과 높은 수준의 입자 포집 효율성을 지녀야 한다.

② **카본층** : 다양한 화학물질, 아황산 및 부탄(탄소)을 포집한다.

③ **파티클층 #2** : 입자상 물질과 미세 입자를 포집한다. 그것은 폴리프로필렌(PP)

성분의 고성능 정전 부직포로 만들어 진다.

④ **커버층** : 입자층을 보호하기 위한 피막으로 필터의 후 공정 프로세스에서 물리적 형태를 유지한다.

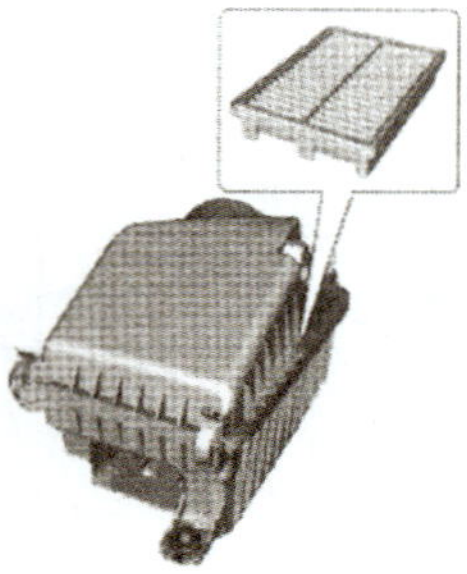

[그림 90] **에어필터**

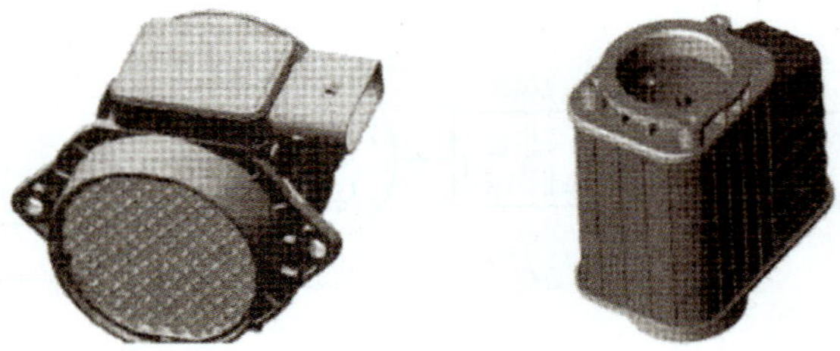

공기유량센서　　레조네이터

[그림 91] **공기유량센서 및 레조네이터**

(3) 공기유량센서 및 레조네이터

① **공기유량센서** : 공기량 센서는 에어클리너 커버와 에어 인테이크 호스사이에 위치하며 스택에 유입되는 흡입공기의 양을 측정하여 FCU로 입력한다. 흡입공기 통로에 있는 가열 필름(hot film type)의 온도를 유지하기 위해 흐르는 전류값으로 공기량을 간접 측정한다.

② **레조네이터** : 흡입공기의 소음감소 및 공기의 저장을 위해 적용되었으며 에어클리너 후단에 연결된다.

(4) 공기 압축기(ACP : air compressor)

공기 블로어는 압축장치 및 고속 모터로 구성되며 연료전지 스택에 공기를 공급한다. 모터 구동시 발생하는 열을 냉각하기 위해 전장 냉각라인에 연결되어 있다. 공기 압축기는 BPCU와 BLDC 3상 회로로 구성되어 있어 제어에 따라 최대 10만 RPM으로 회전한다. 회전을 통해 유입된 공기를 약 2bar까지 압축할 수 있다.

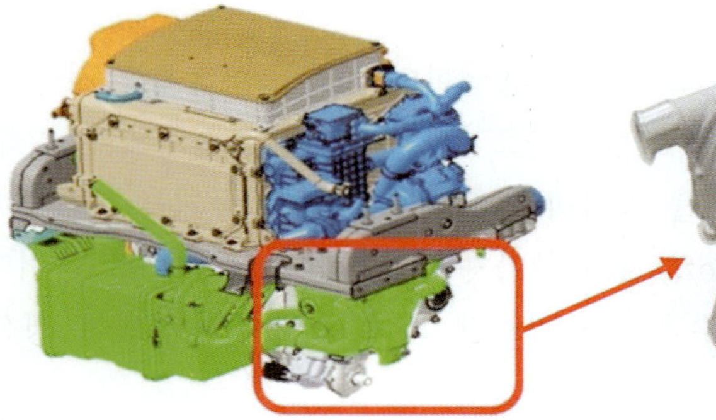

[그림 92] **공기압축기**

(5) 공기쿨러 및 가습기

① **공기쿨러** : 공기압축기에 의해 압축된 공기는 약 130℃까지 온도가 상승하기 때문에 공기밀도가 낮아진다. 상승된 공기를 약 85℃ 정도로 냉각시키는 역할을 공기 쿨러가 담당한다. 공기쿨러는 효율적인 공기냉각을 위해 공기압축기와 가습기사이에 적용되며 전장 냉각라인에 연결되어 공기를 냉각시킨다.

② **가습기** : 가습기는 공기 쿨러와 일체로 구성되어 스택으로 공급되는 공기에 수분을 공급한다. 가습기내의 중공 사막을 통해 스택으로 들어가는 흡입공기에 스택에서 배출된 수분을 전달하여 스택 내부 각 Cell에서 수소반응(H^+)이 잘 일어나도록 하는 촉매 역할을 한다. 혹한기에 막 가습기내에 수분이 빙결되는 경우가 있긴 하지만 수분의 양이 적기 때문에 막 가습기 작동에는 문제가 되지 않는다.

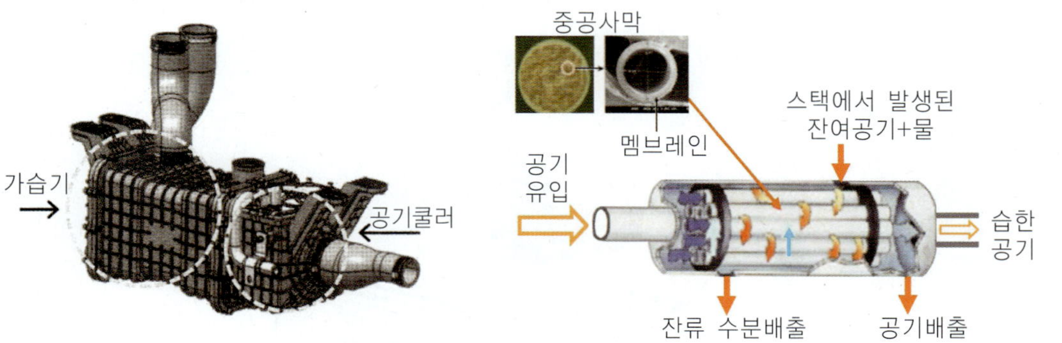

(a) (b)

[그림 93] **가습기**

(6) 공기차단기(ACV : air cut-off valve)

가습기에서 공급된 공기를 스택으로 공급한다. 또한 스택에서 사용된 공기를 가습기로 배출시키는 통로 역할을 한다. 연료전지시스템이 활성화되기 위해서는 항상 공기차단기가 열려 신선한 공기를 공급하고 사용되고 남은 공기를 배출해야 한다.

하지만 IGN Off시(ready off)에는 공기차단기가 닫혀 스택으로 들어가는 공기(입구측/출구 측)를 막아 IGN Off 후 잔류가스에 의해 스택에서 전력이 생산되는 것을 방지한다.

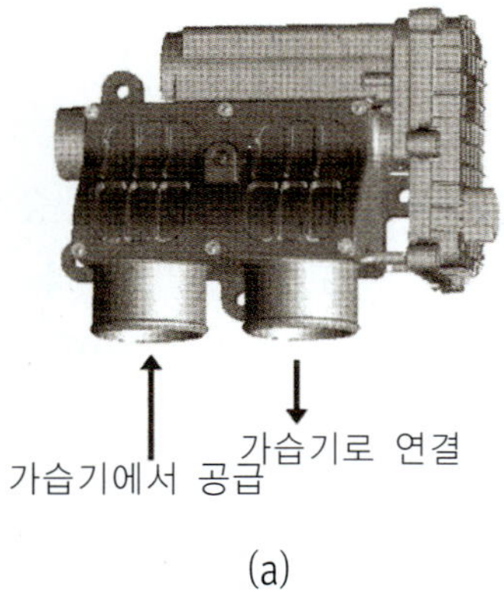

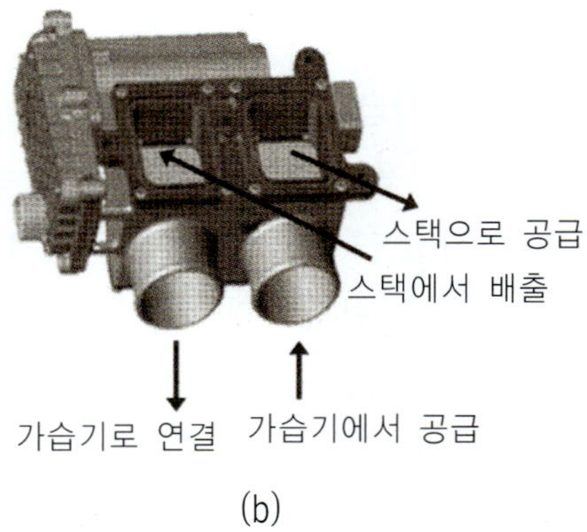

[그림 94] **공기차단기**

(7) 공기압력밸브(APC : air pressure control valve)

공기압력밸브는 가습기와 배기사이에 적용된다. 만일 스택에서 배출되는 공기가 저항 없이 배기로 배출되면 공기압축기에서 공급하는 압력 때문에 공기가 스택에 머물며 수소와 반응할 수 있는 시간이 줄어든다.

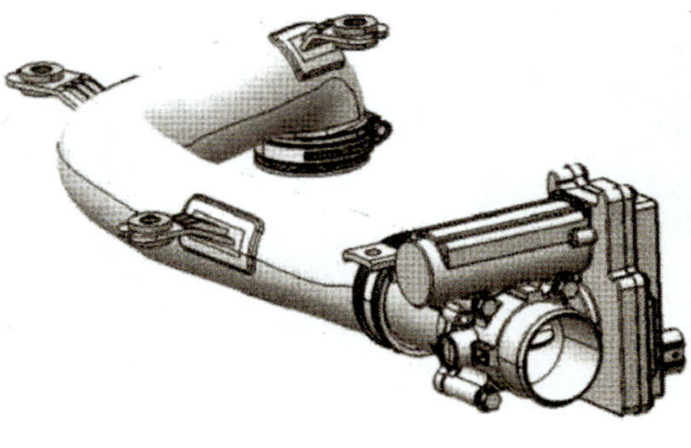

[그림 95] **공기압력밸브**

따라서 공기압력밸브를 두어 부하에 따라 열림량을 조절하여 스택내부 공기단에 걸리는 배압을 형성한다. 이러한 제어에 의해 스택에 공급된 공기는 수소와 충분한 반응을 할 수 있다.

[2] 수소공급시스템(FPS : fuel processing system)

(1) 수소연료 흐름순서

① 3개의 수소탱크는 솔레노이드밸브(온도센서 일체)와 체크밸브를 통해 고압 레귤레이터까지 대기한다.

② 약 700bar의 연료압력은 레귤레이터를 지나면서 17bar로 감압되어 수소 차단밸브로 공급된다.

③ Ready시 차단밸브가 열리면 연료는 압력제어밸브를 통해 2차 감압 후 이젝터로 공급된다. 이젝터에서는 공급된 연료를 벤투리효과를 이용해 스택에 공급하고, 스택에서 배출되는 연료를 재순환시킨다.

④ 스택에서 배출된 연료는 퍼지밸브와 이젝터, 수소 워터 트랩으로 흘러간다.

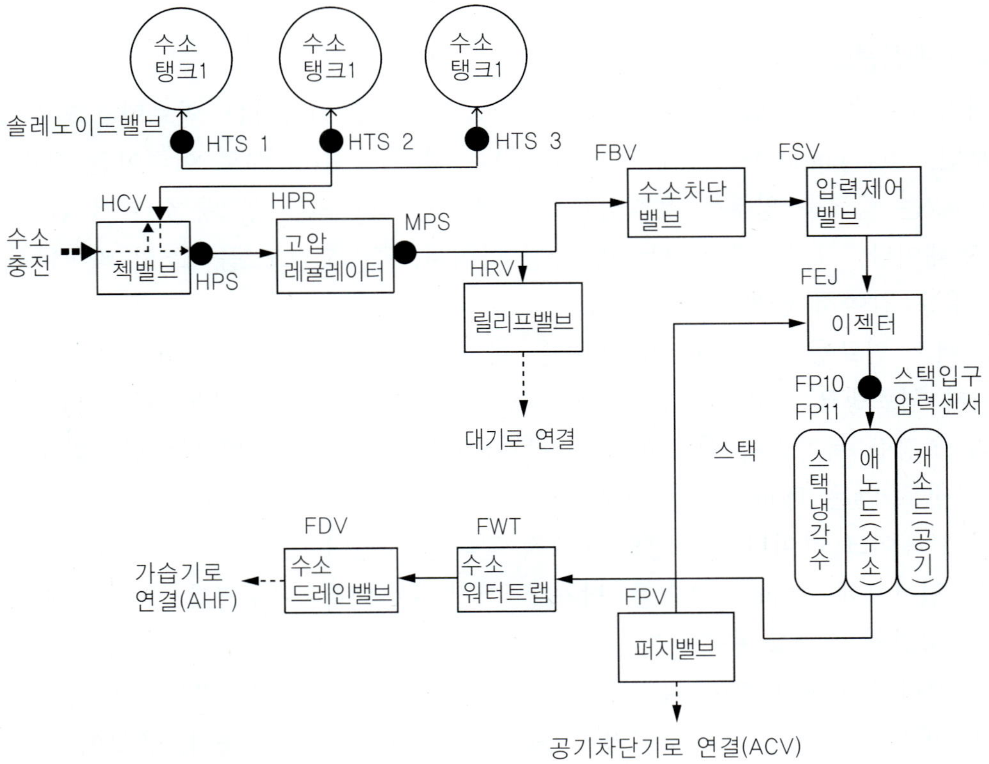

[그림 96] 수소 공급시스템의 흐름

⑤ 이젝터로 유입된 연료 일부는 재순환 되며, 수소 순도가 떨어지면 퍼지밸브를 구동하여 대기로 배출한다.

⑥ 수소 워터 트랩은 스택 수소층에서 발생된 생성수를(물) 모았다가 드레인밸브를 통해 외부로 배출한다.

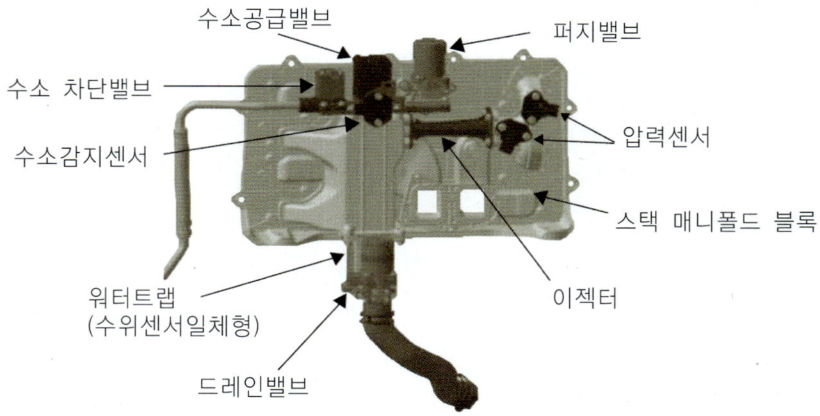

[그림 97] **수소공급시스템의 구조**

(2) 수소 저장탱크

부피가 큰 수소를 압축하여 저장한다. 고압가스를 저장하는 연료탱크를 타입별로 살펴보면, 총 Type1~4로 구분된다. Type1은 완전 스틸(강철)로 이루어진 연료탱크이고 Type2는 탱크통 일부를 유리섬유로 감은 것, Type3은 탱크통을 완전 탄소섬유로 감은 형태이다. 그리고 Type4는 비 강철 라이너, 즉, 고밀도 플라스틱 라이너를 완전 탄소섬유로 감아서 완성한다.

CNG버스 연료탱크나 LPG 가스탱크는 강철 재질로 만든 Type1 방식이다. 반면, 수소전기차 연료탱크는 고강도 플라스틱 재질의 탱크를 탄소섬유 실로 감아 만든 Type4 방식의 초경량 복합소재 연료탱크로 만들어진다. Type4 연료탱크는 탄소섬유로 만들어져 강철로 만든 Type1, 2에 비해 60% 가량 가볍다. 이 때문에 연료손실도 적고 타이어나 브레이크 라이너의 수명도 비교적 길다는 장점이 있다.

수소 전기차에 Type4 탱크를 탑재한 가장 큰 이유는 수명과 안전성 때문이다. 700bar 고압의 수소를 충전하기 때문에 탱크가 '늘었다', '줄었다'를 반복하는데 이 과정에서 Type4의 라이너는 플라스틱 소재로 만들어져 복원력이 뛰어나 피로도에 강하다. 또한 고온에서 자가 가스방출시스템을 적용해 화재나 충격, 충돌에도 견딜 수 있도록 설계되어있다.

(a) (b)

[그림 98] **수소연료탱크의 구성**

Type4 연료탱크 제조방식을 보면 에폭시와 열경화성 수지 등을 합친 복합소재가 적용된다. 탱크가 고압에서도 잘 견딜 수 있도록 탄소섬유 실을 왼쪽, 오른쪽, 사선방향 등으로 둘러 감은 형태이다. 이렇게 특수패턴으로 겹겹이 감긴 탄소섬유는 충격이나 큰 외부충격을 받더라도 폭발하지 않고 살짝 찢어지면서 수소가스를 공기 중으로 날려 보낸다. 이는 탄소섬유의 탄력적인 재질 특성 때문이다. 그리고 수소는 지구상에서 가장 가벼운 원소이기 때문에 1초에 24m을 날아갈 정도로 확산이 빨라 누출과 동시에 공기 중으로 희석된다.

수소저장 탱크는 제조일로부터 15년, 5,000회 충전 이후 재 사용할 수 없다(법규). 1회 충전은 가스충전 시 탱크 내부압력이 약 125bar 이상 상승할 경우 인정된다. 항상 700bar까지 완충할 경우 15년 동안 3,000,000km(5,000회×약 600km) 내구성을 갖는다. 안전을 위해 15년/5,000회 충전이후 시스템이 정상일지라도 Ready가 되지 않아 주행할 수 없다. 따라서 충전횟수가 4,995회를 초과할 경우 서비스 램프를 점등시켜 사용자에게 경고( )한다.

(3) 고압감지 센서(HPS : high pressure sensor)

고압감지 센서는 3개의 탱크라인이 집중되는 체크밸브 블록에 적용된다. 충전된 수소의 이상 고압을 감지하여 HMU(hydrogen storage system management unit)로 전송한다.

최고 900bar까지 감지할 수 있으며 FCU(fuel cell control unit)는 이 신호와 연료온도(HTS 내부) 신호를 기준으로 연료량을 결정한다. 또한 HMU는 감지된 압력과 온도에 따라 수소충전상태(수소 양, 충전속도)를 제어한다. 체크밸브는 수소 주입구와 고압라인을 차단하는 역할을 한다.

[그림 99] **고압감지 센서**

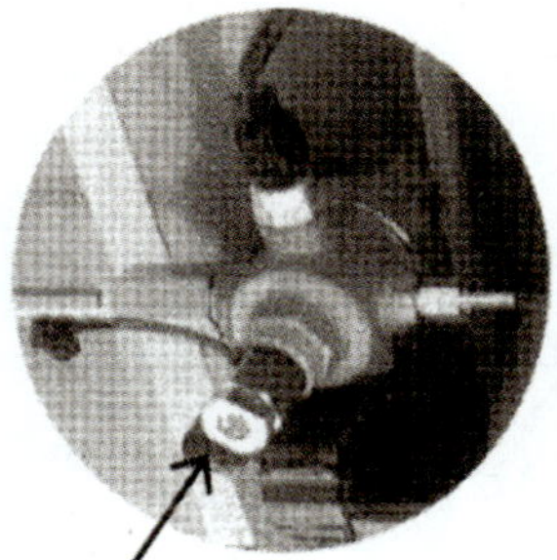

[그림 100] **MPS & 고압 레귤레이터 & 릴리프밸브**

(4) 중압감지 센서(MPS : mid pressure sensor) & 고압 레귤레이터 & 릴리프밸브

체크밸브 블록에서 합쳐진 3개의 고압라인을 감압시키는 고압 레귤레이터와 이를 감지하는 중압 감지센서 그리고 감압한 연료가 약 22bar 이상일 경우 중압을 대기로 방출 시키는 안전장치인 릴리프밸브가 하나의 블록으로 구성된다. 수소 저장탱크에서 공급된 700bar의 압력은 고압 레귤레이터를 지나면서 약 17bar로 감압되어 스택의 연료차단 밸브로 공급된다.

(5) 수소탱크 밸브(HTS : hydrogen tank solenoid)

수소탱크 밸브는 탱크 각각에 하나씩 적용되며 HMU가 제어한다(총 3개 적용). 밸브에는 탱크 내부에 저장된 수소를 공급라인으로 연결하는 솔레노이드밸브, 수소를 수동으로 차단할 수 있는 매뉴얼 차단밸브, 탱크 내부온도를 감지하는 온도센서가 일체로 구성된다. 또한 탱크 내부온도가 상승할 경우 저장된 수소를 외부로 방출시킬 수 있는 온도감응 안전밸브가 내장되어 있다.

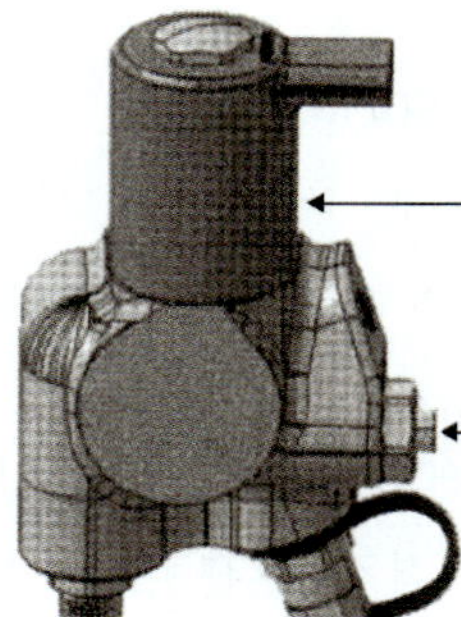

[그림 101] **수소탱크밸브**

특정 탱크의 솔레노이드밸브가 기계적인 고장이(HMU가 제한하지 않는 고장일 경우) 발생할 경우 나머지 탱크에 저장된 수소 연료를 사용하여 주행할 수 있다. 하지만 주행거리가 현저하게 줄어든다.

(6) 수소 차단밸브(FBV : fuel block valve)

수소 차단밸브는 고압 어큐뮬레이터에 의해서 감압된 17bar의 수소를 스택으로 공급한다. 밸브에 전류가 공급되면 전기장에 의해서 플런저가 위쪽으로 움직이게 된다. 이때 수소가 통과를 한다. 전류의 흐름을 차단하면 스프링에 의해서 플런저는 다시 내려오면서 수소공급은 차단된다. FCU의 신호에 의해 구동된다.

(7) 수소압력제어밸브(FSV : fuel supply valve)

연료차단밸브에서 공급된 17bar의 연료를 스택에서 전력을 생산하는데 필요한 만큼 압력을 조절하는 밸브이다. 일반적인 운전조전일 경우 17bar로 입력받은 연료를 1~2bar로 감압하여 스택에 공급한다. FCU의 신호에 의해 구동된다.

(8) 수소퍼지 밸브(FPV : fuel line purge valve)

스택 내부의 수소 순도를 높이기 위해 사용된다. 스택으로 공급된 수소는 산소와 화학반응 후 버려지는 것이 아니라 이젝터를 통해 재순환되어 남아있는 수소의 화학반응을 유도한다. 이때 재순환 과정에서 수소의 순도는 점점 낮아진다.

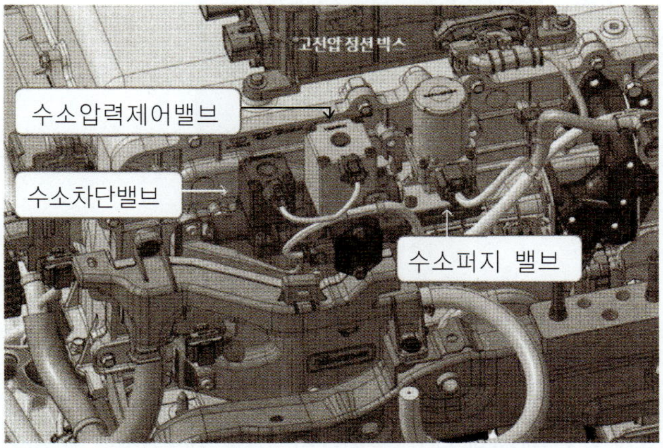

[그림 102] **수소연료 제어 밸브류**

스택에서 일정량의 수소를 소비할 때, 퍼지밸브는 수소의 순도를 높이기 위해 열려 수소를 배출한다. 즉, FCU는 항상 일정 수준 이상으로 수소의 순도를 유지하기 위해 퍼지밸브를 개방하고 새로운 수소를 공급한다. 퍼지밸브는 약 0.3초간 동작하여 스택 내 잔여 수소를 배출한다.

(9) 수소입구 상단 압력센서, 하단 압력센서

스택으로 공급되는 연료압력을 감지하는 센서이다. 측정된 압력은 FCU로 입력한다.

(10) 생성수 배출

① **워터 트랩(FWT)** : 스택 내부 수소 확산영역에서 물을 저장한다. 최대 200ml를 저장할 수 있다.

② **생성수 레벨센서** : 워터트랩의 저장된 수분의 양을 감지한다. 워터트랩에 저장된 물이 110ml 이상 모아진 경우 수분 레벨센서가 감지하여 FCU로 신호를 보낸다. 수분 레벨센서는 전기신호로부터 전극의 물로 인해 발생되는 정전용량의 변화를 감지한다. 높은 유전율을 가진 물질이 접근하는 경우, 센서는 증가하는 유전율을 감지하고, 물이 그에 접촉하는 것을 나타내기 위해 전기신호를 출력한다.

[그림 103] **생성 수 배출**

③ **드레인밸브(FDV)** : 드레인밸브는 FCU의 구동에 의해 워터트랩에 저장된 물을 공기 공급라인의 가습기로 보낸다. 드레인밸브 어셈블리 내부에는 밸브의 빙결을 막는 히터와 밸브의 개폐상태를 감지하는 위치센서가 내장된다.

(11) 적외선 에미터(HIE : hydrogen ir emitter)

HMU는 수소 저장탱크의 압력 및 온도를 실시간으로 감지한다. 이 정보는 수소가스 충전시 중요한 정보로 활용된다. 수소 충전건이 차량과 연결되면, HMU는 적외선 에미터를 통해 충전관리시스템(수소 충전소)에 현재 수소 저장탱크의 압력 및 온도를 전송한다(일 방향 통신). 이 신호를 수신한 충전시스템은 탱크 부하에 맞는 속도로 수소 충전을 조절한다(신호 수신부는 충전건에 내장).

적외선 에미터 고장으로 탱크 정보를 확인할 수 없을 경우에는 기본적으로 저속으로라도 충전이 되어야 한다. 만일 충전소가 표준을 따르지 않을 경우 수소충전은 불가능할 수 있다.

(12) 연료도어 스위치

① **신호전송** : HMU가 연료 도어상태를 감지하여 FCU로 전송한다.

② **연료도어가 열리면** : 안전을 위해 연료도어가 열린상태에서는 Ready가 되지 않는다.

③ **Ready 상태에서 연료도어 동작** : Ready상태에서는 연료도어가 열리지 않는다.

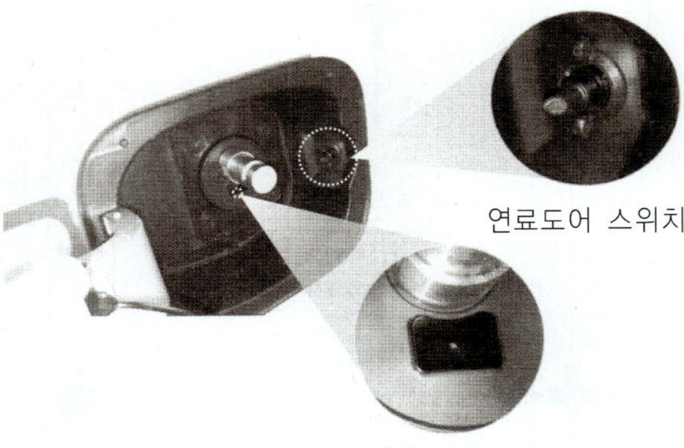

[그림 104] **연료도어의 구성**

[3] 열관리시스템(TMS : thermal management system)

(1) 스택 냉각수 흐름순서

스택 냉각수 흐름은 일반운전, 과열, 냉 시동으로 구분된다.

1) 일반 운전 시 흐름

① 스택 냉각수 펌프에 냉각수를 펌핑하여 스택 우회밸브(CBV)로 보낸다.

② CBV는 평상시에 COD 히터라인을 막고 스택으로 연결되는 라인과 실내 히터 코어(이온필터)로 연결되는 라인으로 냉각수를 보낸다.

③ 스택을 통과한 냉각수는 스택 냉각수 온도제어밸브(CTV)를 지나 냉각수 펌프로 유입된다. CTV는 냉각수 온도가 상승하지 않을 경우 스택에서 유입되는 냉각수를 냉각수 펌프로 연결하고, 라디에이터에서 유입되는 냉각수는 차단된다.

④ CBV를 통과한 냉각수 중 일부는 실내 히터 코어와 이온필터를 지나 CTV로 유입되어 냉각수 펌프로 들어간다.

- 일반 운전 시 흐름 : CSP → CBV → 스택 → CTV → SCP

- 상시흐름 : CSP → CBV → 히터코어 → 이온필터 → CTV → CSP

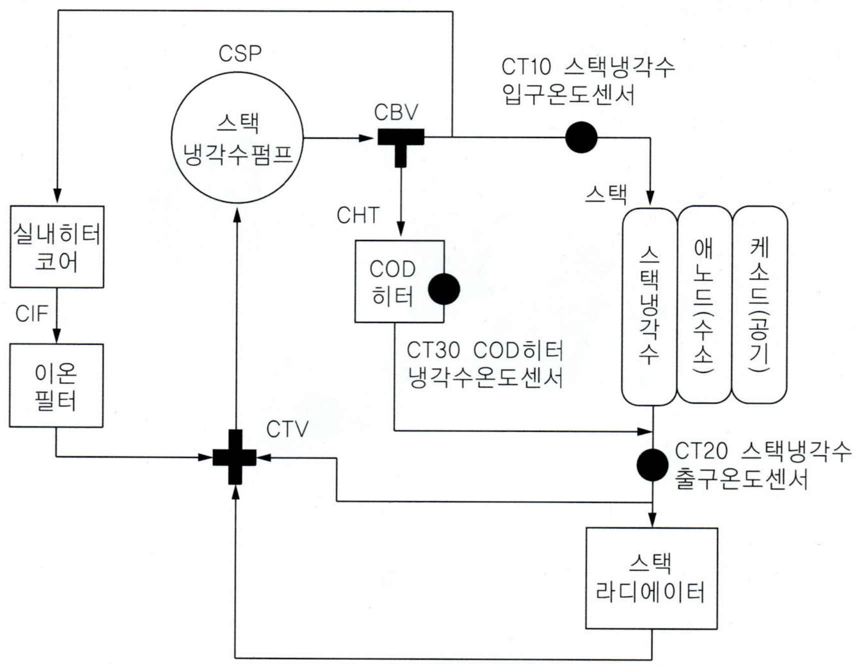

- CBV : coolant bypass valve
- CTV : coolant temperature control valve

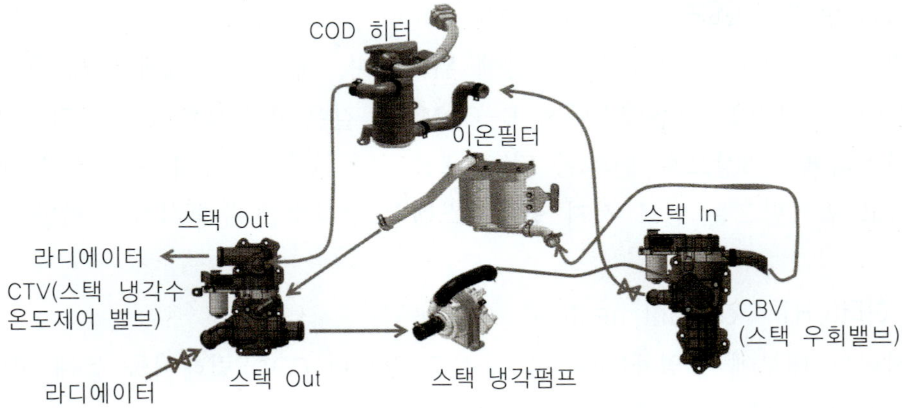

[그림 105] **열관리시스템**

2) 과열 시 냉각수 흐름

① 스택 냉각수 펌프에 냉각수를 펌핑하여 스택 우회밸브(CBV)로 보낸다.

② CBV는 평상시에 COD히터 라인을 막고 스택으로 연결되는 라인과 실내 히터 코어(이온필터)로 연결되는 라인으로 냉각수를 보낸다.

③ 스택을 통과한 냉각수의 대다수는 라디에이터를 지나 냉각된 후 온도제어밸브(CTV)로 유입된다. 이 냉각수는 냉각수 펌프로 유입되어 순환된다.

④ 스택을 통과한 냉각수 일부는 라디에이터 앞 단에서 분기되어 CTV로 유입된다. CTV는 FCU CAN신호에 따라 라디에이터를 통과한 냉각수와 통과 이전의 냉각수를 적절히 섞어 온도제어를 수행한다(유량제어-전자써모 스탯 역할).

- 과열시 흐름 : CSP → CBV → 스택 → 라디에이터 → CTV → CSP

3) 냉 시동 시 냉각수 흐름

① 스택 냉각수 펌프에 냉각수를 펌핑하여 스택 우회 밸브(CBV)로 보낸다.

② CBV는 냉 시동 시 스택으로 연결되는 라인을 차단하고 COD히터로 라인을 연결한다.

③ COD히터를 통해 데워진 냉각수는 CTV로 입력되어 다시 냉각수 펌프로 유입된다. 이때 스택은 CBV에 의해 냉각수가 공급되지 않은 상태이므로 스택 자체에서 발생되는 열로 히팅을 한다.

- 냉 시동 시 흐름 : CSP → CBV → COD 히터 → CTV → CSP

(2) 스택 냉각수 펌프(CSP : coolant stack pump)

스택 냉각수 펌프는 스택의 우측상단에 위치하며, 내부 인버터에 의해 구동되는 전동식 펌프이다. 고전압 정션박스에서 E-COMP와 같은 라인으로 250~450V전원을 입력받아 인버터에서 3상으로 변환된 뒤 펌프를 구동한다. FCU와 통신을 통해 회전수를 제어하고 워터펌프는 연료 전지 냉각시스템의 냉각수를 순환시키는 역할을 한다.

(3) COD 히터(CHT : coolant heater)

COD 히터는 내부에 발열체(저항)을 가지고 있으며 COD 릴레이를 통해 고압회로와 연결된다. COD 히터는 4가지 역할을 수행한다.

① **COD(cathode oxygen depletion)기능** : 연료전지 셀의 내구성 향상을 위해 IGN Off시 스택에 남아 있는 잔류 전류를 강제 반응시켜 소진하는 기능이다.

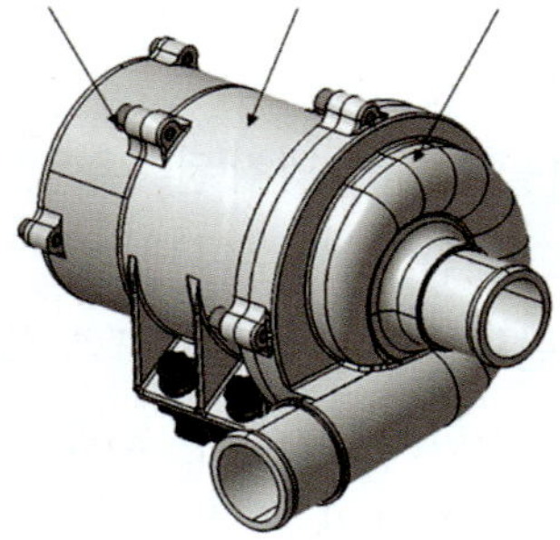

[그림 106] 스택 냉각수 펌프

[그림 107] COD 히터

② **냉시동 기능** : 냉 시동조건이 되면 냉각수 흐름을 펌프와 COD 순환으로 만들어 빠른 시간에 냉각수 온도를 높인다. 영하 30℃ 기준일 경우, 약 30초 동안 COD 히터를 가열하여 냉각수 온도를 올린다. 이때 클러스터를 통해 "시동 대기 중입니다." 라는 문구를 출력한다.

③ **회생제동 기능** : 회생제동 시 회생된 에너지는 고전압 배터리를 충전하는데 사용된다. 하지만 고전압 배터리 SOC가 높을 경우에는 회생된 에너지를 소진해야 한다. 이때 COD 히터를 사용하여 회생된 에너지를 발열로 소진한다. 따라서 회생제동이 장시간 동안 되더라도 COD 히터를 통한 소진으로 연속적인 효과를 볼 수 있다(약 15분 이상 소진가능).

④ **급속 고전압 소진** : 충돌, 절연파괴 같은 위급상황 발생 시 고전압시스템 차단 후 잔류하는 고전압을 COD 히터를 통해 소진한다. 위급상황 발생 시 60초 이내에 60V 이하로 감압할 수 있다.

(4) 이온필터(CIF : coolant ion filter)

스택 냉각수의 이온을 필터링하여, 차량의 전기 전도도를 일정 수준으로 유지하여 전기 안전성을 확보(운전자 감전방지, 절연저항 유지)해 주는 기능을 한다. 스택 냉각수를 혼합하여 사용할 수 없다. 만일 전장 냉각수를 스택 냉각수로 넣을 경우 절연파괴가 되어 차량 운행이 되지 않는다. 이온필터는 60,000km 주행 시 마다 교환해야 한다.

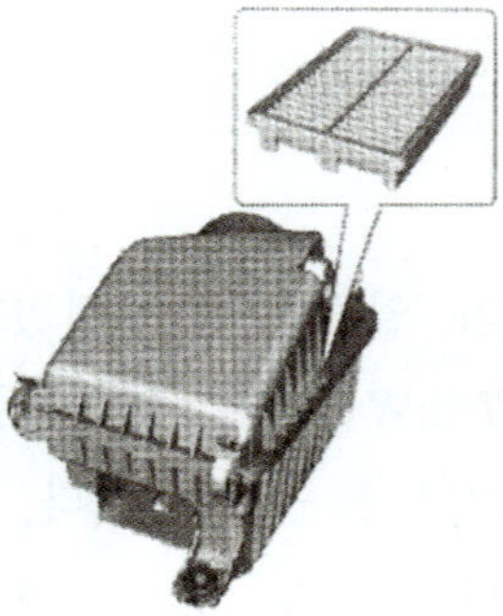

[그림 108] **이온필터**

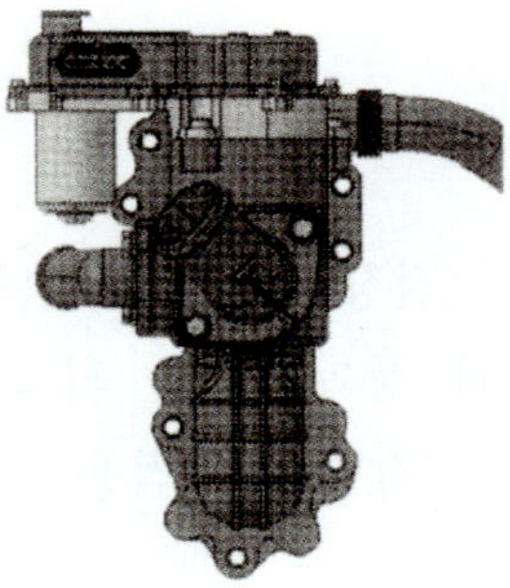

[그림 109] **스택우회밸브**

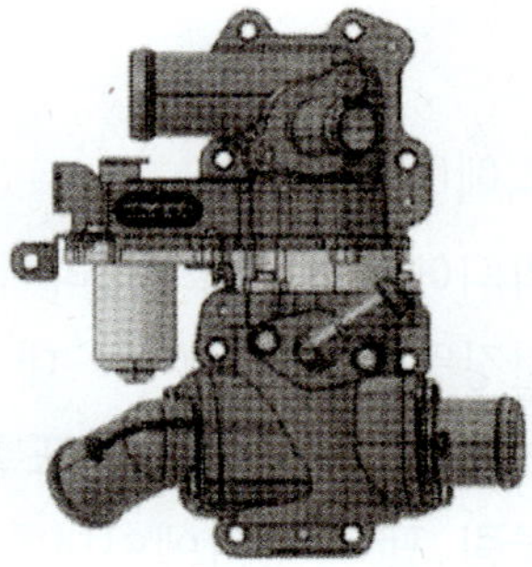

[그림 110] **스택 냉각수온도제어 밸브**

(5) 밸브류

1) 스택 우회밸브(CBV : coolant bypass valve)

CBV는 3Way 밸브로, 냉각수 펌프(CSP)에서 펌핑되는 냉각수를 스택 또는 COD 히터로 연결한다. 일반적인 운전조건일 경우 펌프에서 펌핑되는 냉각수는 스택으로 유입되어 냉각작용을 한다. 하지만 냉 시동조건에서는 CBV가 동작하여 펌프에서 유입된 냉각수를 스택이 아닌 COD히터로 보내 냉각수 온도제어밸브(CTV)를 통해 다시 펌프로 순환시킨다. 이때 COD히터는 발열되면서 냉각수 온도를 상승시킨다.

2) 스택 냉각수 온도제어밸브(CTV : coolant temperature control valve)

CTV는 4Way 밸브로, 써모스탯 역할을 한다. 일반적인 운전조건에서는 스택에서 유입된 냉각수를 펌프로 연결하지만 냉각수 온도가 상승하면 스택에서 유입되는 통로를 닫고 라디에이터에서 유입되는 통로를 펌프와 연결시킨다. 펌프에서 펌핑된 냉각수는 CBV를 지나 분기되어 항상 실내 히터코어와 이온필터를 지나 CTV로 유입된다. 이 냉각수는 항상 CTV 내부에서 펌프와 연결된다.

(6) 스택 냉각수 온도센서

스택으로 유입되는 냉각수 온도를 감지하여 FCU로 입력한다. 스택 입구 온도센서와 출구 온도센서 정보를 기준으로 냉각수 온도를 제어하여 스택이 과열되지 않도록 제어한다.

(7) 라디에이터

① **라디에이터** : 스택 라디에이터, 전장 라디에이터, 콘덴서가 일체로 구성되었다. 전장품 증가에 따른 대응을 위해 통기저항을 최소화하여 76kW급 고성능 라디에이터를 적용하였다. 또한 수냉식 컨덴서가 적용되어 공조 성능을 향상시켰다.

② **쿨링 팬** : 라디에이터를 냉각시키는 쿨링팬은 좌·우 하나씩 총 두 개가 적용된다. 쿨링팬은 고전압 정션박스에서 DC전압을 입력받아 내부 인버터회로에 의해 3상으로 제어된다. 두 팬은 각각 C-CAN에 구성되어 있어, FCU의 신호에 따라 냉각팬 속도를 제어한다.

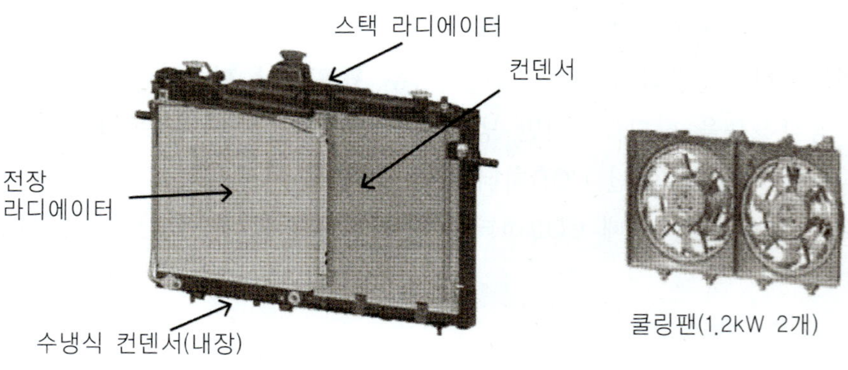

[그림 111] **라디에이터**

(8) 전장 냉각수

FCEV 차량의 냉각라인은 두 종류이다. 하나는 스택을 냉각하는 장치이며, 다른 하나는 BPCU(blower pump control unit), 인버터, 구동모터와 같은 EV 전장품과 공기공급시스템의 공기압축기와 공기 쿨러를 냉각시키는 전장 냉각라인이다.

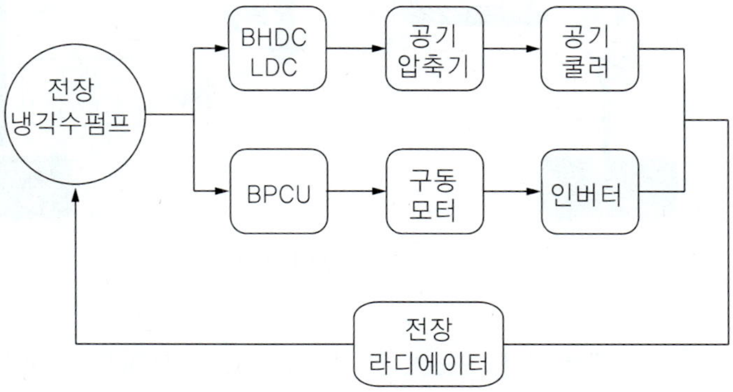

[그림 112] **전장 냉각수시스템 흐름**

전장 냉각수라인은 펌프에서 시작되어 분기되어 BHDC, 공기압축기, 공기쿨러 등을 지나 라디에이터에서 냉각 후 다시 펌프로 순환된다. 온도제어는 서모스탯이 아닌 전장 냉각수 펌프의 회전수 조정으로 제어된다.

3.5. 전력 변환시스템

3.5.1. 전력변환 흐름

고전압 및 신호의 흐름을 대략적으로 파악해 보면 시동신호가 SMK(smart key system)를 통해 FCU로 입력이 되면, FCU는 PRA(power relay assembly)를 작동시켜 고전압배터리를 작동시킨다.

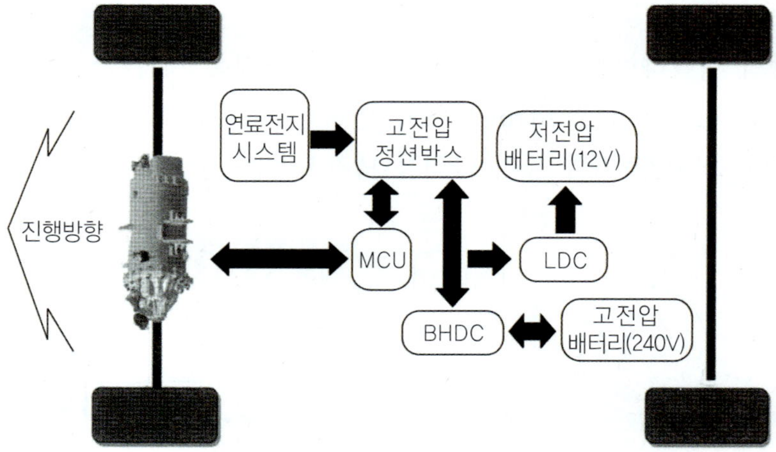

[그림 113] **구성품별 전력흐름**

고전압 배터리에서 나온 에너지를 BHDC로 들어가고, BHDC는 승압과정을 거쳐 고전압 정션박스로 보내게 된다. 고전압 정션박스를 통해 MCU로 에너지가 전달되고, MCU는 직류전원을 3상 교류전원으로 바꿔 구동모터에 전달하여 차량은 주행하게 된다. 이와 동시에, 고전압은 LDC로도 입력되어 12V배터리를 충전한다.

[1] 전력변환 및 전송

① **고전압 정션박스**(HV J/BOX) : 고전압 회로 분배(450V), 릴레이 퓨즈

② **인버터**(MCU) 120kW : 차량 구동모터 제어, 구동/회생 토크제어

③ **컨버터**(LDC : low voltage DC-DC convertor) 1.8kW : 차량의 12V 전원 공급, 보조배터리 충전

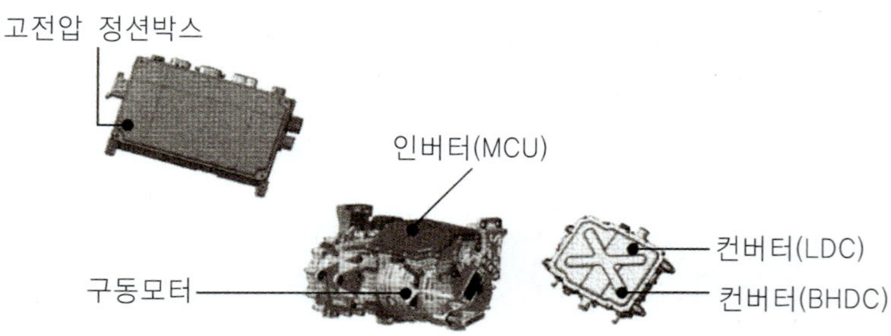

[그림 114] **전력변환의 구성품**

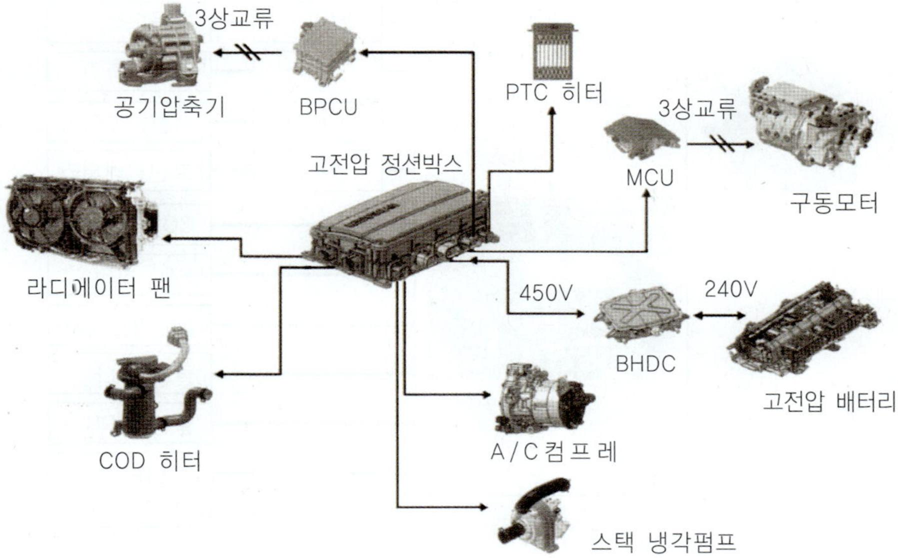

[그림 115] **고전압 개통도**

④ **구동모터** 120kW : 구동토크 발생(최대 395Nm), 감속기/MCU 일체형

⑤ **컨버터**(BHDC : Bi-directional high voltage DC-DC converter) 40kW **양방향** : 고전압 배터리 전력제어, 시동시 고전압 공급, 고전압 배터리 충·방전, 입력전압 160~275.2V, 출력전압 250~450V

⑥ 연료전지에서 발생된 전원을 적합하게 분배하여 차량의 각 고전압 부품들에 동작 전원을 공급(전자파 차폐 플라스틱 커버적용, 하우징 일체형 방열 핀 구조 적용, 고전압 커넥터의 인터락 적용)

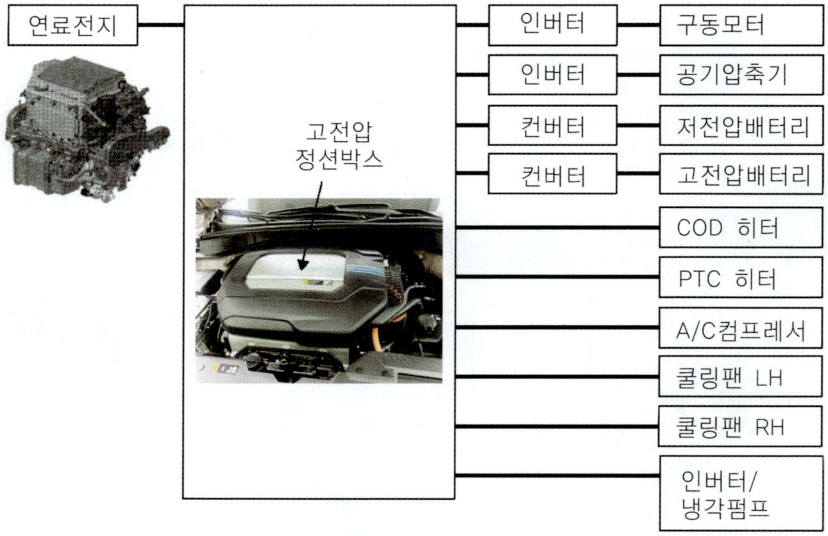

[그림 116] **전원 구성도**

[2] DC-DC컨버터

컨버터는 2개를 사용한다. BHDC는 양방향 컨버터로서 모터를 구동할 때는 고전압 배터리의 전압을 상승시켜 MCU를 거쳐 모터를 구동한다.

또한 스택에서 발생되는 전기에너지와 모터의 회생제동 시 발생되는 전기에너지를 고전압 배터리로 충전할 때는 전압을 낮추어 충전한다. BHDC가 적용된 이유는, 고전압 배터리의 전압은 스택 전압보다 약 200V 낮기 때문이다.

LDC는 저 전압 DC-DC컨버터로 스택 또는 BHDC에서 나오는 고전압을 12V로 낮추어 저전압 배터리(12V)를 충전한다. 충전된 저전압 배터리는 차량의 여러 제어기 및 12V 전압을 사용하는 액추에이터 및 관련 부품에 전원을 공급한다.

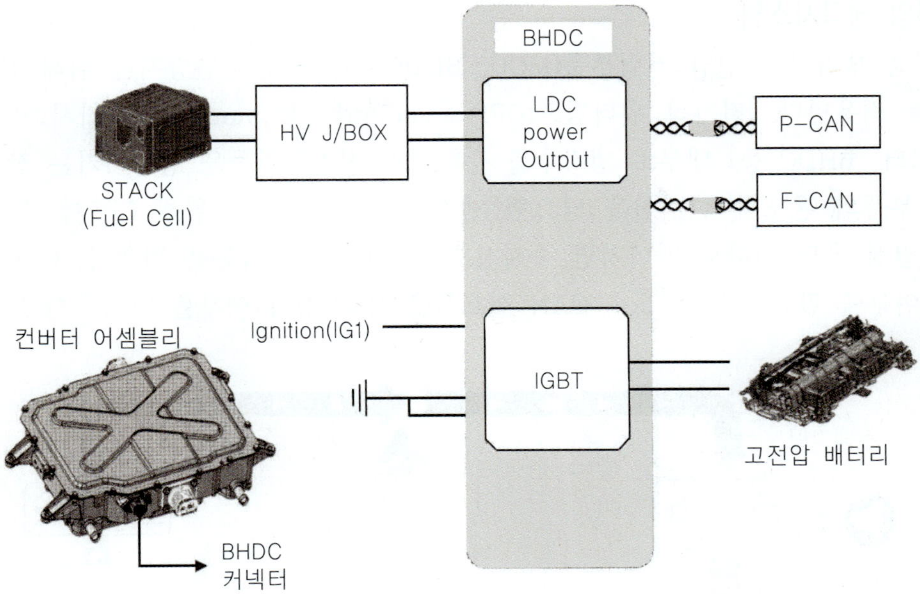

[그림 117] **BHDC 입·출력회로**

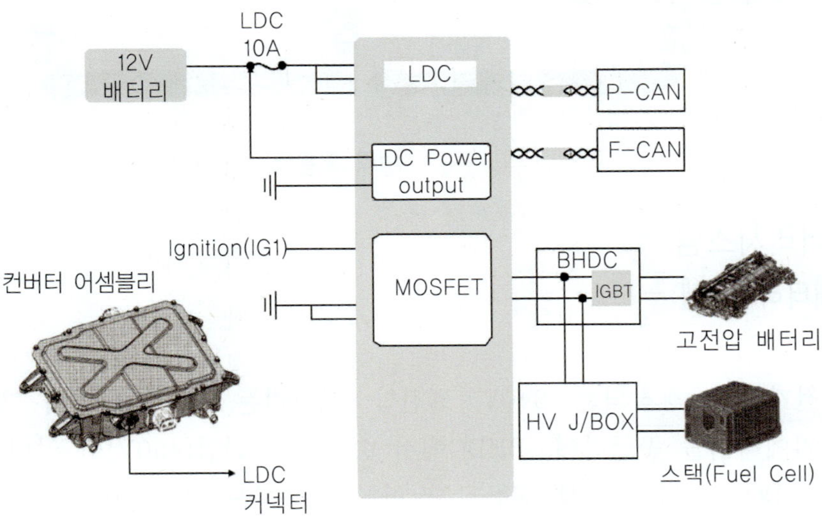

[그림 118] **LDC 입출력 회로**

[3] 고전압 냉각시스템

PE 부품 냉각은 고전압 전력부품(MCU, BHDC) 및 모터 과열방지를 위해 전동식 워터펌프를 적용한다. 전기식 워터펌프(CPP : coolant PE pump)는 전기시스템(구동모터, 인버터, BHDC 등) 내부로 냉각수를 순환시켜 전기장치들을 냉각시키는 장치이다.

개별 부품의 온도가 한계점을 넘으면 냉각수 펌프 동작을 위해 CPP에 작동신호를 보내고 일정 온도 이하로 떨어지면 중지신호를 보내 CPP 작동을 멈춘다. CPP는 MCU가 고장여부를 판단할 수 있도록 CAN 신호선을 통해 정상 여부를 알려주게 된다.

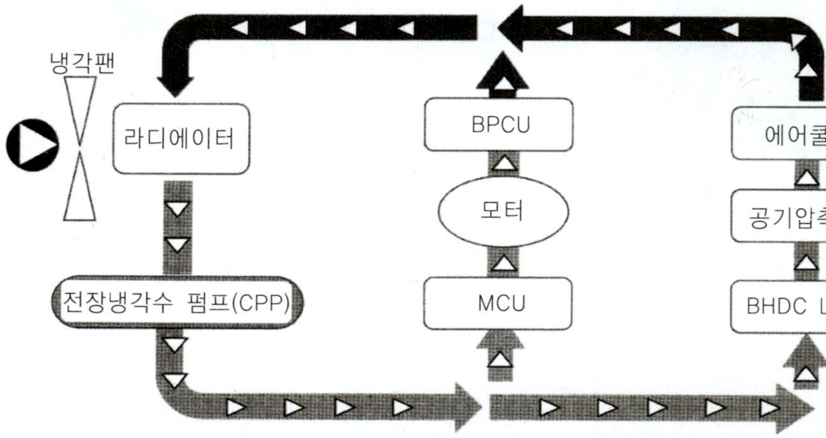

[그림 119] **냉각 흐름도**

3.5.2. 배터리시스템

[1] 고전압배터리시스템

(1) 개요

FE 수소전기차에 장착되는 240V 고전압 배터리는 보조전원이며 차량 가속시 BHDC로 전기에너지를 공급하여, BHDC에서 승압된 고전압(450V)이 인버터에 공급되며, 인버터는 DC 고전압을 3상 교류로 전환하여 구동모터를 제어한다. 회생제동 시 모터를 통해 발전되는 교류 전기에너지는 MCU를 통해 직류로 변환된다. 이 직류 전기에너지는 BHDC에서 240V로 감압되어 고전압배터리에 전기에너지가 저장된다.

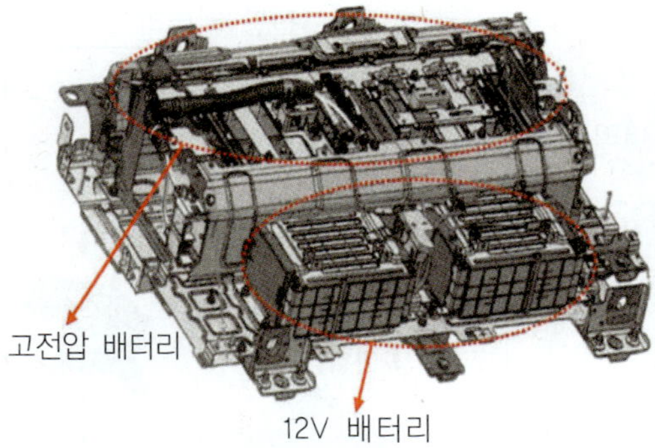

(a)

(b)

[그림 120] **고전압 배터리 및 저전압 배터리**

BMS(battery management system)에 의해 배터리 SOC(state of charge) 및 셀 전압 등이 관리되고 있으며, BMS는 FCU의 명령에 의해 여러 기능을 제어한다. 일반 차량과 마찬가지로 12V 배터리도 장착되나, 이는 시동 전 일반 바디 전장부품이나 각종 제어 ECU의 작동을 위한 보조배터리의 개념이다. 정격전압 240V의 고전압 배터리시스템은 12V 보조배터리와는 분리되는 독립적인 전원시스템으로 구성되어 있으며 제원은 다음과 같다.

① **타입** : 리튬이온 폴리머 배터리(Li-ion polymer)
② **정격전압 및 가용전압** : 정격전압(180~240V), 가용전압(120~275V)
③ **배터리 셀** : 배터리 최소단위 3.75V, 셀 48~64개 설치
④ **정격 에너지 및 정격 용량** : 정격 에너지(0.95~1.56kW), 정격용량(48~64Ah)

(2) 역할 및 제어 흐름

① 스택의 전기부하 보조(ex. 차량 가속 시 전기에너지 공급)
② 초기 차량 운전 시동
③ **고전압 배터리를 통한 모터 구동 시 전기 에너지 흐름** : 고전압 배터리 → PRA → BHDC → 고전압 정션박스 → MCU(인버터), 교류 → 모터

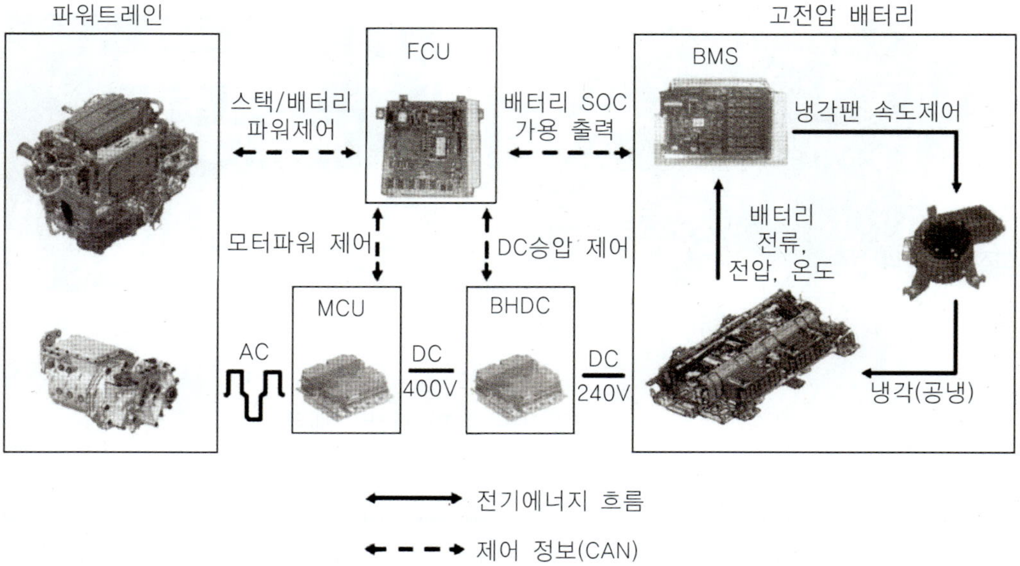

[그림 121] **역할 및 제어흐름**

(3) 안전 플러그(safety plug)

안전 플러그(세이프티 플러그)는 고전압 배터리 또는 고전압 관련 부품 취급 시에는 작업자의 감전사고를 예방하기 위해 반드시 안전플러그를 탈거하여 고전압 배터리 연결회로를 차단시키고 작업에 임해야 한다. 또한 안전플러그 제거 후라도 인버터 내부의 커패시터(콘덴서)에 충전되어 있는 고전압을 방전시키기 위해 5~10분가량 대기해야 한다.

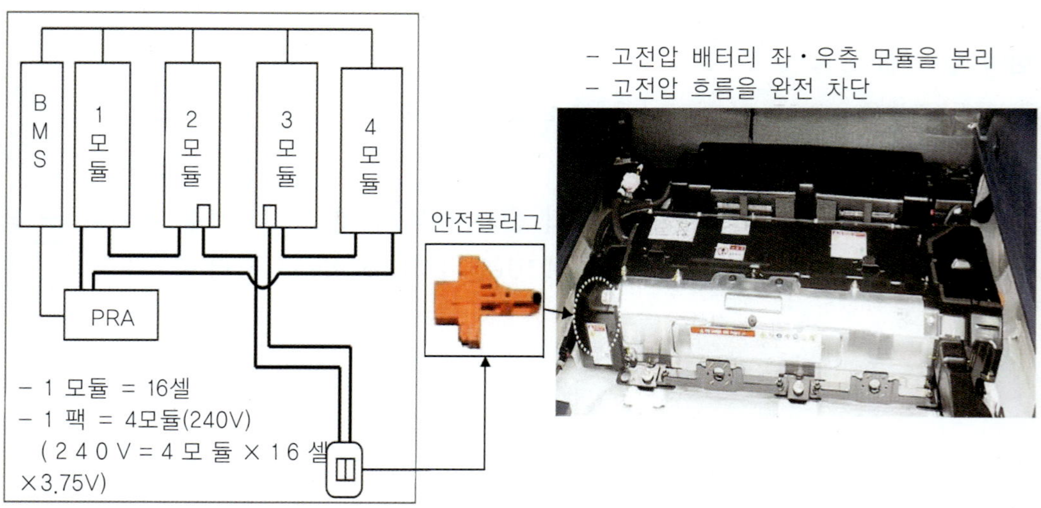

[그림 122] **안전 플러그**

[2] 저전압 배터리

(1) 12V LIPB 효과

① 중량저감 및 연비개선

② **내구성 증가** : 고전압 배터리와 동일 수명

③ **과방전 방지 기능 추가** : 저전압 시 12V 릴레이를 Off시켜, 불필요한 견인/긴급 출동 방지, 이때 배터리 점프 대신, 12V 재접속 스위치를 통해 차량 시동 가능

(2) 주요 특징

① 12V 리튬이온 폴리머 배터리가 적용되었으며, 고전압 배터리 옆에 위치한다.

② PRA와 동일한 역할을 하는 저전압(12V) 차단 릴레이가 적용되어, BMS는 과방전을 감지할 경우 릴레이를 Off시켜 전원을 차단한다.

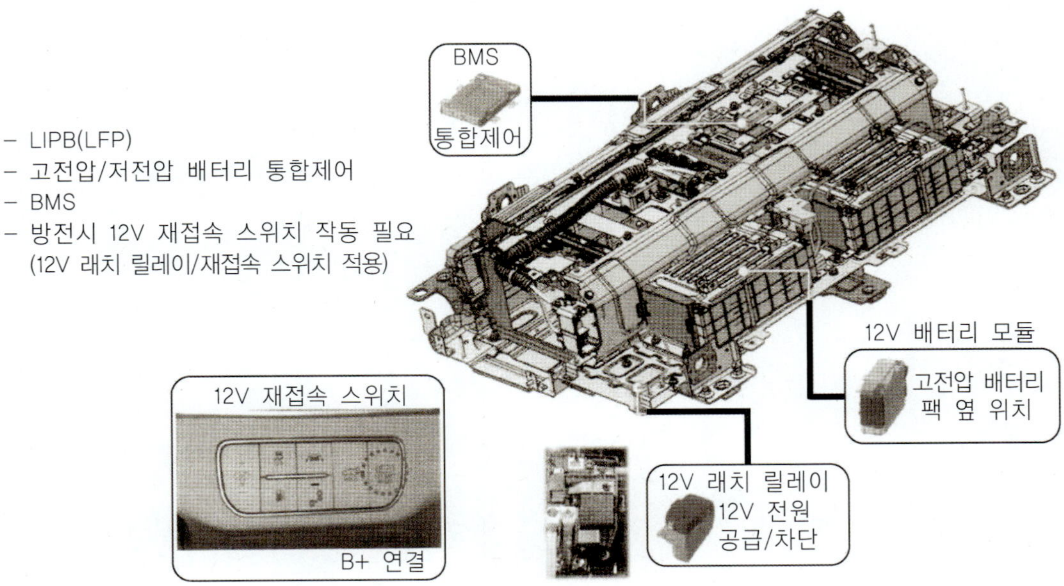

[그림 123] **저전압 배터리**

재접속 스위치를 누를 경우 릴레이가 동작하여 다시 전원이 공급된다.

③ 재접속 스위치를 눌러 전원을 공급한 후 Ready 상태에서 30분 이상 보조 배터리를 충전시켜야 한다(스위치 작동 후 일정시간 시동을 걸지 않으면 과방전 방지를 위해 12V 릴레이가 다시 Off된다).

④ 기존 친환경 차량에 적용된 BMS는 고전압 배터리만 제어했던 반면, BMS가 고전압 배터리와 저전압 배터리를 통합제어하며 저전압 배터리 전류센서와 온도센서 신호가 BMS로 송신된다.

⑤ 냉각팬은 고전압과 저전압 배터리를 통합 냉각시킨다.

[표] 저전압 제원

항 목	규 격	비 고
타입	LiPB(LFP)	
정격 전압	12.8V	3.2×4
정격 용량	60Ah	
셀수	16(4s2p×2EA)	2개의 모듈로 구성되어 있으며, 1개 모듈은 8셀로 구성(2개씩 병렬로)각 30Ah
정격 에너지	768Wh	
동작 전압	10~13.8V	12.8V 이하시 릴레이 Off